Gewöhnliche Differentialgleichungen

Bernd Aulbach

Gewöhnliche Differentialgleichungen

Spektrum Akademischer Verlag Heidelberg · Berlin

Autor:
Prof. Dr. Bernd Aulbach
Institut für Mathematik
Universität Augsburg

e-mail: Aulbach@Math.Uni-Augsburg.DE

Die Deutsche Bibliothek – CIP-Einheitsaufnahme

Aulbach, Bernd:
Gewöhnliche Differentialgleichungen / Bernd Aulbach. – Heidelberg ;
Berlin : Spektrum, Akad. Verl., 1997
(Spektrum-Hochschultaschenbuch)
ISBN 3-8274-0204-2

Umschlaggestaltung: Eta Friedrich, Berlin
Druck und Verarbeitung: Strauss Offsetdruck, Mörlenbach

Meinem Lehrer

Hans Wilhelm Knobloch

gewidmet

Vorwort

Liebe Leserin, lieber Leser,

das vor Ihnen liegende Buch wurde in der Absicht geschrieben, den Studierenden, die noch nie mit Differentialgleichungen in Berührung gekommen sind, eine zeitgemäße, anschauliche und vergleichsweise leicht verständliche Einführung in die Theorie der gewöhnlichen Differentialgleichungen zu bieten. Diese Zielsetzung findet ihren sichtbaren Niederschlag in folgenden Merkmalen dieses Buches:

- Die vom Leser erwarteten mathematischen Vorkenntnisse sind minimal. Es genügt ein zwei-semestriges Grundstudium der ANALYSIS und der LINEAREN ALGEBRA, Kenntnisse aus der ANALYSIS III oder der FUNKTIONALANALYSIS werden dagegen nicht benötigt.
- Alle Ergebnisse (Lehrsätze, Zusammenfassungen usw.) sind so ausführlich formuliert, daß sie auch ohne das vollständige Studium des jeweiligen Umfelds oder des zugehörigen Beweises verstanden und angewandt werden können.
- Alle Beweise werden in allen Details ausgeführt, nichts wird dem Leser überlassen oder in die Aufgaben verlagert. In komplizierteren Fällen werden die Beweisführungen untergliedert, kommentiert und illustriert.
- Am Ende jedes Kapitels befindet sich ein kurzer Abschnitt mit dem Titel „Rückschau und Ausblick". Dort werden Zusammenfassungen gegeben und Querverbindungen zwischen den einzelnen Themen erörtert.
- Mehr als 120 durchgerechnete Beispiele erläutern und ergänzen den Lehrstoff.
- Etwa 190 Abbildungen illustrieren die Beispiele, die Lehrsätze und die komplizierteren Beweisgänge.
- Fast 200 Aufgaben (zum Teil mit Lösungen) bieten die Möglichkeit, den Lehrstoff an Hand ausgewählter Fragestellungen, die eng an den jeweiligen Stoff angelehnt sind, einzuüben.

All dies hat natürlich zur Folge, daß dieses Buch gemessen an der behandelten Stoffmenge recht umfangreich und die mathematische Argumentationsweise eher handwerklich als elegant ist. Da aber der noch unkundige Leser leichter einige Seiten überspringen als wenige Zeilen eigenständig hinzufügen kann, habe ich diesen ausführlichen Weg der Einführung in die Theorie gewöhnlicher Differentialgleichungen gewählt.

Bei der **Stoffauswahl** habe ich mich von der ein-semestrigen Vorlesung über gewöhnliche Differentialgleichungen leiten lassen, die ich schon mehrmals an der Universität Augsburg für angehende Mathematiker, Physiker und Gymnasiallehrer gehalten habe. Wie in dieser Vorlesung beschränke ich auch in diesem Buch die traditionellen Lehrinhalte (Lösungsmethoden und lineare Theorie) zugunsten einer zeitgemäßen Betonung *nichtlinearer* Gleichungen und *qualitativer* Untersuchungsmethoden auf das unbedingt Notwendige. Nicht die Lösungstechniken, die mittlerweile auch von Computern beherrscht werden, stehen im Vordergrund, sondern vielmehr die Vermittlung des Wissens um die theoretischen Zusammenhänge, die man kennen muß, um die von Computern gelieferten Daten und Bilder in geeigneter Weise interpretieren und mögliche Fehler erkennen zu können. Im Sinne dieser Schwerpunktsetzung unterscheidet sich dieses Buch nicht nur in didaktischer Hinsicht, sondern auch im Inhalt von der gängigen Lehrbuchliteratur zu den gewöhnlichen Differentialgleichungen. Der inhaltliche Hauptunterschied besteht dabei darin, daß die aus theoretischer Sicht zentralen Begriffe „allgemeine Lösung“ und „Fluß“ zum frühestmöglichen Zeitpunkt eingeführt und von da an konsequent verwendet werden.

Der in diesem Buch behandelte **Stoffumfang** geht über das hinaus, was man sinnvollerweise in einem ein-semestrigen Grundkurs über GEWÖHNLICHE DIFFERENTIALGLEICHUNGEN verarbeiten kann. Der **Standardstoff** für einen solchen Kurs reicht – meines subjektiven Empfindens nach – bis zum Abschnitt 7.3, umfaßt also etwa drei Viertel des Gesamtumfangs dieses Buches. Danach werden Themen behandelt, die dem Leser einen Blick über den Rand der elementaren Theorie hinaus in die weite Welt der NICHTLINEAREN ANALYSIS gestatten. Bei gleichbleibenden Rahmenbedingungen (minimale Vorkenntnisse, Ausarbeitung aller Details) werden dort nichttriviale Phänomene der Stabilitäts- und Verzweigungstheorie behandelt, die in einführenden Lehrbüchern sonst nicht zu finden sind. Hierzu zählen die vollständige Analyse der Gleichung des mathematischen Pendels mit nichtlinearer Rückstellkraft und nichtlinearer Reibung, sowie einige der grundlegenden Sachverhalte über die Verzweigung von Ruhelagen und Grenzzyklen autonomer Systeme. Bezüglich weiterer Einzelheiten den gesamten Lehrstoff dieses Buches betreffend verweise ich auf das Inhaltsverzeichnis und die sieben Abschnitte mit dem Titel „Rückschau und Ausblick“.

Die **formale Gestaltung** dieses Buches ist nahezu selbsterklärend und bedarf daher nur weniger Worte. Zwei Systeme von Markierungen dienen der Orientierung des Lesers. Am linken Seitenrand findet man die aus drei Teilen bestehenden Nummern, die das Kapitel, den Abschnitt und die laufende Nummer des jeweils markierten Sachverhalts angeben. Am rechten Seitenrand befindet sich die zweiteilige Markierung, mit der diejenigen Formeln und Gleichungen kapitelweise durchnumeriert sind, auf die im nachfolgenden Text Bezug genommen wird. Dies geschieht entweder durch Zitieren im Text oder dadurch, daß über einem Gleichheits- oder Ungleichheitszeichen die Markierung steht, die den an dieser Stelle verwendeten Sachverhalt beschreibt. Schließlich erscheinen zuweilen die einstelligen Nummern von im Text erwähnten Aufgaben. Diese Nummern beziehen sich stets auf die Aufgabengruppe, die sich am Ende des jeweiligen Abschnitts befindet.

Was die **Leserschaft** angeht, so wendet sich dieses Buch primär an Studierende der Diplom- und Lehramtsstudiengänge mit Mathematik oder Physik als Haupt- oder Nebenfach. Da zum Verständnis des gebotenen Stoffes jedoch schon ein zwei-semestriger Kurs über HÖHERE MATHEMATIK genügt, eignet sich dieses Buch auch für diejenigen Studierenden der Ingenieur- oder Naturwissenschaften, die an theoretischem Hintergrundwissen über gewöhnliche Differentialgleichungen interessiert sind. Schließlich ist dieses Buch wegen der Ausführlichkeit der Darstellung besonders gut für das Selbststudium geeignet.

Bei den **Leserinnen** bitte ich an dieser Stelle um Verständnis, daß ich mich beim Schreiben dieses Buches (wie auch sonst) mit Formulierungen der Form „der/die Leser/in“ oder „die LeserIn“ nicht anfreunden konnte, und daher die althergebrachte Form „der Leser“ als Anrede für die lesende Person verwende. Damit möchte ich neben den Herren der Schöpfung natürlich auch die Damen ansprechen, die sich ja erfreulicherweise in zunehmendem Maße den mathematisch-naturwissenschaftlichen Studiengängen zuwenden.

Zuallerletzt noch einige **Worte des Dankes.** Bei meinen Mitarbeitern Stefan Keller und Stefan Siegmund bedanke ich mich für das sorgfältige Korrekturlesen und die zahlreichen Anregungen zur Verbesserung des Textes. Den Herren Dr. Ingo Eichenseher und Dr. Gerhard Wilhelms verdanke ich die Bereitstellung des von ihnen entwickelten Druckertreibers, mit dem die Abbildungen erstellt wurden. Schließlich gilt mein Dank Herrn Prof. Dr. Gert Wangermann, Spektrum Akademischer Verlag, für die verständnisvolle Zusammenarbeit.

Verbunden mit der Hoffnung, in Form des vorliegenden Buches eine Einführung in die Theorie der gewöhnlichen Differentialgleichungen geschrieben zu haben, die trotz mathematischer Strenge anschaulich und vergleichsweise leicht verständlich ist, wünsche ich Ihnen nun viel Freude beim Lesen und Erfolg beim Lernen.

Augsburg, im Juni 1997 Bernd Aulbach

Inhalt

1 Einführung

In diesem ersten Kapitel geht es darum, die für die Theorie gewöhnlicher Differentialgleichungen grundlegenden Begriffsbildungen einzuführen und die sich daraus ergebenden Fragestellungen zu erklären. Zahlreiche Beispiele und einige beweisbedürftige Aussagen dienen der Erläuterung der Grundbegriffe und der Motivation weiterer Untersuchungen. Besonders ausführlich wird dabei auf inner- und außermathematische Anwendungen sowie auf die geometrische Betrachtungsweise gewöhnlicher Differentialgleichungen eingegangen.

1.1 Differentialgleichungs- und Lösungsbegriff

Als erstes gilt es zu klären, was wir unter einer Differentialgleichung und einer Lösung einer Differentialgleichung verstehen wollen. Ohne große Umschweife formulieren wir daher gleich vorweg die Definition für den allgemeinen Differentialgleichungstyp, mit dem wir uns beschäftigen werden.

1.1.1 Definition: *Gegeben seien natürliche Zahlen n und N, eine Menge $\widetilde{D} \subseteq \mathbb{R}^{1+(n+1)N}$ und eine Funktion $F : \widetilde{D} \to \mathbb{R}^N$. Eine Gleichung der Form*

$$\boxed{F\big(t, x, \dot{x}, \ldots, x^{(n-1)}, x^{(n)}\big) = 0} \tag{1.1}$$

mit Variablen $t \in \mathbb{R}$ und $x, \dot{x}, \ldots, x^{(n-1)}, x^{(n)} \in \mathbb{R}^N$ heißt dann **(N-dimensionale gewöhnliche) Differentialgleichung (n-ter Ordnung)**. *Die Menge $\widetilde{D}$ heißt* **Definitionsbereich** *dieser Differentialgleichung und die Zahlen n und N nennen wir ihre* **Ordnung** *bzw.* **Dimension**.

Eine auf einem Intervall I n-mal differenzierbare Funktion $\lambda : I \to \mathbb{R}^N$ heißt **Lösung** *der Differentialgleichung (1.1), wenn für alle $t \in I$ die Identität*

$$F\big(t\,, \lambda(t)\,, \tfrac{d\lambda}{dt}(t)\,, \ \ldots\ , \tfrac{d^{n-1}\lambda}{dt^{n-1}}(t)\,, \tfrac{d^n\lambda}{dt^n}(t)\big) = 0 \tag{1.2}$$

gilt, die natürlich beinhaltet, daß $\big(t, \lambda(t), \frac{d\lambda}{dt}(t), \ldots, \frac{d^{n-1}\lambda}{dt^{n-1}}(t), \frac{d^n\lambda}{dt^n}(t)\big)$ für alle $t \in I$ im Definitionsbereich $\widetilde{D}$ der Funktion F liegt. Das Intervall I nennt man das zur Lösung $\lambda(t)$ gehörige **Lösungs-** *oder* **Existenzintervall**, *und (1.2) nennt man die zugehörige* **Lösungsidentität**.

Diese zum Einstieg zugegebenermaßen etwas massive Definition werden wir uns in Kürze an Hand zahlreicher Beispiele und Erläuterungen näherbringen. Zuvor soll sie jedoch mit Hilfe einiger allgemeiner Bemerkungen ins rechte Licht gerückt werden.

1.1.2 Bemerkung: Die Wahl der Bezeichnung $t, x, \dot{x}, \dots, x^{(n-1)}, x^{(n)}$ für die Variablen in der Gleichung (1.1) mag zunächst befremdlich wirken. Herkömmlich wären etwa Variablennamen wie $t, x_0, x_1, \dots, x_{n-1}, x_n$. Im Zusammenhang mit dem Lösungsbegriff, speziell der Lösungsidentität (1.2) jedoch, erweist sich die gewählte Symbolik als sinnvoll, wenn man bedenkt, daß (im Fall des Variablennamens t) Ableitungen üblicherweise in der Form

$$\lambda^{(0)}(t) = \lambda(t)\,,\ \lambda^{(1)}(t) = \dot{\lambda}(t) = \frac{d\lambda}{dt}(t)\,,\ \lambda^{(2)}(t) = \ddot{\lambda}(t) = \frac{d^2\lambda}{dt^2}(t) \quad \text{usw.}$$

beschrieben werden. Auch in diesem Buch werden wir diese Symbolik übernehmen und dann die Lösungsidentität (1.2) in der folgenden Form schreiben:[1]

$$F\big(t, \lambda(t), \dot{\lambda}(t), \dots, \lambda^{(n-1)}(t), \lambda^{(n)}(t)\big) \equiv 0\,. \qquad \square$$

1.1.3 Bemerkung: Die Variablen $x, \dot{x} \dots, x^{(n)}$ und der Wertebereich der Funktion F in der Definition 1.1.1 sind N-dimensional. Schreibt man die Differentialgleichung (1.1) koordinatenweise, so nimmt sie augenscheinlich gewaltige Ausmaße an:

$$\boxed{\begin{aligned}
F_1\big(t, x_1, \dots, x_N, \dot{x}_1, \dots, \dot{x}_N, \ \dots\ , x_1^{(n-1)}, \dots, x_N^{(n-1)}, x_1^{(n)}, \dots, x_N^{(n)}\big) &= 0\,,\\
F_2\big(t, x_1, \dots, x_N, \dot{x}_1, \dots, \dot{x}_N, \ \dots\ , x_1^{(n-1)}, \dots, x_N^{(n-1)}, x_1^{(n)}, \dots, x_N^{(n)}\big) &= 0\,,\\
&\ \ \vdots\\
F_N\big(t, x_1, \dots, x_N, \dot{x}_1, \dots, \dot{x}_N, \ \dots\ , x_1^{(n-1)}, \dots, x_N^{(n-1)}, x_1^{(n)}, \dots, x_N^{(n)}\big) &= 0\,.
\end{aligned}}$$

Es kommt dabei im allgemeinen (d.h. wenn nicht gerade LINEARE ALGEBRA ins Spiel kommt) nicht darauf an, ob wir die auftretenden Vektoren zeilen- oder spaltenweise schreiben.

Wir verwenden in diesem Buch weitgehend die vorteilhafte Vektorschreibweise (1.1). Lediglich in konkreten Beispielen wird es sich als sinnvoll erweisen, die Koordinaten einzeln zu betrachten. Im Fall niedriger Dimension N verwenden wir dann für die Koordinaten Buchstaben ohne Indizes, also etwa t, x, y, z anstelle von t, x_1, x_2, x_3. □

1.1.4 Bemerkung: Der in der Definition 1.1.1 angegebene Typ von Differentialgleichungen ist sehr allgemein, man nennt ihn auch **implizit**, da die Gleichung nicht notwendig nach der höchsten Ableitung $x^{(n)}$ aufgelöst ist, oder überhaupt

---

[1] Geht bei einer Identität der Gültigkeitsbereich aus dem Zusammenhang klar hervor, so verwenden wir an Stelle des Gleichheitszeichens verbunden mit der Phrase „für alle ...“ der Einfachheit halber das Symbol $\equiv$.

nach $x^{(n)}$ auflösbar ist. In diesem Buch spielen die allgemeinen impliziten Differentialgleichungen nur eine (im Hinblick auf die Lösungsmethoden allerdings nicht zu unterschätzende) Nebenrolle. Wir werden uns in erster Linie mit **expliziten** Differentialgleichungen beschäftigen, das sind solche, bei denen die Funktion $F\big(t, x, \dot{x}, \dots, x^{(n-1)}, x^{(n)}\big)$ die Form

$$F\big(t, x, \dot{x}, \dots, x^{(n-1)}, x^{(n)}\big) \;=\; x^{(n)} - f\big(t, x, \dot{x}, \dots, x^{(n-1)}\big)$$

besitzt mit einem Definitionsbereich der Form $\widetilde{D} = D \times \mathbb{R}^N \subseteq \mathbb{R}^{1+nN} \times \mathbb{R}^N$. Die Differentialgleichung (1.1) läßt sich dann explizit nach der Variablen $x^{(n)}$ auflösen und in der Form

$$\boxed{x^{(n)} \;=\; f\big(t, x, \dot{x}, \dots, x^{(n-1)}\big)} \tag{1.3}$$

schreiben. In diesem Zusammenhang nennt man dann die Funktion $f : D \to \mathbb{R}^N$ die **rechte Seite** und die Menge $D \subseteq \mathbb{R}^{1+nN}$ den **Definitionsbereich** der Differentialgleichung (1.3).

Ist bei einer Gleichung der Form (1.3) speziell $n = N = 1$, so kann man sich auch geometrisch veranschaulichen (siehe Abbildung 1.1), was es bedeutet, daß eine explizite Differentialgleichung 1. Ordnung

$$\boxed{\dot{x} = f(t, x)}$$

eine Lösung $\lambda : I \to \mathbb{R}$ besitzt. Im Hinblick auf die Frage nach der Existenz von Differentialgleichungslösungen stellen wir dabei fest, daß es ganz und gar nicht offensichtlich ist, ob es zu einer beliebig vorgegebenen Funktion $f : D \subseteq \mathbb{R}^2 \to \mathbb{R}$ überhaupt eine auf einem Intervall I erklärte Funktion $\lambda : I \to \mathbb{R}$ gibt, die der Lösungsidentität $\dot{\lambda}(t) \equiv f\big(t, \lambda(t)\big)$ genügt. □

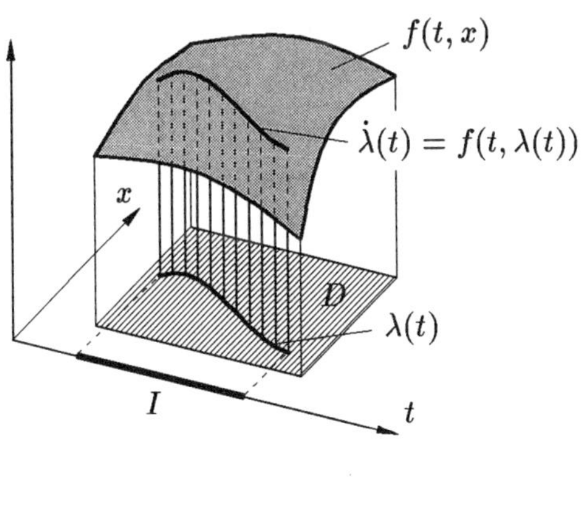

Abb. 1.1
Veranschaulichung der Lösung $\lambda : I \to \mathbb{R}$ der Differentialgleichung $\dot{x} = f(t,x)$, $f : D \to \mathbb{R}$

1.1.5 Bemerkung: Zuweilen wird es sich als sinnvoll erweisen, an Stelle der Variablenkombination t, x eine andere zu wählen, etwa x, y. Ableitungen nach x

werden wir dann wie in der ANALYSIS üblich mit einem Strich statt eines Punktes bezeichnen. Die Differentialgleichung (1.1) in x, y-Notation lautet also

$$\boxed{F\big(x, y, y', \ldots, y^{(n-1)}, y^{(n)}\big) \;=\; 0}\,. \tag{1.4}$$

Daß diese Bezeichnungsänderung nicht nur historisch bedingt[2] und formaler Natur, sondern auch inhaltlich gerechtfertigt ist, wird sich im Kapitel 5 erweisen. Unser Standard wird jedoch die t, x-Notation sein. □

1.1.6 Bemerkung: In vielen Zusammenhängen spielt die Größe der Zahl N, die Dimension der Differentialgleichung also, eine wichtige Rolle. Zur Unterscheidung der Fälle $N = 1$ und $N > 1$ sprechen wir von **skalaren** Differentialgleichungen im ersteren und von **Vektor**differentialgleichungen oder **Systemen** von Differentialgleichungen im letzteren Falle. □

1.1.7 Bemerkung: Schließlich soll nicht unerwähnt bleiben, daß es außer Differentialgleichungen der genannten Form noch andere Typen gibt, die allerdings in diesem Buch nicht behandelt werden. Die wichtigste Klasse bilden dabei die sogenannten **partiellen** Differentialgleichungen, bei denen die Lösungen von *mehreren* Veränderlichen abhängen und demgemäß auch partielle Ableitungen auftreten. □

Nach diesen allgemeinen Bemerkungen wollen wir uns nun konkreten Beispielen von Differentialgleichungen zuwenden, und zwar zunächst solchen, bei denen sowohl die Differentiationsordnung n als auch die Dimension N gleich 1 ist, also skalaren Differentialgleichungen 1. Ordnung.

1.1.8 Beispiel: Im Sinne der Definition 1.1.1 sei $\widetilde{D} := \mathbb{R}^3$ und $F(t, x, \dot{x}) := t\dot{x} + \dot{x}^2 - x$. Es ist dann $\lambda(t) := 1 + t$ eine Lösung der Differentialgleichung

$$\boxed{t\,\dot{x} + \dot{x}^2 - x \;=\; 0}$$

mit dem Existenzintervall $(-\infty\,, \infty)$, denn für alle t aus diesem Intervall gilt die Lösungsidentität $t\,\dot{\lambda}(t) + [\dot{\lambda}(t)]^2 - \lambda(t) = 0$. ◇

1.1.9 Beispiel: Es sei $\widetilde{D} := \mathbb{R}^3$ und $F(t, x, \dot{x}) := \dot{x} - x + t^2$. Gemäß der Bemerkung 1.1.4 kann man also $f(t, x) = x - t^2$ setzen. Dann ist die Funktion $\lambda(t) := 2 + 2t + t^2 + e^t$ eine Lösung der expliziten Differentialgleichung

$$\boxed{\dot{x} \;=\; x - t^2}$$

auf dem Intervall $(-\infty\,, \infty)$, denn es gilt offensichtlich $\dot{\lambda}(t) = 2+2t+e^t = \lambda(t)-t^2$ für alle $t \in \mathbb{R}$. ◇

[2] In der t, x-Notation steht t traditionsgemäß für die *Zeit* und x für den *Zustand* eines physikalischen, biologischen oder sonstigen zeitabhängigen Systems, während sich die x, y-Notation eher auf statische Probleme und geometrische Fragestellungen bezieht.

1.1.10 Beispiel: Bei der besonders einfachen Differentialgleichung

$$\boxed{\dot{x} = \ln t}$$

hängt die rechte Seite von x nicht ab. Dieser Fall ordnet sich der Definition 1.1.1 bzw. der Form (1.3) unter, indem man $\widetilde{D} := (0\,,\infty) \times \mathbb{R}^2$ und $F(t,x,\dot{x}) := \dot{x} - \ln t$ bzw. $D := (0\,,\infty) \times \mathbb{R}$ und $f(t,x) := \ln t$ setzt. Eine Lösung dieser Differentialgleichung ist dann eine auf einem beliebigen Teilintervall von $(0\,,\infty)$ differenzierbare Funktion, die dort die Ableitung $\ln t$ besitzt, also nichts anderes als eine Stammfunktion von $\ln t$. Diese Überlegung (die im übrigen sinngemäß für jede Differentialgleichung mit von x unabhängiger rechter Seite gilt) zeigt, daß $\lambda(t) := t\ln t - t$ eine Lösung auf dem ganzen Intervall $(0\,,\infty)$ ist. Darüberhinaus ist aber auch jede Funktion der Form $\lambda_\alpha(t) := t\ln t - t + \alpha$ mit reellem Parameter α auf diesem Intervall eine Lösung (siehe Abbildung 1.2).[3] ◊

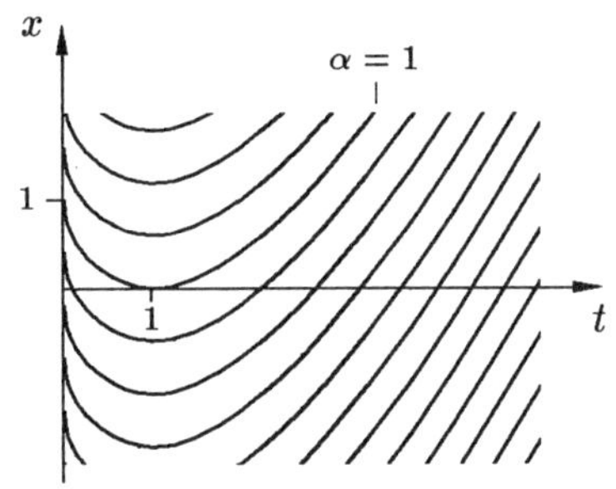

Abb. 1.2
Lösungsschar $\lambda_\alpha(t) = t\ln t - t + \alpha$ der Differentialgleichung $\dot{x} = \ln t$

Das bei dem letzten Beispiel augenscheinliche Phänomen, daß Lösungen von Differentialgleichungen nicht als einzelne Objekte, sondern in ganzen Scharen auftreten, wird sich im Verlaufe unserer Untersuchungen als charakteristisch und bedeutungsvoll für die Theorie gewöhnlicher Differentialgleichungen erweisen.

Eine etwas kompliziertere Lösungsschar als die der vorherigen Gleichung besitzt unser nächstes Beispiel.

1.1.11 Beispiel: Bei der Differentialgleichung

$$\boxed{\dot{x} = x^2 t}$$

verifiziert man leicht, daß für jedes $\alpha \in \mathbb{R}$ die Funktion

$$\lambda_\alpha(t) := \frac{2\alpha}{2 - \alpha t^2}$$

---

[3] Die Abbildung 1.2 zeigt nur einen kleinen, jedoch repräsentativen Ausschnitt des zu veranschaulichenden Sachverhalts. Bei der Betrachtung dieser sowie aller kommenden Abbildungen wird der Leser aus dem Zusammenhang ersehen müssen, ob bzw. welche der Bildgrenzen mathematischen Ursprungs und welche Grenzen darstellungstechnisch bedingt sind. Neben etwas Phantasie ist bei der Betrachtung und Interpretation der Bilder also auch mathematischer Sachverstand gefragt.

die Lösungsidentität $\dot{\lambda}_\alpha(t) \equiv [\lambda_\alpha(t)]^2 t$ erfüllt. Zu beachten ist hierbei, daß $\lambda_\alpha(t)$ für positive α bei $t = \pm\sqrt{2/\alpha}$ nicht erklärt ist. Da Lösungen nach Definition 1.1.1 aber auf *Intervallen* definiert sind, liefert die Funktion $\lambda_\alpha(t)$ – für festes $\alpha > 0$ – nicht eine einzige, sondern *drei* verschiedene Lösungen, und zwar mit dem jeweiligen Lösungsintervall $(-\infty\,, -\sqrt{2/\alpha}\,)$, $(-\sqrt{2/\alpha}\,, \sqrt{2/\alpha}\,)$ bzw. $(\sqrt{2/\alpha}\,, \infty)$ (siehe Abbildung 1.3). ◊

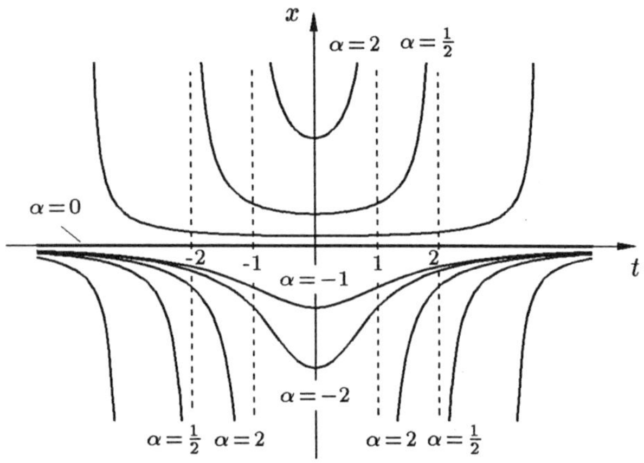

Abb. 1.3 Lösungsschar $\lambda_\alpha(t) = \frac{2\alpha}{2-\alpha t^2}$ der Differentialgleichung $\dot{x} = x^2\, t$

Um nun nicht den Eindruck aufkommen zu lassen, daß Differentialgleichungen stets Lösungen besitzen, und daß sich diese mittels wohlbekannter Funktionen darstellen lassen, wollen wir drei weitere Beispiele mit $n = N = 1$ betrachten, die gewisse Probleme aufzeigen.

1.1.12 Beispiel: Für die völlig harmlos wirkende und den Beispielen 1.1.9 und 1.1.11 formal sehr ähnliche Gleichung

$$\boxed{\dot{x} \;=\; x^2 - t}$$

läßt sich keine Lösung explizit angeben, die sich als endliche Kombination von elementaren Funktionen und deren Integralen schreiben läßt. Der Beweis dieser hier etwas vage formulierten Aussage wurde schon im Jahre 1841 von dem französischen Mathematiker J. Liouville[4] erbracht, kann aber wegen seines algebraischen Charakters im Rahmen dieses ANALYSIS-Buches nicht vorgeführt werden. Daß

[4] Joseph **Liouville** (1809–1882), einer der bedeutendsten Mathematiker des 19. Jahrhunderts, war als exzellenter Hochschullehrer bekannt. Er wirkte an verschiedenen Universitäten in Frankreich. In seinen über 400 Publikationen lieferte er grundlegende Beiträge zu so unterschiedlichen Gebieten wie Algebra, Zahlentheorie, Geometrie, Analysis, mathematische Physik, Mechanik und Himmelsmechanik. Jeder Mathematikstudent lernt in der Funktionentheorie den frappierenden *Satz von Liouville* kennen, wonach jede beschränkte ganze Funktion konstant ist.

die gegebene Differentialgleichung[5] dennoch Lösungen besitzt, ja daß diese Differentialgleichung im Hinblick auf die reine Existenzfrage der Lösungen so harmlos ist, wie sie aussieht, wird sich im Rahmen der allgemeinen Existenztheorie im Kapitel 2 leicht ergeben. ◊

Im vorstehenden Beispiel kann man die Lösungen nicht explizit angeben, dennoch existieren sie. Gibt es nun aber auch Differentialgleichungen, die tatsächlich keine Lösungen besitzen? Diese Frage läßt sich leicht mit *ja* beantworten, wie das folgende Beispiel zeigt.

1.1.13 Beispiel: Die implizite Differentialgleichung

$$\boxed{\dot{x}^2 + 1 = 0}$$

besitzt keine einzige Lösung (im Sinne unserer Definition 1.1.1), denn eine reellwertige Funktion $\lambda(t)$ kann die Lösungsidentität $[\dot{\lambda}(t)]^2 + 1 \equiv 0$ offensichtlich nicht erfüllen. ◊

Daß es implizite Differentialgleichungen ohne Lösungen gibt, ist leicht einzusehen. Wie steht es nun aber mit expliziten Differentialgleichungen? Auch hier läßt sich die gestellte Frage – allerdings mit einem etwas exotischen Beispiel – leicht beantworten, wenn man sich daran erinnert, daß das bekannte ANALYSIS-Problem des Aufsuchens von Stammfunktionen nichts anderes ist als das Lösen sehr spezieller Differentialgleichungen (nämlich solcher der Form $\dot{x} = f(t)$).

1.1.14 Beispiel: Mit $\chi_{\mathbb{Q}}(t)$ sei die sogenannte Dirichlet[6]-Funktion bezeichnet, d.h. die Funktion, die den rationalen Zahlen den Wert 1 und den irrationalen Zahlen den Wert 0 zuweist. Die Differentialgleichung

$$\boxed{\dot{x} = \chi_{\mathbb{Q}}(t)}$$

besitzt dann auf keinem Intervall eine Lösung, denn eine Lösung hätte ja $\chi_{\mathbb{Q}}(t)$ als Ableitung. Wie sollte aber eine Funktion wohl aussehen, deren Ableitung so verrückt springt wie die Dirichlet'sche Funktion. Eine analytisch präzise Begründung für die Nichtexistenz einer Stammfunktion von $\chi_{\mathbb{Q}}(t)$ liefert die aus der ANALYSIS bekannte Tatsache, daß die Ableitung einer differenzierbaren Funktion zwar nicht stetig zu sein braucht, aber dennoch die Zwischenwerteigenschaft besitzt, also zu beliebigen Funktionswerten jeden Zwischenwert annimmt. ◊

Wir gehen nun zu Beispielen über, bei denen die Differentiationsordnung n größer als 1 ist. Die Dimension N halten wir vorläufig noch bei 1.

---

[5] Es handelt sich um eine sogenannte **Riccati'sche** Differentialgleichung, die im allgemeinen die Form $\dot{x} = a(t) + b(t)x + c(t)x^2$ besitzt.

[6] Johann Peter Gustav **Lejeune Dirichlet** (1805-1859) war ein deutscher Mathematiker französischer oder wallonischer Abstammung. Er lieferte bahnbrechende Arbeiten zur Mathematik und mathematischen Physik, die Carl Friedrich Gauß, dessen Nachfolger Dirichlet an der Universität Göttingen wurde, als „Juwelen" bezeichnete.

1.1.15 Beispiel: Um die Differentialgleichung 2. Ordnung

$$\boxed{\ddot{x} = \frac{2}{t}\dot{x} - \frac{2}{t^2}x + \frac{1}{t}}$$

dem Gleichungstyp (1.3) unterzuordnen, setzen wir $n = 2$, $N = 1$, und wählen $D := (\mathbb{R} \setminus \{0\}) \times \mathbb{R}^2$ als Definitionsbereich für die rechte Seite $f(t, x, \dot{x}) := \frac{2}{t}\dot{x} - \frac{2}{t^2}x + \frac{1}{t}$. Man rechnet nun leicht nach, daß für jede Wahl der beiden reellen Parameter α und β die Funktion

$$\lambda_{\alpha,\beta}(t) := \alpha t + \beta t^2 - t\ln t$$

die Lösungsidentität

$$\ddot{\lambda}_{\alpha,\beta}(t) \equiv \frac{2}{t}\dot{\lambda}_{\alpha,\beta}(t) - \frac{2}{t^2}\lambda_{\alpha,\beta}(t) + \frac{1}{t}$$

auf jedem der beiden Intervalle $(-\infty, 0)$ und $(0, \infty)$ erfüllt, dort also jeweils eine Lösung der gegebenen Differentialgleichung 2. Ordnung darstellt. ◊

1.1.16 Beispiel: Bei der Differentialgleichung 4. Ordnung

$$\boxed{x^{(4)} = \ddot{x}}$$

setzt man $f(t, x, \dot{x}, \ddot{x}, x^{(3)}) := \ddot{x}$ und $D := \mathbb{R}^5$. Die Funktionenschar

$$\lambda_\alpha(t) := \alpha_1 + \alpha_2 t + \alpha_3 e^t + \alpha_4 e^{-t}$$

mit dem 4-dimensionalen Parameter $\alpha = (\alpha_1, \ldots, \alpha_4)$ läßt sich leicht als Lösungsschar nachweisen. ◊

Vielleicht ist dem Leser aufgefallen, daß wir, nachdem erstmals im Beispiel 1.1.10 durch die Bildung einer Stammfunktion ein Parameter in die Lösung Einzug gehalten hat, stets ganze Lösungsscharen angegeben haben. Daß dabei die Anzahl der Scharparameter immer mit der Differentiationsordnung übereingestimmt hat, ist kein Zufall. Es deutet vielmehr eine Systematik an, der wir im Rahmen der Existenztheorie noch nachgehen werden.

Nachdem alle bisherigen Beispiele skalare Differentialgleichungen waren, gehen wir jetzt zu Systemen von Differentialgleichungen über.

1.1.17 Beispiel: Das 3-dimensionale System 1. Ordnung

$$\boxed{\begin{aligned} \dot{x}_1 &= -x_1 \\ \dot{x}_2 &= x_1 - x_2 \\ \dot{x}_3 &= x_2 + e^{-t} \end{aligned}}$$

besitzt die Vektorform

$$\boxed{\dot{x} = f(t, x)}, \quad f : \mathbb{R}^4 \to \mathbb{R}^3,$$

wenn wir $f_1(t, x_1, x_2, x_3) := -x_1$, $f_2(t, x_1, x_2, x_3) := x_1 - x_2$, $f_3(t, x_1, x_2, x_3) := x_2 + e^{-t}$ und $x = (x_1, x_2, x_3)$ setzen. Für beliebige reelle α, β, γ erweist sich

$$\lambda(t) = \begin{pmatrix} \lambda_1(t) \\ \lambda_2(t) \\ \lambda_3(t) \end{pmatrix} := \begin{pmatrix} \alpha e^{-t} \\ \alpha t e^{-t} + \beta e^{-t} \\ \gamma - (1 + \alpha + \beta) e^{-t} - \alpha t e^{-t} \end{pmatrix}$$

als Lösung auf dem Intervall $(-\infty, \infty)$, denn es gilt dort

$$\begin{aligned} \dot\lambda_1(t) &\equiv -\alpha e^{-t} \equiv -\lambda_1(t) , \\ \dot\lambda_2(t) &\equiv \alpha e^{-t} - \alpha t e^{-t} - \beta e^{-t} \equiv \lambda_1(t) - \lambda_2(t) , \\ \dot\lambda_3(t) &\equiv (1 + \alpha + \beta) e^{-t} - \alpha e^{-t} + \alpha t e^{-t} \equiv \lambda_2(t) + e^{-t} . \end{aligned}$$

◊

1.1.18 Beispiel: Das Differentialgleichungssystem

$$\boxed{\begin{aligned} \ddot x_1 &= x_2 \\ \ddot x_2 &= x_1 \end{aligned}}$$

ist 2-dimensional und von 2. Ordnung. Mit $x = (x_1, x_2)$, $f_1(t, x_1, x_2, \dot x_1, \dot x_2) := x_2$, $f_2(t, x_1, x_2, \dot x_1, \dot x_2) := x_1$ ordnet es sich dem Systemtyp (1.3) unter. Für beliebige $\alpha, \beta, \gamma, \delta \in \mathbb{R}$ kann man das Funktionenpaar

$$\begin{pmatrix} \lambda_1(t) \\ \lambda_2(t) \end{pmatrix} := \begin{pmatrix} \alpha e^{-t} + \beta e^{t} + \gamma \sin t + \delta \cos t \\ \alpha e^{-t} + \beta e^{t} - \gamma \sin t - \delta \cos t \end{pmatrix}$$

leicht als Lösung auf $\mathbb{R}$ nachweisen. ◊

Während bei den bisherigen Beispielen die Lösungen für verschiedene Typen von Differentialgleichungen gewissermaßen vom Himmel gefallen sind, beschreibt unser nächstes Beispiel ein praktisches Verfahren, mit dessen Hilfe man für eine ganze Klasse von Differentialgleichungen Lösungen tatsächlich berechnen kann.

1.1.19 Beispiel (Trennung der Veränderlichen): Anwendbar ist diese Technik auf skalare Differentialgleichungen 1. Ordnung der speziellen Form

$$\boxed{\dot x = g(t) h(x)} ,$$

bei denen sich also die rechte Seite als Produkt von zwei Funktionen darstellen läßt, die jeweils von nur einer der beiden Variablen t oder x abhängen. Die beiden Funktionen $g(t)$ und $h(x)$ werden als stetig vorausgesetzt. Das Lösungsrezept soll nun in Form einer formalen, sich selbst erklärenden Prozedur dargestellt und an Hand unseres Beispiels 1.1.11 erläutert werden.

	Prozedur	**Beispiel**
(a)	$\boxed{\frac{dx}{dt} = g(t)\, h(x)}$	$\boxed{\frac{dx}{dt} = x^2 t}$
(b)	$\frac{dx}{h(x)} = g(t)\, dt \ , \ h(x) \neq 0$	$\frac{dx}{x^2} = t\, dt \ , \ x \neq 0$
(c)	$\int \frac{dx}{h(x)} = \int g(t)\, dt$	$-\frac{1}{x} = \frac{t^2}{2} + \beta \ , \ x \neq 0 \ , \ \beta \in \mathbb{R}$
(d)	Nach x auflösen.	$x = \frac{-2}{t^2 + 2\beta} \ , \ t^2 + 2\beta \neq 0 \ , \ \beta \in \mathbb{R}$

Den Namen **Trennung der Veränderlichen** erhält diese Prozedur, da man beim Übergang von (a) zu (b) augenscheinlich die Veränderlichen t und x „trennt", um über sie anschließend separat zu integrieren. Daß die aus diesem formalen Prozeß hervorgehende Funktion von t für jedes $\beta \in \mathbb{R}$ die gegebene Differentialgleichung tatsächlich löst, ist gegenwärtig noch nicht zu erkennen, wird sich später aber zeigen (siehe auch Aufgabe 2). Wir werden uns vorläufig auf den pragmatischen Standpunkt stellen, daß die Frage nach der *Herkunft* einer Funktion zweitrangig ist, solange wir in der Lage sind, diese (wie auch immer gefundene) Funktion als Lösung der uns interessierenden Differentialgleichung nachzuweisen. Die Entwicklung von Methoden zur systematischen Bestimmung von Lösungen verschieben wir auf das Kapitel 4.

Im vorliegenden Beispiel kann man leicht bestätigen, daß die in (d) ermittelte Funktion

$$\mu_\beta(t) = \frac{-2}{t^2 + 2\beta} \qquad \text{für jedes } \beta \in \mathbb{R}$$

eine Lösung der Differentialgleichung

$$\boxed{\dot{x} = x^2 t}$$

ist, und zwar für $\beta > 0$ auf ganz $\mathbb{R}$, für $\beta = 0$ auf $(-\infty\,, 0)$ und $(0\,, \infty)$, und für $\beta < 0$ auf $(-\infty\,, -\sqrt{-2\beta}\,)$, $(-\sqrt{-2\beta}\,, \sqrt{-2\beta}\,)$ und $(\sqrt{-2\beta}\,, \infty)$. Bemerkenswerterweise ist diese durch Trennung der Veränderlichen hergeleitete Lösungsschar nicht die gleiche wie die im Beispiel 1.1.11 angegebene. Insbesondere sind die Lösungen $\mu_0(t) = -\frac{2}{t^2}$, $t \neq 0$ und $\lambda_0(t) \equiv 0$ nur in jeweils einer der beiden Scharen enthalten. In jedem Falle bleibt also festzustellen, daß der gegenwärtige Stand der Dinge noch nicht befriedigend ist. Erste Fortschritte werden wir aber schon im nächsten Abschnitt erzielen. ◊

Wir verlassen nun die konkreten Beispiele mit einem ersten, wenn auch noch unzureichenden Eindruck von der ungeheuren Vielfalt der in Theorie und Praxis auftretenden Typen von gewöhnlichen Differentialgleichungen. Um mit einer solchen Menge von Gleichungstypen erfolgversprechend umgehen zu können, wird es sich als unerläßlich erweisen, die Menge aller Differentialgleichungen durch Auszeichnung bestimmter Klassen zu strukturieren und diese Klassen dann unter Ausnutzung der sie bestimmenden Merkmale gesondert zu untersuchen. Den ersten Abschnitt dieses Buches wollen wir damit beschließen, daß wir zwei Klassen expliziter Differentialgleichungen, deren spezielle Gleichungsstrukturen besonders weitreichende Konsequenzen haben, definieren und einige einfache Grundaussagen hierfür herleiten. Es handelt sich um die Klasse der *linearen* und die der *autonomen* Differentialgleichungen.

Da wie in der gesamten Mathematik auch bei den Differentialgleichungen die *linearen* Strukturen eine besondere Rolle spielen, beginnen wir mit den linearen Differentialgleichungen. Eine N-dimensionale Differentialgleichung $x^{(n)} = f(t, x, \dot{x}, \ldots, x^{(n-1)})$ nennen wir dabei **linear**, wenn sie sich darstellen läßt in der Form

$$\boxed{x^{(n)} = \sum_{i=0}^{n-1} A_i(t)\, x^{(i)} + g(t)} \tag{1.5}$$

mit Funktionen $A_i : J \to \mathbb{R}^{N\times N}$, $i = 0,\ldots,n-1$ und $g : J \to \mathbb{R}^N$, die auf einer offenen Menge $J \subseteq \mathbb{R}$ definiert sind. Ist hierbei $g(t) \equiv 0$, d.h. hat (1.5) die Form

$$\boxed{x^{(n)} = \sum_{i=0}^{n-1} A_i(t)\, x^{(i)}}\ , \tag{1.6}$$

so heißt die Differentialgleichung **homogen**, andernfalls **inhomogen**. Die $A_i(t)$ nennen wir **Koeffizienten(matrizen)** und $g(t)$ heißt **Inhomogenität**.

Die für alles weitere grundlegende Eigenschaft linearer Differentialgleichungen beschreibt der nun folgende Satz.

1.1.20 Satz (Superpositionsprinzip): *Ist $\lambda_1 : I \to \mathbb{R}^N$ eine Lösung einer Differentialgleichung der Form (1.5) mit Inhomogenität $g_1(t)$ und ist $\lambda_2 : I \to \mathbb{R}^N$ eine Lösung von (1.5) mit Inhomogenität $g_2(t)$, so ist für beliebige reelle c_1, c_2 die auf I erklärte Funktion $c_1\lambda_1(t) + c_2\lambda_2(t)$ eine Lösung von*

$$\boxed{x^{(n)} = \sum_{i=0}^{n-1} A_i(t)\, x^{(i)} + c_1 g_1(t) + c_2 g_2(t)}\ .$$

Insbesondere ist mit je zwei Lösungen der homogenen Differentialgleichung (1.6) auch jede Linearkombination wieder eine Lösung dieser Gleichung.

Beweis: Die Aussage des Satzes ist eine unmittelbare Folge der Tatsache, daß die Differentiation eine lineare Operation ist. Für alle $t \in I$ gilt nämlich unter Verwendung der Lösungsidentitäten für $\lambda_1(t)$ und $\lambda_2(t)$ die geforderte Lösungsidentität für $c_1\lambda_1(t) + c_2\lambda_2(t)$:

$$\begin{aligned}
&\frac{d^n}{dt^n}\left[c_1\lambda_1(t) + c_2\lambda_2(t)\right] \equiv c_1\lambda_1^{(n)}(t) + c_2\lambda_2^{(n)}(t) \equiv \\
&\equiv c_1\Big[\sum_{i=0}^{n-1} A_i(t)\,\lambda_1^{(i)}(t) + g_1(t)\Big] + c_2\Big[\sum_{i=0}^{n-1} A_i(t)\,\lambda_2^{(i)}(t) + g_2(t)\Big] \equiv \\
&\equiv \sum_{i=0}^{n-1} A_i(t)\big[c_1\lambda_1(t) + c_2\lambda_2(t)\big]^{(i)} + c_1 g_1(t) + c_2 g_2(t)\ .
\end{aligned}$$ ■

Der zweite Typ von Differentialgleichungen, den wir bevorzugt behandeln werden, ist insofern von spezieller Natur, als in ihm die Variable t in der rechten Seite nicht auftritt. Genauer, eine Differentialgleichung der Form $x^{(n)} = f\big(t, x, \dot{x}, \ldots, x^{(n-1)}\big)$ nennen wir **autonom**, wenn die Funktion f von t unabhängig ist, sich die Gleichung also in der Form

$$\boxed{x^{(n)} = f\big(x, \dot{x}, \ldots, x^{(n-1)}\big)} \tag{1.7}$$

schreiben läßt mit einer rechten Seite $f : D \subseteq \mathbb{R}^{nN} \to \mathbb{R}^N$. Die erste Besonderheit, die diese spezielle Gestalt der rechten Seite mit sich bringt, betrifft die einfache Möglichkeit, konstante Lösungen zu bestimmen.

1.1.21 Satz (Charakterisierung konstanter Lösungen): *Eine Lösung der autonomen Differentialgleichung (1.7) ist genau dann konstant und besitzt den Wert $c \in \mathbb{R}^N$, wenn $f(c, 0, \ldots, 0) = 0$ gilt. Speziell im Fall einer Differentialgleichung 1. Ordnung $\dot{x} = f(x)$ charakterisieren also die Nullstellen von $f(x)$ die konstanten Lösungen dieser Differentialgleichung.*

Beweis: (i) Ist $\lambda(t) \equiv c$ eine Lösung von (1.7), d.h. gilt die Identität $\lambda^{(n)}(t) \equiv f(\lambda(t), \ldots, \lambda^{(n-1)}(t))$, so folgt unmittelbar $0 = f(c, 0, \ldots, 0)$.

(ii) Gilt umgekehrt $f(c, 0, \ldots, 0) = 0$, so folgt für die konstante Funktion $\lambda(t) \equiv c$ die Lösungsidentität $\lambda^{(n)}(t) \equiv f(\lambda(t), \ldots, \lambda^{(n-1)}(t))$. ■

Eine zweite bedeutsame Eigenschaft autonomer Differentialgleichungen ist die sogenannte **Translationsinvarianz** ihrer Lösungen, was besagen soll, daß eine Translation $t \mapsto t + \alpha$ eine Lösung $\lambda(t)$ wieder in eine Lösung überführt. Die präzise Formulierung dieser Aussage gibt der folgende Satz.

1.1.22 Satz (Translationsinvarianz): *Ist $\lambda : I \to \mathbb{R}^N$ eine Lösung der autonomen Differentialgleichung (1.7), so ist für jedes $\alpha \in \mathbb{R}$ auch die auf dem Intervall $\{t \in \mathbb{R} : t + \alpha \in I\}$ erklärte Funktion $\mu(t) := \lambda(t + \alpha)$ eine Lösung von (1.7).*

Beweis: Aus der Lösungsidentität $\lambda^{(n)}(t) \equiv f\big(\lambda(t), \ldots, \lambda^{(n-1)}(t)\big)$ folgt, wenn man die Identität $\mu^{(i)}(t) \equiv \lambda^{(i)}(t + \alpha)$ für $i = 0, \ldots, n$ beachtet, unmittelbar $\mu^{(n)}(t) = \lambda^{(n)}(t + \alpha) = f\big(\lambda(t + \alpha), \ldots, \lambda^{(n-1)}(t + \alpha)\big) = f\big(\mu(t), \ldots, \mu^{(n-1)}(t)\big)$ für alle $t \in \mathbb{R}$ mit $t + \alpha \in I$. ■

Wir beschließen diesen Abschnitt mit einer Bemerkung zur *Verneinung* der eben eingeführten Differentialgleichungsattribute *linear* und *autonom*, denn es hat sich in diesem Zusammenhang in der Literatur ein etwas ambivalenter, aber bequemer Sprachgebrauch eingebürgert, den auch wir übernehmen wollen.

Vor dem Hintergrund mathematischer Logik ist klar, was es heißt, eine Differentialgleichung der Form $x^{(n)} = f\big(t, x, \dot{x}, \ldots, x^{(n-1)}\big)$ sei nicht linear. Bei dem Begriff „nicht linear" handelt es sich, wie nicht anders zu erwarten, um die logische Verneinung von „linear", d.h. die Differentialgleichung läßt sich *nicht* in der Form (1.5) darstellen. Im Gegensatz dazu gibt man dem zusammengesetzten Wort **nichtlinear** die Bedeutung von „nicht notwendig linear". Wenn man also sagt, eine Aussage gelte für nichtlineare Differentialgleichungen, so heißt das, sie gilt für Differentialgleichungen, die nicht notwendig linear sind, also für lineare und solche, die nicht linear sind. In diesem Sinne ist das 7. Kapitel dieses Buches *nichtlinearen* Differentialgleichungen gewidmet.

Entsprechend dieser Bemerkung wollen wir auch das zusammengesetzte Wort **nichtautonom** im Sinne von „nicht notwendig autonom" verstehen.

Aufgaben

1. Gegeben sei eine Differentialgleichung der Form

$$\boxed{x^{(n)} = f(t, x, \dot{x}, \ldots, x^{(n-1)})}\,.$$

Zeigen Sie: Ist die rechte Seite $f : D \subseteq \mathbb{R}^{1+nN} \to \mathbb{R}^N$ stetig, so ist auch die n-te Ableitung jeder Lösung dieser Differentialgleichung stetig. Was läßt sich aussagen, wenn die rechte Seite k-mal differenzierbar ist?

2. Gegeben seien auf Intervallen I, J stetige Funktionen $g : I \to \mathbb{R}$ und $h : J \to \mathbb{R}$ sowie die zugehörige skalare Differentialgleichung

$$\boxed{\dot{x} = g(t)\,h(x)}\,.$$

(a) Zeigen Sie, daß jede Nullstelle x_0 von $h(x)$ eine konstante Lösung $\lambda(t) \equiv x_0$ auf I liefert.

(b) Es sei $h(x) \neq 0$ auf einem Intervall $J_0 \subseteq J$. Die Funktion $H : J_0 \to \mathbb{R}$ sei eine Stammfunktion von $\frac{1}{h(x)}$, und $H^{-1} : H(J_0) \to J_0$ sei die Umkehrfunktion von $H(x)$. Ferner sei $G : I \to \mathbb{R}$ eine Stammfunktion von $g(t)$. Zeigen Sie, daß dann für jedes $\alpha \in \mathbb{R}$ die Funktion $\lambda_\alpha(t) := H^{-1}\big(G(t) + \alpha\big)$ auf jedem Intervall $I_0 \subseteq I$, auf dem sie definiert ist, eine Lösung der gegebenen Differentialgleichung darstellt.

3. Gegeben sei die skalare Differentialgleichung

$$\boxed{\dot{x} = x t^2}\,.$$

Bestimmen Sie für jedes $\gamma \in \mathbb{R}$ eine Lösung $\nu_\gamma(t)$ auf $\mathbb{R}$ mit $\nu_\gamma(0) = \gamma$, und zwar

(a) nach der im Beispiel 1.1.19 beschriebenen Prozedur,

(b) mit Hilfe der vorherigen Aufgabe 2.

Vergleichen Sie beide Vorgehensweisen.

4. Überprüfen Sie jede in diesem Abschnitt vorgestellte Differentialgleichung dahingehend, ob es sich um eine lineare oder eine autonome Differentialgleichung handelt. Welche sind sowohl linear als auch autonom?

5. Zeigen Sie an Hand eines Beispiels, daß bei einer nichtlinearen Differentialgleichung die Summe zweier Lösungen im allgemeinen nicht wieder eine Lösung ist. Vergleichen Sie hierzu das Superpositionsprinzip 1.1.20.

6. Zeigen Sie an Hand eines Beispiels, daß die im Satz 1.1.22 beschriebene Translationsinvarianz für die Lösungen nichtautonomer Differentialgleichungen im allgemeinen nicht gilt.

1.2 Anfangswertprobleme

Unter Verweis auf die nachfolgende Abildung 1.4 erinnern wir an den im vorherigen Abschnitt hergestellten anschaulichen Zusammenhang zwischen der rechten Seite einer skalaren Differentialgleichung

$$\boxed{\dot{x} = f(t, x)}$$

und den Lösungskurven dieser Gleichung. Wir haben dort – auch an Hand des Beispiels 1.1.14 – gesehen, daß es nicht so klar ist, ob die Differentialgleichung bei beliebig vorgegebener rechter Seite $f(t,x)$ überhaupt Lösungen besitzt. In diesem Abschnitt erhöhen wir nun die Ansprüche noch insofern, als wir einen beliebigen Punkt (t_0, x_0) aus dem Definitionsbereich D von $f(t,x)$ vorgeben und fragen, ob durch ihn der Graph einer Lösung $\lambda(t)$ verläuft (siehe Abbildung 1.4).

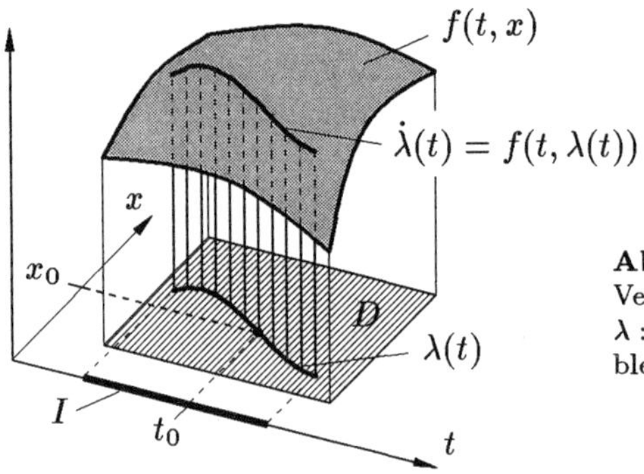

Abb. 1.4
Veranschaulichung der Lösung $\lambda : I \to \mathbb{R}$ des Anfangswertproblems $\dot{x} = f(t,x)$, $x(t_0) = x_0$

Die zum gegenwärtigen Zeitpunkt sicherlich überraschende Antwort auf diese Frage wollen wir andeutungsweise schon vorwegnehmen: Ob es zu einer vorgegebenen Funktion $f : D \subseteq \mathbb{R}^{1+N} \to \mathbb{R}^N$ durch einen beliebigen Punkt $(t_0, x_0) \in D$ eine Lösungskurve der Differentialgleichung $\dot{x} = f(t,x)$ gibt, hängt lediglich von der Glattheit der Funktion $f(t,x)$ ab. Wie wir sehen werden, genügt schon die Stetigkeit, um die *Existenz* einer solchen Lösung zu sichern. Für die zusätzliche *Eindeutigkeit* der Lösungskurve durch den Punkt (t_0, x_0) benötigt man etwas mehr. Stetige Differenzierbarkeit wird sich als hinreichend erweisen, man kommt aber schon mit weniger aus, nämlich der sogenannten *Lipschitz-Stetigkeit*, das ist eine Form von Glattheit, die zwischen der Stetigkeit und der Differenzierbarkeit angesiedelt ist. All dies wird uns im Kapitel 2 im Rahmen der Existenztheorie beschäftigen.

Nach dieser geometrischen Vorüberlegung nehmen wir nun wieder einen analytischen Standpunkt ein und erinnern uns, daß wir im vorigen Abschnitt an Hand von Beispielen sehen konnten, daß bei Differentialgleichungen die Lösungen meist nicht isoliert, sondern gleich in ganzen Scharen auftreten. Um Lösungen eindeutig festzulegen, wird es also nötig (bzw. erlaubt) sein (je nach Standpunkt oder Fragestellung), gewisse einschränkende Bedingungen zu stellen. Wieviele Bedingungen sind nun aber angemessen? Die Plausibilitätsbetrachtungen des letzten Abschnitts haben die Vermutung nahegelegt, daß ein N-dimensionales System n-ter Ordnung

$$\boxed{x^{(n)} = f\big(t, x, \ldots, x^{(n-1)}\big)} \tag{1.8}$$

eine Lösungsschar mit $n \cdot N$ „freien" Parametern besitzt, und so eine Lösung durch $n \cdot N$ geeignete Bedingungen eindeutig festgelegt wird. Bei der Wahl dieser Bedingungen mag man etwa daran denken, für einen oder mehrere t-Werte den Funktionswert und/oder gewisse Ableitungen der Lösung $\lambda(t)$ vorzuschreiben. Benutzt man hierbei verschiedene t-Werte, so spricht man von sogenannten

Randbedingungen. Die entsprechende Theorie der **Randwertprobleme** wird in diesem Buch keine Rolle spielen. Stattdessen konzentrieren wir uns auf die sogenannten **Anfangswertprobleme**, bei denen Lösungen gesucht werden, die an einer einzigen t-Stelle gewissen Bedingungen genügen.

Um dies zu präzisieren, betrachten wir die Differentialgleichung (1.8) mit einer rechten Seite $f : D \subseteq \mathbb{R}^{1+nN} \to \mathbb{R}^N$ und stellen dieser Gleichung eine sogenannte **Anfangsbedingung** an die Seite, das ist ein Satz von Gleichungen der Form

$$x(t_0) = x_0\,,\quad \dot{x}(t_0) = x_1\,,\quad \ldots\quad, x^{(n-1)}(t_0) = x_{n-1}\,, \tag{1.9}$$

wo $(t_0, x_0, x_1, \ldots, x_{n-1})$ ein gegebener Punkt aus D ist. Unter einer **Lösung des Anfangswertproblems** (1.8), (1.9) verstehen wir dann eine Lösung $\lambda : I \to \mathbb{R}^N$ der Differentialgleichung (1.8) mit einem t_0 enthaltenden Lösungsintervall I und den Eigenschaften

$$\lambda(t_0) = x_0\,,\quad \dot{\lambda}(t_0) = x_1\,,\quad \ldots\quad, \lambda^{(n-1)}(t_0) = x_{n-1}\,.$$

Da die x-Variable hierbei N-dimensional ist, handelt es sich bei der Anfangsbedingung (1.9) tatsächlich, wie beabsichtigt, um insgesamt $n{\cdot}N$ koordinatenweise Bedingungen.

Wie es sich in Kürze zeigen wird, ist der aus theoretischer Sicht wichtigste Fall der von Systemen 1. Ordnung, bei dem das Anfangswertproblem dann die übersichtliche Form

$$\boxed{\dot{x} \;=\; f(t,x)}\,,\qquad x(t_0) = x_0$$

besitzt. Wir nennen in diesem Zusammenhang $(t_0, x_0) \in \mathbb{R}^{1+N}$ das **Anfangswertepaar**, und im Hinblick auf die dynamische Interpretation von Differentialgleichungen, auf die wir in Kürze eingehen werden, bezeichnen wir t_0 häufig als **Anfangszeit** und x_0 als **Anfangswert**.

1.2.1 Beispiel: Stellt man zur Differentialgleichung

$$\boxed{\dot{x} \;=\; x^2 t} \tag{1.10}$$

des Beispiels 1.1.11 noch die Anfangsbedingung

$$x(0) = 2\,, \tag{1.11}$$

so läßt sich aus der dort angegebenen Lösungsschar

$$\lambda_\alpha(t) \;=\; \frac{2\alpha}{2 - \alpha t^2}$$

mittels der Beziehung $\lambda_\alpha(0) = 2$ der Parameterwert $\alpha = 2$ ermitteln (siehe Abbildung 1.5). Man verifiziert nun leicht, daß die Funktion $\lambda_2(t)$ tatsächlich eine Lösung des gestellten Anfangswertproblems ist mit dem zugehörigen Lösungsintervall $(-1\,,1)$. Man beachte hierbei, daß $\lambda_2(t)$ auf jedem der beiden Intervalle

$(-\infty, -1)$ und $(1, \infty)$ zwar ebenfalls eine Lösung der *Differentialgleichung* (1.10) ist, nicht jedoch eine Lösung des *Anfangswertproblems* (1.10), (1.11). ◊

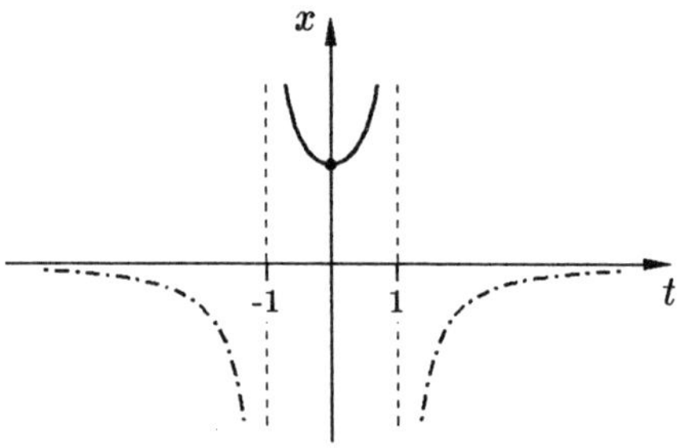

Abb. 1.5
Die Lösung $\lambda_2(t) = \frac{2}{1-t^2}$ des Anfangswertproblems $\dot{x} = x^2 t$, $x(0) = 2$

1.2.2 Beispiel: Eine Lösung des Anfangswertproblems

$$\boxed{x^{(4)} = \ddot{x}}, \quad x(0) = \dot{x}(0) = \ddot{x}(0) = x^{(3)}(0) = 0$$

läßt sich aus der im Beispiel 1.1.16 angegebenen Lösungsschar

$$\lambda_\alpha(t) = \alpha_1 + \alpha_2 t + \alpha_3 e^t + \alpha_4 e^{-t}$$

der Differentialgleichung $x^{(4)} = \ddot{x}$ berechnen. Die Beziehungen

$$\lambda_\alpha(0) = \dot{\lambda}_\alpha(0) = \ddot{\lambda}_\alpha(0) = \lambda_\alpha^{(3)}(0) = 0$$

liefern das lineare Gleichungssystem

$$\alpha_1 + \alpha_3 + \alpha_4 = 0\,, \quad \alpha_2 + \alpha_3 - \alpha_4 = 0\,, \quad \alpha_3 + \alpha_4 = 0\,, \quad \alpha_3 - \alpha_4 = 0$$

zur Bestimmung der Parameterwerte. Als Lösung des Anfangswertproblems ergibt sich die eindeutig bestimmte Funktion $\lambda_0(t) \equiv 0$. ◊

Daß Anfangswertprobleme nicht generell Lösungen besitzen, zeigt das nächste Beispiel, bei dem die unstetige Signum-Funktion[7] auftritt.

1.2.3 Beispiel: Das Anfangswertproblem

$$\boxed{\dot{x} = \operatorname{sgn} t}, \quad x(0) = 0$$

besitzt keine Lösung mit 0 im Innern des Lösungsintervalls, denn für $t < 0$ wäre die Ableitung der angenommenen Lösung gleich -1, und für $t > 0$ wäre sie gleich 1. Bei 0 kann eine solche Funktion dann nicht differenzierbar sein, aber Lösungen sind per definitionem differenzierbar. Wieder liefert die Zwischenwerteigenschaft der Ableitungsfunktion (vgl. Beispiel 1.1.14) das ultimative Argument gegen die Existenz einer Lösung. ◊

[7] Der Wert der Signum-Funktion sgn : $\mathbb{R} \to \{-1, 0, 1\}$ ist bekanntlich gleich -1, 0 oder 1, je nachdem ob das Argument negativ, null oder positiv ist.

Nach diesem Beispiel zur Nichtexistenz der Lösungen von Anfangswertproblemen soll mit dem nächsten Beispiel demonstriert werden, daß auch mehrere Lösungen möglich sind. Dazu müssen wir zunächst präzisieren, was es heißt, ein Anfangswertproblem besitzt nur *eine* Lösung. Zu diesem Zwecke betrachten wir nochmals das allgemeine Anfangswertproblem

$$\boxed{x^{(n)} = f\big(t, x, \ldots, x^{(n-1)}\big)}\,, \quad x(t_0) = x_0\,, \ \ldots\,, \ x^{(n-1)}(t_0) = x_{n-1} \tag{1.12}$$

und geben ein Intervall I mit $t_0 \in I$ vor. Man sagt dann, das Anfangswertproblem (1.12) besitzt eine **eindeutig bestimmte** oder **genau eine (globale) Lösung** auf I, wenn folgendes gilt: Sind $\lambda_1, \lambda_2 : I \longrightarrow \mathbb{R}^N$ zwei Lösungen des Anfangswertproblems (1.12), so gilt

$$\lambda_1(t) = \lambda_2(t) \quad \text{für alle } t \in I\,,$$

d.h. aus dem Übereinstimmen der beiden Lösungen $\lambda_1(t)$ und $\lambda_2(t)$ der Differentialgleichung an der *einen* Stelle $t = t_0$ folgt die Übereinstimmung auf dem *ganzen* Intervall I. Ferner sagt man, das Anfangswertproblem (1.12) besitzt **genau eine lokale Lösung** oder ist **lokal eindeutig lösbar**, wenn es ein Intervall mit t_0 im Innern gibt, auf dem das Anfangswertproblem genau eine Lösung besitzt. Man beachte den Unterschied: Die *globale* Eindeutigkeit bezieht sich auf ein vorher festgelegtes Intervall, während bei der *lokalen* Eindeutigkeit über die Größe des Intervalls um t_0, in dem es nur eine Lösung gibt, a priori nichts bekannt ist.

1.2.4 Beispiel: Für das Anfangswertproblem

$$\boxed{\dot{x} = \sqrt[3]{x^2}}\,, \quad x(0) = 0$$

trifft es nicht zu, daß es lokal eindeutig lösbar ist (siehe Abbildung 1.6). Es besitzt vielmehr auf jedem die 0 enthaltenden Intervall unendlich viele Lösungen, denn

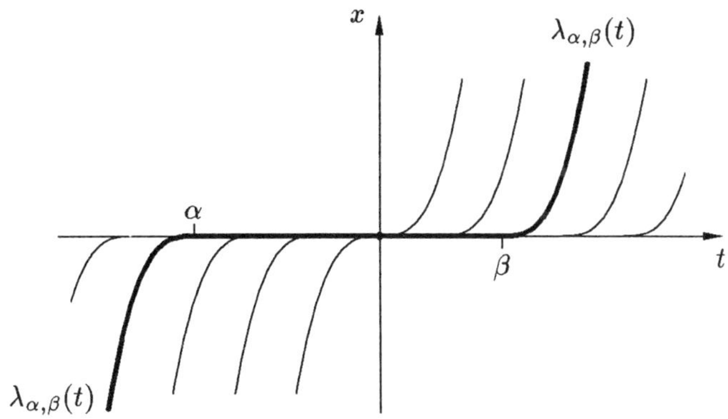

Abb. 1.6 Lösungsschar $\lambda_{\alpha,\beta}(t)$ der Differentialgleichung $\dot{x} = \sqrt[3]{x^2}$

für beliebige α, β mit $-\infty \leq \alpha < 0 < \beta \leq \infty$ ist die Funktion

$$\lambda_{\alpha,\beta}(t) := \begin{cases} \frac{1}{27}(t-\alpha)^3 & \text{für } t \leq \alpha \\ 0 & \text{für } \alpha < t < \beta \\ \frac{1}{27}(t-\beta)^3 & \text{für } t \geq \beta \end{cases}$$

eine Lösung des Anfangswertproblems auf ganz $\mathbb{R}$. Die Verifikation der Lösungseigenschaft geschieht hier zunächst abschnittsweise auf den drei Intervallen $(-\infty, \alpha]$, (α, β), $[\beta, \infty)$. Daß sich dann die drei Lösungen zu einer einzigen Lösung auf ganz $\mathbb{R}$ zusammenfügen lassen, folgt aus der Differenzierbarkeit der resultierenden Funktion an den „Nahtstellen" α und β. ◊

Wie es sich später herausstellen wird, kann das Phänomen der lokal mehrdeutigen Lösbarkeit von Anfangswertproblemen bei dem vorherigen Beispiel nur dann auftreten, wenn der Anfangspunkt (t_0, x_0) auf der t-Achse liegt (siehe auch die Aufgaben 1 und 2). Eine – allerdings implizite – Differentialgleichung, bei der sogar durch *jeden* Anfangspunkt der Ebene mehrere Lösungskurven verlaufen, zeigt unser nächstes Beispiel.[8]

1.2.5 Beispiel: Bei der impliziten Differentialgleichung

$$\boxed{\dot{x}^2 - 1 = 0}$$

verlaufen, wie man leicht verifiziert, durch jeden Punkt (t_0, x_0) des $\mathbb{R}^2$ die Graphen der beiden auf ganz $\mathbb{R}$ definierten Lösungen $\lambda_1(t) := x_0 + t - t_0$ und $\lambda_2(t) := x_0 - t + t_0$. ◊

Erstrebenswert, sowohl aus theoretischer wie praktischer Sicht, ist die *eindeutige* Lösbarkeit von Anfangswertproblemen. In dieser Hinsicht verursachen nun die letzten drei Beispiele etwas Unbehagen. Das Beispiel 1.2.5 macht uns dabei wenig Sorge, denn bei *impliziten* Differentialgleichungen scheint es in der Natur der Sache zu liegen, daß man mit einiger Unbill zu rechnen hat. Wie steht es aber mit den beiden Beispielen *expliziter* Differentialgleichungen?

Während die Nichtlösbarkeit im Beispiel 1.2.3 ihre Ursache in der Unstetigkeit der rechten Seite hat, ist das Anfangswertproblem des Beispiels 1.2.4 trotz stetiger rechter Seite nicht eindeutig lösbar. Es wird also eines unserer Anliegen sein, geeignete Voraussetzungen für die rechten Seiten von Differentialgleichungen zu finden, die eindeutige Lösbarkeit von Anfangswertproblemen garantieren. Dies wird im Rahmen der allgemeinen Existenztheorie im Kapitel 2 geschehen. Ein Beispiel mit zugehörigem ad hoc-Beweis der eindeutigen Lösbarkeit von Anfangswertproblemen wollen wir jedoch schon vorwegnehmen.

---

[8] Wer ein Beispiel einer *expliziten* Differentialgleichung mit der gleichen „pathologischen" Eigenschaft sehen möchte, der konsultiere das Buch *„Ordinary Differential Equations"* von P. Hartman. Der Nachweis, daß *jedes* Anfangswertproblem bei dem dortigen Beispiel im Abschnitt II.5 mehrere Lösungen besitzt, läßt sich zwar mittels elementarer Analysis führen, erstreckt sich jedoch (inklusive Abbildung) über fünf Seiten.

1.2.6 Beispiel: Es seien eine stetige Funktion $a : \mathbb{R} \to \mathbb{R}$ und ein Punkt $(t_0, x_0) \in \mathbb{R}^2$ beliebig gegeben. Daß dann das Anfangswertproblem

$$\boxed{\dot{x} = a(t)x}, \quad x(t_0) = x_0 \tag{1.13}$$

die Funktion

$$\lambda_{t_0,x_0}(t) := x_0 \, e^{\int_{t_0}^{t} a(\tau)\,d\tau}$$

als eindeutig bestimmte Lösung auf ganz $\mathbb{R}$ besitzt, sieht man wie folgt. Ist $\mu(t)$ auf einem beliebigen t_0 enthaltenden Intervall I eine Lösung des Anfangswertproblems (1.13), so gilt

$$\dot{\mu}(t) \equiv a(t)\mu(t) \quad \text{und} \quad \mu(t_0) = x_0 \,. \tag{1.14}$$

Für die durch $\nu(t) := \mu(t) \exp\left(\int_t^{t_0} a(\tau)\,d\tau\right)$ definierte Funktion folgt daraus

$$\dot{\nu}(t) \equiv \dot{\mu}(t)\, e^{\int_t^{t_0} a(\tau)\,d\tau} - a(t)\,\mu(t)\, e^{\int_t^{t_0} a(\tau)\,d\tau} \equiv 0 \quad \text{und} \quad \nu(t_0) = x_0 \,.$$

Also gilt $\nu(t) \equiv x_0$, folglich $\mu(t) \equiv x_0 \exp\left(\int_{t_0}^{t} a(\tau)\,d\tau\right)$ auf I. Da $\mu(t)$ eine *beliebige* Lösung war, hat also *jede* Lösung des Anfangswertproblems (1.13) auf einem beliebigen t_0 enthaltenden Intervall notwendigerweise die Form $x_0 \exp\left(\int_{t_0}^{t} a(\tau)\,d\tau\right)$. Daß diese Funktion tatsächlich das Anfangswertproblem löst, und zwar auf ganz $\mathbb{R}$, kann man leicht nachrechnen. ◊

Wir beschließen diesen Abschnitt, indem wir nochmals auf die **Trennung der Veränderlichen** eingehen, und zwar jetzt unter dem Aspekt des Lösens von Anfangswertproblemen.

1.2.7 Beispiel: Wieder beschreiben wir die Prozedur, begleitet von unserem Standardbeispiel, in Form einer sich selbst erklärenden Tabelle.

	Prozedur	**Beispiel**
(a)	$\boxed{\frac{dx}{dt} = g(t)h(x)}$, $x(t_0) = x_0$	$\boxed{\frac{dx}{dt} = x^2 t}$, $x(t_0) = x_0$
(b)	$\frac{dx}{h(x)} = g(t)dt$, $x(t_0) = x_0$	$\frac{dx}{x^2} = t\,dt$, $x(t_0) = x_0$
(c)	$\int_{x_0}^{x} \frac{d\xi}{h(\xi)} = \int_{t_0}^{t} g(\tau)\,d\tau$	$\frac{1}{x_0} - \frac{1}{x} = \frac{t^2}{2} - \frac{t_0^2}{2}$
(d)	Nach x auflösen.	$x = \frac{2x_0}{2+x_0(t_0^2-t^2)}$

Der einzige Unterschied zum vorherigen Abschnitt besteht darin, daß jetzt *bestimmte* Integrale (mit den Komponenten t_0 und x_0 des Anfangswertepaares als untere Integrationsgrenzen) an Stelle *unbestimmter* Integrale (mit Integrationskonstanten) auftreten. Dieser scheinbar unwesentliche Unterschied zeigt jedoch an Hand unserer Beispielgleichung

$$\boxed{\dot{x} = x^2 t} \tag{1.15}$$

die erstaunliche Wirkung, daß mit der nun erzielten Lösung

$$\nu_{t_0,x_0}(t) := \frac{2x_0}{2 + x_0(t_0^2 - t^2)} \tag{1.16}$$

bei geeigneter Wahl von t_0 und x_0 *jede* der in den beiden Scharen $\lambda_\alpha(t)$ und $\mu_\beta(t)$ des vorherigen Abschnitts enthaltene Lösung vorliegt, darüberhinaus aber auch die Lösungen $\mu_0(t) = -\frac{1}{t^2}$, $t \neq 0$ und $\lambda_0(t) \equiv 0$, die in nur jeweils einer der beiden Scharen enthalten waren. Damit zeichnet sich gegenüber der Situation des letzten Abschnitts ein Fortschritt ab. Die entscheidende Frage jedoch, ob nämlich mit den Lösungen der Form (1.16) tatsächlich *alle* Lösungen der Differentialgleichung (1.15) bestimmt sind, muß im Moment noch unbeantwortet bleiben. Im Rahmen der allgemeinen Existenztheorie im Kapitel 2 wird sich jedoch auch diese Frage klären lassen. ◊

Aufgaben

1. Für welche $\omega \in \mathbb{R}$ besitzt nach dem gegenwärtigen Kenntnisstand das Anfangswertproblem

$$\boxed{\dot{x} = \sqrt[3]{x^2}}\,, \quad x(0) = -1$$

mehr als eine Lösung auf dem Intervall $[0, \omega]$? Wieviele Lösungen gibt es jeweils?

2. Berechnen Sie nach der im Beispiel 1.2.7 beschriebenen Methode für jedes Anfangswertepaar $(t_0, x_0) \in \mathbb{R}^2$ eine Lösung des Anfangswertproblems

$$\boxed{\dot{x} = \sqrt[3]{x^2}}\,, \quad x(t_0) = x_0 \,.$$

Welche Lösung ergibt sich für $x_0 = 0$? Verlaufen außer der hiermit berechneten noch weitere Lösungskurven durch den Punkt $(t_0, 0)$?

3. **Variation der Konstanten:** Gegeben seien zwei stetige Funktionen $a, b : \mathbb{R} \to \mathbb{R}$ und ein Punkt $(t_0, x_0) \in \mathbb{R}^2$. Berechnen Sie eine Lösung des Anfangswertproblems

$$\boxed{\dot{x} = a(t)x + b(t)}\,, \quad x(t_0) = x_0 \,,$$

indem Sie den Ansatz $\lambda(t) = c(t) \exp\left(\int_{t_0}^t a(\tau)\, d\tau\right)$ machen und eine Differentialgleichung zur Bestimmung der Funktion $c(t)$ herleiten. Zeigen Sie ferner, daß die so gefundene Lösung des Anfangswertproblems die eindeutig bestimmte globale Lösung auf $\mathbb{R}$ ist.

4. Gegeben sei eine stetige Funktion $f : \mathbb{R} \to \mathbb{R}$ und ein Punkt $(t_0, x_0, x_1) \in \mathbb{R}^3$. Zeigen Sie, daß dann das Anfangswertproblem 2. Ordnung

$$\boxed{\ddot{x} = f(t)}\,, \quad x(t_0) = x_0 \,, \quad \dot{x}(t_0) = x_1$$

eine eindeutig bestimmte globale Lösung auf $\mathbb{R}$ besitzt. Wie lautet sie?

5. Die Funktion $\lambda : I \to \mathbb{R}^N$ sei eine Lösung des Anfangswertproblems

$$\boxed{\dot{x} = f(t,x)}\,, \quad x(t_0) = x_0 \,, \tag{$*$}$$

wobei die rechte Seite der Differentialgleichung eine beliebige (nicht notwendig stetige) Funktion $f : D \subseteq \mathbb{R}^{1+N} \to \mathbb{R}^N$ ist. Zeigen Sie: Besitzt jedes der Anfangswertprobleme

$$\boxed{\dot{x} = f(t,x)}\,, \quad x(\tau) = \xi \quad \text{mit } (\tau, \xi) \in D$$

eine lokal eindeutig bestimmte Lösung, so ist $\lambda(t)$ die eindeutig bestimmte globale Lösung des Anfangswertproblems $(*)$ auf I.

1.3 Anwendungen

Differentialgleichungen spielen in den Natur- und Ingenieurwissenschaften seit jeher eine zentrale Rolle. Wir wollen es daher nicht versäumen, einige anwendungsorientierte Bemerkungen zu machen über die Herkunft von Differentialgleichungen, den Sinn der zugehörigen Fragestellungen und die Art der gesuchten Antworten.

	Realität	Mathematik	Differentialgleichungen
Problem	(1) →	(2) →	(3) ⤵
Lösung	(6) ←	(5) ←	(4) ←

Tab. 1.7 Anwendungsschema für Differentialgleichungen

Diese Tabelle soll dem Leser vor Augen führen, wie man sich – schematisch vereinfacht – den Einsatz von Differentialgleichungen bei der Lösung mathematischer, aber auch außermathematischer Fragen vorstellen kann.

Ein gegebenes Problem (1) der außermathematischen Realität muß zunächst mathematisiert, d.h. als mathematisches Problem (2) formuliert und dann in die Form eines Differentialgleichungsproblems (3) gebracht werden. Die Theorie gewöhnlicher Differentialgleichungen soll dann durch den Übergang (3) $\to$ (4) den Schritt von der Problem- zur Lösungsebene ermöglichen. Über die Lösung (5) des mathematischen Problems versucht man schließlich zur Lösung (6) des Ausgangsproblems zu gelangen.

Wie dieser Weg bei durchaus unterschiedlichen Fragestellungen begangen werden kann, soll nun an Hand einiger Beispiele aus Mathematik, Physik und Biologie gezeigt werden. Zunächst seien zwei mathematische Probleme vorgestellt, bei denen also der Weg (2) $\to$ (3) $\to$ (4) $\to$ (5) in der Tabelle 1.7 begangen werden soll.

1.3.1 Beispiel (Subtangentenproblem): Gegeben sei eine beliebige positive Zahl l. Gesucht sind differenzierbare Funktionen $\lambda : \mathbb{R} \to \mathbb{R}$, deren Subtangenten alle die gleiche Länge l besitzen. Unter einer **Subtangente** versteht man hierbei für beliebiges $\xi \in \mathbb{R}$ die Strecke vom Punkt ξ zum Schnittpunkt $T(\xi)$ der x-Achse mit der Tangente an den Graphen von $\lambda(x)$ im Punkt $(\xi, \lambda(\xi))$ (siehe Abbildung 1.8). Für eine gesuchte, zum Beispiel stets positive Funktion $\lambda(x)$ gilt

$$\lambda'(\xi) = \tan\alpha = \frac{\lambda(\xi)}{l} \quad \text{für alle } \xi \in \mathbb{R} .$$

Damit ist die gesuchte Funktion $\lambda(x)$ eine Lösung der Differentialgleichung

$$\boxed{y' = \frac{y}{l}}, \tag{1.17}$$

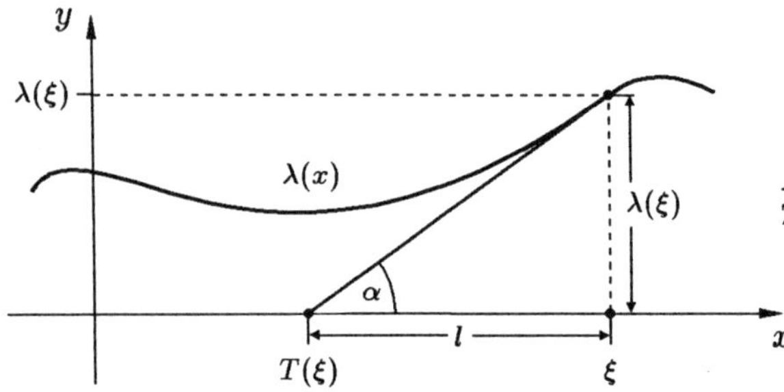

Abb. 1.8
Zum Subtangentenproblem

und unser geometrisches Ausgangsproblem (2) ist in ein Differentialgleichungsproblem (3) umgeformt. Daß in der Tat für jedes $\alpha > 0$ die Lösung

$$\lambda_\alpha(x) := \alpha \exp\left(\frac{x}{l}\right)$$

der Differentialgleichung (1.17) eine Funktion der gesuchten Art ist (siehe Abbildung 1.9), sieht man durch Berechnung der Nullstelle der Tangente $\lambda_\alpha(\xi) + \lambda'_\alpha(\xi)(x-\xi) = \alpha \exp\left(\frac{\xi}{l}\right)\left[1 + \frac{(x-\xi)}{l}\right]$ an den Graphen von $\lambda_\alpha(x)$ im Punkt $(\xi, \lambda_\alpha(\xi))$. Diese Nullstelle ist nämlich gerade $\xi - l$. Die Bestimmung *aller* Funktionen der gesuchten Art soll in der Aufgabe 1 erfolgen. ◊

Abb. 1.9
Zwei Lösungen $\lambda_\alpha(x) = \alpha \exp(\frac{x}{l})$ des Subtangentenproblems für den Fall $l = 2$

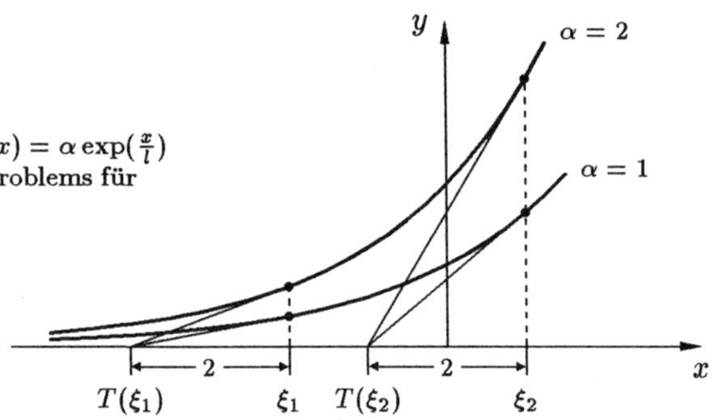

1.3.2 Beispiel (Orthogonaltrajektorien): Zu der die (x, y)-Ebene ohne die y-Achse überdeckenden Schar von Parabeln

$$y = \alpha x^2, \quad \alpha \in \mathbb{R}$$

sind sogenannte **Orthogonaltrajektorien** gesucht, das sind Kurven in der (x, y)-Ebene, die in ihrem gesamten Kurvenverlauf die Parabeln der gegebenen Schar rechtwinklig schneiden. Auch hier liegt wieder ein geometrisches Problem vor, zu dessen Lösung wir ein Hilfsproblem über Differentialgleichungen formulieren können (Übergang (2) → (3) in der Tabelle 1.7). Bei der Herleitung dieser Differentialgleichung nehmen wir außer der y-Achse auch die x-Achse aus, da die dort liegende Parabel $y = 0$ der gegebenen Schar (zum Parameterwert $\alpha = 0$) überall eine horizontale Steigung hat, und folglich jede gesuchte Orthogonaltrajektorie eine vertikale Steigung besitzt. Sei also (ξ, η) ein beliebiger Punkt der Ebene mit $\xi\eta \neq 0$ (siehe Abbildung 1.10). Durch ihn verläuft die Parabel

$$p(x) := \frac{\eta}{\xi^2}x^2$$

der gegebenen Schar mit der Steigung $p'(\xi) = \frac{2\eta}{\xi}$. Eine Orthogonaltrajektorie durch (ξ, η) muß dann dort die zu $\frac{2\eta}{\xi}$ orthogonale Steigung $-\frac{\xi}{2\eta}$ besitzen. Eine Funktion $\lambda(x)$, deren Graph eine Orthogonaltrajektorie durch (ξ, η) ist, erfüllt also die Bedingung

$$\lambda'(\xi) = -\frac{\xi}{2\eta} = -\frac{\xi}{2\lambda(\xi)}.$$

Da dies für alle ξ und η (mit $\xi\eta \neq 0$) gelten muß, ist zu erwarten, daß die Differentialgleichung

$$\boxed{y' = -\frac{x}{2y}}$$

Lösungen liefert, deren Graphen Orthogonaltrajektorien zur gegebenen Parabelschar sind. Mittels Trennung der Veränderlichen erhalten wir für jedes $\beta > 0$ die beiden Lösungen

$$\lambda_\beta(x) := \sqrt{\beta - \frac{x^2}{2}} \quad \text{und} \quad \mu_\beta(x) := -\sqrt{\beta - \frac{x^2}{2}} \quad \text{auf} \quad \left(-\sqrt{2\beta}\,,\ \sqrt{2\beta}\right).$$

Zu gegebenen ξ und η liefert dann speziell die Wahl $\beta := \frac{\xi^2}{2} + \eta^2$ eine Kurve durch den Punkt (ξ, η) (siehe Abbildung 1.10), und zwar vermittels der Funktion $\lambda_\beta(x)$ bzw. $\mu_\beta(x)$, je nachdem ob η positiv oder negativ ist. Damit ist das Differentialgleichungsproblem ((4) in der Tabelle 1.7) gelöst. Ist das nun schon eine Lösung des geometrischen Ausgangsproblems ((5) in der Tabelle 1.7)? Nicht ganz, aber weitgehend.

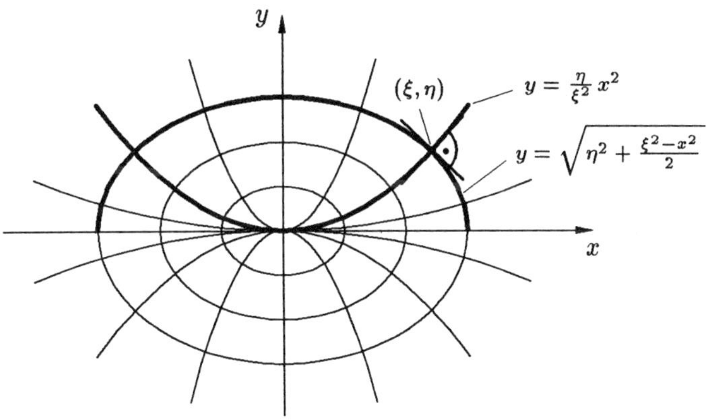

Abb. 1.10 Die zueinander orthogonalen Kurvenscharen $y = \alpha x^2$ und $x^2 + 2y^2 = 2\beta$

Die Funktionen $\lambda_\beta(x)$ und $\mu_\beta(x)$ beschreiben offensichtlich Halbellipsen. Die zugehörige Ellipsenschar

$$x^2 + 2y^2 = 2\beta\,, \quad \beta > 0\,,$$

welche man durch Hinzunahme der ausgenommenen Punkte auf den beiden Achsen erhält, liefert dann eine Schar von Orthogonaltrajektorien, wie man mit elementaren Mitteln leicht nachweisen kann. ◊

Nach diesen beiden innermathematischen Problemen geometrischer Art wollen wir uns nun außermathematischen Problemen kinematischer Art zuwenden. Die bei der Modellierung der jeweils zu beschreibenden Phänomene auftretende Zeit wollen wir wie üblich mit t bezeichnen und damit wieder zur t, x-Notation für Differentialgleichungen zurückkehren.

1.3.3 Beispiel (Mathematisches Pendel): Wir wollen die Bewegung eines Massenpunktes M der Masse m im Schwerefeld der Erde studieren, der mittels einer masselosen starren Stange der Länge l an einem festen Punkt P aufgehängt ist, und zwar so, daß die Bewegung des Pendels in einer Ebene verläuft (siehe Abbildung 1.11). Da ein solches ideales Pendel nur theoretisch realisierbar ist, nennt man es **mathematisches Pendel.**

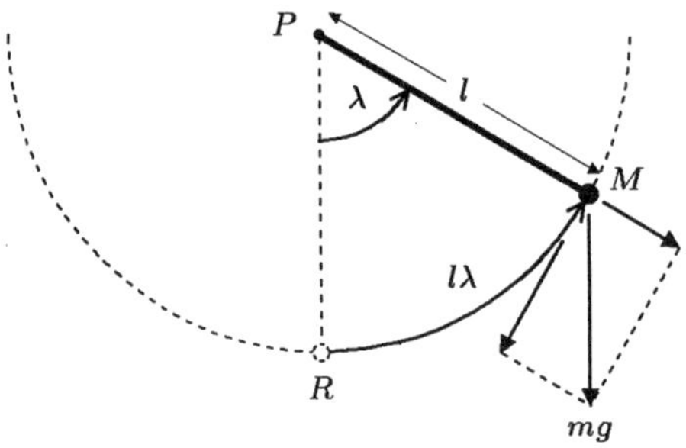

Abb. 1.11
Das mathematische Pendel

Zur Beschreibung der Lage des Punktes M, der sich ja stets auf dem Kreis um P mit Radius l befindet, genügt eine einzige Koordinate, etwa der von der tiefsten Lage R aus im Gegenuhrzeigersinn (im Bogenmaß) gemessene Winkel λ. Die Größen $\lambda(t), \dot\lambda(t), \ddot\lambda(t)$ beschreiben dann den Winkel, die Winkelgeschwindigkeit bzw. die Winkelbeschleunigung des Punktes M zum Zeitpunkt t. Die Lage, Geschwindigkeit und Beschleunigung des sich auf dem Kreis mit Radius l bewegenden Punktes erhält man dann einfach durch Multiplikation von $\lambda(t), \dot\lambda(t)$ bzw. $\ddot\lambda(t)$ mit l. Zur Herleitung einer Differentialgleichung für $\lambda(t)$ benutzen wir das **Newton'sche**[9] **Kraftgesetz**, das besagt, daß zu jedem Zeitpunkt die Beziehung

$$\textit{Kraft} \;=\; \textit{Masse mal Beschleunigung}$$

[9] Der Engländer Isaac **Newton** (1643–1727) konzipierte schon zu Studienzeiten u.a. in Cambridge die Grundideen seines späteren Lebenswerkes, das ihn zu einem der bedeutendsten Na-

gilt. Die rechte Seite dieser „Gleichung“ ist dann im vorliegenden Fall

$$ml\ddot{\lambda}(t)\ .$$

Es bleibt also zu bestimmen, welche Kraft zum Zeitpunkt t auf M wirkt. Da ist zunächst die Schwerkraft mg ($g =$ Erdbeschleunigung), genauer, die tangentiale Komponente (siehe Abbildung 1.11) der nach unten gerichteten Kraft $-mg$, nämlich

$$-mg\sin\lambda(t)\ .$$

Darüberhinaus berücksichtigen wir eine Reibungskraft, die der momentanen Geschwindigkeit $l\dot{\lambda}(t)$ proportional und entgegengesetzt, also gleich

$$-kl\dot{\lambda}(t)$$

ist mit einer Proportionalitätskonstanten $k \geq 0$. (Später, bei der mathematischen Analyse des Pendelproblems, lassen wir sogar eine nichtlineare Abhängigkeit der Reibungskraft von der Geschwindigkeit zu.) Insgesamt haben wir somit herausgefunden, daß die Bewegungen des mathematischen Pendels unter Einfluß von Schwerkraft und Reibung durch Lösungen der Differentialgleichung

$$\boxed{\ddot{x} \;=\; -\frac{k}{m}\dot{x} - \frac{g}{l}\sin x} \tag{1.18}$$

beschrieben werden können. Je nach Anfangslage und -geschwindigkeit führt das Pendel verschiedene Bewegungen aus, was sich in verschiedenen Anfangsbedingungen widerspiegelt. So bedeutet etwa die Anfangsbedingung

$$x(0) = 0\ , \quad \dot{x}(0) = 0\ , \tag{1.19}$$

daß sich das Pendel anfänglich in der tiefsten Lage in Ruhe befindet. Die Lösung $\lambda(t) \equiv 0$ des Anfangswertproblems (1.18), (1.19) entspricht dann gerade der Anschauung, daß in dieser Situation das Pendel in Ruhe verharren wird. Auch die Anfangsbedingung

$$x(0) = \pi\ , \quad \dot{x}(0) = 0$$

liefert eine konstante Lösung, nämlich $\lambda(t) \equiv \pi$. Diese beschreibt die schwerlich realisierbare aber theoretisch mögliche Situation, daß sich das Pendel zum Zeitpunkt $t = 0$ in der aufrecht stehenden Lage befindet und dort für alle Zeit verharrt.

---

turwissenschaftler der Menschheit werden ließ. Neben seinen grundlegenden Beiträgen zur Dynamik, Optik, Himmelsmechanik und Chemie sind aus mathematischer Sicht seine epochalen Leistungen in der Analysis und der Algebra zu nennen. Neben G.W. Leibniz (mit dem er einen unerfreulichen Prioritätsstreit austrug) ist Newton als einer der Väter der Infinitesimalrechnung und damit der Theorie der gewöhnlichen Differentialgleichungen zu bezeichnen. Newton's Beiträge zur Mathematik werden noch übertroffen von dem, was er für die Entwicklung der Physik geleistet hat. Das von ihm geprägte naturwissenschaftliche Weltbild behielt seine uneingeschränkte Gültigkeit über mehr als zwei Jahrhunderte.

Wesentlich mehr können wir über die Differentialgleichung (1.18) derzeit nicht sagen. Auf unserem in der Tabelle 1.7 skizzierten Weg vom physikalischen Ausgangsproblem zu dessen Lösung befinden wir uns also beim Differentialgleichungsproblem (3). Es wird sich zeigen, daß bei diesem Beispiel der Schritt von der Problem- zur Lösungsebene (speziell beim Auftreten eines nichtlinearen Reibungsterms) den Einsatz eines Großteils der in diesem Buch zu entwickelnden Theorie erfordert. Wir werden daher die Gleichung (1.18) des mathematischen Pendels entsprechend dem wachsenden Kenntnisstand immer wieder aufgreifen, so der Problemlösung näherbringen und schließlich vollständig analysieren.

Wir wollen das Beispiel des mathematischen Pendels noch zum Anlaß nehmen, auf eine grundlegende Vorgehensweise bei der Analyse *nichtlinearer* Differentialgleichungen hinzuweisen. Das Stichwort heißt *Linearisierung.* Wie man aus der ANALYSIS weiß, ist das A und O der Differentialrechnung die lokale Approximation von (im allgemeinen nichtlinearen) Funktionen durch lineare (genauer, affine) Funktionen. Der Preis für die dabei gewonnene Vereinfachung ist dabei der nur lokale Charakter der erzielten Ergebnisse, d.h. die Aussagefähigkeit in einer im allgemeinen nur kleinen, nicht exakt und nicht von vorneherein angebbaren Umgebung des zu untersuchenden Punktes. Exakt diese Situation liegt im Fall der Pendelgleichung (1.18) vor. Die rechte Seite ist wegen der auftretenden Sinusfunktion nicht linear. Ersetzt man nun aber $\sin x$ in der Nähe von $x = 0$ durch die lineare Approximation

$$\frac{d\sin}{dx}(0) \cdot x \equiv x \, ,$$

d.h. ersetzt man (1.18) durch die „linearisierte" Differentialgleichung

$$\boxed{\ddot{x} = -\frac{k}{m}\dot{x} - \frac{g}{l}x \, ,} \tag{1.20}$$

so kann man erwarten, daß diejenigen Lösungen der linearisierten Gleichung (1.20), die in der Nähe von $x = 0$ verbleiben, annähernd Bewegungen der nichtlinearen Pendelgleichung (1.18) beschreiben. Ob eine Linearisierung der hier gezeigten Art „zulässig" ist in dem Sinne, daß die Lösung des linearisierten Problems die tatsächlichen Verhältnisse des nichtlinearen Ausgangsproblems richtig widerspiegelt, ist nur am jeweils vorliegenden konkreten Problem entscheidbar und kann daher bestenfalls im Rahmen gewisser Problemklassen generell beantwortet werden.

Auch wenn uns für die Behandlung von Linearisierungsproblemen im Moment noch der theoretische Unterbau fehlt, so können wir doch am Beispiel der Pendelgleichung demonstrieren, daß Linearisierung – obwohl sie im allgemeinen eine grobe Vereinfachung darstellt – unter Umständen durchaus geeignet ist, zu nützlichen und alles andere als trivialen Erkenntnissen zu verhelfen. Zu diesem Zwecke betrachten wir die linearisierte Pendelgleichung (1.20) in der nochmals vereinfachten Form

$$\boxed{\ddot{x} = -\frac{g}{l}x \, ,} \tag{1.21}$$

d.h. wir vernachlässigen auch noch den Reibungterm. Diese Gleichung, die man auch als die Gleichung des **harmonischen Oszillators** bezeichnet, stellt nun ein extrem idealisiertes mathematisches Modell für ein Pendel dar. Gibt man dem so beschriebenen Pendel in der unteren Ruhelage R einen kleinen Anfangsimpuls, so wird es kleine und – bei entsprechenden Versuchsbedingungen – annähernd ungedämpfte Schwingungen um die Ruhelage ausführen. Mißt man nun die Schwingungsdauer, so stellt man fest, daß diese zwar von der Länge des Pendels abhängt, nicht jedoch von der Masse oder dem Anfangsimpuls (sofern er klein ist). Andererseits können zwei an verschiedenen Orten durchgeführte Messungen, bei ansonsten identischer Versuchsanordnung, zu unterschiedlichen Schwingungsdauern führen. Wie läßt sich dies erklären? Oder anders ausgedrückt, worauf deutet die Ortsabhängigkeit der Messungen hin? Zur Beantwortung dieser Fragen betrachten wir unser einfaches mathematisches Modell (1.21). Die geschilderte Situation entspricht dann gerade der Anfangsbedingung

$$x(0) = 0\,, \quad \dot{x}(0) = \alpha\,, \qquad \alpha \in \mathbb{R}\,. \tag{1.22}$$

Daß $|\alpha|$ hierbei klein sein soll, hat lediglich damit zu tun, daß man nur für solche Anfangsgeschwindigkeiten kleine Schwingungen erhält, für die (1.21) als adäquates Modell der realen Gegebenheiten angesehen werden kann. Als Lösung des Anfangswertproblems (1.21), (1.22) weist man

$$\lambda(t) := \alpha \sqrt{\tfrac{l}{g}} \sin \sqrt{\tfrac{g}{l}}\, t$$

leicht nach. Diese Lösung beschreibt eine reine Sinusschwingung mit der Schwingungsdauer

$$T := 2\pi \sqrt{\tfrac{l}{g}}\,,$$

die offensichtlich von der Masse m und der Anfangsgeschwindigkeit α unabhängig ist. Neben der experimentell leicht nachprüfbaren Abhängigkeit von l fällt hier die Abhängigkeit von der Erdbeschleunigung g auf. Die an verschiedenen Orten auf der Erdkugel gemessenen Schwingungsdauern identischer Pendel lassen also allein auf Grund des simplen linearisierten Pendelmodells (1.21) den Schluß zu, daß die Erdbeschleunigung und damit die Entfernung des Ortes der Messung vom Schwerpunkt der Erde nicht überall gleich ist. Schon Issac Newton war im 17. Jahrhundert in der Lage, auf diese Weise auf die Abplattung der Erde zu schließen. ◊

Die klassischen außermathematischen Anwendungen für Differentialgleichungen kommen aus der Physik, und damit aus den verschiedenen Bereichen der Technik. Die zuvor durchgeführte Diskussion des Pendels soll dem Leser einen kleinen Eindruck vermitteln vom Wechselspiel zwischen physikalisch-praktischen und mathematisch-theoretischen Gesichtspunkten. Es sei an dieser Stelle betont, daß im Fall des Pendels das Aufstellen einer Differentialgleichung (d.h. der Übergang von (1) über (2) nach (3) in der Tabelle 1.7) besonders einfach ist, da in Form des Newton'schen Kraftgesetzes eine Differentialgleichung unmittelbar vorliegt. Dies ist typisch für die gesamte Physik, denn die als „Naturgesetze" anerkannten Grundprinzipien liegen als exakt formulierte Gleichungen vor, in vielen Fällen sogar schon als Differentialgleichungen. Dem ist nicht so in den anderen naturwissenschaftlichen Disziplinen, ganz zu schweigen von den Gesellschafts- oder Geisteswissenschaften. Trotzdem ist unverkennbar, daß seit Jahrzehnten exakt-mathematische Methoden in zunehmendem Maße in den verschiedenen Wissenschaftszweigen Einzug halten, speziell in der Biologie, Chemie, Medizin sowie in den Wirtschafts- und Sozialwissenschaften. Von den genannten Disziplinen ist die Biologie diejenige, bei der Differentialgleichungsmodelle heutzutage am meisten verbreitet sind. Wir wählen daher das nächste Anwendungsbeispiel aus der Biologie, speziell aus der Populationsdynamik.

1.3.4 Beispiel (Räuber-Beute-Modell): Das auf den amerikanischen Biophysiker A. J. Lotka[10] und den italienischen Mathematiker und Physiker V. Volterra[11] zurückgehende Räuber-Beute-Modell, das wir hier behandeln wollen, geht von zwei Populationen aus, einer Räuber- und einer Beutepopulation. Man denke etwa an Füchse und Hasen, oder an zwei unterschiedliche Fischarten. Um ein mathematisches Modell aufstellen zu können, das die zeitliche Entwicklung der beiden Populationsgrößen beschreibt, müssen wir eine Reihe von Modellannahmen machen. Diese müssen einerseits die in der Realität vorkommenden sehr komplexen Zusammenhänge stark vereinfachen, auf der anderen Seite dürfen charakteristische Merkmale nicht verlorengehen. Es geht nun zunächst darum, die in das Modell aufzunehmenden Einflüsse für das Wachstum bzw. die Abnahme der beiden Populationen zu quantifizieren. Dazu bezeichne $\lambda(t)$ die Größe der Beute- und $\mu(t)$ die der Räuberpopulation, jeweils zum Zeitpunkt t. Um mit kontinuierlichen Veränderlichen arbeiten zu können, denken wir uns dabei die Größe der Populationen nicht über die Anzahl ihrer Individuen gemessen, sondern über die jeweilige „Biomasse". Wir formulieren nun die Modellannahmen:

1. Annahme: *Für die Beutepopulation steht Nahrung in unbegrenztem Umfang zur Verfügung*, so daß, wenn man zunächst den Einfluß der Räuber auf die Beute außer acht läßt, das Wachstum ausschließlich vom Geburtenüberschuß, d.h. von der Differenz zwischen Geburts- und natürlicher Todesrate, bestimmt wird. Man nimmt nun an, daß die diesbezügliche zeitliche Änderung $\dot{\lambda}(t)$ proportional ist zur jeweils vorhandenen Größe $\lambda(t)$ der Beutepopulation. Es gilt also

$$\dot{\lambda}(t) \equiv \alpha\,\lambda(t) \tag{1.23}$$

---

[10] Alfred James **Lotka** (1880–1949) studierte an den Universitäten in Birmingham, Leipzig sowie der Cornell- und der Johns Hopkins Universität in den USA. Obwohl er nicht als Wissenschaftler tätig war (er arbeitete in der statistischen Abteilung einer Versicherung) veröffentlichte er etwa 100 Arbeiten und 2 Bücher zur mathematischen Theorie der Evolution und Populationsdynamik.

[11] Vito **Volterra** (1860–1940) studierte an den Universitäten von Florenz und Pisa und war später als Professor in Pisa, Turin und Rom tätig. Nach seinem anfänglichen Wirken im Zusammenhang mit der Verallgemeinerung des Funktionsbegriffs, was zur Diskussion des nach ihm benannten Typs linearer Integralgleichungen führte, galt später sein Interesse primär den Anwendungen der Mathematik in der Mechanik und der Biologie. Er lieferte hierbei grundsätzliche Beiträge zur mathematischen Modellierung biologischer Systeme.

mit konstanter Geburtenüberschußrate $\alpha > 0$. Der Einfluß der Räuber auf die Beutepopulation bewirkt natürlich eine Abnahme der Bevölkerung, d.h. $\dot{\lambda}(t)$ wird verkleinert. Man nimmt an, daß diese Abnahme proportional ist zur Zahl der „Begegnungen“ zwischen Räuber- und Beutetieren. Diese Zahl beschreibt man durch das Produkt $\lambda(t)\,\mu(t)$ aus den jeweiligen Populationsgrößen. Man ersetzt also (1.23) durch

$$\dot{\lambda}(t) \;\equiv\; \alpha\,\lambda(t) - \beta\,\lambda(t)\,\mu(t)\,, \tag{1.24}$$

wo $\beta > 0$ den „Begegnungsparameter aus Sicht der Beutetiere“ darstellt.
2. Annahme: *Die Räuberpopulation ernährt sich ausschließlich von den Tieren der Beutepopulation*, so daß bei Abwesenheit der Beute die Todesrate (durch Verhungern) die Geburtenrate übertrifft. Auch hier nimmt man an, daß die (jetzt abnehmende) Änderung $\dot{\mu}(t)$ proportional zur Größe $\mu(t)$ der vorhandenen Population ist, d.h. es gilt

$$\dot{\mu}(t) \;\equiv\; -\gamma\,\mu(t)\,, \tag{1.25}$$

wo $\gamma > 0$ für die Differenz aus Todes- und Geburtenrate steht. Die tatsächlich vorhandenen Beutetiere ändern die Situation dergestalt, daß die Zahl der „Begegnungen“ zwischen Räuber- und Beutetieren die rechte Seite von (1.25) vergrößert, und zwar durch einen Term proportional zum Produkt $\lambda(t)\,\mu(t)$. Die Gleichung (1.25) wird also zu

$$\dot{\mu}(t) \;\equiv\; -\gamma\,\mu(t) + \delta\,\lambda(t)\,\mu(t)\,, \tag{1.26}$$

wo $\delta > 0$ den „Begegnungsparameter aus Sicht der Räuber“ darstellt.

Fassen wir nun (1.24) und (1.26) zusammen, so erkennen wir das Funktionenpaar $\big(\lambda(t), \mu(t)\big)$, das ja das zeitliche Verhalten der beiden Populationsgrößen beschreibt, als Lösung des 2-dimensionalen Differentialgleichungssystems

$$\boxed{\dot{x} \;=\; x(\alpha - \beta y)\,, \quad \dot{y} \;=\; y(\delta x - \gamma)}\,. \tag{1.27}$$

Wie im vorhergehenden Beispiel der Pendelgleichung fehlen uns auch hier derzeit noch die Mittel für eine detaillierte Diskussion. Wir können lediglich einige besonders einfache Lösungen angeben. Da sind zunächst die beiden konstanten Lösungen

$$\big(\lambda(t)\,,\mu(t)\big) \;\equiv\; \big(0\,,0\big) \quad \text{bzw.} \quad \big(\lambda(t)\,,\mu(t)\big) \;\equiv\; \big(\,\tfrac{\gamma}{\delta}\,,\; \tfrac{\alpha}{\beta}\,\big)\,,$$

die Situationen beschreiben, bei denen sich die beiden Populationen in einem konstanten Gleichgewicht befinden. Darüberhinaus erkennen wir die beiden nichtkonstanten Lösungen

$$\big(\lambda(t)\,,\mu(t)\big) \;\equiv\; \big(e^{\alpha t}, 0\big) \quad \text{bzw.} \quad \big(\lambda(t)\,,\mu(t)\big) \;\equiv\; \big(0\,, e^{-\gamma t}\big)\,,$$

welche die Dynamik des Modells beschreiben bei Abwesenheit jeweils einer der beiden Populationen. Während im zweiten Fall das Aussterben ($\lim_{t\to\infty} e^{-\gamma t} = 0$) der Räuber wegen der fehlenden Nahrung plausibel ist, erscheint die über alle Grenzen wachsende Vermehrung ($\lim_{t\to\infty} e^{\alpha t} = \infty$) der Beutetiere bei abwesenden Räubern unrealistisch. Diesem Mißstand kann man abhelfen, indem man einen sogenannten **sozialen Reibungsterm** oder **Streßterm** in das Modell einführt, der das unbegrenzte Wachstum eindämmt (siehe Aufgabe 5). Im Sinne unserer obigen Überlegungen ziehen wir von der rechten Seite der „Beutegleichung" $\dot{x} = x(\alpha - \beta y)$ einen Term εx^2 mit $\varepsilon > 0$ ab, der den „Begegnungen" der Beutetiere untereinander Rechnung trägt. Da das Problem der Überbevölkerung in gleichem Maße auch die Räuber trifft, verfahren wir analog mit der „Räubergleichung" und erhalten das System

$$\boxed{\dot{x} = x(\alpha - \beta y - \varepsilon x)\,, \quad \dot{y} = y(\delta x - \gamma - \kappa y)} \tag{1.28}$$

als Räuber-Beute-Modell mit **innerspezifischer Konkurrenz**. Auch dieses System wird uns später als Anwendungsbeispiel für die verschiedenen zu entwickelnden Methoden dienen. ◊

Aufgaben

1. Bestimmen Sie sämtliche differenzierbare Funktionen $\lambda : \mathbb{R} \to \mathbb{R}$, deren Subtangenten alle die gleiche Länge l besitzen (vgl. Beispiel 1.3.1).

2. Zu einer stetig differenzierbaren Funktion $q : \mathbb{R}^2 \to \mathbb{R}$, für die überall $\frac{\partial q}{\partial \alpha}(\alpha, x) \neq 0$ gilt, bestimme man eine Differentialgleichung derart, daß deren Lösungskurven die Kurven der Schar $y = q(\alpha, x)$, $\alpha \in \mathbb{R}$ stets senkrecht schneiden (Orthogonaltrajektorien, vgl. Beispiel 1.3.2). Verifizieren Sie Ihr Ergebnis rechnerisch und graphisch an Hand der Parabelschar
$$y = \alpha + x^2\,, \quad \alpha \in \mathbb{R}\,.$$

3. Ab dem Zeitpunkt des Schlagens eines Baumes zerfällt der im Holz vorhandene Kohlenstoff C^{14} derart, daß die zum Zeitpunkt t vorhandene Kohlenstoffmenge $\lambda(t)$ einer Differentialgleichung der Form
$$\boxed{\dot{x} = ax} \quad \text{mit } a < 0$$
genügt, d.h. zu jedem Zeitpunkt t ist die sogenannte **mittlere Zerfallsrate** $\dot{\lambda}(t)$ der momentan vorhandenen Menge $\lambda(t)$ proportional.
(a) Berechnen Sie die Proportionalitätskonstante a aus der Information, daß die **Halbwertszeit** (der Zeitraum, über dem eine Ausgangsmenge auf die Hälfte abnimmt) von Kohlenstoff C^{14} 5568 Jahre beträgt.
(b) Im Vergleich zur Zerfallsrate 6.68 von lebendem Holz wies die 1950 gefundene Holzkohle in einer Höhle bei Lascaux in Frankreich nur eine Zerfallsrate von 0.97 auf. Aus welcher Zeit stammen diese Holzkohle und damit die berühmten Höhlenzeichnungen von Lascaux?

4. Berechnen Sie eine Lösung der Differentialgleichung des harmonischen Oszillators (siehe (1.21)), die zum Zeitpunkt 0 den Anfangswert $(x_0, x_1) \in \mathbb{R}^2$ besitzt. Bedenken Sie dabei, daß diese Gleichung ein (idealisiertes) Pendel beschreibt, welches harmonische Schwingungen ausführt.

5. Machen Sie sich klar, daß die sogenannte **logistische Differentialgleichung**
$$\boxed{\dot{x} = \alpha x - \beta x^2}\,, \quad \alpha > 0\,,\ \beta \geq 0$$
ein mögliches Modell für die zeitliche Entwicklung einer einzelnen Population darstellt. Welche Rolle spielen dabei die Parameter α und β? Berechnen Sie die konstanten Lösungen dieser Gleichung und verifizieren Sie, daß für jedes $\alpha > 0$, $\beta \geq 0$ und $\xi \geq 0$ die Funktion
$$\lambda_{\alpha,\beta,\xi}(t) := \frac{\alpha\xi}{\beta\xi + (\alpha - \beta\xi)e^{-\alpha t}}$$
auf $[0, \infty)$ definiert und dort eine Lösung zur Anfangsbedingung $x(0) = \xi$ ist. Interpretieren Sie das Ergebnis (insbesondere für $t \to \infty$) in Abhängigkeit von den Parametern α, β und vom Anfangswert ξ.

1.4 Zwei nützliche Umformungen

Nach den anwendungsbezogenen Überlegungen des vorherigen Abschnitts wollen wir uns in diesem Abschnitt wieder theoretischen Fragen zuwenden. Es geht nun darum, zwei für die Entwicklung der Theorie gewöhnlicher Differentialgleichungen grundlegende Umformungen von Anfangswertproblemen vorzustellen.

1.4.1 Reduktion auf Systeme 1. Ordnung

Wie man schon sehen konnte, treten Differentialgleichungen in Theorie und Praxis in zahlreichen verschiedenen Formen auf. Im Hinblick auf eine einheitliche theoretische Behandlung all dieser Gleichungstypen werden wir nun die überraschende Aussage präzisieren, daß man Differentialgleichungssysteme beliebig hoher Differentiationsordnung stets gleichwertig durch Systeme 1. Ordnung ersetzen kann. Die Verringerung der Differentiationsordnung n hat natürlich ihren Preis, nämlich eine entsprechende Erhöhung der Dimension N, und zwar in dem Sinne, daß das Produkt dieser beiden Zahlen unverändert bleibt.

1.4.1 Satz (Reduktion auf Systeme 1. Ordnung): *Ist eine Funktion $f : D \subseteq \mathbb{R}^{1+nN} \to \mathbb{R}^N$ gegeben, so ist das N-dimensionale System n-ter Ordnung*

$$\boxed{x^{(n)} = f\big(t, x, \dot{x}, \ldots, x^{(n-1)}\big)} \tag{1.29}$$

gleichwertig zum $n{\cdot}N$-dimensionalen System 1. Ordnung

$$\boxed{\begin{aligned} \dot{y}_1 &= y_2 \\ \dot{y}_2 &= y_3 \\ &\ \vdots \\ \dot{y}_{n-1} &= y_n \\ \dot{y}_n &= f(t, y_1, y_2, \ldots, y_n) \end{aligned}} \tag{1.30}$$

mit $y_1, \ldots, y_n \in \mathbb{R}^N$ und $(t, y_1, y_2, \ldots, y_n) \in D$, und zwar in folgendem Sinne:

(a) Ist $\lambda(t)$ eine Lösung von (1.29), so ist $\big(\lambda(t), \dot{\lambda}(t), \ldots, \lambda^{(n-1)}(t)\big)$ eine Lösung des Systems (1.30).

(b) Ist $\big(\mu_1(t), \ldots, \mu_n(t)\big)$ eine Lösung von (1.30), so ist $\mu_1(t)$ eine Lösung von (1.29).

Genügt zudem bei gegebenem $(t_0, x_0, x_1, \ldots, x_{n-1}) \in D$ eine Lösung von (1.29) der Anfangsbedingung

$$x(t_0) = x_0\,,\quad \dot{x}(t_0) = x_1\,,\quad \ldots\quad, x^{(n-1)}(t_0) = x_{n-1}\,, \tag{1.31}$$

so erfüllt die zugehörige Lösung von (1.30) die Anfangsbedingung

$$y_1(t_0) = x_0\,,\quad y_2(t_0) = x_1\,,\quad \ldots\quad, y_n(t_0) = x_{n-1}\,, \tag{1.32}$$

und umgekehrt.

Beweis: (a) Ist $\lambda(t)$ eine Lösung von (1.29), so gilt auf dem zugehörigen Lösungsintervall

$$\lambda^{(n)}(t) \;\equiv\; f\big(t, \lambda(t), \ldots, \lambda^{(n-1)}(t)\big)\,.$$

Setzen wir für den Moment $\big(\mu_1(t), \ldots, \mu_n(t)\big) := \big(\lambda(t), \ldots, \lambda^{(n-1)}(t)\big)$, so folgt hieraus

$$\begin{aligned} \dot\mu_1(t) &\equiv \mu_2(t)\,,\quad \dot\mu_2(t) \equiv \mu_3(t)\,,\quad \ldots\quad, \dot\mu_{n-1}(t) \equiv \mu_n(t) \quad \text{und} \\ \dot\mu_n(t) &\equiv f\big(t, \lambda(t), \ldots, \lambda^{(n-1)}(t)\big) \;\equiv\; f\big(t, \mu_1(t), \ldots, \mu_n(t)\big)\,. \end{aligned}$$

Dies besagt aber gerade, daß $\big(\mu_1(t), \ldots, \mu_n(t)\big)$ eine Lösung von (1.30) ist. Erfüllt $\lambda(t)$ zudem die Anfangsbedingung (1.31), so genügt $\big(\mu_1(t), \ldots, \mu_n(t)\big)$ der Bedingung (1.32).

(b) Sei nun $\big(\mu_1(t), \ldots, \mu_n(t)\big)$ eine Lösung von (1.30), es gelte also

$$\dot\mu_1(t) \equiv \mu_2(t),\ \dot\mu_2(t) \equiv \mu_3(t)\,,\ \ldots\,,\ \dot\mu_n(t) \equiv f\big(t, \mu_1(t), \ldots, \mu_n(t)\big)\,. \tag{1.33}$$

Daraus ergibt sich

$$\dot\mu_1(t) \;\equiv\; \mu_2(t)\,,\quad \ddot\mu_1(t) \;\equiv\; \dot\mu_2(t) \;\equiv\; \mu_3(t)\,,\ \ldots\,,\ \mu_1^{(n-1)}(t) \;\equiv\; \mu_n(t)\,, \tag{1.34}$$

und schließlich

$$\mu_1^{(n)}(t) \equiv \dot\mu_n(t) \overset{(1.33)}{\equiv} f\big(t, \mu_1(t), \ldots, \mu_n(t)\big) \overset{(1.34)}{\equiv} f\big(t, \mu_1(t), \dot\mu_1(t), \ldots, \mu_1^{(n-1)}(t)\big).$$

Also ist $\mu_1(t)$ eine Lösung der Differentialgleichung (1.29). Genügt die Funktion $\big(\mu_1(t), \ldots, \mu_n(t)\big)$ zudem der Anfangsbedingung (1.32), so erfüllt wegen (1.34) $\mu_1(t)$ die Bedingung (1.31). ■

1.4.2 Bemerkung: Sowohl die Formulierung des Satzes 1.4.1 als auch sein Beweis legen nahe, wie man sich den für den praktischen Gebrauch wichtigen Übergang vom System (1.29) zum System (1.30) leicht merken kann. Man führt formal neue Variable ein, und zwar

$$y_1 := x\,,\quad y_2 := \dot x\,,\quad \ldots\quad, y_n := x^{(n-1)}\,.$$

Dies liefert dann unmittelbar die Beziehungen

$$\dot y_1 = y_2\,,\quad \ldots\quad, \dot y_{n-1} = y_n\,,\quad \dot y_n = x^{(n)}\,,$$

aus denen man unter Berücksichtigung von (1.29) das System (1.30) erhält. Ist dabei die Differentiationsordnung n klein, etwa 1, 2 oder 3, so wählt man statt der indizierten Größen $y_1, \ldots y_n$ vorzugsweise verschiedene Buchstaben ohne Indizes, so zum Beispiel x, y oder x, y, z, oder ähnlich. Für y_1 wählt man in jedem Fall sinnvollerweise die x-Variable des Ausgangssystems. □

1.4.3 Beispiel: Die Differentialgleichung des harmonischen Oszillators (mit normierten Koeffizienten, vgl. Gleichung (1.21) auf Seite 26)

$$\boxed{\ddot{x} \;=\; -\,x} \tag{1.35}$$

besitzt, wie man sofort sieht, die zwei-parametrige Lösungsschar

$$\lambda_{\alpha,\beta}(t) \;=\; \alpha \sin t + \beta \cos t\,, \quad \alpha, \beta \in \mathbb{R}\,.$$

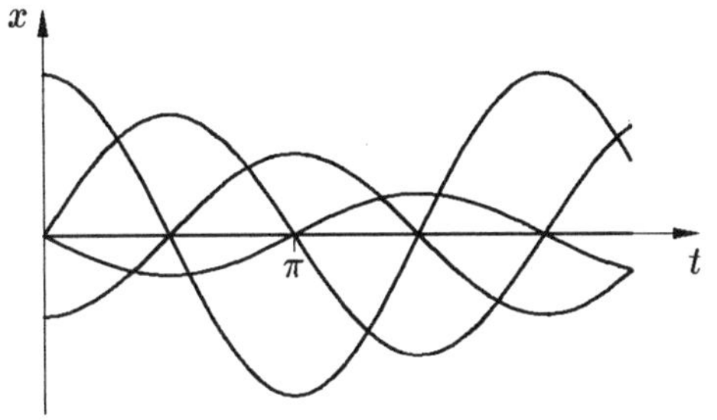

Abb. 1.12
Fünf Lösungskurven der skalaren Differentialgleichung $\ddot{x} = -\,x$

Das zur skalaren Differentialgleichung (1.35) gehörige System 1. Ordnung läßt sich in der Form

$$\boxed{\dot{x} \;=\; y\,, \quad \dot{y} \;=\; -\,x}$$

schreiben. Es besitzt nach Satz 1.4.1 die Lösungsschar

$$\mu_{\alpha,\beta}(t) \;=\; \big(\alpha \sin t + \beta \cos t\,,\; \alpha \cos t - \beta \sin t\big)\,, \quad \alpha, \beta \in \mathbb{R}\,,$$

was man leicht nachrechnen kann. Stellt man bei gegebenem $(t_0, x_0, x_1) \in \mathbb{R}^3$ noch die jeweiligen Anfangsbedingungen

$$x(t_0) = x_0\,, \quad \dot{x}(t_0) = x_1 \qquad \text{bzw.} \qquad x(t_0) = x_0\,, \quad y(t_0) = x_1\,,$$

so führt dies in beiden Fällen auf das lineare Gleichungssystem

$$\begin{pmatrix} \sin t_0 & \cos t_0 \\ \cos t_0 & -\sin t_0 \end{pmatrix} \begin{pmatrix} \alpha \\ \beta \end{pmatrix} = \begin{pmatrix} x_0 \\ x_1 \end{pmatrix}$$

mit der eindeutig bestimmten Lösung

$$\alpha \;=\; x_0 \sin t_0 + x_1 \cos t_0\,, \quad \beta = x_0 \cos t_0 - x_1 \sin t_0\,.$$

Die in der Abbildung 1.12 dargestellten Lösungen gehören zu den Anfangsbedingungen $(x(0)\,, \dot{x}(0)) = (2\,, 0)$ bzw. $(0\,, 1.5)$ bzw. $(0\,, 0)$ bzw. $(0\,, -0.5)$ bzw. $(-1\,, 0)$. Man beachte in diesem Zusammenhang, daß die jeweils zweite Komponente dieser Paare die Steigung angibt, mit der die zugehörige Lösung zum Zeitpunkt $t = 0$ im Punkt x_0 startet. ◊

Wir beschließen diesen Unterabschnitt, indem wir die große Bedeutung des einfachen Reduktionssatzes 1.4.1 für die Theorie gewöhnlicher Differentialgleichungen hervorheben:

Weitreichende Bedeutung des Satzes 1.4.1

Es genügt, alle theoretischen Ergebnisse über Differentialgleichungen für Systeme *1. Ordnung* herzuleiten. Systeme oder skalare Differentialgleichungen *höherer Ordnung* lassen sich nämlich gemäß Satz 1.4.1 auf Systeme 1. Ordnung zurückführen.

Mit dieser Erkenntnis erweisen sich die nun folgenden Überlegungen, die sich auf Systeme 1. Ordnung beziehen, als allgemeingültig.

1.4.2 Integralgleichungen

Im Zusammenhang mit theoretischen Fragestellungen erweist es sich oft als nützlich, eine gegebene Differentialgleichung in Form einer dazu äquivalenten „Integralgleichung" zu betrachten. Die Suche nach einer *Lösung* der Differentialgleichung, also einer bestimmten *differenzierbaren* Funktion, reduziert sich dabei auf die Suche nach einer nur noch *stetigen* Lösung der Integralgleichung. Daß dies in der Tat eine Erleichterung ist, liegt – grob gesprochen – daran, daß man mit diesem einfachen Trick die Menge der Objekte, in der man sucht, erheblich vergrößert. Schließlich gibt es wesentlich mehr stetige als differenzierbare Funktionen.

Was die Integration von vektorwertigen Funktionen angeht, so verweisen wir auf die elementaren Ausführungen im Anhang A.

1.4.4 Satz (Umformung einer Differentialgleichung in eine Integralgleichung): *Gegeben sei eine stetige Funktion $f : D \subseteq \mathbb{R}^{1+N} \to \mathbb{R}^N$, ein Punkt $(t_0, x_0) \in D$, ein Intervall I mit $t_0 \in I$ und eine Funktion $\lambda : I \to \mathbb{R}^N$ mit $\{(t, \lambda(t)) : t \in I\} \subseteq D$.*

Dann ist $\lambda(t)$ eine Lösung des Anfangswertproblems

$$\boxed{\dot{x} = f(t, x)}\,, \quad x(t_0) = x_0\,,$$

d.h. dann gilt

$$\dot{\lambda}(t) = f\big(t, \lambda(t)\big) \quad \text{für alle } t \in I, \text{ ferner } \lambda(t_0) = x_0 \tag{1.36}$$

genau dann, wenn $\lambda(t)$ stetig ist und der folgenden Beziehung genügt:

$$\lambda(t) = x_0 + \int_{t_0}^{t} f\big(s, \lambda(s)\big)\, ds \quad \text{für alle } t \in I\,. \tag{1.37}$$

Beweis: Die Formulierung des Satzes ist so ausführlich, daß der triviale Beweis auf der Hand liegt: Man integriert die Identität (1.36) von t_0 bis t bzw. differenziert die Identität (1.37). ■

Aufgaben

1. Gegeben sei das 2-dimensionale System 2. Ordnung

$$\boxed{\ddot{x}_1 = x_2 \sin t + \dot{x}_1 \dot{x}_2 \,, \quad \ddot{x}_2 = x_1 x_2 + \dot{x}_1 \cos t} \,.$$

Bestimmen Sie das hierzu äquivalente System 1. Ordnung.

2. Bestimmen Sie zu einem N-dimensionalen linearen System n-ter Ordnung

$$\boxed{x^{(n)} = \sum_{i=0}^{n-1} A_i(t)\, x^{(i)} + g(t)}$$

das zugehörige System 1. Ordnung. Konkretisieren Sie das Ergebnis am Beispiel

$$\boxed{\ddot{x}_1 = x_2 - 2x_1 + \sin t \,, \quad \ddot{x}_2 = x_1 - 2x_2 + t^2 \dot{x}} \,.$$

3. Berechnen Sie eine Lösung des 2-dimensionalen Anfangswertproblems

$$\boxed{\begin{aligned} \dot{u} &= v \\ \dot{v} &= \tfrac{2}{t} v - \tfrac{2}{t^2} u + \tfrac{1}{t} \end{aligned}} \,, \qquad \begin{aligned} u(1) &= 1 \,, \\ v(1) &= 0 \,. \end{aligned}$$

Betrachten Sie dazu das Beispiel 1.1.15.

4. Gegeben sei eine stetige Funktion $f : \mathbb{R}^{1+2N} \to \mathbb{R}^N$, ein Punkt $(\tau, \xi, \eta) \in \mathbb{R}^{1+2N}$, ein Intervall I mit $\tau \in I$ und eine Funktion $\lambda : I \to \mathbb{R}^N$.

(a) Zeigen Sie: $\lambda(t)$ ist eine Lösung des Anfangswertproblems

$$\boxed{\ddot{x} = f(t, x, \dot{x})} \,, \quad x(\tau) = \xi \,, \quad \dot{x}(\tau) = \eta$$

genau dann, wenn für alle $t \in I$ folgendes gilt:

$$\lambda(t) = \xi + (t - \tau)\eta + \int_\tau^t (t - s)\, f\big(s, \lambda(s), \dot{\lambda}(s)\big)\, ds \,.$$

(b) Verifizieren Sie diese Aussage an dem Anfangswertproblem

$$\boxed{\begin{aligned} \ddot{x}_1 &= x_2 \\ \ddot{x}_2 &= x_1 \end{aligned}} \,, \qquad \begin{aligned} x_1(0) &= 0 \,, & \dot{x}_1(0) &= 1 \,, \\ x_2(0) &= 0 \,, & \dot{x}_2(0) &= -1 \,, \end{aligned}$$

(vgl. Beispiel 1.1.18).

5. Zu einem Punkt $(t_0, x_0) \in \mathbb{R}^2$ bestimme man eine Lösung $\lambda(t)$ der Integralgleichung

$$\lambda(t) = x_0 + |t - t_0| + \int_{t_0}^t \lambda(\tau)\, d\tau \,.$$

Interpretieren Sie das Ergebnis im Hinblick auf eine mögliche, die Differenzierbarkeit betreffende, Verallgemeinerung des Lösungsbegriffs für Differentialgleichungen.

1.5 Geometrische Veranschaulichung

Die aus der ANALYSIS bekannte geometrische Veranschaulichung von Funktionen ist, wie wir andeutungsweise schon sehen konnten, auch bei Differentialgleichungen von großem Nutzen. Wir werden daher auf den geometrischen Aspekt der Theorie ausführlich eingehen. Auf Grund des Reduktionssatzes 1.4.1 können wir uns dabei auf Systeme 1. Ordnung konzentrieren.

Gegeben sei also ein N-dimensionales System 1. Ordnung

$$\boxed{\dot{x} = f(t,x)} \tag{1.38}$$

mit rechter Seite $f : D \subseteq \mathbb{R}^{1+N} \to \mathbb{R}^N$. Eine Lösung ist dann eine auf einem Intervall I differenzierbare Funktion $\lambda : I \to \mathbb{R}^N$, die der Identität

$$\dot{\lambda}(t) = f\big(t, \lambda(t)\big) \quad \text{für alle } t \in I \tag{1.39}$$

genügt, und deren Graph $\Lambda := \{(t, \lambda(t)) \in D : t \in I\}$ eine differenzierbare Kurve, die sogenannte **Lösungskurve** oder **Integralkurve** in D ist. Aus der ANALYSIS ist bekannt, daß der Tangentialvektor an eine solche Kurve Λ im Kurvenpunkt $\big(t_0, \lambda(t_0)\big)$, $t_0 \in I$, der Richtungsvektor der approximierenden Gerade G_{t_0} ist (siehe Abbildung 1.13). Diese Gerade G_{t_0} läßt sich bekanntlich in folgender Form darstellen:

$$\begin{aligned} G_{t_0} &= \big\{\big(t\,,\, \lambda(t_0)+\dot{\lambda}(t_0)(t-t_0)\big) : t \in \mathbb{R}\big\} \\ &= \big\{\big(t_0\,,\lambda(t_0)\big) + (t-t_0)\big(1\,,\dot{\lambda}(t_0)\big) : t \in \mathbb{R}\big\}\,. \end{aligned}$$

Der Richtungsvektor von Λ im Punkt $\big(t_0, \lambda(t_0)\big)$ ist also bis auf Normierung gerade der Vektor $\big(1, \dot{\lambda}(t_0)\big) \in \mathbb{R}^{1+N}$. Die *Pointe* dieser Überlegung ist nun, daß sich dieser Vektor wegen (1.39) in der Form

$$\big(1\,,\, \dot{\lambda}(t_0)\big) = \big(1\,,\, f(t_0, \lambda(t_0))\big)$$

durch die rechte Seite der Differentialgleichung (1.38) ausdrücken läßt. Ist nun ein beliebiger Punkt (t_0, x_0) aus D gegeben, so besitzen *alle* Lösungskurven von

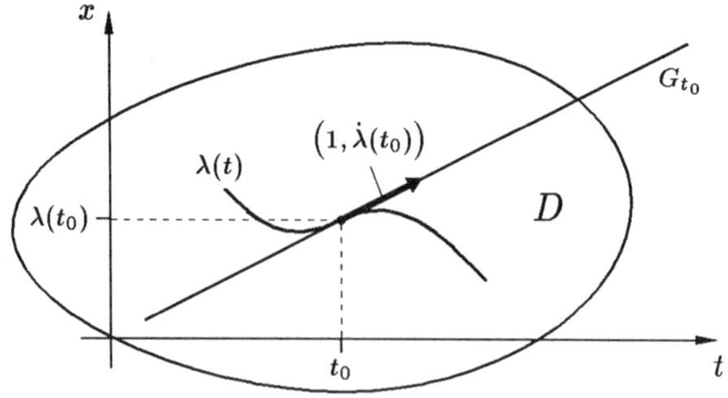

Abb. 1.13 Lösungskurve mit Richtungsvektor $(1, \dot{\lambda}(t_0))$ im Punkt $(t_0, \lambda(t_0))$

(1.38) durch diesen Punkt, d.h. *alle* Lösungen des Anfangswertproblems

$$\boxed{\dot{x} = f(t,x)}\,, \quad x(t_0) = x_0 \tag{1.40}$$

im Punkt $(t_0, x_0) = \big(t_0, \lambda(t_0)\big)$ *ein und denselben* Richtungsvektor, nämlich $\big(1, f(t_0, x_0)\big)$. Da dies für jeden Punkt $(t_0, x_0) \in D$ gilt, ist folglich alleine das Vektorfeld

$$(t\,, x) \mapsto \big(1\,, f(t,x)\big)\,, \quad D \subseteq \mathbb{R}^{1+N} \to \mathbb{R}^{1+N} \tag{1.41}$$

bestimmend für den Verlauf der Lösungskurven von (1.38). Man sagt daher auch, „die Lösungskurven von (1.38) passen sich in das Vektorfeld (1.41) ein".

Für den Fall skalarer Differentialgleichungen eröffnen diese Überlegungen die Möglichkeit einer zwei-dimensionalen geometrischen Veranschaulichung. Um dies zu verdeutlichen, denke man sich durch jeden Punkt $(t, x) \in D$ ein sogenanntes **Linienelement** gelegt, das ist ein kurzes Geradenstück einheitlicher Länge mit Richtungsvektor $\big(1\,, f(t,x)\big)$, d.h. mit Steigung $f(t,x)$. Die Gesamtheit all dieser Linienelemente, das sogenannte **Richtungsfeld**, veranschaulicht man sich dann durch Zeichnung hinreichend vieler Linienelemente. Bei dieser zeichnerischen Darstellung sind die sogenannten **Isoklinen** (= Kurven gleicher Steigung) von großem Nutzen, das sind Kurven der Form

$$\big\{(t,x) \in D : f(t,x) = c\big\}\,, \quad c \in \mathbb{R}\,,$$

auf denen alle Linienelemente die gleiche Steigung c besitzen. Mit Hilfe eines Richtungsfeldes kann man schließlich versuchen, durch „Einpassung" von Lösungskurven das sogenannte **Lösungsportrait** der Differentialgleichung zu erstellen, das ist die Gesamtheit aller Lösungskurven, oder besser, ein repräsentativer Teil hiervon.

1.5.1 Beispiel: Bei der skalaren Differentialgleichung

$$\boxed{\dot{x} = \ln t}$$

ist jede vertikale Gerade $t = a > 0$ eine Isokline mit zugehöriger Steigung $c = \ln a$ (siehe Abbildung 1.14). Das Richtungsfeld reflektiert damit die schon bekannte Tatsache, daß eine in vertikaler Richtung verschobene Lösungskurve (im Fall einer von x unabhängigen rechten Seite) wieder eine Lösungskurve ist. ◊

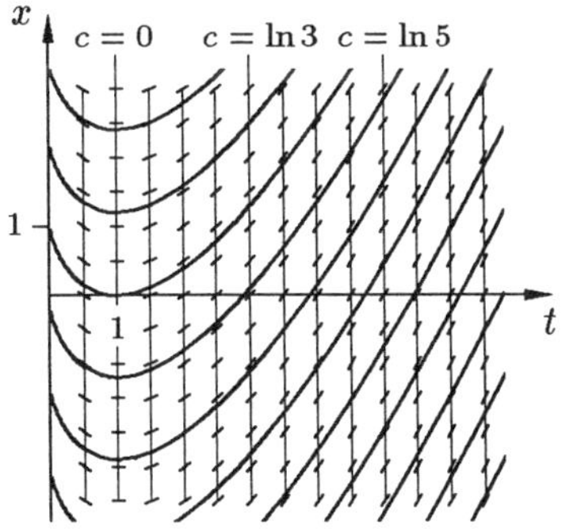

Abb. 1.14
Richtungsfeld, Isoklinen und Lösungskurven der Differentialgleichung $\dot{x} = \ln t$

1.5.2 Beispiel: Im Fall der skalaren Differentialgleichung

$$\boxed{\dot{x} = x}$$

bewirkt die Unabhängigkeit der rechten Seite von t, daß die horizontalen Geraden im $\mathbb{R}^2$ Isoklinen sind (siehe Abbildung 1.15). Dies spiegelt auf geometrische Weise die Aussage des Satzes 1.1.22 über die Translationsinvarianz der Lösungen autonomer Differentialgleichungen wider. ◊

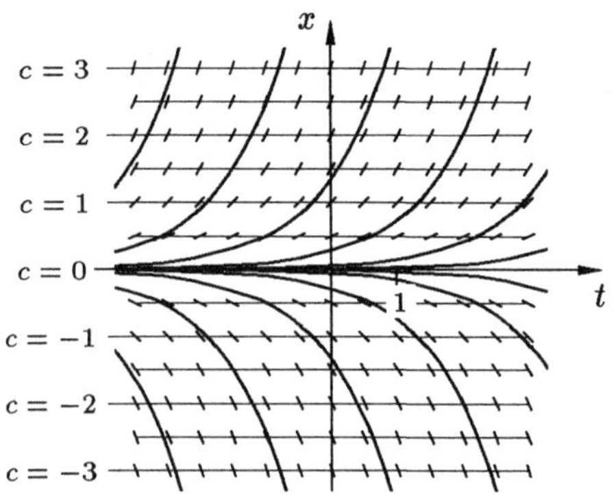

Abb. 1.15
Richtungsfeld, Isoklinen und Lösungskurven der Differentialgleichung $\dot{x} = x$

Die Richtungsfelder der beiden vorhergehenden Beispiele waren besonders übersichtlich. Im allgemeinen wird man aber ein Richtungsfeld nicht so leicht überschauen und ihm Informationen über den Lösungsverlauf entnehmen können. Daß aber die rechte Seite einer Differentialgleichung neben Aussagen über die Steigung von Lösungskurven noch weitere Erkenntnisse geometrischer Art liefern kann, etwa hinsichtlich des Krümmungsverhaltens der Lösungskurven, soll nun kurz beschrieben werden. So, wie die Isoklinen zur Steigung 0 die Bereiche von Wachsen und Fallen von Lösungskurven trennen, trennt der geometrische Ort der Wendepunkte von Lösungskurven die Bereiche von Konvexität und Konkavität. Im Fall einer Differentialgleichung

$$\boxed{\dot{x} = f(t,x)}$$

mit differenzierbarer rechter Seite $f : D \subseteq \mathbb{R}^2 \to \mathbb{R}$ enthält die Menge

$$\left\{(t,x) \in D \;:\; \tfrac{\partial f}{\partial t}(t,x) + \tfrac{\partial f}{\partial x}(t,x) \cdot f(t,x) \;=\; 0\right\}$$

die Wendepunkte aller Lösungskurven. Dies ist leicht einzusehen, denn Differenzieren der Lösungsidentität $\dot{\lambda}(t) \equiv f\big(t,\lambda(t)\big)$ nach t liefert den Ausdruck

$$\ddot{\lambda}(t) \;\equiv\; \tfrac{\partial f}{\partial t}\big(t,\lambda(t)\big) + \tfrac{\partial f}{\partial x}\big(t,\lambda(t)\big) \cdot \dot{\lambda}(t) \;\equiv\; \tfrac{\partial f}{\partial t}\big(t,\lambda(t)\big) + \tfrac{\partial f}{\partial x}\big(t,\lambda(t)\big) \cdot f\big(t,\lambda(t)\big),$$

und eine Lösungskurve $\lambda(t)$ durch den Punkt $(t_0,x_0) \in D$ hat bei t_0 bekanntlich nur dann einen Wendepunkt, wenn $\ddot{\lambda}(t_0)$ verschwindet, d.h. wenn $\frac{\partial f}{\partial t}(t_0,x_0) + \frac{\partial f}{\partial x}(t_0,x_0) \cdot f(t_0,x_0) = 0$ gilt.

Den Nutzen dieser Überlegungen wollen wir nun an Hand der **Riccati**[12]**-Gleichung** vom Beispiel 1.1.12 verdeutlichen, für die man – wie schon erwähnt – explizite Lösungen nicht angeben kann.

1.5.3 Beispiel: Bei der Riccati'schen Differentialgleichung

$$\boxed{\dot{x} = x^2 - t} \tag{1.42}$$

ist für jedes $c \in \mathbb{R}$ die Parabel $t = x^2 - c$ eine Isokline mit der Steigung c. Dem in der Abbildung 1.16 dargestellten Richtungsfeld wären nur mit Mühe glatte Lösungskurven einzupassen, so daß wir uns der Bereiche von Wachsen bzw. Fallen und Konvexität bzw. Konkavität bedienen wollen (siehe Abbildung 1.17).

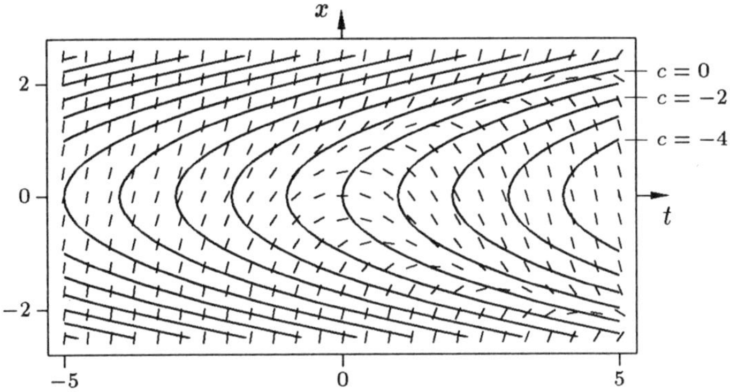

Abb. 1.16 Richtungsfeld und Isoklinen der Differentialgleichung $\dot{x} = x^2 - t$

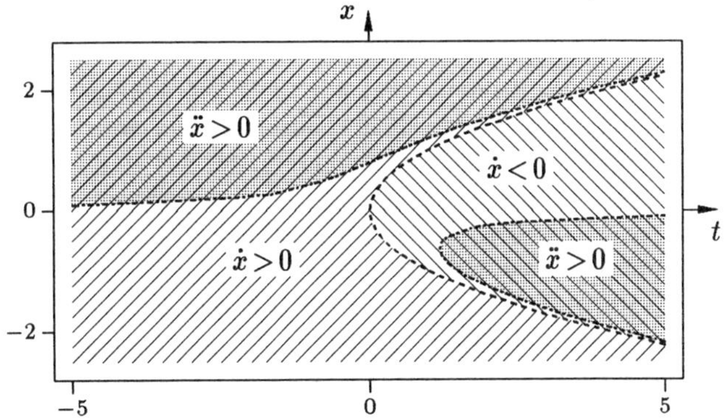

Abb. 1.17 Bereiche von Wachsen bzw. Fallen und Konvexität bzw. Konkavität für die Differentialgleichung $\dot{x} = x^2 - t$

[12] Der venezianische Graf Jacopo Francesco **Riccati** (1676–1754) studierte in Padua. Er lehnte Berufungen an verschiedene Universitäten in Italien, Österreich und Rußland ab, um sich als Privatgelehrter seinen mathematischen Studien widmen zu können. Neben seien Untersuchungen zu den nach ihm benannten Differentialgleichungen der Form $\dot{x} = a(t) + b(t)x + c(t)x^2$, für die er auch zahlreiche „Berufsmathematiker“ interessieren konnte, widmete er sich den Anwendungen der Analysis und Differentialgeometrie auf Probleme der Hydromechanik und Optik.

Der geometrische Ort der horizontalen Steigungen ist dabei gerade die Isokline $t = x^2$, während sich der geometrische Ort der Wendepunkte durch die Beziehung $-1 + 2x(x^2 - t) = 0$, d.h. in der Form $t = x^2 - \frac{1}{2x}$, $x \neq 0$ beschreiben läßt. Aus all diesen Informationen läßt sich dann das in der Abbildung 1.18 dargestellte Bild vom Lösungsverhalten der gegebenen Differentialgleichung machen.

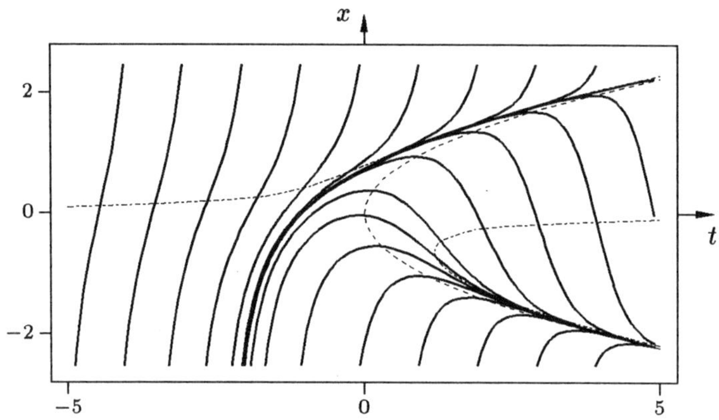

Abb. 1.18 Lösungsportrait der Differentialgleichung $\dot{x} = x^2 - t$

Bemerkenswerterweise kann man auf Grund der geometrischen Überlegungen zur Differentialgleichung (1.42) eine Reihe von analytisch beweisbaren Aussagen formulieren, wie etwa die, daß jede auf der Parabel $t = x^2$ startende Lösungskurve schließlich in das im 4. Quadranten liegende Konvexgebiet einmündet und dieses nicht mehr verläßt (siehe auch Aufgabe 4). ◊

Den Abschnitt 1.5 zusammenfassend können wir feststellen, daß wir mit dem einer Differentialgleichung zugehörigen Vektorfeld ein probates Hilfsmittel an der Hand haben zur geometrischen Veranschaulichung der Gesamtheit der Lösungskurven. Wenn es auch im allgemeinen unmöglich ist, durch Augenschein dem Vektorfeld subtile Informationen wie etwa die eindeutige Lösbarkeit von Anfangswertproblemen oder das asymptotische Lösungsverhalten zu entnehmen, so kann man sich auf diesem Wege doch einen ersten groben Überblick über das Lösungsportrait verschaffen. Daß auch der Einsatz von Computern zur numerischen oder graphischen Lösungsapproximation auf diesem Wege möglich ist, zeigen wir gleich zu Beginn des nachfolgenden Kapitels 2.

Aufgaben

1. Eine auf $D := (\mathbb{R} \setminus \{0\}) \times \mathbb{R}$ definierte skalare Differentialgleichung

$$\boxed{\dot{x} = f(t,x)}$$

heißt **homogen**, wenn $f(\alpha t, \alpha x) = f(t,x)$ für alle $\alpha \neq 0$ und $(t,x) \in D$ gilt.

(a) Zeigen Sie, daß bei einer homogenen Differentialgleichung jede Halbgerade der Form $x = \beta t$ mit $\beta \in \mathbb{R}$, $t > 0$ bzw. $t < 0$, eine Isokline ist. Was läßt sich über die zugehörige Steigung aussagen?

(b) Gibt es homogene Differentialgleichungen mit nichtgeradlinigen Isoklinen?

(c) Skizzieren Sie Isoklinen, Richtungsfeld und Lösungskurven der Gleichung

$$\boxed{\dot{x} = \exp\left(\frac{x}{t}\right)}, \quad t \neq 0\,.$$

Welche Art von Symmetrie liegt hier vor?

(d) Formulieren und begründen Sie eine Symmetrieaussage für allgemeine homogene Differentialgleichungen.

2. Skizzieren Sie für die skalare Differentialgleichung

$$\boxed{\dot{x} = x - \sin t}$$

(a) Isoklinen und Richtungsfeld,

(b) Bereiche von Wachsen bzw. Fallen und Konvexität bzw. Konkavität der Lösungskurven,

(c) die Lösungskurven durch $(\frac{\pi}{2}, 1)$ bzw. $(\frac{\pi}{2}, -1)$.

Welche Aussagen hinsichtlich Beschränktheit der beiden Lösungskurven von Teil (c) für $t \geq \frac{\pi}{2}$ bzw. $t \leq \frac{\pi}{2}$ lassen sich analytisch begründen?

3. Eine Funktion $f : \mathbb{R}^2 \to \mathbb{R}$ sei ω-periodisch in der ersten Variablen, d.h. mit festem $\omega > 0$ gelte $f(t + \omega, x) \equiv f(t, x)$. Wie wirkt sich dies auf das Richtungsfeld der Differentialgleichung

$$\boxed{\dot{x} = f(t, x)}$$

aus? Was schließen Sie daraus für die Lösungen einer solchen Differentialgleichung? Verifizieren Sie Ihre Vermutung.

4. Zeigen Sie: Falls das Anfangswertproblem

$$\boxed{\dot{x} = x^2 - t}, \quad x(0) = 0$$

(siehe Beispiel 1.5.3) eine Lösung besitzt (was sich später als wahr erweisen wird), so verläuft der rechts vom Koordinatenursprung liegende Teil der Lösungskurve unterhalb der t-Achse und oberhalb der Parabel $t = x^2$. Läßt sich noch genaueres sagen?

1.6 Rückschau und Ausblick

Obwohl das einführende Kapitel dieses Buches noch keine ernstzunehmende Mathematik enthält, vermittelt es auf anschauliche und mit zahlreichen Beispielen versehene Weise einen ersten Eindruck von den grundlegenden Begriffsbildungen und Fragestellungen der Theorie gewöhnlicher Differentialgleichungen. Nach der Lektüre dieses Kapitels sollte der Leser einerseits eine Vorstellung von der Vielfalt der möglichen Gleichungstypen haben, auf der anderen Seite sollte er aber auch wissen, in welcher Weise all diese verschiedenen Typen als Systeme 1. Ordnung aufgefaßt werden können. Was den Begriff der *Lösung* angeht, so ist einerseits zwischen der Lösung einer *Differentialgleichung* und der Lösung eines *Anfangswertproblems* zu unterscheiden, andererseits zwischen *lokalen* und *globalen* Lösungen von Anfangswertproblemen.

Ausdrücklich sei an dieser Stelle betont, daß wir, abgesehen von der formalen Prozedur der *Trennung der Veränderlichen*, bislang noch nichts darüber gesagt haben, wie man Lösungen von Differentialgleichungen *praktisch berechnet.* Entgegen der üblichen Lehrbuchpraxis stellen wir diesen elementaren Aspekt der gewöhnlichen Differentialgleichungen nicht an den Anfang unserer Untersuchungen, sondern verschieben ihn auf einen späteren Zeitpunkt, zu dem der Leser in der Lage sein wird, die zu entwickelnden Methoden und die damit erzielbaren Ergebnisse in einem größeren Zusammenhang zu sehen. In jedem Falle sei aber schon jetzt betont, daß das Erlernen von *Lösungstechniken*, das noch vor wenigen Jahrzehnten ein zentrales Thema der Theorie gewöhnlicher Differentialgleichungen darstellte, mittlerweile ebenso in den Hintergrund getreten ist wie etwa die Technik des Integrierens in der elementaren ANALYSIS. Mehr zu diesem Themenkreis im Kapitel 4.

Nachdem das erste Kapitel dieses Buches auf recht sanfte Weise an die Fragestellungen der Theorie gewöhnlicher Differentialgleichungen herangeführt hat, geht es im nun folgenden Kapitel 2 medias in res, also mittenhinein in die mathematische Theorie. Schon vorweg sei erwähnt, daß der einführende Abschnitt 2.1 über die sogenannten *Näherungslösungen* primär motivierenden Charakter besitzt und daher von denjenigen Lesern, die möglichst schnell zum mathematischen Kern der Theorie vordringen wollen, auch übergangen werden kann. Diejenigen allerdings, die nicht nur an der reinen Theorie, sondern auch an den numerischen oder graphischen Aspekten der Lösungsbestimmung interessiert sind, sollten sich den Unterabschnitt 2.1.1 über die *Euler-Polygone* genauer ansehen. Auch der im zweiten Abschnitt des Kapitels 2 behandelte *Satz von Peano* ist für das Verständnis des weiteren Stoffes nicht unbedingt erforderlich, denn er wird im Verlaufe dieses Buches keine Rolle mehr spielen. Dies liegt daran, daß dieser Satz nur die *Existenz* der Lösungen von Anfangswertproblemen liefert, nicht aber deren *Eindeutigkeit.* Der Satz von Peano wird hauptsächlich aus historischen Gründen und zur Abrundung der Existenztheorie angeführt.

Die Behandlung des zentralen Themas von Kapitel 2, nämlich die Existenz und Eindeutigkeit der Lösungen von Anfangswertproblemen, beginnt im Abschnitt 2.3 mit dem *Satz von Picard-Lindelöf.* Dieser Satz wird in zwei Varianten vorgestellt, nämlich in einer technisch bedingten und vor allem für theoretische Zwecke nützlichen *quantitativen* Fassung, und in einer *qualitativen* Version, die auch für praktische Anwendungen von Nutzen ist. Ausgehend von der letzteren Variante wird dann im Abschnitt 2.4 der *globale Existenz- und Eindeutigkeitssatz* bewiesen, der die Grundlage für alles weitere bildet. In diesem Zusammenhang spielt der zwischen der Stetigkeit und der Differenzierbarkeit angesiedelte Begriff der *Lipschitz-Stetigkeit*, auf den wir ausführlich eingehen werden, eine besondere Rolle. Aus dem globalen Existenz- und Eindeutigkeitssatz ergeben sich schließlich die für alles weitere fundamentalen Begriffe der *maximalen Lösung* eines Anfangswertproblems und der *allgemeinen Lösung* einer Differentialgleichung, denen die beiden Abschnitte 2.5 und 2.6 gewidmet sind. Dabei wird speziell der Begriff der *allgemeinen Lösung* in einer Weise behandelt, die über das für ein einführendes Lehrbuch übliche Maß hinausgeht. Die frühzeitige Einführung und konsequente Verwendung dieses umfassenden Lösungsbegriffs wird sich dann in den nachfolgenden Kapiteln auszahlen und zu besonders eleganten, vollständigen und übersichtlichen Ergebnissen führen.

2 Existenztheorie

Nach der Einführung in die grundlegenden Begriffsbildungen der Theorie gewöhnlicher Differentialgleichungen geht es in diesem zweiten Kapitel darum, die Existenz- und Eindeutigkeitsfrage für Lösungen von Anfangswertproblemen zu klären. Auf dem Wege über zwei Näherungsverfahren werden wir zu den beiden grundlegenden Sätzen der Existenztheorie gelangen, dem Satz von Peano und dem Satz von Picard-Lindelöf. Aus letzterem erwächst dann das Hauptergebnis dieses Kapitels, der globale Existenz- und Eindeutigkeitssatz. Dieser wiederum ermöglicht die Einführung des für alles weitere zentralen Begriffes der allgemeinen Lösung einer Differentialgleichung.

Mit großem Nutzen werden wir im gesamten Kapitel 2 von der Tatsache Gebrauch machen, daß es im Zusammenhang mit theoretischen Überlegungen genügt, sich auf Differentialgleichungssysteme 1. Ordnung zu beschränken.

2.1 Näherungslösungen

Das Grundproblem jeder Existenztheorie ist der Nachweis bzw. die Erschaffung gewisser Objekte, die von vorneherein nicht bekannt bzw. noch nicht existent sind. Im Rahmen der ANALYSIS, die man auch als die „Theorie der Grenzprozesse" bezeichnen kann, liegt es nahe, die nachzuweisenden Objekte – in unserem Fall also die Lösungen von Differentialgleichungen – mit Hilfe von Grenzprozessen zu erklären.

Wir werden in diesem Abschnitt zwei Verfahren vorstellen, von denen jedes zu einem vorgegebenen Anfangswertproblem eine Folge von Funktionen erzeugt, die eine Lösung des Problems näherungsweise beschreibt. Die Klärung der Konvergenzfrage für diese Funktionenfolgen führt dann in den beiden nachfolgenden Abschnitten 2.2 und 2.3 zu den fundamentalen Existenzsätzen der Theorie gewöhnlicher Differentialgleichungen.

2.1.1 Euler-Polygone

Die geometrischen Überlegungen des Abschnitts 1.5 führen in naheliegender Weise zu der Idee, mit Hilfe des einer Differentialgleichung zugehörigen Vektorfeldes Näherungen für Lösungskurven zu bestimmen. Um diese Idee zu realisieren, betrachten wir ein Anfangswertproblem

$$\boxed{\dot{x} = f(t,x)}\,, \quad x(t_0) = x_0 \tag{2.1}$$

für ein System 1. Ordnung mit rechter Seite $f : D \subseteq \mathbb{R}^{1+N} \to \mathbb{R}^N$ und Anfangswertepaar $(t_0, x_0) \in D$. Eine Lösung dieses Problems zu finden heißt – in geometrischer Terminologie – eine differenzierbare Kurve $(t, \lambda(t))$ so zu bestimmen, daß sie durch den Punkt (t_0, x_0) verläuft, und daß ihre Richtung in jedem Kurvenpunkt mit der vom Vektorfeld

$$(t\,, x) \mapsto \big(1\,, f(t,x)\big)\,, \quad D \to \mathbb{R}^{1+N} \tag{2.2}$$

vorgegebenen Richtung übereinstimmt. Die Idee ist nun, diese (im allgemeinen schwierige oder gar unmögliche) Einpassung einer differenzierbaren Kurve in das Vektorfeld durch die (stets und mit einfachen Mitteln durchführbare) angenäherte Einpassung eines Polygonzugs, d.h. einer stückweise geradlinigen Kurve, zu ersetzen. Die Realisierung dieser Idee sieht nun folgendermaßen aus (siehe Abbildung 2.1).

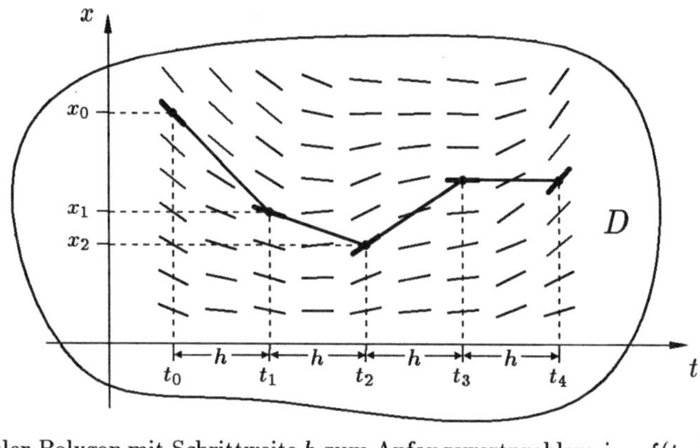

Abb. 2.1 Euler-Polygon mit Schrittweite h zum Anfangswertproblem $\dot{x} = f(t,x)\,,\ x(t_0) = x_0$

Man wählt eine feste „Schrittweite“ $h > 0$ und definiert – ausgehend von der Anfangszeit t_0 – die Folge $t_k := t_0 + kh$, $k \in \mathbb{N}$. Zunächst bestimmt man dann durch den Anfangspunkt (t_0, x_0) diejenige Gerade, die dort die vom Vektorfeld (2.2) vorgeschriebene Richtung $(1, f(t_0, x_0))$ besitzt. Die funktionale Beschreibung dieser Geraden hat bekanntlich die Form

$$t \mapsto x_0 + (t - t_0) f(t_0, x_0)\,, \quad \mathbb{R} \to \mathbb{R}^N.$$

Die Einschränkung dieser Funktion auf das Intervall $[t_0, t_1]$ betrachtet man nun als Approximation für eine Lösung des Anfangswertproblems (2.1) auf diesem Intervall. Als nächsten „Stützpunkt“ wählt man den Endpunkt

$$(t_1\,, x_1) := \big(t_1\,, x_0 + (t_1 - t_0) f(t_0, x_0)\big)$$

dieses Geradenstücks. Von hier setzt man dann nach rechts hin geradlinig fort mit der Richtung $(1, f(t_1, x_1))$, d.h. mit der affinen Funktion $t \mapsto x_1 + (t - t_1) f(t_1, x_1)$, bis zum Punkt $(t_2, x_2) := \big(t_2\,,\, x_1 + (t_2 - t_1) f(t_1, x_1)\big)$. In dieser Weise kann man das Verfahren fortsetzen, bis der so entstehende Polygonzug gegebenenfalls den Definitionsbereich D von $f(t, x)$ verläßt. Die formale, rekursive Definition dieses sogenannten **Euler[1]-Polygons** (zum Anfangswertproblem (2.1) mit Schrittweite h) ist

$$p(t) := \begin{cases} x_0 + (t - t_0) f(t_0, x_0) & \text{für } t \in [t_0\,, t_1] \\ p(t_k) + (t - t_k) f(t_k, p(t_k)) & \text{für } t \in [t_k\,, t_{k+1}]\,,\ k \in \mathbb{N}\,. \end{cases} \tag{2.3}$$

In analoger Weise läßt sich das beschriebene **Polygonzugverfahren** natürlich auch von t_0 nach links, also in Richtung fallender t-Werte durchführen (siehe Aufgabe 2).

Es ist offensichtlich, daß das geschilderte Verfahren im allgemeinen keine exakte Lösung liefert, sondern nur eine mehr oder weniger grobe Näherung. Auf der anderen Seite ist zu erwarten, daß der Approximationsfehler kleiner wird, wenn man zu einer kleineren Schrittweite übergeht. Wünschenswert wäre es natürlich, wenn bei einer gegen 0 konvergierenden Schrittweite das Polygon gegen eine Lösungskurve konvergieren würde. Lassen Sie uns hierzu zwei Beispiele betrachten.

Gegenüber unserer obigen Betrachtungsweise nehmen wir jetzt einen etwas geänderten Standpunkt ein. Wir wählen nämlich neben der Anfangszeit t_0 eine beliebige, aber feste „Endzeit“ $\tau > t_0$, unterteilen das Intervall $[t_0, \tau]$ in gleichlange Teilintervalle und lassen dann die Feinheit dieser Unterteilung gegen 0 streben, in der Hoffnung, daß die so entstehende Folge der an der Stelle τ berechneten Werte der Euler-Polygone gegen den Wert der gesuchten Lösung an der Stelle τ konvergiert.

2.1.1 Beispiel: Wir betrachten das besonders einfache Anfangswertproblem

$$\boxed{\dot{x} = \ln t}\,, \quad x(t_0) = x_0\,, \quad t_0 > 0\,,$$

und wählen einen festen Zeitpunkt $\tau > t_0$. Für $i \in \mathbb{N}$ sei

$$h_i := \frac{\tau - t_0}{i} \tag{2.4}$$

die Schrittweite des Verfahrens. Bei zunächst festgehaltenem i setzen wir dann

$$t_k := t_0 + k h_i \quad \text{für alle } k \in \mathbb{N}\,, \tag{2.5}$$

---

[1] Der Schweizer Leonhard **Euler** (1707–1783) wurde bereits im Alter von 13 Jahren an der philosophischen Fakultät der Universität Basel immatrikuliert. Mit 24 Jahren wurde er Professor für Physik an der Akademie in St. Petersburg und übernahm zwei Jahre später die dortige Professur für Mathematik. Im Verlaufe seines Schaffens – die letzten 15 Lebensjahre war er erblindet – erzielte er bahnbrechende Ergebnisse in allen Disziplinen der Mathematik und verschiedenen Zweigen der Naturwissenschaften wie Mechanik, Astronomie, Geodäsie, Kartographie und Optik. Neben seinem Wirken als Forscher prägte er – obwohl er nie direkt als akademischer Lehrer tätig war – durch seine Bücher das Konzept des modernen Lehrbuchs, wie wir es auch heute noch verstehen. Eine auch nur ansatzweise Beschreibung der mehr als 50 Begriffe, Sätze und Verfahren, die nach Euler benannt sind, würde den Rahmen einer Fußnote bei weitem sprengen.

also gilt insbesondere $t_i = t_0 + ih_i = \tau$ (siehe Abbildung 2.2). Bezeichnen wir nun mit $p_i(t)$ das Euler-Polygon zur Schrittweite h_i, so gilt wegen (2.3)

$$p_i(t_{k+1}) = p_i(t_k) + (t_{k+1} - t_k)\ln t_k \quad \text{für alle } k \in \mathbb{N}\,.$$

Mit vollständiger Induktion ergibt sich hieraus

$$p_i(t_k) = p_i(t_0) + \sum_{j=0}^{k-1} (t_{j+1} - t_j)\ln t_j \quad \text{für alle } k \in \mathbb{N}\,,$$

für $k = i$ gilt also insbesondere

$$p_i(\tau) = x_0 + \sum_{j=0}^{i-1} \frac{\tau - t_0}{i} \ln\left(t_0 + j\,\frac{\tau - t_0}{i}\right). \tag{2.6}$$

Der Ausdruck auf der rechten Seite ist nun gerade eine Riemann'sche Summe für die Funktion $\ln t$ auf dem Intervall $[t_0\,, \tau]$, und damit gilt

$$\lim_{i\to\infty} p_i(\tau) = x_0 + \int_{t_0}^{\tau} \ln s\, ds = x_0 + \tau\ln\tau - \tau - t_0\ln t_0 + t_0\,.$$

An der beliebig gewählten Stelle $\tau > t_0$ konvergiert also die Folge der Funktionswerte der Euler-Polygone tatsächlich gegen den Wert der uns bekannten Lösung des betrachteten Anfangswertproblems. Diese ist nämlich

$$\lambda(t) := x_0 + t\ln t - t - t_0\ln t_0 + t_0\,. \qquad \diamond$$

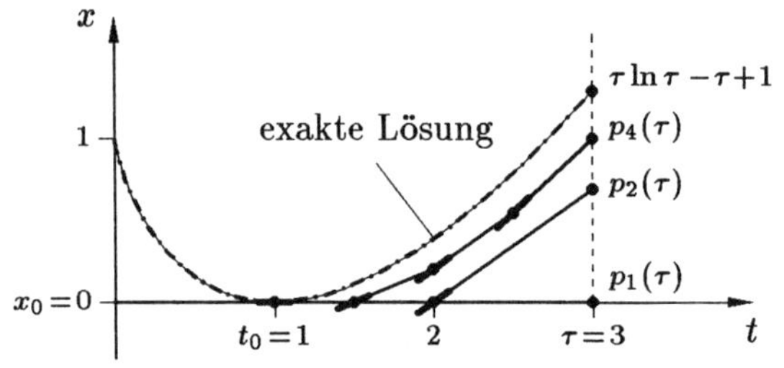

Abb. 2.2 Euler-Polygone für $\dot{x} = \ln t$, $x(1) = 0$ zu den Schrittweiten $h = 2$ bzw. 1 bzw. $^1/_2$

2.1.2 Beispiel: Gegeben sei das Anfangswertproblem

$$\boxed{\dot{x} = \alpha x}\,, \quad x(t_0) = x_0\,, \quad \alpha \in \mathbb{R}\,,$$

und ein beliebiges $\tau > t_0$. Die Größen h_i und t_k wählen wir wie in (2.4) bzw. (2.5). Jetzt gilt für das mit $q_i(t)$ bezeichnete Euler-Polygon des gegebenen Anfangswertproblems zur Schrittweite h_i wegen (2.3) die Beziehung

$$q_i(t_{k+1}) = q_i(t_k) + (t_{k+1} - t_k)\,\alpha\, q_i(t_k) = q_i(t_k)\left(1 + \frac{\alpha(\tau - t_0)}{i}\right)$$

für alle $k \in \mathbb{N}$. Mit vollständiger Induktion erhalten wir hieraus

$$q_i(t_k) \;=\; q_i(t_0)\Big(1 + \frac{\alpha(\tau - t_0)}{i}\Big)^k \quad \text{für alle } k \in \mathbb{N}\,,$$

und folglich gilt für $k = i$

$$q_i(\tau) \;=\; x_0\Big(1 + \frac{\alpha(\tau - t_0)}{i}\Big)^i .$$

Für $i \to \infty$ erkennen wir eine aus der ANALYSIS bekannte Grenzwertbeziehung für die Exponentialfunktion, nämlich

$$\lim_{i\to\infty} q_i(\tau) \;=\; x_0\, e^{\alpha(\tau - t_0)} .$$

Tatsächlich liegt also auch hier an der beliebig gewählten Stelle τ Konvergenz der Euler-Polygon-Werte gegen die uns bekannte Lösung der gestellten Anfangswertaufgabe vor (siehe Abbildung 2.3). ◊

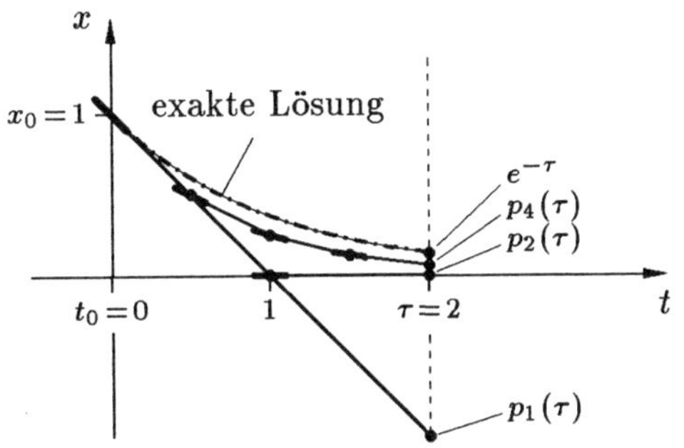

Abb. 2.3 Euler-Polygone für $\dot{x} = -x$, $x(0) = 1$ zu den Schrittweiten $h = 2$ bzw. 1 bzw. $1/2$

Das bei den letzten beiden Beispielen gezeigte Phänomen, daß bei einer gegen 0 konvergierenden Schrittweite die zugehörigen Euler-Polygone gegen eine Lösungskurve des gestellten Anfangswertproblems konvergieren, deutet eine (tatsächlich vorliegende) Gesetzmäßigkeit an, die wir im nächsten Abschnitt dazu benutzen werden, einen Existenzsatz für Lösungen von Anfangswertproblemen zu beweisen.

Neben diesem theoretischen hat das vorgestellte Verfahren natürlich auch den praktischen Aspekt, daß man mit seiner Hilfe Näherungen für Lösungen numerisch berechnen und graphisch darstellen kann. In der Tat, die geschilderte Vorgehensweise beschreibt das einfachste Verfahren der NUMERISCHEN MATHEMATIK zum approximativen Lösen von Anfangswertproblemen. In diesem Zusammenhang sei noch erwähnt, daß es zur Bestimmung eines Euler-Polygons natürlich genügt, die „Eckpunkte", also die Funktionswerte des Polygons an den „Stützstellen" $t_0 + kh$, $k = 0, 1, \ldots$ zu berechnen. Hierzu kann man die folgende, gegenüber (2.3) vereinfachte rekursive Prozedur benutzen:

$$x_0\,, \quad x_{k+1} := x_k + h\cdot f(t_0 + kh, x_k) \quad \text{für alle } k \in \mathbb{N}\,. \tag{2.7}$$

Diese Bemerkung, sowie der Verweis auf die Aufgabe 3, in der Varianten dieses sogenannten **Euler-Verfahrens** beschrieben werden, darf der Leser durchaus als Anregung für das eigene Experimentieren mit dem Computer verstehen.

2.1.2 Picard-Iterierte

Auf der Idee, die gesuchte Lösung eines Anfangswertproblems als Grenzfunktion einer approximierenden Funktionenfolge zu bestimmen, beruht auch das zweite Verfahren, das wir nun vorstellen wollen. Die Näherungsfolge verschaffen wir uns jetzt allerdings auf eine im Vergleich zum Euler-Verfahren völlig unterschiedliche, und zwar weniger anschauliche Weise. Da die Methode aber so grundlegend ist für die Theorie der gewöhnlichen Differentialgleichungen, ja für die gesamte ANALYSIS, wollen wir sie ausführlich motivieren und beschreiben.

Den Ausgangspunkt unserer Betrachtungen bildet die Aufgabe, für ein Anfangswertproblem der Form

$$\boxed{\dot{x} = f(t,x)}\,, \quad x(t_0) = x_0 \tag{2.8}$$

die Existenz einer Lösung nachzuweisen, und zwar unter der Maßgabe, daß wir die Lösung nicht explizit berechnen können. Dies ist eine für die gesamte ANALYSIS typische Fragestellung, zu deren Beantwortung uns das folgende elementare Beispiel führen soll.

Den Beweis für die Existenz einer reellen Lösung a der algebraischen Gleichung

$$a = \tfrac{a}{2} + \tfrac{1}{a} \tag{2.9}$$

(Sie ist gleichwertig mit $a^2 = 2$.) kann man leicht folgendermaßen führen. Man wählt einen beliebigen „Startwert“ $a_0 > 0$ und definiert in Anlehnung an die Gestalt der Gleichung (2.9) rekursiv

$$a_{k+1} := \tfrac{a_k}{2} + \tfrac{1}{a_k}\,, \quad k \in \mathbb{N}_0\,. \tag{2.10}$$

Ein Konvergenzbeweis für die so definierte Folge $\left(a_k\right)_{k=0}^{\infty}$ (Sie ist monoton und beschränkt.) liefert dann einen Grenzwert a_∞, der nach Grenzübergang $k \to \infty$ auf beiden Seiten von (2.10) der Beziehung

$$a_\infty = \tfrac{a_\infty}{2} + \tfrac{1}{a_\infty} \tag{2.11}$$

genügt, also eine gesuchte Lösung darstellt.

Die *Quintessenz* dieser einfachen analytischen Methode ist nun die folgende: Der Grenzwert der in Anlehnung an die gegebene Gleichung (2.9) definierten Folge (2.10) liefert durch Übergang zu der Identität (2.11) eine gesuchte Lösung.

Diese sogenannte **Methode der sukzessiven Approximation** läßt sich nun auf Grund des Satzes 1.4.4 über die Umformung einer Differentialgleichung in eine

Integralgleichung leicht auf unser Differentialgleichungsproblem (2.8) übertragen. Ausgehend von der entsprechenden Integralgleichung

$$\lambda(t) \;=\; x_0 + \int_{t_0}^{t} f\big(s, \lambda(s)\big)\, ds\,, \tag{2.12}$$

deren Lösung wir suchen, definieren wir die sogenannten **Picard[2]-Iterierten**

$$\lambda_{k+1}(t) \;:=\; x_0 + \int_{t_0}^{t} f\big(s, \lambda_k(s)\big)\, ds\,, \quad k \in \mathbb{N}_0\,, \tag{2.13}$$

wobei wir in besonders einfacher Weise als Startfunktion die durch den Anfangswert x_0 bestimmte konstante Funktion $\lambda_0(t) :\equiv x_0$ wählen. Kann man nun die (gleichmäßige) Konvergenz der Funktionenfolge $\big(\lambda_k(t)\big)_{k=0}^{\infty}$ beweisen, so folgt durch Grenzübergang $k \to \infty$ in (2.13) für die Grenzfunktion $\lambda_\infty(t)$ die angestrebte Beziehung

$$\lambda_\infty(t) \;\equiv\; x_0 + \int_{t_0}^{t} f\big(s, \lambda_\infty(s)\big)\, ds\,,$$

die $\lambda_\infty(t)$ als Lösung der Integralgleichung (2.12), und damit als Lösung des Anfangswertproblems (2.8) ausweist.

Dieses **Picard-Iteration** genannte Verfahren wollen wir nun an Beispielen erproben. Für einen direkten Vergleich mit dem Euler-Polygonzug-Verfahren betrachten wir zunächst die gleichen Beispiele wie zuvor.

2.1.3 Beispiel: Beim Anfangswertproblem

$$\boxed{\dot{x} = \ln t}\,, \quad x(t_0) = x_0\,, \quad t_0 > 0$$

gilt für alle $k \in \mathbb{N}$

$$\lambda_k(t) \;=\; x_0 + \int_{t_0}^{t} \ln s\, ds \;=\; x_0 + t\ln t - t - t_0 \ln t_0 + t_0\,,$$

und das bedeutet, daß die Folge der Iterierten in trivialer Weise konvergiert. Schon die erste Iterierte $\lambda_1(t)$ ist die gesuchte Grenzfunktion, die bekanntlich eine Lösung des Problems darstellt. Entsprechendes gilt im übrigen für alle Differentialgleichungen, deren rechte Seite nur von t abhängt. ◊

[2] Der französische Mathematiker Emile **Picard** (1856–1941) war ab 1886 Inhaber des Lehrstuhls für Differential- und Integralrechnung an der Sorbonne in Paris. Das im gegenwärtigen Abschnitt vorgestellte Iterationsverfahren und den daraus resultierenden, im Abschnitt 2.3 beschriebenen Satz von Picard-Lindelöf findet man in Picard's dreibändigem Werk „Traité d'analyse“, das er in den Jahren 1891–1896 verfasste. Neben diesen Ergebnissen lieferte Picard auch bedeutende Beiträge zur Werteverteilung komplexer Funktionen und zur Theorie der algebraischen Kurven und Flächen.

2.1.4 Beispiel: Bei festem $\alpha \in \mathbb{R}$ erhält man für das Anfangswertproblem

$$\boxed{\dot{x} = \alpha x}\,, \quad x(t_0) = x_0$$

der Reihe nach für alle $t \in \mathbb{R}$

$$\lambda_0(t) = x_0\,, \quad \lambda_1(t) = x_0 + \int_{t_0}^{t} \alpha x_0\,ds = x_0\big(1 + \alpha(t - t_0)\big)\,,$$

$$\lambda_2(t) = x_0 + \int_{t_0}^{t} \alpha x_0\big(1 + \alpha(s - t_0)\big)\,ds = x_0\Big(1 + \alpha(t - t_0) + \frac{\alpha^2(t - t_0)^2}{2}\Big).$$

Mit vollständiger Induktion schließt man leicht auf die Beziehung

$$\lambda_k(t) = x_0 \sum_{i=0}^{k} \frac{\alpha^i(t - t_0)^i}{i!} \quad \text{für alle } k \in \mathbb{N}_0 \text{ und } t \in \mathbb{R}\,.$$

Die Folge der Picard-Iterierten konvergiert für $k \to \infty$ augenscheinlich gegen die uns bekannte Lösung

$$\lambda_\infty(t) = x_0\, e^{\alpha(t - t_0)}\,. \qquad \Diamond$$

Vergleicht man das Ergebnis des letzten Beispiels mit dem vom Beispiel 2.1.2, so stellt man fest, daß im Fall der Gleichung $\dot{x} = \alpha x$ die beiden vorgestellten Näherungsverfahren gerade die zwei verschiedenen, aus der ANALYSIS bekannten Grenzwertbeziehungen für die Exponentialfunktion liefern.[3]

Zum Schluß des Abschnitts über die Picard-Iteration wollen wir noch eine mehrdimensionale Gleichung betrachten, die wir schon im Beispiel 1.1.17 behandelt haben.

2.1.5 Beispiel: Für das 3-dimensionale Anfangswertproblem

$$\boxed{\begin{aligned} \dot{x} &= -x \\ \dot{y} &= x - y \\ \dot{z} &= y + e^{-t} \end{aligned}}\,, \quad \begin{aligned} x(0) &= -1 \\ y(0) &= 0 \\ z(0) &= 0 \end{aligned}$$

liefert das Iterationsschema (2.13)

$$\begin{pmatrix} \mu_{k+1}(t) \\ \nu_{k+1}(t) \\ \kappa_{k+1}(t) \end{pmatrix} = \begin{pmatrix} -1 \\ 0 \\ 0 \end{pmatrix} + \begin{pmatrix} -\int_0^t \mu_k(s)\,ds \\ \int_0^t [\mu_k(s) - \nu_k(s)]\,ds \\ \int_0^t \nu_k(s)\,ds + 1 - e^{-t} \end{pmatrix}.$$

Hieraus erhält man mit $\big(\mu_0(t), \nu_0(t), \kappa_0(t)\big) \equiv (-1, 0, 0)$ sukzessive

$$\begin{pmatrix} \mu_1(t) \\ \nu_1(t) \\ \kappa_1(t) \end{pmatrix} = \begin{pmatrix} -1 + \int_0^t ds \\ -\int_0^t ds \\ 1 - e^{-t} \end{pmatrix} = \begin{pmatrix} -1 + t \\ -t \\ 1 - e^{-t} \end{pmatrix},$$

[3] Es ist in diesem Zusammenhang erwähnenswert, daß die Exponentialfunktion von Leonhard Euler gerade als die Lösung des Anfangswertproblems $\dot{x} = x$, $x(0) = 1$ eingeführt wurde.

$$\begin{pmatrix} \mu_2(t) \\ \nu_2(t) \\ \kappa_2(t) \end{pmatrix} = \begin{pmatrix} -1 - \int_0^t [-1+s]\,ds \\ \int_0^t [-1+2s]\,ds \\ -\int_0^t s\,ds + 1 - e^{-t} \end{pmatrix} = \begin{pmatrix} -1 + t - \frac{t^2}{2} \\ -t + t^2 \\ -\frac{t^2}{2} + 1 - e^{-t} \end{pmatrix},$$

$$\begin{pmatrix} \mu_3(t) \\ \nu_3(t) \\ \kappa_3(t) \end{pmatrix} = \begin{pmatrix} -1 - \int_0^t \left[-1 + s - \frac{s^2}{2}\right] ds \\ \int_0^t \left[-1 + 2s - \frac{3s^2}{2}\right] ds \\ \int_0^t \left[-s + s^2\right] ds + 1 - e^{-t} \end{pmatrix} = \begin{pmatrix} -1 + t - \frac{t^2}{2} + \frac{t^3}{3!} \\ -t + t^2 - \frac{t^3}{2} \\ -\frac{t^2}{2} + \frac{t^3}{3} + 1 - e^{-t} \end{pmatrix}.$$

Auf diese Weise gelangt man zu der für alle $k \geq 2$ gültigen Beziehung

$$\begin{pmatrix} \mu_{k+1}(t) \\ \nu_{k+1}(t) \\ \kappa_{k+1}(t) \end{pmatrix} = \begin{pmatrix} -\sum_{i=0}^k \frac{(-t)^i}{i!} \\ \sum_{i=1}^k i\,\frac{(-t)^i}{i!} \\ -\sum_{i=2}^k (i-1)\,\frac{(-t)^i}{i!} + 1 - e^{-t} \end{pmatrix},$$

die man mit vollständiger Induktion leicht nachprüft. Elementare Rechnungen ergeben für die zweite bzw. dritte Komponente

$$\nu_k(t) = -t \sum_{i=0}^{k-1} \frac{(-t)^i}{i!}, \quad \kappa_k(t) = -\nu_k(t) - \sum_{i=k+1}^{\infty} \frac{(-t)^i}{i!}.$$

Beachtet man nun noch das Verschwinden des Reihenrestes $\sum_{i=k+1}^{\infty} \frac{(-t)^i}{i!}$ für $k \to \infty$, so erhält man die Funktion

$$\begin{pmatrix} \mu_\infty(t) \\ \nu_\infty(t) \\ \kappa_\infty(t) \end{pmatrix} = \begin{pmatrix} -e^{-t} \\ -te^{-t} \\ te^{-t} \end{pmatrix}$$

als Grenzfunktion der Picard-Folge. Dies ist in Übereinstimmung mit der durch $\alpha = -1$, $\beta = 0$ und $\gamma = 0$ im Beispiel 1.1.17 festgelegten Lösung. ◊

Die zwar elementare, doch etwas aufwendige Rechnung im letzten Beispiel soll demonstrieren, daß es prinzipiell auch bei *Systemen* von Differentialgleichungen möglich ist, mit Hilfe der Picard-Iteration Lösungen von Anfangswertproblemen explizit zu berechnen. Das soll natürlich nicht heißen, daß es sich hierbei um ein allgemein praktikables Verfahren zur Lösungsbestimmung handelt. Auf der anderen Seite bietet es durchaus die Möglichkeit der angenäherten Berechnung von Lösungen. Eine für ein Näherungsverfahren natürlich wünschenswerte Fehlerabschätzung wird sich aus dem Konvergenzbeweis im Abschnitt 2.3 ergeben.

Aufgaben

1. Zeigen Sie an Hand des Beispiels

$$\boxed{\dot{x} = \sqrt[3]{x^2}}, \quad x(0) = 0,$$

daß nicht jede Lösung eines Anfangswertproblems mit Hilfe einer Folge von Euler-Polygonen oder einer Folge von Picard-Iterierten angenähert werden kann.

2. Bestimmen Sie die (der Formel (2.3) entsprechende) Formel für das Euler-Polygon zum Anfangswertproblem (2.1) mit der Schrittweite h für t-Werte kleiner als t_0.

3. Gegeben sei ein allgemeines Anfangswertproblem

$$\boxed{\dot{x} = f(t,x)}\,, \quad x(t_0) = x_0$$

mit rechter Seite $f : \mathbb{R}^{1+N} \to \mathbb{R}^N$ und Anfangswertepaar $(t_0, x_0) \in \mathbb{R}^{1+N}$. Für festes $h > 0$ definiert man rekursiv die drei Folgen

$$\begin{aligned} x_0 &:= x_0\,, & x_{k+1} &:= x_k + h\cdot f(t_0 + kh, x_k)\,, \\ y_0 &:= x_0\,, & y_{k+1} &:= y_k + \tfrac{h}{2}\cdot f\big(t_0 + k\tfrac{h}{2}, y_k\big)\,, \\ z_0 &:= x_0\,, & z_{k+1} &:= z_k + h\cdot f\big(t_0 + kh + \tfrac{h}{2}, z_k + \tfrac{h}{2}\cdot f(t_0 + kh, z_k)\big)\,. \end{aligned}$$

Vergegenwärtigen Sie sich diese Definitionen mit der Schrittweite $h = 1$ an dem skalaren Beispiel

$$\boxed{\dot{x} = \ln t}\,, \quad x(1) = 0\,,$$

das bekanntlich die Lösung $\lambda(t) = t\ln t - t + 1$ besitzt. Vergleichen Sie die (mit dem Computer berechneten) Werte x_1, y_2, z_1 mit der Zahl $\lambda(2)$ und die Werte x_2, y_4, z_2 mit $\lambda(3)$. Deuten Sie dann allgemein die drei Folgen geometrisch im Sinne des Polygonzugverfahrens.

4. Gegeben sei eine auf einem Intervall I stetige Funktion $a : I \to \mathbb{R}$. Zeigen Sie, daß dann die k-te Picard-Iterierte des Anfangswertproblems

$$\boxed{\dot{x} = a(t)x}\,, \quad x(t_0) = x_0$$

die Form

$$\lambda_k(t) = x_0 \sum_{i=0}^{k} \frac{1}{i!}\Big(\int_{t_0}^{t} a(s)\,ds\Big)^i\,, \quad k \in \mathbb{N}_0$$

besitzt, und bestimmen Sie daraus eine Lösung des Anfangswertproblems. Vergleichen Sie das Ergenis mit dem vom Beispiel 1.2.6.

2.2 Der Satz von Peano

In diesem Abschnitt geht es darum, die auf der Euler'schen Polygonzug-Methode beruhende Idee der Lösungsapproximation in einen Konvergenzbeweis umzusetzen, um auf diesem Wege zu der Erkenntnis zu gelangen, daß schon die Stetigkeit der rechten Seite einer Differentialgleichung ausreicht, die Lösbarkeit jedes der zugehörigen Anfangswertprobleme zu garantieren.

Auf Grund des Beispiels 1.2.3 mit der unstetigen Signum-Funktion als rechter Seite ist uns bewußt, daß wir für die Existenz einer Lösung des Anfangswertproblems

$$\boxed{\dot{x} = f(t,x)}\,, \quad x(t_0) = x_0 \tag{2.14}$$

von der rechten Seite $f(t,x)$ mindestens die Stetigkeit verlangen müssen. Was nun den Definitionsbereich der Funktion $f(t,x)$ angeht, so machen wir zunächst die durch zwei positive Zahlen a und b quantifizierte Voraussetzung, daß $f(t,x)$ auf einem „Zylinder" der Form

$$Z_{a,b} := \big[t_0 - a\,, t_0 + a\big] \times \overline{U_b^N(x_0)}$$

(mit $\overline{U_b^N(x_0)} := \{x \in \mathbb{R}^N : \|x-x_0\| \le b\}$) definiert ist. Wegen der vorausgesetzten Stetigkeit von $f(t,x)$ besitzt dann die (ebenfalls stetige) Funktion $\|f(t,x)\|$ auf dem kompakten Zylinder $Z_{a,b}$ ein Maximum

$$M := \max\left\{\|f(t,x)\| : (t,x) \in Z_{a,b}\right\} .$$

Da wir den trivialen Fall $f(t,x) \equiv 0$, bei dem die Differentialgleichung offensichtlich nur konstante Lösungen besitzt, außer acht lassen können, nehmen wir ohne Beschränkung der Allgemeinheit M als positiv an.

Im Hinblick auf den Nachweis einer Lösung des Anfangswertproblems (2.14) müssen wir nun bedenken, daß das (noch unbekannte) Existenzintervall dieser Lösung durchaus kleiner sein kann als $[t_0-a\,, t_0+a]$. Dies läßt sich leicht an Hand der Gleichung $\dot{x} = x^2 t$ (siehe Beispiel 1.2.1) erkennen, bei der man den Zylinder $Z_{a,b}$ um den Punkt $(t_0, x_0) = (0,2)$ (und damit die Zahl a) beliebig groß wählen kann, die Lösung $\lambda(t) = \frac{2}{1-t^2}$ zur Anfangsbedingung $x(0) = 2$ aber dennoch nur auf dem Intervall $(-1\,,1)$ existiert. Es stellt sich daher im Zusammenhang mit dem allgemeinen Anfangswertproblem (2.14) die Frage, ob wir auf Grund der vorliegenden Daten a, b und M eine quantitative a priori-Aussage über die Mindestgröße des zu erwartenden Lösungsintervalls machen können.

Zur Klärung dieser Frage betrachten wir den Fall $N = 1$, in dem der Zylinder $Z_{a,b}$ zu einem Rechteck entartet (siehe Abbildung 2.4). Die Gefahr, daß dann die im Punkt (t_0, x_0) startende Lösungskurve den Rand des Zylinders nicht an den „Stirnseiten“ $t = t_0 - a$ bzw. $t = t_0 + a$, sondern am „Mantel“ $\|x - x_0\| = b$ erreicht (und damit möglicherweise *nicht* auf ganz $[t_0 - a\,, t_0 + a]$ definiert ist), ist am größten, wenn die Steigung $\dot{\lambda}(t) = f\big(t, \lambda(t)\big)$ der Lösungskurve maximal oder minimal ist, unter den vorliegenden Voraussetzungen also dem Betrage nach gleich M. Bezugnehmend auf die Abbildung 2.4 darf man also erwarten, daß die Lösungskurve $\lambda(t)$ den schraffierten Bereich nur rechts und links verlassen kann. Je nachdem, ob $\frac{b}{M} \ge a$ oder $\frac{b}{M} < a$ gilt, ist damit entweder das größtmögliche Lösungsintervall $[t_0 - a\,, t_0 + a]$ gesichert, oder aber nur der Teil $\left[t_0 - \frac{b}{M}\,, t_0 + \frac{b}{M}\right]$ hiervon. In jedem Fall haben wir aber eine quantitative a priori-Information über den zu erwartenden Definitionsbereich der gesuchten Lösung gewonnen.

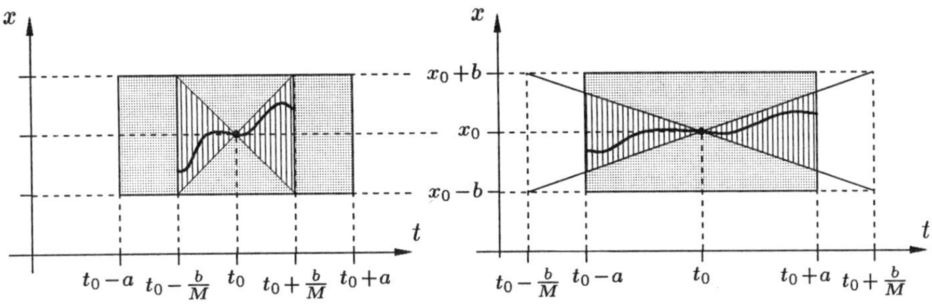

Abb. 2.4 Zur a priori-Information über die Größe des Lösungsintervalls zum Anfangswertproblem $\dot{x} = f(t,x)$, $x(t_0) = x_0$, linkes Bild $\frac{b}{M} < a$, rechtes Bild $\frac{b}{M} \ge a$

Daß man ein größeres Lösungsintervall als $[t_0 - \alpha, t_0 + \alpha]$ mit $\alpha = \min\{a, \frac{b}{M}\}$ im allgemeinen nicht erwarten kann, zeigt das folgende einfache Beispiel.

2.2.1 Beispiel: Die Funktion $f(t,x)$ im Anfangswertproblem (2.14) sei konstant, mit dem Wert $c \in \mathbb{R}^N$ etwa. Dann ist offensichtlich

$$\lambda(t) := x_0 + (t - t_0)c$$

eine Lösung des Anfangswertproblems

$$\boxed{\dot{x} = c}, \quad x(t_0) = x_0 ,$$

und unter Beachtung von $M = \max\{\|f(t,x)\| : (t,x) \in Z_{a,b}\} = \|c\|$ gilt die Beziehung $\|\lambda(t) - x_0\| \leq b$ genau dann, wenn $|t - t_0| \leq \frac{b}{M}$ gilt. Dies besagt dann gerade, daß der Graph der Lösung $\lambda(t)$ nur für die t aus dem Intervall $[t_0 - \alpha, t_0 + \alpha]$ mit $\alpha = \min\{a, \frac{b}{M}\}$ im Zylinder $Z_{a,b}$ verbleibt. ◊

Auf Grund dieses Beispiels kennen wir also das größtmögliche Lösungsintervall, das ein allgemeingültiger Satz für das vorliegende Anfangswertproblem liefern kann. Daß man sich andererseits aber auch mit weniger nicht zufriedengeben muß, haben wir zuvor plausibel gemacht. Der folgende Satz präzisiert unsere heuristischen Überlegungen.

2.2.2 Satz (Peano[4], quantitative Fassung): *Gegeben sei ein Anfangswertproblem der Form*

$$\boxed{\dot{x} = f(t,x)}, \quad x(t_0) = x_0 , \tag{2.15}$$

bei dem $f : Z_{a,b} \to \mathbb{R}^N$ eine stetige Funktion ist mit dem Definitionsbereich

$$Z_{a,b} := [t_0 - a, t_0 + a] \times \overline{U_b^N(x_0)} , \quad a > 0, b > 0 .$$

Dann existiert mindestens eine Lösung des Anfangswertproblems (2.15) auf dem Intervall $[t_0 - \alpha, t_0 + \alpha]$, wobei

$$\alpha := \min\{a, \tfrac{b}{M}\} , \quad M := \max\{\|f(t,x)\| : (t,x) \in Z_{a,b}\} .$$

Der Trivialfall $M = 0$ ist hierbei mit „$\frac{b}{M} = \infty$" eingeschlossen.

---

[4] Der italienische Mathematiker Guiseppe **Peano** (1858–1939) studierte an der Universität Turin, wo er später auch als Professor tätig war. Den in diesem Abschnitt vorgestellten Satz bewies er im Alter von 28 Jahren. An weiteren Erkenntnissen, die die Mathematik Peano verdankt, wären das nach ihm benannte Axiomensystem für die natürlichen Zahlen und das im Zusammenhang mit Fraktalen als *Peano-Kurve* bekannt gewordene Beispiel einer „raumfüllenden" stetigen Kurve zu nennen.

Beweis: Schon vorweg sei darauf verwiesen, daß wir an entscheidender Stelle des Beweises den aus der ANALYSIS stammenden Satz von Arzelà-Ascoli benutzen werden. Man findet diesen inklusive Beweis im Anhang B.

Den trivialen Fall $M = 0$ können wir fortan außer acht lassen, denn in diesem Fall ist $f(t,x) \equiv 0$, und das Anfangswertproblem (2.15) besitzt die konstante Lösung $\lambda(t) \equiv x_0$. Es sei nun also M als positiv vorausgesetzt.

Um naheliegende Wiederholungen zu vermeiden, beschränken wir uns im gesamten Beweis, den wir der Übersichtlichkeit halber in fünf Schritte gliedern, auf die rechte Hälfte $[t_0\,, t_0+\alpha]$ des betrachteten Intervalls. Für die geringfügige Modifikation des Beweises bezüglich der linken Intervallhälfte verweisen wir auf die Aufgabe 2.

1. Schritt: Wir definieren $\alpha := \min\{a\,, \frac{b}{M}\}$ und konstruieren auf dem Intervall $[t_0-\alpha\,, t_0+\alpha]$ eine Folge von Euler-Polygonen. Zu diesem Zwecke stellen wir zunächst fest, daß die stetige Funktion $f(t,x)$ auf dem kompakten Zylinder $Z_{a,b}$ gleichmäßig stetig ist. Demnach gibt es zu jedem $k \in \mathbb{N}$ ein $\delta = \delta(k) > 0$ derart, daß für alle $(t,x), (\tilde{t},\tilde{x}) \in Z_{a,b}$ folgendes gilt:

$$\|f(t,x) - f(\tilde{t},\tilde{x})\| \;\le\; \tfrac{1}{k} \quad \text{falls } |t-\tilde{t}| \le \delta(k) \text{ und } \|x-\tilde{x}\| \le \delta(k)\,. \tag{2.16}$$

Da die Folge $(\frac{\alpha}{n})_{n=1}^{\infty}$ eine Nullfolge ist, gibt es zu jedem $k \in \mathbb{N}$ ein $n = n(k) \in \mathbb{N}$ derart, daß für die positive Zahl $h = h(k) := \frac{\alpha}{n(k)}$ die Ungleichung

$$0 \;<\; h(k) \;<\; \min\{\delta(k)\,, \tfrac{\delta(k)}{M}\} \tag{2.17}$$

gilt. Für jedes $k \in \mathbb{N}$ und die gemäß der vorherigen Überlegung zugehörige „Schrittweite“ $h = h(k)$ definieren wir nun[5] induktiv die $2n+1$ „Eckpunkte“ $(t_i, x_i)\,,\ i = -n,\ldots,n$ des zu konstruierenden Polygonzuges gemäß der Beziehungen $t_i := t_0 + ih\,,\ i = -n,\ldots,n$ und

$$x_i \;:=\; \begin{cases} x_{i-1} + h\cdot f(t_{i-1}, x_{i-1}) & \text{für } i = 1,\ldots,n\,, \\ x_{i+1} - h\cdot f(t_{i+1}, x_{i+1}) & \text{für } i = -1,\ldots,-n\,. \end{cases}$$

Damit definieren wir dann für jedes $k \in \mathbb{N}$ das in der Abbildung 2.5 skizzierte Euler-Polygon $p_k(t)$ stückweise auf den Intervallen $[t_i\,, t_{i+1}]\,,\ i = -n,\ldots,n-1$ wie folgt:

$$p_k(t) \;:=\; \begin{cases} x_i + (t-t_i)\cdot f(t_i, x_i) & \text{für } i = 0,\ldots,n-1\,, \\ x_{i+1} + (t-t_{i+1})\cdot f(t_{i+1}, x_{i+1}) & \text{für } i = -1,\ldots,-n\,. \end{cases} \tag{2.18}$$

Dies impliziert insbesondere die Beziehungen

$$p_k(t_i) \;=\; x_i \quad \text{für } i = -n,\ldots,n\,. \tag{2.19}$$

[5] Aus Gründen der Übersichtlichkeit verzichten wir vorübergehend darauf, die Abhängigkeit der Größen δ, n, h, t_i, x_i von k explizit anzugeben.

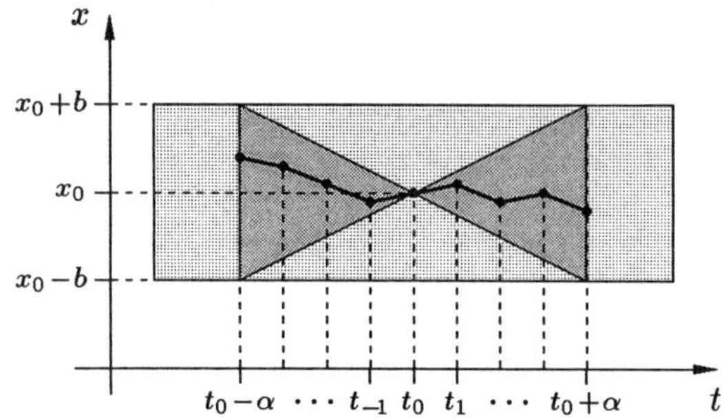

Abb. 2.5
Zur Konstruktion des Euler-Polygons $p_k(t)$ auf dem Intervall $[t_0 - \alpha\,, t_0 + \alpha]$

Daß die beschriebene Konstruktion überhaupt möglich ist, liegt daran, daß für alle $i = -n, \ldots, n$ die Punkte (t_i, x_i) in $Z_{a,b}$, also im Definitionsbereich von $f(t,x)$ liegen. Für $i = 1, \ldots, n$ gilt nämlich

$$\|x_i - x_0\| \;=\; \Big\| \sum_{j=0}^{i-1} x_{j+1} - x_j \Big\| \overset{(2.19)}{=} \Big\| \sum_{j=0}^{i-1} p_k(t_{j+1}) - x_j \Big\| \overset{(2.18)}{=}$$

$$\overset{(2.18)}{=} \Big\| \sum_{j=0}^{i-1} (t_{j+1} - t_j)\, f(t_j, x_j) \Big\| \;\le\; M \sum_{j=0}^{i-1} \cdot (t_{j+1} - t_j) \;\le\; M\alpha \;\le\; b\,.$$

2. Schritt: Wir zeigen, daß der Satz von Arzelà-Ascoli (vgl. Anhang B) auf die Folge $(p_k(t))_{k=1}^{\infty}$ der oben konstruierten Euler-Polygone anwendbar ist. Zu diesem Zwecke stellen wir zunächst fest, daß diese Funktionenfolge gleichmäßig beschränkt ist (ihre Graphen liegen ja, wie zuvor gezeigt, im Zylinder $Z_{a,b}$). Ihre gleichgradige Stetigkeit beweisen wir schließlich in Form der für alle $t, s \in [t_0 - \alpha\,, t_0 + \alpha]$ gültigen Ungleichung

$$\big\| p_k(t) - p_k(s) \big\| \;\le\; M\,|t - s| \quad \text{für alle } k \in \mathbb{N}\,. \tag{2.20}$$

Zum Nachweis dieser Beziehung unterscheiden wir zwei Fälle. Liegen t und s im gleichen Intervall der Form $[t_i\,, t_{i+1}]$, $i = 0, \ldots, n$, so gilt $\|p_k(t) - p_k(s)\| = \|(t - t_i) f(t_i, x_i) - (s - t_i) f(t_i, x_i)\| \le M|t - s|$. Andernfalls gilt $t \in [t_i\,, t_{i+1}]$ und $s \in [t_j\,, t_{j+1}]$, wobei wir ohne Beschränkung der Allgemeinheit $i < j$ annehmen können. Es gilt dann unter Verwendung des eben erledigten Falles

$$\big\| p_k(t) - p_k(s) \big\| \;\le$$

$$\le\; \big\| p_k(t) - p_k(t_{i+1}) \big\| + \sum_{\ell=i+1}^{j-1} \big\| p_k(t_\ell) - p_k(t_{\ell+1}) \big\| + \big\| p_k(t_j) - p_k(s) \big\| \;\le$$

$$\le\; M \Big[(t_{i+1} - t) + \sum_{\ell=i+1}^{j-1} (t_{\ell+1} - t_\ell) + (s - t_j) \Big] \;=\; M(s - t) \;=\; M|t - s|\,.$$

Der nun als anwendbar nachgewiesene Satz von Arzelà-Ascoli liefert eine gleichmäßig konvergente Teilfolge der betrachteten Folge von Euler-Polygonen. Im weiteren Verlauf des Beweises betrachten wir nur noch diese Teilfolge, die wir der Einfachheit halber wieder mit $(p_k(t))_{k=1}^{\infty}$ bezeichnen.

3. Schritt: Für jedes $k \in \mathbb{N}$ ist die Funktion $p_k(t)$ eine „$\frac{1}{k}$-Näherungslösung" des Anfangswertproblems (2.15) im Sinne der Aussage, daß für alle t aus der Menge $[t_0 - \alpha\,, t_0 + \alpha] \setminus \{t_i : i = -n, \dots, n\}$ die Abschätzung

$$\left\| \dot{p}_k(t) - f(t, p_k(t)) \right\| \le \frac{1}{k} \tag{2.21}$$

gilt. Auf jedem der offenen Intervalle $(t_i\,, t_{i+1})$, $i = 0, \dots, n-1$ gilt nämlich

$$\left\|p_k(t) - x_i\right\| \overset{(2.18)}{=} |t - t_i| \left\|f(t_i, x_i)\right\| \le h(k)\, M \overset{(2.17)}{\le} \delta(k)\,,$$

sowie $|t - t_i| < h(k) \overset{(2.17)}{\le} \delta(k)$. Mit (2.16) folgt daraus

$$\left\|\dot{p}_k(t) - f(t, p_k(t))\right\| \overset{(2.18)}{=} \left\|f(t_i, x_i) - f(t, p_k(t))\right\| \overset{(2.16)}{\le} \frac{1}{k}\,.$$

4. Schritt: Wir zeigen nun, daß die Funktion $p_k(t)$ für jedes $k \in \mathbb{N}$ eine „$\frac{1}{k}$-Näherungslösung" der zu (2.15) gehörigen Integralgleichung ist, und zwar in dem Sinne, daß für alle $t \in [t_0 - \alpha\,, t_0 + \alpha]$ folgendes gilt:

$$\left\|p_k(t) - x_0 - \int_{t_0}^{t} f(\tau, p_k(\tau))\, d\tau\right\| \le \frac{1}{k}\, |t - t_0|\,. \tag{2.22}$$

Es sei ein beliebiges $t \in [t_i\,, t_{i+1}]$ für ein $i \in \{0, \dots, n-1\}$ gegeben. Dann gilt

$$\begin{aligned}
&\left\|p_k(t) - x_0 - \int_{t_0}^{t} f(\tau, p_k(\tau))\, d\tau\right\| = \\
&= \left\|p_k(t) - x_i - \int_{t_i}^{t} f(\tau, p_k(\tau))\, d\tau + \sum_{j=0}^{i-1} \left[x_{j+1} - x_j - \int_{t_j}^{t_{j+1}} f(\tau, p_k(\tau))\, d\tau\right]\right\| \\
&\overset{(2.19)}{=} \left\| \int_{t_i}^{t} \left[\, \dot{p}_k(\tau) - f(\tau, p_k(\tau)) \,\right] d\tau + \sum_{j=0}^{i-1} \int_{t_j}^{t_{j+1}} \left[\, \dot{p}_k(\tau) - f(\tau, p_k(\tau)) \,\right] d\tau \right\| \\
&\overset{(2.21)}{\le} \int_{t_i}^{t} \frac{1}{k}\, d\tau + \sum_{j=0}^{i-1} \int_{t_j}^{t_{j+1}} \frac{1}{k}\, d\tau = \frac{1}{k}\, |t - t_0|\,.
\end{aligned}$$

5. Schritt: Zum Abschluß des Beweises zeigen wir nun, daß die mit $p_\infty(t)$ bezeichnete Grenzfunktion der auf $[t_0 - \alpha\,, t_0 + \alpha]$ gleichmäßig konvergenten Folge $(p_k(t))_{k=1}^{\infty}$ von Euler-Polygonen eine Lösung des Anfangswertproblems (2.15) ist. Wegen der gleichmäßigen Konvergenz dieser Funktionenfolge und wegen der Beziehung (2.16) konvergiert die Folge $(f(t, p_k(t)))_{k=1}^{\infty}$ für alle $t \in [t_0 - \alpha\,, t_0 + \alpha]$ gleichmäßig gegen $f(t, p_\infty(t))$. Der Grenzübergang $k \to \infty$ in der Beziehung (2.22) liefert dann die Identität

$$\left\|p_\infty(t) - x_0 - \int_{t_0}^{t} f(\tau, p_\infty(\tau))\, d\tau\right\| = 0 \quad \text{für alle } t \in [t_0 - \alpha\,, t_0 + \alpha]\,.$$

Nach Satz 1.4.4 ist dann $p_\infty(t)$ auf den Intervall $[t_0 - \alpha\,, t_0 + \alpha]$ eine Lösung des Anfangswertproblems (2.15). ■

Der Satz 2.2.2 ist insofern von *quantitativer* und nur *theoretischer* Natur, als er eine Situation behandelt, die mittels reeller Zahlen a, b, M und α explizit und sehr detailiert beschrieben werden kann. Da aber derartige Informationen bei den meisten konkret auftretenden Differentialgleichungen nicht vorliegen, und der Satz 2.2.2 daher im allgemeinen nicht unmittelbar anwendbar ist, stellen wir der quantitativen Version 2.2.2 des Satzes von Peano eine *qualitative* Variante an die Seite. Diese läßt sich dann unmittelbar auf *jede* Differentialgleichung mit stetiger rechter Seite anwenden.

2.2.3 Satz (Peano, qualitative Fassung): *Gegeben sei eine stetige Funktion $f : D \to \mathbb{R}^N$ auf einer offenen Teilmenge D des $\mathbb{R}^{1+N}$. Dann besitzt jedes der Anfangswertprobleme*

$$\boxed{\dot{x} = f(t,x)}\,, \quad x(t_0) = x_0\,, \quad (t_0, x_0) \in D \tag{2.23}$$

eine lokale Lösung, d.h. es gibt ein $\beta = \beta(t_0, x_0) > 0$ derart, daß das Anfangswertproblem (2.23) auf dem Intervall $[t_0 - \beta\,, t_0 + \beta]$ mindestens eine Lösung besitzt.

Beweis: Da die Menge D offen ist, gibt es zu jedem Punkt (t_0, x_0) aus D einen ganz in D liegenden Zylinder der im Satz 2.2.2 beschriebenen Form $Z_{a,b}$. Das Anfangswertproblem

$$\boxed{\dot{x} = f|_{Z_{a,b}}(t,x)}\,, \quad x(t_0) = x_0\,,$$

bei dem $f|_{Z_{a,b}}(t,x)$ die Einschränkung von $f(t,x)$ auf $Z_{a,b}$ bedeutet, erfüllt dann die Voraussetzungen des Satzes 2.2.2. Die von diesem Satz gelieferte Lösung ist dann auch eine Lösung des Anfangswertproblems (2.23). ■

Wie das Beispiel der Gleichung $\dot{x} = \sqrt[3]{x^2}$ auf Seite 17 zeigt, kann man allein auf Grund der Stetigkeit der rechten Seite die *Eindeutigkeit* der Lösung des betrachteten Anfangswertproblems nicht erwarten. Der Frage, welche zusätzliche Voraussetzung an die rechte Seite der Differentialgleichung die Eindeutigkeit sichert, werden wir uns im nächsten Abschnitt zuwenden.

Aufgaben

1. Zeigen Sie an Hand des Anfangswertproblems

$$\boxed{\dot{x} = tx}\,, \quad x(0) = 0\,,$$

daß die Zahl $\alpha = \min\{a\,, \frac{b}{M}\}$, die im quantitativen Satz 2.2.2 von Peano die halbe Länge des nachgewiesenen Lösungsintervalls darstellt, nicht automatisch wächst, wenn a und b wachsen. Wie groß kann α bei diesem Beispiel maximal werden?

2. Beschreiben Sie die Modifikation des Beweises für den Satz von Peano, mit der man die Existenz einer Lösung auf dem linken „Halbintervall" $[t_0 - \alpha, t_0]$ nachweisen kann.

3. Gegeben sei ein Anfangswertproblem der Form

$$\boxed{\dot{x} = f(t,x)}\,, \quad x(t_0) = x_0\,,$$

bei dem $f : Z_{a,\infty} \to \mathbb{R}^N$ eine stetige Funktion ist mit dem Definitionsbereich

$$Z_{a,\infty} := [t_0 - a, t_0 + a] \times \mathbb{R}^N\,, \quad a > 0\,.$$

Zeigen Sie: Ist $f(t,x)$ beschränkt, so existiert eine Lösung des betrachteten Anfangswertproblems auf dem ganzen Intervall $[t_0 - a, t_0 + a]$.

4. Gegeben sei das Szenario des quantitativen Satzes 2.2.2 von Peano und die im Beweis konstruierte Folge $(p_k(t))_{k=1}^{\infty}$ von Euler-Polygonen. Zeigen Sie:

(a) Besitzt das betrachtete Anfangswertproblem genau eine Lösung auf $[t_0 - \alpha, t_0 + \alpha]$, so konvergiert die Folge $(p_k(t))_{k=1}^{\infty}$ (und nicht nur eine Teilfolge hiervon) für $k \to \infty$, und zwar gegen diese Lösung.

(b) Konvergiert die Folge $(p_k(t))_{k=1}^{\infty}$ für $k \to \infty$ (und zwar automatisch gegen eine Lösung), so impliziert dies noch nicht die eindeutige Lösbarkeit des betrachteten Anfangswertproblems.

2.3 Der Satz von Picard-Lindelöf

Das Ziel dieses Abschnitts ist die Herleitung eines Satzes, der neben der Existenz einer Lösung eines Anfangswertproblems auch deren Eindeutigkeit liefert. Als Ausgangspunkt wählen wir wie im vorherigen Abschnitt ein Anfangswertproblem der Form

$$\boxed{\dot{x} = f(t,x)}\,, \quad x(t_0) = x_0\,, \tag{2.24}$$

bei dem die Funktion $f(t,x)$ auf einem Zylinder der Form $Z_{a,b} := [t_0 - a, t_0 + a] \times \overline{U_b^N(x_0)}$ stetig ist. Wie wir auf Grund des Satzes von Peano und des Beispiels $\dot{x} = \sqrt[3]{x^2}$ von Seite 17 wissen, garantiert diese Voraussetzung zwar die Existenz einer lokalen Lösung dieses Anfangswertproblems, nicht aber deren Eindeutigkeit. Um die Eindeutigkeit zu erzwingen, verschärfen wir nun die Stetigkeitsforderung an $f(t,x)$ insofern, als wir zusätzlich eine besonders übersichtliche Form von *gleichmäßiger* Stetigkeit bezüglich der x-Variablen verlangen. Es gelte nämlich eine sogenannte **Lipschitz[6]-Bedingung**, das ist eine für alle $(t,x), (t,y) \in Z_{a,b}$ gültige Abschätzung der Form

$$\|f(t,x) - f(t,y)\| \leq L\,\|x - y\|$$

---

[6] Rudolf Otto Sigismund **Lipschitz** (1832–1903), geboren in der Nähe von Königsberg im damaligen Ostpreußen (heute zu Rußland gehöriges Kaliningrad), studierte in Königsberg und Berlin. Nachdem er zunächst als Gymnasiallehrer tätig war, übernahm er später Professuren in Breslau und dann in Bonn. Lipschitz erzielte wichtige Ergebnisse in verschiedenen Bereichen der Mathematik, so etwa der Zahlentheorie, Analysis, Differentialgeometrie und in der mathematischen Physik. Die nach ihm benannte Bedingung spielt nicht nur bei gewöhnlichen und partiellen Differentialgleichungen, sondern auch in der Approximationstheorie eine große Rolle.

mit einer nichtnegativen Konstante L, die man **Lipschitz-Konstante** nennt.

Was die Größe des Existenzintervalls der zu konstruierenden Lösung angeht, so gelten alle im vorherigen Abschnitt angestellten Überlegungen unverändert auch in diesem Abschnitt. Es ist daher nicht verwunderlich, daß sich der nun folgende Satz von der quantitativen Fassung 2.2.2 des Satzes von Peano nur dadurch unterscheidet, daß er zusätzlich eine Lipschitz-Bedingung voraussetzt, dafür aber auch die Eindeutigkeit der Lösung liefert.

2.3.1 Satz (Picard-Lindelöf[7], quantitative Fassung): *Gegeben sei ein Anfangswertproblem der Form*

$$\boxed{\dot{x} = f(t,x)}\,, \quad x(t_0) = x_0\,, \tag{2.25}$$

bei dem $f : Z_{a,b} \to \mathbb{R}^N$ eine stetige Funktion ist mit dem Definitionsbereich

$$Z_{a,b} := \big[t_0 - a\,, t_0 + a\big] \times \overline{U_b^N(x_0)}\,, \quad a > 0\,, b > 0\,.$$

Ferner gebe es eine Konstante $L \geq 0$ mit der Eigenschaft

$$\big\|f(t,x) - f(t,y)\big\| \leq L\,\|x - y\| \quad \text{für alle } (t,x), (t,y) \in Z_{a,b}\,. \tag{2.26}$$

Dann existiert genau eine Lösung des Anfangswertproblems (2.25) auf dem Intervall $[t_0 - \alpha\,, t_0 + \alpha]$, wobei

$$\alpha := \min\big\{a\,, \tfrac{b}{M}\big\}\,, \quad M := \max\big\{\|f(t,x)\| : (t,x) \in Z_{a,b}\big\}\,.$$

Der triviale Fall $M = 0$ ist mit „$\frac{b}{M} = \infty$“ hier eingeschlossen.

Beweis: Wir untergliedern den Beweis der Übersichtlichkeit halber in fünf Schritte.[8] Schon eingangs sei darauf verwiesen, daß wir verschiedenlich die im Anhang A bewiesene Integralabschätzung (A.1) verwenden werden.

Im Trivialfall $M = 0$ ist $f(t,x) \equiv 0$. Also sind in diesem Fall alle Lösungen konstant, und $\lambda(t) \equiv x_0$ ist die gesuchte Lösung auf $[t_0 - a\,, t_0 + a]$. Im weiteren sei nun also $M > 0$ vorausgesetzt.

[7] Der finnische Mathematiker Ernst Leonard **Lindelöf** (1870–1946) studierte in Helsinki, Stockholm, Paris und Göttingen. Er lehrte und forschte als Professor in Helsinki. Neben seinem wichtigen Beitrag zum hier vorgestellten Existenz- und Eindeutigkeitssatz lieferte er bedeutende Arbeiten zur Funktionentheorie und Analysis.

[8] In den ersten vier Schritten beweisen wir die auf Grund des Satzes von Peano bereits bekannte *Existenz* der Lösung. Da aber der hier angegebene, vom Satz von Peano unabhängige Beweis (mittels sukzessiver Approximation) von eigenständigem Interesse ist, führen wir ihn in allen Einzelheiten. Die ***Eindeutigkeit*** der gesuchten Lösung wird schließlich im fünften Beweisschritt gezeigt.

1. Schritt: Wir konstruieren auf $[t_0 - \alpha, t_0 + \alpha]$ die Folge der Picard-Iterierten

$$\begin{aligned} \lambda_0(t) &:\equiv x_0, \\ \lambda_{k+1}(t) &:= x_0 + \int_{t_0}^{t} f(s, \lambda_k(s))\, ds, \quad k \in \mathbb{N}_0. \end{aligned} \tag{2.27}$$

Daß diese Konstruktion überhaupt möglich ist, liegt daran, daß für alle s aus dem Intervall $[t_0 - \alpha, t_0 + \alpha]$ die Punkte $(s, \lambda_k(s))$ in $Z_{a,b}$, also im Definitionsbereich von $f(t,x)$ liegen. Dies ist für $k = 0$ trivial und für $k \geq 1$ folgt es aus der für alle $t \in [t_0 - \alpha, t_0 + \alpha]$ gültigen Abschätzung

$$\begin{aligned} \|\lambda_k(t) - x_0\| &= \left\| \int_{t_0}^{t} f(s, \lambda_{k-1}(s))\, ds \right\| \overset{(A.1)}{\leq} \left| \int_{t_0}^{t} \|f(s, \lambda_{k-1}(s))\|\, ds \right| \\ &\leq \left| \int_{t_0}^{t} M\, ds \right| = M|t - t_0| \leq M\alpha \leq b. \end{aligned}$$

2. Schritt: Mit vollständiger Induktion beweisen wir als nächstes, daß für alle $t \in [t_0 - \alpha, t_0 + \alpha]$ und alle $k \in \mathbb{N}_0$ die folgende Abschätzung gilt:

$$\|\lambda_{k+1}(t) - \lambda_k(t)\| \leq M L^k \frac{|t - t_0|^{k+1}}{(k+1)!}. \tag{2.28}$$

Für $k = 0$ gilt nach (2.27)

$$\|\lambda_1(t) - \lambda_0(t)\| = \left\| \int_{t_0}^{t} f(s, x_0)\, ds \right\| \overset{(A.1)}{\leq} \left| \int_{t_0}^{t} M\, ds \right| = M|t - t_0|.$$

Wir verwenden nun (2.28) als Induktionsannahme. Dann folgt

$$\begin{aligned} \|\lambda_{k+2}(t) - \lambda_{k+1}(t)\| &= \left\| \int_{t_0}^{t} [f(s, \lambda_{k+1}(s)) - f(s, \lambda_k(s))]\, ds \right\| \overset{(A.1)}{\leq} \\ &\overset{(A.1)}{\leq} \left| \int_{t_0}^{t} \|f(s, \lambda_{k+1}(s)) - f(s, \lambda_k(s))\|\, ds \right| \overset{(2.26)}{\leq} \\ &\overset{(2.26)}{\leq} \left| \int_{t_0}^{t} L\, \|\lambda_{k+1}(s) - \lambda_k(s)\|\, ds \right| \overset{(2.28)}{\leq} \frac{ML^{k+1}}{(k+1)!} \left| \int_{t_0}^{t} |s - t_0|^{k+1}\, ds \right| = \\ &= \frac{ML^{k+1}}{(k+1)!} \frac{|t - t_0|^{k+2}}{k+2} = M L^{k+1} \frac{|t - t_0|^{k+2}}{(k+2)!}. \end{aligned}$$

3. Schritt: In diesem Beweisschritt zeigen wir die gleichmäßige Konvergenz der Funktionenfolge $(\lambda_k(t))_{k=0}^{\infty}$ auf dem Intervall $[t_0 - \alpha, t_0 + \alpha]$. Wegen der Beziehung

$$\lambda_k(t) - x_0 \equiv \lambda_k(t) - \lambda_0(t) \equiv \sum_{i=0}^{k-1} [\lambda_{i+1}(t) - \lambda_i(t)]$$

ist $(\lambda_k(t) - x_0)_{k=0}^{\infty}$ die Folge der Partialsummen der unendlichen Reihe

$$\sum_{i=0}^{\infty} [\lambda_{i+1}(t) - \lambda_i(t)].$$

Diese Funktionenreihe ist auf dem Intervall $[t_0-\alpha\,, t_0+\alpha]$ gleichmäßig konvergent, denn sie besitzt dort wegen (2.28) die Zahlenreihe

$$\sum_{i=0}^{\infty} M L^i \,\frac{\alpha^{i+1}}{(i+1)!}$$

als konvergente Majorante (im nichttrivialen Fall $L > 0$ besitzt diese den Grenzwert $\frac{M}{L}\sum_{i=0}^{\infty}\frac{(L\alpha)^{i+1}}{(i+1)!} = \frac{M}{L}(e^{L\alpha}-1)\big)$. Mit der Folge $\big(\lambda_k(t)-x_0\big)_{k=0}^{\infty}$ ist dann offensichtlich auch die Folge $\big(\lambda_k(t)\big)_{k=0}^{\infty}$ gleichmäßig konvergent auf dem Intervall $[t_0-\alpha\,, t_0+\alpha]$.

<u>4. Schritt</u>: Daß die mit $\lambda_\infty(t)$ bezeichnete Grenzfunktion der Folge $\big(\lambda_k(t)\big)_{k=0}^{\infty}$ auf dem Intervall $[t_0-\alpha, t_0+\alpha]$ eine Lösung des Anfangswertproblems (2.25) darstellt, zeigen wir als nächstes. Der bisherige, auf dem Verfahren der Picard-Iteration basierende Beweis war gerade so angelegt, daß dies durch den Grenzübergang $k \to \infty$ in der Beziehung (2.27) erreicht werden kann. Zu beachten ist hierbei allerdings, daß der Grenzübergang auf der rechten Seite unter dem Integralzeichen vorzunehmen ist, und somit die gewünschte Beziehung

$$\lambda_\infty(t) \;\equiv\; x_0 + \int_{t_0}^{t} f\big(s, \lambda_\infty(s)\big)\, ds$$

nur dann erreicht wird, wenn man Integration und Grenzwertbildung miteinander vertauschen kann. Aus der ANALYSIS ist bekannt, daß dies im Fall der gleichmäßigen Konvergenz der Folge

$$\Big(f\big(s, \lambda_k(s)\big)\Big)_{k=0}^{\infty} \tag{2.29}$$

der Integranden möglich ist. Wegen der Voraussetzung (2.26) gilt nun aber

$$\big\|f\big(s,\lambda_k(s)\big) - f\big(s,\lambda_\infty(s)\big)\big\| \;\le\; L\,\big\|\lambda_k(s)-\lambda_\infty(s)\big\| \quad \text{für alle } s\in[t_0-\alpha\,, t_0+\alpha]\,,$$

und daher konvergiert wie die Folge $\big(\lambda_k(s)\big)_{k=0}^{\infty}$ auch die Folge (2.29) gleichmäßig auf $[t_0-\alpha\,, t_0+\alpha]$.

<u>5. Schritt</u>: Schließlich gilt es, noch die Eindeutigkeitsaussage des Satzes 2.3.1 zu beweisen. Zu diesem Zwecke nehmen wir an, neben $\lambda_\infty(t)$ wäre $\mu(t)$ auf dem Intervall $[t_0-\alpha\,, t_0+\alpha]$ eine weitere Lösung des Anfangswertproblems (2.25) und beweisen zunächst mit vollständiger Induktion die Abschätzung

$$\big\|\lambda_k(t)-\mu(t)\big\| \;\le\; M L^k\,\frac{|t-t_0|^{k+1}}{(k+1)!} \quad \text{für alle } t\in[t_0-\alpha\,, t_0+\alpha]\,. \tag{2.30}$$

Für $k=0$ gilt wegen $\lambda_0(t)\equiv x_0$

$$\big\|\lambda_0(t)-\mu(t)\big\| \;=\; \Big\|\int_{t_0}^{t} f\big(s,\mu(t)\big)\,ds\Big\| \;\overset{(A.1)}{\le}\; \Big|\int_{t_0}^{t} M\,ds\Big| \;=\; M|t-t_0|\,.$$

Wir verwenden nun (2.30) als Induktionsannahme. Dann folgt

$$\begin{aligned}
\left\|\lambda_{k+1}(t)-\mu(t)\right\| &= \left\|\int_{t_0}^{t}\left[f(s,\lambda_k(s))-f(s,\mu(s))\right]ds\right\| \overset{(A.1)}{\leq} \\
&\overset{(A.1)}{\leq} \left|\int_{t_0}^{t}\left\|f(s,\lambda_k(s))-f(s,\mu(s))\right\|ds\right| \overset{(2.26)}{\leq} \\
&\overset{(2.26)}{\leq} \left|\int_{t_0}^{t} L\left\|\lambda_k(s)-\mu(s)\right\|ds\right| \overset{(2.30)}{\leq} \frac{ML^{k+1}}{(k+1)!}\left|\int_{t_0}^{t}|s-t_0|^{k+1}\,ds\right| = \\
&= \frac{ML^{k+1}}{(k+1)!}\,\frac{|t-t_0|^{k+2}}{k+2} = ML^{k+1}\frac{|t-t_0|^{k+2}}{(k+2)!}\,.
\end{aligned}$$

Damit ist (2.30) bewiesen. Durch Grenzübergang $k \to \infty$ in dieser Beziehung folgt dann $\|\lambda_\infty(t)-\mu(t)\| \leq 0$ für jedes $t \in [t_0-\alpha\,,t_0+\alpha]$, denn die rechte Seite der Ungleichung in (2.30) konvergiert als Reihenglied einer konvergenten Reihe (siehe 3. Beweisschritt) gegen 0. Also ist die angenommene zweite Lösung $\mu(t)$ des Anfangswertproblems (2.25) auf $[t_0-\alpha\,,t_0+\alpha]$ identisch mit $\lambda_\infty(t)$. ■

Der Beweis des Satzes von Picard-Lindelöf liefert auch eine Abschätzung für die Abweichung der k-ten Picard-Iterierten $\lambda_k(t)$ von der Lösung $\lambda_\infty(t)$.

2.3.2 Korollar (Fehlerabschätzung für die Picard-Iterierten): *Unter den Voraussetzungen des Satzes 2.3.1 gilt für jedes $k \in \mathbb{N}_0$ die Abschätzung*

$$\left\|\lambda_k(t)-\lambda_\infty(t)\right\| \leq ML^k\frac{\alpha^{k+1}}{(k+1)!} \tag{2.31}$$

für alle $t \in [t_0-\alpha\,,t_0+\alpha]$. Dabei ist $\lambda_k(t)$ die in (2.27) definierte Picard-Iterierte, und $\lambda_\infty(t)$ ist die Lösung des Anfangswertproblems (2.25) auf dem Intervall $[t_0-\alpha\,,t_0+\alpha]$.

Beweis: In (2.30) darf man $\mu(t)$ durch $\lambda_\infty(t)$ ersetzen, denn dort war $\mu(t)$ eine beliebige Lösung des Anfangswertproblems (2.25). Für alle t aus dem Intervall $[t_0-\alpha\,,t_0+\alpha]$ folgt dann die Abschätzung (2.31) sofort aus (2.30). ■

Mit Hilfe des Satzes von Picard-Lindelöf wollen wir nun für eine Differentialgleichung, bei der man nachweislich die Lösungen explizit nicht berechnen kann, die Existenz und darüberhinaus die Eindeutigkeit der Lösung eines Anfangswertproblems theoretisch nachweisen. Ferner werden wir zeigen, daß man diese Lösung durch Anwendung der Approximationsformel (2.31) – wenigstens in einem Teil ihres Existenzintervalls – mit beliebiger Genauigkeit berechnen und graphisch darstellen kann.

2.3.3 Beispiel: Für das Anfangswertproblem

$$\boxed{\dot{x} = x^2 - t}\,, \quad x(0) = 0$$

zu der schon in den Beispielen 1.1.12 und 1.5.3 betrachteten Riccati'schen Differentialgleichung haben die ersten vier Picard-Iterierten die Form

$$\lambda_0(t) \equiv 0\,,\ \lambda_1(t) = -\frac{t^2}{2}\,,\ \lambda_2(t) = -\frac{t^2}{2} + \frac{t^5}{20}\,,\ \lambda_3(t) = -\frac{t^2}{2} + \frac{t^5}{20} - \frac{t^8}{160} + \frac{t^{11}}{4400}\,.$$

Wie man der Abbildung 2.6 entnimmt, sind die Graphen der drei Iterierten $\lambda_1(t)$ bis $\lambda_3(t)$ auf dem Intervall $[-\frac{1}{2}, \frac{1}{2}]$ nahezu identisch. Dagegen ist außerhalb dieses Intervalls augenscheinlich keine vernünftige Lösungsapproximation zu erwarten. Im Hinblick auf eine Anwendung des Satzes 2.3.1 betrachten wir nun die Einschränkung der rechten Seite der Differentialgleichung auf das Quadrat

$$Z_{\frac{1}{2},\frac{1}{2}} := [-\tfrac{1}{2}, \tfrac{1}{2}] \times [-\tfrac{1}{2}, \tfrac{1}{2}]\,.$$

Dort gilt offensichtlich die Abschätzung

$$\left|(x^2 - t) - (y^2 - t)\right| = \left|(x + y)(x - y)\right| \le \left(\tfrac{1}{2} + \tfrac{1}{2}\right)|x - y|\,,$$

der man die mögliche Wahl $L = 1$ für eine Lipschitz-Konstante entnimmt. Um die Größe des nachzuweisenden Lösungsintervalls zu bestimmen, schätzen wir die rechte Seite $x^2 - t$ auf dem betrachteten Quadrat mittels der Ungleichung

$$|x^2 - t| \le |x|^2 + |t| \le \frac{3}{4}$$

nach oben ab. Da die obere Schranke $\frac{3}{4}$ von der Funktion $|x^2 - t|$ im betrachteten Quadrat (nämlich im Eckpunkt $(-\frac{1}{2}, \frac{1}{2})$) als Wert angenommen wird, gilt nun die Aussage des Satzes 2.3.1 mit $a = b = \frac{1}{2}$ und $M = \frac{3}{4}$. Wegen

$$\alpha = \min\left\{\frac{1}{2}, \frac{1}{2}\cdot\frac{4}{3}\right\} = \frac{1}{2}$$

liefert dieser Satz dann die Existenz einer eindeutig bestimmten Lösung auf dem Intervall $[-\frac{1}{2}, \frac{1}{2}]$. Mit Hilfe der Fehlerabschätzung (2.31) können wir diese Lösung

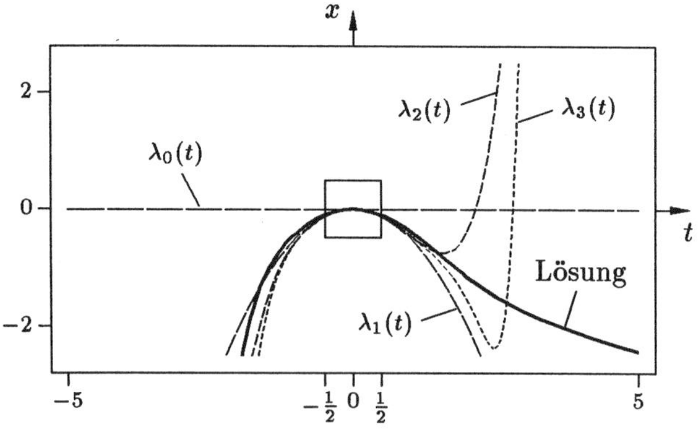

Abb. 2.6 Die ersten vier Picard-Iterierten und die gemäß der qualitativen Überlegungen des Abschnitts 1.5 bestimmte Näherungslösung des Anfangswertproblems $\dot{x} = x^2 - t\,,\ x(0) = 0$

schließlich sogar mit beliebiger Genauigkeit angeben. Da die Fehlerschranke auf der rechten Seite von (2.31) im vorliegenden Falle gleich $\frac{3}{4}\frac{1}{2^{k+1}(k+1)!}$ ist, stellen die in der Abbildung 2.6 dargestellten Picard-Iterierten $\lambda_0(t)$ bis $\lambda_3(t)$ auf dem Intervall $[-\frac{1}{2}, \frac{1}{2}]$ die gesuchte Lösung bis auf einen Fehler kleiner als $4 \cdot 10^{-1}$ bzw. $1 \cdot 10^{-1}$ bzw. $2 \cdot 10^{-2}$ bzw. $2 \cdot 10^{-3}$ dar. ◊

Im vorherigen Beispiel haben wir zum Zwecke der Anwendung des Satzes von Picard-Lindelöf die Einschränkung der rechten Seite der Differentialgleichung auf ein Quadrat der Seitenlänge 1 um den betrachteten Anfangspunkt der gesuchten Lösung gewählt. Erwartungsgemäß konnte der Satz dann kein größeres Lösungsintervall als das mit der Länge 1 liefern. Im nächsten Beispiel wollen wir nun der Frage nachgehen, welches *größtmögliche* Lösungsintervall der Satz von Picard-Lindelöf zu liefern imstande ist.

2.3.4 Beispiel: Wir betrachten zu einer beliebigen Anfangszeit $t_0 \in \mathbb{R}$ das Anfangswertproblem

$$\boxed{\dot{x} = tx}\,, \quad x(t_0) = 0$$

auf dem als variabel angesehenen Rechteck

$$Z_{a,b} := [t_0 - a\,, t_0 + a] \times [-b\,, b]\,, \quad a\,, b > 0\,.$$

Wir interessieren uns jetzt für die Abhängigkeit der im Satz 2.3.1 auftretenden Größen M und α von a und b. Offensichtlich gilt

$$\begin{aligned} M &= \max\{|tx| : (t,x) \in Z_{a,b}\} = (\,|t_0| + a)b\,, \\ \alpha &= \min\{a\,, \tfrac{b}{M}\} = \min\{a\,, \tfrac{1}{|t_0| + a}\}\,, \end{aligned}$$

d.h. im vorliegenden Falle ist α von b unabhängig. Um nun den größtmöglichen Wert von α (bei variablem $a > 0$) zu ermitteln, betrachten wir die beiden streng monotonen (und leicht zu veranschaulichenden) Funktionen $a \mapsto a$ und $a \mapsto \frac{1}{|t_0|+a}$ für $a \in (0\,,\infty)$. Für jedes $t_0 \in \mathbb{R}$ ergibt sich dann der maximale Wert von α aus dem Schnittpunkt der beiden zugehörigen Graphen. Die Gleichung $a = \frac{1}{|t_0|+a}$ (oder gleichwertig damit, $a^2 + |t_0|a - 1 = 0$) besitzt für jedes $t_0 \in \mathbb{R}$ genau eine positive Lösung, nämlich

$$\tfrac{1}{2}\big(\sqrt{t_0^2 + 4} - |t_0|\big)\,.$$

Damit ist schließlich das maximale α bestimmt, und das gesuchte, größtmögliche Lösungsintervall $[t_0 - \alpha\,, t_0 + \alpha]$, welches der Satz von Picard-Lindelöf – bei welcher Wahl des Rechtecks $Z_{a,b}$ auch immer – zu liefern imstande ist, hat die Form

$$\big[\,t_0 - \tfrac{1}{2}\big(\sqrt{t_0^2 + 4} - |t_0|\big)\,, t_0 + \tfrac{1}{2}\big(\sqrt{t_0^2 + 4} - |t_0|\big)\,\big]\,.$$

Es sei an dieser Stelle ausdrücklich hervorgehoben, daß dieses Lösungsintervall explizit von der vorgegebenen Anfangszeit t_0 abhängt. ◊

Da das Anfangswertproblem des Beispiels 2.3.4 offensichtlich die auf ganz $\mathbb{R}$ definierte sogenannte **triviale** Lösung $\lambda(t) \equiv 0$ besitzt, können wir nicht umhin festzustellen, daß der Satz 2.3.1 von Picard-Lindelöf wohl noch nicht das non plus ultra der Existenztheorie darstellt. Er ist, durch welche Wahl des Rechtecks $Z_{a,b}$ auch immer, nur in der Lage, einen kompakten, sehr kleinen Teil des tatsächlich vorliegenden Lösungsintervalls $(-\infty, \infty)$ der trivialen Lösung zu erkennen. Darüberhinaus müssen wir feststellen, daß der Satz 2.3.1 wegen seines quantitativen Charakters auch ungeeignet ist, einer konkret vorliegenden Differentialgleichung anzusehen, ob die zugehörigen Anfangswertprobleme eindeutig lösbar sind. Anders als bei unseren einfachen Beispielen wird es nämlich im allgemeinen kaum möglich sein, zu jedem Anfangswertepaar (t_0, x_0) Konstanten a, b und L explizit so zu bestimmen, daß die Voraussetzungen des Satzes erfüllt sind.

Es wird daher unser nächstes Anliegen sein, den quantitativen und primär aus theoretischer Zweckmäßigkeit heraus geschaffenen Satz 2.3.1 von Picard-Lindelöf zu einem *qualitativen* und *universell* einsetzbaren Werkzeug auszubauen. Im Rückblick auf die entsprechende Vorgehensweise beim Satz von Peano im vorherigen Abschnitt mag man nun erwarten, daß wir jetzt den zylinderförmigen Definitionsbereich der betrachteten Differentialgleichung einfach durch eine beliebige offene Teilmenge des $\mathbb{R}^N$ ersetzen. Das dann erwartete Ergebnis ist in der Tat auch richtig und leicht zu beweisen (siehe Aufgabe 1), es hat jedoch nicht den Wert, den man sich von einer qualitativen Variante eines quantitativen Satzes wünscht. Die Voraussetzung, daß die rechte Seite einer Differentialgleichung einer Lipschitzbedingung auf ihrem *gesamten* Definitionsbereich genügt, ist nämlich dermaßen einschränkend, daß sie nur von sehr wenigen, meist künstlich geschaffenen Differentialgleichungen erfüllt wird.

Um zu einer geeigneten qualitativen Fassung des Satzes von Picard-Lindelöf zu gelangen, müssen wir den globalen Begriff der Lipschitz-Bedingung zu einer lokalen Variante abschwächen. Dies geschieht in der folgenden Definition.

2.3.5 Definition: *Gegeben sei eine Funktion $g : D \subseteq \mathbb{R}^{M+N} \to \mathbb{R}^K$. Gibt es dann eine Konstante $L \geq 0$ mit*

$$\big\|g(s,x) - g(s,y)\big\| \;\leq\; L\,\|x-y\| \quad \text{für alle } (s,x),\,(s,y) \in D\,, \tag{2.32}$$

so sagt man, die Funktion $g(s,x)$ genüge auf D einer (globalen) **Lipschitz-Bedingung** *bezüglich x (mit der* **Lipschitz-Konstanten** *L).*

Wenn es zu jedem Punkt in D eine Umgebung U gibt, so daß die Einschränkung von $g(s,x)$ auf $U \cap D$ dort einer Lipschitz-Bedingung bezüglich x genügt, so heißt $g(s,x)$ **Lipschitz-stetig** *bezüglich x in D.*

Ist $g(s,x)$ von s unabhängig, so verzichtet man bei den vorstehenden Begriffsbildungen auf den Zusatz „bezüglich x“.

Die anschauliche Bedeutung einer Lipschitz-Bedingung vergegenwärtigt man sich am besten im Fall $M = N = K = 1$. Die Beziehung (2.32) besagt dann nichts anderes, als daß – bei festem s – sämtliche Differenzenquotienten $\frac{\|g(s,x)-g(s,y)\|}{\|x-y\|}$ für die betrachteten x und y mit $x \neq y$ nach oben durch L beschränkt sind. In geometrischer Ausdrucksweise bedeutet dies die Beschränktheit der Sekantensteigungen für die Kurven, die man als Schnitte aus dem Graphen $\{(s, x, g(s, x)) : (s, x) \in D\}$ von $g(s, x)$ mit den Hyperebenen $s = const.$ erhält. Im Fall der Lipschitz-Stetigkeit gilt dies jeweils nur lokal in einer Umgebung des betrachteten Punktes, und zwar mit einer im allgemeinen von der jeweiligen Umgebung abhängigen Lipschitz-Konstanten. All dies zeigt das folgende Beispiel.

2.3.6 Beispiel: Die in der Abbildung 2.7 dargestellte Funktion

$$g(s, x) := s\sqrt{x} \quad , \quad g : \mathbb{R} \times (0, \infty) \to \mathbb{R}$$

genügt auf ihrem gesamten Definitionsbereich *keiner* globalen Lipschitz-Bedingung bezüglich x. Dies liegt – anschaulich gesprochen – am senkrechten Anstieg der Wurzelfunktion bei $x = 0$. Analytisch läßt sich der Nachweis leicht mit Hilfe der für alle $x, y > 0$ gültigen Identität

$$\frac{|\sqrt{x} - \sqrt{y}|}{|x - y|} = \frac{1}{\sqrt{x} + \sqrt{y}}$$

führen, denn bei Annäherung von x und y an 0 wächst – bei festem s – der Differenzenquotient $\frac{|s\sqrt{x}-s\sqrt{y}|}{|x-y|} = \frac{|s|}{\sqrt{x}+\sqrt{y}}$ unbeschränkt an, übersteigt also jede hypothetische Lipschitz-Konstante. Auf der anderen Seite ist die betrachtete Funktion $g(s, x)$ auf ihrem gesamten Definitionsbereich $\mathbb{R} \times (0, \infty)$ Lipschitz-stetig bezüglich x, denn zu jedem $(s_0, x_0) \in \mathbb{R} \times (0, \infty)$ läßt sich eine Umgebung finden, auf der $g(s, x)$ einer Lipschitz-Bedingung in Bezug auf x genügt (mit einer von s_0 und x_0 abhängigen Lipschitz-Konstanten). Wählt man nämlich $U^2_{x_0/2}(s_0, x_0)$ als Umgebung von (s_0, x_0), so gelten für alle $(s, x), (s, y) \in U^2_{x_0/2}(s_0, x_0)$ zunächst die

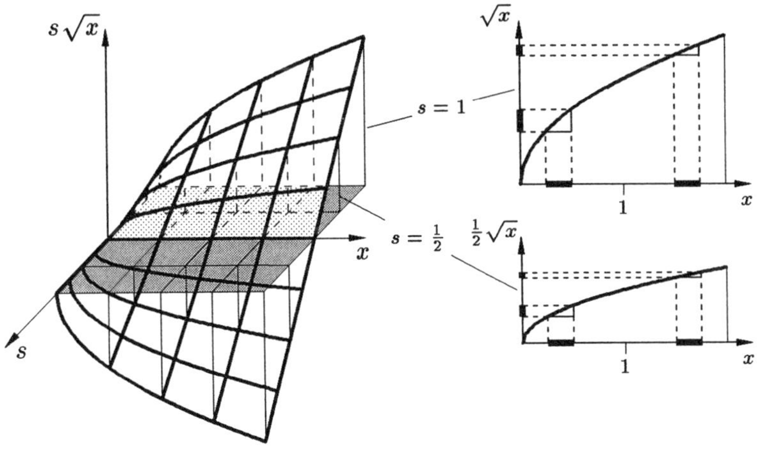

Abb. 2.7 Zur Lipschitz-Stetigkeit von $g(s, x) = s\sqrt{x}$ bezüglich x

beiden Abschätzungen $x > \frac{x_0}{2}$ und $y > \frac{x_0}{2}$. Ferner gilt $|s| - |s_0| \le |s - s_0| < \frac{x_0}{2}$, und damit

$$\frac{|s\sqrt{x} - s\sqrt{y}|}{|x-y|} = \frac{|s|}{\sqrt{x}+\sqrt{y}} < \frac{|s|}{\sqrt{2x_0}} < \frac{|s_0| + \frac{x_0}{2}}{\sqrt{2x_0}}\,.$$

Also ist $\frac{|s_0|+x_0/2}{\sqrt{2x_0}}$ eine zur Umgebung $U^2_{x_0/2}(s_0, x_0)$ gehörige Lipschitz-Konstante der Funktion $s\sqrt{x}$. ◊

Daß der Begriff der Lipschitz-Stetigkeit geradezu maßgeschneidert ist, dem quantitativen Satz 2.3.1 von Picard-Lindelöf eine qualitative Form zu verleihen, zeigt der nun folgende Satz und sein einfacher Beweis.

2.3.7 Satz (Picard-Lindelöf, qualitative Fassung): *Ist D eine offene Teilmenge des $\mathbb{R}^{1+N}$ und ist $f : D \to \mathbb{R}^N$ stetig und bezüglich x Lipschitz-stetig, so besitzt jedes der Anfangswertprobleme*

$$\boxed{\dot{x} = f(t,x)}\,, \quad x(t_0) = x_0\,, \quad (t_0, x_0) \in D$$

eine eindeutig bestimmte lokale Lösung, d.h. es existiert ein $\beta = \beta(t_0, x_0) > 0$ derart, daß das Anfangswertproblem auf dem Intervall $[t_0 - \beta\,, t_0 + \beta]$ genau eine Lösung besitzt.

Beweis: Wegen der Lipschitz-Stetigkeit von $f(t,x)$ bezüglich x gibt es eine Umgebung U von (t_0, x_0), auf der $f(t,x)$ einer Lipschitz-Bedingung bezüglich x genügt. U läßt sich dabei ganz in D wählen, denn D ist nach Voraussetzung offen. Auf einer ganz in U und damit in D liegenden Zylinder-Umgebung $[t_0 - a\,, t_0 + a] \times \overline{U^N_b(x_0)}$ von (t_0, x_0) – mit geeigneten $a, b > 0$ – läßt sich nun die quantitative Version 2.3.1 des Satzes von Picard-Lindelöf anwenden. Damit erhalten wir die gewünschte Aussage. ■

Der im Vergleich mit der quantitativen Fassung 2.3.1 des Satzes von Picard-Lindelöf sehr elegante qualitative Satz 2.3.7 ist – aus unserer derzeitigen Sicht – noch mit zwei Unzulänglichkeiten behaftet. Zum einen trägt er die neue Begriffsbildung der Lipschitz-Stetigkeit in sich, mit der wir noch nicht richtig umzugehen wissen, und zum anderen liefert der Satz nur eine vage Information über das Existenzintervall der nachgewiesenen Lösung. Inwieweit sich die diesbezüglichen Probleme aus der Welt schaffen lassen, werden wir im nächsten Abschnitt untersuchen.

Aufgaben

1. Gegeben sei eine offene Menge $D \subseteq \mathbb{R}^{1+N}$, eine stetige Funktion $f : D \to \mathbb{R}^N$ und eine Konstante $L \ge 0$ derart, daß

$$\|f(t,x) - f(t,y)\| \le L\,\|x-y\|$$

für alle $(t,x),(t,y) \in D$ gilt. Zeigen Sie (ohne den Satz 2.3.7 zu verwenden), daß dann jedes der Anfangswertprobleme

$$\boxed{\dot{x} = f(t,x)}\,, \quad x(t_0) = x_0\,, \quad (t_0,x_0) \in D$$

eine eindeutig bestimmte lokale Lösung besitzt.

2. Gegeben sei ein Anfangswertproblem der Form

$$\boxed{\dot{x} = f(t,x)}\,, \quad x(t_0) = x_0\,,$$

bei dem $f : Z_{a,\infty} \to \mathbb{R}^N$ eine stetige Funktion ist mit dem Definitionsbereich

$$Z_{a,\infty} := [t_0 - a\,, t_0 + a] \times \mathbb{R}^N\,, \quad a > 0\,.$$

Darüberhinaus genüge $f(t,x)$ auf $Z_{a,\infty}$ einer Lipschitz-Bedingung bezüglich x.

(a) Zeigen Sie: Ist $f(t,x)$ beschränkt, so existiert genau eine Lösung des betrachteten Anfangswertproblems auf dem ganzen Intervall $[t_0 - a\,, t_0 + a]$.

(b) Zeigen Sie, daß auf die Voraussetzung der Beschränktheit von $f(t,x)$ in (a) sogar verzichtet werden kann.

3. Zeigen Sie, daß jedes der 2-dimensionalen Anfangswertprobleme

$$\boxed{\dot{x} = |y|\,,\ \dot{y} = |x|}\,, \quad (x(t_0),y(t_0)) = (x_0,y_0) \in \mathbb{R}^2$$

eine eindeutig bestimmte lokale Lösung besitzt.

4. Gegeben sei die skalare Differentialgleichung

$$\boxed{\dot{x} = x^2 - t^2}\,.$$

(a) Zeigen Sie, daß es zur Anfangsbedingung $x(0) = 0$ genau eine Lösung auf dem Intervall $[-\frac{1}{\sqrt{2}}\,, \frac{1}{\sqrt{2}}]$ gibt.

(b) Wieviele Schritte der Picard-Iteration sind nötig, um diese Lösung bis auf einen Fehler $\leq 10^{-2}$ zu approximieren? Geben Sie eine derart approximierende Funktion explizit an.

5. Zeigen Sie, daß jedes der Anfangswertprobleme

$$\boxed{\dot{x} = \sin tx}\,, \quad x(t_0) = x_0\,, \quad (t_0,x_0) \in \mathbb{R}^2$$

eine eindeutig bestimmte Lösung auf ganz $\mathbb{R}$ besitzt.

Hinweis: Versuchen Sie nicht, die Lösung zu berechnen. Es wird Ihnen nicht gelingen.

2.4 Der globale Existenz- und Eindeutigkeitssatz

Sowohl der quantitative Satz 2.3.1 von Picard-Lindelöf als auch seine qualitative Variante 2.3.7 liefern für ein gegebenes Anfangswertproblem eine Lösung mit kompaktem Lösungsintervall. An Hand des Beispiels 2.3.4 haben wir aber gesehen, daß solch eine Lösung unter Umständen nur die Einschränkung einer anderen Lösung mit wesentlich größerem Existenzintervall ist. Es stellt sich daher die Frage, ob man für eine bereits vorliegende Lösung das Lösungsintervall vergrößern kann, und wie man dies gegebenenfalls tut. Diese Frage läßt sich leicht mit Hilfe der im folgenden beschriebenen *Fortsetzungsidee* beantworten (siehe Abbildung 2.8). Wie üblich betrachten wir eine Differentialgleichung $\dot{x} = f(t,x)$ auf einer offenen Teilmenge D des $\mathbb{R}^{1+N}$ und einen Anfangspunkt (t_0,x_0) aus D. Unter den

Voraussetzungen des qualitativen Satzes 2.3.7 von Picard-Lindelöf liegt dann der rechte „Endpunkt“ $(t_0 + \alpha, \lambda(t_0 + \alpha))$ der von diesem Satz gelieferten Lösungskurve zur Lösung $\lambda(t)$ in der Menge D, und wir können diesen Punkt als neuen Anfangspunkt wählen. Auf das zugehörige Anfangswertproblem

$$\boxed{\dot{x} = f(t,x)}\,, \quad x(t_0 + \alpha) = \lambda(t_0 + \alpha)$$

läßt sich dann wiederum der Satz 2.3.7 anwenden. Er liefert eine Lösung $\mu(t)$ auf einem Intervall der Form $[\,t_0 + \alpha - \beta\,, t_0 + \alpha + \beta\,]$ mit $\beta > 0$, welche die gegebene Lösung $\lambda(t)$ über $t_0 + \alpha$ hinaus bis $t_0 + \alpha + \beta$ fortsetzt. Dieser Prozeß läßt sich nun beliebig oft wiederholen und liefert eine Lösungsfortsetzung nach rechts, mit analogen Überlegungen natürlich auch nach links.

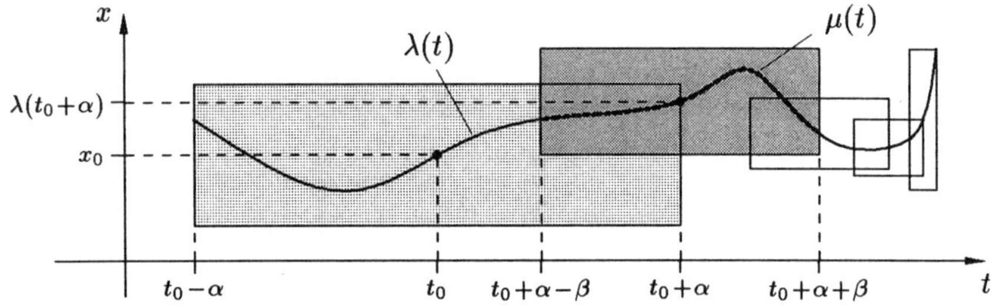

Abb. 2.8 Zur Idee der Lösungsfortsetzung

Das skizzierte **Prinzip der Lösungsfortsetzung** mag nun die Vermutung nahelegen, daß sich – im Fall $D = \mathbb{R}^{1+N}$ etwa – jede Lösung auf ganz $\mathbb{R}$ fortsetzen ließe. Daß dies jedoch ein Trugschluß ist, zeigt schon das einfache Beispiel $\dot{x} = x^2 t$ (siehe Abbildung 1.3 auf Seite 6), bei dem Lösungen existieren, die auf beschränkten Intervallen unbeschränkt sind und sich daher nicht auf ganz $\mathbb{R}$ fortsetzen lassen, obwohl die rechte Seite der Differentialgleichung auf dem ganzen $\mathbb{R}^2$ definiert ist und dort den Voraussetzungen des Satzes 2.3.7 genügt. Erklärlich wird dieser scheinbare Widerspruch dadurch, daß bei dem Prozeß der Lösungsfortsetzung die Längen der jeweils neu hinzukommenden Intervallstücke abnehmen und schließlich so schnell gegen 0 konvergieren, daß trotz unendlich oftmaliger Durchführung der einzelnen Fortsetzungsschritte letztendlich nur ein beschränktes Existenzintervall für die fortgesetzte Lösung entsteht.

Der nun folgende **Hauptsatz der Existenztheorie** beschreibt das allgemeingültige Ergebnis des geschilderten Fortsetzungsverfahrens. Da dieser Satz das theoretische Fundament für alles weitere bildet, wollen wir seine Voraussetzungen von nun an als unseren Standard deklarieren.

Standardvoraussetzungen für $\dot{x} = f(t, x)$

Die rechte Seite $f : D \to \mathbb{R}^N$ der betrachteten Differentialgleichung sei für alle (t, x) aus einer offenen Menge $D \subseteq \mathbb{R}^{1+N}$ stetig und bezüglich x Lipschitz-stetig.

Im Hinblick auf die Frage, wie sich diese Standardvoraussetzungen in konkreten Fällen verifizieren lassen, sei (unter Vorwegnahme der Aussage des Satzes 2.4.6) schon jetzt erwähnt, daß diese Voraussetzungen sicher dann erfüllt sind, wenn die Funktion $f(t, x)$ und die Ableitungen $\frac{\partial f_i}{\partial x_j}(t, x)$, $i, j = 1, \ldots, N$ in D stetig sind, also insbesondere dann, wenn $f(t, x)$ stetig differenzierbar ist.

2.4.1 Satz (globaler Existenz- und Eindeutigkeitssatz): *Die Menge $D \subseteq \mathbb{R}^{1+N}$ sei offen und die für alle $(t, x) \in D$ erklärte Funktion $f : D \to \mathbb{R}^N$ sei stetig und bezüglich x Lipschitz-stetig. Zu jedem $(t_0, x_0) \in D$ gibt es dann ein eindeutig bestimmtes, t_0 enthaltendes, offenes Intervall $(I^-, I^+) \subseteq \mathbb{R}$ mit folgenden Eigenschaften:*

(a) *Das Anfangswertproblem*

$$\boxed{\dot{x} = f(t, x)}, \quad x(t_0) = x_0 \tag{2.33}$$

besitzt genau eine Lösung mit dem Existenzintervall (I^-, I^+).

(b) *Ist $\nu : J \to \mathbb{R}^N$ eine weitere Lösung des Anfangswertproblems (2.33), so gilt $J \subseteq (I^-, I^+)$, und $\nu(t)$ ist die Einschränkung der in (a) beschriebenen Lösung auf das Intervall J.*

Das in diesem Satz beschriebene Intervall (I^-, I^+) bezeichnet man auch mit $\boldsymbol{I_{max}}$ und nennt es das zum Anfangswertproblem (2.33) gehörige **maximale Existenz-** oder **Lösungsintervall**, und die in (a) beschriebene Lösung bezeichnet man mit $\boldsymbol{\lambda_{max}(t)}$ und nennt sie die **maximale Lösung** dieses Anfangswertproblems. Die im allgemeinen vorliegende Abhängigkeit dieser Größen vom Anfangswertepaar (t_0, x_0) werden wir – wenn dies erforderlich ist – dadurch zum Ausdruck bringen, daß wir $\boldsymbol{I_{max}(t_0, x_0)}$ für das maximale Lösungsintervall, $\boldsymbol{I^-(t_0, x_0)}$ bzw. $\boldsymbol{I^+(t_0, x_0)}$ für seine Randpunkte, und $\boldsymbol{\lambda_{max}(t; t_0, x_0)}$ für die maximale Lösung schreiben.

Beweis von Satz 2.4.1: In den ersten drei Beweisschritten zeigen wir, daß ein Intervall mit den im Satz beschriebenen Eigenschaften existiert. Der vierte Beweisschritt dient dann dem Nachweis, daß dieses Intervall (mit der auf ihm existierenden Lösung) eindeutig bestimmt ist.

1. Schritt: Wir definieren die Randpunkte I^- und I^+ des nachzuweisenden Lösungsintervalls mit Hilfe der Beziehungen

$$I^+ := \sup\{\beta \in \mathbb{R} : \text{(2.33) besitzt eine Lösung auf } [t_0, \beta]\},$$
$$I^- := \inf\{\gamma \in \mathbb{R} : \text{(2.33) besitzt eine Lösung auf } [\gamma, t_0]\}.$$

Daß die hierbei auftretenden Mengen nichtleer sind, folgt aus der Tatsache, daß das Anfangswertproblem (2.33) nach Satz 2.3.7 eine Lösung besitzt. Wir erhalten somit $-\infty \leq I^- < t_0 < I^+ \leq \infty$ und definieren

$$I_{max} := (I^-, I^+).$$

2. Schritt: Wir weisen nun auf I_{max} eine eindeutig bestimmte Lösung des Anfangswertproblems (2.33) nach. Zu diesem Zwecke definieren wir für jedes hinreichend große $n \in \mathbb{N}$ ein kompaktes Teilintervall I_n von I_{max} wie folgt: Als linken Endpunkt wählen wir $I^- + \frac{1}{n}$, falls I^- endlich ist, oder $-n$ im Fall $I^- = -\infty$. Als rechten Endpunkt wählen wir $I^+ - \frac{1}{n}$ bzw. n, je nachdem, ob I^+ endlich oder unendlich ist. In jedem Fall existiert dann gemäß der Definition von I^- und I^+ für jedes der betrachteten $n \in \mathbb{N}$ auf dem nichtleeren Intervall I_n eine Lösung $\mu_n(t)$ von (2.33). Für beliebiges $t \in (I^-, I^+)$ definiert man nun

$$\mu(t) := \mu_n(t), \quad \text{wobei } n \in \mathbb{N} \text{ so groß ist, daß } t \in I_n \text{ gilt.}$$

Daß diese auf den ersten Blick nicht eindeutige Zuordnungsvorschrift tatsächlich eine Funktion auf dem ganzen Intervall (I^-, I^+) definiert, folgt aus der Tatsache, daß für jedes der betrachteten n die beiden Funktionen $\mu_n(t)$ und $\mu_{n+1}(t)$ auf dem Intervall I_n übereinstimmen. Wäre dies nämlich nicht der Fall, so gäbe es im Inneren von I_n einen Punkt t_1 derart, daß dort die Funktion $s(t) := \|\mu_n(t) - \mu_{n+1}(t)\|$ einen positiven Wert annimmt. Setzen wir ohne Beschränkung der Allgemeinheit $t_1 > t_0$ voraus, so ist wegen der Stetigkeit von $s(t)$ die Menge

$$\{t \in [t_0, t_1] : s(t) = 0\} = s^{-1}(\{0\}) \cap [t_0, t_1]$$

abgeschlossen, besitzt also ein Maximum $t^* := \max\{t \in [t_0, t_1] : s(t) = 0\}$, und es gilt $t_0 < t^* < t_1$ (siehe Abbildung 2.9). Nach Satz 2.3.7 besitzt aber das Anfangswertproblem $\dot{x} = f(t, x)$, $x(t^*) = \mu_n(t^*) (= \mu_{n+1}(t^*))$ genau eine Lösung auf einem Intervall der Form $[t^* - \alpha, t^* + \alpha]$ mit $\alpha > 0$. Also stimmen $\mu_n(t)$ und $\mu_{n+1}(t)$ auch noch in Punkten rechts von t^* überein. Dies steht aber im Widerspruch zur Definition von t^*.

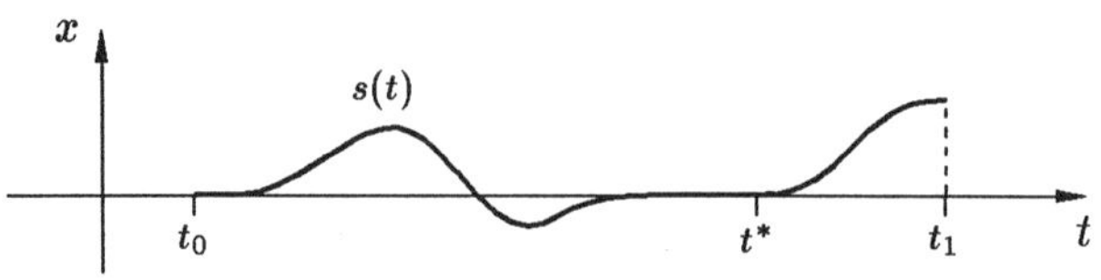

Abb. 2.9 Zum Beweis der Eindeutigkeit bei der Lösungsfortsetzung

Daß die nun auf dem Intervall (I^-, I^+) ins Leben gerufene Funktion $\mu(t)$ sogar eine Lösung des Anfangswertproblems (2.33) ist, folgt einfach aus der Tatsache, daß sie nach Konstruktion an jeder Stelle $t \in (I^-, I^+)$ eine Lösung von (2.33) ist. Daß es schließlich auf (I^-, I^+) keine weitere Lösung von (2.33) gibt, folgt aus der gerade bewiesenen Tatsache, daß für eine angenommene zweite Lösung $\lambda(t)$ des Anfangswertproblems die Funktion $\tilde{s}(t) := ||\mu(t) - \lambda(t)||$ an keiner Stelle in (I^-, I^+) positiv sein kann. Insgesamt haben wir damit gezeigt, daß für das Intervall I_{max} die Aussage (a) des Satzes gilt.

3. Schritt: Ist nun J ein beliebiges Intervall und $\nu : J \to \mathbb{R}^N$ eine weitere Lösung von (2.33), so folgt nach Definition von I^- und I^+ zunächst $J \subseteq [I^-, I^+]$. Ist I^+ endlich, so gehört I^+ nicht zu J, denn sonst könnte man mittels Satz 2.3.7 die Lösung $\nu(t)$ über I^+ nach rechts hinaus fortsetzen, im Widerspruch zur Definition von I^+. Da die gleiche Argumentation I^- als linken, zu J gehörigen, Randpunkt von J ausschließt, haben wir $J \subseteq (I^-, I^+)$ gezeigt. Wir haben nun zwei Fälle zu unterscheiden. Liegt t_0 im Inneren von J, so stimmen $\nu(t)$ und $\mu(t)$ auf dem gesamten Inneren von J überein (gleiche Schlußweise wie im 2. Beweisschritt), und diese Übereinstimmung gilt, falls J nicht offen ist, wegen der Stetigkeit von $\mu(t)$ auch noch am Rand von J. Ist jedoch t_0 ein Randpunkt von J, so läßt sich $\nu(t)$ mittels Satz 2.3.7 über diesen Randpunkt hinaus fortsetzen, und wir haben den zuvor erledigten Fall, daß t_0 ein innerer Punkt des (fortgesetzten) Lösungsintervalls ist. Damit ist auch die Aussage (b) des Satzes gezeigt.

4. Schritt: Nachdem wir nun die Existenz eines offenen Intervalls (I^-, I^+) mit den Eigenschaften (a) und (b) nachgewiesen haben, bleibt noch zu zeigen, daß die Aussagen (a) und (b) des Satzes das Intervall (I^-, I^+) eindeutig festlegen. Dies ist aber offensichtlich, denn zwei verschiedene solche Intervalle wären auf Grund der beiden Aussagen (a) und (b) jeweils ineinander enthalten. ∎

2.4.2 Beispiel: Für ein beliebiges Anfangswertepaar $(t_0, x_0) \in \mathbb{R}^2$ wollen wir die maximale Lösung des Anfangswertproblems

$$\boxed{\dot{x} = x^2 t}\,, \quad x(t_0) = x_0$$

bestimmen. Zu diesem Zwecke erinnern wir daran (siehe Beispiel 1.2.7 auf Seite 19), daß die (als Funktion von t) rationale Funktion

$$\lambda(t) := \frac{2x_0}{2 + x_0(t_0^2 - t^2)}$$

eine Lösung dieses Anfangswertproblems ist. Da sich eine rationale Funktion über ihre Pole hinweg nicht als stetige Funktion und damit nicht als Lösung einer Differentialgleichung fortsetzen läßt, stellt die Einschränkung der Funktion $\lambda(t)$ auf ein geeignetes offenes Intervall die maximale Lösung $\lambda_{max}(t\,; t_0, x_0)$ des betrachteten Anfangswertproblems dar. Bei der Festlegung des jeweiligen maximalen Lösungsintervalls $I_{max}(t_0, x_0)$ ist nun darauf zu achten, daß man von den offenen Intervallen, deren Vereinigung den Definitionsbereich der rationalen Funktion $\lambda(t)$ bildet, dasjenige auswählt, das die Anfangszeit t_0 enthält. Schließlich muß t_0 in $I_{max}(t_0, x_0)$ liegen.

Für vier Anfangswertepaare zeigt die Abbildung 2.10 jeweils die maximale Lösung der Differentialgleichung $\dot{x} = x^2 t$ und das zugehörige maximale Existenzintervall. ◊

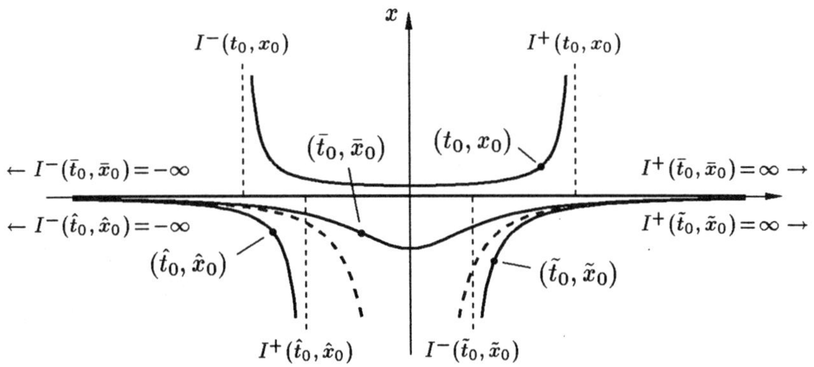

Abb. 2.10 Maximale Lösungen zu verschiedenen Anfangswertepaaren bei der Dgl. $\dot{x} = x^2 t$

Wie das vorherige Beispiel zeigt, können selbst bei einer sehr einfachen Differentialgleichung mit dem in allen Richtungen *unbeschränkten* Definitionsbereich $\mathbb{R}^2$ maximale Lösungen auftreten, deren Existenzintervalle in einer oder gar in beiden Richtungen *beschränkt* sind. Noch eindrucksvoller tritt dieses Phänomen der beschränkten Lösungsintervalle beim folgenden Beispiel zutage, bei dem alle maximalen Existenzintervalle eine einheitliche endliche Länge besitzen.

2.4.3 Beispiel: Für jedes der Anfangswertprobleme

$$\boxed{\dot{x} = 1 + x^2}\,, \quad x(t_0) = x_0\,, \quad (t_0, x_0) \in \mathbb{R}^2$$

kann man mittels Trennung der Veränderlichen eine Lösung ermitteln, nämlich die auf dem Intervall $(t_0 - \arctan x_0 - \frac{\pi}{2}\,,\, t_0 - \arctan x_0 + \frac{\pi}{2})$ erklärte Funktion

$$\lambda(t) \;:=\; \tan(t - t_0 + \arctan x_0)\,.$$

Daß es sich hierbei sogar um die maximale Lösung handelt, folgt aus der Tatsache, daß sich die Tangensfunktion über das Intervall $(-\frac{\pi}{2}\,,\,\frac{\pi}{2})$ hinaus nicht stetig fortsetzen läßt. ◊

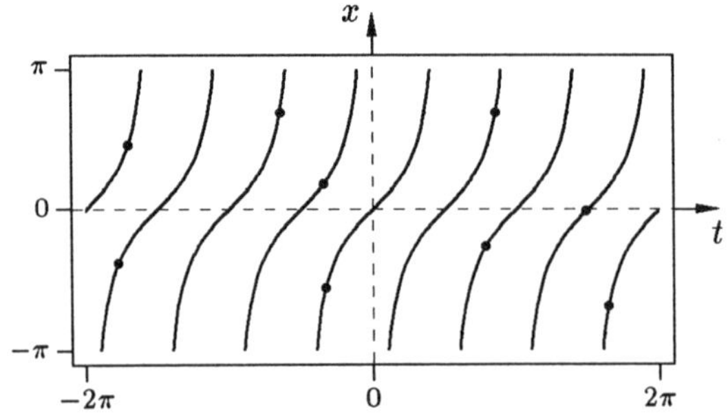

Abb. 2.11 Maximale Lösungen zu verschiedenen Anfangswertepaaren bei der Dgl. $\dot{x} = 1 + x^2$

Nachdem wir in den vorherigen beiden Beispielen die Maximalität von Lösungen mit Hilfe der Polstellen in den explizit vorhandenen Lösungsformeln erkennen konnten, wollen wir nun noch kurz auf die Frage eingehen, wie man generell bei *einer* vorliegenden Lösung eines Anfangswertproblems feststellt, ob es sich um *die* maximale Lösung handelt oder nicht. Die Antwort auf diese Frage ergibt sich aus der möglichen Fortsetzbarkeit dieser Lösung. Genauer, besitzt eine Lösung $\lambda(t)$ eines Anfangswertproblems ein offenes Existenzintervall I, so handelt es sich (auf Grund der im Satz 2.4.1 beschriebenen Eigenschaften der maximalen Lösung) genau dann um die maximale Lösung, wenn sich $\lambda(t)$ über I hinaus nicht als Lösung der zugehörigen Differentialgleichung fortsetzen läßt. Die Nichtfortsetzbarkeit erkennt man dabei in konkreten Fällen häufig daran, daß die Funktion $\lambda(t)$ bei Annäherung von t an einen Randpunkt von I keinen endlichen Grenzwert besitzt. Schließlich ist die Stetigkeit von $\lambda(t)$ in diesem Randpunkt eine notwendige Bedingung für die Fortsetzbarkeit (als Lösung) über diesen Randpunkt hinaus. Ein anderer Fall von Nichtfortsetzbarkeit liegt vor, wenn der Grenzwert von $\lambda(t)$ in einem Randpunkt b von I zwar als endlicher Wert existiert, der mit $\lambda(b) := \lim_{t\to b}\lambda(t)$ gebildete Punkt $(b, \lambda(b))$ aber nicht mehr zum Definitionsbereich D der zugehörigen Differentialgleichung gehört. Die Lösungseigenschaft an der Stelle b verlangt nämlich (laut Definition 1.1.1), daß der Punkt $(b, \lambda(b))$ in D liegt.

Die zuletzt beschriebene Situation illustriert das folgende Beispiel.

2.4.4 Beispiel: Die in dem Anfangswertproblem

$$\boxed{\dot{x} = \ln t}\,, \quad x(1) = 0$$

auftretende Differentialgleichung besitzt – wenn man auch die in der rechten Seite nicht explizit auftretende Variable x berücksichtigt – den Definitionsbereich $D = (0\,,\infty) \times \mathbb{R}$. Die für alle $t > 0$ definierte Lösung

$$\lambda(t) \;=\; t\ln t - t + 1$$

des gegebenen Anfangswertproblems besitzt offensichtlich für $t \searrow 0$ den Grenzwert 1 (siehe Abbildung 2.12). Da der Punkt $(0\,,1)$ aber nicht in D liegt, läßt sich die Lösung $\lambda(t)$ über 0 hinaus nach links nicht fortsetzen. Es handelt sich bei $\lambda(t)$ also um die maximale Lösung des betrachteten Anfangswertproblems. ◊

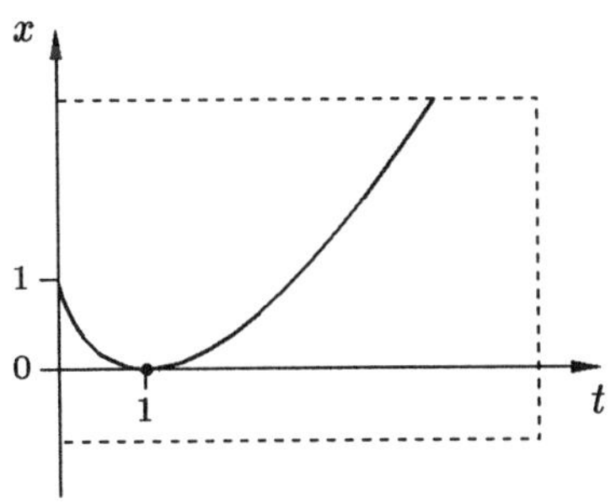

Abb. 2.12
Die maximale Lösung des Anfangswertproblems $\dot{x} = \ln t$, $x(1) = 0$. Man beachte die Beschränktheit des Bildausschnitts.

Unsere bisherigen Überlegungen im Zusammenhang mit der Lösungsfortsetzung und der hieraus resultierenden maximalen Lösung legen die Vermutung nahe, daß die maximale Lösung eines Anfangswertproblems im Inneren des offenen Definitionsbereich D der zugehörigen Differentialgleichung nicht einfach aufhören kann zu existieren, sondern daß sie dem Rand von D zustrebt. In welcher Weise sich diese Vermutung bestätigen läßt, erörtern wir im nächsten Abschnitt, der sich eingehend mit den Eigenschaften maximaler Lösungen beschäftigt.

Bevor wir dies allerdings tun, wollen wir uns noch den für die Existenztheorie so fundamentalen Begriff der Lipschitz-Stetigkeit näher ansehen. Zunächst gilt dabei unser Interesse dem Zusammenhang zwischen Lipschitz-Stetigkeit und Lipschitz-Bedingung. Auf Grund der Definition 2.3.5 folgt offensichtlich aus dem Erfülltsein einer Lipschitz-Bedingung die Lipschitz-Stetigkeit, während unser Beispiel 2.3.6 die Umkehrung dieser Implikation als falsch nachweist. Der nun folgende Satz nennt uns eine hinreichende Bedingung für die Umkehrbarkeit dieser Aussage.

2.4.5 Satz (Lipschitz-Stetigkeit auf kompakten Mengen): *Gegeben sei eine kompakte Teilmenge D des $\mathbb{R}^{M+N}$. Ist dann eine Funktion $g(s,x)$ von D in den $\mathbb{R}^K$ stetig und bezüglich x Lipschitz-stetig, so genügt $g(s,x)$ einer Lipschitz-Bedingung bezüglich x.*

Beweis: Wäre die Aussage des Satzes falsch, so gäbe es zu jedem $L \geq 0$ zwei Punkte $(s,x), (s,y)$ in D mit $\|g(s,x) - g(s,y)\| > L\,\|x-y\|$. Insbesondere gäbe es dann zwei Folgen $((s_n,x_n))_{n=1}^{\infty}$ und $((s_n,y_n))_{n=1}^{\infty}$ in D mit

$$\big\|g(s_n,x_n) - g(s_n,y_n)\big\| \;>\; n\,\big\|x_n - y_n\big\| \quad \text{für alle } n \in \mathbb{N}\,. \tag{2.34}$$

Wegen der Kompaktheit von D können wir die betrachteten Folgen (durch Übergang zu konvergenten Teilfolgen) als konvergent annehmen, die Grenzwerte bezeichnen wir mit

$$s^* := \lim_{n\to\infty} s_n\,, \qquad x^* := \lim_{n\to\infty} x_n\,, \qquad y^* := \lim_{n\to\infty} y_n\,.$$

Für $n \to \infty$ konvergiert dann die linke Seite von (2.34), also muß wegen des Faktors n auf der rechten Seite die Folge $(\|x_n - y_n\|)_{n=1}^{\infty}$ eine Nullfolge sein, d.h. es gilt $x^* = y^*$. Auf Grund der vorausgesetzten Lipschitz-Stetigkeit von $g(s,x)$ gibt es dann eine Umgebung U von (s^*,x^*), so daß die Einschränkung von $g(s,x)$ auf $U \cap D$ einer Lipschitz-Bedingung genügt, etwa

$$\big\|g(s,x) - g(s,y)\big\| \;\leq\; \widetilde{L}\,\|x-y\| \quad \text{für alle } (s,x),(s,y) \in U \cap D\,.$$

Für hinreichend große n liegen nun die Punkte $(s_n,x_n),(s_n,y_n)$ in $U \cap D$, und das bedeutet, daß für all diese n die Abschätzung

$$\big\|g(s_n,x_n) - g(s_n,y_n)\big\| \;\leq\; \widetilde{L}\,\|x_n - y_n\|$$

gilt. Dies aber ist für $n > \widetilde{L}$ ein Widerspruch zu (2.34). ■

Einer vorgelegten Funktion ihre Lipschitz-Stetigkeit anzusehen, ist beim gegenwärtigen Kenntnisstand nicht gerade trivial. Der folgende Satz schafft hier Abhilfe, indem er eine bestimmte Form von Differenzierbarkeit als eine (im allgemeinen leicht nachprüfbare) hinreichende Bedingung für die Lipschitz-Stetigkeit ausweist.

2.4.6 Satz (Differenzierbarkeit und Lipschitz-Stetigkeit): *Gegeben sei eine offene Teilmenge D des $\mathbb{R}^{M+N}$. Besitzt dann eine Funktion $g : D \to \mathbb{R}^K$ an jeder Stelle $(s, x) \in D$ partielle Ableitungen nach den Komponenten von x, und sind die Funktionen $\frac{\partial g_j}{\partial x_i}(s, x)$, $i = 1, \ldots, N$, $j = 1, \ldots, K$ in D stetig, so ist $g(s, x)$ in D Lipschitz-stetig bezüglich x.*

Beweis: Zu jedem $(s_0, x_0) \in D$ gibt es wegen der Offenheit von D eine ganz in D gelegene, kompakte und konvexe Umgebung U. Da die partiellen Ableitungen von $g(s, x)$ nach den Komponenten von x dort stetig und folglich beschränkt sind, genügt nach dem sogenannten „Schrankensatz" der ANALYSIS die Funktion $g : D \to \mathbb{R}^K$ auf U einer Lipschitz-Bedingung. Da $(s_0, x_0) \in D$ beliebig war, folgt die behauptete Lipschitz-Stetigkeit bezüglich x. ∎

Den Zusammenhang zwischen der Lipschitz-Stetigkeit einer Funktion $g(s, x)$ bezüglich x und den in der ANALYSIS üblichen Begriffen der Stetigkeit und Differenzierbarkeit bezüglich x verdeutlicht man sich am besten an Hand einer von s unabhängigen Funktion. Auf Grund der Definition 2.3.5 ist dann klar, daß jede Lipschitz-stetige Funktion $g(x)$ stetig ist. Andererseits ist nach Satz 2.4.6 jede stetig differenzierbare Funktion $g(x)$ Lipschitz-stetig. Zusammen besagt dies, daß der Begriff der Lipschitz-Stetigkeit zwischen der Stetigkeit und der Differenzierbarkeit angesiedelt ist. Daß er mit keinem dieser beiden Begriffe übereinstimmt, läßt sich an Hand von Beispielen leicht zeigen (siehe Aufgabe 5).[9]

Daß man mit Lipschitz-stetigen Funktionen die einschlägigen Rechenoperationen ausführen kann, ohne die Klasse dieser Funktionen zu verlassen, wollen wir an dieser Stelle mit Verweis auf die Aufgabe 6 nur erwähnen. Der späteren Verwendung halber beweisen wir in diesem Zusammenhang nur den folgenden Satz über die Produkt- und Quotientenbildung reellwertiger Funktionen, an Hand dessen man im übrigen nochmals die Überlegenheit der (lokalen) Lipschitz-Stetigkeit gegenüber der (globalen) Lipschitz-Bedingung erkennen kann. Schließlich genügt die identische Funktion auf $\mathbb{R}$ einer Lipschitz-Bedingung, nicht aber das Quadrat $x \mapsto x^2$ der Identität. Der Differenzenquotient $\frac{|x^2-y^2|}{|x-y|} = |x+y|$ ist nämlich für $x, y \in \mathbb{R}$ nicht beschränkt.

[9] Die weitergehende Frage, ob die Lipschitz-Stetigkeit „näher" bei der Stetigkeit oder bei der Differenzierbarkeit liegt, läßt sich insofern beantworten, als die Lipschitz-Stetigkeit „fast soviel" ist wie die Differenzierbarkeit. In der Tat, nach einem Satz von H. Rademacher ist eine Lipschitz-stetige Funktion (Lebesgue-)fast überall differenzierbar, d.h. die Menge der Stellen, an denen die Funktion nicht differenzierbar ist, besitzt das Lebesgue-Maß 0.

2.4.7 Satz (Produkt und Quotient Lipschitz-stetiger Funktionen): *Ist D eine offene Teilmenge des $\mathbb{R}^{M+N}$, und sind $g(s,x)$ und $h(s,x)$ zwei auf D stetige und bezüglich x Lipschitz-stetige reellwertige Funktionen, so ist auch das Produkt $g(s,x)\cdot h(s,x)$ und, sofern $h(s,x)$ keine Nullstelle in D besitzt, auch der Quotient $\frac{g(s,x)}{h(s,x)}$ stetig und bezüglich x Lipschitz-stetig.*

Beweis: Zu jedem Punkt in D gibt es wegen der Offenheit von D eine kompakte, ganz in D gelegene Umgebung K. Auf K nehmen dann die beiden betrachteten Funktionen jeweils ihr Betragsmaximum an, das wir mit $\max_K g$ bzw. $\max_K h$ bezeichnen. Ferner gibt es nach Satz 2.4.5 zwei nichtnegative Konstanten L_g und L_h, so daß für alle $(s,x),(s,y) \in K$ die Abschätzungen

$$\begin{aligned} |g(s,x) - g(s,y)| &\le L_g \, \|x - y\| \,, \\ |h(s,x) - h(s,y)| &\le L_h \, \|x - y\| \end{aligned}$$

gelten. Daraus folgt dann für alle $(s,x),(s,y) \in K$

$$\begin{aligned} &|g(s,x)\cdot h(s,x) - g(s,y)\cdot h(s,y)| \le \\ &\le |g(s,x)\cdot h(s,x) - g(s,y)\cdot h(s,x)| + |g(s,y)\cdot h(s,x) - g(s,y)\cdot h(s,y)| = \\ &= |h(s,x)|\cdot|g(s,x) - g(s,y)| + |g(s,y)|\cdot|h(s,x) - h(s,y)| \le \\ &\le L_g\cdot\max_K h \, \|x - y\| + L_h\cdot\max_K g \, \|x - y\| = \\ &= (L_g\cdot\max_K h + L_h\cdot\max_K g) \, \|x - y\| \,. \end{aligned}$$

Andererseits erhalten wir, sofern $h(s,x)$ keine Nullstelle besitzt, und $\max_K \frac{1}{h}$ das Betragsmaximum der stetigen Funktion $\frac{1}{h(s,x)}$ auf K bezeichnet, für alle $(s,x),(s,y) \in K$ die Abschätzung

$$\left|\frac{1}{h(s,x)} - \frac{1}{h(s,y)}\right| = \left|\frac{h(s,x) - h(s,y)}{h(s,x)\cdot h(s,y)}\right| \le L_h\cdot\left(\max_K \tfrac{1}{h}\right)^2 \|x - y\| \,.$$

Zusammen mit dem ersten Teil folgt die Lipschitz-Stetigkeit von $\frac{g(s,x)}{h(s,x)}$. ∎

Aufgaben

1. Bestimmen Sie für jedes der Anfangswertprobleme

$$\boxed{\dot{x} = t^2 x^2}\,, \quad x(t_0) = x_0 \,, \quad (t_0, x_0) \in \mathbb{R}^2$$

die maximale Lösung und das zugehörige Existenzintervall.

2. Gegeben sei ein N-dimensionales System n-ter Ordnung

$$\boxed{x^{(n)} = f(t, x, \dot{x}, \ldots, x^{(n-1)})}\,,$$

dessen rechte Seite auf einer offenen Teilmenge D des $\mathbb{R}^{1+nN}$ stetig und bezüglich $(x_1, \ldots, x_n) \in \mathbb{R}^{nN}$ Lipschitz-stetig ist.

Formulieren und beweisen Sie für dieses System einen globalen Existenz- und Eindeutigkeitssatz, der dem Satz 2.4.1 für Systeme 1. Ordnung entspricht.

3. Es bezeichne wie üblich $\lambda_{max}(t\,;t_0,x_0)$ die maximale Lösung eines den Standardvoraussetzungen genügenden Anfangswertproblems

$$\boxed{\dot{x} = f(t,x)}\,, \quad x(t_0) = x_0$$

(vgl. Satz 2.4.1) und $I_{max}(t_0,x_0)$ das zugehörige Existenzintervall.

Zeigen Sie: Für je zwei Punkte (t_0,x_0) und (t_1,x_1) aus dem Definitionsbereich der Differentialgleichung sind die folgenden drei Beziehungen äquivalent:

(a) $I_{max}(t_0,x_0) = I_{max}(t_1,x_1)$ und $\lambda_{max}(t\,;t_0,x_0) \equiv \lambda_{max}(t\,;t_1,x_1)$,

(b) $\lambda_{max}(t_1\,;t_0,x_0) = x_1$,

(c) $\lambda_{max}(t_0\,;t_1,x_1) = x_0$.

4. Der Definitionsbereich einer stetigen und bezüglich x Lipschitz-stetigen Funktion $f(t,x)$ mit Werten im $\mathbb{R}^N$ habe die Form $\mathbb{R} \times E$ mit einer offenen Menge $E \subseteq \mathbb{R}^N$, und es gebe ein $T > 0$ mit $f(t+T,x) = f(t,x)$ für alle $t \in \mathbb{R}$ und $x \in E$.

Zeigen Sie: Besitzt ein Anfangswertproblem der Form

$$\boxed{\dot{x} = f(t,x)}\,, \quad x(t_0) = x_0\,, \quad (t_0,x_0) \in \mathbb{R} \times E$$

eine Lösung $\lambda : I \to \mathbb{R}^N$ mit $t_0 + T \in I$ und $\lambda(t_0 + T) = x_0$, so existiert die maximale Lösung des Anfangswertproblems für alle $t \in \mathbb{R}$ und ist periodisch mit der Periode T.

5. An Hand der Funktionenfamilie

$$g_\alpha(x) := |x|^\alpha\,, \quad g_\alpha : \mathbb{R} \to \mathbb{R}\,, \quad \alpha > 0$$

zeige man, daß der Begriff der Lipschitz-Stetigkeit echt zwischen der Stetigkeit und der Differenzierbarkeit angesiedelt ist, d.h. daß es Funktionen gibt, die stetig, aber nicht Lipschitz-stetig sind, und solche, die Lipschitz-stetig, aber nicht differenzierbar sind.

6. Für eine offene Menge $D \subseteq \mathbb{R}^N$ bezeichnen wir mit $\mathrm{Lip}(D,\mathbb{R}^K)$ die Menge aller Lipschitz-stetigen Funktionen von D in den $\mathbb{R}^K$. Zeigen Sie:

(a) $\mathrm{Lip}(D,\mathbb{R}^K)$ ist ein reeller Vektorraum (bezüglich der üblichen Addition von Funktionen und der Multiplikation mit reellen Zahlen), d.h. mit jeder Funktion ist auch jedes reelle Vielfache dieser Funktion in $\mathrm{Lip}(D,\mathbb{R}^K)$, und mit je zwei Funktionen ist auch deren Summe wieder in $\mathrm{Lip}(D,\mathbb{R}^K)$.

(b) Sind f und g in $\mathrm{Lip}(D,\mathbb{R}^K)$, so auch $|f|$, $\max(f,g)$ und $\min(f,g)$.

Klären Sie ferner, ob an Stelle der Lipschitz-Stetigkeit auch eine globale Lipschitz-Bedingung bei Durchführung der betrachteten Operationen erhalten bleibt.

2.5 Die maximale Lösung eines Anfangswertproblems

Der im vorherigen Abschnitt bewiesene Satz 2.4.1 liefert für jedes Anfangswertproblem, das unseren Standardvoraussetzungen genügt, eine eindeutig bestimmte maximale Lösung. Den Eigenschaften von maximalen Lösungen, die über die reine Existenz- und Eindeutigkeitsaussage hinausgehen, ist der gegenwärtige Abschnitt gewidmet. Wir wenden uns dabei zunächst der Frage zu, wie sich eine maximale Lösung $\lambda_{max}(t)$ verhält, wenn t dem Rand des maximalen Existenzintervalls zustrebt. Für die bei der Beschreibung des entsprechenden Sachverhalts auftretenden einfachen, aus der ANALYSIS bekannten Begriffe der Topologie des $\mathbb{R}^N$, verweisen wir auf den Anhang C.

2.5.1 Satz (Randverhalten maximaler Lösungen): *Die Menge $D \subseteq \mathbb{R}^{1+N}$ sei offen, und die Funktion $f : D \to \mathbb{R}^N$ sei stetig und bezüglich x Lipschitz-stetig. Ist dann $\lambda_{max} : (I^-, I^+) \to \mathbb{R}^N$ die maximale Lösung des Anfangswertproblems*

$$\boxed{\dot{x} = f(t,x)}\,, \quad x(t_0) = x_0\,, \tag{2.35}$$

so gelten die folgenden, in der Abbildung 2.13 illustrierten Aussagen:

(a) Zu jeder kompakten Menge K mit $(t_0, x_0) \in K \subset D$ gibt es ein kompaktes Intervall $[T_1, T_2] \subset (I^-, I^+)$ derart, daß folgendes gilt:

$$\big(t, \lambda_{max}(t)\big) \notin K \quad \textit{für alle } t \in (I^-, I^+) \setminus [T_1, T_2]\,.$$

(b) Ist I^+ endlich, so ist $\lambda_{max}(t)$ auf dem Intervall $[t_0, I^+)$ unbeschränkt, oder der Rand ∂D von D ist nichtleer und es gilt

$$\lim_{t \nearrow I^+} \operatorname{dist}\big((t, \lambda_{max}(t)), \partial D\big) = 0\,. \tag{2.36}$$

(c) Ist I^- endlich, so ist $\lambda_{max}(t)$ auf dem Intervall $(I^-, t_0]$ unbeschränkt, oder ∂D ist nichtleer und es gilt

$$\lim_{t \searrow I^-} \operatorname{dist}\big((t, \lambda_{max}(t)), \partial D\big) = 0\,. \tag{2.37}$$

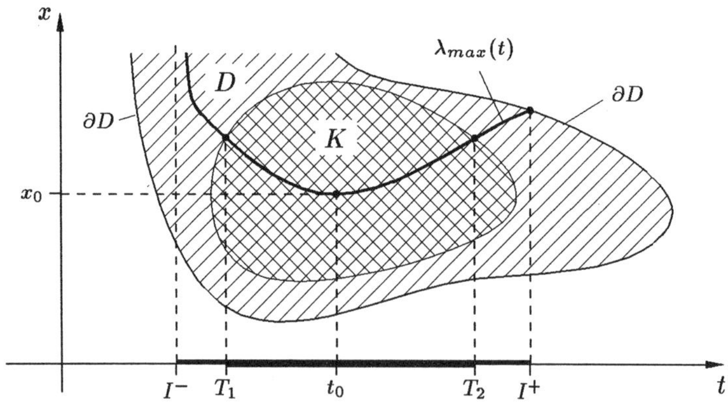

Abb. 2.13 Zum Randverhalten maximaler Lösungen

Dem Beweis des Satzes 2.5.1 stellen wir einige Erläuterungen voran sowie eine Reihe von Beispielen, die insbesondere die in den Aussagen (b) und (c) dieses Satzes formulierten Alternativen beleuchten.

Die Aussage (a) des Satzes 2.5.1 besagt, daß die Lösungskurve einer maximalen Lösung jede kompakte Teilmenge K von D in beiden Zeitrichtungen schließlich verläßt und nicht mehr in sie zurückkehrt (siehe Abbildung 2.13). Dies ist natürlich nur dann nichttrivial, wenn wenigstens einer der beiden Randpunkte I^- oder I^+ von I_{max} endlich ist. Von der Anschauung her erwartet man in diesem Fall, daß die Lösungskurve – wie man sagt – in D **von Rand zu Rand** verläuft, d.h. in beiden Zeitrichtungen gegen den Rand von D strebt. Daß dies tatsächlich so ist, und wie man diesen Sachverhalt präzise formuliert, zeigen die Aussagen (b) und (c) des Satzes. Den Zeitpunkt I^- bzw. I^+ bezeichnet man in diesen Fällen auch als **endliche Entweichzeit** der Lösung $\lambda_{max}(t)$.

2.5.2 Beispiel: Bei der uns hinlänglich bekannten Differentialgleichung

$$\boxed{\dot{x} = x^2 t}$$

treten, wie die Abbildung 2.10 auf Seite 74 verdeutlicht, sowohl Lösungen *ohne* endliche Entweichzeiten, als auch solche mit *einer* bzw. mit *zwei* endlichen Entweichzeiten auf. Wie sich das maximale Existenzintervall in Abhängigkeit vom Anfangswertepaar (t_0, x_0) verhält, zeigt in graphischer Form die Abbildung 2.14, bei der man den $\mathbb{R}^2$ als (t_0, x_0)-Ebene von Anfangswertepaaren auffaßt und den Punkten in den jeweils eingezeichneten Bereichen die entsprechenden maximalen Lösungsintervalle zuordnet. Die die einzelnen Bereiche abgrenzenden Kurven sind im übrigen selbst Lösungskurven zu maximalen Lösungen. Da der Definitionsbereich D der betrachteten Differentialgleichung der gesamte $\mathbb{R}^2$ ist und somit einen leeren Rand besitzt, sind die beiden im Satz 2.5.1 auftretenden Beziehungen (2.36) und (2.37) gegenstandlos. In jedem Fall ist die zum Anfangswertepaar (t_0, x_0) gehörige maximale Lösung

$$\lambda_{max}(t\,; t_0, x_0) = \frac{2x_0}{2 + x_0(t_0^2 - t^2)}$$

bei Annäherung an eine endliche Entweichzeit unbeschränkt. ◊

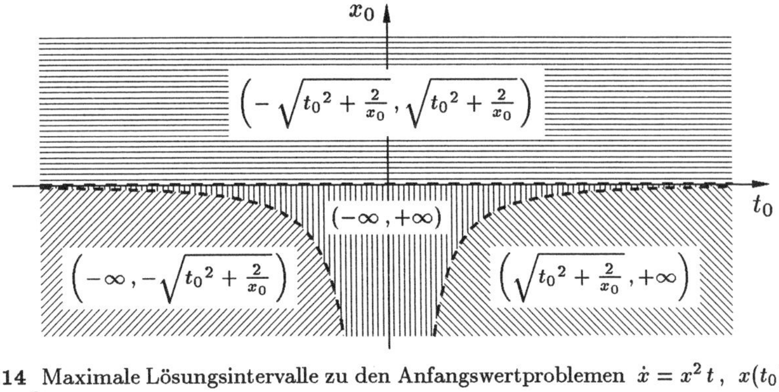

Abb. 2.14 Maximale Lösungsintervalle zu den Anfangswertproblemen $\dot{x} = x^2 t$, $x(t_0) = x_0$, $(t_0, x_0) \in \mathbb{R}^2$

Das nächste Beispiel zeigt, daß die beiden in der Aussage (c) des Satzes 2.5.1 beschriebenen Eigenschaften auch gleichzeitig vorliegen können, also Unbeschränktheit und „Konvergenz“ gegen den Rand von D.

2.5.3 Beispiel: Die in dem Anfangswertproblem

$$\boxed{\dot{x} = \frac{1}{t}}, \quad x(1) = 0$$

auftretende Differentialgleichung ist für alle (t,x) aus der Menge $D := \{(t,x) \in \mathbb{R}^2 : t \neq 0\}$ definiert. Also gilt $\partial D = \{(0,x) \in \mathbb{R}^2 : x \in \mathbb{R}\}$. Die in der Abbildung 2.15 skizzierte maximale Lösung

$$\lambda_{max}(t) = \ln t$$

dieses Anfangswertproblems besitzt die endliche Entweichzeit $I^- = 0$ und ist für $t \searrow 0$ unbeschränkt. Sie genügt aber auch der Beziehung (2.37), denn für jedes $t > 0$ gilt

$$\operatorname{dist}\big((t, \lambda_{max}(t)), \partial D\big) = \inf\left\{\|(t, \ln t) - (0,x)\| : x \in \mathbb{R}\right\},$$

und das Infimum auf der rechten Seite wird offenbar genau dann angenommen, wenn x (bei festem t) den Wert $\ln t$ annimmt. Es gilt also für alle $t > 0$

$$\operatorname{dist}\big((t, \lambda_{max}(t)), \partial D\big) = \|(t,0)\| = t \to 0 \quad \text{für } t \searrow 0. \qquad \diamond$$

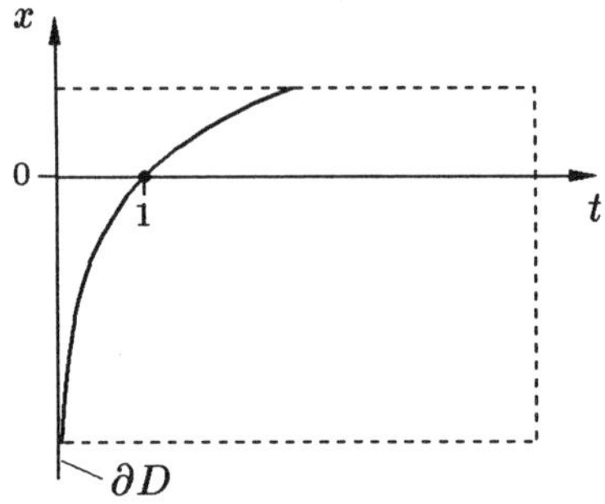

Abb. 2.15
Die maximale Lösung des Anfangswertproblems $\dot{x} = \frac{1}{t}$, $x(1) = 0$. Man beachte den beschränkten Bildausschnitt.

Unser nächstes und letztes Beispiel zum Satz 2.5.1 zeigt, daß der Grenzwert $\lim_{t \searrow I^-} \operatorname{dist}\big((t, \lambda_{max}(t)), \partial D\big) = 0$ auch dann existieren kann, wenn die Lösung $\lambda_{max}(t)$ selbst keinen Grenzwert (auch keinen uneigentlichen) für $t \searrow I^-$ besitzt.

2.5.4 Beispiel: Das Anfangswertproblem

$$\boxed{\dot{x} = -\frac{1}{t^2}\cos\frac{1}{t}}, \quad x\left(\frac{1}{\pi}\right) = 0$$

besitzt, wie man leicht verifiziert, die maximale Lösung

$$\lambda_{max}(t) = \sin\frac{1}{t}, \quad t > 0$$

mit der endlichen Entweichzeit $I^- = 0$ (siehe Abbildung 2.16). Die betrachtete Differentialgleichung besitzt den Definitionsbereich $D := \{(t,x) \in \mathbb{R}^2 : t \neq 0\}$ mit der x-Achse als Rand. Mit den gleichen Überlegungen wie im vorherigen Beispiel erkennt man

$$\lim_{t\searrow 0} \operatorname{dist}\big((t, \lambda_{max}(t)), \partial D\big) = \lim_{t\searrow 0} \|(t,0)\| = 0 . \qquad \diamond$$

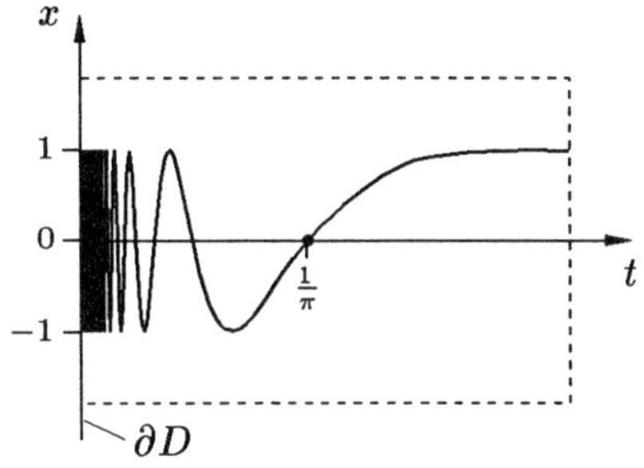

Abb. 2.16
Die maximale Lösung des Anfangswertproblems $\dot{x} = -\frac{1}{t^2}\cos\frac{1}{t}$, $x(\frac{1}{\pi}) = 0$. Man beachte die Beschränktheit des Bildausschnitts.

Beweis des Satzes 2.5.1: Aus Symmetriegründen genügt es, die Aussagen des Satzes am rechten Ende I^+ des maximalen Lösungsintervalls zu beweisen. Darüberhinaus können wir I^+ als endlich voraussetzen, denn die Aussage (a) ist im Fall $I^+ = \infty$ wegen der Beschränktheit der Menge K trivial, und bei den Aussagen (b) und (c) ist ohnehin eine endliche Entweichzeit vorausgesetzt.

1. Schritt: Wir beweisen zunächst die folgende Hilfsaussage: Zu jedem Punkt $(t^*, x^*) \in D$ gibt es eine Zylinderumgebung $[t^* - \tilde{a}\,, t^* + \tilde{a}] \times \overline{U_{\tilde{b}}^N(x^*)} \subset D$ (kariert in der Abbildung 2.17) derart, daß jedes der Anfangswertprobleme

$$\boxed{\dot{x} = f(t,x)}\,, \quad x(\tau) = \xi\,, \quad (\tau, \xi) \in [t^* - \tilde{a}\,, t^* + \tilde{a}] \times \overline{U_{\tilde{b}}^N(x^*)} \qquad (2.38)$$

eine Lösung mit dem Existenzintervall $[\tau - \tilde{a}\,, \tau + \tilde{a}]$ besitzt. Diese Lösung existiert damit insbesondere an der Stelle t^*.[10]

Um diese Hilfsaussage zu beweisen, führen wir für Zylinderumgebungen von Punkten $(\sigma, \eta) \in \mathbb{R}^{1+N}$ die Bezeichnung

$$Z_{a,b}(\sigma,\eta) := [\sigma - a\,, \sigma + a] \times \overline{U_b^N(\eta)}\,, \quad a, b > 0$$

ein und schreiben $f|_{Z_{a,b}(\sigma,\eta)}(t,x)$ für die Einschränkung der Funktion $f(t,x)$ auf die Menge $Z_{a,b}(\sigma,\eta)$. Wegen der Offenheit von D können wir nun positive Zahlen a und b so wählen, daß $Z_{a,b}(t^*, x^*)$ ganz in D liegt. Mit $M := \max\{\|f(t,x)\| :$

[10] Das Bemerkenswerte (und für den Beweis Wesentliche) an dieser Aussage ist, daß die Länge des Lösungsintervalls $[\tau - \tilde{a}\,, \tau + \tilde{a}]$ vom Anfangswertepaar (τ, ξ) unabhängig ist (sofern dieses in der betrachteten Zylinderumgebung liegt). Dies ist nicht selbstverständlich, denn sowohl die vom Satz 2.3.1 von Picard-Lindelöf gelieferten größtmöglichen Lösungsintervalle (siehe Beispiel 2.3.4 auf Seite 65), als auch die tatsächlich maximalen Lösungsintervalle (siehe Beispiel 2.5.2 auf Seite 81) besitzen Längen, die im allgemeinen vom Anfangswertepaar abhängen.

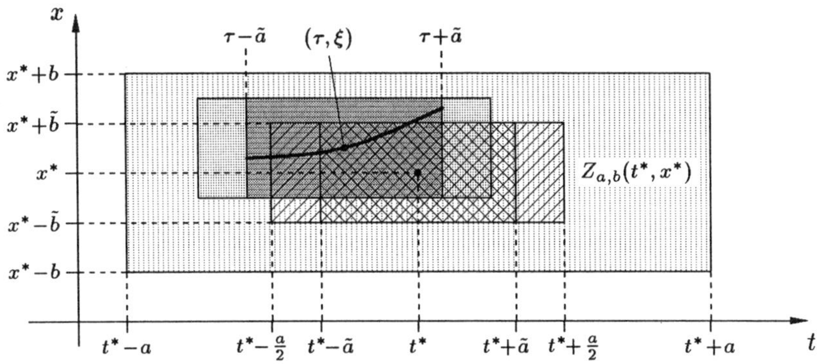

Abb. 2.17 Zum 1. Schritt des Beweises von Satz 2.5.1

$(t,x) \in Z_{a,b}(t^*,x^*)\}$ beweisen wir nun die oben formulierte Aussage für die wie folgt definierten Konstanten:

$$\tilde{a} := \min\left\{\frac{a}{2}, \frac{b}{2M}\right\}, \quad \tilde{b} := \frac{b}{2}. \tag{2.39}$$

Zum Zwecke dieses Nachweises betrachten wir den Zylinder $Z_{\frac{a}{2},\frac{b}{2}}(t^*,x^*)$ und stellen fest (siehe Abbildung 2.17), daß folgendes gilt:

$$Z_{\frac{a}{2},\frac{b}{2}}(\tau,\xi) \subset Z_{a,b}(t^*,x^*) \quad \text{für alle } (\tau,\xi) \in Z_{\frac{a}{2},\frac{b}{2}}(t^*,x^*). \tag{2.40}$$

Nach dem Satz 2.3.1 von Picard-Lindelöf existiert dann für jedes Anfangswertepaar $(\tau,\xi) \in Z_{\frac{a}{2},\frac{b}{2}}(t^*,x^*)$ eine Lösung des Anfangswertproblems

$$\boxed{\dot{x} = f|_{Z_{\frac{a}{2},\frac{b}{2}}(\tau,\xi)}(t,x)}, \quad x(\tau) = \xi \tag{2.41}$$

auf dem Intervall $[\tau-\tilde{\alpha}, \tau+\tilde{\alpha}]$, mit $\tilde{\alpha} := \min\{\frac{a}{2}, \frac{b}{2m}\}$, $m := \max\{\|f(t,x)\| : (t,x) \in Z_{\frac{a}{2},\frac{b}{2}}(\tau,\xi)\}$. Wegen (2.40) gilt $m \leq M$, und mit (2.39) bedeutet dies $\tilde{a} \leq \tilde{\alpha}$. Also existiert für jedes $(\tau,\xi) \in Z_{\frac{a}{2},\frac{b}{2}}(t^*,x^*)$ und damit insbesondere für jedes $(\tau,\xi) \in Z_{\tilde{a},\tilde{b}}(t^*,x^*)$ die Lösung des Anfangswertproblems (2.41) auf dem Intervall $[\tau-\tilde{a}, \tau+\tilde{a}]$. Damit haben wir auch für das Anfangswertproblem (2.38) eine Lösung der gesuchten Art nachgewiesen.

<u>2. Schritt</u>: Wir beweisen als nächstes die folgende Hilfsaussage: Gibt es eine gegen I^+ konvergierende Folge $(t_n)_{n=1}^\infty$ in (I^-, I^+) derart, daß die Folge $((t_n, \lambda_{max}(t_n)))_{n=1}^\infty$ für $n \to \infty$ konvergiert, so liegt der Grenzwert dieser Folge am Rand von D, d.h. es gilt

$$(I^+, x^*) := \lim_{n\to\infty} \big(t_n, \lambda_{max}(t_n)\big) \in \partial D. \tag{2.42}$$

Zum Zwecke des Beweises dieser Aussage nehmen wir an, der Punkt (I^+, x^*) läge nicht am Rand von D. Als Häufungswert einer Folge von Punkten aus D liegt er dann in D selbst. Wir betrachten nun (siehe Abbildung 2.18) die im 1. Beweisschritt beschriebene Zylinderumgebung $Z_{\tilde{a},\tilde{b}}(I^+, x^*)$ des Punktes (I^+, x^*). Da die Folge $((t_n, \lambda_{max}(t_n)))_{n=1}^{\infty}$ für $n \to \infty$ gegen (I^+, x^*) konvergiert, können wir ein $\tilde{n} \in \mathbb{N}$ so wählen, daß der Punkt $(t_{\tilde{n}}, \lambda_{max}(t_{\tilde{n}}))$ im Inneren von $Z_{\tilde{a},\tilde{b}}(I^+, x^*)$ liegt. Nach der im 1. Schritt bewiesenen Aussage existiert dann die Lösung des Anfangswertproblems

$$\boxed{\dot{x} = f(t, x)}\,, \quad x(t_{\tilde{n}}) = \lambda_{max}(t_{\tilde{n}})$$

auf dem Intervall $[t_{\tilde{n}} - \tilde{a}\,, t_{\tilde{n}} + \tilde{a}]$. Diese Lösung stimmt an der Stelle $t_{\tilde{n}}$ mit der Lösung $\lambda_{max}(t)$ überein und stellt somit nach dem globalen Existenz- und Eindeutigkeitssatz 2.4.1 eine Fortsetzung von $\lambda_{max}(t)$ über I^+ hinaus nach rechts bis $t_{\tilde{n}} + \tilde{a}$ dar. Dies widerspricht aber der Definition von I^+ als rechtem Randpunkt des Existenzintervalls von $\lambda_{max}(t)$.

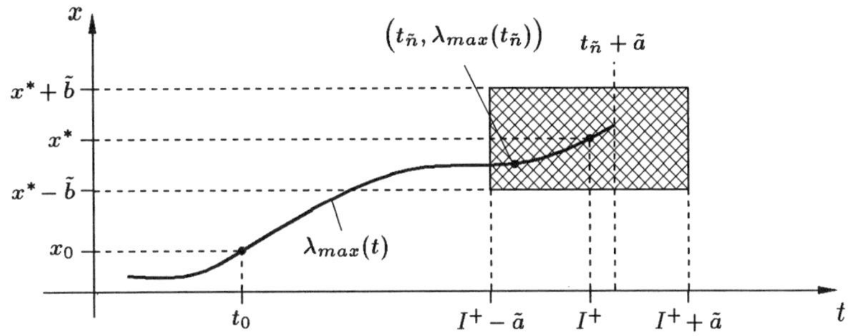

Abb. 2.18 Zum 2. Schritt des Beweises von Satz 2.5.1

<u>3. Schritt</u>: Zum Zwecke des Beweises der Aussage (a) von Satz 2.5.1 nehmen wir an, diese Aussage sei falsch. Dann gibt es eine gegen I^+ konvergierende Folge $(t_n)_{n=1}^{\infty}$ in (I^-, I^+) mit $(t_n, \lambda_{max}(t_n)) \in K$ für alle $n \in \mathbb{N}$. Wegen der Beschränktheit von K besitzt dann die Folge $((t_n, \lambda_{max}(t_n)))_{n=1}^{\infty}$ eine konvergente Teilfolge, die wir wieder wie die Ausgangsfolge bezeichnen können. Wir setzen nun $x^* := \lim_{n\to\infty} \lambda_{max}(t_n)$ und stellen fest, daß der Punkt $(I^+, x^*) = \lim_{n\to\infty}(t_n, \lambda_{max}(t_n))$ wegen der Abgeschlossenheit von K in K und damit in der offenen Menge D liegt. Dies widerspricht aber der im 2. Beweisschritt gezeigten Beziehung (2.42).

<u>4. Schritt</u>: Um die Aussage (b) zu beweisen, nehmen wir an, die Lösung $\lambda_{max}(t)$ sei auf dem Intervall $[t_0\,, I^+)$ beschränkt. Wählen wir dann eine beliebige, gegen I^+ konvergierende Folge $(t_n)_{n=1}^{\infty}$ in (I^-, I^+), so ist die Folge $((\lambda_{max}(t_n)))_{n=1}^{\infty}$ beschränkt, und wir erhalten wie im vorherigen Beweisschritt durch Übergang zu einer Teilfolge eine konvergente Folge $((t_n, \lambda_{max}(t_n)))_{n=1}^{\infty}$. Da der Grenzwert dieser Folge nach der im 2. Beweisschritt gezeigten Aussage ein Randpunkt von D ist, ist ∂D als nichtleer nachgewiesen. Um nun die Beziehung (2.36) zu beweisen, nehmen wir deren Gegenteil an (man beachte, daß die Beschränktheit von $\lambda_{max}(t)$ nach wie vor gilt). Es gibt dann ein $\delta > 0$ und eine Folge $(s_n)_{n=1}^{\infty}$ in (I^-, I^+) mit folgenden Eigenschaften: $\lim_{n\to\infty} s_n = I^+$, die Folge $(\lambda_{max}(s_n))_{n=1}^{\infty}$

ist beschränkt und es gilt

$$\operatorname{dist}\big((s_n, \lambda_{max}(s_n)), \partial D\big) \geq \delta \quad \text{für alle } n \in \mathbb{N}. \tag{2.43}$$

Wir können wegen der Beschränktheit der Folge $((s_n, \lambda_{max}(s_n)))_{n=1}^{\infty}$ zu einer konvergenten Teilfolge übergehen (unter Beibehaltung der Bezeichnung). Den Grenzwert der Folge $(\lambda_{max}(s_n))_{n=1}^{\infty}$ bezeichnen wir mit x^+. Wegen der Stetigkeit der Funktion $\operatorname{dist}(\cdot, \partial D) : \mathbb{R}^{1+N} \to \mathbb{R}$ (siehe Anhang C) erhalten wir dann aus (2.43) durch den Grenzübergang $n \to \infty$ die Beziehung $\operatorname{dist}\big((I^+, x^+), \partial D\big) \geq \delta > 0$. Dies liefert die zu (2.42) widersprüchliche Aussage, daß (I^+, x^+) kein Randpunkt von D ist. ■

Unser Standardbeispiel $\dot{x} = x^2 t$ (siehe etwa Seite 74) zeigt, daß selbst bei einem in allen Richtungen unbeschränkten Definitionsbereich einer Differentialgleichung endliche Entweichzeiten auftreten können. Unser nächstes Anliegen wird es nun sein, eine möglichst allgemeine Bedingung an die rechte Seite einer Differentialgleichung zu finden, die das Auftreten endlicher Entweichzeiten verhindert. Zur Motivation dieser Bedingung betrachten wir das folgende Beispiel.

2.5.5 Beispiel: Für festes $\alpha > 0$ sei die rechte Seite der Differentialgleichung

$$\boxed{\dot{x} = x^{\alpha}}$$

für alle $x > 0$ (und formal für alle $t \in \mathbb{R}$) erklärt. Zur Anfangsbedingung $x(0) = 1$ läßt sich dann mittels Trennung der Veränderlichen die maximale Lösung berechnen. Neben $\lambda_{1,max}(t) := e^t$ im Fall $\alpha = 1$ ergibt sich

$$\lambda_{\alpha,max}(t) := \big[1 + (1-\alpha)t\big]^{\frac{1}{1-\alpha}} \quad \text{für } \alpha \neq 1.$$

Als zugehöriges, von α abhängiges maximales Existenzintervall erhält man

$$I_{\alpha,max} = \begin{cases} \left(\frac{1}{\alpha-1}, \infty\right) & \text{für } 0 < \alpha < 1 \\ (-\infty, \infty) & \text{für } \alpha = 1 \\ \left(-\infty, \frac{1}{\alpha-1}\right) & \text{für } \alpha > 1. \end{cases}$$

Hierbei fällt nun auf, daß die maximale Lösung nur im Fall $\alpha = 1$ für alle $t \in \mathbb{R}$ existiert. Um dieses Phänomen zu erklären, betrachten wir die Abbildung 2.19. Die maximale Lösung des Anfangswertproblems ist für jedes der betrachteten $\alpha > 0$ monoton wachsend und unbeschränkt. Es besteht jedoch zwischen den verschiedenen Fällen insofern ein wesentlicher Unterschied, als die Lösung in jedem der Fälle $\alpha \leq 1$ auf dem ganzen Intervall $[0, \infty)$ existiert, während sie für $\alpha > 1$ in endlicher Zeit gegen ∞ strebt. Der Grund hierfür liegt – aus geometrischer Sicht – in der Tatsache, daß sich oberhalb der horizontalen Geraden $x = 1$ das Richtungsfeld (bei festem x) mit wachsendem α steiler aufstellt und somit die betrachtete (wie übrigens auch jede andere) Lösung stärker anwachsen läßt. Offenbar wird bei $\alpha = 1$ ein kritischer Wert für die Steigungen der Linienelemente erreicht, so daß für jedes $\alpha > 1$ die Lösung so stark nach oben abgelenkt wird, daß sie in endlicher Zeit gegen ∞ strebt. Ein entsprechendes Phänomen treibt für jedes $\alpha \in (0\,,1)$ und abnehmendes t die Lösungskurve in endlicher Zeit gegen den Rand des Definitionsbereichs der Differentialgleichung (die t-Achse), da sich im horizontalen Streifen zwischen $x = 0$ und $x = 1$ das Richtungsfeld (bei festem x) mit abnehmendem α steiler aufstellt.

Diese geometrischen Überlegungen lassen sich auch in eine analytische Form bringen. Die Steigungen der Linienelemente sind nichts anderes als die Funktionswerte der rechten Seite $f_\alpha(x) := x^\alpha$. Ein Vergleich von $f_\alpha(x)$ für $\alpha \neq 1$ mit dem linearen Fall $f_1(x) = x$ (dem einzigen ohne endliche Entweichzeiten) zeigt, daß die Ungleichung $x^\alpha > x$ sowohl für $\alpha > 1, x > 1$, als auch für $\alpha < 1, x < 1$ gilt. Im Fall der vorliegenden Differentialgleichung mit $\alpha > 0, x > 0$ ist also für jedes $\alpha \neq 1$ die wünschenswerte Abschätzung $f_\alpha(x) \leq x$, die wir als Beschränktheitsbedingung für die Steigungen der Linienelemente interpretieren können, nicht überall erfüllt. ◊

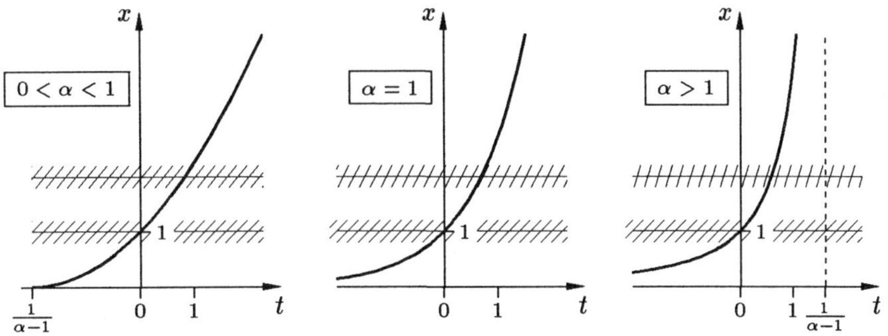

Abb. 2.19 Maximale Lösung des Anfangswertproblems $\dot{x} = x^\alpha$, $x(0) = 1$, für verschiedene Werte des Parameters α

Nach diesem Beispiel sollte das nachfolgende Resultat nicht mehr völlig unerwartet kommen.

2.5.6 Satz (Linear beschränkte rechte Seite): *Hat die stetige und bezüglich x Lipschitz-stetige rechte Seite $f : D \to \mathbb{R}^N$ einer Differentialgleichung $\dot{x} = f(t,x)$ einen Definitionsbereich der Form*

$$D := (a\,,b) \times \mathbb{R}^N \quad \textit{mit } -\infty \leq a < b \leq \infty\,,$$

und ist $f(t,x)$ **linear beschränkt**, *d.h. gilt eine Abschätzung der Form*

$$\|f(t,x)\| \leq \rho(t)\|x\| + \sigma(t) \quad \textit{für alle } t \in (a\,,b) \textit{ und } x \in \mathbb{R}^N \tag{2.44}$$

mit stetigen Funktionen $\rho, \sigma : (a\,,b) \to \mathbb{R}_0^+$, so existiert die maximale Lö-

sung jedes der Anfangswertprobleme

$$\boxed{\dot{x} = f(t,x)}\,, \quad x(t_0) = x_0\,, \quad (t_0\,,x_0) \in (a\,,b) \times \mathbb{R}^N$$

auf dem ganzen Intervall (a,b), *d.h. es gilt* $I_{max}(t_0,x_0) = (a\,,b)$ *für jedes* $t_0 \in (a,b)$ *und* $x_0 \in \mathbb{R}^N$.

Beweis: Für festes $(t_0,x_0) \in D$ bezeichne (I^-,I^+) wie üblich das maximale Lösungsintervall. Auf Grund der Form von D gilt dann $a \leq I^- < I^+ \leq b$. Wir machen nun die Widerspruchsannahme, daß $I^+ < b$ gilt (den analogen Fall $a < I^-$ führen wir nicht aus), und wählen zwei beliebige Punkte $T^- \in (a\,,t_0)$ und $T^+ \in (I^+,b)$ (siehe Abbildung 2.20). Mit ρ_0,σ_0 bezeichnen wir dann beliebige positive obere Schranken für die stetigen Funktionen $\rho(t)$ bzw. $\sigma(t)$ auf dem kompakten Intervall $[T^-,T^+]$.[11] Wir wählen als nächstes ein $n \in \mathbb{N}$ so groß, daß

$$h := \frac{T^+ - t_0}{n} < \frac{1}{\rho_0} \tag{2.45}$$

gilt, und darüberhinaus noch $h < t_0 - T^-$. Den Beweis des Satzes erbringen wir nun, indem wir zeigen, daß jedes der Anfangswertprobleme

$$\boxed{\dot{x} = f(t,x)}\,, \quad x(\tau) = \xi\,, \quad (\tau,\xi) \in [t_0\,,T^+ - h] \times \mathbb{R}^N$$

eine Lösung mit dem Existenzintervall $[\tau - h\,,\tau + h]$ besitzt. Da die Längen dieser Lösungsintervalle nicht vom Anfangswertepaar abhängen, läßt sich dann die maximale Lösung zum Anfangswertepaar (t_0,x_0) in n Schritten von t_0 bis zum rechts von I^+ liegenden Punkt $T^+ = t_0 + nh$ fortsetzen. Dies widerspricht aber der Definition von I^+.

Zum Zwecke des Beweises der eben gemachten Aussage betrachten wir ein beliebiges Anfangswertepaar $(\tau,\xi) \in [t_0\,,T^+ - h] \times \mathbb{R}^N$ und definieren eine positive Zahl $b = b(\xi)$ gemäß der Beziehung

$$b := \frac{(\rho_0\|\xi\| + \sigma_0)h}{1 - \rho_0 h} \overset{(2.45)}{>} 0\,. \tag{2.46}$$

Die Menge $[\tau - h\,,\tau + h] \times \overline{U_b^N(\xi)}$ ist dann eine kompakte Zylinderumgebung des Punktes (τ,ξ) (kariert in der Abbildung 2.20), auf der die Funktion $\|f(t,x)\|$ ein Maximum M annimmt, das der folgenden Abschätzung genügt:

$$M \overset{(2.44)}{\leq} \rho_0(\|\xi\| + b) + \sigma_0 \overset{(2.46)}{=} \rho_0\frac{\|\xi\| + \sigma_0 h}{1 - \rho_0 h} + \sigma_0 = \frac{\rho_0\|\xi\| + \sigma_0}{1 - \rho_0 h} \overset{(2.46)}{=} \frac{b}{h}\,. \tag{2.47}$$

[11] Der Rest des Beweises läßt sich beträchtlich vereinfachen, wenn man eine geeignete Variante des (uns im Moment noch nicht zur Verfügung stehenden) sogenannten Gronwall-Lemmas zur Anwendung bringt (siehe Aufgabe 2 des Abschnitts 7.6 auf Seite 322).

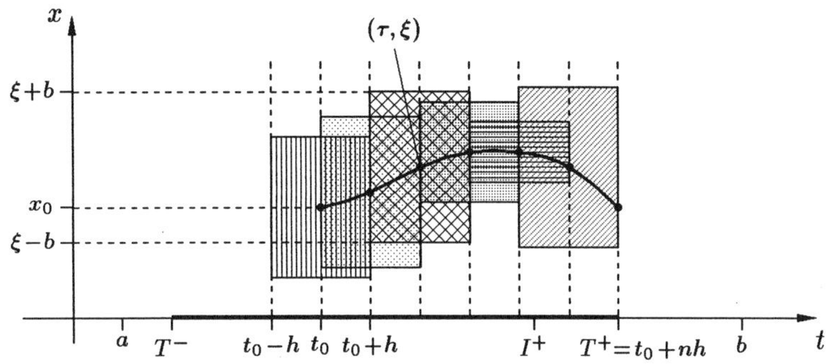

Abb. 2.20 Zum Beweis des Satzes 2.5.6

Auf der betrachteten Zylinderumgebung von (τ, ξ) können wir (unter Verwendung des Satzes 2.4.5) den Satz 2.3.1 von Picard-Lindelöf anwenden. Dieser liefert dann ein Lösungsintervall der Form $[\tau - \alpha, \tau + \alpha]$ mit

$$\alpha = \min\left\{h, \frac{b}{M}\right\} \overset{(2.47)}{=} h .$$

Wie oben beschrieben, beendet dies den Beweis des Satzes 2.5.6. ∎

Zurückblickend auf das Beispiel $\dot{x} = x^\alpha$ von Seite 86 und die im Satz 2.5.6 beschriebene Wirkung der Abschätzung $\|f(t,x)\| \leq \rho(t)\|x\| + \sigma(t)$ können wir feststellen, daß im Zusammenhang mit dem Wachstum von Lösungen und dem Auftreten von endlichen Entweichzeiten bei einer Differentialgleichung $\dot{x} = f(t,x)$ die t-Abhängigkeit der rechten Seite eine gegenüber der x-Abhängigkeit untergeordnete Rolle spielt. Schließlich sind in der Abschätzung (2.44) *beliebige* stetige, also insbesondere auch nichtlineare und unbeschränkte Funktionen $\rho(t)$ und $\sigma(t)$ zugelassen. Das folgende Beispiel zeigt dies in eindrucksvoller Weise.

2.5.7 Beispiel: Da die Differentialgleichung

$$\boxed{\dot{x} = x t^4 \sin x + e^{t^2}} \tag{2.48}$$

eine stetig differenzierbare rechte Seite besitzt, genügt sie unseren Standardvoraussetzungen. Somit besitzt jedes zugehörige Anfangswertproblem eine eindeutig bestimmte maximale Lösung. Da für diese Gleichung eine explizite Lösungsformel nicht bekannt ist, skizzieren wir zunächst in der Abbildung 2.21 ihr Richtungsfeld und dann in der Abbildung 2.22 einige numerisch bestimmte Lösungen, genauer, die Lösungen zu den 11 Anfangswertepaaren $(n, 0)$, $n = -5, -4, \ldots, 4, 5$. Bedingt durch das starke Wachstum des Ausdrucks e^{t^2} verlaufen die Lösungskurven der Gleichung (2.48) – wenn man von kleinen $|t|$ absieht – annähernd senkrecht und suggerieren somit das Vorliegen endlicher Entweichzeiten. Da aber die rechte Seite dieser Differentialgleichung linear beschränkt ist (man kann in der Abschätzung (2.44) offensichtlich $\rho(t) = t^4$ und $\sigma(t) = e^{t^2}$ wählen), existiert in der Tat jede Lösung dieser Differentialgleichung für alle $t \in \mathbb{R}$. ◊

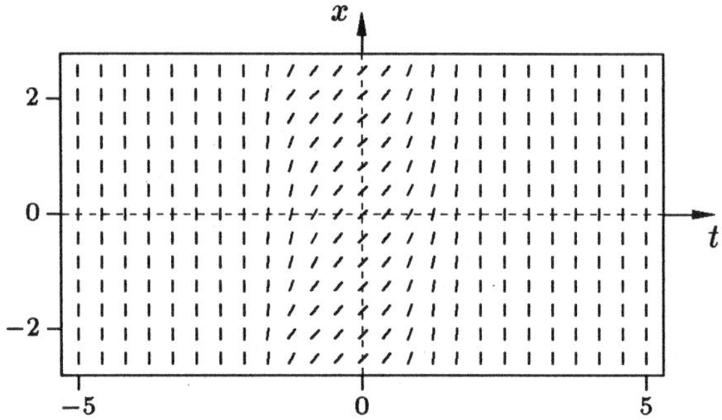

Abb. 2.21 Richtungsfeld der Differentialgleichung $\dot{x} = x\,t^4 \sin x + e^{t^2}$

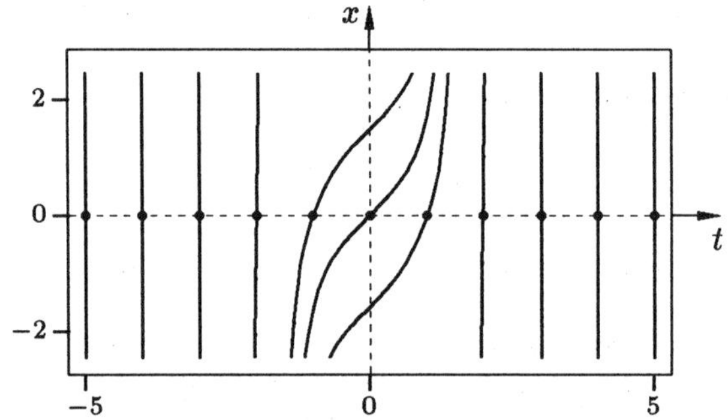

Abb. 2.22 Verschiedene, nahezu senkrecht verlaufende Lösungskurven der Differentialgleichung $\dot{x} = x\,t^4 \sin x + e^{t^2}$; keine dieser Lösungen besitzt eine endliche Entweichzeit

Unser nächster Satz zeigt, daß *lineare* Systeme, sofern sie stetig sind, immer auch linear beschränkt sind, und somit der Satz 2.5.6 anwendbar ist. Dieser Sachverhalt (zusammen mit dem im Satz 1.1.20 auf Seite 11 bewiesenen Superpositionsprinzip) weist dann die linearen Systeme als eine Klasse von Differentialgleichungen mit besonders angenehmen Eigenschaften aus. Weitere Besonderheiten von linearen Systemen werden wir im Kapitel 6 kennenlernen, das ausschließlich dieser Systemklasse gewidmet ist.

2.5.8 Satz (globaler Existenz- und Eindeutigkeitssatz für lineare Systeme): *Gegeben sei ein offenes Intervall* $(a\,,b)$ *mit* $-\infty \leq a < b \leq \infty$ *und ein lineares System*

$$\boxed{\dot{x} \;=\; A(t)\,x + g(t)}$$

mit stetigen Funktionen $A : (a\,,b) \to \mathbb{R}^{N\times N}$ *und* $g : (a\,,b) \to \mathbb{R}^N$. *Für jedes Anfangswertepaar* $(t_0\,,x_0) \in (a\,,b) \times \mathbb{R}^N$ *existiert dann die maximale Lösung auf dem gesamten Intervall* $(a\,,b)$.

Beweis: Die i-te Koordinatenfunktion der rechten Seite $A(t)x + g(t)$ hat die Form $\sum_{j=1}^{N} a_{ij}(t)x_j + g_i(t)$, $i = 1, \ldots, N$. Dies zeigt, daß die rechte Seite der betrachteten Differentialgleichung stetig und nach den Koordinaten $x_1, \ldots, x_N$ von x stetig partiell differenzierbar ist. Also ist sie nach Satz 2.4.6 Lipschitz-stetig bezüglich x. Schließlich ist die rechte Seite wegen der für alle $(t, x) \in (a, b) \times \mathbb{R}^N$ gültigen Abschätzung

$$\|A(t)x + g(t)\| \leq \|A(t)\| \cdot \|x\| + \|g(t)\|$$

linear beschränkt. Der Satz 2.5.6 liefert dann die Behauptung. ∎

Aufgaben

1. Zeigen Sie an Hand von Beispielen, daß für die maximale Lösung $\lambda_{max} : (I^-, I^+) \to \mathbb{R}^N$ eines den Standardvoraussetzungen genügenden Anfangswertproblems auch folgendes gelten kann:
   (a) Die in der Aussage (b) des Satzes 2.5.1 beschriebene Unbeschränktheit liegt nicht in Form der uneigentlichen Konvergenz $\lim_{t \nearrow I^+} \|\lambda_{max}(t)\| = \infty$ vor.
   (b) Trotz $I^+ = \infty$ gilt die Beziehung $\lim_{t \nearrow I^+} \operatorname{dist}((t, \lambda_{max}(t)), \partial D) = 0$.

2. Gegeben sei eine stetige und bezüglich x Lipschitz-stetige Funktion $f : \mathbb{R}^{1+N} \to \mathbb{R}^N$ mit $f(t,x) = 0$ für alle (t,x) aus einer Menge der Form

   $$M_\rho := \left\{(t,x) \in \mathbb{R}^{1+N} : \|x\| > \rho > 0\right\}.$$

   Zeigen Sie, daß dann die maximale Lösung zu jedem der Anfangswertprobleme

   $$\boxed{\dot{x} = f(t,x)}, \quad x(t_0) = x_0$$

   auf ganz $\mathbb{R}$ existiert.
   Gilt diese Aussage auch noch, falls $f(t,x)$ auf M_ρ nur beschränkt, oder gar nur linear beschränkt ist?

3. Begründen Sie, warum für jeden Punkt $(t_0, x_0) \in \mathbb{R}^2$ das Anfangswertproblem

   $$\boxed{\dot{x} = \frac{t^3 x^3}{1 + x^2} + e^t \cos x}, \quad x(t_0) = x_0$$

   eine eindeutig bestimmte Lösung auf ganz $\mathbb{R}$ besitzt.

4. Zeigen Sie, daß jedes zur Pendelgleichung (1.18) gehörige Anfangswertproblem

   $$\boxed{\ddot{x} = -\frac{k}{m}\dot{x} - \frac{g}{l}\sin x}, \quad x(t_0) = x_0,\ \dot{x}(t_0) = x_1,\ (t_0, x_0, x_1) \in \mathbb{R}^3$$

   eine eindeutig bestimmte Lösung auf ganz $\mathbb{R}$ besitzt.

5. Gegeben sei eine offene Menge $D \subset \mathbb{R}^{1+N}$, ein Punkt (t_0, x_0) aus D und eine stetige und bezüglich x Lipschitz-stetige Funktion $f : D \to \mathbb{R}^N$.
   Zeigen Sie: Enthält D den gesamten Halbraum $\{(t,x) \in \mathbb{R}^{1+N} : t \geq t_0\}$, und ist die maximale Lösung $\lambda_{max} : (I^-, I^+) \to \mathbb{R}^N$ des Anfangswertproblems

   $$\boxed{\dot{x} = f(t,x)}, \quad x(t_0) = x_0$$

   auf jedem beschränkten Intervall der Form $[t_0, t_1) \subseteq [t_0, I^+)$ beschränkt (wobei die Schranke von t_1 abhängen darf), so existiert die Lösung $\lambda_{max}(t)$ für alle $t \geq 0$, d.h. es gilt $I^+ = \infty$.

2.6 Die allgemeine Lösung einer Differentialgleichung

Nachdem wir uns bisher in erster Linie mit den Lösungen einzelner Anfangswertprobleme beschäftigt haben, wollen wir nun einen allgemeinen Lösungsbegriff einführen, mit dessen Hilfe man einheitlich *alle* Lösungen einer vorliegenden Differentialgleichung erfassen kann. Unser Ziel ist dabei die Angabe einer geeigneten Schar von Lösungen, die es erlaubt, durch Wahl des Scharparameters jede beliebige Lösung der Differentialgleichung zu bestimmen. Was die Zahl der hierzu benötigten Parameter angeht, so betrachten wir zunächst als Motivation unser Standardbeispiel.

2.6.1 Beispiel: Die Differentialgleichung

$$\boxed{\dot{x} = x^2 t} \tag{2.49}$$

besitzt, wie wir schon im Beispiel 1.1.11 gesehen haben, die Lösungsschar

$$\lambda_\alpha(t) = \frac{2\alpha}{2 - \alpha t^2}, \quad \alpha \in \mathbb{R}, \tag{2.50}$$

die man im folgenden Sinne als „allgemeine Lösung" der Differentialgleichung bezeichnen könnte: Fixiert man den Parameter α, so erhält man eine der zahlreichen in der Abbildung 2.23 dargestellten Lösungen. Die Schar $\lambda_\alpha(t)$ hat jedoch einen gravierenden Nachteil: Sie erfaßt *nicht alle* Lösungen von (2.49). Die Funktion $-\frac{2}{t^2}$ liefert nämlich vermittels ihrer Einschränkungen auf die beiden Intervalle $(-\infty, 0)$ und $(0, \infty)$ zwei Lösungen, die für keine Wahl des Parameters α aus der Schar (2.50) gewonnen werden können. In der Literatur werden solche Lösungen häufig als „singuläre" Lösungen bezeichnet. Daß diese Begriffsbildung jedoch nicht sinnvoll ist, erkennt man an der Tatsache, daß es unter Umständen weitere Lösungsscharen der betrachteten Differentialgleichung geben kann, in denen *andere* Lösungen nicht enthalten sind, und die somit als „singulär" bezeichnet

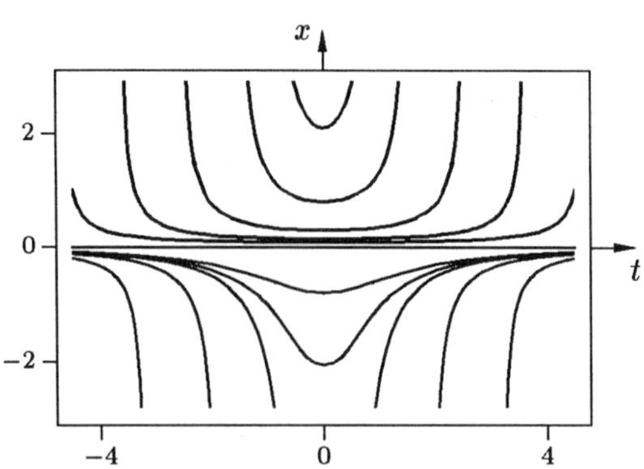

Abb. 2.23 Lösungsportrait der Differentialgleichung $\dot{x} = x^2 t$

werden müßten. So ist die schon im Beispiel 1.1.19 angegebene Funktionenschar

$$\mu_\beta(t) = \frac{-2}{t^2 + 2\beta}, \quad \beta \in \mathbb{R}$$

eine weitere Lösungsschar der Differentialgleichung (2.49). Während diese Schar die beiden von der Funktion $-\frac{2}{t^2}$, $t \neq 0$ beschriebenen Lösungen als „reguläre" Elemente beinhaltet (nämlich für $\beta = 0$), so weist sie die triviale Lösung als „singulär" aus. Für keinen reellen Wert von β ist nämlich $\mu_\beta(t)$ identisch 0.

Da die Gesamtheit der Lösungen der Differentialgleichung (2.49) auch mit Hilfe anderer ein-parametriger Funktionenscharen nicht vollständig beschreibbar ist, stellt sich nun die Frage, ob man etwa durch Hinzunahme eines zweiten Parameters das gewünschte Ziel erreichen kann, nämlich eine *alle* Lösungen umfassende Lösungsschar zu finden. Daß sich diese Frage im vorliegenden Fall bejahen läßt, haben wir schon im Beispiel 1.2.7 gesehen. Betrachtet man nämlich die dort bestimmte Funktionenschar

$$\nu_{t_0,x_0}(t) = \frac{2x_0}{2 + x_0(t_0^2 - t^2)}, \quad (t_0, x_0) \in \mathbb{R}^2,$$

mit dem Anfangswertepaar (t_0, x_0) als zwei-dimensionalem Parameter, so läßt sich offensichtlich durch geeignete Wahl von (t_0, x_0) jedes der zur Differentialgleichung (2.49) gehörige Anfangswertproblem lösen. ◊

Dem vorherigen Beispiel können wir die allgemeingültige Erkenntnis entnehmen, daß man bei einem N-dimensionalen nichtautonomen Differentialgleichungssystem $\dot{x} = f(t, x)$ zur Beschreibung sämtlicher Lösungen mit einer N-dimensionalen Lösungsschar im allgemeinen nicht auskommt. Daß jedoch bei Hinzunahme eines weiteren skalaren Parameters, speziell bei der Wahl des Anfangswertepaares (t_0, x_0) als N+1-dimensionalem Parameter, das angestrebte Ziel erreicht werden kann, wird sich im folgenden ergeben.

2.6.2 Definition: *Gegeben sei eine offene Teilmenge D des $\mathbb{R}^{1+N}$, eine stetige und bezüglich x Lipschitz-stetige Funktion $f : D \to \mathbb{R}^N$ und die somit definierte Differentialgleichung*

$$\boxed{\dot{x} = f(t, x)}\,. \tag{2.51}$$

Die für alle (t, τ, ξ) aus der Menge

$$\Omega := \{(t, \tau, \xi) \in \mathbb{R}^{1+1+N} : (\tau, \xi) \in D\,,\ t \in I_{max}(\tau, \xi)\} \tag{2.52}$$

definierte Funktion

$$\lambda(t\,; \tau, \xi) := \lambda_{max}(t\,; \tau, \xi)$$

nennen wir dann die **allgemeine Lösung** *der Differentialgleichung (2.51).*

Zwischen der *allgemeinen* Lösung einer Differentialgleichung und der *maximalen* Lösung eines Anfangswertproblems besteht gemäß dieser Definition nur ein sehr geringer Unterschied, der sich in der verschiedenartigen Interpretation der Rolle des Anfangswertepaares (τ, ξ) dokumentiert. Während (τ, ξ) im Fall der maximalen Lösung als *fester* Anfangspunkt betrachtet wird, sind τ und ξ bei der allgemeinen Lösung *variabel*. Dementsprechend besitzt die allgemeine Lösung einer Differentialgleichung einen $N+2$-dimensionalen Definitionsbereich, nämlich die in (2.52) definierte Menge Ω, bei der hervorzuheben ist, daß der Gültigkeitsbereich der Variablen t von τ und ξ abhängt.

Die übliche Identität für Lösungen der Differentialgleichung (2.51) erscheint im Fall der allgemeinen Lösung in der Form

$$\frac{\partial \lambda}{\partial t}(t\,;\tau,\xi) \;\equiv\; f\bigl(t, \lambda(t\,;\tau,\xi)\bigr)\,, \tag{2.53}$$

wobei sich diese Identität auf den gesamten Definitionsbereich $\Omega \subseteq \mathbb{R}^{2+N}$ der allgemeinen Lösung bezieht. Die Anfangsbedingung wird zur Identität

$$\lambda(\tau\,;\tau,\xi) \;=\; \xi\,, \tag{2.54}$$

gültig für alle $(\tau, \xi) \in D$. Fixiert man in der allgemeinen Lösung sowohl die Anfangszeit τ als auch den Anfangswert ξ, so erhält man natürlich die von der *einen* Variablen t abhängige maximale Lösung zur Anfangsbedingung $x(\tau) = \xi$, die wir dann zuweilen auch als **spezielle Lösung** bezeichnen. Die hiermit angesprochene Sonderrolle der Variablen t bringen wir in der Schreibweise $\lambda(t\,;\tau,\xi)$ dadurch zum Ausdruck, daß wir t durch ein Semikolon von den übrigen Variablen abtrennen, und daß wir die abkürzende Schreibweise

$$\dot{\lambda}(t\,;\tau,\xi) \;:=\; \frac{\partial \lambda}{\partial t}(t\,;\tau,\xi)$$

für die partielle Ableitung der allgemeinen Lösung nach t verwenden.

2.6.3 Beispiel: Die skalare Differentialgleichung

$$\boxed{\dot{x} \;=\; 2tx}$$

besitzt, wie man leicht nachrechnet, für beliebiges $(\tau, \xi) \in \mathbb{R}^2$ die für alle $t \in \mathbb{R}$ definierte Funktion

$$\lambda_{max}(t\,;\tau,\xi) \;:=\; \xi\, e^{(t^2-\tau^2)}$$

als maximale Lösung zur Anfangsbedingung $x(\tau) = \xi$. Somit ist die für alle $(t, \tau, \xi) \in \Omega := \mathbb{R}^3$ erklärte Funktion

$$\lambda(t\,;\tau,\xi) \;=\; \xi\, e^{(t^2-\tau^2)}\,, \quad \lambda : \mathbb{R}^3 \to \mathbb{R}$$

die allgemeine Lösung der betrachteten Differentialgleichung. ◊

Unser nächstes Beispiel zeigt, daß die explizite Bestimmung des Definitionsbereichs der allgemeinen Lösung selbst bei einer sehr einfachen Differentialgleichung mit einigem Aufwand verbunden sein kann.

2.6.4 Beispiel: Für unser Standardbeispiel

$$\boxed{\dot{x} = x^2 t}$$

kennen wir die Formel für die allgemeine Lösung, sie lautet

$$\lambda(t\,;\tau,\xi) = \frac{2\xi}{2+\xi(\tau^2-t^2)}\,.$$

Um den Definitionsbereich Ω dieser Funktion zu ermitteln, müssen wir einige Fälle unterscheiden. Als Ergebnis erhalten wir die Vereinigungsmenge

$$\begin{aligned}\Omega = {} & \left\{ (t,\tau,\xi) \in \mathbb{R}^3 : \xi > 0\ ,\ -\sqrt{\tau^2+2/\xi} < t < +\sqrt{\tau^2+2/\xi} \right\} \cup \\ & \cup \left\{ (t,\tau,\xi) \in \mathbb{R}^3 : \xi = 0 \right\} \cup \left\{ (t,\tau,\xi) \in \mathbb{R}^3 : \xi < 0\ ,\ \tau = 0 \right\} \cup \\ & \cup \left\{ (t,\tau,\xi) \in \mathbb{R}^3 : \xi < 0\ ,\ \tau \neq 0\ ,\ \xi > -\tfrac{2}{\tau^2} \right\} \cup \\ & \cup \left\{ (t,\tau,\xi) \in \mathbb{R}^3 : \xi < 0\ ,\ \tau < 0\ ,\ \xi \leq -\tfrac{2}{\tau^2}\ ,\ t < -\sqrt{\tau^2+2/\xi} \right\} \cup \\ & \cup \left\{ (t,\tau,\xi) \in \mathbb{R}^3 : \xi < 0\ ,\ \tau > 0\ ,\ \xi \leq -\tfrac{2}{\tau^2}\ ,\ t > +\sqrt{\tau^2+2/\xi} \right\}.\end{aligned}$$

Man vergleiche hierzu die Abbildung 2.14 auf Seite 81. ◊

Neben den Beziehungen (2.53) für die Lösungsidentität und (2.54) für die Anfangsbedingung, die beide ja nur von der Schreibweise her neu sind, bringt der Begriff der allgemeinen Lösung eine Eigenschaft mit sich, die sich als bedeutend herausstellen wird.

2.6.5 Satz (Kozyklus-Eigenschaft der allgemeinen Lösung): *Unter den Voraussetzungen und mit den Bezeichnungen der Definition 2.6.2 sei (τ,ξ) ein beliebiger Punkt aus D. Dann gelten für jedes $\sigma \in I_{max}(\tau,\xi)$ die Beziehungen*

$$I_{max}(\sigma,\lambda(\sigma\,;\tau,\xi)) = I_{max}(\tau,\xi)\,, \tag{2.55}$$

$$\lambda(t\,;\sigma,\lambda(\sigma\,;\tau,\xi)) = \lambda(t\,;\tau,\xi) \quad \text{für alle } t \in I_{max}(\tau,\xi)\,, \tag{2.56}$$

und für $t = \tau$ gilt insbesondere

$$\lambda(\tau\,;\sigma,\lambda(\sigma\,;\tau,\xi)) = \xi\,. \tag{2.57}$$

Die Identität (2.56) nennen wir die **Kozyklus-Eigenschaft** *der allgemeinen Lösung.*

Die etwas unübersichtliche Formel (2.56) wird leicht verständlich an Hand ihrer geometrischen, oder besser, dynamischen Interpretation (siehe Abbildung 2.24). Sie beschreibt nämlich Eigenschaften, die man von Seiten der Anschauung her ohnehin erwartet. Startet man zum Zeitpunkt τ im Punkt (τ,ξ), so befindet sich die Lösungskurve zur Zeit ρ im Punkt $(\rho,\lambda(\rho\,;\tau,\xi))$. Hält man dagegen nach dem

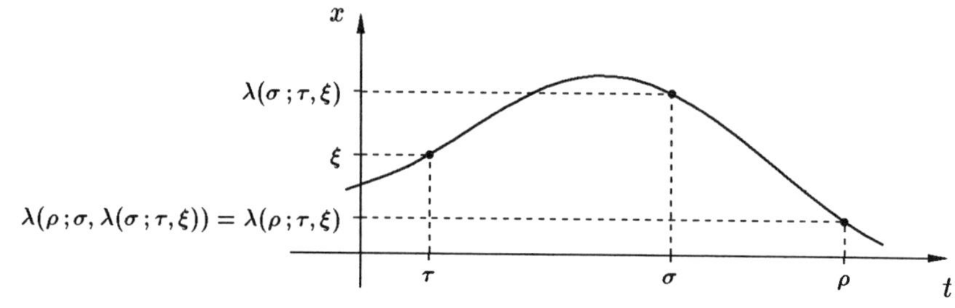

Abb. 2.24 Zur Kozyklus-Eigenschaft der allgemeinen Lösung

Start zu einem Zeitpunkt σ im Intervall $[\tau\,,\rho]$ die Zeit an, legt also gewissermaßen einen „Zwischenstopp" ein, und läßt dann die Zeit wieder weiterlaufen, startet also im Punkt $(\sigma,\lambda(\sigma\,;\tau,\xi))$ erneut, so ist das Ergebnis zum Zeitpunkt ρ das gleiche, als hätte man ohne Anzuhalten das gesamte Intervall $[\tau,\rho]$ durchlaufen. Auf die Tatsache, daß die drei Zeitpunkte τ,σ,ρ (wie in der Abbildung 2.24 dargestellt) wachsend angeordnet sind, kommt es dabei – wie der Satz aussagt – nicht an.

Die Beziehung (2.55) im Satz 2.6.5 besagt, daß das maximale Lösungsintervall von seinen Variablen τ,ξ unabhängig ist, solange sich das Anfangswertepaar (τ,ξ) auf der Lösungskurve befindet. Wir können daher zukünftig – ohne Bezugnahme auf ein bestimmtes Anfangswertepaar – von maximalen Lösungen von *Differentialgleichungen* sprechen, und nicht nur von maximalen Lösungen von *Anfangswertproblemen*.

Beweis von Satz 2.6.5: Wegen $\sigma\in I_{max}(\tau,\xi)$ liegt der Punkt $(\sigma,\lambda(\sigma\,;\tau,\xi))$ in D, läßt sich also selbst als Anfangspunkt auffassen (siehe Abbildung 2.24). Die beiden Funktionen $\mu_1(t) := \lambda(t\,;\tau,\xi)$ und $\mu_2(t) := \lambda(t\,;\sigma,\lambda(\sigma\,;\tau,\xi))$ sind dann nach Definition der allgemeinen Lösung die maximalen Lösungen zu den Anfangswertepaaren (τ,ξ) bzw. $(\sigma,\lambda(\sigma\,;\tau,\xi))$, und sie nehmen für $t=\sigma$ wegen (2.54) den gleichen Wert $\lambda(\sigma\,;\tau,\xi)$ an. Nach dem globalen Existenz- und Eindeutigkeitssatz 2.4.1 sind dann $\mu_1(t)$ und $\mu_2(t)$ identisch. Insbesondere stimmen ihre Existenzintervalle überein. Damit gelten dann die Beziehungen (2.55) und (2.56). Die Beziehung (2.57) schließlich folgt unter Beachtung von (2.54) aus (2.56). ■

Mit Hilfe des Begriffs der allgemeinen Lösung sind wir nun in der Lage, den bisher erreichten und damit endgültigen Kenntnisstand in der Existenztheorie in einer einfachen und anschaulichen Form zusammenzufassen. Zu diesem (und für weitere) Zwecke führen wir die Bezeichnung

$$\boldsymbol{L(\tau,\xi)} := \{(t,\lambda(t\,;\tau,\xi)) : t\in I_{max}(\tau,\xi)\} \tag{2.58}$$

für die **maximale Lösungskurve** zum Anfangswertepaar (τ,ξ) ein, und erinnern an den aus der ANALYSIS bekannten Sachverhalt, daß eine Äquivalenzrelation vermittels ihrer Äquivalenzklassen die zugrundeliegende Menge in paarweise disjunkte Teilmengen zerlegt, also eine sogenannte **Partition** der Grundmenge liefert.

Der nachfolgende Satz besagt, daß der Definitionsbereich einer (den Standardvoraussetzungen genügenden) Differentialgleichung die disjunkte Vereinigung der maximalen Lösungskurven ist, oder mit anderen Worten, daß die Gesamtheit der Lösungskurven eine Partition des Definitionsbereichs der betrachteten Differentialgleichung bildet. Zur Veranschaulichung der in diesem Satz auftretenden Beziehung (2.59) verweisen wir auf die Abbildung 2.24.

2.6.6 Satz (Lösungsportrait als Partition des Definitionsbereichs): *Die auf einer offenen Menge $D \subseteq \mathbb{R}^{1+N}$ definierte rechte Seite des Systems*

$$\boxed{\dot{x} = f(t, x)}$$

sei stetig und bezüglich x Lipschitz-stetig. Dann ist die auf D erklärte Relation

$$(\tau, \xi) \sim (\sigma, \eta) \quad :\Longleftrightarrow \quad \lambda(\sigma\,;\tau, \xi) = \eta \tag{2.59}$$

eine Äquivalenzrelation, und für jeden Punkt $(\tau, \xi) \in D$ ist die maximale Lösungskurve $L(\tau, \xi)$ die von (τ, ξ) erzeugte Äquivalenzklasse.

Beweis: Wir verifizieren die drei Merkmale einer Äquivalenzrelation.
(i) Reflexivität: Für alle $(\tau, \xi) \in D$ gilt $\lambda(\tau\,;\tau, \xi) \overset{(2.54)}{=} \xi$, also $(\tau, \xi) \sim (\tau, \xi)$.
(ii) Symmetrie: Aus $(\tau, \xi) \sim (\sigma, \eta)$ folgt $\lambda(\sigma\,;\tau, \xi) = \eta$ und damit

$$\lambda(\tau\,;\sigma, \eta) = \lambda\big(\tau\,;\sigma, \lambda(\sigma\,;\tau, \xi)\big) \overset{(2.57)}{=} \xi\,, \quad \text{d.h. } (\sigma, \eta) \sim (\tau, \xi)\,.$$

(iii) Transitivität: Aus $(\tau, \xi) \sim (\sigma, \eta)$ und $(\sigma, \eta) \sim (\rho, \zeta)$ folgt $\eta = \lambda(\sigma\,;\tau, \xi)$ und $\zeta = \lambda(\rho\,;\sigma, \eta)$. Damit gilt dann

$$\zeta = \lambda\big(\rho\,;\sigma, \lambda(\sigma\,;\tau, \xi)\big) \overset{(2.56)}{=} \lambda(\rho\,;\tau, \xi)\,, \quad \text{d.h. } (\tau, \xi) \sim (\rho, \zeta)\,.$$

Schließlich ist offensichtlich, daß die von (τ, ξ) erzeugte Äquivalenzklasse, also die Menge $\{(\sigma, \eta) \in D : \lambda(\sigma\,;\tau, \xi) = \eta\}$, gerade die Lösungskurve $L(\tau, \xi) = \{(\sigma, \lambda(\sigma\,;\tau, \xi) \in D : \sigma \in I_{max}(\tau, \xi)\}$ ist. ■

Der Satz 2.6.6 gewährleistet eine gewisse Absicherung (wenn auch keine vollständige Gewißheit) bei der Auswertung und Interpretation *numerisch* bestimmter Lösungsportraits. Ein Beispiel dieser Art wollen wir abschließend betrachten.

2.6.7 Beispiel: Als Definitionsbereich der Differentialgleichung

$$\boxed{\dot{x} = \tan(t\sqrt{x}\,)}$$

wählen wir die Menge

$$D := \big\{(t, x) \in \mathbb{R} \times \mathbb{R}^+ : -\tfrac{\pi}{2} < t\sqrt{x} < \tfrac{\pi}{2}\big\}\,.$$

Obwohl wir die allgemeine Lösung dieser Gleichung nicht kennen, erlaubt das in der Abbildung 2.25 skizzierte, numerisch berechnete Lösungsportrait einen gewissen Aufschluß über das Lösungsverhalten dieser Gleichung. Subtile Fragen müssen jedoch unbeantwortet bleiben, wie etwa die, ob es tatsächlich Lösungen gibt (gestrichelt in der Abbildung 2.25), die in der einen oder anderen t-Richtung dem am Rande von D liegenden Koordinatenursprung zustreben. Diese sogenannten „Separatrix-Lösungen" sind aber gerade von besonderem Interesse, denn sie trennen augenscheinlich Lösungen der Gleichung mit unterschiedlichem Randverhalten. ◊

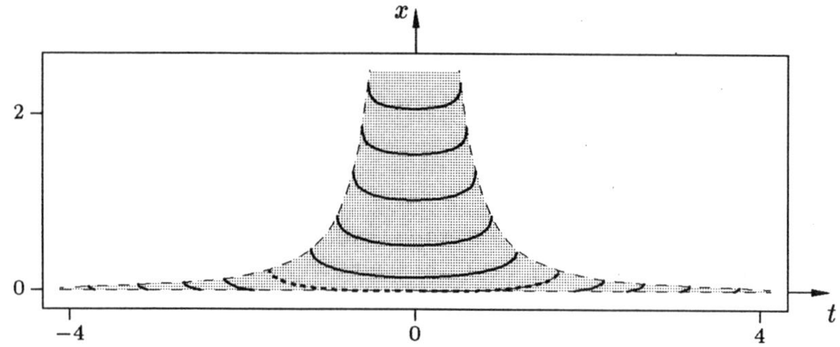

Abb. 2.25 Lösungsportrait der Differentialgleichung $\dot{x} = \tan(t\sqrt{x})$, mit dem Definitionsbereich $\{(t,x) \in \mathbb{R} \times \mathbb{R}^+ : -\frac{\pi}{2} < t\sqrt{x} < \frac{\pi}{2}\}$

Aufgaben

1. Berechnen Sie für die skalare Differentialgleichung

$$\boxed{\dot{x} = x^2}$$

die allgemeine Lösung und bestimmen Sie insbesondere deren Definitionsbereich.

2. Es sei $\lambda(t;\tau,\xi)$ die allgemeine Lösung eines N-dimensionalen Standardsystems, und bei festen $t_0 < t_1$ sei X_{t_0,t_1} eine Teilmenge des $\mathbb{R}^N$ derart, daß die Lösung jedes der Anfangswertprobleme

$$\boxed{\dot{x} = f(t,x)}\,, \quad x(t_0) = x_0\,, \quad x_0 \in X_{t_0,t_1}$$

auf dem Intervall $[t_0\,,t_1]$ existiert.

(a) Zeigen Sie, daß die Abbildung

$$\Lambda_{t_0,t_1}(\xi) := \lambda(t_1;t_0,\xi)\,, \quad \Lambda_{t_0,t_1} : X_{t_0,t_1} \to \mathbb{R}^N$$

injektiv ist und bestimmen Sie ihre Umkehrfunktion.

(b) Verifizieren Sie die in (a) gemachte Aussage an Hand des Beispiels

$$\boxed{\dot{x} = x^2}$$

(siehe Aufgabe 1). Verwenden Sie dabei die größtmöglich wählbare Menge X_{t_0,t_1} mit der oben genannten Eigenschaft.

3. Berechnen Sie für die Differentialgleichung

$$\boxed{\dot{x} = \frac{\cosh t}{\cosh x}}$$

die allgemeine Lösung und erklären Sie den theoretischen Hintergrund dafür, daß diese den ganzen $\mathbb{R}^3$ als Definitionsbereich besitzt.

4. Für jede der drei auf dem $\mathbb{R}^3$ definierten Funktionen

$$\lambda_1(t;\tau,\xi) = \xi\, e^{t-\tau}\ , \quad \lambda_2(t;\tau,\xi) = \xi\, e^{t+\tau}\ , \quad \lambda_3(t;\tau,\xi) = \xi\, e^{(t-\tau)^2}$$

kläre man die Frage, ob es sich um die allgemeine Lösung einer Differentialgleichung handelt.

5. Zeigen Sie: Ist die allgemeine Lösung $\lambda(t;\tau,\xi)$ einer skalaren Differentialgleichung

$$\boxed{\dot{x} = f(t,x)}$$

stetig differenzierbar, so ist für jedes feste (τ,ξ) die Funktion

$$\mu(t) := \frac{\partial\lambda}{\partial\xi}\big(t;\tau,\xi\big)\ , \quad \mu : I_{max}(\tau,\xi) \to \mathbb{R}$$

die maximale Lösung des linearen Anfangswertproblems

$$\boxed{\dot{y} = \frac{\partial f}{\partial x}\big(t,\lambda(t;\tau,\xi)\big)\cdot y}\ , \quad y(\tau) = 1\ .$$

Welchem Anfangswertproblem genügt die Funktion

$$\nu(t) := \frac{\partial\lambda}{\partial\tau}\big(t;\tau,\xi\big)\ , \quad \nu : I_{max}(\tau,\xi) \to \mathbb{R}\ ?$$

2.7 Rückschau und Ausblick

Das zurückliegende Kapitel 2 enthält mit seinen ausführlichen Beweisen zu den verschiedenen Existenzsätzen die mathematisch subtilsten Überlegungen der ersten sechs Kapitel dieses Buches. Die nun folgenden Kapitel 3 bis 6 enthalten hauptsächlich Anwendungen, Konkretisierungen und vergleichsweise naheliegende Vertiefungen der im Kapitel 2 erzielten Ergebnisse. Der großen Bedeutung wegen wollen wir daher an dieser Stelle einen zusammenfassenden Rückblick auf das Kapitel 2 werfen.

Wie schon erwähnt, spielen die beiden Varianten 2.2.2 und 2.2.3 des Satzes von Peano wegen der fehlenden Eindeutigkeitsaussage in diesem Buch keine weitere Rolle mehr. Darüberhinaus können wir von nun an aber auch die Sätze 2.3.1 und 2.3.7 von Picard-Lindelöf wieder außer acht lassen, denn diese beiden Sätze sind im globalen Existenz- und Eindeutigkeitssatz 2.4.1, zu dessen Herleitung wir sie benötigt haben, als Spezielfälle enthalten. Im Grunde benötigen wir für alles weitere also nur noch den globalen Existenz- und Eindeutigkeitssatz und seine beiden Spezialfälle 2.5.6 und 2.5.8 über Differentialgleichungen mit linear beschränkter bzw. linearer rechter Seite. Da wir von all diesen Sätzen tatsächlich aber nur das benötigen, was sich hinter dem Konzept der *allgemeinen Lösung* verbirgt, wollen wir auf diese zentrale Begriffsbildung noch etwas näher eingehen.

Die formale Definition sowie die konsequente Verwendung des Begriffs der *allgemeinen Lösung* ist eine Besonderheit des vorliegenden Buches. In der einführenden Lehrbuchliteratur wird dieser Begriff üblicherweise nicht oder höchstens für *lineare* oder *autonome* Differentialgleichungen verwendet, und zwar meist ohne präzise Definition. Bei Gleichungen, die weder autonom noch linear sind, kann es dann zu den sogenannten „singulären“ Lösungen kommen, deren Ausnahmecharakter – wie wir im Beispiel 2.6.1 auf Seite 92 gesehen haben – vom jeweiligen Kenntnisstand oder der verwendeten Lösungsmethode abhängt. Daß dies ein aus wissenschaftlicher Sicht untragbarer Zustand ist, ist offensichtlich und braucht nicht weiter erörtert zu werden. Probleme dieser Art können nicht auftreten, wenn man – und das ist gerade die Idee der *allgemeinen Lösung* – das Anfangswertepaar als mehr-dimensionalen Parameter für die Gesamtheit aller Lösungen auffaßt. Daß der Begriff der *allgemeinen Lösung* das in der Tat ultimative (und in der fortgeschrittenen Literatur gebräuchliche) Lösungskonzept für gewöhnliche Differentialgleichungen darstellt, ist schon mehrfach angeklungen und wird sich im Verlaufe unserer Untersuchungen immer wieder bestätigen. Dies trifft in besonderem Maße für die Ausführungen im 7. Kapitel dieses Buches zu, in dem wir uns mit nichtlinearen Systemen beschäftigen. Dort werden wir die allgemeine Lösung $\lambda(t\,;\tau,\xi)$ als Funktion ihres gesamten $2{+}N$-dimensionalen Variablensatzes (t,τ,ξ) studieren und so zu der erstaunlichen Erkenntnis gelangen, daß man zahlreiche Aussagen über Lösungen von Differentialgleichungen gewinnen kann, ohne diese Lösungen genau zu kennen.

Nachdem nun die Existenz- und Eindeutigkeitsfrage der Lösungen von Anfangswertproblemen geklärt ist, und überhaupt die allgemeinen theoretischen Grundlagen der Theorie gewöhnlicher Differentialgleichungen bereitliegen, wollen wir uns jetzt einzelnen Klassen von Differentialgleichungen zuwenden und näher untersuchen, in welcher Weise sich die allgemeingültigen Ergebnisse für spezielle Gleichungstypen konkretisieren und vereinfachen lassen. Als erstes betrachten wir im nun folgenden Kapitel 3 die *autonomen* Systeme. Wie es sich dabei zeigen wird, reduziert sich das Konzept der *allgemeinen Lösung* zu einem Begriff, der als (*lokaler*) *Fluß* bezeichnet wird und die Grundlage der modernen Theorie der DYNAMISCHEN SYSTEME bildet.

Das gesamte Kapitel 3 enthält kaum Beweise, es ist vielmehr eine geradezu erzählende und auf die Anschauung abzielende Beschreibung der bereits bekannten Gegebenheiten, wie sie sich in der speziellen Klasse der autonomen Differentialgleichungen präsentieren. Nach dem einführenden und grundlegenden Abschnitt 3.1 beschreiben wir im Abschnitt 3.2, in welcher Weise sich die einzelnen Lösungen autonomer Systeme in Form der sogenannten *Trajektorien* geometrisch veranschaulichen lassen. Der Abschnitt 3.3 ist dann den autonomen Varianten des *Richtungsfeldes* und des *Lösungsportraits* gewidmet. Der Abschnitt 3.4 schließlich betrifft – wie der optionale Unterabschnitt 2.1.1, auf den er aufbaut – nur numerische und graphische Lösungsaspekte. Er ist daher für den weiteren Ausbau der *Theorie* ohne Bedeutung, dient jedoch dem intuitiven Verständnis und öffnet den Blick in Richtung praktischer Rechenverfahren und geometrischer Veranschaulichungen, soweit sie autonome Systeme betreffen.

3 Autonome Systeme

Den autonomen Systemen wollen wir ihrer großen Bedeutung wegen ein eigenes Kapitel widmen. Unser primäres Ziel ist es dabei, die Besonderheiten der Existenztheorie für diese spezielle Klasse von Differentialgleichungen herauszustellen und die sich daraus ergebenden Schlußfolgerungen zu ziehen. Da wir uns bei diesen Untersuchungen auf Grund des Reduktionssatzes 1.4.1 auf Systeme erster Ordnung beschränken können, legen wir dem gesamten Kapitel ein System der Form

$$\boxed{\dot{x} = f(x)}, \quad f : D \subseteq \mathbb{R}^N \to \mathbb{R}^N \tag{3.1}$$

zu Grunde, von dem wir annehmen, daß es unseren Standardvoraussetzungen genügt. Diese vereinfachen sich im vorliegenden Fall zu der Bedingung, daß die Funktion $f(x)$ auf der offenen Menge D Lipschitz-stetig ist.

3.1 Grundlegendes

Da autonome Systeme Sonderfälle der bislang behandelten Differentialgleichungen sind, behalten alle bisher erzielten Ergebnisse uneingeschränkt ihre Gültigkeit. Wir vereinbaren in diesem Zusammenhang, daß wir, wenn wir einen allgemeingültigen Satz (über Differentialgleichungen mit t-abhängiger rechter Seite) anwenden wollen, den Definitionsbereich D der Funktion $f(x)$ formal zu $\mathbb{R} \times D$ ergänzen. In diesem Sinne wollen wir die rechten Seiten autonomer Systeme stets als für alle $t \in \mathbb{R}$ erklärt ansehen.

Wir erinnern zunächst daran, daß wir im Abschnitt 1.1 bereits zwei einfache Sätze über autonome Systeme bewiesen haben, nämlich den Satz 1.1.21 zur Bestimmung konstanter Lösungen und den Satz 1.1.22 über die Translationsinvarianz der Lösungskurven. Letzterer Satz besagt, anschaulich gesprochen, daß die Verschiebung einer Lösungskurve in t-Richtung stets wieder eine Lösungskurve liefert. Der Präzisierung dieses Sachverhalts mit Hilfe des Begriffs der allgemeinen Lösung ist der nun folgende Satz gewidmet. Für seine Veranschaulichung verweisen wir auf die Abbildung 3.1.

3.1.1 Satz (Translationsinvarianz und allgemeine Lösung): *Gegeben sei das autonome System (3.1) und ein fester Anfangswert $x_0 \in D$. Für je zwei beliebige Anfangszeiten $\tau, \sigma \in \mathbb{R}$ gilt dann für die maximalen Existenz-*

intervalle der Lösungen der beiden Anfangswertprobleme

$$\boxed{\dot{x} = f(x)}\,, \quad x(\tau) = x_0 \quad bzw. \quad x(\sigma) = x_0$$

die Beziehung

$$\big(I^-(\tau, x_0)\,,\, I^+(\tau, x_0)\big) \;=\; \big(I^-(\sigma, x_0) - \sigma + \tau\,,\, I^+(\sigma, x_0) - \sigma + \tau\big)\,, \quad (3.2)$$

und für die allgemeine Lösung gilt die Identität

$$\lambda(t;\tau, x_0) \;=\; \lambda(t + \sigma - \tau; \sigma, x_0) \quad \textit{für alle } t \in I_{max}(\tau, x_0)\,. \quad (3.3)$$

Für $\sigma = 0$ gilt insbesondere

$$\lambda(t;\tau, x_0) \;=\; \lambda(t - \tau; 0, x_0) \quad \textit{für alle } t \in I_{max}(\tau, x_0)\,. \quad (3.4)$$

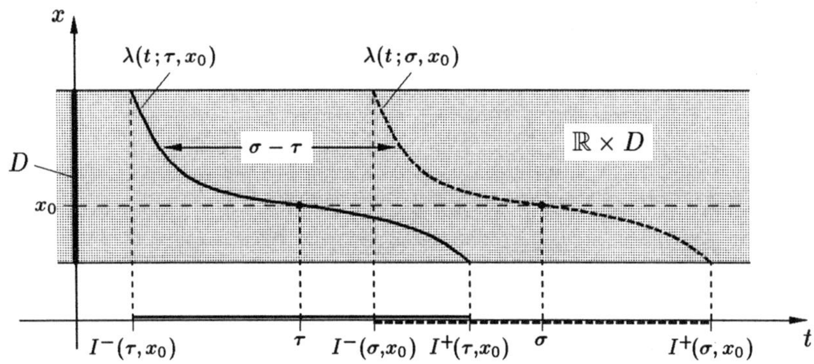

Abb. 3.1 Zur Translationsinvarianz bei autonomen Systemen

Beweis: Nach Satz 1.1.22 ist die für alle $t \in \big(I^-(\sigma, x_0) - \sigma + \tau\,, I^+(\sigma, x_0) - \sigma + \tau\big)$ erklärte Funktion $\nu(t) := \lambda(t + \sigma - \tau; \sigma, x_0)$ eine Lösung der gegebenen Differentialgleichung, und wegen $\nu(\tau) = \lambda(\sigma; \sigma, x_0) \overset{(2.54)}{=} x_0$ ist sie sogar eine Lösung des Anfangswertproblems

$$\boxed{\dot{x} = f(x)}\,, \quad x(\tau) = x_0\,.$$

Da bei der Translation $t \mapsto t + \sigma - \tau$ auch das maximale Existenzintervall einer Lösung mittransformiert wird, handelt es sich bei $\nu(t)$ um die maximale Lösung dieses Anfangswertproblems. Nach dem globalen Existenz- und Eindeutigkeitssatz 2.4.1 sind also $\nu(t)$ und $\lambda(t; \tau, x_0)$ identisch. ■

Der Satz 3.1.1 besagt, daß sich bei festem Anfangswert x_0 die Lösungskurven zu verschiedenen Anfangszeiten nur durch eine Translation in t-Richtung unterscheiden. Wir können daher bei autonomen Differentialgleichungen die Anfangszeit stets normieren, und zwar naheliegenderweise zu 0. Kennt man nämlich die Lösung zur Anfangsbedingung $x(0) = x_0$, so läßt sich vermöge der Beziehung (3.4) für jede beliebige Anfangszeit τ mittels der Translation $t \mapsto t - \tau$ die Lösung zur Anfangsbedingung $x(\tau) = x_0$ angeben. Wir wollen dies an einem Beispiel demonstrieren.

3.1.2 Beispiel: Für jedes $\xi \in \mathbb{R}$ ist, wie wir vom Beispiel 2.4.3 her wissen, die Funktion

$$\lambda(t;0,\xi) = \tan(t + \arctan\xi)$$

die maximale Lösung des Anfangswertproblems

$$\boxed{\dot{x} = 1 + x^2}\,, \quad x(0) = \xi\,.$$

Die Lösungsschar $\lambda(t;0,\xi)$, $\xi \in \mathbb{R}$, stellt aber nur einen Teil der Lösungsgesamtheit der betrachteten Differentialgleichung dar (siehe Abbildung 3.2). Sie besteht nämlich gerade aus denjenigen Lösungen, die in ihrem Kurvenverlauf die x-Achse schneiden. Dennoch läßt sich aus dieser Schar einfach durch Translation in t-Richtung jede beliebige Lösung der Differentialgleichung berechnen. Zu einem willkürlich vorgegebenen Anfangswertepaar $(t_0, x_0) \in \mathbb{R}^2$ gehört nämlich gemäß der Beziehung (3.4) die Lösung

$$\lambda(t;t_0,x_0) = \tan(t - t_0 + \arctan x_0)\,. \qquad \Diamond$$

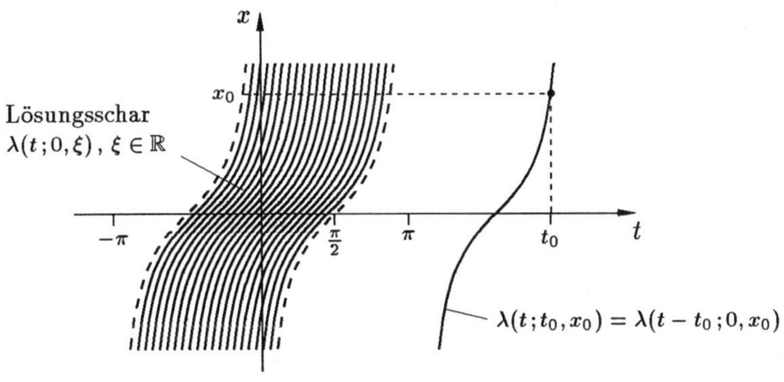

Abb. 3.2 Lösungskurven der Differentialgleichung $\dot{x} = 1 + x^2$

Da es bei autonomen Systemen auf Grund des Satzes 3.1.1 zulässig ist, die Anfangszeit stets als 0 zu wählen, können wir im autonomen Fall dem Begriff der allgemeinen Lösung eine vereinfachte Version dieses Begriffes an die Seite stellen. Zu diesem Zwecke definieren wir, wieder ein System der Form (3.1) voraussetzend, für jedes $\xi \in D$

$$J_{max}(\xi) := I_{max}(0,\xi)\,, \tag{3.5}$$

$$J^-(\xi) := I^-(0,\xi)\,, \quad J^+(\xi) := I^+(0,\xi)\,, \tag{3.6}$$

$$\varphi(t;\xi) := \lambda(t;0,\xi) \quad \text{für alle } t \in J_{max}(\xi)\,. \tag{3.7}$$

Bei $\varphi(\cdot;\xi) : J_{max}(\xi) \to \mathbb{R}^N$ handelt es sich also um nichts anderes als um die maximale Lösung des Anfangswertproblems

$$\boxed{\dot{x} = f(x)}, \quad x(0) = \xi\,. \tag{3.8}$$

Für spätere Zwecke halten wir noch fest, daß wegen (3.4) und (3.7) für jedes $\tau \in \mathbb{R}$ und $\xi \in D$ folgende Beziehung gilt:

$$\lambda(t;\tau,\xi) = \varphi(t-\tau;\xi) \quad \text{für alle } t \in \big(J^-(\xi)+\tau\,,J^+(\xi)+\tau\big)\,. \tag{3.9}$$

Wie auch im allgemeinen nichtautonomen Fall nennen wir $J_{max}(\xi)$ das **maximale Lösungsintervall** zum Anfangswertproblem (3.8) und $\varphi(t;\xi)$ die **allgemeine Lösung** der zugehörigen Differentialgleichung. Zum Zwecke der Unterscheidung fügen wir gegebenenfalls bei der allgemeinen Lösung $\lambda(t;\tau,\xi)$ das Adjektiv **anfangszeitabhängig** hinzu, und bei $\varphi(t;\xi)$ **anfangszeitunabhängig**. Als Abkürzungen verwenden wir ferner **Kozyklus** für $\lambda(t;\tau,\xi)$ und **Fluß** für $\varphi(t;\xi)$.

Aus den bekannten Eigenschaften von Kozyklen nichtautonomer Systeme erhalten wir sofort die im folgenden Satz zusammengefaßten Aussagen über die Flüsse autonomer Systeme. Zur Veranschaulichung dieses Satzes verweisen wir auf die Abbildung 3.3.

3.1.3 Satz (Eigenschaften von Flüssen): *Für den Fluß $\varphi(t;\xi)$ und das zugehörige maximale Existenzintervall $J_{max}(\xi) = \big(J^-(\xi)\,,J^+(\xi)\big)$ des autonomen Systems (3.1) gelten die folgenden Aussagen. Dabei ist jeweils ξ ein beliebiger Punkt aus D.*

(a) $-\infty \le J^-(\xi) < 0 < J^+(\xi) \le \infty\,,$

(b) $J_{max}\big(\varphi(\tau;\xi)\big) = \big(J^-(\xi)-\tau\,,J^+(\xi)-\tau\big)$ *für jedes* $\tau \in J_{max}(\xi)\,,$

(c) $\varphi(0;\xi) = \xi\,,$

(d) $\varphi\big(t;\varphi(s;\xi)\big) = \varphi(t+s;\xi)$ *für alle* s,t *mit* $s,t+s \in J_{max}(\xi)\,,$

(e) $\varphi\big(-t;\varphi(t;\xi)\big) = \xi$ *für alle* $t \in J_{max}(\xi)\,.$

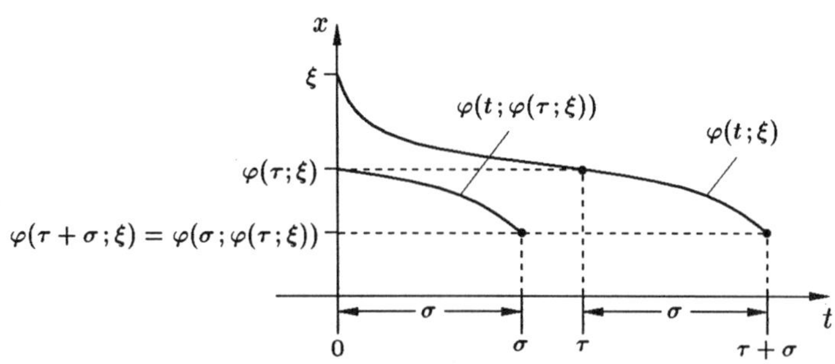

Abb. 3.3 Zur Gruppeneigenschaft des Flusses $\varphi(t;\xi)$

Bevor wir den Satz 3.1.3 beweisen, wollen wir kurz auf die für ihn zentrale Aussage (d) eingehen. Die dort beschriebene Eigenschaft nennt man, aus Gründen, auf die wir später noch eingehen werden (siehe auch Aufgabe 3), die **Gruppeneigenschaft** des Flusses $\varphi(t;\xi)$. Die dynamische Interpretation dieser Eigenschaft ist im wesentlichen die gleiche wie die der Kozykluseigenschaft (2.56) der anfangszeitabhängigen allgemeinen Lösung $\lambda(t;\tau,\xi)$. Der einzige Unterschied besteht darin, daß man hier nach Anhalten der Zeit zum Zeitpunkt τ die Uhr nicht von τ an erneut laufen läßt, sondern auf 0 zurücksetzt, und dann von 0 aus erneut startet. Dies kommt bei der geometrischen Veranschaulichung in der Abbildung 3.3 dadurch zum Ausdruck, daß der Kurvenbogen auf der Lösungskurve von $\varphi(t;\xi)$ für t zwischen τ und $\tau+\sigma$ identisch ist mit dem Kurvenbogen zwischen 0 und σ zu derjenigen Lösung, die zum Zeitpunkt 0 in $\varphi(\tau;\xi)$ startet.

Beweis von Satz 3.1.3: Sämtliche Aussagen des Satzes folgen leicht aus den entsprechenden Aussagen des Abschnitts 2.6 über die anfangszeitabhängige allgemeine Lösung $\lambda(t;\tau,\xi)$. Auf Grund der Abbildungen 2.25 und 3.3 sollten diese Aussagen auch anschaulich klar sein. Dennoch wollen wir sie, jeweils für die positive Zeitrichtung, auch formal und im Detail beweisen.

(a) Nach Definition des maximalen Lösungsintervalls (siehe Satz 2.4.1) enthält dieses stets die Anfangszeit, hier also 0.

(b) $J^+\big(\varphi(\tau;\xi)\big) \overset{(3.6)}{=} I^+\big(0,\varphi(\tau;\xi)\big) \overset{(3.7)}{=} I^+\big(0,\lambda(\tau;0,\xi)\big) \overset{(3.3)}{=}$
$= I^+\big(0,\lambda(0;-\tau,\xi)\big) \overset{(2.55)}{=} I^+(-\tau,\xi) \overset{(3.2)}{=} I^+(0,\xi)-\tau \overset{(3.6)}{=} J^+(\xi)-\tau\,,$

(c) $\varphi(0;\xi) \overset{(3.7)}{=} \lambda(0;0,\xi) \overset{(2.54)}{=} \xi\,,$

(d) $\varphi\big(t;\varphi(s;\xi)\big) \overset{(3.7)}{=} \lambda\big(t;0,\lambda(s;0,\xi)\big) \overset{(3.3)}{=} \lambda\big(t+s;s,\lambda(s;0,\xi)\big) \overset{(2.56)}{=}$
$= \lambda(t+s;0,\xi) \overset{(3.7)}{=} \varphi(t+s;\xi)\,,$

(e) $\varphi\big(-t;\varphi(t;\xi)\big) \overset{(d)}{=} \varphi(0;\xi) \overset{(c)}{=} \xi\,.$

Damit sind schließlich alle Aussagen des Satzes 3.1.3 bewiesen. ■

Der nächste Satz beschreibt das Verhalten des Flusses $\varphi(t;\xi)$, wenn die Variable t, bei festem ξ, einem der Randpunkte $J^-(\xi)$ oder $J^+(\xi)$ des maximalen Existenzintervalls $J_{max}(\xi)$ zustrebt.

3.1.4 Satz (Randverhalten von Flüssen): *Gegeben sei der Fluß $\varphi(t;\xi)$ des autonomen Systems (3.1). Für jeden Punkt ξ aus dem Definitionsbereich D dieses Systems gilt dann:*

(a) Ist $\varphi(t;\xi)$ für alle t aus dem Intervall $\big[0,J^+(\xi)\big)$ (bzw. $\big(J^-(\xi),0\big]$) in einer kompakten Teilmenge K von D enthalten, so gilt $J^+(\xi)=\infty$ (bzw. $J^-(\xi)=-\infty$).

(b) *Ist $J^+(\xi)$ endlich, so ist $\varphi(t;\xi)$ auf dem Intervall $[0, J^+(\xi))$ unbeschränkt, oder der Rand ∂D von D ist nichtleer und es gilt*

$$\lim_{t \nearrow J^+(\xi)} \operatorname{dist}\big(\varphi(t;\xi), \partial D\big) = 0\,. \tag{3.10}$$

(c) *Ist $J^-(\xi)$ endlich, so ist $\varphi(t;\xi)$ auf dem Intervall $(J^-(\xi), 0]$ unbeschränkt, oder ∂D ist nichtleer und es gilt*

$$\lim_{t \searrow J^-(\xi)} \operatorname{dist}\big(\varphi(t;\xi), \partial D\big) = 0\,. \tag{3.11}$$

Beweis: Die Aussagen (b) und (c) ergeben sich unter Beachtung der Definition (3.7) des Flusses sofort aus den entsprechenden Aussagen des Satzes 2.5.1 über nichtautonome Systeme, wenn man noch folgendes berücksichtigt (siehe Abbildung 3.4): Wir ergänzen den Definitionsbereich $D \subseteq \mathbb{R}^N$ des gegebenen Systems (3.1) formal zu $\mathbb{R} \times D$ und beachten den einfachen topologischen Sachverhalt, daß die Teilmenge $\mathbb{R} \times D$ des $\mathbb{R}^{1+N}$ als Rand die Menge $\mathbb{R} \times \partial D$ besitzt (das Randsymbol ∂ bezieht sich im gesamten Beweis – wie auch im Satz 3.1.4 — auf den $\mathbb{R}^N$), und daß die Beziehung

$$\operatorname{dist}\big((t,x), \mathbb{R} \times \partial D\big) = \operatorname{dist}\big(x, \partial D\big) \quad \text{für alle } (t,x) \in \mathbb{R} \times D$$

gilt. Die Aussage (a) schließlich folgt aus den bereits bewiesenen Aussagen (b) und (c) und der topologischen Tatsache (siehe Anhang C), daß es wegen der Offenheit der Menge D und der Kompaktheit der Menge $K \subset D$ eine positive Zahl ρ gibt, so daß $\operatorname{dist}(x, \partial D) \geq \rho > 0$ für alle $x \in K$ gilt. Aus der Annahme, daß $J^+(\xi)$ endlich ist, folgt nämlich nach (b), daß die Funktion $\varphi(t;\xi)$ unbeschränkt ist oder gegen den Rand von D strebt. Beides ist aber nicht möglich, da $\varphi(t;\xi)$ nach Voraussetzung für alle $t \geq 0$ in der kompakten Teilmenge K von D verbleibt. Entsprechend argumentiert man am linken Rand des maximalen Existenzintervalls $J_{max}(\xi)$. ■

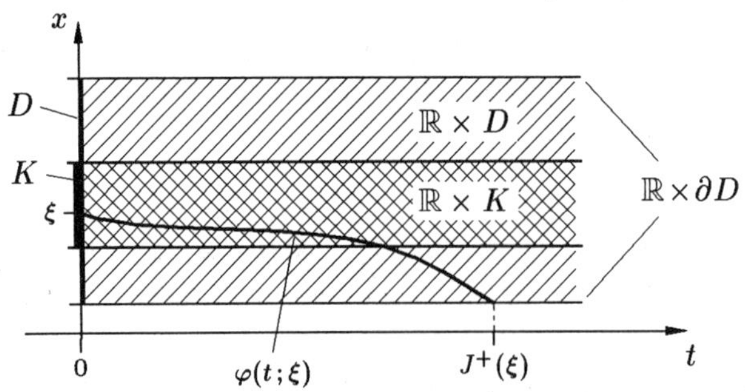

Abb. 3.4 Zum Beweis des Satzes 3.1.4

Was die geometrische Veranschaulichung des Satzes 3.1.4 betrifft, so müssen wir feststellen, daß die Abbildung 3.4 die Situation nur sehr unzureichend wiedergibt.

Alle Aussagen des Satzes beziehen sich nämlich auf den x-Raum, während die Abbildung 3.4, so wie wir das bei *nichtautonomen* Systemen gewohnt sind, den (t, x)-Raum zeigt. Auf die dem Satz 3.1.4 angemessene Veranschaulichung eines autonomen Systems im x-Raum werden wir ausführlich in den nachfolgenden Abschnitten 3.2 und 3.3 zu sprechen kommen.

Zuvor wollen wir jedoch noch kurz auf ein (etwas am Rande liegendes) geometrisches Konzept eingehen, das primär auf *skalare* autonome Differentialgleichungen gemünzt ist. Im Fall einer skalaren Variablen ξ besteht nämlich für den Fluß $\varphi(t;\xi)$ die Möglichkeit einer geometrischen Darstellung als zwei-dimensionale Fläche im $\mathbb{R}^3$. Wir demonstrieren dies an Hand eines Beispiels, bei dem wir auch zeigen, und zwar sowohl analytisch als auch geometrisch, wie man mit Hilfe des Flusses $\varphi(t;\xi)$ die spezielle Lösung zu jeder beliebigen Anfangsbedingung $x(t_0) = x_0$ bestimmen kann.

3.1.5 Beispiel: Die skalare Differentialgleichung

$$\boxed{\dot{x} = 1 - x}$$

besitzt, wie man leicht nachrechnet, den Fluß

$$\varphi(t;\xi) = 1 + (\xi - 1)\, e^{-t}.$$

Zu einem beliebig gegebenen Anfangswertepaar $(t_0, x_0) \in \mathbb{R}^2$ berechnet sich dann die spezielle Lösung gemäß der Beziehung (3.9) zu

$$\lambda(t;t_0,x_0) = 1 + (x_0 - 1)\, e^{t_0 - t}.$$

Mit Blick auf die Abbildung 3.5, in der wir der Darstellbarkeit halber die positive ξ-Achse nach „rechts-hinten" angetragen haben, stellen wir fest, daß die Lösungskurve zur Lösung $\lambda(t;t_0,x_0)$ im $\mathbb{R}^3$ innerhalb der Hyperebene $\xi = x_0$ verläuft, und zwar ist sie gerade die um t_0 in t-Richtung verschobene Kopie der Lösungskurve durch den Punkt $(0, x_0)$. ◊

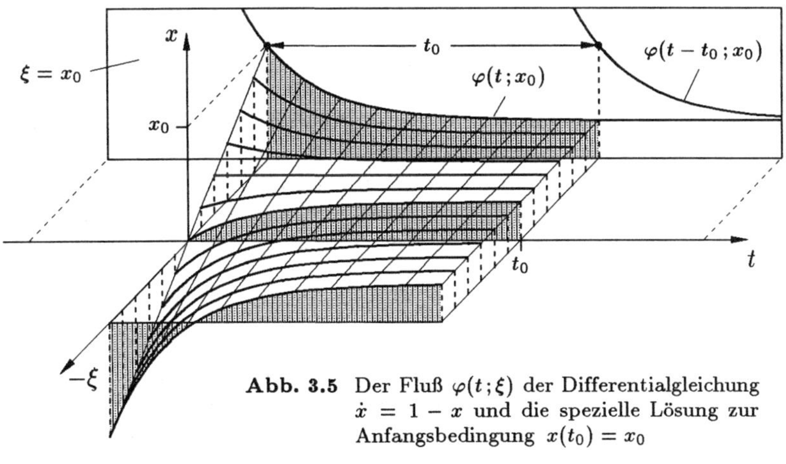

Abb. 3.5 Der Fluß $\varphi(t;\xi)$ der Differentialgleichung $\dot{x} = 1 - x$ und die spezielle Lösung zur Anfangsbedingung $x(t_0) = x_0$

Wir beschließen diesen Abschnitt mit einem Satz, der die auf den ersten Blick etwas befremdliche Aussage macht, daß man *jedes* nichtautonome System auch als autonomes System schreiben kann (um den Preis einer Dimensionserhöhung allerdings). Mehr dazu sagen wir im Anschluß an den Beweis dieses Satzes.

3.1.6 Satz (nichtautonome als spezielle autonome Systeme): *Gegeben sei eine Funktion $f : D \subseteq \mathbb{R}^{1+N} \to \mathbb{R}^N$, das N-dimensionale nichtautonome System*

$$\boxed{\dot{x} = f(t,x)} \tag{3.12}$$

und das $(N+1)$-dimensionale autonome System

$$\boxed{\dot{s} = 1 \,, \ \dot{y} = f(s,y)} \,. \tag{3.13}$$

Dann gilt:

(a) Ist $\lambda(t)$ eine Lösung von (3.12), so ist $\big(\mu_1(t), \mu_2(t)\big) := \big(t, \lambda(t)\big)$ eine Lösung von (3.13).

(b) Ist $\big(\nu_1(t), \nu_2(t)\big)$ eine Lösung von (3.13) mit dem Existenzintervall I, und gilt für ein $t_0 \in I$ die Beziehung $\nu_1(t_0) = t_0$, so ist $\nu_2(t)$ eine Lösung von (3.12).

Beweis: (a) Aus der Identität $\dot{\lambda}(t) \equiv f(t, \lambda(t))$ erhalten wir mit der Definition von $(\mu_1(t), \mu_2(t))$ die Identitäten

$$\dot{\mu}_1(t) \equiv 1 \quad \text{und} \quad \dot{\mu}_2(t) \equiv \dot{\lambda}(t) \equiv f\big(t, \lambda(t)\big) \equiv f\big(\mu_1(t), \mu_2(t)\big) \,.$$

Also ist $(\mu_1(t), \mu_2(t))$ eine Lösung von (3.13).

(b) Sei $\dot{\nu}_1(t) \equiv 1$ und $\dot{\nu}_2(t) \equiv f(\nu_1(t), \nu_2(t))$. Dann gibt es zunächst ein $\beta \in \mathbb{R}$ mit $\nu_1(t) \equiv t + \beta$ auf I. Wegen $\nu_1(t_0) = t_0$ folgt sogar $\beta = 0$. Insgesamt ergibt sich also die Identität

$$\dot{\nu}_2(t) \equiv f\big(t, \nu_2(t)\big)$$

und damit die Behauptung. ■

Die Aussage des Satzes 3.1.6 mag zu der Meinung verleiten, daß man auf das Studium *nichtautonomer* Differentialgleichungen gänzlich verzichten kann, da diese in der speziellen Klasse der autonomen Systeme enthalten sind. Daß es sich hierbei aber um ein (im übrigen weitverbreitetes) *Fehlurteil* handelt, liegt an der Tatsache, daß *jede* Lösung der autonomen Variante (3.13) des nichtautonomen Systems (3.12) wegen der Gleichung $\dot{s} = 1$ wenigstens eine *unbeschränkte* Komponente besitzt, und über unbeschränkte Lösungen autonomer Systeme kaum allgemeingültige Ergebnisse bekannt sind. In der Theorie autonomer Systeme spielen vielmehr die beschränkten, und dabei insbesondere die periodischen und konstanten Lösungen die Hauptrolle. Bei dem im Satz 3.1.6 beschriebenen Sachverhalt handelt es sich also lediglich um einen netten Trick, der zuweilen für theoretische Zwecke nützlich ist, für den praktischen Gebrauch aber keinerlei Bedeutung besitzt.

Aufgaben

1. Gegeben sei eine *skalare* autonome Differentialgleichung

$$\boxed{\dot{x} = f(x)}$$

mit einer auf einem offenen Intervall D Lipschitz-stetigen rechten Seite.

(a) Zeigen Sie, daß alle Lösungen dieser Differentialgleichung monoton sind.

(b) Geben Sie ein Beispiel für eine solche Gleichung an, die sowohl streng monoton wachsende als auch streng monoton fallende Lösungen besitzt.

(c) Zeigen Sie an Hand eines Beispiels, daß es im Fall höher-dimensionaler autonomer Systeme möglich ist, daß sämtliche Komponenten einer Lösung nicht-monoton sind.

2. Für Differentialgleichungssysteme der Form

$$\boxed{\dot{x} = f(t)}$$

mit von x unabhängiger rechter Seite $f : D \subseteq \mathbb{R} \to \mathbb{R}^N$ formuliere und beweise man nach dem Vorbild von Satz 3.1.1 einen Satz über die Translationsinvarianz der Lösungskurven „in x-Richtung".

3. Gegeben sei eine offene Menge $D \subseteq \mathbb{R}^N$ und der für alle $(t, \xi) \in \mathbb{R}^{1+N}$ erklärte Fluß $\varphi(t;\xi)$ eines autonomen Systems. Für jedes $t \in \mathbb{R}$ definieren wir die Abbildung

$$\phi_t(\xi) := \varphi(t;\xi), \quad \phi_t : D \to D$$

und fassen all diese Abbildungen zu einer Menge zusammen:

$$\Psi := \{\phi_t : D \to D \mid t \in \mathbb{R}\}.$$

Zeigen Sie, daß Ψ bezüglich der Hintereinanderausführung von Abbildungen eine abelsche Gruppe bildet. Im einzelnen bedeutet dies den Nachweis der folgenden Punkte:

(a) Abgeschlossenheit: Für alle $\lambda, \mu \in \Psi$ gilt $\lambda \circ \mu \in \Psi$.

(b) Kommutativität: Für alle $\lambda, \mu \in \Psi$ gilt $\lambda \circ \mu = \mu \circ \lambda$.

(c) Assoziativität: Für alle $\lambda, \mu, \nu \in \Psi$ gilt $(\lambda \circ \mu) \circ \nu = \lambda \circ (\mu \circ \nu)$.

(d) Neutrales Element: Es gibt ein $\omega \in \Psi$ mit $\omega \circ \lambda = \lambda$ für alle $\lambda \in \Psi$.

(e) Inverses Element: Zu jedem $\lambda \in \Psi$ gibt es ein $\mu \in \Psi$ mit $\lambda \circ \mu = \omega$.

4. Für jede der beiden auf dem $\mathbb{R}^2$ definierten Funktionen

$$\varphi_1(t;\xi) = \xi\, e^t, \quad \varphi_2(t;\xi) = \xi\, e^{t^2}$$

kläre man die Frage, ob es sich um den Fluß einer autonomen Differentialgleichung handelt.

5. Zeigen Sie an Hand eines Beispiels, daß die gemäß Satz 3.1.6 zu einer *linearen nichtautonomen* Differentialgleichung gehörige *autonome* Differentialgleichung *nichtlinear* sein kann.

6. Verifizieren Sie an Hand der skalaren Differentialgleichung

$$\boxed{\dot{x} = x^2 t}$$

die Aussagen des Satzes 3.1.6 und zeigen Sie, daß auf die Bedingung $\nu_1(t_0) = t_0$ in der Aussage (b) nicht verzichtet werden kann.

3.2 Trajektorien

Die wohl bemerkenswerteste Konsequenz der Translationsinvarianz von Lösungen autonomer Systeme ist die Möglichkeit einer modifizierten geometrischen Darstellung der Lösungsgesamtheit. Um dies zu verdeutlichen, erinnern wir an die im Abschnitt 1.5 gegebene allgemeine, also für nichtautonome Differentialgleichungen gültige, geometrische Veranschaulichung und verweisen auf die rechte Teilabbildung in der Abbildung 3.6. Diese veranschaulicht die Lösungskurven eines autonomen Systems

$$\boxed{\dot{x} = f(x)}$$

mit Definitionsbereich $D \subseteq \mathbb{R}^N$ wie bisher üblich im (t, x)-Raum. Im vorliegenden autonomen Fall unterscheiden sich nun bei festem Anfangswert $\xi \in D$ die Richtungsvektoren des für die Veranschaulichung zuständigen Vektorfeldes (siehe (1.41) auf Seite 37)

$$(t\,, x) \mapsto \big(1\,, f(x)\big)\,, \quad \mathbb{R} \times D \subseteq \mathbb{R}^{1+N} \to \mathbb{R}^{1+N}$$

in den Punkten (τ, ξ), $\tau \in \mathbb{R}$, lediglich durch eine Parallelverschiebung in t-Richtung. Sie alle besitzen also eine gemeinsame Projektion in den x-Raum, nämlich den Vektor $f(\xi) \in \mathbb{R}^N$. Auf Grund der Translationsinvarianz wissen wir ferner, daß auch sämtliche Lösungskurven zu den Anfangswertepaaren (τ, ξ), $\tau \in \mathbb{R}$, eine einzige Kurve im x-Raum als gemeinsame Projektion besitzen (siehe Abbildung 3.6). Es stellt sich daher die Frage, ob es nicht möglich ist, die Lösungsgesamtheit eines autonomen Systems vollwertig im x-Raum zu veranschaulichen, was gegenüber der allgemeingültigen Veranschaulichung im (t, x)-Raum den Vorteil einer Dimensionsverringerung hätte. Daß dies in der Tat so ist, wollen wir nun näher beschreiben. Zunächst definieren wir den in diesem Zusammenhang fundamentalen Begriff der Trajektorie.

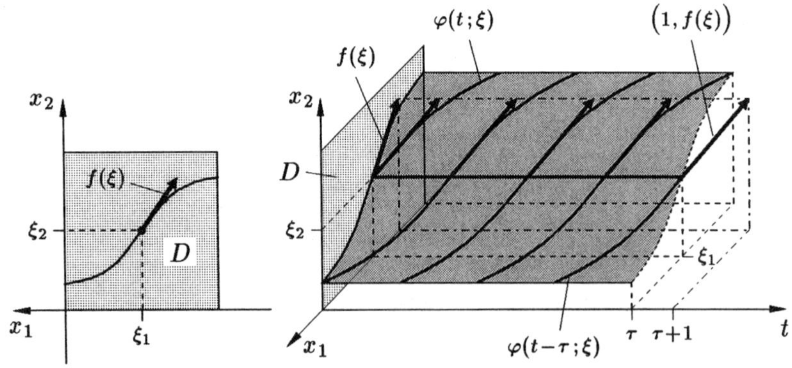

Abb. 3.6 Lösungskurven eines autonomen Systems $\dot{x} = f(x)$ und ihre gemeinsame Projektion in den x-Raum

3.2.1 Definition: *Gegeben sei das autonome Standardsystem (3.1) mit dem Definitionsbereich* $D \subseteq \mathbb{R}^N$. *Eine Teilmenge* T *von* D *heißt dann* **Trajektorie** *(oder auch* **Orbit** *oder* **Bahn***) des Systems (3.1), falls es eine maximale*[1] *Lösung* $\mu : I \to D$ *dieses Systems gibt mit*

$$T = \mu(I) := \{\mu(t) \in D : t \in I\} .$$

Für jedes $\xi \in D$ *bezeichnet man die Menge*

$$O(\boldsymbol{\xi}) := \{\varphi(t;\xi) \in D : t \in J_{max}(\xi)\}$$

als die **Trajektorie durch** $\boldsymbol{\xi}$. *Ferner nennen wir*

$$O^+(\boldsymbol{\xi}) := \{\varphi(t;\xi) \in D : t \in [0, J^+(\xi))\} \quad \text{bzw.}$$
$$O^-(\boldsymbol{\xi}) := \{\varphi(t;\xi) \in D : t \in (J^-(\xi), 0]\}$$

die **positive** *bzw.* **negative Halbtrajektorie durch** $\boldsymbol{\xi}$.

3.2.2 Bemerkung: Als Bildmenge einer Differentialgleichungslösung, also einer differenzierbaren Funktion, ist eine Trajektorie gemäß dieser Definition eine glatte, mittels dieser Lösung parametrisierte Kurve im $\mathbb{R}^N$, und als solche besitzt sie eine durch den Kurvenparameter t bestimmte Orientierung. Bei der geometrischen Darstellung nichttrivialer Trajektorien (d.h. solcher, die nicht zu einem einzigen Punkt entarten) wollen wir diese Orientierung durch das Anbringen einer Pfeilspitze andeuten, wobei diese vereinbarungsgemäß in die Richtung wachsender t-Werte zeigt. □

Da bei den drei Begriffen *Lösung*, *Lösungskurve* und *Trajektorie* erfahrungsgemäß die Gefahr von Verwechslungen besteht, wollen wir diese drei eng miteinander verwandten Begriffe einander gegenüberstellen.[2] Eine *Lösung* ist eine *Funktion* $\mu : I \to \mathbb{R}^N$ von einem Intervall I in den $\mathbb{R}^N$, eine *Lösungskurve* ist der *Graph* $\{(t, \mu(t)) \in \mathbb{R}^{1+N} : t \in I\}$ einer solchen Lösung, also eine Teilmenge des $\mathbb{R}^{1+N}$. Zwischen diesen beiden Begriffen besteht also kein wesentlicher Unterschied, schließlich definiert man Funktionen letztendlich durch ihre Graphen. Wir verwenden daher die beiden Begriffe *Lösung* und *Lösungskurve* synonym, je nachdem, ob wir analytisch oder geometrisch argumentieren. Eine *Trajektorie* schließlich ist die *Bildmenge* $\{\mu(t) \in \mathbb{R}^N : t \in I\}$ einer (maximalen) Lösung $\mu(t)$,

---

[1] In der Literatur wird zuweilen auf die Forderung nach der Maximalität dieser Lösung verzichtet, oder aber sie wird stillschweigend vorausgesetzt. Ist die Lösung $\mu(t)$ *nicht* maximal, so werden wir, wenn wir diesen Sachverhalt betonen möchten, bei der Menge $\mu(I)$ von einem **Trajektorienstück** sprechen.

[2] Bedauerlicherweise ist der Gebrauch des Begriffes *Trajektorie* in der Literatur nicht einheitlich. Zuweilen steht er synonym für *Lösung* oder *Lösungskurve*. Es ist also in jedem Falle beim Umgang mit diesen Begriffen Vorsicht geboten.

also eine durch die Funktion $\mu(t)$ parametrisierte Kurve im $\mathbb{R}^N$, und daher etwas von der Lösung konzeptionell Verschiedenes.

An Hand zweier Beispiele wollen wir uns nun das Zusammenspiel von Lösungskurven und Trajektorien vor Augen führen.

3.2.3 Beispiel: Die Differentialgleichung

$$\boxed{\dot{x} = x - x^2} \tag{3.14}$$

besitzt, wie man leicht nachrechnet, den Fluß

$$\varphi(t;\xi) = \frac{\xi}{\xi + (1-\xi)\,e^{-t}}\,,$$

dem man sofort die beiden für alle $t \in \mathbb{R}$ gültigen Identitäten

$$\varphi(t;0) \equiv 0 \quad \text{und} \quad \varphi(t;1) \equiv 1$$

ansieht. Diese spiegeln die nach Satz 1.1.21 bekannte Tatsache wider, daß die Nullstellen der rechten Seite einer autonomen Differentialgleichung 1. Ordnung die Werte konstanter Lösungen sind. In der Abbildung 3.7 haben wir für die Gleichung (3.14) einige der unendlich vielen Lösungskurven sowie fünf Trajektorien skizziert. Daß es sich bei den fünf Mengen

$$(-\infty\,,0)\,,\ \{0\}\,,\ (0\,,1)\,,\ \{1\}\,,\ (1\,,\infty)$$

tatsächlich um Trajektorien handelt, zeigen die folgenden Überlegungen. Man verifiziert leicht, daß die Beziehung

$$(-\infty\,,0) = O(-1) = \left\{\frac{1}{1-2e^{-t}} : t \in (-\infty\,,\ln 2)\right\}$$

das Intervall $(-\infty\,,0)$ als Trajektorie der Gleichung (3.14) ausweist. Anstelle des Anfangswerts -1 hätte man auch jeden anderen negativen Anfangswert wählen können. Für jedes beliebige $\xi < 0$ gilt nämlich $J_{max}(\xi) = \big(-\infty\,,\ln\frac{\xi-1}{\xi}\big)$ und damit

$$(-\infty\,,0) = O(\xi) = \left\{\frac{\xi}{\xi+(1-\xi)e^{-t}} : t \in \big(-\infty\,,\ln\tfrac{\xi-1}{\xi}\big)\right\}.$$

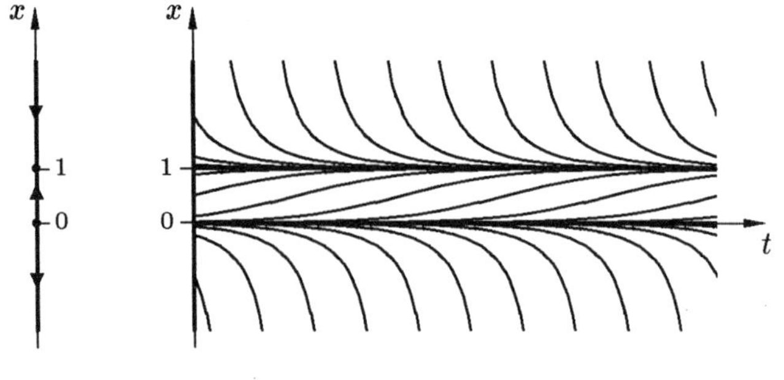

Abb. 3.7 Trajektorien (links) und Lösungskurven (rechts) der Gleichung $\dot{x} = x - x^2$

Daß es sich bei den einpunktigen Mengen $\{0\}$ und $\{1\}$ um Trajektorien handelt, ist klar, denn sie sind ja gerade die Bildmengen der beiden konstanten Lösungen 0 und 1. Schließlich erkennt man die beiden Intervalle $(0,1)$ und $(1,\infty)$ als Trajektorien mit Hilfe der Beziehungen

$$(0,1) \;=\; O(\tfrac{1}{2}) \;=\; \left\{ \frac{1}{1+e^{-t}} \;:\; t \in (-\infty,\infty) \right\},$$
$$(1,\infty) \;=\; O(2) \;=\; \left\{ \frac{2}{2-e^{-t}} \;:\; t \in (-\ln 2,\infty) \right\}.$$

Die in der Abbildung 3.7 eingezeichneten Pfeilspitzen auf den Trajektorien ergeben sich schließlich aus der Tatsache, daß die Lösungskurven mit Anfangswerten zwischen 0 und 1 in positiver t-Richtung wachsen, während sie für Anfangswerte größer als 1 oder kleiner als 0 mit wachsendem t fallen.

Die Frage, ob die *fünf* beschriebenen Trajektorien schon *alle* Trajektorien der betrachteten Gleichung sind, können wir im Moment noch nicht schlüssig beantworten. Die nachfolgenden theoretischen Überlegungen werden uns jedoch zeigen, daß dies tatsächlich der Fall ist. Damit stehen dann den unendlich vielen Lösungskurven der Gleichung (3.14) ganze fünf Trajektorien gegenüber. ◊

3.2.4 Beispiel: Das zwei-dimensionale autonome System

$$\boxed{\dot{x} = y\,,\ \dot{y} = -x} \tag{3.15}$$

besitzt, wie man leicht bestätigt, den Fluß

$$\varphi(t;\xi,\eta) \;=\; \big(\xi\cos t + \eta\sin t\,,\ \eta\cos t - \xi\sin t\big)\,. \tag{3.16}$$

Wegen der für jedes $(\xi,\eta) \in \mathbb{R}^2$ gültigen Beziehung $\|\varphi(t;\xi,\eta)\| \equiv \|(\xi,\eta)\|$ sind sämtliche Trajektorien $O((\xi,\eta))$, $(\xi,\eta) \in \mathbb{R}^2$, konzentrische Kreise im $\mathbb{R}^2$ um den Koordinatenursprung, der selbst als einpunktige Trajektorie in dieser Trajektorien-Familie als ausgearteter Fall enthalten ist. In der Abbildung 3.8 haben wir fünf Lösungskurven (inklusive der trivialen) sowie die zugehörigen fünf Trajektorien eingezeichnet.

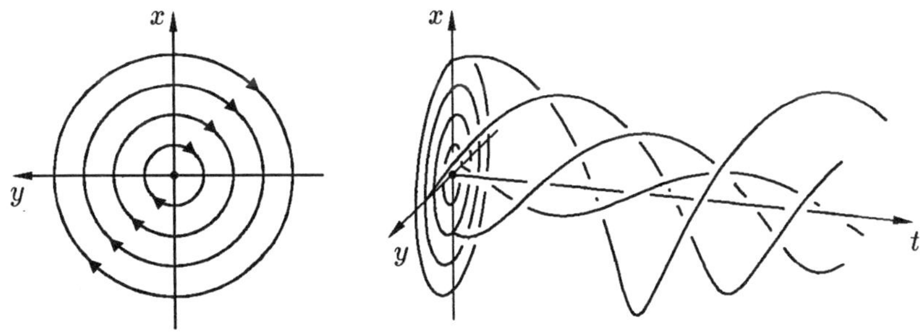

Abb. 3.8 Fünf Trajektorien (links) und fünf Lösungskurven (rechts) des Systems $\dot{x} = y$, $\dot{y} = -x$, mit ihren Projektionen in den (x,y)-Raum

Wir erinnern daran, daß es sich bei dem Beispielsystem (3.15) um die Systemvariante der skalaren Differentialgleichung 2. Ordnung

$$\boxed{\ddot{x} = -x} \tag{3.17}$$

handelt (siehe Beispiel 1.4.3). Nach dem Reduktionssatz 1.4.1 entsprechen dann den Lösungen (3.16) des Systems (3.15) die Lösungen

$$\mu_{\xi,\eta}(t) := \xi \cos t + \eta \sin t$$

der skalaren Gleichung (3.17). Stellen wir dann den fünf in der Abbildung 3.8 gezeigten Lösungskurven die entsprechenden fünf Lösungskurven der skalaren Gleichung (3.17) gegenüber, so erhalten wir die Abbildung 3.9 mit den sich in der (t, x)-Ebene schneidenden Kurven. Vergleichen wir nun die drei in den Abbildungen 3.8 und 3.9 wiedergegebenen Darstellungen miteinander, so wird augenscheinlich, welchen Gewinn die geometrische Veranschaulichung der Gleichung (3.17) und des zugehörigen Systems (3.15) im (x, y)-Raum gegenüber der Darstellung mit sichtbarer t-Achse bringt.

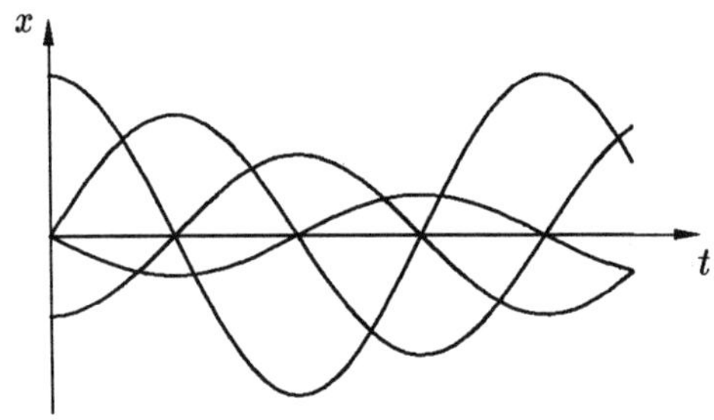

Abb. 3.9
Fünf Lösungskurven der skalaren Differentialgleichung $\ddot{x} = -x$

An Hand der Gleichung (3.15) wollen wir uns nun noch die geometrische Konstellation der Lösungskurven autonomer Systeme und die daraus resultierende Möglichkeit der geometrischen Veranschaulichung im (x, y)-Raum drastisch vor Augen führen, und zwar an Hand der Abbildung 3.10 auf der nächsten Seite. Wir stellen uns dabei im drei-dimensionalen (t, x, y)-Raum über dem t-Intervall $[0, 2\pi]$ diejenigen 16 Lösungskurven der Schar (3.16) vor, deren Anfangswerte (ξ, η) zum Zeitpunkt 0 genau *eine* verschwindende Koordinate besitzen, während die nichtverschwindende Koordinate die Werte $\pm\frac{1}{2}$, ± 1, $\pm\frac{3}{2}$, ± 2 annehmen kann. Diese drei-dimensionale Konstellation betrachten wir nun aus verschiedenen Blickwinkeln, und zwar zunächst (Teilbild links oben in der Abbildung 3.10) aus der y-Richtung, d.h. die y-Achse ragt hier senkrecht aus der Zeichenebene auf den Betrachter zu. Wir sehen also lediglich die x-Komponenten der Lösungskurven, oder mit anderen Worten, gerade die Lösungskurven der skalaren Gleichung 2. Ordnung $\ddot{x} = -x$. Die von links oben nach rechts unten durchlaufenen perspektivischen Teilbilder der Abbildung 3.10 zeigen nun den Blick auf das sich drehende drei-dimensionale Gebilde aus Lösungskurven. Ragt schließlich die t-Achse direkt auf den Betrachter zu, so erkennt man nur noch die im

Teilbild rechts unten dargestellten 4 Projektionen der 16 Lösungskurven in den (x, y)-Raum, also gerade die (ohne Pfeilspitzen dargestellten) Trajektorien. ◇

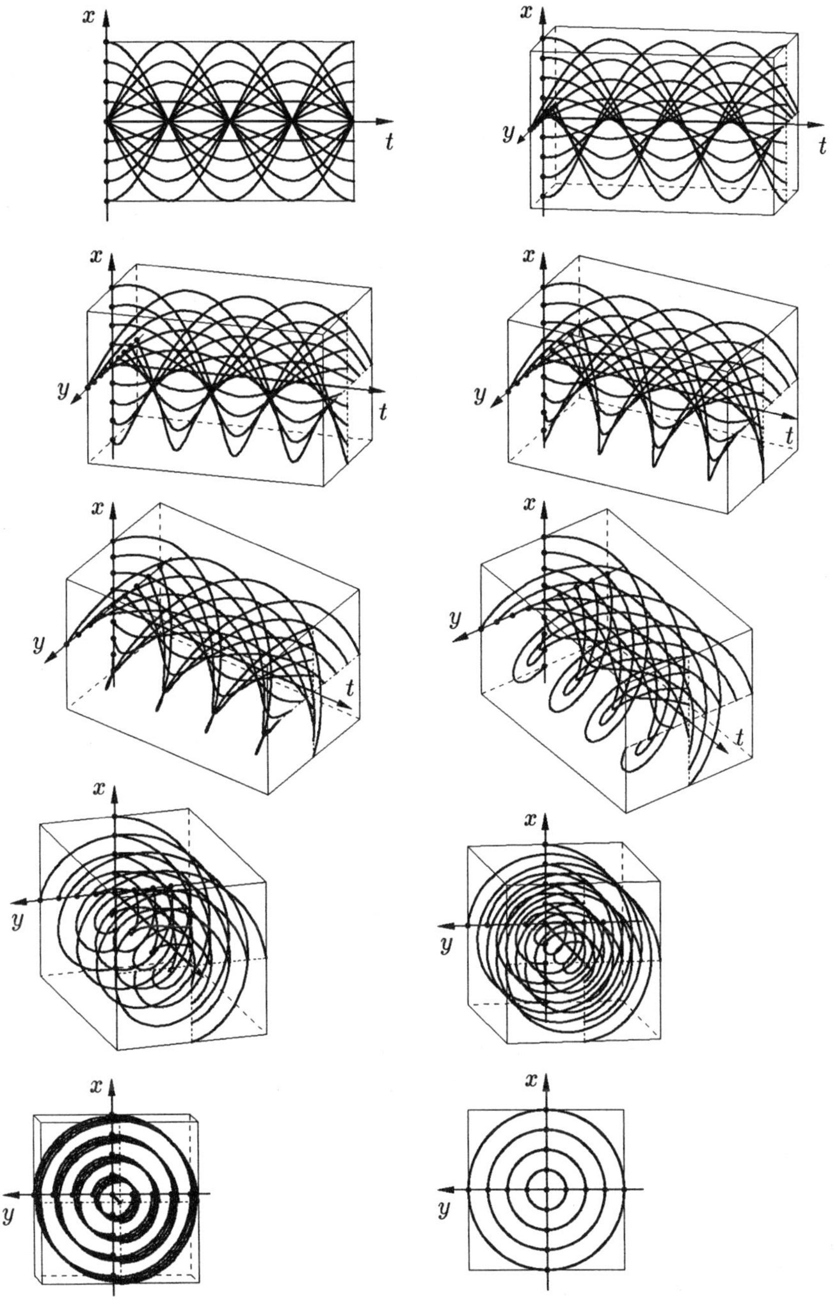

Abb. 3.10 Lösungskurven des autonomen Systems $\dot{x} = y$, $\dot{y} = -x$ im (t, x, y)-Raum unter verschiedenen Blickwinkeln

In den vorherigen beiden Beispielen sind uns verschiedene Typen von Trajektorien begegnet, nämlich einpunktige Mengen, beschränkte sowie unbeschränkte Geradenstücke, und schließlich Kreise. Speziell im Hinblick auf höhere Dimensionen stellt sich nun die Frage nach der Vielfalt der möglichen Trajektorientypen. Etwas überraschend, aber durchaus erfreulich, besagt der nun folgende Satz, daß sich die Trajektorien stets in übersichtlicher Weise in drei Klassen einteilen lassen, und zwar unabhängig von der Dimension des betrachteten Systems.

3.2.5 Satz (Klassifizierung der Trajektorien): *Gegeben sei das autonome Standardsystem (3.1) und ein beliebiger Punkt ξ aus dem Definitionsbereich D dieses Systems. Für die maximale Lösung $\varphi(\cdot;\xi) : J_{max}(\xi) \to \mathbb{R}^N$ und die zugehörige Trajektorie $O(\xi) = \{(\varphi(t;\xi) : t \in J_{max}(\xi)\}$ gilt dann genau einer der folgenden drei Fälle:*

(a) $J_{max}(\xi)$ ist gleich $(-\infty, \infty)$ und $\varphi(t;\xi)$ ist konstant, d.h. die Trajektorie $O(\xi)$ ist einpunktig, und zwar gilt $O(\xi) = O^+(\xi) = O^-(\xi) = \{\xi\}$.

(b) $J_{max}(\xi)$ ist gleich $(-\infty, \infty)$ und $\varphi(t;\xi)$ ist nichtkonstant und periodisch, d.h. die Trajektorie $O(\xi)$ ist eine geschlossene Kurve, und es gilt $O(\xi) = O^+(\xi) = O^-(\xi) \neq \{\xi\}$.

(c) Die Funktion $\varphi(\cdot;\xi) : J_{max}(\xi) \to \mathbb{R}^N$ ist injektiv, d.h. die Trajektorie $O(\xi)$ ist eine doppelpunktfreie Kurve ohne ihre Endpunkte, genauer, das injektive Bild des offenen Intervalls $J_{max}(\xi)$.

Beweis: (i) Wir zeigen zunächst, daß jede nicht-injektive Lösung $\varphi(t;\xi)$ periodisch ist. Sei also $\varphi(\cdot;\xi) : \big(J^-(\xi), J^+(\xi)\big) \to \mathbb{R}^N$ nicht injektiv, d.h. es gibt $\sigma, \tau \in \big(J^-(\xi), J^+(\xi)\big)$ mit

$$\sigma \neq \tau \quad \text{und} \quad \varphi(\sigma;\xi) = \varphi(\tau;\xi). \tag{3.18}$$

Neben $\varphi(t;\xi)$ ist dann wegen der Translationsinvarianz auch die für alle $t \in (J^-(\xi) - \tau + \sigma, J^+(\xi) - \tau + \sigma)$ erklärte Funktion

$$\mu(t) := \varphi(t + \tau - \sigma;\xi)$$

eine Lösung der Differentialgleichung (3.1), und wegen (3.18) erfüllt sie zudem die Anfangsbedingung $x(\sigma) = \varphi(\sigma;\xi)$. Nach dem globalen Existenz- und Eindeutigkeitssatz besitzen dann die beiden Funktionen $\varphi(t;\xi)$ und $\mu(t)$ den gleichen Definitionsbereich. Es gelten also die beiden Identitäten

$$J^-(\xi) - \tau + \sigma = J^-(\xi) \quad \text{und} \quad J^+(\xi) - \tau + \sigma = J^+(\xi),$$

und diese sind wegen $\sigma \neq \tau$ nur dann möglich, wenn $J^-(\xi) = -\infty$ und $J^+(\xi) = \infty$ gilt. Auf der anderen Seite gilt auch die Identität

$$\varphi(t;\xi) = \varphi(t + \tau - \sigma;\xi) \quad \text{für alle } t \in \mathbb{R},$$

und diese besagt, daß $\varphi(t;\xi)$ die von 0 verschiedene Periode $\tau - \sigma$ besitzt.

(ii) Wie im ersten Teil des Beweises gezeigt wurde, ist jede nicht-injektive Lösung $\varphi(t;\xi)$ auf ganz $\mathbb{R}$ erklärt und dort periodisch. Somit ist sie entweder konstant, d.h. es gilt $O(\xi) = O^+(\xi) = O^-(\xi) = \{\xi\}$, oder sie ist periodisch und nicht konstant, also gilt $O(\xi) \neq \{\xi\}$. Ist $\omega > 0$ eine Periode von $\varphi(t;\xi)$, so erhalten wir die Beziehung

$$\{\varphi(t;\xi) : t \in \mathbb{R}\} = \{\varphi(t;\xi) : t \in [0\,,\omega]\} = \{\varphi(t;\xi) : t \in [0\,,\infty)\}\,,$$

und dies bedeutet, daß $O(\xi) = O^+(\xi)$ gilt. Entsprechend ergibt sich die Beziehung $O(\xi) = O^-(\xi)$. ■

Wir wollen nun ein Beispiel angeben, bei dem alle drei im Satz 3.2.5 genannten Trajektorientypen gleichzeitig auftreten. Wie wir noch sehen werden, muß eine solche Gleichung mindestens die Dimension 2 besitzen, und im 2-dimensionalen Fall muß sie zudem nichtlinear sein.

3.2.6 Beispiel: Wir betrachten das autonome System

$$\boxed{\dot{x} = y + x(1 - x^2 - y^2)\,,\quad \dot{y} = -x + y(1 - x^2 - y^2)}\,, \qquad (3.19)$$

für das man mit etwas Stehvermögen die Funktion

$$\varphi(t;\xi,\eta) = \frac{1}{\sqrt{\xi^2 + \eta^2 + (1 - \xi^2 - \eta^2)e^{-2t}}}\,(\xi\cos t + \eta\sin t\,,\ \eta\cos t - \xi\sin t)$$

als Fluß nachweisen kann. Leicht erkennt man die beiden unter (a) und (b) im Satz 3.2.5 beschriebenen Trajektorientypen (siehe Abbildung 3.11), nämlich die einpunktige Trajektorie $\{(0,0)\}$ (wegen $\varphi(t;0,0) \equiv 0$) und den Einheitskreis (der Nenner wird 1 für $\xi^2 + \eta^2 = 1$). Auf der anderen Seite sorgt der in der Formel für $\varphi(t;\xi,\eta)$ auftretende Wurzelausdruck in den Fällen $\xi^2 + \eta^2 \notin \{0,1\}$ für nichtgeschlossene Trajektorien, und zwar in Form von Spiralen. In der Abbildung 3.11 haben wir jeweils vier solcher spiralförmiger Trajektorien (genauer, Stücke hiervon) innerhalb und außerhalb des Einheitskreises eingezeichnet. ◊

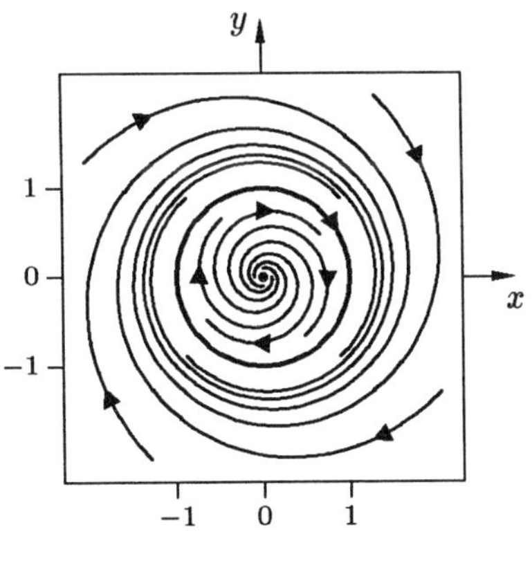

Abb. 3.11
10 Trajektorien des Systems (3.19): Koordinatenursprung, Einheitskreis und 8 Spiralen

Der Satz 3.2.5 besagt, daß bei einem autonomen System *höchstens drei* verschiedene Trajektorientypen auftreten können. Es ist nun bemerkenswert, daß es ganze Klassen von Differentialgleichungen gibt, bei denen sogar *nur zwei* der drei Typen vorkommen. Ein erstes Beispiel hierfür liefert unser nächster Satz, weitere Beispiele folgen im Kapitel 5 über zwei-dimensionale autonome Systeme.

3.2.7 Satz (Trajektorien skalarer Gleichungen): *Ist die im Satz 3.2.5 betrachtete Differentialgleichung skalar, so gibt es keine geschlossenen Trajektorien. Es treten also nur einpunktige Mengen und offene Intervalle als Trajektorien auf.*

Beweis: Der Beweis ist erbracht, wenn wir zeigen können, daß im vorliegenden Fall jede periodische Lösung konstant ist. Dann bleiben nämlich nur die Möglichkeiten (a) und (c) des Satzes 3.2.5 übrig, und diese reduzieren sich im ein-dimensionalen Fall gerade auf Punkte und offene Intervalle.

Es sei also $\mu : \mathbb{R} \longrightarrow \mathbb{R}$ eine periodische Lösung. Diese besitzt dann (nicht notwendig strenge) Maxima und Minima, also existiert ein $t_0 \in \mathbb{R}$ mit $\dot{\mu}(t_0) = 0$. Aus der Lösungsidentität $\dot{\mu}(t) \equiv f(\mu(t))$ folgt nun für $t = t_0$ die Beziehung $0 = \dot{\mu}(t_0) = f(\mu(t_0))$. Nach Satz 1.1.21 ist dann $\mu(t_0)$ der Wert einer konstanten Lösung, und wegen der Eindeutigkeit der Lösungen ist $\mu(t)$ folglich konstant. ∎

Aufgaben

1. Bestimmen Sie für die skalare Differentialgleichung

$$\boxed{\dot{x} = x - x^2}$$

(siehe Beispiel 3.2.3) die folgenden Halbtrajektorien:

$$O^-(-2)\,,\ O^-(0)\,,\ O^-(\tfrac{1}{2})\,,\ O^-(1)\,,\ O^-(2)\,,$$
$$O^+(-2)\,,\ O^+(0)\,,\ O^+(\tfrac{1}{2})\,,\ O^+(1)\,,\ O^+(2)\,.$$

2. Bezüglich eines den Standardvoraussetzungen genügenden Systems (vgl. (3.1))

$$\boxed{\dot{x} = f(x)}\,, \quad f : D \subseteq \mathbb{R}^N \to \mathbb{R}^N$$

nennt man eine Menge $M \subseteq D$ **invariant**, falls mit jedem Punkt ξ, der in D liegt, auch die ganze Trajektorie $O(\xi)$ zu M gehört.

Zeigen Sie, daß jede Trajektorie invariant ist und daß beliebige Vereinigungen und Durchschnitte invarianter Mengen wieder invariant sind.

3. Für ein autonomes System

$$\boxed{\dot{x} = f(x)}$$

mit einer auf einer offenen Menge $D \subseteq \mathbb{R}^N$ Lipschitz-stetigen rechten Seite zeige man:

(a) Ist T eine beliebige Trajektorie des Systems, so gilt für jedes $\xi \in D$:

$$T = O(\xi) \iff \xi \in T\,.$$

(b) Für jedes $\xi \in D$ und alle $\tau, \sigma \in J_{max}(\xi)$ gilt:

$$O^+\big(\varphi(\tau;\xi)\big) \subseteq O^+\big(\varphi(\sigma;\xi)\big) \iff \tau \geq \sigma\,.$$

4. Zeigen Sie: Sind $\lambda : I \to \mathbb{R}^N$ und $\mu : J \to \mathbb{R}^N$ zwei Lösungen eines autonomen Standardsystems

$$\boxed{\dot{x} = f(x)},$$

die ein und dieselbe Trajektorie parametrisieren, so gibt es ein $\tau \in \mathbb{R}$ mit

$$\mu(t) = \lambda(t + \tau) \quad \text{für alle } t \in J .$$

5. Zeigen Sie an Hand des Beispiels 3.2.6, daß die Umkehrfunktion einer injektiven Lösung eines autonomen Systems nicht notwendig stetig ist.

6. Gegeben sei eine geschlossene Trajektorie $O(\xi)$ eines den Standardvoraussetzungen genügenden autonomen Systems.

Zeigen Sie, daß dann die Lösung $\varphi(t;\xi)$ periodisch ist und eine kleinste positive Periode besitzt, d.h. daß es ein minimales $\omega > 0$ gibt mit der Eigenschaft

$$\varphi(t + \omega; \xi) = \varphi(t;\xi) \quad \text{für alle } t \in \mathbb{R} .$$

3.3 Phasenportrait und Richtungsfeld

Bei einem vorliegenden autonomen System wird man sich im allgemeinen nicht damit zufrieden geben, einzelne Trajektorien zu kennen, sondern man wird danach streben, die Gesamtheit *aller* Trajektorien zu überblicken. Wir wollen uns daher jetzt mit den Trajektorien eines autonomen Systems in ihrer Gesamtheit befassen. Die Menge aller Trajektorien eines autonomen Systems bezeichnen wir dabei als das **Phasenportrait** dieses Systems. Im vorherigen Abschnitt 3.2 haben wir bereits mehrere Phasenportraits skizziert. Betrachten wir nochmals das Beispiel 3.2.3 und die zugehörige Abbildung 3.7, so erkennen wir fünf Trajektorien, deren Vereinigung gerade den gesamten x-Raum $\mathbb{R}$ bildet. Im Beispiel 3.2.4 mit der Abbildung 3.8 überdeckt die Familie der kreisförmigen Trajektorien den Definitionsbereich $\mathbb{R}^2$ der gegebenen Gleichung. In beiden Fällen stellt sich nun die Frage, ob die jeweils angegebenen Trajektorien schon das gesamte Phasenportrait bilden, oder ob es noch weitere Trajektorien gibt. Genausogut können wir fragen, ob es möglich ist, daß durch ein und denselben Punkt mehrere Trajektorien verlaufen. Diese wichtige Frage nach der eindeutigen Bestimmtheit der Trajektorien durch vorgegebene Punkte wollen wir noch etwas erläutern.

Unter der Standardvoraussetzung der Lipschitz-Stetigkeit der rechten Seite können sich die *Lösungskurven* (im (t, x)-Raum) einer Differentialgleichung bekanntlich nicht schneiden. Die Frage, ob sich dann auch die *Trajektorien* (im x-Raum) nicht schneiden können, ist damit aber noch nicht beantwortet, denn jede Trajektorie repräsentiert ja bekanntlich nicht nur eine einzelne Lösung, sondern eine ganze Familie von Lösungen. Daß man dennoch eine positive Antwort erhält, ist auf Grund der Translationsinvarianz der Lösungskurven zu erwarten. Wir wollen dies nun im Detail verifizieren, indem wir durch Angabe einer geeigneten Äquivalenzrelation nachweisen, daß die Menge der Trajektorien eines autonomen Systems eine Partition, also eine disjunkte Zerlegung, des Definitionsbereichs der rechten Seite darstellt.

3.3.1 Satz (Phasenportrait als Partition des Definitionsbereichs): *Die auf dem Definitionsbereich D des Systems (3.1) erklärte Relation*

$$\xi \sim \eta \quad :\Longleftrightarrow \quad \textit{es existiert ein } \tau \in J_{max}(\xi) \textit{ mit } \eta = \varphi(\tau\,;\xi)$$

ist eine Äquivalenzrelation, und für jedes $\xi \in D$ ist die Trajektorie $O(\xi)$ die von ξ erzeugte Äquivalenzklasse.

Beweis: Durch mehrmalige Anwendung der verschiedenen Aussagen des Satzes 3.1.3 verifizieren wir die drei Merkmale einer Äquivalenzrelation.

(i) Reflexivität: Für alle $\xi \in D$ gilt $0 \in J_{max}(\xi)$ und $\varphi(0\,;\xi) = \xi$, also $\xi \sim \xi$.

(ii) Symmetrie: Aus $\xi \sim \eta$ folgt die Existenz eines $\tau \in J_{max}(\xi)$ mit $\eta = \varphi(\tau\,;\xi)$. Wegen $0 \in J_{max}(\xi)$ gilt dann $-\tau \in (J^-(\xi) - \tau\,, J^+(\xi) - \tau) = J_{max}(\eta)$ und damit $\xi = \varphi(-\tau\,;\eta)$, also $\eta \sim \xi$.

(iii) Transitivität: Für $\xi, \eta, \zeta \in D$ gelte $\xi \sim \eta$ und $\eta \sim \zeta$. Dann existieren ein $\tau \in J_{max}(\xi)$ mit $\eta = \varphi(\tau\,;\xi)$ und ein $\sigma \in J_{max}(\eta) = (J^-(\xi) - \tau\,, J^+(\xi) - \tau)$ mit $\zeta = \varphi(\sigma\,;\eta)$. Hieraus folgen die Beziehungen $\tau + \sigma \in J_{max}(\xi)$ und $\zeta = \varphi(\sigma\,;\varphi(\tau\,;\xi)) = \varphi(\sigma + \tau\,;\xi)$, und diese implizieren $\xi \sim \zeta$.

Schließlich ist klar, daß für jedes $\xi \in D$ die von ξ erzeugte Äquivalenzklasse, also die Menge $\{\eta \in D : \text{ es existiert ein } \tau \in J_{max}(\xi) \text{ mit } \eta = \varphi(\tau\,;\xi)\}$, gerade die Trajektorie $O(\xi) = \{\varphi(t\,;\xi) : t \in J_{max}(\xi)\}$ ist. ■

Wir wollen nun zeigen, daß bei *skalaren* autonomen Gleichungen die Erstellung des Phasenportraits – im Prinzip wenigstens – eine triviale Angelegenheit ist. Gegeben sei also eine Differentialgleichung der Form

$$\boxed{\dot{x} = f(x)}\,, \qquad f : D \subseteq \mathbb{R} \to \mathbb{R}$$

mit einer Lipschitz-stetigen rechten Seite. Nach Satz 3.2.7 besitzt diese Gleichung dann nur Punkte und offene Intervalle als Trajektorien. Zeichnen wir also in den Definitionsbereich D die einpunktigen Trajektorien, das sind gerade die Nullstellen der rechten Seite $f(x)$, so haben wir automatisch alle anderen Trajektorien mitgezeichnet (siehe Abbildung 3.12 (b)). Es sind dies nämlich gerade die zwischen den Nullstellen von $f(x)$ liegenden offenen Intervalle. Auf jedem solchen

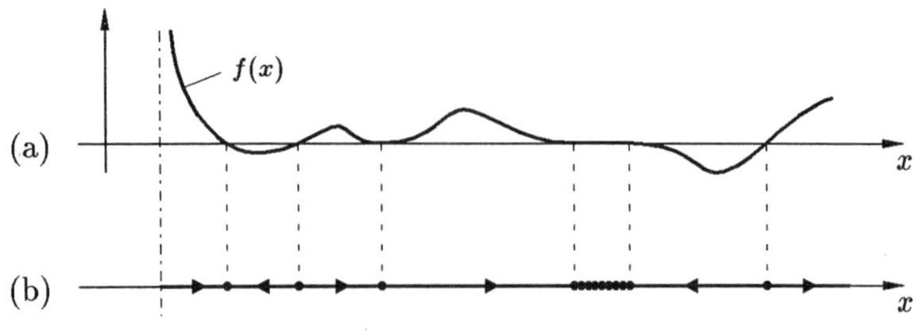

Abb. 3.12 (a) Rechte Seite und (b) Phasenportrait einer skalaren Dgl. $\dot{x} = f(x)$

Intervall hat $f(x)$ ein einheitliches Vorzeichen, und dieses legt die Orientierung des Intervalls, das ja eine Trajektorie ist, fest. Ist nämlich $\mu : I \to \mathbb{R}$ eine diese Trajektorie parametrisierende Lösung, so bestimmt die auf I gültige Identität $\dot{\mu}(t) \equiv f(\mu(t))$ mit Hilfe des Vorzeichens der Funktion $f(x)$ auf $\mu(I)$, ob $\mu(t)$ auf I streng monoton wächst oder fällt. Den Zusammenhang zwischen der rechten Seite $f(x)$ und dem Phasenportrait verdeutlicht die Abbildung 3.12.

Bei *skalaren* autonomen Differentialgleichungen besteht im allgemeinen keine Veranlassung, die geometrische Veranschaulichung im x-Raum vorzunehmen. Schließlich ist eine vollständige Darstellung des Lösungsportraits im zweidimensionalen (t, x)-Raum möglich. Man beachte in diesem Zusammenhang, daß dem Vorteil der geringeren Dimension eines *Phasenportraits* (im x-Raum) im Vergleich mit dem *Lösungsportrait* (im (t, x)-Raum) stets der Nachteil eines Informationsverlustes gegenübersteht. So kann man einem Phasenportrait zum Beispiel nicht entnehmen, mit welcher Geschwindigkeit die einzelnen Trajektorien durchlaufen werden. Auch das Auftreten von endlichen Entweichzeiten ist nicht zu erkennen. Die Abbildung 3.13 führt dies an Hand zweier qualitativ unterschiedlicher Differentialgleichungen (die eine *mit*, die andere *ohne* endliche Entweichzeiten) mit einem gemeinsamen Phasenportrait vor Augen.

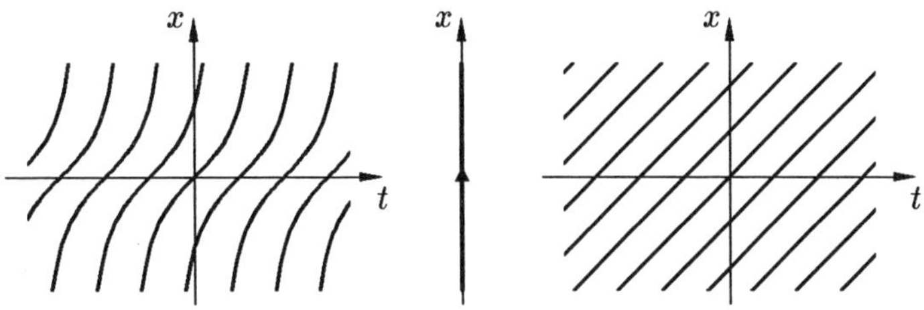

Abb. 3.13 Lösungsportraits der beiden Differentialgleichungen $\dot{x} = 1 + x^2$ (siehe 3.1.2) bzw. $\dot{x} = 1$ und ihr gemeinsames, aus einer einzigen Trajektorie bestehendes Phasenportrait

Der eigentliche Vorteil der geometrischen Veranschaulichung im x-Raum kommt erst bei höher-dimensionalen autonomen Systemen zum tragen, wo die Verhältnisse wesentlich komplizierter sein können als im skalaren Fall. In der Regel wird es sich als unmöglich erweisen, für ein vorliegendes autonomes System das Phasenportrait explizit und in allen Details zu bestimmen. In einem solchen Fall kann man dann aber immer noch versuchen, das Phasenportrait wenigstens näherungsweise zu erstellen. Um zu beschreiben, wie man dabei vorzugehen hat, denken wir uns ein N-dimensionales Standardsystem

$$\boxed{\dot{x} = f(x)}\,, \quad f : D \subseteq \mathbb{R}^N \to \mathbb{R}^N \tag{3.20}$$

vorgegeben. Gleichbedeutend damit ist die Vorgabe des Vektorfeldes

$$x \mapsto f(x)\,, \quad D \subseteq \mathbb{R}^N \to \mathbb{R}^N\,. \tag{3.21}$$

Die Nullstellen von $f(x)$, die sogenannten **singulären Punkte** oder **Ruhelagen** des Vektorfeldes, sind bekanntlich die Trajektorien der konstanten Lösungen von

(3.20). Alle anderen Punkte von D, also diejenigen $\xi \in D$, für die $f(\xi) \neq 0$ gilt, nennt man **reguläre Punkte** des Vektorfeldes (3.21) bzw. der Differentialgleichung (3.20). Jeder solche Punkt ξ liegt nach Satz 3.3.1 auf genau einer Trajektorie, und zwar nach Satz 3.2.5 auf einer glatten Kurve, nämlich auf der entweder geschlossenen oder aber doppelpunktfreien Trajektorie $O(\xi)$. Es stellt sich nun die Frage nach dem Tangentialvektor an die Kurve $O(\xi)$ im Punkt ξ. Von besonderem Interesse dabei ist, ob dieser Tangentialvektor von den verschiedenen, die Trajektorie parametrisierenden Lösungen abhängt, oder ob er sich direkt aus der rechten Seite der Differentialgleichung ablesen läßt. Erfreulicherweise ist letzteres der Fall, wie man folgendermaßen (mit Blick auf die Abbildung 3.14) sieht. Ist $\mu : I \to D$ eine beliebige maximale Lösung von (3.20) mit $O(\xi) = \mu(I)$, und ist τ ein Punkt des Intervalls I mit $\mu(\tau) = \xi$, so folgt aus der Lösungsidentität $\dot{\mu}(t) \equiv f(\mu(t))$ für die spezielle Wahl $t = \tau$ die Beziehung $\dot{\mu}(\tau) = f(\xi)$. Aus der ANALYSIS ist nun bekannt, daß $\dot{\mu}(\tau)$ gerade der Tangentialvektor an die durch $\mu(t)$ parametrisierte Kurve im Kurvenpunkt $\mu(\tau)$, also im Punkt ξ, ist. Damit ist $f(\xi)$ der gesuchte Tangentialvektor an die Trajektorie $O(\xi)$ im Punkt ξ, und als solcher ist er unabhängig von der betrachteten Lösung $\mu(t)$ direkt aus der rechten Seite des autonomen Systems ablesbar. Darüberhinaus zeigt der Vektor $f(\xi)$ in die gleiche Richtung wie die Pfeilspitze, die wir vereinbarungsgemäß im Sinne wachsender t auf der Trajektorie anbringen.

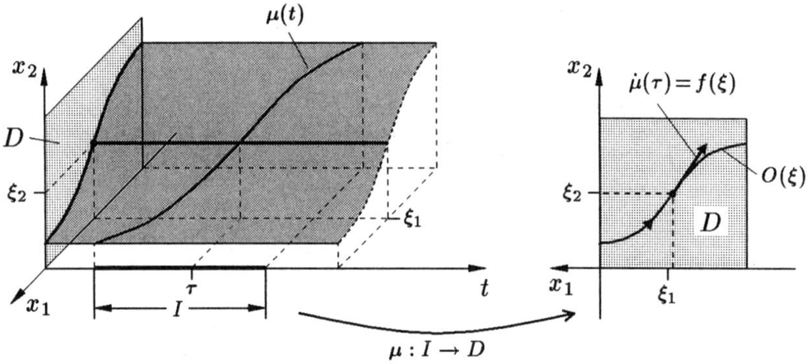

Abb. 3.14 Tangentialvektor und Orientierung der Trajektorie $O(\xi)$

Zusammenfassend können wir also feststellen, daß in jedem Punkt ξ des Definitionsbereichs der Differentialgleichung (3.20) der Tangentialvektor an die Trajektorie $O(\xi)$ durch den Richtungsvektor $f(\xi)$ gegeben ist, und daß dieser zudem die Orientierung der Trajektorie angibt. Damit ist nun klar, daß sich die Trajektorien eines autonomen Systems in ähnlicher Weise dem zugehörigen *Vektorfeld* einpassen, wie das die Lösungskurven einer nichtautonomen Differentialgleichung in das zugehörige *Richtungsfeld* tun. Entsprechend dem Vorgehen im Abschnitt 1.5 kann man also zur näherungsweisen Erstellung des Phasenportraits von (3.20) das Vektorfeld (3.21) skizzieren und sich so einen ersten Eindruck von der Trajektoriengesamtheit verschaffen.

3.3.2 Beispiel: Im Fall des zwei-dimensionalen autonomen Systems

$$\boxed{\dot{x} = y\,,\ \dot{y} = -x} \tag{3.22}$$

(siehe Beispiel 3.2.4) haben wir in der Abbildung 3.15 vier nichttriviale Trajektorien sowie einige Richtungsvektoren des zugehörigen Vektorfeldes

$$(x\,,y) \mapsto (y\,,-x)$$

eingezeichnet. Betrachtet man diese Abbildung genau (eventuell unter Zuhilfenahme eines Lineals), so stellt man eine Ungenauigkeit fest, auf die wir gleich noch zu sprechen kommen. ◊

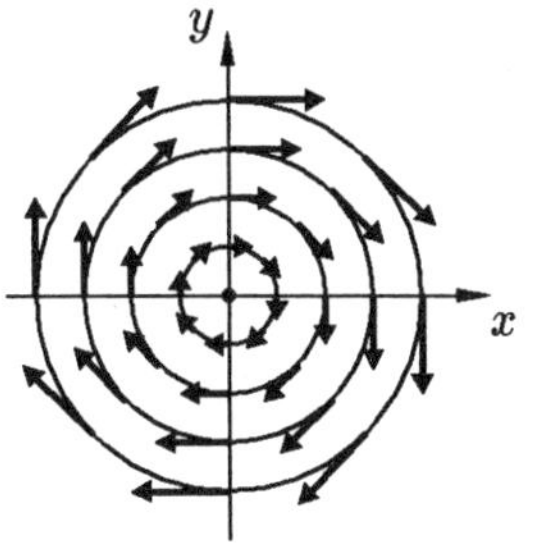

Abb. 3.15
Trajektorien und Richtungsvektoren des Systems $\dot{x} = y$, $\dot{y} = -x$

Obwohl (oder gerade weil) wir bei dem einfachen System (3.22) alle Trajektorien schon kennen, wollen wir an ihm das oben beschriebene Vorgehen zur näherungsweisen Beschreibung des Phasenportraits vorführen. In der Abbildung 3.16 haben wir die Richtungsvektoren (mit ihren tatsächlichen Längen) zu 25×25 äquidistanten Gitterpunkten des Quadrats $[-3\,,3] \times [-3\,,3]$ eingezeichnet. Das

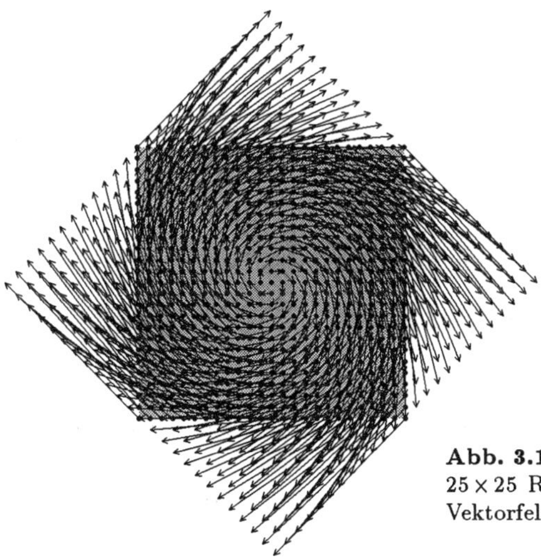

Abb. 3.16
25 × 25 Richtungsvektoren des Vektorfelds $(x, y) \mapsto (y, -x)$

entstehende Bild ist sehr unübersichtlich und daher für unsere Zwecke ungeeignet. Der offensichtliche Grund hierfür ist, daß die meisten Richtungsvektoren zu lang sind und sich somit in zahlreichen Punkten überschneiden.

Daß die zum gleichen Vektorfeld gehörige Abbildung 3.15 (im Gegensatz zur Abbildung 3.16) so übersichtlich ist, liegt daran, daß wir eine kleine Manipulation vorgenommen haben. Wir haben nämlich die eingezeichneten Richtungsvektoren nicht in ihrer vollen Länge, sondern auf die Hälfte verkürzt angetragen und damit mögliches Überschneiden vermieden. Mit anderen Worten, wir haben in Wirklichkeit nicht das gegebene Vektorfeld $(x, y) \mapsto (y, -x)$, sondern das modifizierte Vektorfeld $(x, y) \mapsto (\frac{1}{2}y, -\frac{1}{2}x)$ und damit die zugehörige Differentialgleichung $\dot{x} = \frac{1}{2}y$, $\dot{y} = -\frac{1}{2}x$ veranschaulicht, die ebenfalls kreisförmige Trajektorien besitzt.

Aus der eben gemachten Erfahrung mit dem Beispiel 3.3.2 ziehen wir den Schluß, daß sich das Vektorfeld $x \mapsto f(x)$ als solches im allgemeinen zur Veranschaulichung des Phasenportraits von $\dot{x} = f(x)$ nicht eignet. Verhindert man jedoch das Überschneiden der Richtungsvektoren dadurch, daß man diese auf eine geeignete einheitliche Länge normiert, so können wir uns ein übersichtliches Bild und damit eine Veranschaulichungsmöglichkeit für Trajektorien verschaffen, die der vom Abschnitt 1.5 für Lösungskurven entspricht. Wir denken uns also durch jeden Punkt ξ des Definitionsbereichs von $f(x)$ einen kurzen Pfeil (mit Zentrum im Punkt ξ) einheitlicher Länge gelegt, der die gleiche Richtung wie $f(\xi)$ besitzt. Jeden solchen Pfeil nennen wir dann ein **Linienelement** und die Gesamtheit all dieser Pfeile das **Richtungsfeld** des Systems. In der Abbildung 3.17 haben wir entsprechend dieser Vorschrift das Richtungsfeld des Systems (3.22) skizziert, und zwar mit genau denselben 25×25 „Stützpunkten“ wie in der Abbildung 3.16.

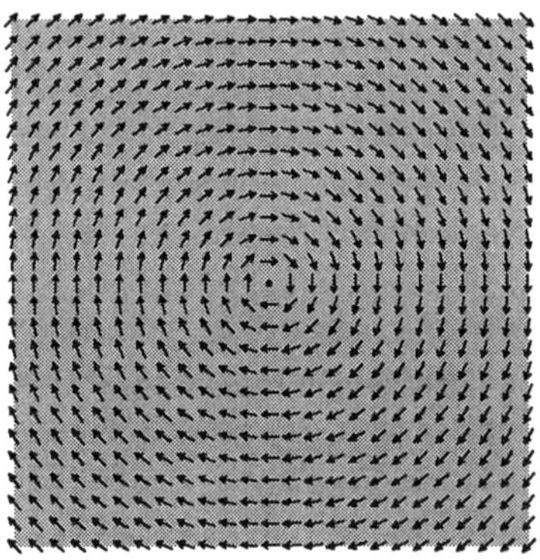

Abb. 3.17
Richtungsfeld des Systems $\dot{x} = y$, $\dot{y} = -x$ mit 25×25 Linienelementen

Nachdem wir die Veranschaulichung eines Phasenportraits mit Hilfe des Richtungsfeldes an dem leicht überschaubaren und explizit lösbaren System (3.22) entwickelt haben, wollen wir es nun auf ein System mit (noch) unbekanntem Phasenportrait anwenden.

3.3.3 Beispiel: Das Richtungsfeld des Systems

$$\boxed{\dot{x} = y\,, \quad \dot{y} = -\sin x}\,, \tag{3.23}$$

von dem wir außer den einpunktigen Trajektorien keine weiteren kennen, haben wir in der Abbildung 3.18 skizziert.

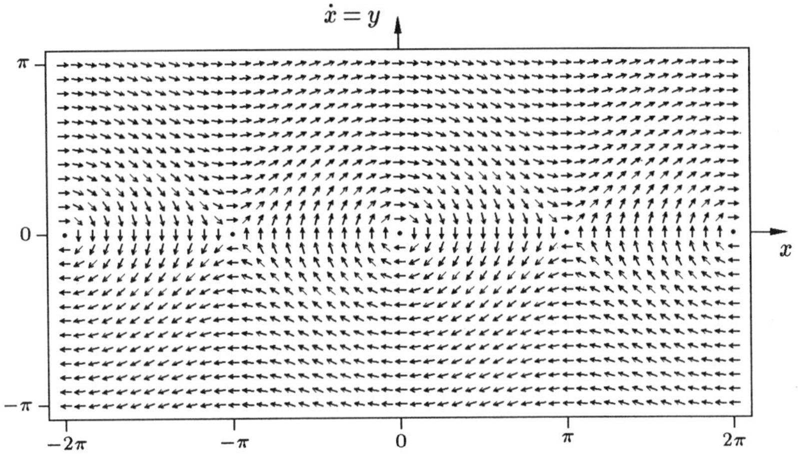

Abb. 3.18 Richtungsfeld des mathematischen Pendels $\dot{x} = y\,,\, \dot{y} = -\sin x$

Da das System (3.23), wie im Abschnitt 1.3 gezeigt, aus den Anwendungen kommt, wollen wir es nicht versäumen, einige anwendungsbezogene Überlegungen anzustellen. Wie im Beispiel 1.3.3 beschrieben, stellt die Differentialgleichung $\ddot{x} = -x$ des harmonischen Oszillators bzw. das zugehörige System (3.22) eine Näherung dar für die Gleichung des ungedämpften mathematischen Pendels

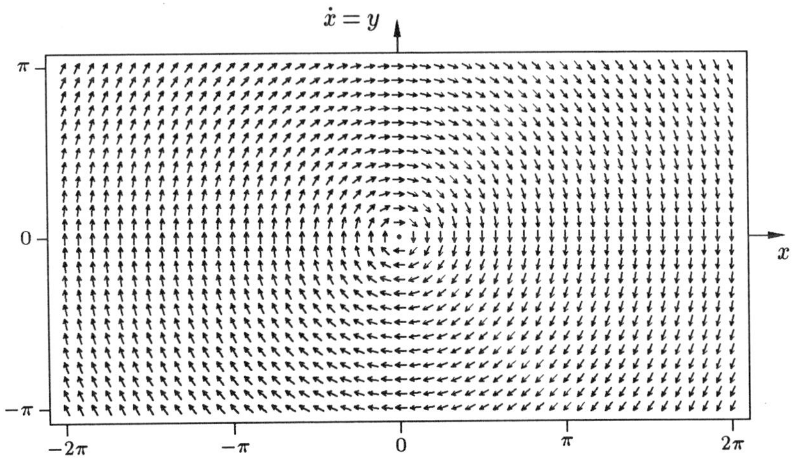

Abb. 3.19 Richtungsfeld des harmonischen Oszillators $\dot{x} = y\,,\, \dot{y} = -x$

$\ddot{x} = -\sin x$ bzw. für das zugehörige System (3.23). Für kleine „Pendelausschläge" x haben wir nämlich einfach $\sin x$ durch x ersetzt, was ja im Sinne einer linearen Approximation durchaus legitim ist. Im Bereich kleiner x-Werte, also nahe der y-Achse, sollten sich dann die Phasenportraits der beiden Systeme (3.22), (3.23) und damit auch die zugehörigen Richtungsfelder nicht allzusehr unterscheiden. Ein Blick auf die Abbildungen 3.18 und 3.19 zeigt, daß dies tatsächlich der Fall ist. Entfernt man sich jedoch von der y-Achse, so erkennt man erhebliche Unterschiede zwischen den beiden Richtungsfeldern. Der physikalisch interessierte Leser mag sich nun überlegen, welche Bewegungen eines Pendels mit starrer Aufhängung er in diesen beiden Abbildungen repräsentiert sieht. Konkret gefragt: Wo in der Abbildung 3.18 bzw. 3.19 bewegt sich der Benutzer einer normalen Kirchweih-Schaukel, wo findet sich der Benutzer der Überschlag-Schaukel wieder? ◇

In Erinnerung an die Ausführungen des Abschnitts 1.5 können wir nicht umhin festzustellen, daß wir (entsprechend dem in der Literatur üblichen Vorgehen) die beiden Begriffe *Linienelement* und *Richtungsfeld* jeweils mit zwei Bedeutungen belegt haben. Dies liegt daran, daß diese Begriffsbildungen bei nichtautonomen Differentialgleichungen $\dot{x} = f(t,x)$ im (t,x)-*Raum* auftreten, und bei autonomen Differentialgleichungen $\dot{x} = f(x)$ im x-*Raum*. Um uns die Möglichkeit einer Unterscheidung zu schaffen, führen wir nun für den x-Raum die Bezeichnung **Phasenraum** oder **Zustandsraum** ein, während wir den (t,x)-Raum **erweiterten** Phasen- oder Zustandsraum nennen. Wenn von nun an nicht ausdrücklich etwas anderes gesagt wird, so beziehen wir uns bei autonomen Systemen stets auf den Phasenraum und bei nichtautonomen Systemen auf den erweiterten Phasenraum.

Zur Verdeutlichung wollen wir noch zwei Unterschiede zwischen den beiden Richtungsfeldtypen hervorheben. Der augenscheinliche, jedoch nur formale Unterschied zwischen beiden Varianten betrifft die Pfeilspitzen, die wir bei den Linienelementen im Phasenraum anbringen. Bei den Linienelementen im erweiterten Phasenraum sind diese überflüssig, denn wegen der Sichtbarkeit der t-Achse verläuft die „Bewegung" stets von links nach rechts, also augenscheinlich im Sinne wachsender t. In engem Zusammenhang mit dieser Tatsache steht ein weiterer, und zwar inhaltlicher und damit bedeutsamer Unterschied zwischen beiden Richtungsfeldtypen. Linienelemente im erweiterten Zustandraum können nie senkrecht stehen (sie haben im Fall einer Gleichung $\dot{x} = f(t,x)$ Richtungsvektoren der Form $(1, f(t,x))$, also stets eine nicht-verschwindende t-Koordinate), Linienelemente im Phasenraum dagegen sehr wohl, wie wir schon an Hand der Beispiele 3.3.2 und 3.3.3 gesehen haben.

Die approximative Darstellung von Phasenportraits mit Hilfe von Richtungsfeldern ist unabhängig von der Dimension des Systems möglich. Besonders anschaulich und damit wirksam ist sie jedoch nur im Fall zwei-dimensionaler autonomer Systeme, die man üblicherweise in der Form

$$\boxed{\dot{x} = f(x,y)\ , \quad \dot{y} = g(x,y)}$$

mit reellen Koordinaten x und y schreibt. Obwohl wir auf diese wichtige Klasse von Systemen in einem eigenen Kapitel ausführlich eingehen werden, wollen wir schon jetzt einige im Zusammenhang mit dem Richtungsfeld stehende Überlegungen anstellen. Der Definitionsbereich $D \subseteq \mathbb{R}^2$ eines solchen Systems läßt sich leicht untergliedern in Teilbereiche, in denen alle Linienelemente in die gleiche „Himmelsrichtung" zeigen. In diesem Zusammenhang unterscheiden wir die vier **Isoklinen** (vgl. den entsprechenden Begriff im Abschnitt 1.5)

$$\begin{aligned} I_n &:= \{(x,y) \in D : f(x,y) = 0\ ,\ g(x,y) > 0\}\ , \\ I_s &:= \{(x,y) \in D : f(x,y) = 0\ ,\ g(x,y) < 0\}\ , \\ I_o &:= \{(x,y) \in D : f(x,y) > 0\ ,\ g(x,y) = 0\}\ , \\ I_w &:= \{(x,y) \in D : f(x,y) < 0\ ,\ g(x,y) = 0\}\ , \end{aligned}$$

und die vier von den Isoklinen berandeten **Monotoniebereiche**

$$\begin{aligned} B_{no} &:= \{(x,y) \in D : f(x,y) > 0\ ,\ g(x,y) > 0\}\ , \\ B_{so} &:= \{(x,y) \in D : f(x,y) > 0\ ,\ g(x,y) < 0\}\ , \\ B_{nw} &:= \{(x,y) \in D : f(x,y) < 0\ ,\ g(x,y) > 0\}\ , \\ B_{sw} &:= \{(x,y) \in D : f(x,y) < 0\ ,\ g(x,y) < 0\}\ . \end{aligned}$$

Die hierbei auftretenden Indizes deuten die jeweilige „Himmelsrichtung" an, in die die zugehörigen Richtungsvektoren $(f(x,y), g(x,y))$ zeigen. Daß diese Bezeichnungen sinnvoll gewählt sind, sieht man leicht an Hand der zur Gleichung (3.22) gehörigen Abbildung 3.20.

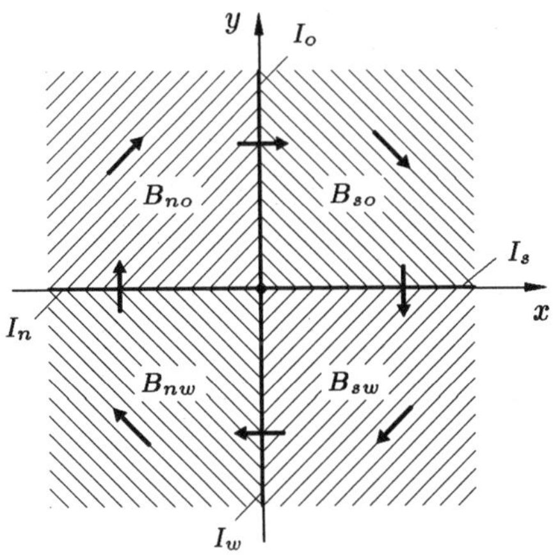

Abb. 3.20
Isoklinen und Monotoniebereiche des Systems $\dot{x} = y\ ,\ \dot{y} = -x$

Wir fassen nun das Ergebnis unserer Überlegungen zur näherungsweisen geometrischen Veranschaulichung zwei-dimensionaler autonomer Systeme an Hand der Pendelgleichung (3.23) zusammen. Einen ersten, groben Eindruck vom Phasenportrait entnimmt man der im allgemeinen leicht anzufertigenden Skizze der Monotoniebereiche (siehe Abbildung 3.21). Ist man an genaueren Informationen interessiert, so zeichnet man sich in die einzelnen Monotoniebereiche noch Linienelemente, was dann zu einer Darstellung des Richtungsfelds und der Isoklinen führt. Die nach diesem Muster entstandene Abbildung 3.22 vermittelt nun einen ersten qualitativen Eindruck vom Verlauf der Trajektorien. Wie die Trajektorien nun aber tatsächlich aussehen, verrät uns diese Abbildung noch nicht. Daß das Richtungsfeld andererseits aber noch weitere Informationen in sich trägt, wird uns der nächste Abschnitt zeigen.

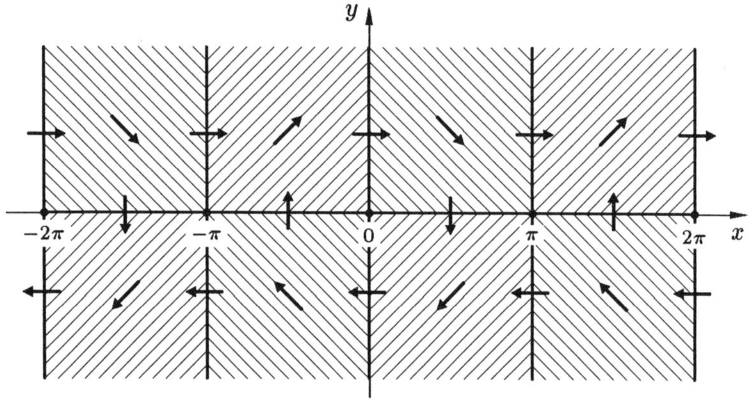

Abb. 3.21 Isoklinen und Monotoniebereiche des Systems $\dot{x} = y$, $\dot{y} = -\sin x$

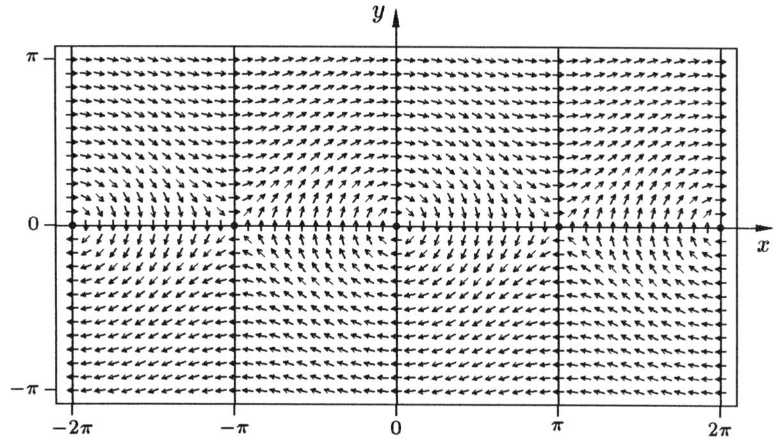

Abb. 3.22 Richtungsfeld, Isoklinen und Monotoniebereiche des Systems $\dot{x} = y$, $\dot{y} = -\sin x$

Aufgaben

1. Erstellen Sie jeweils im Quadrat $[-3\,,3] \times [-3\,,3]$ das Richtungsfeld für die skalare Differentialgleichung

$$\boxed{\dot{x} = tx}$$

(im erweiterten Phasenraum) und für das zwei-dimensionale System

$$\boxed{\dot{x}_1 = 1\,, \quad \dot{x}_2 = x_1 x_2}$$

(im Phasenraum). Vergleichen Sie beide Richtungsfelder miteinander.

2. Erstellen Sie (mit Hilfe von Satz 3.1.6) das Phasenportrait des Systems

$$\boxed{\dot{x} = 1 \, , \ \dot{y} = x^2 y} \, .$$

3. Gegeben sei das zwei-dimensionale System

$$\boxed{\dot{x} = y \, , \ \dot{y} = -\alpha y - \sin x} \, , \quad \alpha \in \mathbb{R} \, , \qquad (*)$$

das ein mathematisches Pendel mit dem Reibungskoeffizienten α beschreibt.

(a) Versuchen Sie, einige Trajektorien in das in der Abbildung 3.22 dargestellte Richtungsfeld der reibungslosen Pendelgleichung (d.h. $\alpha = 0$) einzupassen, indem Sie in verschiedenen Punkten auf der y-Achse starten. Präzisieren Sie die Probleme, die dabei auftreten.

(b) Was ändert sich, wenn der Reibungskoeffizient α einen sehr kleinen positiven oder negativen Wert annimmt?

(c) Welche Erwartungen haben Sie im Hinblick auf das Phasenportrait von $(*)$, wenn Sie davon ausgehen, daß dieses System das reale Schwingungsverhalten eines Pendels mit starrer Aufhängung adäquat beschreibt?

4. Skizzieren Sie für das System des speziellen Räuber-Beute-Modells

$$\boxed{\dot{x} = x(1-y) \, , \ \dot{y} = y(x-1)}$$

die Isoklinen und Monotoniebereiche sowie das Richtungsfeld. Versuchen Sie, das Phasenportrait zu erkennen und präzisieren Sie das dabei auftretende Hauptproblem.

5. Gegeben sei ein den Standardvoraussetzungen genügendes autonomes System

$$\boxed{\dot{x} = f(x)} \, .$$

Zeigen Sie, daß sich das Phasenportrait dieses Systems nicht ändert, wenn man die rechte Seite mit einer positiven Konstante multipliziert. Was ändert sich bei einer solchen Manipulation. Was geschieht, wenn die Konstante negativ ist?

3.4 Euler-Polygone

So wie sich im Abschnitt 2.1 bei nichtautonomen Differentialgleichungen aus dem Richtungsfeld im (t, x)-Raum ein Verfahren zur näherungsweisen Bestimmung von *Lösungskurven* ergeben hat, legt das x-Raum-Richtungsfeld eines autonomen Systems

$$\boxed{\dot{x} = f(x)} \, , \qquad f : D \subseteq \mathbb{R}^N \to \mathbb{R}^N$$

ein Verfahren nahe, mit dem man *Trajektorien* näherungsweise berechnen und graphisch darstellen kann. Wir wollen auf diesen Aspekt hier kurz eingehen und das **Euler-Verfahren** in seiner autonomen Ausprägung vorstellen. Da die Vorgehensweise im Grunde die gleiche ist wie im Abschnitt 2.1 (wir projizieren lediglich in den x-Raum), können wir uns hier kurz fassen. Um die positive Halbtrajektorie $O^+(\xi)$ zu einem beliebigen Anfangspunkt ξ aus D näherungsweise zu bestimmen, wählen wir eine feste Schrittweite $h > 0$ und berechnen iterativ (entsprechend der Formel (2.7) auf Seite 47) die Punkte $\xi_0, \xi_1, \xi_2, \ldots$ nach der Vorschrift

$$\xi_0 := \xi \, , \quad \xi_{k+1} := \xi_k + h \cdot f(\xi_k) \, ,$$

natürlich höchstens so lange, wie ξ_k in D verbleibt, d.h. so lange, wie $f(\xi_k)$ überhaupt definiert ist. Verbinden wir dann die jeweils aufeinanderfolgenden Punkte ξ_k und ξ_{k+1} mit einem von ξ_k nach ξ_{k+1} gerichteten Pfeil (siehe Abbildung 3.23), so erhalten wir einen orientierten Polygonzug mit der Eigenschaft, daß jeder der Richtungsvektoren $\xi_{k+1} - \xi_k$ bis auf den Faktor h gerade mit dem entsprechenden Richtungsvektor $f(\xi_k)$ (in der Abbildung 3.23 gestrichelt dargestellt) des Vektorfeldes $x \mapsto f(x)$ übereinstimmt. Mit gutem Recht kann man also den so entstehenden Polygonzug, den wir wieder als **Euler-Polygon** bezeichnen wollen, als Näherung für die Halbtrajektorie $O^+(\xi)$ ansehen. Ferner darf man erwarten, daß sich diese Näherung durch Übergang zu kleineren Schrittweiten noch verbessern läßt. Zur Approximation der *negativen* Halbtrajektorie $O^-(\xi)$ berechnet man analog die Punkte

$$\eta_0 := \xi\,, \quad \eta_{k+1} := \eta_k - h \cdot f(\eta_k)$$

und verbindet sie durch die von η_{k+1} nach η_k zeigenden Richtungsvektoren zu einem gerichteten Polygonzug.

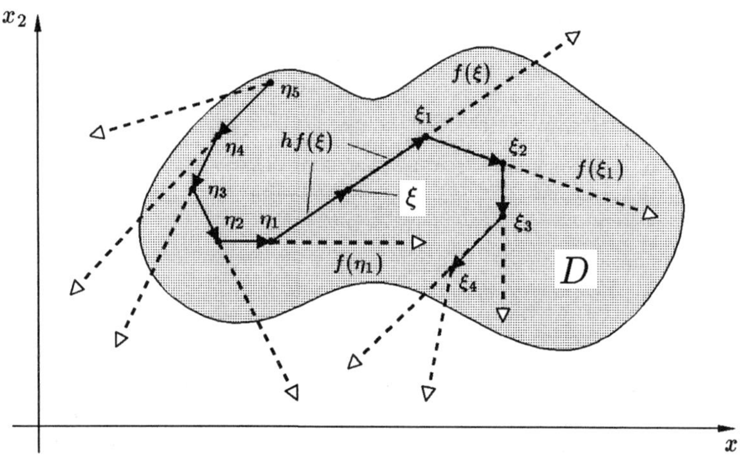

Abb. 3.23 Euler-Polygon des Anfangswertproblems $\dot{x} = f(x)$, $x(0) = \xi$ zur Schrittweite $h = 1/3$

Daß ein auf die beschriebene Weise entstandener Polygonzug die gesuchte Trajektorie $O(\xi)$ im allgemeinen nicht exakt wiedergibt, ist offensichtlich. Bei der Berechnung jedes Stützpunktes ξ_k und η_k begeht man nämlich üblicherweise einen Fehler, der gerade die Abweichung des Richtungsfelds vom Phasenportrait widerspiegelt. Daß die Aufsummierung dieser Fehler dann unter Umständen fatale Folgen für die Interpretation des Euler-Polygons als Näherung für eine Trajektorie haben kann, wollen wir an einem Beispiel demonstrieren.

3.4.1 Beispiel: Wir betrachten das eng mit (3.19) verwandte System

$$\boxed{\dot{x} = y + \tfrac{1}{20}x(1 - x^2 - y^2)\,, \quad \dot{y} = -x + \tfrac{1}{20}y(1 - x^2 - y^2)\,.} \tag{3.24}$$

Als erstes wollen wir zum Anfangswert $\xi = (0\,, 1.5)$ die Halbtrajektorie $O^+(\xi)$ mit Hilfe eines zugehörigen Euler-Polygons näherungsweise darstellen. Dazu wählen wir die Schrittweite $h = 0.5$ und erzeugen den in der Abbildung 3.24 links dargestellten (solide ausgezeichneten) Polygonzug (die gestrichelten Vektoren repräsentieren das Vektorfeld). Augenscheinlich liegt der dem Startpunkt folgende nächste Schnittpunkt des Polygonzuges mit der positiven y-Achse oberhalb des Anfangspunktes $(0\,, 1.5)$, und dies scheint anzudeuten, daß sich die Trajektorie vom Koordinatenursprung wegbewegt. Tatsächlich liegt aber genau das Gegenteil vor, denn die im Punkt $(0\,, 1.5)$ startende Lösung des Systems (3.24) hat, wie man unschwer nachrechnet, die Form

$$\varphi(t; 0, 1.5) = \left(1 - \tfrac{5}{9}\, e^{-\frac{1}{10}t}\right)^{-\frac{1}{2}} \left(\sin t\,, \cos t \right).$$

Die betrachtete Halbtrajektorie ist daher eine auf den Einheitskreis zulaufende Spirale.

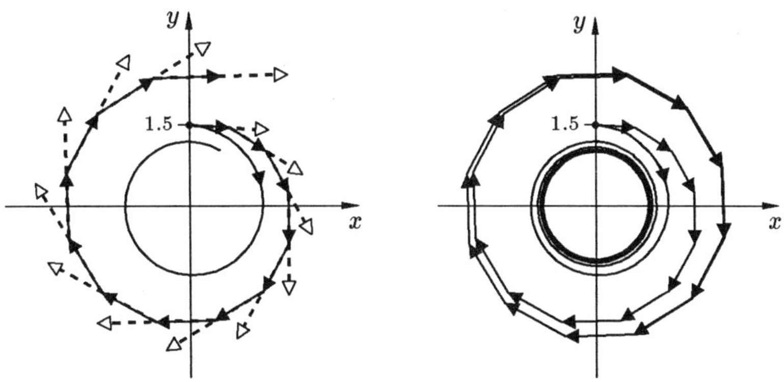

Abb. 3.24 Euler-Polygon zum Anfangspunkt $(0\,, 1.5)$ mit Schrittweite $h = 0.5$ und positive Halbtrajektorie des Systems (3.24)

Erklärlich wird das qualitativ unterschiedliche Verhalten von Polygonzug und Halbtrajektorie dadurch, daß das (wegen der Faktoren $\frac{1}{20}$ in (3.24)) nur sehr schwach auf den Einheitskreis hin gerichtete Vektorfeld nicht in der Lage ist, den stets vom Einheitskreis weg gerichteten Fehler bei der Polygonzug-Approximation zu kompensieren. Im rechten Teilbild der Abbildung 3.24 haben wir sowohl die Halbtrajektorie $O^+(0\,, 1.5)$ als auch das zugehörige Euler-Polygon zur Schrittweite $h = 0.5$ weiter ausgezeichnet. Während die Halbtrajektorie sichtlich gegen den Einheitskreis strebt, spiegelt das Euler-Polygon eine geschlossene, radialsymmetrische (in Wirklichkeit nicht vorhandene) Trajektorie vor, deren Radius etwa bei 2.5 liegt.

Verringert man die Schrittweite des Euler-Verfahrens, so kann man erwarten, daß jeder einzelne Fehler bei der Berechnung der Stützpunkte kleiner wird und man somit ein genaueres Bild vom tatsächlichen Trajektorienverlauf erhält. Die Abbildung 3.25, in der wir die Polygon-Approximation der geschlossenen Einheitskreistrajektorie des Systems (3.24) dargestellt haben, bestätigt dies. Sie vermittelt einen quantitativen Eindruck davon, wie sich die Appoximation verbessert, wenn man ausgehend vom Startpunkt $(0\,,1)$ die Schrittweite h von 0.4 über 0.2 und 0.1 zu 0.05 verkleinert. ◊

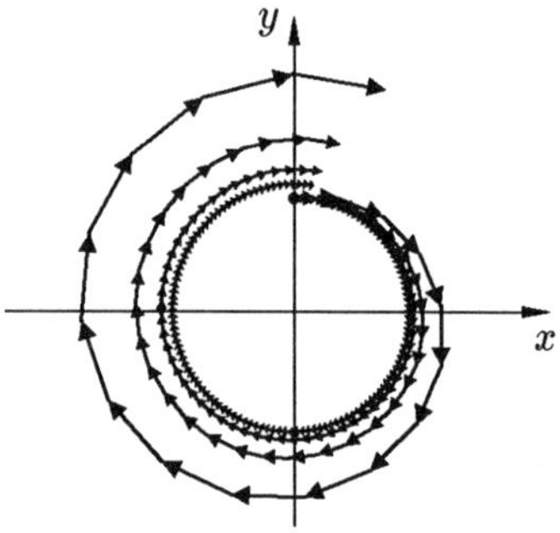

Abb. 3.25
Approximation einer geschlossenen Trajektorie mittels Euler-Polygonen zu vier verschiedenen Schrittweiten

Im vorherigen Beispiel haben wir in drastischer Weise einige Probleme aufgezeigt, die bei der Approximation von *Trajektorien* durch Euler-Polygone auftreten können. Daß entsprechende Ungenauigkeiten auch bei der im Abschnitt 2.1 beschriebenen Approximation von *Lösungskurven* im (t, x)-Raum vorkommen, versteht sich von selbst. Damit nun aber nicht der Eindruck entsteht, wir wollten in diesem ANALYSIS-Buch Näherungsverfahren in irgendeiner Weise diskreditieren, wollen wir jetzt auch noch kurz auf die Meriten der numerischen und graphischen Lösungsapproximation zu sprechen kommen.

Die aufgezeigten Effekte traten in unserem Beispiel so kraß in Erscheinung, weil wir mit dem einfachsten aller Näherungsverfahren gearbeitet haben, zudem mit Schrittweiten, die jedem Praktiker oder Numeriker die Haare zu Berge stehen lassen. Die NUMERISCHE MATHEMATIK stellt eine Vielzahl von Verfahren mit zahlreichen Varianten bereit, die bedeutend genauere Ergebnisse liefern als das vorgestellte einfache Euler-Verfahren. Wenn auch die geschilderten Probleme nie ganz aus der Welt zu schaffen sind, so kann man doch oftmals durch Wahl eines geeigneten Näherungsverfahrens die störenden Auswirkungen der Approximations- und Rundungsfehler in einem Rahmen halten, der für den jeweiligen Zweck akzeptabel ist. Auch liefert die Theorie zur numerischen Behandlung von Differentialgleichungen zahlreiche Abschätzungen für die Größe der auftretenden Fehler.

Schließlich soll nicht unerwähnt bleiben, daß die meisten aus der Praxis stammenden Differentialgleichungen so kompliziert sind, daß man bei deren Analyse ohne numerische Methoden nicht auskommt, und somit die Näherungsverfahren unverzichtbare methodische Instrumente darstellen. Tatsächlich gestattet in aller Regel erst das Zusammenwirken von analytischen und numerischen Methoden eine zufriedenstellende Analyse praxisnaher Differentialgleichungen.

An Hand der Differentialgleichung für das mathematische Pendel (mit dem in der Abbildung 3.26 skizzierten Richtungsfeld) wollen wir abschließend noch demonstrieren, daß man schon mit dem einfachen Euler-Verfahren Einblicke in das Phasenportrait gewinnen kann, die über das bislang Erreichte hinausgehen.

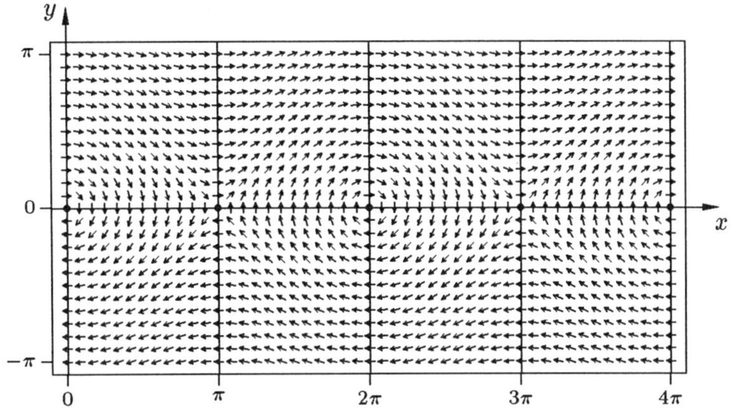

Abb. 3.26 Richtungsfeld, Isoklinen und Monotoniebereiche des Systems $\dot{x} = y$, $\dot{y} = -\sin x$

3.4.2 Beispiel: Wir wollen unseren aktuellen Kenntnisstand zum Phasenportrait des Systems

$$\boxed{\dot{x} = y\,, \quad \dot{y} = -\sin x}$$

erweitern. Das in der Abbildung 3.26 skizzierte Richtungsfeld legt nahe, zum Beispiel die Trajektorien zu verschiedenen Anfangspunkten auf der y-Achse ins Auge zu fassen und Polygon-Approximationen hierfür zu bestimmen. Zu diesem Zwecke wählen wir die Schrittweite $h = 0.1$ und berechnen für die positiven Halbtrajektorien zu den Anfangspunkten $(0, 0.5)$, $(0, 1)$, $(0, 1.5)$, $(0, 2)$, $(0, 2.5)$ und $(0, 3)$ die zugehörigen Polygon-Approximationen mit jeweils 50 Stützstellen. Wie man der Abbildung 3.27 entnimmt, deuten die Approximationen zu

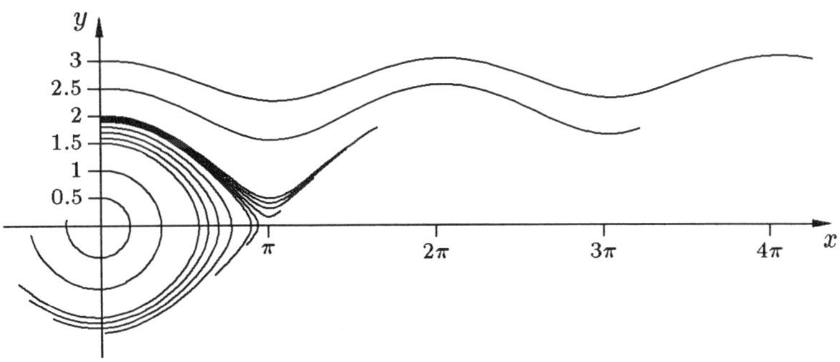

Abb. 3.27 Euler-Polygone mit Schrittweite $h = 0.1$ und jeweils 50 Stützstellen für das System $\dot{x} = y$, $\dot{y} = -\sin x$

den drei Halbtrajektorien $O^+(0,0.5)$, $O^+(0,1)$ und $O^+(0,1.5)$ eine kreis- oder spiralförmige Gestalt an, während die Näherungen für $O^+(0,2)$, $O^+(0,2.5)$ und $O^+(0,3)$ nach rechts hin verlaufen und damit ein qualitativ unterschiedliches Verhalten zeigen. Den gleichen qualitativen Sprung sehen wir, wenn wir zwischen $(0,1.5)$ und $(0,2)$ weitere Anfangspunkte einfügen. Die Änderung tritt dann beim Übergang von $(0,1.9)$ zu $(0,2)$ auf. Bei nochmaliger Verringerung der Abstände zwischen den Anfangspunkten findet der Wechsel des qualitativen Trajektorienverlaufs zwischen $O^+(0,1.92)$ und $O^+(0,1.94)$ statt.

Die durchgeführten Überlegungen und Berechnungen liefern einige neue Erkenntnisse im Hinblick auf die Gestalt des Phasenportraits der Pendelgleichung, das wir mit den uns im Moment zur Verfügung stehenden Mitteln anderweitig noch nicht behandeln können. Ferner lassen sich auch Vermutungen über die Existenz gewisser Trajektorien anstellen, die insofern eine besondere Rolle spielen, als sie Trajektorien verschiedenen Typs voneinander abgrenzen. Die Tatsache, daß der Punkt $(\pi, 0)$ eine Ruhelage des betrachteten Systems ist, nährt zum Beispiel den Verdacht, daß irgendwo zwischen den Punkten $(0,1.9)$ und $(0,2)$ auf der y-Achse eine oder mehrere Halbtrajektorien starten, die auf die Ruhelage $(\pi, 0)$ zulaufen. Vermutungen dieser Art können wir im Moment weder verifizieren noch widerlegen, mit den Erkenntnissen des Kapitels 5 wird dies jedoch leicht möglich sein. ◊

Aufgaben

1. Berechnen und skizzieren Sie eine Polygonzug-Approximation für die Trajektorie $O(0,0.5)$ des Systems

$$\boxed{\dot{x} = y + \tfrac{1}{20}\,x(1-x^2-y^2)\,,\quad \dot{y} = -x + \tfrac{1}{20}\,y(1-x^2-y^2)}$$

(vgl. Beispiel 3.4.1). Interpretieren Sie insbesondere die Gestalt der Näherung für die negative Halbtrajektorie $O^-(0,0.5)$ im Vergleich zur Näherung für die positive Halbtrajektorie $O^+(0,0.5)$.

2. Bestimmen Sie mit Hilfe von Polygonzug-Approximationen eine Näherung für das Phasenportrait des speziellen Räuber-Beute-Systems

$$\boxed{\dot{x} = x(1-y)\,,\quad \dot{y} = y(x-1)}$$

und vergleichen Sie das Ergebnis mit den in der Aufgabe 4 des Abschnitts 3.3 gewonnenen Erkenntnissen. Läßt sich das dort beschriebene Hauptproblem nun beheben?

3. Gegeben sei ein nichtautonomes System

$$\boxed{\dot{x} = f(t,x)}$$

und das gemäß Satz 3.1.6 zugehörige autonome System

$$\boxed{\dot{s} = 1\,,\quad \dot{y} = f(s,y)}\,.$$

Beschreiben Sie die zu diesen Systemen gehörigen Euler-Verfahren und vergleichen Sie die beiden Verfahren miteinander.

3.5 Rückschau und Ausblick

Im Kapitel 3 haben wir uns eingehend mit *autonomen* Systemen beschäftigt, deren große Bedeutung darin liegt, daß sie eine gegenüber den allgemeinen nichtautonomen Systemen wesentlich reichhaltigere Theorie zulassen. Dieser für die Entwicklung der modernen Theorie der DYNAMISCHEN SYSTEME ausschlaggebende Sachverhalt wird uns an verschiedenen Stellen dieses Buches wieder begegnen, besonders eindringlich im Kapitel 7, wo wir im Kontext autonomer Systeme einige fundamentale Konzepte der Stabilitäts- und Verzweigungstheorie beschreiben.

Unser primäres Ziel beim Studium autonomer Systeme im Kapitel 3 war, die Besonderheiten der Existenztheorie für diese Klasse von Systemen und die sich daraus ergebenden Konsequenzen herauszuarbeiten. Im Hinblick auf den weiteren Einsatz der dabei gewonnenen Einsichten wollen wir die für das folgende relevanten Erkenntnisse nochmals zusammenfassen.

Das fundamentale Ergebnis im Zusammenhang mit autonomen Systemen ist die im Satz 3.1.1 beschriebene Translationsinvarianz der Lösungen und die sich daraus ergebende Möglichkeit, die *allgemeine Lösung* $\lambda(t;\tau,\xi)$ durch Normierung der Anfangszeit τ zu 0 in vereinfachter Form als *Fluß* $\varphi(t;\xi)$ zu beschreiben. Eine Zusammenstellung der wesentlichen Eigenschaften der allgemeinen Lösung im speziellen Gewand eines Flusses findet man in den Sätzen 3.1.3 und 3.1.4. Die Konsequenzen der Translationsinvarianz im Hinblick auf die *geometrische* Veranschaulichung der Lösungsgesamtheit werden im Abschnitt 3.2 beschrieben, wo zunächst der Begriff der *Trajektorie* eingeführt und dann erklärt wird, wie man mit Hilfe von Trajektorien das Verhalten einzelner Lösungen autonomer Systeme durch Projektion der im (t,x)-Raum verlaufenden Lösungskurven in den x-Raum, den sogenannten *Phasenraum*, beschreiben kann. In diesem Zusammenhang ist der Klassifikationssatz 3.2.5 zu erwähnen, der die Menge aller Trajektorien übersichtlich in drei Klassen einteilt, nämlich die konstanten, die periodischen und die doppelpunktfreien. Die Gesamtheit *aller* Trajektorien, das sogenannte *Phasenportrait*, steht dann im Mittelpunkt des Abschnitts 3.3. Dort findet der globale Existenz- und Eindeutigkeitssatz für den Fall autonomer Systeme seine geometrische Veranschaulichung im Satz 3.3.1, in dem die disjunkte Zerlegung des Phasenraums in die einzelnen Trajektorien beschrieben wird. Basierend auf der autonomen Variante des *Richtungsfelds* wird schließlich im Abschnitt 3.4 die auf autonome Systeme zugeschnittene Variante des Polygonzugverfahrens erklärt, mit deren Hilfe sich einzelne Trajektorien oder auch ganze Phasenportraits näherungsweise geometrisch darstellen lassen. Dieser für die approximative Lösungsberechnung und -darstellung nützliche Aspekt der Theorie wird im vorliegenden, an der analytischen Theorie ausgerichteten Buch nur am Rande erwähnt und nicht weiter verfolgt. Für weitergehende Untersuchungen in dieser Richtung verweisen wir auf die NUMERISCHE MATHEMATIK, in der die numerische Behandlung von Differentialgleichungen ein zentrales Thema darstellt.

Nach der Lektüre des Kapitels 3 sollte der Leser in der Lage sein, zwischen der allgemeingültigen Veranschaulichung nichtautonomer Systeme $\dot{x} = f(t,x)$ im (t,x)-Raum und der Veranschaulichung autonomer Systeme $\dot{x} = f(x)$ im x-Raum zu unterscheiden. In engem Zusammenhang hiermit steht die Unterscheidung der beiden zugehörigen Richtungsfeldtypen und die auf der Seite 111 beschriebene Beziehung zwischen den *Lösungen* und den *Trajektorien* eines autonomen Systems.

Im nun folgenden Kapitel 4 setzen wir das Studium spezieller Differentialgleichungstypen fort, und zwar mit dem dimensionsmäßig einfachsten Typ, nämlich den *skalaren* Differentialgleichungen. Im Mittelpunkt stehen dabei die Methoden zur expliziten Berechnung von Lösungen. Basierend auf dem Abschnitt 4.1 über die sogenannten *exakten* Differentialgleichungen wird der Leser in den nachfolgenden Abschnitten 4.2 und 4.3 über *integrierende Faktoren* bzw. *Transformationen* in die Lage versetzt, für verschiedene Typen skalarer Differentialgleichungen jeweils die allgemeine Lösung zu berechnen. Zahlreiche Beispiele und Aufgaben ermöglichen es dem Leser, sich mit diesem heutzutage nicht mehr zentralen, aber dennoch unverzichtbaren Aspekt der Theorie gewöhnlicher Differentialgleichungen auseinanderzusetzen.

4 Skalare Differentialgleichungen

Nachdem nun die allgemeinen theoretischen Grundlagen bereitliegen, wollen wir damit beginnen, einzelne Klassen von Differentialgleichungen näher zu untersuchen. In diesem Kapitel wenden wir uns dem dimensionsmäßig einfachsten Typ zu, nämlich den *skalaren* Differentialgleichungen. Spezielles Augenmerk legen wir dabei auf die Entwicklung von Methoden, mit denen man Lösungen ausrechnen kann. Wie schon mehrmals erwähnt, stehen solche Methoden heutzutage nicht mehr im Mittelpunkt des Interesses, wir wollen es aber dennoch nicht versäumen, einen Großteil der einschlägigen Lösungstechniken vorzustellen und dabei insbesondere einzelne Klassen von skalaren Differentialgleichungen auszuzeichnen, bei denen man die Lösbarkeit und die dazu passende Lösungstechnik leicht erkennen kann.

4.1 Exakte Differentialgleichungen

Die Grundidee unserer Vorgehensweise ist geometrisch-analytischer Natur und läßt sich wie folgt beschreiben. Auf Grund des Satzes 2.6.6 wissen wir, daß der Definitionsbereich $D \subseteq \mathbb{R}^2$ einer den Standardvoraussetzungen genügenden skalaren Differentialgleichung

$$\boxed{\dot{x} = f(t,x)}$$

die disjunkte Vereinigung aller Lösungskurven ist. Aus geometrischer Sicht bedeutet also das „Lösen" dieser Differentialgleichung nichts anderes als das Erkennen der von den Lösungskurven gebildeten Partition von D. Wir erinnern uns nun an die aus der ANALYSIS bekannte Tatsache, daß eine C^1-Funktion $S : D \subseteq \mathbb{R}^2 \to \mathbb{R}$ eine zwei-dimensionale Fläche im $\mathbb{R}^3$ beschreibt, und daß die Niveaumengen einer solchen Funktion eine disjunkte Zerlegung ihres Definitionsbereichs bilden. In aller Regel handelt es sich dabei (nach dem Satz über implizite Funktionen) sogar um eine Zerlegung in C^1- Kurven. Wir werden daher versuchen, die von der Differentialgleichung bewirkte disjunkte Zerlegung von D in ihre Lösungskurven als die Niveaulinien-Zerlegung einer geeigneten Funktion $S : D \to \mathbb{R}$ zu bestimmen.

Aus Gründen, auf die wir in Kürze eingehen werden, schreiben wir in diesem Abschnitt skalare Differentialgleichungen meist in der impliziten Form

$$\boxed{\dot{x}\, g(t,x) + h(t,x) = 0}\,, \qquad (4.1)$$

wobei die Funktionen $g, h : \widetilde{D} \to \mathbb{R}$ auf einer offenen Menge $\widetilde{D} \subseteq \mathbb{R}^2$ stetig und bezüglich x Lipschitz-stetig sind. Wollen wir auf eine solche *implizite* Differentialgleichung die bislang entwickelte Theorie anwenden, so müssen wir dem eigentlichen Definitionsbereich $\widetilde{D}$ der Gleichung (4.1) einen zweiten, eingeschränkten Definitionsbereich an die Seite stellen, nämlich

$$D := \left\{(t, x) \in \widetilde{D} : g(t, x) \neq 0\right\} .$$

Wir entfernen also aus $\widetilde{D}$ alle diejenigen Stellen, an denen die Funktion $g(t, x)$ verschwindet. Der Grund hierfür ist, daß sich die Gleichung (4.1) nur auf dieser eingeschränkten, im übrigen offenen Menge D nach $\dot{x}$ auflösen läßt, und damit nur dort als *explizite* Differentialgleichung, nämlich als

$$\boxed{\dot{x} = -\frac{h(t, x)}{g(t, x)}} \tag{4.2}$$

geschrieben und behandelt werden kann. In diesem Zusammenhang sei an die aus dem Abschnitt 2.4 bekannte Tatsache erinnert, daß der Quotient zweier Lipschitz-stetiger Funktionen wieder Lipschitz-stetig ist, und somit die Differentialgleichung (4.2) auf D unseren Standardvoraussetzungen genügt. Wie bisher bezeichnen wir dann für jeden Punkt $(\tau, \xi) \in D$ mit $I_{max}(\tau, \xi)$ das maximale Lösungsintervall und mit $\lambda(t; \tau, \xi)$ die allgemeine Lösung. Es sei nochmals ausdrücklich darauf hingewiesen, daß diese Begriffe zunächst nur für die *explizite* Differentialgleichung (4.2) erklärt sind, sich aber sinngemäß auf die Einschränkung der *impliziten* Differentialgleichung (4.1) auf die Menge D, in der die Funktion $g(t, x)$ nicht verschwindet, übertragen lassen.

Im Hinblick auf die Umsetzung der gerade beschriebenen geometrischen Idee aus der ANALYSIS wählen wir als Ausgangspunkt unserer Untersuchungen Differentialgleichungen der impliziten Form (4.1), bei denen die beiden Funktionen $g(t, x)$ und $h(t, x)$ in einer ganz bestimmten, nun zu erklärenden Weise über eine dritte Funktion miteinander verknüpft sind.

4.1.1 Definition: *Die Differentialgleichung (4.1) mit dem Definitionsbereich $\widetilde{D}$ heißt* **exakt**, *wenn das Funktionenpaar $g(t, x)$, $h(t, x)$ eine* **Stammfunktion** *besitzt, d.h. wenn es eine C^1-Funktion $S : \widetilde{D} \to \mathbb{R}$ gibt mit*

$$\frac{\partial S}{\partial t}(t, x) = h(t, x) \quad \textit{und} \quad \frac{\partial S}{\partial x}(t, x) = g(t, x) \quad \textit{für alle } (t, x) \in \widetilde{D} . \tag{4.3}$$

Wie bei Funktionen *einer* reellen Veränderlichen gibt es auch zu einem Funktionenpaar $g(t, x)$, $h(t, x)$ von *zwei* reellen Veränderlichen, und damit auch zu jeder Differentialgleichung der Form (4.1), wenn überhaupt eine, dann stets gleich unendlich viele Stammfunktionen. Diese unterscheiden sich aber auf jedem Teilgebiet $\widetilde{G}$ von $\widetilde{D}$ lediglich durch eine additive Konstante, denn die Differenz zweier

Stammfunktionen ist, wie man der Definition 4.1.1 entnimmt, eine C^1-Funktion mit identisch verschwindenden partiellen Ableitungen, also eine auf der zusammenhängenden Menge $\widetilde{G}$ konstante Funktion.

Die Definition 4.1.1 wirft sofort die Frage nach dem Nutzen auf, den die Existenz einer Stammfunktion, also die Exaktheit der Differentialgleichung (4.1), im Hinblick auf die *Lösbarkeit* dieser Gleichung mit sich bringt. Auskunft hierüber erteilt der folgende Satz, der besagt, daß Stammfunktionen längs Lösungskurven konstant sind.

4.1.2 Satz (Bedeutung einer Stammfunktion für die Lösungsbestimmung): *Gegeben sei eine offene Menge $\widetilde{D} \subseteq \mathbb{R}^2$ und zwei stetige und bezüglich x Lipschitz-stetige Funktionen $g, h : \widetilde{D} \longrightarrow \mathbb{R}$. Die damit gebildete Differentialgleichung*

$$\boxed{\dot{x}\, g(t,x) + h(t,x) = 0} \tag{4.4}$$

sei exakt, $S : \widetilde{D} \longrightarrow \mathbb{R}$ sei eine zugehörige Stammfunktion und $D := \{(t,x) \in \widetilde{D} : g(t,x) \neq 0\}$ sei ihr eingeschränkter Definitionsbereich. Dann gilt:

(i) Für die allgemeine Lösung $\lambda(t;\tau,\xi)$ gilt die Beziehung

$$S\big(t, \lambda(t;\tau,\xi)\big) = S(\tau,\xi) \quad \text{für alle } (\tau,\xi) \in D,\ t \in I_{max}(\tau,\xi)\,. \tag{4.5}$$

(ii) Für jedes Anfangswertepaar $(\tau,\xi) \in D$ besteht die Niveaumenge

$$N(\tau,\xi) := \big\{(t,x) \in D : S(t,x) = S(\tau,\xi)\big\}$$

der Funktion $S(t,x)$ aus Lösungskurven von (4.4), insbesondere enthält sie die Lösungskurve

$$L(\tau,\xi) = \big\{\big(t, \lambda(t;\tau,\xi)\big) : t \in I_{max}(\tau,\xi)\big\}$$

durch den Punkt (τ,ξ).

Beweis: (i) Für jedes Anfangswertepaar $(\tau,\xi) \in D$ gilt auf $I_{max}(\tau,\xi)$ die Lösungsidentität

$$\dot{\lambda}(t;\tau,\xi) \cdot g\big(t, \lambda(t;\tau,\xi)\big) + h\big(t, \lambda(t;\tau,\xi)\big) \equiv 0\,. \tag{4.6}$$

Daraus folgt dann mit der Kettenregel der Differentialrechnung

$$\frac{d}{dt} S\big(t, \lambda(t;\tau,\xi)\big) \equiv \frac{\partial S}{\partial t}\big(t, \lambda(t;\tau,\xi)\big) + \frac{\partial S}{\partial x}\big(t, \lambda(t;\tau,\xi)\big) \cdot \dot{\lambda}(t;\tau,\xi) \overset{(4.3)}{\equiv}$$
$$\overset{(4.3)}{\equiv} h\big(t, \lambda(t;\tau,\xi)\big) + g\big(t, \lambda(t;\tau,\xi)\big) \cdot \dot{\lambda}(t;\tau,\xi) \overset{(4.6)}{\equiv} 0\,.$$

Und hieraus ergibt sich die Konstanz der Funktion $S(t, \lambda(t;\tau,\xi))$ für alle $t \in I_{max}(\tau,\xi)$. Den konstanten Funktionswert erhält man, indem man $t = \tau$ setzt und (2.54) beachtet.

(ii) Wir haben zu zeigen, daß mit jedem Punkt $(\sigma, \eta) \in N(\tau, \xi)$ die gesamte Lösungskurve $L(\sigma, \eta)$ zu $N(\tau, \xi)$ gehört. Sei also $(\sigma, \eta) \in N(\tau, \xi)$, d.h. $S(\sigma, \eta) = S(\tau, \xi)$. Für jedes $t \in I_{max}(\sigma, \eta)$ gilt dann nach dem bereits bewiesenen Teil des Satzes $S(t, \lambda(t; \sigma, \eta)) = S(\sigma, \eta) = S(\tau, \xi)$, also $(t, \lambda(t; \sigma, \eta)) \in N(\tau, \xi)$. Insbesondere gilt diese Überlegung für $(\sigma, \eta) = (\tau, \xi)$, und dies beweist die Beziehung $L(\tau, \xi) \subseteq N(\tau, \xi)$. ∎

Was den Nutzen des Satzes 4.1.2 im Hinblick auf die Lösungsbestimmung angeht, so stellen wir fest, daß er zwar keine explizite Lösungsformel, also keinen analytischen Ausdruck für die allgemeine Lösung liefert, aber immerhin noch die implizite Darstellung (4.5). Daß man hieraus unter Umständen sogar eine Formel für die allgemeine Lösung herleiten kann, werden wir gleich an Hand von Beispielen sehen.

Darüberhinaus besagt der Satz 4.1.2, daß die zu einem beliebigen Anfangswertepaar $(\tau, \xi) \in D$ gesuchte Lösungskurve $L(\tau, \xi)$ eine Teilmenge der Niveaumenge $N(\tau, \xi)$ ist. Diese Menge ist nichts anderes als der Durchschnitt des eingeschränkten Definitionsbereichs D mit der Menge

$$\widetilde{N}(\tau, \xi) := \left\{(t, x) \in \widetilde{D} : S(t, x) = S(\tau, \xi)\right\},$$

die man als Nullstellenmenge der Funktion $S(t, x) - S(\tau, \xi)$, oder als Niveaumenge der durch die Funktion $S : \widetilde{D} \longrightarrow \mathbb{R}$ beschriebenen zwei-dimensionalen Fläche im $\mathbb{R}^3$ ansehen kann. Es ist nun bemerkenswert, daß die Niveaumengen $\widetilde{N}(\tau, \xi)$, $(\tau, \xi) \in \widetilde{D}$, der Funktion $S(t, x)$ noch (aus Sicht der Lösungsbestimmung) unschöne Eigenschaften haben können wie „Kreuzungspunkte" oder senkrechte Tangenten. Ihre jeweiligen Durchschnitte mit D sind jedoch, wie der Satz aussagt, nichts anderes als Vereinigungsmengen von Lösungskurven, welche bekanntlich, ohne sich gegenseitig zu schneiden, in D von Rand zu Rand verlaufen.

Um also zu einem vorgegebenen Anfangspunkt $(\tau, \xi) \in D$ die Lösungskurve $L(\tau, \xi)$ zu finden, muß man zunächst die Menge $\widetilde{N}(\tau, \xi)$ und dann durch „Ausblenden" der Nullstellenmenge von $g(t, x)$ die Menge $N(\tau, \xi)$ bestimmen. Diese letztere Menge kann zwar, wie wir gleich in Beispielen sehen werden, aus mehreren Lösungskurven bestehen, aber nur eine davon enthält den Punkt (τ, ξ). Diese ist dann gerade die gesuchte Lösungskurve $L(\tau, \xi)$. In diesem Sinne liefert also jede Stammfunktion einer exakten Differentialgleichung mittels ihrer Niveaumengen sämtliche Lösungskurven, und somit kann jede exakte Differentialgleichung als explizit lösbar angesehen werden.

Wie man die im Satz 4.1.2 beschriebenen theoretischen Erkenntnisse in die Praxis umsetzt und welche Probleme dabei auftreten können, wollen wir uns nun an mehreren Beispielen näher ansehen.

4.1.3 Beispiel: Die Differentialgleichung

$$\boxed{\dot{x}t + x + t^2 = 0} \tag{4.7}$$

ist auf dem gesamten $\mathbb{R}^2$ exakt, denn die Funktion

$$S(t, x) := tx + \frac{t^3}{3}$$

ist wegen $\frac{\partial S}{\partial x}(t,x) = t$ und $\frac{\partial S}{\partial t}(t,x) = x + t^2$ eine zugehörige Stammfunktion. In der Abbildung 4.1 haben wir den Rand (strichpunktiert) des eingeschränkten Definitionsbereichs $D = \{(t,x) \in \mathbb{R}^2 : t \neq 0\}$ sowie das Richtungsfeld der Differentialgleichung (4.7) skizziert.

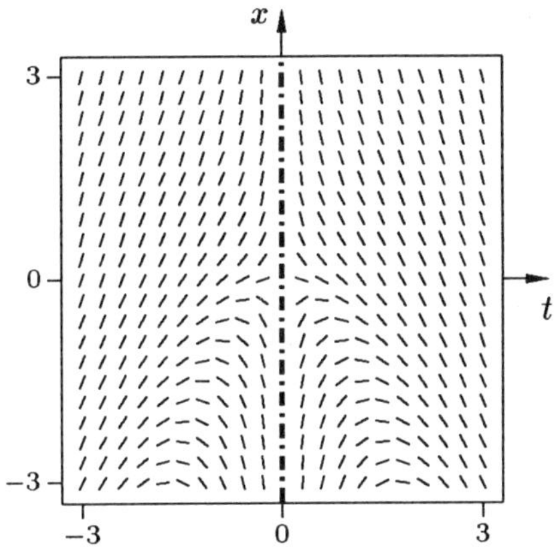

Abb. 4.1
Eingeschränkter Definitionsbereich und Richtungsfeld der Differentialgleichung $\dot{x}\,t + x + t^2 = 0$

Für jeden Punkt $(\tau, \xi) \in \widetilde{D} = \mathbb{R}^2$ hat die Niveaumenge $\widetilde{N}(\tau,\xi)$ die Form $\{(t,x) \in \mathbb{R}^2 : tx + \frac{t^3}{3} = \tau\xi + \frac{\tau^3}{3}\}$. Indem wir zwei Fälle unterscheiden, erhalten wir die Darstellung

$$\widetilde{N}(\tau,\xi) = \begin{cases} \left\{\left(t\,,\, \frac{1}{t}(\tau\xi + \frac{\tau^3}{3}) - \frac{t^2}{3}\right) : t \neq 0\right\}, & \text{falls } \tau\xi + \frac{\tau^3}{3} \neq 0\,, \\ \left\{(0\,,x) : x \in \mathbb{R}\right\} \cup \left\{\left(t\,, -\frac{t^2}{3}\right) : t \in \mathbb{R}\right\}, & \text{falls } \tau\xi + \frac{\tau^3}{3} = 0\,. \end{cases}$$

Im ersten Fall besteht die Menge $\widetilde{N}(\tau,\xi)$ aus zwei Kurven, von denen genau eine (die gestrichelte in der Abbildung 4.2 links) den vorgegebenen Punkt (τ,ξ) enthält. Diese ist dann nach Satz 4.1.2 die gesuchte, in D von Rand zu Rand verlaufende Lösungskurve durch (τ,ξ). Im zweiten Fall besteht $\widetilde{N}(\tau,\xi)$ aus zwei sich (allerdings außerhalb von D) schneidenden Kurven (siehe Abbildung 4.2 rechts). Der Durchschnitt $N(\tau,\xi)$ von $\widetilde{N}(\tau,\xi)$ mit D ist aber wieder die Vereinigung zweier Lösungskurven, von denen eine (die gestrichelte) durch den gegebenen Punkt (τ,ξ) verläuft.

Im vorliegenden Fall kann man aus der Darstellung $\{(t,x) \in \mathbb{R}^2 : t(x + \frac{t^2}{3}) = \tau\xi + \frac{\tau^3}{3}\,,\, t \neq 0\}$ von $N(\tau,\xi)$ sogar die analytische Form der allgemeinen Lösung ablesen. Es gilt nämlich

$$\lambda(t;\tau,\xi) = \frac{1}{t}\left(\tau\xi + \frac{\tau^3}{3}\right) - \frac{t^2}{3}\,,$$

wie man leicht mit Hilfe des Satzes 4.1.2 bestätigt. Eine Vorstellung vom Lösungsportrait der Gleichung vermittelt die Abbildung 4.3. ◊

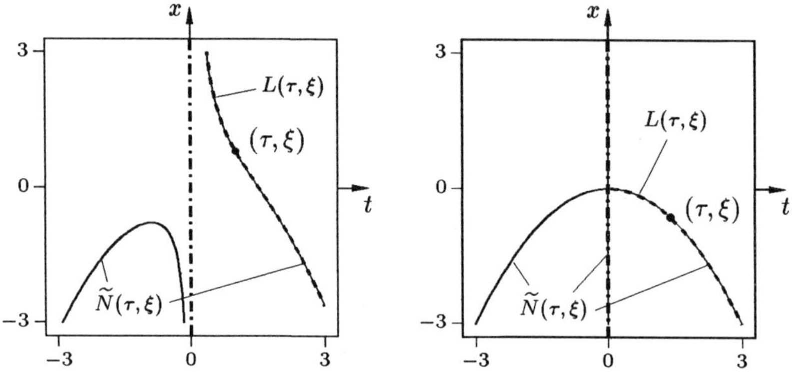

Abb. 4.2 Zwei verschiedene Niveaumengen der Stammfunktion $S(t,x) = tx + t^3/3$ zur Differentialgleichung $\dot{x}\,t + x + t^2 = 0$, links: $\tau\xi + \tau^3/3 \neq 0$, rechts: $\tau\xi + \tau^3/3 = 0$

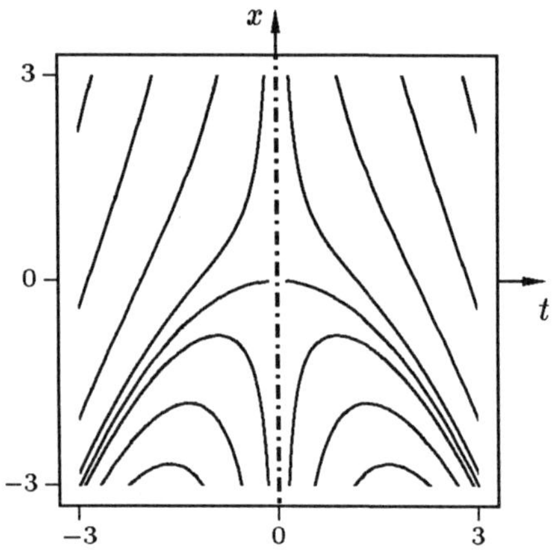

Abb. 4.3 Lösungskurven der Differentialgleichung $\dot{x}\,t + x + t^2 = 0$

Daß man im vorherigen Beispiel sogar die explizite Darstellung der allgemeinen Lösung angeben kann, liegt offensichtlich daran, daß sich dort die Gleichung $S(t,x) = S(\tau,\xi)$, die ja die Menge $N(\tau,\xi)$ beschreibt, explizit nach x auflösen läßt. Dies ist eine besonders glückliche und nicht häufig anzutreffende Situation. Im nächsten Beispiel ist die Auflösung nach x nicht möglich, wir werden uns aber dennoch zu helfen wissen.

4.1.4 Beispiel: Wir gehen jetzt den umgekehrten Weg und geben die auf dem $\mathbb{R}^2$ definierte Funktion

$$S(t,x) := t\,x\,e^x$$

als Stammfunktion für eine Differentialgleichung vor. Diese Gleichung ist dann natürlich exakt und hat im vorliegenden Fall die Form

$$\boxed{\dot{x}\,t\,e^x(1+x) + xe^x = 0}\,.$$

Ihr eigentlicher Definitionsbereich ist der gesamte $\mathbb{R}^2$, für die Suche nach Lösungskurven ist jedoch der eingeschränkte Definitionsbereich $D = \{(t,x) \in \mathbb{R}^2 : t(1+x) \neq 0\}$ maßgebend (siehe Abbildung 4.4). Die Stammfunktion $S(t,x)$ ist in diesem Beispiel so gewählt, daß man für keinen Anfangspunkt $(\tau,\xi) \in D$ (außer im Fall $\xi = 0$) die Auflösung der Gleichung $S(t,x) = S(\tau,\xi)$, hier also $txe^x = \tau\xi e^\xi$, nach x tatsächlich durchführen kann. Bei genauerem Hinsehen bietet sich jedoch sogleich ein Ausweg an, die Gleichung läßt sich nämlich für $x \neq 0$ nach t auflösen. Wir erhalten somit wieder für jeden Anfangspunkt $(\tau,\xi) \in D$ eine übersichtliche Darstellung von $N(\tau,\xi)$. Hat der Punkt (τ,ξ) eine verschwindende zweite Koordinate, so gilt

$$N(\tau,0) = \{(t,x) \in D : txe^x = 0\} = \{(t,0) \in \mathbb{R}^2 : t \neq 0\},$$

andernfalls

$$N(\tau,\xi) = \{(t,x) \in D : txe^x = \tau\xi e^\xi \neq 0\} = \{(\tfrac{\tau\xi}{x} e^{\xi-x}, x) \in \mathbb{R}^2 : x \neq 0\}.$$

Bis auf die beiden horizontalen Lösungskurven (die beiden t-Halbachsen) lassen sich also alle Lösungskurven als Graphen von Funktionen mit t in Abhängigkeit von x darstellen (siehe Abbildung 4.4). $\diamond$

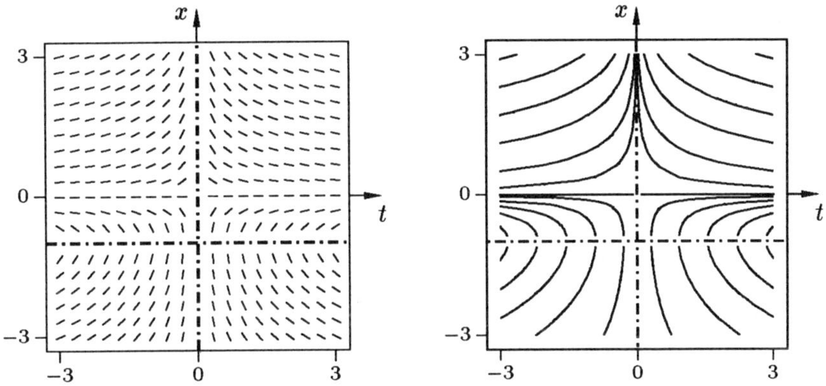

Abb. 4.4 links: Eingeschränkter Definitionsbereich, Richtungsfeld und rechts: Lösungsportrait der Differentialgleichung $\dot{x}\, te^x(1+x) + xe^x = 0$

Nachdem wir nun den Wert der Exaktheit einer Differentialgleichung erkannt haben, stellt sich die Frage, wie man diese Kenntnis bei einer vorgegebenen Gleichung nutzen kann, für die man (noch) keine Stammfunktion kennt. Im Moment gehen wir wieder von Differentialgleichungen in der impliziten Form (4.1) aus und präzisieren die Fragestellung wie folgt:

(1) Wie stellt man fest, ob eine Gleichung der Form (4.1) exakt ist?

(2) Wie berechnet man gegebenenfalls eine Stammfunktion?

Im Hinblick auf die Beantwortung der ersten Frage betrachten wir zunächst die sogenannte **Integrabilitätsbedingung**

$$\frac{\partial g}{\partial t}(t,x) \;=\; \frac{\partial h}{\partial x}(t,x) \quad \text{für alle } (t,x) \in \widetilde{D}\,. \tag{4.8}$$

Diese Bedingung erweist sich unter der zusätzlichen Voraussetzung, daß die Funktionen $g(t,x)$ und $h(t,x)$ stetig differenzierbar sind, als eine notwendige Bedingung für die Exaktheit der Differentialgleichung (4.1). Ist nämlich (4.1) exakt, so ist die zugehörige Stammfunktion $S(t,x)$ wegen der Beziehung (4.3) eine C^2-Funktion und es gilt

$$\frac{\partial g}{\partial t}(t,x) \overset{(4.3)}{\equiv} \frac{\partial^2 S}{\partial t \partial x}(t,x) \;\equiv\; \frac{\partial^2 S}{\partial x \partial t}(t,x) \overset{(4.3)}{\equiv} \frac{\partial h}{\partial x}(t,x) \quad \text{auf } \widetilde{D}\,.$$

Es wäre nun schön, wenn die Integrabilitätsbedingung (4.8) auch hinreichend wäre für die Exaktheit von (4.1). Dem ist aber leider nicht so, wie das folgende Beispiel zeigt.

4.1.5 Beispiel: Für die auf $\widetilde{D} := \mathbb{R}^2 \setminus \{(0,0)\}$ erklärte Differentialgleichung

$$\boxed{\dot{x}\,\frac{t}{t^2+x^2} - \frac{x}{t^2+x^2} = 0} \tag{4.9}$$

ist die Integrabilitätsbedingung (4.8) erfüllt, denn mit $g(t,x) := \frac{t}{t^2+x^2}$ und $h(t,x) := -\frac{x}{t^2+x^2}$ gilt auf $\widetilde{D}$ die Identität

$$\frac{\partial g}{\partial t}(t,x) \;\equiv\; \frac{x^2-t^2}{(t^2+x^2)^2} \;\equiv\; \frac{\partial h}{\partial x}(t,x)\,.$$

Die Differentialgleichung (4.9) ist aber dennoch nicht exakt, wie der folgende Widerspruchsbeweis zeigt. Wir nehmen an, die Gleichung (4.9) wäre exakt, besäße also eine Stammfunktion $S : \widetilde{D} \to \mathbb{R}$, d.h. es gilt

$$\frac{\partial S}{\partial t}(t,x) \;\equiv\; -\frac{x}{t^2+x^2} \quad \text{und} \quad \frac{\partial S}{\partial x}(t,x) \;\equiv\; \frac{t}{t^2+x^2} \quad \text{auf } \widetilde{D}\,. \tag{4.10}$$

Die durch die Festsetzung

$$P(s) \;:=\; S(\cos s\,, \sin s)$$

definierte C^1-Funktion $P : \mathbb{R} \to \mathbb{R}$ ist dann einerseits periodisch (mit der Periode 2π), andererseits gilt für ihre Ableitung mit der Kettenregel auf ganz $\mathbb{R}$ die Beziehung

$$\begin{aligned} P'(s) \;&\equiv\; -\frac{\partial S}{\partial t}\big(\cos s, \sin s\big)\cdot \sin s + \frac{\partial S}{\partial x}\big(\cos s, \sin s\big)\cdot \cos s \overset{(4.10)}{\equiv} \\ &\equiv\; \sin^2 s + \cos^2 s \;\equiv\; 1\,. \end{aligned}$$

Dies ist ein Widerspruch, denn eine differenzierbare periodische Funktion mit konstanter, von 0 verschiedener Ableitung gibt es nicht. ◊

Das Beispiel 4.1.5 zeichnet sich dadurch (in unschöner Weise) aus, daß der Definitionsbereich $\mathbb{R}^2 \setminus \{(0,0)\}$ der dortigen Gleichung ein „Loch“ aufweist. Dieser harmlos erscheinende Schönheitsfehler ist aber gerade der Grund dafür, daß die Integrabilitätsbedingung nicht hinreichend für die Exaktheit ist. Man kann nämlich zeigen (siehe Aufgabe 5), daß in den sogenannten „einfach zusammenhängenden“ Gebieten (das sind gerade diejenigen ohne „Löcher“) die Integrabilitätsbedingung auch hinreichend für die Exaktheit einer Differentialgleichung ist. Da wir aber im Rahmen dieses Buches den hierzu benötigten mathematischen Hintergrund nicht voraussetzen wollen, beschränken wir uns auf besonders einfache „einfach zusammenhängende“ Gebiete, nämlich auf Rechtecke. Für die meisten Zwecke ist dies allemal ausreichend. Auf einen Schlag können wir dann die beiden zuvor gestellten Fragen beantworten, und zwar in einer Weise, die so elegant wie praktikabel ist.

4.1.6 Satz (Berechnung von Stammfunktionen auf Rechteckgebieten): *Ist der Definitionsbereich der Differentialgleichung*

$$\boxed{\dot{x}\, g(t,x) + h(t,x) \;=\; 0} \tag{4.11}$$

ein offenes Rechteck $\widetilde{R} := (a\,,b) \times (c\,,d) \subseteq \mathbb{R}^2$ (wobei die Intervalle $(a\,,b)$ und $(c\,,d)$ auch einseitig oder beidseitig unbeschränkt sein dürfen) und sind die Funktionen $g(t,x)$ und $h(t,x)$ dort stetig differenzierbar, so ist die Integrabilitätsbedingung

$$\frac{\partial g}{\partial t}(t,x) \;=\; \frac{\partial h}{\partial x}(t,x) \quad \text{für alle } (t,x) \in \widetilde{R} \tag{4.12}$$

notwendig und hinreichend für die Exaktheit der Differentialgleichung (4.11). In diesem Fall besitzt für beliebiges $(t_0, x_0) \in \widetilde{R}$ diejenige Stammfunktion $S_0(t,x)$, die im Punkt (t_0, x_0) verschwindet, die beiden äquivalenten Darstellungen

$$S_0(t,x) \;=\; \int_{t_0}^{t} h(s,x)\,ds \;+\; \int_{x_0}^{x} g(t_0,w)\,dw\,, \tag{4.13}$$

$$S_0(t,x) \;=\; \int_{t_0}^{t} h(s,x_0)\,ds \;+\; \int_{x_0}^{x} g(t,w)\,dw\,. \tag{4.14}$$

Beweis: Nachdem die Notwendigkeit der Integrabilitätsbedingung für die Exaktheit zuvor schon gezeigt wurde, genügt zur Vervollständigung des Beweises von Satz 4.1.6 der Nachweis, daß die in (4.13) und (4.14) definierten Funktionen, die offensichtlich bei (t_0, x_0) verschwinden, unter der Voraussetzung (4.12) auf $\widetilde{R}$ Stammfunktionen für (4.11) sind. Wir verwenden hierzu den Hauptsatz der Differential- und Integralrechnung und einen bekannten Satz aus der ANALYSIS über die Differentiation parameterabhängiger Integrale. Auf $\widetilde{R}$ gelten dann für (4.13) die beiden Identitäten

$$\begin{aligned}\frac{\partial S_0}{\partial t}(t,x) &\equiv h(t,x)\,,\\ \frac{\partial S_0}{\partial x}(t,x) &\equiv \int_{t_0}^{t}\frac{\partial h}{\partial x}(s,x)\,ds + g(t_0,x) \overset{(4.12)}{\equiv} \int_{t_0}^{t}\frac{\partial g}{\partial t}(s,x)\,ds + g(t_0,x)\\ &\equiv g(t,x) - g(t_0,x) + g(t_0,x) \equiv g(t,x)\,.\end{aligned}$$

Den entsprechenden Nachweis für (4.14) führt man analog. ∎

4.1.7 Bemerkung (zur praktischen Berechnung von Stammfunktionen): Bei der Berechnung einer Stammfunktion mit Hilfe der Formeln (4.13) bzw. (4.14) sind augenscheinlich *zwei* Integrationen erforderlich. In konkreten Fällen kann dabei die Berechnung eines der beiden Integrale deutlich schwieriger sein als die des anderen. Für diesen Fall (aber auch generell) gibt es eine alternative Möglichkeit zur Berechnung von Stammfunktionen, die zudem den Vorteil besitzt, daß nur unbestimmte Integrale zu berechnen sind und somit Integrationswege und folglich die Gestalt des Definitionsbereichs der betrachteten Differentialgleichung keine Rolle spielen (vgl. hierzu jedoch die Aufgabe 6).

Zur Beschreibung dieser alternativen Methode legen wir eine Differentialgleichung der Form (4.11) zu Grunde, für die die Integrabilitätsbedingung (4.12) erfüllt ist. Im Hinblick auf die für eine Stammfunktion $S(t,x)$ gültigen Beziehung $\frac{\partial S}{\partial t}(t,x) \equiv h(t,x)$ und $\frac{\partial S}{\partial x}(t,x) \equiv g(t,x)$ (siehe (4.3)) macht man zunächst den Ansatz

$$S(t,x) = \int h(t,x)\,dt + c(x) \tag{4.15}$$

mit einer von x abhängigen Integrationskonstanten $c(x)$, und stellt fest, daß die Funktion $c(x)$ der Beziehung

$$c'(x) \equiv g(t,x) - \frac{\partial}{\partial x}\Big[\int h(t,x)\,dt\Big] \tag{4.16}$$

genügt, deren rechte Seite von t unabhängig ist (da die partielle Ableitung nach t wegen der Integrabilitätsbedingung (4.12) identisch verschwindet). Integration dieser rechten Seite bezüglich x liefert dann $c(x)$ und somit vermittels (4.15) eine Stammfunktion für die betrachtete Differentialgleichung (4.11). Entsprechend kann man natürlich (wenn z.B. die Integration von $g(t,x)$ bezüglich x einfacher ist als die von $h(t,x)$ bezüglich t) auch den Ansatz

$$S(t,x) = \int g(t,x)\,dx + a(t) \tag{4.17}$$

machen und die Funktion $a(t)$ durch Integration der Identität

$$\dot a(t) \equiv h(t,x) - \frac{\partial}{\partial t}\Big[\int g(t,x)\,dx\Big] \tag{4.18}$$

bezüglich t bestimmen.

Betrachten wir im Lichte dieser Bemerkung die schon im Beispiel 4.1.4 behandelte exakte Differentialgleichung

$$\boxed{\dot{x}\, t e^x (1+x) + x e^x \;=\; 0}\,,$$

so stellen wir fest, daß sich von den beiden zur Diskussion stehenden Integralen

$$\int x e^x \, dt \quad \text{bzw.} \quad \int t e^x (1+x)\, dx$$

das erste einfacher (nämlich ganz ohne Rechnung) als das zweite bestimmen läßt. Die Beziehungen (4.15) und (4.16) lauten dann

$$S(t,x) \;\equiv\; t x e^x + c(x) \quad \text{und} \quad c'(x) \;\equiv\; t e^x (1+x) - \frac{\partial}{\partial x}\big[t x e^x\big] \;\equiv\; 0\,.$$

Hieraus schließen wir, daß eine Stammfunktion der betrachteten Differentialgleichung (bis auf eine additive Konstante) notwendigerweise die Form $t x e^x$ besitzt. Daß es sich hierbei tatsächlich um eine Stammfunktion auf dem gesamten $\mathbb{R}^2$ handelt, läßt sich schließlich leicht verifizieren. □

4.1.8 Beispiel: Wir betrachten die schon im Kapitel 1 beschriebene Klasse von Differentialgleichungen, auf die die Methode der Trennung der Veränderlichen anwendbar ist. Das sind bekanntlich die expliziten skalaren Gleichungen der Form

$$\boxed{\dot{x} \;=\; p(t)q(x)}\,,$$

insbesondere also auch die autonomen skalaren Differentialgleichungen. Um unseren Standardvoraussetzungen zu genügen, setzen wir voraus, daß D_1 und D_2 offene Teilmengen von $\mathbb{R}$ sind, daß die Funktion $p : D_1 \to \mathbb{R}$ stetig und die Funktion $q : D_2 \to \mathbb{R}$ Lipschitz-stetig ist. Jede Nullstelle von $q(x)$ liefert bekanntlich eine konstante Lösung, und somit können wir uns bei der Suche nach Lösungskurven auf die offene Menge

$$D := \big\{(t,x) \in D_1 \times D_2 : q(x) \neq 0\big\}$$

konzentrieren. Dort ist die gegebene Gleichung offensichtlich identisch mit der impliziten Differentialgleichung

$$\boxed{\dot{x}\, \frac{1}{q(x)} - p(t) \;=\; 0}\,. \tag{4.19}$$

Da die Funktion $g(t,x) := 1/q(x)$ nirgends verschwindet, ist der eingeschränkte Definitionsbereich D identisch mit dem eigentlichen Definitionsbereich $\widetilde{D}$ der impliziten Gleichung (4.19). Im allgemeinen wird nun D aber kein Rechteck sein, und somit fehlt uns die Berechtigung, die beiden Formeln (4.13) und (4.14) unmittelbar anzuwenden. Da aber jede offene Teilmenge von $\mathbb{R}$ disjunkte Vereinigung von offenen Intervallen ist, läßt sich D als disjunkte Vereinigung von (beschränkten oder unbeschränkten) Rechtecken darstellen, und so können wir auf jedem dieser Rechtecke die beiden Formeln (4.13) und (4.14) zur Berechnung einer Stammfunktion heranziehen. Wir erhalten somit zu beliebigem $(t_0, x_0) \in D$ durch die Definition

$$S(t,x) \;:=\; \int_{x_0}^{x} \frac{dw}{q(w)} - \int_{t_0}^{t} p(s)\,ds \tag{4.20}$$

eine Stammfunktion auf demjenigen Teilrechteck von D, das den Punkt (t_0, x_0) enthält. Die Gleichung $S(t,x) = S(\tau,\xi)$, deren Auflösung nach x ja die allgemeine Lösung liefert, läßt sich hier also in die Form

$$\int_{\xi}^{x} \frac{dw}{q(w)} \;=\; \int_{\tau}^{t} p(s)\,ds$$

bringen. Damit haben wir schließlich die im Abschnitt 1.2 formal eingeführte Methode der Trennung der Veränderlichen auch theoretisch abgesichert.

Im Fall der konkreten Beispielgleichung

$$\boxed{\dot{x} \;=\; -\,\frac{t(1-x^2)^2}{x(1-t^2)^2}} \tag{4.21}$$

gilt mit $p(t) = -\frac{t}{(1-t^2)^2}$, $q(x) = \frac{(1-x^2)^2}{x}$ und den obigen Bezeichnungen

$$\begin{aligned} D_1 &= (-\infty,-1)\cup(-1,1)\cup(1,\infty)\,,\\ D_2 &= (-\infty,0)\cup(0,\infty)\,,\\ D &= \{(t,x)\in\mathbb{R}^2 : x\neq 0\,,\ x\neq\pm1\,,\ t\neq\pm1\}\,, \end{aligned}$$

und das bedeutet, daß D aus 12 Rechtecken besteht (siehe Abbildung 4.5). Die Beziehung (4.20) lautet nun

$$S(t,x) \;=\; \int_{x_0}^{x} \frac{w\,dw}{(1-w^2)^2} + \int_{t_0}^{t} \frac{s\,ds}{(1-s^2)^2}\,.$$

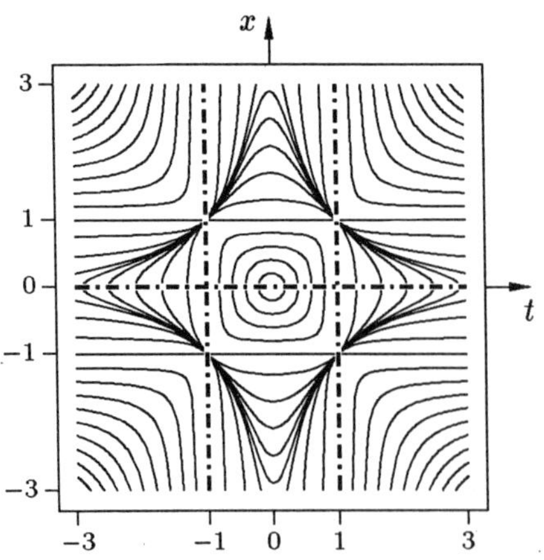

Abb. 4.5
Lösungsportrait der Differentialgleichung $\dot{x} = -\frac{t(1-x^2)^2}{x(1-t^2)^2}$

Wegen der aus der Ableitungsformel $\frac{d}{du}\left(\frac{1}{1-u^2}\right) = \frac{2u}{(1-u^2)^2}$ ersichtlichen Stammfunktion (*einer* Veränderlichen!) für die beiden Integranden erhalten wir schließlich die auf ganz D definierte Funktion

$$S(t,x) := \frac{1}{2(1-t^2)} + \frac{1}{2(1-x^2)}$$

als Stammfunktion für die Gleichung (4.21). Daß man hier mit $S(t,x)$ eine einheitlich für ganz D gültige Stammfunktion angeben kann, liegt im übrigen daran, daß sich die in den einzelnen Teilrechtecken von D gebildeten Stammfunktionen nur durch additive Konstante unterscheiden, es auf solche Konstante bei Stammfunktionen aber nicht ankommt. Im Hinblick auf die geometrische Veranschaulichung der Lösungskurven (siehe Abbildung 4.5) sei noch erwähnt, daß man mit dem berechneten $S(t,x)$ die Gleichungen $S(t,x) = S(\tau,\xi)$ für beliebige $(\tau,\xi) \in D$, hier also

$$\frac{1}{1-t^2} + \frac{1}{1-x^2} = \frac{1}{1-\tau^2} + \frac{1}{1-\xi^2},$$

von Hause aus weder nach x noch nach t (in eindeutiger Weise) auflösen kann. Fallunterscheidungen ermöglichen jedoch die Auflösungen durch Wurzelausdrücke und damit in den einzelnen Teilrechtecken von D die explizite Angabe der allgemeinen Lösung. In der oberen Halbebene $x > 0$ hat die allgemeine Lösung die Form

$$\lambda(t;\tau,\xi) = \sqrt{1 - \frac{1}{\frac{1}{1-\xi^2} + \frac{1}{1-\tau^2} - \frac{1}{1-t^2}}},$$

in der unteren Halbebene ist sie das Negative hiervon. Die Berechnung des jeweils zugehörigen maximalen Existenzintervalls $I_{max}(\tau,\xi)$ erfordert ebenfalls einige Fallunterscheidungen. Im Fall $(\tau,\xi) \in (-1\,,1) \times (0\,,1)$ etwa errechnet man

$$I_{max}(\tau,\xi) = \left(-\sqrt{\frac{\tau^2+\xi^2-2\tau^2\xi^2}{1-\tau^2\xi^2}}\,,\ \sqrt{\frac{\tau^2+\xi^2-2\tau^2\xi^2}{1-\tau^2\xi^2}}\right). \qquad \diamond$$

Wir wollen nun die in diesem Abschnitt gewonnenen Erkenntnisse in Form eines Lösungsrezepts zusammenfassen, ohne dabei nochmals auf technische Details einzugehen.

4.1.9 Zusammenfassung (Rezept zur Bestimmung von Lösungen exakter Differentialgleichungen):

Gegeben sei eine implizite Differentialgleichung der Form

$$\boxed{\dot{x}\,g(t,x) + h(t,x) = 0}\,.$$

<u>1. Schritt</u> (Prüfung auf Exaktheit): Die Integrabilitätsbedingung

$$\frac{\partial g}{\partial t}(t,x) \equiv \frac{\partial h}{\partial x}(t,x)$$

ist auf jedem Rechteckgebiet $\widetilde{R}$ notwendig und hinreichend für die Exaktheit. Liegt Exaktheit vor, so kann man mit dem nächsten Schritt fortfahren, andernfalls muß man versuchen, die Gleichung (wie im nachfolgenden Abschnitt beschrieben) zuerst exakt zu machen.

2. Schritt (Berechnung einer Stammfunktion): Die Funktion

$$S_0(t,x) \;=\; \int_{t_0}^{t} h(s,x)\,ds \;+\; \int_{x_0}^{x} g(t_0,w)\,dw$$

(ebenso $S_0(t,x) = \int_{t_0}^{t} h(s,x_0)\,ds \;+\; \int_{x_0}^{x} g(t,w)\,dw$) ist eine Stammfunktion auf $\widetilde{R}$. Für eine alternative Methode zur Berechnung einer Stammfunktion beachte man die Bemerkung 4.1.7.

3. Schritt (Berechnung der allgemeinen oder einer speziellen Lösung): Ist $S(t,x)$ eine beliebige Stammfunktion, so liefert die Auflösung der Gleichung $S(t,x) = S(\tau,\xi)$, insbesondere also

$$\int_{\tau}^{t} h(s,x)\,ds \;+\; \int_{\xi}^{x} g(\tau,w)\,dw \;=\; 0$$

(ebenso $\int_{\tau}^{t} h(s,\xi)\,ds \;+\; \int_{\xi}^{x} g(t,w)\,dw \;=\; 0$) nach x die Lösung zur Anfangsbedingung $x(\tau) = \xi$.

4.1.10 Bemerkung: In der Literatur findet man im Zusammenhang mit exakten Differentialgleichungen zuweilen Ausdrücke der Form

$$\boxed{g(t,x)\,dx + h(t,x)\,dt \;=\; 0}\,, \tag{4.22}$$

die offensichtlich keine Differentialgleichungen im Sinne des vorliegenden Buches sind. Eine mathematisch fundierte Behandlung von Gleichungen dieser Art ist nur im Rahmen der Theorie der Differentialformen möglich, die wir nicht als bekannt voraussetzen wollen. Dennoch können wir auch solche Gleichungen behandeln, indem wir einfach den Ausdruck (4.22) als abkürzende Schreibweise ansehen für das Paar von Differentialgleichungen

$$\boxed{g(t,x)\,\frac{dx}{dt} + h(t,x) \;=\; 0}\,, \quad \boxed{g(t,x) + h(t,x)\,\frac{dt}{dx} \;=\; 0}\,, \tag{4.23}$$

das man durch formales Rechnen mit den Differentialen dx und dt aus (4.22) gewinnt. Diese beiden Differentialgleichungen, bei denen die Variablen t und x augenscheinlich in unterschiedlichen Rollen als abhängige bzw. unabhängige Veränderliche auftreten, sind nun insofern auf engste miteinander verknüpft, als jede Stammfunktion der einen Differentialgleichung auch eine Stammfunktion der anderen ist. Für jede dieser beiden Gleichungen lauten nämlich gemäß der Definition 4.1.1 die Bedingungen dafür, daß $S(t,x)$ eine Stammfunktion ist,

$$\frac{\partial S}{\partial t}(t,x) \;\equiv\; h(t,x) \quad \text{und} \quad \frac{\partial S}{\partial x}(t,x) \;\equiv\; g(t,x)\,.$$

Der Unterschied zwischen den beiden Differentialgleichungen in (4.23) besteht lediglich darin, daß sie sich in ihrem jeweils eingeschränkten Definitionsbereich (wo also $g(t,x) \neq 0$ bzw. $h(t,x) \neq 0$ gilt) unterscheiden. Die beiden Lösungsportraits stimmen also in allen Punkten, in denen weder $g(t,x)$ noch $h(t,x)$ verschwindet, überein, und folglich liefern die Niveaulinien der gemeinsamen Stammfunktion $S(t,x)$, sofern diese existiert, eine disjunkte Zerlegung des Definitionsbereichs der beiden Funktionen $g(t,x)$ und $h(t,x)$, die die Lösungsportraits der beiden betrachteten Differentialgleichungen beinhaltet. Wir können also die Gleichung (4.22) als **verallgemeinerte Differentialgleichung** und jede Niveaulinie der zugehörigen Stammfunktion als Lösung dieser Gleichung und damit als **verallgemeinerte Lösung** des Paares (4.23) von Differentialgleichungen betrachten. In diesem Zusammenhang spricht man dann auch von Lösungen, die vermittels einer Stammfunktion **implizit** gegeben sind. Bei diesem verallgemeinerten Lösungsbegriff können dann (im Gegensatz zum bisher betrachteten Lösungsbegriff) auch senkrechte Tangenten auftreten.

Zur Verdeutlichung all dieser Überlegungen betrachten wir die Variante

$$\boxed{x(1-t^2)^2\,dx + t(1-x^2)^2\,dt \;=\; 0}$$

der Differentialgleichung

$$\boxed{\dot{x}\,x(1-t^2)^2 + t(1-x^2)^2 \;=\; 0}$$

(vgl. (4.21)). Die mittels der zugehörigen Stammfunktion

$$S(t,x) \;=\; \frac{1}{2(1-t^2)} + \frac{1}{2(1-x^2)}$$

bestimmten, implizit gegebenen Lösungen sind in der Abbildung 4.6 dargestellt. Ein Vergleich mit der Abbildung 4.5 auf Seite 148 verdeutlicht die Aussage dieser Bemerkung. □

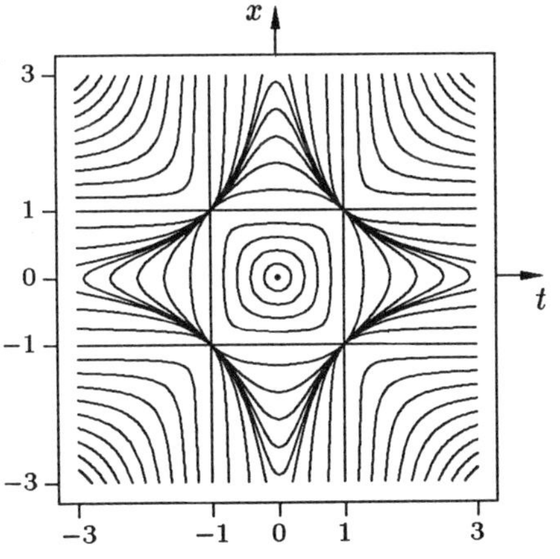

Abb. 4.6
Lösungsportrait der Gleichung $x(1-t^2)^2dx + t(1-x^2)^2dt = 0$

Aufgaben

1. Gegeben sei die Differentialgleichung

$$\boxed{\dot{x}\, t^2 + 2\,t\,x + e^t \;=\; 0}\,.$$

Zeigen Sie, daß die Gleichung auf ihrem Definitionsbereich exakt ist, bestimmen Sie eine zugehörige Stammfunktion und berechnen Sie auf dem eingeschränkten Definitionsbereich die allgemeine Lösung.

2. Bestimmen Sie für die Differentialgleichung

$$\boxed{\dot{x}\,\frac{1}{t} - \frac{x}{t^2} \;=\; 0}$$

den Definitionsbereich, eine Stammfunktion, den eingeschränkten Definitionsbereich und die allgemeine Lösung.

3. Für die Werte -1, 0 und 1 des Parameters α erstelle man das Lösungsportrait der Differentialgleichung

$$\boxed{\dot{x} \;=\; \frac{t-x}{t+\alpha x}}\,.$$

4. Erstellen Sie das Lösungsportrait der Differentialgleichung

$$\boxed{\dot{x}\,x + \sin t \;=\; 0}\,.$$

Betrachten Sie ferner die zugehörige Gleichung

$$\boxed{x\,dx + \sin t\,dt \;=\; 0}$$

und stellen Sie fest, inwieweit sich die Lösungsportraits der beiden Gleichungstypen unterscheiden.

5. Gegeben sei eine Differentialgleichung der Form

$$\boxed{\dot{x}\,g(t,x) + h(t,x) \;=\; 0}\,,$$

bei der die Funktionen $g(t,x)$ und $h(t,x)$ auf einer einfach zusammenhängenden[1] offenen Teilmenge des $\mathbb{R}^2$ stetig differenzierbar sind und dort die Integrabilitätsbedingung

$$\frac{\partial g}{\partial t}\big(t,x\big) \;\equiv\; \frac{\partial h}{\partial x}\big(t,x\big)$$

erfüllen. Bestimmen Sie eine explizite Formel zur Berechnung einer Stammfunktion für diese Differentialgleichung.

6. Versuchen Sie, für die auf $\mathbb{R}^2 \setminus \{(0,0)\}$ nicht exakte Differentialgleichung

$$\boxed{\dot{x}\,\frac{t}{t^2+x^2} - \frac{x}{t^2+x^2} = 0}$$

(vgl. Beispiel 4.1.5) eine Stammfunktion mit der in der Bemerkung 4.1.7 beschriebenen Methode zu berechnen. Beschreiben Sie das Ergebnis Ihrer Bemühungen.

---

[1] Da diese Begriffsbildung nicht zu den zur Lektüre dieses Buches erforderlichen mathematischen Grundkenntnissen (zwei-semestrige ANALYSIS und LINEARE ALGEBRA) gehört, wendet sich diese Aufgabe nur an Leser mit den entsprechenden Vorkenntnissen.

4.2 Integrierende Faktoren

Nach dem kurzen, aber – wie sich herausgestellt hat – nützlichen Ausflug in eine bestimmte Klasse *impliziter* Differentialgleichungen, kehren wir nun wieder zum Hauptgegenstand dieses Buches zurück, nämlich den *expliziten* Differentialgleichungen. Wollen wir uns die Erkenntnisse des vorherigen Abschnitts zunutze machen, so müssen wir eine vorgegebene explizite Gleichung zunächst in eine implizite Differentialgleichung der dort behandelten Form umwandeln. Wie eingangs im Abschnitt 4.1 erwähnt wurde, kann dies auf mannigfache Weise geschehen. Man wird nun erwarten, daß alle aus einer einzigen expliziten Gleichung entstandenen impliziten Gleichungen gleichwertig sind in dem Sinne, daß entweder alle exakt sind (was man sich natürlich wünscht), oder aber, daß keine exakt ist. Lassen Sie uns hierzu ein besonders einfaches Beispiel betrachten. Die explizite Gleichung

$$\boxed{\dot{x} = t x}$$

läßt sich u.a. auf vier naheliegende Weisen in eine, wie im vorherigen Abschnitt beschriebene, implizite Form bringen. Diese sind, mit dem jeweiligen Definitionsbereich,

$$\begin{array}{lll}
(a) & \boxed{\dot{x} - t x = 0}\,, & D_a = \mathbb{R}^2\,, \\
(b) & \boxed{\dot{x}\,\frac{1}{x} - t = 0}\,, & D_b = \{(t,x) \in \mathbb{R}^2 : x \neq 0\}\,, \\
(c) & \boxed{\dot{x}\,\frac{1}{t} - x = 0}\,, & D_c = \{(t,x) \in \mathbb{R}^2 : t \neq 0\}\,, \\
(d) & \boxed{\dot{x}\,\frac{1}{tx} - 1 = 0}\,, & D_d = \{(t,x) \in \mathbb{R}^2 : tx \neq 0\}\,.
\end{array}$$

Als gemeinsamen Definitionsbereich besitzen diese vier Gleichungen die Vereinigung der vier offenen Quadranten des $\mathbb{R}^2$. Die zugehörigen Integrabilitätsbedingungen, die ja nach Satz 4.1.6 auf jedem der vier Quadranten notwendig und hinreichend für die Exaktheit sind, lauten

$$\begin{array}{lrcl}
(a) & 0 & \equiv & -t\,, \\
(b) & 0 & \equiv & 0\,, \\
(c) & -\frac{1}{t^2} & \equiv & -1\,, \\
(d) & -\frac{1}{t^2 x} & \equiv & 0\,.
\end{array}$$

Mit größtem Erstaunen stellen wir fest, daß die gegebene Gleichung in der Form (b) exakt ist, in den anderen drei Formen dagegen nicht.

Hat man diese unliebsame Überraschung erst einmal verdaut, kann man daran gehen, das beste aus dieser Situation zu machen. Und das ist nicht gerade wenig. Ist nämlich eine aus einer vorgelegten expliziten Gleichung abgeleitete implizite Variante nicht exakt, so ist noch lange nichts verloren. Es ist dann immer noch möglich, daß die Gleichung einfach durch Multiplikation mit einer geeigneten Funktion exakt gemacht werden kann. Im Fall des obigen Beispiels lassen sich die nicht exakten Gleichungen (a), (c), (d) durch Multiplikation mit $\frac{1}{x}$ bzw. $\frac{t}{x}$ bzw. t in die exakte Form (b) überführen. Solche „geeigneten Faktoren" stehen nun im Mittelpunkt unseres Interesses.

4.2.1 Definition: *Gegeben sei eine Differentialgleichung der Form*

$$\boxed{\dot{x}\, g(t,x) + h(t,x) = 0} \tag{4.24}$$

mit Funktionen $g, h : \widetilde{D} \to \mathbb{R}$, *die auf einer offenen Menge* $\widetilde{D} \subseteq \mathbb{R}^2$ *stetig und bezüglich* x *Lipschitz-stetig sind. Eine stetige und bezüglich* x *Lipschitz-stetige Funktion* $m : \widetilde{D} \to \mathbb{R}$ *mit*

$$m(t,x) \neq 0 \quad \text{für alle } (t,x) \in \widetilde{D} \tag{4.25}$$

heißt dann **integrierender Faktor** *(oder* **Euler'scher Multiplikator***) der Differentialgleichung (4.24) (auf* $\widetilde{D}$*), wenn die Differentialgleichung*

$$\boxed{\dot{x}\, g(t,x) m(t,x) + h(t,x) m(t,x) = 0} \tag{4.26}$$

auf $\widetilde{D}$ *exakt ist.*

Über den Nutzen integrierender Faktoren braucht man nicht viele Worte zu verlieren, er liegt auf der Hand. Die „exakt gemachte" Gleichung (4.26) ist im Sinne des vorherigen Abschnitts lösbar. Gleiches gilt dann auch für die Ausgangsgleichung (4.24), denn wegen der Beziehung (4.25) haben beide Gleichungen auf dem eingeschränkten gemeinsamen Definitionsbereich $D = \{(t,x) \in \widetilde{D} : g(t,x) \neq 0\}$ die gleichen Lösungen, nämlich die der expliziten Differentialgleichung

$$\boxed{\dot{x} = -\frac{h(t,x)}{g(t,x)}}\,.$$

4.2.2 Beispiel: Wir betrachten die Klasse der **Bernoulli'schen**[2] **Differentialgleichungen.** Es handelt sich dabei um die von einem reellen Parameter α

[2] Der schweizer Mathematiker, Physiker und Theologe Jakob **Bernoulli** (1654–1705), der hauptsächlich an der Universität Basel wirkte, entstammte einer Gelehrtenfamilie, die über mehrere Generationen im 17. und 18. Jahrhundert die Entwicklung der Mathematik außerordentlich gefördert hat, insbesondere in den Bereichen Analysis, Variations- und Wahrscheinlichkeitsrechnung. Zusammen mit seinem Bruder Johann **Bernoulli** (1667–1748) bearbeitete er u. a. Differentialgleichungen des heute nach ihm benannten Typs. Eine genaue Abgrenzung der Leistungen der beiden Brüder (und weiterer Verwandter) ist nicht ohne weiteres möglich, was schon zu Lebzeiten der Bernoullis zu zahlreichen Verwechslungen und Irritationen geführt hat, bis hin zu tiefgreifenden Streitigkeiten.

abhängigen Differentialgleichungen der Form

$$\boxed{\dot{x} = a(t)x + b(t)x^\alpha}, \tag{4.27}$$

bei denen die Funktionen $a, b : D_1 \to \mathbb{R}$ auf einer offenen Menge $D_1 \subseteq \mathbb{R}$ stetig sind. Als Definitionsbereich einer solchen Differentialgleichung wählen wir, um beliebige reelle α zulassen zu können, die Menge

$$D := D_1 \times \mathbb{R}^+ \subseteq \mathbb{R}^2 ,$$

die als disjunkte Vereinigung von offenen (hier unbeschränkten) Rechteckgebieten darstellbar ist. Um bereits Bekanntes (Trennung der Veränderlichen) zu vermeiden, setzen wir

$$a(t) \not\equiv 0 , \; b(t) \not\equiv 0 , \alpha \neq 1 \tag{4.28}$$

voraus. Wollen wir nun die Gleichung (4.27) in die Form $\dot{x}\,g(t,x) + h(t,x) = 0$ des vorherigen Abschnitts bringen, so bietet sich zunächst die Form

$$\boxed{\dot{x} - a(t)x - b(t)x^\alpha = 0} \tag{4.29}$$

an, also $g(t,x) :\equiv 1$ und $h(t,x) :\equiv -a(t)x - b(t)x^\alpha$. Diese Gleichung ist aber nicht exakt, denn wegen

$$\frac{\partial g}{\partial t}(t,x) \equiv 0 \not\equiv -a(t) - \alpha b(t)x^{\alpha-1} \equiv \frac{\partial h}{\partial x}(t,x)$$

ist die notwendige Integrabilitätsbedingung (4.8) nicht erfüllt. Wir können nun aber zeigen, daß die mit einer beliebigen Stammfunktion (*einer* Veränderlichen) $A : D_1 \to \mathbb{R}$ von $a : D_1 \to \mathbb{R}$ durch die Vorschrift

$$m(t,x) := (1-\alpha)x^{-\alpha}e^{(\alpha-1)A(t)} \tag{4.30}$$

definierte Funktion $m : D \to \mathbb{R}$ ein integrierender Faktor für (4.29) ist, d.h. daß die Differentialgleichung

$$\boxed{\dot{x}\,\widehat{g}(t,x) + \widehat{h}(t,x) = 0} \tag{4.31}$$

mit

$$\begin{aligned} \widehat{g}(t,x) &:= (1-\alpha)x^{-\alpha}e^{(\alpha-1)A(t)} , \\ \widehat{h}(t,x) &:= \left[a(t)x + b(t)x^\alpha\right](\alpha-1)x^{-\alpha}e^{(\alpha-1)A(t)} \end{aligned}$$

exakt ist. Es gilt nämlich auf D die Identität

$$\frac{\partial \widehat{h}}{\partial x}(t,x) \equiv (\alpha-1)e^{(\alpha-1)A(t)}[(1-\alpha)a(t)x^{-\alpha}] \equiv \frac{\partial \widehat{g}}{\partial t}(t,x) .$$

Damit ist also für die Differentialgleichung (4.31) auf D die Integrabilitätsbedingung erfüllt und dies besagt, nach Satz 4.1.6, daß die Gleichung (4.31) auf jedem der Teilrechtecke von D und damit auf ganz D exakt ist, und daß wir nach den Formeln (4.13) oder (4.14) eine Stammfunktion $S(t,x)$ berechnen können. Mehr noch, für beliebiges $(\tau,\xi) \in D$ hat die Gleichung $S(t,x) - S(\tau,\xi) = 0$, aus der man durch Auflösung nach x die allgemeine Lösung bestimmen kann, hier die folgende Form:

$$\begin{aligned}
0 &= S(t,x) - S(\tau,\xi) \overset{(4.13)}{=} \int_\tau^t \widehat{h}(s,x)ds + \int_\xi^x \widehat{g}(\tau,w)dw = \\
&= x^{1-\alpha}\int_\tau^t (\alpha-1)a(s)e^{(\alpha-1)A(s)}ds + (\alpha-1)\int_\tau^t b(s)e^{(\alpha-1)A(s)}ds + \\
&\quad + (1-\alpha)e^{(\alpha-1)A(\tau)}\int_\xi^x w^{-\alpha}dw = \\
&= x^{1-\alpha}\int_\tau^t \frac{d}{ds}\left[e^{(\alpha-1)A(s)}\right]ds + (\alpha-1)\int_\tau^t b(s)e^{(\alpha-1)A(s)}ds + \\
&\quad + e^{(\alpha-1)A(\tau)}\left[x^{1-\alpha} - \xi^{1-\alpha}\right] = \\
&= x^{1-\alpha}e^{(\alpha-1)A(t)} + (\alpha-1)\int_\tau^t b(s)e^{(\alpha-1)A(s)}ds - \xi^{1-\alpha}e^{(\alpha-1)A(\tau)}\,.
\end{aligned}$$

Hieraus können wir schließlich durch Auflösen nach x die Formel für die allgemeine Lösung der Bernoulli'schen Differentialgleichung (4.27) berechnen, und zwar ergibt sich

$$\lambda(t\,;\tau,\xi) = e^{A(t)}\left[\xi^{1-\alpha}e^{(\alpha-1)A(\tau)} + (1-\alpha)\int_\tau^t b(s)\,e^{(\alpha-1)A(s)}ds\right]^{\frac{1}{1-\alpha}}. \tag{4.32}$$

Wir erinnern daran, daß hier $A(t)$ eine beliebige Stammfunktion von $a(t)$ ist.

Um schließlich auch eine konkrete Bernoulli-Gleichung zu betrachten, wählen wir $\alpha := -1\,, a(t) :\equiv 1$ und $b(t) := \sin t$, also die Gleichung

$$\boxed{\dot{x} = x + \frac{\sin t}{x}}\,. \tag{4.33}$$

Die allgemeine Lösung dieser Differentialgleichung ergibt sich aus (4.32) durch partielle Integration zu

$$\lambda(t;\tau,\xi) = \sqrt{e^{2(t-\tau)}\left[\,\tfrac{2}{5}\cos\tau + \tfrac{4}{5}\sin\tau + \xi^2\right] - \tfrac{2}{5}\cos t - \tfrac{4}{5}\sin t}\,. \tag{4.34}$$

Die rechte Seite der Gleichung (4.33) ist offensichtlich nicht nur für positive x, sondern auch für alle (t,x) aus der unteren Halbebene $\mathbb{R}\times\mathbb{R}^-$ des $\mathbb{R}^2$ erklärt. Aus Symmetriegründen ist die allgemeine Lösung dort gerade das Negative des Ausdrucks (4.34). Die Gesamtheit der Lösungskurven ergibt dann das in der Abbildung 4.7 dargestellte Lösungsportrait. ◊

Auf das vorhergehende Beispiel zurückblickend, wird sich der Leser fragen, wie um Himmels willen man auf den dort angegebenen integrierenden Faktor

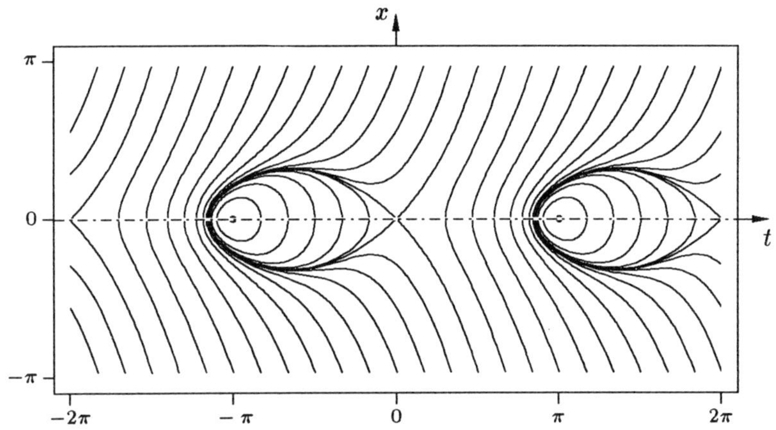

Abb. 4.7 Lösungskurven der Bernoulli'schen Differentialgleichung $\dot{x} = x + \frac{\sin t}{x}$

(4.30) kommen konnte. Nun, wie der Name der Gleichung andeutet (die Bernoullis lebten im 17. und 18. Jahrhundert), hat sie eine lange Geschichte, und so ist es nicht verwunderlich, daß dieser integrierende Faktor schon vor langer Zeit gefunden wurde. Schließlich galt in früherer Zeit bei Differentialgleichungen das Hauptinteresse den expliziten Lösungsmethoden. Das hat sich mittlerweile grundlegend geändert, denn einerseits hat man erkannt, daß man nur wenige Typen von Differentialgleichungen explizit lösen kann, zum anderen stehen inzwischen leistungsfähige alternative Methoden zur Verfügung, wie etwa die qualitativen oder die numerischen.

In jedem Falle wollen wir festhalten, daß es kein allgemeingültiges Verfahren zur Bestimmung integrierender Faktoren gibt. Erschwerend kommt noch hinzu, daß selbst die Existenz integrierender Faktoren im allgemeinen nicht gesichert ist (siehe Aufgabe 2). Es kommt also jeweils auf das Geschick (und das Glück) des Bearbeiters an, ob er zu einer vorgegebenen Differentialgleichung einen integrierenden Faktor findet. Daß dies jedoch im allgemeinen ein hoffnungsloses Unterfangen ist, wie man sich unter bestimmten glücklichen Umständen aber auch helfen kann, wollen wir als nächstes beschreiben.

Sind die Funktionen $g(t,x)$ und $h(t,x)$, welche die Differentialgleichung

$$\boxed{\dot{x}\, g(t,x) + h(t,x) = 0} \tag{4.35}$$

beschreiben, auf einem (beschränkten oder unbeschränkten) Rechteck $\widetilde{R} := (a,b) \times (c,d) \subseteq \mathbb{R}^2$ stetig differenzierbar, so ist nach Satz 4.1.6 das Erfülltsein der Bedingung

$$\frac{\partial}{\partial t}\Big[g(t,x)\, m(t,x)\Big] = \frac{\partial}{\partial x}\Big[h(t,x)\, m(t,x)\Big] \quad \text{für alle } (t,x) \in \widetilde{R} \tag{4.36}$$

gleichwertig mit der Exaktheit der Differentialgleichung

$$\boxed{\dot{x}\, g(t,x)\, m(t,x) + h(t,x)\, m(t,x) = 0}\,, \tag{4.37}$$

also mit der Tatsache, daß die Funktion $m(t,x)$ ein integrierender Faktor für (4.35) ist. Die Identität (4.36) läßt sich über die Beziehung

$$\frac{\partial g}{\partial t}(t,x)\, m(t,x) + g(t,x)\,\frac{\partial m}{\partial t}(t,x) \;\equiv\; \frac{\partial h}{\partial x}(t,x)\, m(t,x) + h(t,x)\,\frac{\partial m}{\partial x}(t,x)$$

umschreiben zu

$$g(t,x)\,\frac{\partial m}{\partial t}(t,x) - h(t,x)\,\frac{\partial m}{\partial x}(t,x) \;\equiv\; m(t,x)\left[\frac{\partial h}{\partial x}(t,x) - \frac{\partial g}{\partial t}(t,x)\right] \tag{4.38}$$

und stellt somit eine *partielle* Differentialgleichung für die Funktion $m(t,x)$ dar. Einen differenzierbaren integrierenden Faktor zu finden ist also gleichwertig damit, diese partielle Differentialgleichung zu lösen. Ohne einschränkende Bedingungen an die Funktionen $g(t,x)$ und $h(t,x)$ ist dies ein hoffnungsloses Unterfangen. Es gibt nun aber Sonderfälle, in denen man eine Lösung dieser partiellen Differentialgleichung bestimmen kann. Zwei davon geben wir hier an. Ist zum einen der Ausdruck

$$\frac{1}{g(t,x)}\left[\frac{\partial h}{\partial x}(t,x) - \frac{\partial g}{\partial t}(t,x)\right] \tag{4.39}$$

auf $\widetilde{R}$ definiert und von x unabhängig, und bezeichnet $P(t)$ eine beliebige Stammfunktion dieser dann nur noch von t abhängigen Funktion (4.39), so ist die Funktion

$$\widetilde{p}(t) := e^{P(t)}\,, \quad \widetilde{p} : (a\,,b) \to \mathbb{R} \tag{4.40}$$

ein integrierender Faktor von (4.35), denn $\widetilde{p}(t)$ genügt wegen der für $m(t,x) := \widetilde{p}(t)$ gültigen Beziehungen

$$\frac{\partial m}{\partial t}(t,x) \;=\; \frac{m(t,x)}{g(t,x)}\left[\frac{\partial h}{\partial x}(t,x) - \frac{\partial g}{\partial t}(t,x)\right], \quad \frac{\partial m}{\partial x}(t,x) \;\equiv\; 0$$

der partiellen Differentialgleichung (4.38). Ist andererseits der Ausdruck

$$\frac{1}{h(t,x)}\left[\frac{\partial g}{\partial t}(t,x) - \frac{\partial h}{\partial x}(t,x)\right] \tag{4.41}$$

auf $\widetilde{R}$ definiert und von t unabhängig, und ist $Q(x)$ eine beliebige Stammfunktion des dann nur noch von x abhängigen Ausdrucks (4.41), so folgt in analoger Weise, daß die Funktion

$$\widetilde{q}(x) := e^{Q(x)}\,, \quad q : (c\,,d) \to \mathbb{R} \tag{4.42}$$

ein integrierender Faktor von (4.35) ist.

4.2.3 Beispiel: Der besonderen Bedeutung wegen heben wir einen Spezialfall des vorherigen Beispiels nochmals hervor. Es handelt sich dabei um den Fall $\alpha = 0$, also um die lineare Differentialgleichung

$$\boxed{\dot{x} \;=\; a(t)x + b(t)}\,. \tag{4.43}$$

Wieder seien die Funktionen $a, b : D_1 \to \mathbb{R}$ stetig auf einer offenen Menge $D_1 \subseteq \mathbb{R}$. Wie die allgemeine Bernoulli'sche Gleichung ist auch die lineare Gleichung in der Form $\dot{x}\,g(t,x) + h(t,x) = 0$ mit $g(t,x) :\equiv 1$ und $h(t,x) := -a(t)x - b(t)$ im allgemeinen (d.h. falls $a(t) \not\equiv 0$ gilt) nicht exakt. Betrachten wir jedoch den Ausdruck (4.39), so ist er hier gleich $-a(t)$, also von x unabhängig. Damit ist für beliebiges $\tau \in D_1$ nach (4.40) die Funktion

$$\widetilde{p}(t) := e^{-\int_\tau^t a(s)\,ds}$$

ein nur von t abhängiger integrierender Faktor (das ist gerade der Fall $\alpha = 0$ in (4.30)), und die Angabe der allgemeinen Lösung von (4.43) wird zu einem reinen Rechenvorgang. Da dieser natürlich wie im Beispiel 4.2.2 abläuft, verzichten wir auf seine Durchführung und geben gleich die allgemeine Lösung der Differentialgleichung (4.43) an, und zwar in der Form

$$\lambda(t\,;\tau,\xi) = \Phi(t,\tau)\xi + \int_\tau^t \Phi(t,s)b(s)\,ds\,, \tag{4.44}$$

wobei wir zur Abkürzung

$$\Phi(t,\tau) := e^{\int_\tau^t a(s)\,ds} \tag{4.45}$$

gesetzt haben. Für die konkret gegebene lineare Gleichung

$$\boxed{\dot{x} = x + \sin t}$$

liefern diese beiden Formeln die allgemeinen Lösung

$$\lambda(t\,;\tau,\xi) = e^{t-\tau}\left[\frac{\cos\tau}{2} + \frac{\sin\tau}{2} + \xi\right] - \frac{\cos t}{2} - \frac{\sin t}{2}\,.$$

Das zugehörige Lösungsportrait zeigt die Abbildung 4.8. ◊

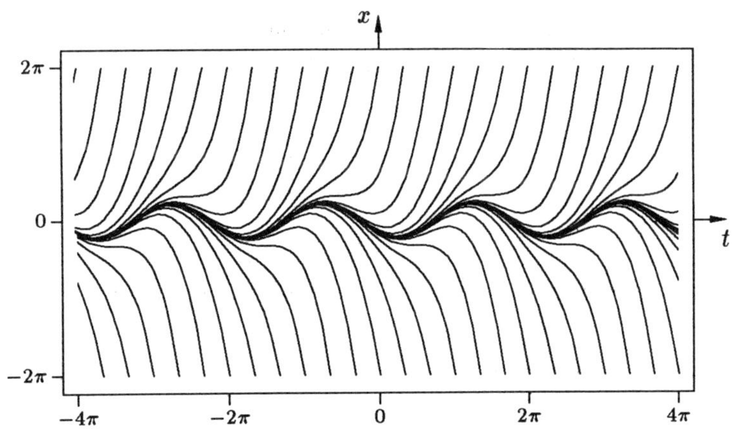

Abb. 4.8 Lösungskurven der linearen Differentialgleichung $\dot{x} = x + \sin t$

Auch zum Ende dieses Abschnitts wollen wir das, was wir bislang im Hinblick auf die zu entwickelnden Lösungsmethoden erreicht haben, kurz rekapitulieren. Der Übersichtlichkeit halber verzichten wir wieder auf alle technischen Details.

Liegt eine konkrete Differentialgleichung vor, die man lösen will, so sollte man zunächst prüfen, ob es sich um einen der drei folgenden Typen handelt, die wir vorweg als lösbar ansehen können:

- Lineare Differentialgleichung $\boxed{\dot{x} = a(t)x + b(t)}$

  Sie besitzt (siehe Beispiel 4.2.3) die allgemeine Lösung

  $$\lambda(t\,;\tau,\xi) = \xi\, e^{\int_\tau^t a(s)\,ds} + \int_\tau^t \left[b(s)\, e^{\int_s^t a(\sigma)\,d\sigma}\right] ds\,.$$

- Bernoulli'sche Differentialgleichung $\boxed{\dot{x} = a(t)x + b(t)x^\alpha}$, $\alpha \in \mathbb{R}$

  Sie besitzt (siehe Beispiel 4.2.2) die allgemeine Lösung

  $$\lambda(t\,;\tau,\xi) = e^{A(t)}\left[\xi^{1-\alpha} e^{(\alpha-1)A(\tau)} + (1-\alpha)\int_\tau^t b(s)\, e^{(\alpha-1)A(s)}\,ds\right]^{\frac{1}{1-\alpha}},$$

  wobei $A(t)$ eine beliebige Stammfunktion von $a(t)$ ist.

- Differentialgleichung mit getrennten Veränderlichen $\boxed{\dot{x} = p(t)q(x)}$

  Ihre allgemeine Lösung erhält man (siehe Beispiel 4.1.8) durch Auflösung der Gleichung

  $$\int_\xi^x \frac{dw}{q(w)} = \int_\tau^t p(s)\,ds$$

  nach x.

Diese konkret beschreibbaren Differentialgleichungstypen gehören zur Klasse der expliziten skalaren Differentialgleichungen, die sich als exakte implizite Differentialgleichungen schreiben und daher (im Prinzip wenigstens) lösen lassen. Ob eine vorliegende Differentialgleichung, die nicht in einer solchen leicht erkennbaren Form vorliegt, dennoch zu dieser Klasse gehört, ist nicht generell beantwortbar. Was man im Fall einer konkret gegebenen Gleichung jedoch tun kann, wollen wir jetzt kurz zusammenfassen.

4.2.4 Zusammenfassung (Rezept zur Bestimmung integrierender Faktoren):

Gegeben sei eine explizite Differentialgleichung der Form

$$\boxed{\dot{x} = f(t,x)}\,. \tag{4.46}$$

1. Schritt (Darstellung als implizite Differentialgleichung): Man schreibt die explizite Differentialgleichung in der impliziten Form

$$\boxed{\dot{x}\, g(t,x) + h(t,x) = 0}\,, \tag{4.47}$$

wenn möglich auf mehrere verschiedene Weisen.

2. Schritt (Prüfung auf Exaktheit): Gilt für eine dieser Darstellungen auf einem Rechteckgebiet die Integrabilitätsbedingung

$$\frac{\partial g}{\partial t}(t,x) \equiv \frac{\partial h}{\partial x}(t,x)\,,$$

so ist die Gleichung (4.47) exakt und läßt sich, wie im vorherigen Abschnitt beschrieben, behandeln. Ist keine dieser Darstellungen exakt, so sucht man einen integrierenden Faktor nach folgendem Rezept:

3. Schritt (Bestimmung eines integrierenden Faktors): Gesucht wird eine (im allgemeinen kaum zu findende) Lösung der partiellen Differentialgleichung (4.38). Ist jedoch der Ausdruck

$$\frac{1}{g(t,x)}\left[\frac{\partial h}{\partial x}(t,x) - \frac{\partial g}{\partial t}(t,x)\right] \tag{4.48}$$

unabhängig von x, so ist die Funktion $\widetilde{p}(t) := e^{P(t)}$, wo $P(t)$ eine Stammfunktion des nur von t abhängigen Ausdrucks (4.48) ist, ein integrierender Faktor, und somit ist die Gleichung

$$\boxed{\dot{x}\, g(t,x)\,\widetilde{p}(t) + h(t,x)\,\widetilde{p}(t) = 0}$$

exakt und besitzt die gleichen Lösungen wie die Ausgangsgleichung (4.46). Ist andererseits der Ausdruck

$$\frac{1}{h(t,x)}\left[\frac{\partial g}{\partial t}(t,x) - \frac{\partial h}{\partial x}(t,x)\right] \tag{4.49}$$

von t unabhängig, so ist die Funktion $\widetilde{q}(x) := e^{Q(x)}$, wo $Q(x)$ eine Stammfunktion des nur von x abhängigen Ausdrucks (4.49) ist, ein integrierender Faktor für (4.46) und die Gleichung

$$\boxed{\dot{x}\, g(t,x)\,\widetilde{q}(x) + h(t,x)\,\widetilde{q}(x) = 0}$$

ist exakt und besitzt die gleichen Lösungen wie (4.46).

Weitere Bedingungen für integrierende Faktoren spezieller Art findet man in der Aufgabe 6, bzw. der zugehörigen Lösungsskizze.

Aufgaben

1. Bestimmen Sie die allgemeine Lösung der Differentialgleichung

$$\boxed{\dot{x} = x \sin t}$$

und skizzieren Sie das zugehörige Lösungsportrait.

2. Zeigen Sie, daß die Differentialgleichung

$$\boxed{\dot{x}\, t - x = 0}$$

keinen auf dem $\mathbb{R}^2$ definierten integrierenden Faktor besitzt. Bedeutet dies, daß diese Gleichung nicht explizit lösbar ist?

Bestimmen Sie ferner in jeder der beiden Mengen $\{(t,x) \in \mathbb{R}^2 : t \neq 0\}$ und $\{(t,x) \in \mathbb{R}^2 : x \neq 0\}$ einen integrierenden Faktor und erklären Sie den scheinbaren Widerspruch zum ersten Teil dieser Aufgabe.

3. Berechnen Sie die allgemeine Lösung der Differentialgleichung

$$\boxed{\dot{x} = \frac{\sin t}{t^2} e^{-x} - \frac{2}{t}} \,.$$

4. Gegeben sei eine Differentialgleichung der Form

$$\boxed{\dot{x}\, g(t,x) + h(t,x) = 0}$$

mit C^1-Funktionen $g, h : \widetilde{R} \to \mathbb{R}$ auf einem Rechteckgebiet $\widetilde{R}$.

(a) Zeigen Sie, daß die Bedingung (4.39) auch *notwendig* dafür ist, daß diese Gleichung einen nur von t abhängigen integrierenden Faktor besitzt.

(b) Wie lautet die entsprechende Aussage bezüglich der Bedingung (4.41)?

5. Zeigen Sie: Ist $f : \mathbb{R} \to \mathbb{R}$ eine beliebige stetig differenzierbare Funktion, so besitzt die Differentialgleichung

$$\boxed{\dot{x}\,(x\, f(t^2 + x^2) - t) + x + t\, f(t^2 + x^2) = 0}$$

einen nur von $t^2 + x^2$ abhängigen integrierenden Faktor. Erstellen Sie dann das Lösungsportrait der Gleichung

$$\boxed{\dot{x}\,(x\,(t^2 + x^2)^2 - t) + x + t\,(t^2 + x^2)^2 = 0} \,.$$

6. Gegeben sei eine Differentialgleichung der Form

$$\boxed{\dot{x}\, g(t,x) + h(t,x) = 0}$$

mit C^1-Funktionen $g, h : \widetilde{R} \to \mathbb{R}$ auf einem Rechteckgebiet $\widetilde{R}$.

(a) Geben Sie jeweils eine Bedingung an, die notwendig und hinreichend dafür ist, daß diese Gleichung einen differenzierbaren integrierenden Faktor besitzt, der nur vom Produkt tx bzw. nur von der Summe $t + x$ abhängt.

(b) Bestimmen Sie mit Hilfe der Ergebnisse von Teil (a) für die Differentialgleichung

$$\boxed{\dot{x}\, t\,(1 - x) + x\,(1 - t) = 0}$$

zwei integrierende Faktoren, und zwar einen, der nur vom Produkt tx abhängt, und einen, der nur von der Summe $t + x$ abhängt.

4.3 Transformationen

Hinter den Schlagworten *Transformation* oder *Substitution* verbirgt sich eines der Grundprinzipien mathematischer Denk- und Arbeitsweisen. Es handelt sich dabei darum, ein gegebenes, noch ungelöstes Problem in ein anderes umzuformen, für das eine Lösung oder wenigstens ein Lösungsweg bereits bekannt ist.

Geleitet von diesem Gedanken wollen wir nun die im vorherigen Abschnitt beschriebene Klasse der explizit lösbaren Differentialgleichungen erweitern, indem wir für einige weitere Gleichungstypen Transformationen angeben, mit deren Hilfe man diese Differentialgleichungen auf bereits lösbare zurückführen kann. Bevor wir uns jedoch mit konkreten Gleichungen beschäftigen, wollen wir das Konzept der Transformation von Differentialgleichungen auf einem abstrakten Niveau kurz erläutern. Als Ausgangspunkt wählen wir eine Differentialgleichung

$$\boxed{\frac{dx}{dt} = f(t,x)}\,, \quad f : D \subseteq \mathbb{R}^{1+N} \to \mathbb{R}^N\,, \tag{4.50}$$

von der wir eine, mehrere oder gar alle Lösungen bestimmen möchten. Zu diesem Zwecke suchen wir eine **Transformation** (d.h. eine bijektive Abbildung)

$$T : D \to \mathbb{R}^{1+N}\,, \quad T : (t,x) \mapsto (s,y)\,, \tag{4.51}$$

die den Definitionsbereich und mit ihm das noch unbekannte Lösungsportrait der Differentialgleichung (4.50) auf das Lösungsportrait einer bereits als lösbar erkannten Differentialgleichung

$$\boxed{\frac{dy}{ds} = g(s,y)}\,, \quad g : T(D) \subseteq \mathbb{R}^{1+N} \to \mathbb{R}^N \tag{4.52}$$

abbildet. Mit Hilfe der Umkehrabbildung $T^{-1} : T(D) \to D$ lassen sich dann die bei der **transformierten** Differentialgleichung (4.52) vorliegenden Erkenntnisse auf die ursprüngliche Differentialgleichung (4.50) übertragen (siehe Abbildung 4.9).

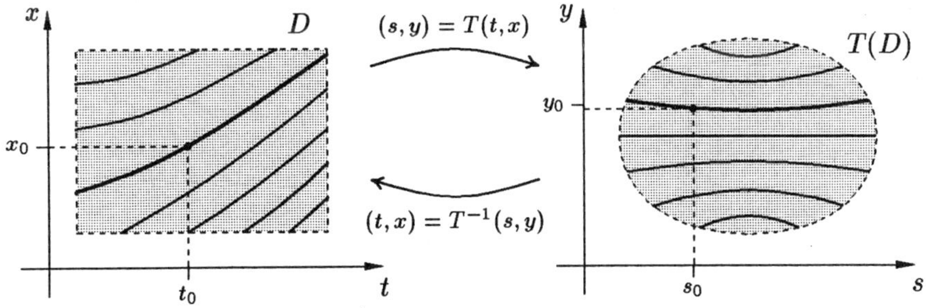

Abb. 4.9 Zur Transformation einer Differentialgleichung

Da eine mathematisch fundierte Formulierung und Begründung des geschilderten Verfahrens einen Aufwand mit sich bringen würde, der dem Zwecke dieses Buches nicht angemessen ist (siehe Aufgabe 5), wollen wir uns auf einen eher pragmatischen Standpunkt stellen und nur für einige Typen von Differentialgleichungen Transformationen angeben, die damit transformierten Differentialgleichungen lösen, und schließlich das Ergebnis auf die ursprünglichen Gleichungen übertragen. In Ermangelung einer theoretischen Absicherung haben wir dann jeweils zu verifizieren, daß die gefundenen Funktionen tatsächlich Lösungen der gegebenen Differentialgleichung sind.

An Hand von Beispielen wollen wir uns nun davon überzeugen, daß sich die geschilderte Vorgehensweise in einigen Fällen realisieren läßt. Wir werden dabei zunächst mit Transformationen arbeiten, die die unabhängige Variable t unverändert lassen und nur die abhängige Variable x verändern. Die transformierte Differentialgleichung (4.52) erscheint dann mit t an Stelle von s in der Form $\dot{y} = g(t, y)$.

4.3.1 Beispiel: Wir betrachten eine auf einer offenen Menge $D \subseteq \mathbb{R}^2$ gegebene Differentialgleichung

$$\boxed{\dot{x} = f(t, x)}\,, \tag{4.53}$$

deren rechte Seite die folgende Eigenschaft besitzt:

$$f(\sigma t, \sigma x) = f(t, x) \quad \text{für alle } (t, x) \in D \text{ und } \sigma \in \mathbb{R} \setminus \{0\}\,. \tag{4.54}$$

Eine solche Differentialgleichung heißt **homogen** (nicht zu verwechseln mit dem Begriff „homogen" bei linearen Differentialgleichungen). Die Homogenität eines Systems hat eine spezielle Gestalt ihres Definitionsbereichs zur Folge, denn mit jedem Punkt $(t, x) \in D$ gehören die beiden Halbstrahlen $\{(\sigma t, \sigma x) \in \mathbb{R}^2 : \sigma > 0\}$ und $\{(\sigma t, \sigma x) \in \mathbb{R}^2 : \sigma < 0\}$ ganz zu D. Um unnötige Komplikationen zu vermeiden, setzen wir noch voraus, daß D keinen Punkt mit der Hyperebene $t = 0$ gemeinsam hat. Wir wollen nämlich die durch $(s, y) = T(t, x) := (t, \frac{x}{t})$ definierte Funktion $T : D \to \mathbb{R}^2$, oder kürzer

$$y = \frac{x}{t}\,, \tag{4.55}$$

als Transformation für die Differentialgleichung (4.53) verwenden. Zur Bestimmung der transformierten Differentialgleichung betrachten wir nun eine beliebige Lösung $\mu(t)$ von (4.53). Aus der zugehörigen Lösungsidentität $\dot{\mu}(t) \equiv f(t, \mu(t))$ folgt dann für die Funktion $\nu(t) := \frac{\mu(t)}{t}$ die Identität

$$\dot{\nu}(t) \equiv \frac{t\,\dot{\mu}(t) - \mu(t)}{t^2} \equiv \frac{t\,f(t, t\,\nu(t)) - t\,\nu(t)}{t^2} \overset{(4.54)}{\equiv} \frac{f(1, \nu(t)) - \nu(t)}{t}\,.$$

Folglich ist $\nu(t)$ eine Lösung der Differentialgleichung

$$\boxed{\dot{y} = \frac{f(1, y) - y}{t}}\,. \tag{4.56}$$

Das primäre Ziel der durchgeführten Transformation ist damit erreicht, denn die transformierte Differentialgleichung (4.56) besitzt augenscheinlich getrennte Veränderliche und ist somit lösbar.

Bevor wir ein konkretes Beispiel einer homogenen Differentialgleichung betrachten, wollen wir noch erwähnen, daß man die Herleitung der transformierten Differentialgleichung häufig dadurch abkürzt, daß man die Transformation (4.55) formal nach t differenziert und dabei beachtet, daß x von t abhängt. Dieses vor allem bei Nichtmathematikern gebräuchliche „Rechnen mit Differentialgleichungen" lautet dann wie folgt:

$$\dot{y} = \frac{t\dot{x} - x}{t^2} = \frac{t f(t,ty) - ty}{t^2} \overset{(4.54)}{=} \frac{f(1,y) - y}{t} .$$

Wir betrachten nun ein konkretes Beispiel. Die Differentialgleichung

$$\boxed{\dot{x} = \frac{x}{t} + \sqrt{1 - \frac{x^2}{t^2}}} \tag{4.57}$$

ist offensichtlich homogen, denn die Variablen t und x treten ausschließlich in Form des Quotienten $\frac{x}{t}$ auf, so daß sich beim Übergang von (t,x) zu $(\sigma t, \sigma x)$ die rechte Seite nicht ändert. Ihr (offener) Definitionsbereich (in dem die rechte Seite differenzierbar ist) hat die Form $D = \{(t,x) \in \mathbb{R}^2 : x^2 < t^2\}$ (siehe Abbildung 4.10 links). Wir stellen uns nun die Aufgabe, zu einem festen Anfangspunkt $(t_0, x_0) \in D$ mit $t_0 > 0$ die maximale Lösung der Differentialgleichung (4.57) zu berechnen. Dazu transformieren wir diese Gleichung mittels der Transformation $y = \frac{x}{t}$ und erhalten als Spezialfall von (4.56)

$$\boxed{\dot{y} = \frac{\sqrt{1 - y^2}}{t}} . \tag{4.58}$$

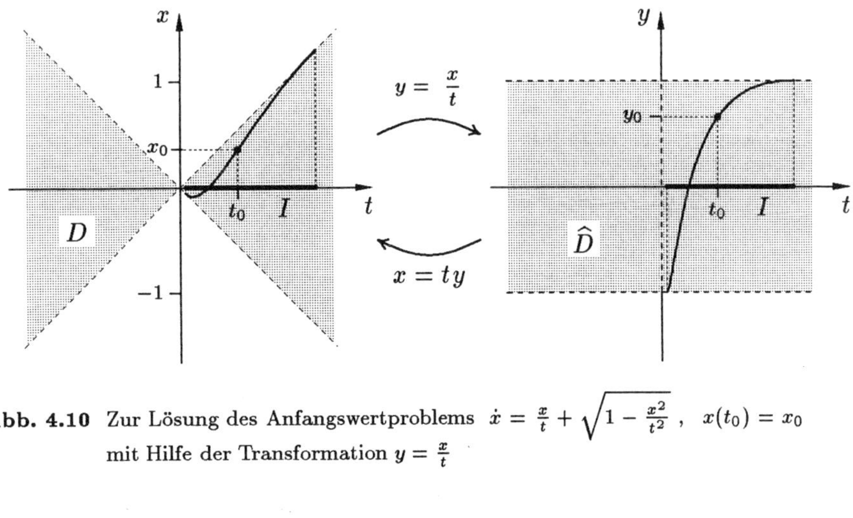

Abb. 4.10 Zur Lösung des Anfangswertproblems $\dot{x} = \frac{x}{t} + \sqrt{1 - \frac{x^2}{t^2}}$, $x(t_0) = x_0$ mit Hilfe der Transformation $y = \frac{x}{t}$

Die Gleichung (4.58) besitzt den (offenen) Definitionsbereich

$$\widehat{D} = \{(t,y) \in \mathbb{R}^2 : t \neq 0\,,\ y \in \{\tfrac{x}{t} \in \mathbb{R} : x^2 < t^2\}\}$$
$$= \{(t,y) \in \mathbb{R}^2 : t \neq 0\,,\ |y| < 1\}\,.$$

Der Anfangspunkt (t_0, x_0) transformiert sich in den Anfangspunkt (t_0, y_0) mit $y_0 := \frac{x_0}{t_0}$ für die y-Gleichung (siehe Abbildung 4.10 rechts), und das zugehörige Anfangswertproblem besitzt dann (Trennung der Veränderlichen) die durch Auflösung der Gleichung

$$\int_{y_0}^{y} \frac{dw}{\sqrt{1-w^2}} = \int_{t_0}^{t} \frac{ds}{s}$$

nach y gewonnene Lösung

$$\nu(t) := \sin\big(\arcsin y_0 + \ln \tfrac{t}{t_0}\big)$$

mit dem maximalen Existenzintervall ($|\nu(t)|$ muß echt kleiner als 1 sein)

$$I := \big(t_0\, e^{-\frac{\pi}{2} - \arcsin y_0}\,,\ t_0\, e^{\frac{\pi}{2} - \arcsin y_0}\big)\,.$$

Dann ist die auf dem Intervall I definierte Funktion

$$\mu(t) := t\,\nu(t) = t\,\sin\big(\arcsin \tfrac{x_0}{t_0} + \ln \tfrac{t}{t_0}\big)$$

die gesuchte Lösung des Ausgangsproblems, was sich leicht verifizieren läßt. Mit den gleichen Überlegungen erhalten wir schließlich die Funktion

$$\lambda(t\,;\tau,\xi) = t\,\sin\big(\arcsin \tfrac{\xi}{\tau} + \ln \tfrac{t}{\tau}\big)$$

als allgemeine Lösung der Ausgangsgleichung (4.57). Die Abbildung 4.11 zeigt die Lösungsportraits der beiden Differentialgleichungen (4.57) und (4.58). ◊

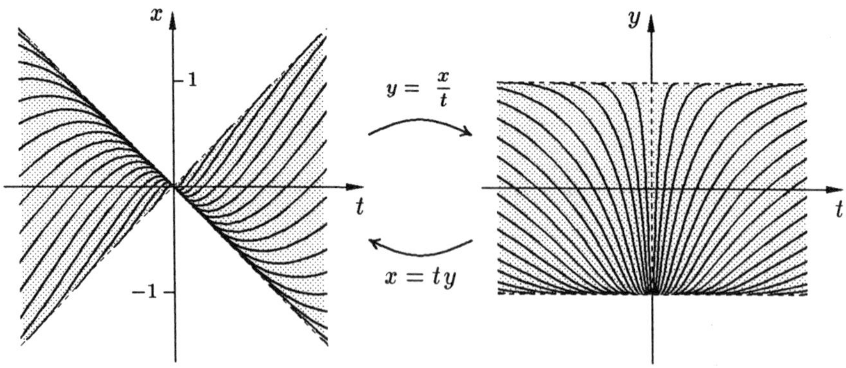

Abb. 4.11 Lösungsportraits von $\dot{x} = \frac{x}{t} + \sqrt{1 - \frac{x^2}{t^2}}$ (links) und $\dot{y} = \frac{\sqrt{1-y^2}}{t}$ (rechts)

Auch in der folgenden Beispielklasse genügt es, nur die abhängige Veränderliche zu transformieren.

4.3.2 Beispiel: Gegeben sei eine von drei reellen Parametern α, β, γ abhängige Differentialgleichung der Form

$$\boxed{\dot{x} = g(\alpha t + \beta x + \gamma)}\,, \tag{4.59}$$

wo $g : (A\,, B) \to \mathbb{R}$ eine Lipschitz-stetige Funktion ist mit einem beschränkten oder unbeschränkten offenen Intervall $(A\,, B)$ als Definitionsbereich. Um sowohl Triviales ($\beta = 0$) als auch eine Fallunterscheidung ($\beta < 0$ oder $\beta > 0$) zu vermeiden, setzen wir $\beta > 0$ voraus. Die rechte Seite der Differentialgleichung (4.59) ist dann für alle (t, x) aus dem „Streifen"

$$D := \left\{(t,x) \in \mathbb{R}^2 : \frac{A-\gamma}{\beta} - \frac{\alpha}{\beta}t < x < \frac{B-\gamma}{\beta} - \frac{\alpha}{\beta}t\right\}$$

(die linke oder rechte Restriktion für x entfällt im Fall $A = -\infty$ bzw. $B = \infty$) erklärt, auf dem wir die Funktion $T(t,x) := (t\,, \alpha t + \beta x + \gamma)\,,\ T : D \to \mathbb{R}^2$, oder kürzer

$$y = \alpha t + \beta x + \gamma \tag{4.60}$$

als Transformation definieren. Die zugehörige transformierte Gleichung hat dann wegen $\dot{y} = \alpha + \beta\dot{x} = \alpha + \beta g(y)$ die Form

$$\boxed{\dot{y} = \alpha + \beta g(y)}\,, \tag{4.61}$$

ist also autonom und somit durch Trennung der Veränderlichen lösbar. Im Fall des konkreten Beispiels

$$\boxed{\dot{x} = 1 - \frac{1}{\cos(x - t + \frac{\pi}{2})}} \tag{4.62}$$

ist $\alpha = -1$, $\beta = 1$, $\gamma = \frac{\pi}{2}$ und $g(y) = 1 - \frac{1}{\cos y}$, wobei wir als Definitionsbereich für $g(y)$ das Intervall $(-\frac{\pi}{2}, \frac{\pi}{2})$ wählen. Die vermittels der Transformation $y = x - t + \frac{\pi}{2}$ gewonnene Differentialgleichung hat dann die Form

$$\boxed{\dot{y} = -\frac{1}{\cos y}}\,, \tag{4.63}$$

und sie besitzt die allgemeine Lösung $\arcsin(\tau + \sin\eta - t)$. Mit Hilfe der Rücktransformation $x = y + t - \frac{\pi}{2}$, die man wohlgemerkt auch auf den Anfangswert η anwenden muß, ergibt sich dann die allgemeine Lösung der Ausgangsgleichung (4.62) zu

$$\lambda(t\,;\tau,\xi) = t - \frac{\pi}{2} + \arcsin\big(\tau + \sin(\xi - \tau + \tfrac{\pi}{2}) - t\big)\,.$$

Daß es sich hierbei tatsächlich um die allgemeine Lösung dieser Differentialgleichung handelt, bleibt schließlich noch zu verifizieren. Die Abbildung 4.12 zeigt die Lösungsportraits der beiden Gleichungen (4.62) und (4.63). ◊

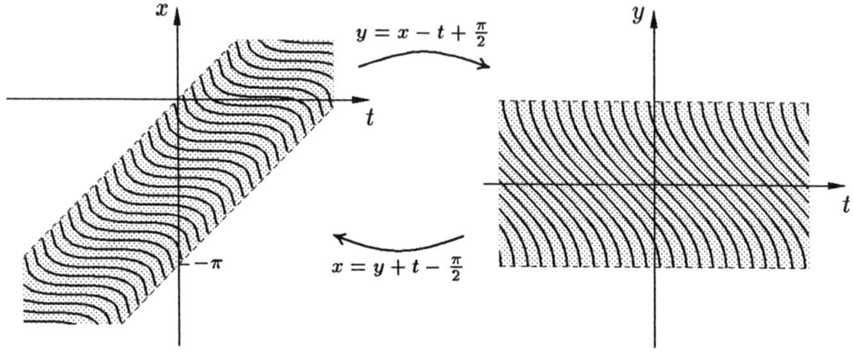

Abb. 4.12 Lösungsportraits von $\dot{x} = 1 - \frac{1}{\cos(x-t+\pi/2)}$ (links) und $\dot{y} = -\frac{1}{\cos y}$ (rechts)

Wir betrachten nun abschließend eine Klasse von Differentialgleichungen, bei der wir neben der abhängigen auch die unabhängige Variable verändern müssen, um die jeweilige Gleichung in einen lösbaren Typ zu transformieren.

4.3.3 Beispiel: Gegeben sei eine Differentialgleichung der Form

$$\boxed{\dot{x} \;=\; h\Big(\frac{\alpha t + \beta x + \gamma}{at + bx + c}\Big)}\,, \tag{4.64}$$

wobei $h : (A\,, B) \to \mathbb{R}$ eine auf einem offenen Intervall $(A\,, B)$ Lipschitz-stetige Funktion ist und die reellen Parameter α, β, γ, a, b, c der Bedingung $a^2+b^2+c^2 > 0$ genügen. Offensichtlich handelt es sich hierbei um eine Verallgemeinerung des zuvor untersuchten Gleichungstyps (4.59). An Hand der Determinante

$$\det\begin{pmatrix} \alpha & \beta \\ a & b \end{pmatrix} \;=\; \alpha b - \beta a \tag{4.65}$$

unterscheiden wir nun zwei Fälle, die, wie wir gleich sehen werden, unterschiedlicher Behandlung bedürfen.

<u>1. Fall, $\alpha b - \beta a = 0$</u>: Daß in diesem Fall die Gleichung (4.64) bereits in der lösbaren Form des vorherigen Beispiels 4.3.2 vorliegt, zeigen die folgenden Überlegungen. Unter der gegebenen Voraussetzung sind die Zeilen der Matrix $\left(\begin{smallmatrix} \alpha & \beta \\ a & b \end{smallmatrix}\right)$ linear abhängig und so gibt es reelle Zahlen ρ_1, ρ_2 mit $\rho_1^2 + \rho_2^2 > 0$ und $\rho_1\alpha + \rho_2 a = 0\,, \rho_1\beta + \rho_2 b = 0$. Wir unterscheiden nun zwei Unterfälle.

(i) Im Fall $\rho_1 \neq 0$ gelten mit $\rho := -\frac{\rho_2}{\rho_1}$ die Beziehungen $\alpha = \rho a$ und $\beta = \rho b$. Damit läßt sich die rechte Seite von (4.64) umschreiben zu

$$h\Big(\frac{\alpha t + \beta x + \gamma}{at + bx + c}\Big) \;=\; h\Big(\frac{\rho[at + bx + c] + \gamma - \rho c}{at + bx + c}\Big) \;=\; g_1(at + bx + c)\,,$$

wobei $g_1(z) := h(\frac{\rho z + \gamma - \rho c}{z})$.

(ii) Im Fall $\rho_2 \neq 0$ gilt $a = \sigma\alpha$ und $b = \sigma\beta$ mit $\sigma := -\frac{\rho_1}{\rho_2}$, und wir erhalten analog zu obiger Rechnung

$$h\Big(\frac{\alpha t + \beta x + \gamma}{at + bx + c}\Big) = h\Big(\frac{\alpha t + \beta x + \gamma}{\sigma[\alpha t + \beta x + \gamma] + c - \sigma\gamma}\Big) = g_2(\alpha t + \beta x + \gamma)$$

mit $g_2(z) := h(\frac{z}{\sigma z + c - \sigma\gamma})$.

<u>2. Fall, $\alpha b - \beta a \neq 0$</u>: In diesem Fall gibt es eine eindeutig bestimmte Lösung $\binom{t_0}{x_0}$ des linearen Gleichungssystems $\begin{pmatrix}\alpha & \beta\\ a & b\end{pmatrix}\binom{t}{x} = \binom{-\gamma}{-c}$. Nach der Cramer'schen Regel gilt hierfür

$$t_0 = \frac{\beta c - \gamma b}{\alpha b - \beta a}, \quad x_0 = \frac{\gamma a - \alpha c}{\alpha b - \beta a}. \tag{4.66}$$

Wir zeigen nun, daß die mit Hilfe dieser Zahlen definierte Transformation

$$(t, x) \mapsto (s, y) := (t - t_0, x - x_0) \tag{4.67}$$

die gegebene Differentialgleichung (4.64) in die leicht als homogen zu erkennende Differentialgleichung

$$\boxed{\frac{dy}{ds} = h\Big(\frac{\alpha s + \beta y}{as + by}\Big)} \tag{4.68}$$

transformiert. Zu diesem Zwecke weisen wir nach, daß eine Funktion $\mu(t)$ genau dann eine Lösung von (4.64) ist, wenn die Funktion

$$\nu(s) := \mu(s + t_0) - x_0$$

eine Lösung von (4.68) ist. Vorweg stellen wir hierzu fest, daß für t_0 und x_0 die folgenden Beziehungen gelten:

$$\alpha t_0 + \beta x_0 + \gamma = 0, \quad a t_0 + b x_0 + c = 0. \tag{4.69}$$

($\Rightarrow$) Aus der Lösungsidentität $\frac{d\mu}{dt}(t) \equiv h\Big(\frac{\alpha t + \beta\mu(t) + \gamma}{at + b\mu(t) + c}\Big)$ folgt die Identität

$$\begin{aligned}\frac{d\nu}{ds}(s) &\equiv \frac{d\mu}{dt}(s + t_0) \equiv h\Big(\frac{\alpha[s + t_0] + \beta\mu(s + t_0) + \gamma}{a[s + t_0] + b\mu(s + t_0) + c}\Big) \equiv \\ &\equiv h\Big(\frac{\alpha[s + t_0] + \beta[\nu(s) + x_0] + \gamma}{a[s + t_0] + b[\nu(s) + x_0] + c}\Big) \overset{(4.69)}{\equiv} h\Big(\frac{\alpha s + \beta\nu(s)}{as + b\nu(s)}\Big).\end{aligned}$$

($\Leftarrow$) Aus der Lösungsidentität $\frac{d\nu}{ds}(s) \equiv h\Big(\frac{\alpha s + \beta\nu(s)}{as + b\nu(s)}\Big)$ folgt umgekehrt für die Funktion $\mu(t) \equiv \nu(t - t_0) + x_0$ die Beziehung

$$\begin{aligned}\frac{d\mu}{dt}(t) &\equiv \frac{d\nu}{ds}(t - t_0) \equiv h\Big(\frac{\alpha[t - t_0] + \beta\nu(t - t_0)}{a[t - t_0] + b\nu(t - t_0)}\Big) \equiv \\ &\equiv h\Big(\frac{\alpha[t - t_0] + \beta[\mu(t) - x_0]}{a[t - t_0] + b[\mu(t) - x_0]}\Big) \overset{(4.69)}{\equiv} h\Big(\frac{\alpha t + \beta\mu(t) + \gamma}{at + b\mu(t) + c}\Big).\end{aligned}$$

Als konkretes Beispiel aus der Gleichungsklasse (4.64) betrachten wir die Differentialgleichung

$$\boxed{\dot{x} = \frac{t-x-1}{t-2x}}\,. \tag{4.70}$$

Die in (4.64) auftretende Funktion h ist dann die identische Abbildung auf $\mathbb{R}$, und der Definitionsbereich der Differentialgleichung (4.70) ist die Menge $\{(t,x) \in \mathbb{R}^2 : t - 2x \neq 0\}$. Da die für obige Fallunterscheidung verantwortliche Determinate (4.65) hier den Wert -1 besitzt, liegt der 2. Fall vor. Die für die gesuchte Transformation erforderlichen Konstanten t_0 und x_0 errechnet man gemäß (4.66) zu 2 bzw. 1, und folglich beschreibt

$$(s\,,y) = (t-2\,,x-1) \tag{4.71}$$

die gesuchte Transformation, die die Gleichung (4.70) in die homogene Differentialgleichung

$$\boxed{\frac{dy}{ds} = \frac{s-y}{s-2y}} \tag{4.72}$$

transformiert. Um nun diese Gleichung zu lösen, müssen wir eine weitere Transformation durchführen. Entsprechend der im Beispiel 4.3.1 beschriebenen Vorgehensweise wenden wir die Transformation

$$z = \frac{y}{s} \tag{4.73}$$

auf die Gleichung (4.72) an und erhalten die Differentialgleichung

$$\boxed{\frac{dz}{ds} = \frac{1-2z+2z^2}{s(1-2z)}} \tag{4.74}$$

mit getrennten Veränderlichen. Für diese können wir nun durch Auflösung der Identität

$$\int_\zeta^z \frac{1-2u}{1-2u+2u^2}\,du = \int_\sigma^s \frac{dv}{v}$$

nach z die allgemeine Lösung ermitteln. Unter Verwendung der Stammfunktion $-\frac{1}{2}\ln|1-2u+2u^2|$ für den Integranden auf der linken Seite erhalten wir als allgemeine Lösung der Differentialgleichung (4.74)

$$\tilde{\tilde{\lambda}}(s\,;\sigma,\zeta) = \tfrac{1}{2} \pm \tfrac{1}{2}\sqrt{\left(\tfrac{\sigma}{s}\right)^2[2-4\zeta+4\zeta^2]-1}\,,$$

wobei das Pluszeichen für die Anfangswerte $\zeta > \frac{1}{2}$ und das Minuszeichen für $\zeta < \frac{1}{2}$ gilt. Anwendung der Umkehrtransformation $y = sz$ zu (4.73) liefert dann für (4.72) die allgemeine Lösung

$$\tilde{\lambda}(s\,;\sigma,\eta) = s\,\tilde{\tilde{\lambda}}(s\,;\sigma,\tfrac{\eta}{\sigma}) = \tfrac{s}{2} \pm \tfrac{1}{2}\sqrt{2\sigma^2-4\sigma\eta+4\eta^2-s^2}\,,$$

wobei die unterschiedlichen Vorzeichen den Fällen $2\eta > \sigma$ bzw. $2\eta < \sigma$ entsprechen. Indem man schließlich noch die Transformation (4.71) umkehrt, erhält man die allgemeine Lösung der Ausgangsgleichung (4.70) in der Form

$$\begin{aligned}\lambda(t\,;\tau,\xi) &= 1+\widetilde{\lambda}(t-2\,;\tau-2,\xi-1)\\ &= 1+\tfrac{t-2}{2}\pm\tfrac{1}{2}\sqrt{2(\tau-2)^2-4(\tau-2)(\xi-1)+4(\xi-1)^2-(t-2)^2}\,.\end{aligned}$$

Hierbei gilt das Pluszeichen für die Anfangswertepaare (τ,ξ) mit $\tau < 2\xi$ und das Minuszeichen für $\tau > 2\xi$. Entsprechend beschreibt die Funktion $\lambda(t\,;\tau,\xi)$ alle Lösungen der Differentialgleichung (4.70) oberhalb bzw. unterhalb der Geraden $t-2x=0$ (siehe Abbildung 4.13).

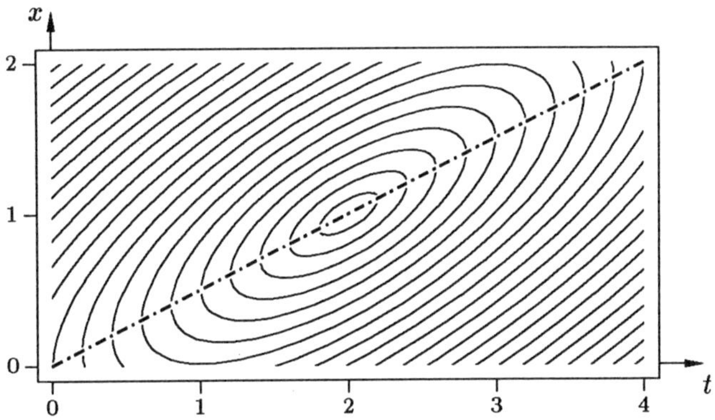

Abb. 4.13 Lösungsportrait der Differentialgleichung $\dot{x} = \frac{t-x-1}{t-2x}$

Das gegenwärtige Beispiel beschließend wollen wir nicht unerwähnt lassen, daß es für Differentialgleichungen, sofern sie überhaupt explizit lösbar sind, im allgemeinen *mehrere* Lösungsmethoden gibt, die sich unter Umständen im Rechenaufwand beträchtlich unterscheiden. So kann man zum Beispiel die Gleichung (4.70) in der impliziten Form

$$\boxed{\dot{x}\,(t-2x)-t+x+1 = 0}$$

als exakt erkennen und die zugehörige Stammfunktion

$$S(t,x) = t-\frac{t^2}{2}+tx-x^2\,,$$

deren Niveaulinien augenscheinlich Ellipsen sind, zur Lösungsbestimmung heranziehen. In der verallgemeinerten Form (siehe die Bemerkung 4.1.10)

$$\boxed{(t-2x)\,dx+(x-t+1)\,dt = 0}$$

erhält man die in der Abbildung 4.13 gezeigten Lösungen in impliziter Form als geschlossene Kurven, also inklusive der auf der Geraden $t-2x=0$ liegenden Kurvenpunkte mit senkrechten Tangenten. ◊

Zum Schluß dieses Abschnitts wollen wir wieder die im Hinblick auf die Lösungsmethoden erzielten Ergebnisse kurz zusammenfassen. Zu den drei im Abschnitt 4.2 genannten, leicht als lösbar zu erkennenden Differentialgleichungstypen (lineare, Bernoulli'sche und getrennte Veränderliche) sind noch weitere hinzugekommen.

- Homogene Differentialgleichung $\boxed{\dot{x} = f(t,x)}$, $f(\sigma t, \sigma x) \equiv f(t,x)$

  Die Transformation $y = \frac{x}{t}$ (siehe Beispiel 4.3.1) überführt diese Gleichung in die Gleichung

  $$\boxed{\dot{y} = \frac{f(1,y) - y}{t}}$$

  mit getrennten Veränderlichen.

- Differentialgleichung der Form $\boxed{\dot{x} = g(\alpha t + \beta x + \gamma)}$

  Sie läßt sich mit Hilfe der Transformation $y = \alpha t + \beta x + \gamma$ (siehe Beispiel 4.3.2) in die autonome Form

  $$\boxed{\dot{y} = \alpha + \beta g(y)}$$

  bringen und durch Trennung der Veränderlichen lösen.

- Differentialgleichung der Form $\boxed{\dot{x} = h\Big(\frac{\alpha t + \beta x + \gamma}{at + bx + c}\Big)}$

  Sie liegt im Fall $\alpha b - \beta a = 0$ (1. Fall im Beispiel 4.3.3) bereits in der lösbaren Form $\dot{x} = g(At + Bx + C)$ vor und kann wie oben beschrieben bearbeitet werden. Im Fall $\alpha b - \beta a \neq 0$ (2. Fall im Beispiel 4.3.3) läßt sie sich mit Hilfe der Transformation $(s,y) = (t - \frac{\beta c - \gamma b}{\alpha b - \beta a}, x - \frac{\gamma a - \alpha c}{\alpha b - \beta a})$ in die homogene Differentialgleichung

  $$\boxed{\frac{dy}{ds} = h\Big(\frac{\alpha s + \beta y}{as + by}\Big)}$$

  transformieren und wie oben beschrieben weiterbehandeln.

Aufgaben

1. Bestimmen Sie für folgende Anfangswertprobleme jeweils die maximale Lösung.

(a) $\boxed{\dot{x} = 1 + \frac{x}{t} + \frac{x^2}{t^2}}$, $x(1) = 0$,

(b) $\boxed{\dot{x} = (t + x - 1)^2}$, $x(1) = 0$,

(c) $\boxed{\dot{x} = \frac{t - x + 1}{t - 2}}$, $x(1) = 0$.

2. Zeigen Sie, daß die allgemeine Lösung $x = \lambda(t\,;\tau,\xi)$ der Differentialgleichung

$$\boxed{\dot{x} = \frac{\alpha t + \beta x + \gamma}{at + bx + c}} \quad \text{im Fall} \quad \det\begin{pmatrix} \alpha & \beta \\ a & b \end{pmatrix} = 0$$

einer impliziten Beziehung der Form $F(t, x, \tau, \xi) = 0$ genügt, die sich nicht nach x auflösen läßt.

3. Zeigen Sie, daß sich eine Differentialgleichung der Form

$$\boxed{\dot{x} = h\left(\frac{\alpha t + \beta x + \gamma}{at + bx + c}\right)} \quad \text{im Fall} \quad \det\begin{pmatrix} \alpha & \beta \\ a & b \end{pmatrix} \neq 0$$

in die Differentialgleichung

$$\boxed{\frac{dz}{ds} = \frac{1}{s}\left[h\left(\frac{\alpha + \beta z}{a + bz}\right) - z\right]}$$

mit getrennten Veränderlichen transformieren läßt. Wie lautet die zugehörige Transformation?

4. Zeigen Sie, daß man jede Bernoulli'sche Differentialgleichung

$$\boxed{\dot{x} = a(t)\,x + b(t)\,x^{\alpha}}\,, \quad \alpha \in \mathbb{R} \setminus \{1\}$$

(siehe Beispiel 4.2.2) mit Hilfe der Transformation $y = x^{1-\alpha}$ in eine lineare Differentialgleichung transformieren kann. Verifizieren Sie auf diesem Wege die Formel (4.32) für die allgemeine Lösung der Bernoulli'schen Differentialgleichung.

5. Gegeben seien zwei offene Intervalle I, J und eine C^1-Funktion $S : I \times J \to \mathbb{R}$ mit der Eigenschaft, daß jede der Funktionen

$$S_t(x) := S(t,x)\,, \quad S_t : J \to \mathbb{R}\,, \quad t \in \mathbb{R}$$

ein bijektive C^1-Funktion mit C^1-Umkehrfunktion $S_t^{-1} : S_t(J) \to J$ ist. Zeigen Sie, daß die Funktion $y = S(t,x)$ eine Differentialgleichung der Form

$$\boxed{\dot{x} = f(t,x)}\,, \quad f : I \times J \to \mathbb{R} \tag{$*$}$$

in die Differentialgleichung

$$\boxed{\dot{y} = \frac{\partial S}{\partial t}\left(t, S_t^{-1}(y)\right) + \frac{\partial S}{\partial x}\left(t, S_t^{-1}(y)\right)\cdot f\left(t, S_t^{-1}(y)\right)} \tag{$**$}$$

transformiert, indem Sie nachweisen, daß eine Funktion $\mu(t)$ genau dann eine Lösung von $(*)$ ist, wenn die Funktion $\nu(t) := S_t(\mu(t))$ eine Lösung von $(**)$ ist.

Erklären Sie ferner, warum es sich hier um eine besonders einfache Situation handelt, die keines der im gegenwärtigen Abschnitt behandelten Beispiele erfaßt.

6. Gegeben sei die allgemeine Riccati'sche Differentialgleichung

$$\boxed{\dot{x} = a(t) + b(t)\,x + c(t)\,x^2}\,,$$

deren Koeffizientenfunktionen $a(t), b(t)$ und $c(t)$ auf einem Intervall stetig sind. Zeigen Sie: Falls man eine *spezielle* Lösung $\mu(t)$ dieser Gleichung kennt, so kann man die *allgemeine* Lösung bestimmen, indem man die Gleichung mit Hilfe der Transformation $y = x - \mu(t)$ in eine Bernoulli'sche Differentialgleichung transformiert.

4.4 Rückschau und Ausblick

Im Kapitel 4 haben wir *skalare* Differentialgleichungen im Hinblick auf ihre explizite Lösbarkeit untersucht. Ausgehend vom Begriff der *Stammfunktion* einer Funktion von zwei Veränderlichen haben wir im Abschnitt 4.1 das Lösungskonzept für die sogenannten *exakten* Differentialgleichungen eingeführt. Die Lösungen dieser speziellen Art von impliziten Differentialgleichungen erhält man dabei in Form von Niveaulinien der zugehörigen Stammfunktionen. Im Abschnitt 4.2 sind wir dann der Frage nachgegangen, in welcher Weise man durch den Einsatz der sogenannten *integrierenden Faktoren* Gleichungen, die von Hause aus nicht exakt sind, exakt und somit lösbar machen kann. Im Abschnitt 4.3 wurde schließlich das Konzept der *Transformation* von skalaren Differentialgleichungen beschrieben, mit dessen Hilfe man bestimmte Typen von Differentialgleichungen auf lösbare Typen zurückführen kann.

Als sichtbares Ergebnis dieser Bemühungen können wir festhalten, daß es uns gelungen ist, verschiedene Gleichungstypen als lösbar zu erkennen und jeweils einen Lösungsweg oder gar eine explizite Formel für die allgemeine Lösung zu ermitteln. Hierzu gehören die *linearen* und die *Bernoulli'schen* Differentialgleichungen und diejenigen mit *getrennten Veränderlichen*, ferner die *homogenen* Differentialgleichungen und diejenigen der Form $\dot{x} = h(\alpha t + \beta x + \gamma / at + bx + c)$. Trotz dieser Errungenschaften müssen wir aber angesichts der Zielsetzung des Kapitels 4 zwei Probleme zur Kenntnis nehmen. Zum einen müssen wir feststellen, daß der Aufwand zum Lösen selbst sehr einfacher Differentialgleichungen beträchtlich sein kann. Zum anderen haben wir nur solche Gleichungen als lösbar erkannt, die sich in der einen oder anderen Weise auf exakte Differentialgleichungen zurückführen lassen. Exakte Differentialgleichungen sind aber, wenn man an die Vielfalt *aller möglichen* Differentialgleichungen denkt, seltene Exemplare von sehr spezieller Bauart. Darüberhinaus ist bekannt, daß selbst sehr einfache Differentialgleichungen, wie etwa die meisten Riccati'schen, prinzipiell nicht in geschlossener Form gelöst werden können.

Einen Ausweg aus dieser Misere scheinen die allseits verfügbaren Computer zu zeigen. In der Tat, für diejenigen Gleichungstypen, die man mittels algorithmischer Vorgehensweisen lösen kann, bietet die sogenannte COMPUTERALGEBRA die Möglichkeit, die erforderlichen analytischen Berechnungen von Computern durchführen zu lassen. Für Differentialgleichungen, bei denen solche Methoden nicht zur Verfügung stehen, bieten sich numerische Approximationen an, die Computer mit zunehmender Geschwindigkeit und Genauigkeit durchführen können. Um jedoch die bei einem Computereinsatz gelieferten Daten und Bilder in geeigneter Weise interpretieren zu können, bedarf es eines theoretischen Hintergrundwissens der Art, wie es im vorliegenden Kapitel 4 vermittelt wurde.

Im nun folgenden Kapitel 5 wollen wir uns mit zwei-dimensionalen, sogenannten „ebenen" autonomen Systemen beschäftigen. Wir werden dabei zunächst die enge Beziehung zwischen *skalaren nichtautonomen* Differentialgleichungen und *ebenen autonomen* Systemen beschreiben und dann dazu benutzen, die Erkenntnisse des Kapitels 4 auf ebene autonome Systeme zu übertragen.

5 Ebene autonome Systeme

Sowohl die Lösungsportraits skalarer Differentialgleichungen als auch die Phasenportraits ebener, d.h. zwei-dimensionaler, autonomer Systeme stellen Veranschaulichungen der entsprechenden Differentialgleichungstypen in der Ebene $\mathbb{R}^2$ dar. Dieser geometrische Sachverhalt bringt eine enge analytische Beziehung zwischen skalaren Differentialgleichungen und ebenen autonomen Systemen zum Ausdruck, der wir in diesem Kapitel nachgehen wollen. Wir werden dabei diese Beziehung zunächst präzise beschreiben und dann dazu benutzen, die Erkenntnisse des vorherigen Kapitels über skalare Differentialgleichungen auf ebene autonome Systeme zu übertragen.

5.1 Reduktion auf skalare Differentialgleichungen

Die in diesem Abschnitt zu beschreibende Tatsache, daß man ebene autonome Systeme auf skalare Differentialgleichungen zurückführen kann, bildet die Grundlage für die Analyse dieser Systeme. Sie erlaubt nämlich den Einsatz der im letzten Kapitel entwickelten Lösungsmethoden zur Bestimmung der Trajektorien solcher Systeme. Unser erstes Ziel wird es nun sein, die Trajektorien ebener autonomer Systeme als Lösungskurven gewisser skalarer Differentialgleichungen zu erkennen. Man beachte in diesem Zusammenhang den im Abschnitt 3.2 beschriebenen Unterschied zwischen Trajektorien und Lösungskurven.

5.1.1 Satz (Trajektorien als Lösungskurven): *Gegeben sei ein zwei-dimensionales autonomes System*

$$\boxed{\dot{x} = f(x,y) \ , \ \dot{y} = g(x,y)} \tag{5.1}$$

mit einer auf einer offenen Menge $D \subseteq \mathbb{R}^2$ Lipschitz-stetigen rechten Seite. Ferner sei (ξ, η) ein beliebiger Punkt aus D.

(i) Gilt dann $f(x,y) \neq 0$ für alle $(x,y) \in D$, so ist die Trajektorie $O(\xi,\eta)$ identisch mit der maximalen Lösungskurve $L(\xi,\eta)$ zum Anfangswertproblem

$$\boxed{\frac{dy}{dx} = \frac{g(x,y)}{f(x,y)}}\ , \quad y(\xi) = \eta \ . \tag{5.2}$$

(ii) Gilt dagegen $g(x,y) \neq 0$ für alle $(x,y) \in D$, so ist die Trajektorie $O(\xi,\eta)$ gleich der maximalen Lösungskurve zum Anfangswertproblem

$$\boxed{\frac{dx}{dy} = \frac{f(x,y)}{g(x,y)}}, \quad x(\eta) = \xi\,. \tag{5.3}$$

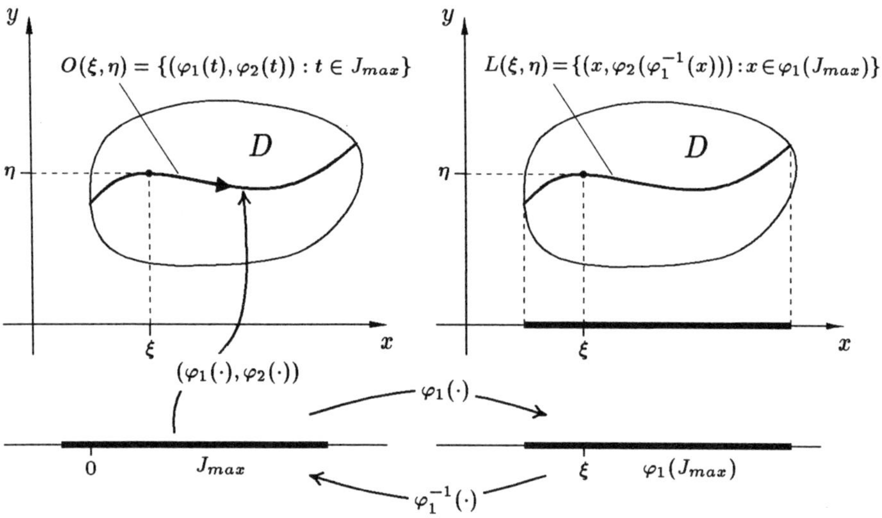

Abb. 5.1 Zum Beweis des Satzes 5.1.1

Beweis: Da der Punkt (ξ,η) im Verlaufe des Beweises fest bleibt, schreiben wir der Kürze wegen $\varphi(t)$ für die maximale Lösung $\varphi(t;\xi,\eta)$ des Systems (5.1) und J_{max} für das maximale Existenzintervall dieser Lösung. Ausgangspunkt des Beweises ist das Paar der auf J_{max} gültigen Lösungsidentitäten

$$\dot\varphi_1(t) \equiv f\big(\varphi_1(t), \varphi_2(t)\big)\,, \quad \dot\varphi_2(t) \equiv g\big(\varphi_1(t), \varphi_2(t)\big) \tag{5.4}$$

und die zugehörige Anfangsbedingung

$$\varphi_1(0) = \xi\,, \; \varphi_2(0) = \eta\,. \tag{5.5}$$

(i) Die erste Koordinate der Lösung $\varphi(t)$ genügt der Beziehung

$$\dot\varphi_1(t) = f\big(\varphi_1(t), \varphi_2(t)\big) \neq 0 \quad \text{für alle } t \in J_{max}\,,$$

ist also streng monoton und besitzt damit eine auf dem Intervall $\varphi_1(J_{max})$ erklärte Umkehrfunktion $\varphi_1^{-1} : \varphi_1(J_{max}) \to J_{max}$ mit der Eigenschaft

$$\varphi_1^{-1}(\xi) = 0 \tag{5.6}$$

(siehe Abbildung 5.1). Mittels der bijektiven Beziehung $t = \varphi_1^{-1}(x)$ läßt sich dann die Trajektorie $O(\xi, \eta)$ wie folgt umparametrisieren:

$$\begin{aligned} O(\xi,\eta) &= \{(\varphi_1(t), \varphi_2(t)) \in \mathbb{R}^2 : t \in J_{max}\} \\ &= \{(\varphi_1(\varphi_1^{-1}(x)), \varphi_2(\varphi_1^{-1}(x))) \in \mathbb{R}^2 : x \in \varphi_1(J_{max})\} \\ &= \{(x, \varphi_2(\varphi_1^{-1}(x))) \in \mathbb{R}^2 : x \in \varphi_1(J_{max})\} \,. \end{aligned}$$

Es bleibt somit zu zeigen, daß die auf dem offenen Intervall $\varphi_1(J_{max})$ erklärte Funktion $\mu(x) := \varphi_2(\varphi_1^{-1}(x))$ die maximale Lösung des Anfangswertproblems (5.2) ist. Die gewünschte Lösungseigenschaft ergibt sich hierbei aus der auf $\varphi_1(J_{max})$ gültigen Identität

$$\frac{d\mu}{dx}(x) \equiv \frac{\dot{\varphi}_2(\varphi_1^{-1}(x))}{\dot{\varphi}_1(\varphi_1^{-1}(x))} \overset{(5.4)}{\equiv} \frac{g(\varphi_1(\varphi_1^{-1}(x)), \varphi_2(\varphi_1^{-1}(x)))}{f(\varphi_1(\varphi_1^{-1}(x)), \varphi_2(\varphi_1^{-1}(x)))} \equiv \frac{g(x, \mu(x))}{f(x, \mu(x))} \,.$$

Wegen

$$\mu(\xi) = \varphi_2(\varphi_1^{-1}(\xi)) \overset{(5.6)}{=} \varphi_2(0) \overset{(5.5)}{=} \eta$$

ist auch die Anfangsbedingung erfüllt. Die Maximalität schließlich folgt aus der Tatsache, daß die Lösung $\mu : J_{max} \to \mathbb{R}$ wie auch die Trajektorie $O(\xi, \eta)$ in D von Rand zu Rand verläuft.

(ii) Den zweiten Teil des Satzes zeigt man analog zum ersten Teil. Diesmal weist man die Funktion $\nu(y) := \varphi_1(\varphi_2^{-1}(y))$, $\nu : \varphi_2(J_{max}) \to \mathbb{R}$ als die maximale Lösung des Anfangswertproblems (5.3) nach, welche dann die Trajektorie $O(\xi, \eta)$ parametrisiert. ■

Bei einem konkret vorliegenden System der Form (5.1) werden in der Regel sowohl $f(x, y)$ als auch $g(x, y)$ Nullstellen in D besitzen, und somit wird keiner der beiden Teile von Satz 5.1.1 unmittelbar auf *ganz* D anwendbar sein. In dieser Situation stellen dann die im Abschnitt 3.3 eingeführten Isoklinen und Monotoniebereiche nützliche Hilfsmittel zur Erstellung von Phasenportraits ebener autonomer Systeme dar. Im Innern jedes Monotoniebereichs lassen sich nämlich beide Teile des Satzes uneingeschränkt anwenden. Ansonsten gilt der erste Teil nur auf derjenigen Teilmenge von D, die man durch Wegnahme der Isoklinen I_n und I_s zu senkrechten Steigungen erhält (wenn man wie üblich x waagrecht und y senkrecht anträgt). Entsprechend muß man für die Anwendung des zweiten Teils aus D die zu den horizontalen Richtungen gehörigen Isoklinen I_o und I_w entfernen. Damit läßt sich schließlich *jeder* Punkt des Definitionsbereichs erfassen, der keine Ruhelage ist, und das Problem der Bestimmung der nicht-einpunktigen Trajektorien des zwei-dimensionalen Systems (5.1) ist auf die Integration der beiden skalaren Differentialgleichungen (5.2) und (5.3) zurückgeführt. Wir betrachten hierzu ein erstes Beispiel.

5.1.2 Beispiel: Für das ebene autonome System

$$\boxed{\dot{x} = y(1-x^2)^2 \,, \quad \dot{y} = -x(1-y^2)^2} \tag{5.7}$$

haben wir in der Abbildung 5.2 die Ruhelagen, Isoklinen und Monotoniebereiche sowie das Richtungsfeld eingezeichnet.

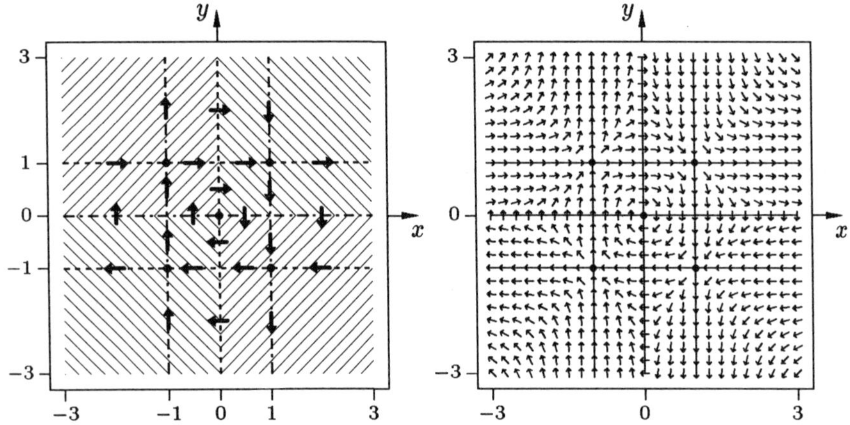

Abb. 5.2 Ruhelagen, Isoklinen, Monotoniebereiche (links) und Richtungsfeld (rechts) des Systems $\dot{x} = y\,(1-x^2)^2$, $\dot{y} = -x\,(1-y^2)^2$

Den ersten Teil des Satzes 5.1.1 können wir auf das System mit dem eingeschränkten Definitionsbereich $D_1 := \mathbb{R}^2 \setminus (I_n \cup I_s) = \{(x,y) \in \mathbb{R}^2 : x \neq \pm 1, y \neq 0\}$ anwenden. Dazu müssen wir die skalare Differentialgleichung

$$\boxed{\frac{dy}{dx} = -\frac{x\,(1-y^2)^2}{y\,(1-x^2)^2}}$$

auf D_1 lösen. Bis auf die Bezeichnung der Variablen ist dies aber die schon gelöste Gleichung (4.21) auf Seite 148. Als Lösungsportrait erhalten wir das in der Abbildung 5.3 links dargestellte Bild. Nach Satz 5.1.1 handelt es sich hierbei gleichzeitig um das Phasenportrait (noch ohne Pfeilspitzen) des auf D_1 eingeschränkten autonomen Systems (5.7). Wollen wir nun auch noch die Punkte auf den bislang ausgeschlossenen Isoklinen I_n und I_s behandeln, so betrachten wir das gegebene System auf dem eingeschränkten Definitionsbereich $D_2 := \mathbb{R}^2 \setminus (I_o \cup I_w) = \{(x,y) \in \mathbb{R}^2 : x \neq 0, y \neq \pm 1\}$. Dort können wir nach Satz 5.1.1 die skalare Differentialgleichung

$$\boxed{\frac{dx}{dy} = -\frac{y\,(1-x^2)^2}{x\,(1-y^2)^2}}$$

zu Hilfe nehmen. Da es sich – wieder bis auf Variablenumbezeichnung – um dieselbe Gleichung wie oben handelt, können wir ihr Lösungsportrait (siehe die Abbildung 5.3 rechts) sofort angeben. In jedem Fall haben wir nun auch die Trajektorien durch die Punkte auf den im ersten Teil ausgelassenen Isoklinen I_n und I_s bestimmt. Unter Beachtung der Eindeutigkeit der Trajektorien (siehe

Abschnitt 3.2) erhalten wir damit das gesamte, in der Abbildung 5.4 dargestellte Phasenportrait des Systems (5.7). Die Orientierung der einzelnen Trajektorien liest man leicht aus dem in der Abbildung 5.2 dargestellten Richtungsfeld ab. ◊

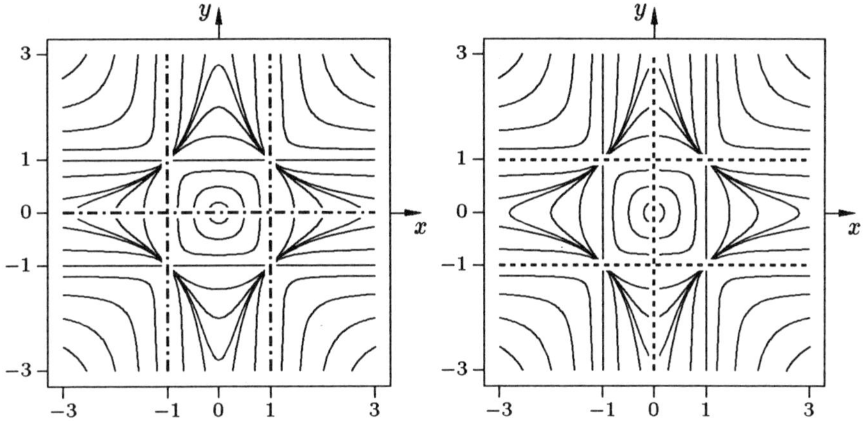

Abb. 5.3 Lösungsportraits der skalaren Differentialgleichungen $\frac{dy}{dx} = -\frac{x(1-y^2)^2}{y(1-x^2)^2}$ (links) und $\frac{dx}{dy} = -\frac{y(1-x^2)^2}{x(1-y^2)^2}$ (rechts)

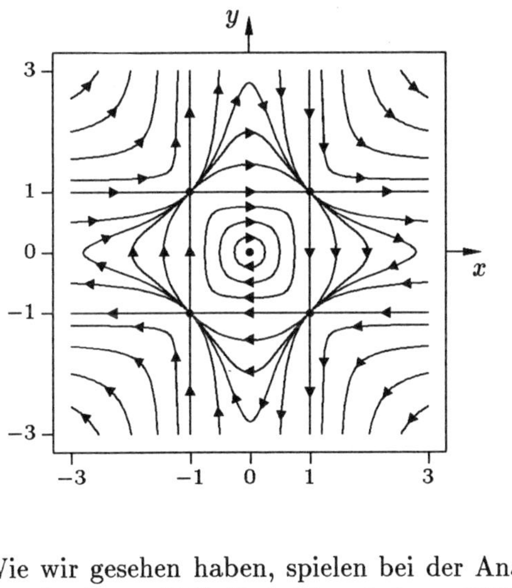

Abb. 5.4
Phasenportrait des Systems
$\dot{x} = y(1-x^2)^2, \dot{y} = -x(1-y^2)^2$

Wie wir gesehen haben, spielen bei der Analyse eines ebenen autonomen Systems der Form (5.1) die beiden skalaren Differentialgleichungen (5.2) und (5.3) eine gewichtige Rolle. Im Hinblick auf eine Anwendung der Erkenntnisse aus dem vorherigen Kapitel schreiben wir nun diese beiden expliziten Gleichungen in der jeweils impliziten Form

$$\boxed{f(x,y)\,\frac{dy}{dx} - g(x,y) = 0} \quad \text{bzw.} \quad \boxed{g(x,y)\,\frac{dx}{dy} - f(x,y) = 0},$$

oder in der verallgemeinerten Form

$$\boxed{g(x,y)\,dx - f(x,y)\,dy = 0}$$

und stellen die Frage, ob man die Exaktheit dieser Gleichungen nicht auch direkt am ebenen autonomen System ablesen kann. Die offensichtlich positive Antwort auf diese Frage (es kommt schließlich nur auf das Funktionenpaar $f(x,y)$, $g(x,y)$ an) führt zur Auszeichnung einer besonderen Klasse von ebenen autonomen Systemen.

5.1.3 Definition: *Ein ebenes autonomes System*

$$\boxed{\dot{x} = f(x,y) \quad , \quad \dot{y} = g(x,y)} \tag{5.8}$$

mit einer auf einer offenen Menge $D \subseteq \mathbb{R}^2$ Lipschitz-stetigen rechten Seite heißt (ebenes) **hamilton'sches System**, *wenn es eine C^1-Funktion $H : D \to \mathbb{R}$ gibt mit der Eigenschaft*

$$\frac{\partial H}{\partial x}(x,y) = -g(x,y) \quad \textit{und} \quad \frac{\partial H}{\partial y}(x,y) = f(x,y) \quad \textit{für alle } (x,y) \in D\,. \tag{5.9}$$

Eine solche Funktion nennt man **Hamilton[1]-Funktion** *des Systems (5.8).*

Nach dieser Definition hat eine Hamilton-Funktion für ein hamilton'sches System die gleiche Bedeutung wie eine Stammfunktion für eine exakte Differentialgleichung. Mit Hilfe des Satzes 5.1.1 können wir also sämtliche Erkenntnisse des Abschnitts 4.1 über exakte Differentialgleichungen sinngemäß auf hamilton'sche Systeme übertragen, mit dem Vorteil sogar, daß hier die Nullstellen der Funktionen $f(x,y)$ und $g(x,y)$ keinerlei Probleme bereiten (man erinnere sich an die Umstände mit dem eingeschränkten Definitionsbereich bei exakten Differentialgleichungen). Ist nämlich ein Punkt (ξ,η) aus D eine Nullstelle von höchstens einer der beiden Funktionen $f(x,y)$ oder $g(x,y)$, so läßt sich in einer Umgebung dieses Punktes zur Bestimmung der Trajektorie $O(\xi,\eta)$ wenigstens einer der beiden Teile des Satzes 5.1.1 anwenden. Ist dagegen ein Punkt (ξ,η) eine gemeinsame Nullstelle von $f(x,y)$ und $g(x,y)$, so ist er (nach Satz 1.1.21) eine Ruhelage und als solche ein triviales Objekt.

Der folgende Satz beschreibt die charakteristische Eigenschaft hamilton'scher Systeme.

---

[1] Der irische Mathematiker, Physiker und Astronom William Rowan **Hamilton** (1805–1865) studierte am Trinity College in Dublin, wo er später auch Professor für Astronomie wurde. Durch die Entdeckung der Quaternionen wurde Hamilton einer der Begründer der Vektorrechnung, und seine Arbeiten über Polyeder erlangten Bedeutung in der Graphentheorie. Ebenso fundamental wie seine Arbeiten zur geometrischen Optik und zur Wellentheorie des Lichts waren seine Untersuchungen zur theoretischen Mechanik, die ihn auf den nach ihm benannten Typ von Differentialgleichungssystemen führten.

5.1.4 Satz (Bedeutung einer Hamilton-Funktion für die Trajektorienbestimmung): *Bei einem hamilton'schen System*

$$\boxed{\dot{x} = f(x,y) \ , \ \dot{y} = g(x,y)} \tag{5.10}$$

mit einer auf einer offenen Menge $D \subseteq \mathbb{R}^2$ Lipschitz-stetigen rechten Seite ist die zugehörige Hamilton-Funktion $H(x,y)$ längs jeder Trajektorie konstant, d.h. es gilt

$$H\big(\varphi(t;\xi,\eta)\big) = H(\xi,\eta) \quad \text{für alle } (\xi,\eta) \in D \text{ und } t \in J_{max}(\xi,\eta) \,. \tag{5.11}$$

Beweis: Für jeden Punkt $(\xi,\eta) \in D$ folgt aus der Lösungsidentität

$$\dot{\varphi}(t;\xi,\eta) \equiv \big(f(\varphi(t;\xi,\eta))\,,\, g(\varphi(t;\xi,\eta))\big)$$

die Identität

$$\begin{aligned}
\frac{d}{dt}H\big(\varphi(t;\xi,\eta)\big) &\equiv \frac{\partial H}{\partial x}(\varphi(t;\xi,\eta))\cdot\dot{\varphi}_1(t;\xi,\eta) + \frac{\partial H}{\partial y}(\varphi(t;\xi,\eta))\cdot\dot{\varphi}_2(t;\xi,\eta) \equiv \\
&\equiv \frac{\partial H}{\partial x}(\varphi(t;\xi,\eta))\cdot f\big(\varphi(t;\xi,\eta)\big) + \frac{\partial H}{\partial y}(\varphi(t;\xi,\eta))\cdot g\big(\varphi(t;\xi,\eta)\big) \overset{(5.9)}{\equiv} \\
&\equiv -g\big(\varphi(t;\xi,\eta)\big)\cdot f\big(\varphi(t;\xi,\eta)\big) + f\big(\varphi(t;\xi,\eta)\big)\cdot g\big(\varphi(t;\xi,\eta)\big) \equiv 0 \,.
\end{aligned}$$

Folglich ist die Funktion $H(\varphi(t;\xi,\eta))$ konstant bezüglich $t \in J_{max}(\xi,\eta)$. An der Stelle $t = 0$ kann man ihren Wert $H(\xi,\eta)$ erkennen. ■

Wir fassen nun in Form eines Rezepts (wieder ohne technische Einzelheiten) zusammen, was wir im Hinblick auf die Bestimmung der Trajektorien hamilton'scher Systeme mit Hilfe von Satz 5.1.1 vom letzten Kapitel für die gegenwärtige Situation übernehmen können:

5.1.5 Zusammenfassung (Rezept zur Bestimmung der Trajektorien hamilton'scher Systeme):

Gegeben sei ein ebenes autonomes System

$$\boxed{\dot{x} = f(x,y) \ , \ \dot{y} = g(x,y)} \,.$$

<u>1. Schritt</u>: (Prüfung, ob hamilton'sch): Die Integrabilitätsbedingung, die jetzt in der Form

$$\frac{\partial f}{\partial x}(x,y) \equiv -\frac{\partial g}{\partial y}(x,y) \tag{5.12}$$

erscheint, ist auf jedem Rechteckgebiet R notwendig und hinreichend dafür, daß das System hamilton'sch ist.

2. Schritt: (Bestimmung einer Hamilton-Funktion): Die Funktion

$$H_0(x,y) := \int_{y_0}^{y} f(x,v)\,dv - \int_{x_0}^{x} g(w,y_0)\,dw \tag{5.13}$$

(ebenso $H_0(x,y) := \int_{y_0}^{y} f(x_0,v)\,dv - \int_{x_0}^{x} g(w,y)\,dw$) ist eine Hamilton-Funktion auf R. Eine alternative Methode zur Berechnung einer Hamilton-Funktion ergibt sich aus der Bemerkung 4.1.7.

3. Schritt: (Bestimmung der Trajektorien): Ist $H(x,y)$ eine beliebige Hamilton-Funktion, so besteht für jedes $(\xi,\eta) \in D$ die Niveaumenge

$$N(\xi,\eta) := \left\{(x,y) \in \mathbb{R}^2 : H(x,y) = H(\xi,\eta)\right\}$$

aus Trajektorien, insbesondere enthält sie die Trajektorie $O(\xi,\eta)$ durch (ξ,η).

Mit Hilfe dieses Rezepts wollen wir nun für das System des mathematischen Pendels das Phasenportrait bestimmen. Wir holen dabei etwas weiter aus und betrachten eine ganze, für physikalische Anwendungen bedeutsame Systemklasse.

5.1.6 Beispiel: Gegeben sei ein ebenes autonomes System der Form

$$\boxed{\dot{x} = y \ , \ \dot{y} = h(x)}\,, \tag{5.14}$$

wobei $h : I \to \mathbb{R}$ eine auf einem Intervall I Lipschitz-stetige Funktion ist. Es handelt sich hierbei offensichtlich um die Systemvariante der skalaren Differentialgleichungen 2. Ordnung

$$\boxed{\ddot{x} = h(x)}\,.$$

Gleichungen dieser Art spielen als mathematische Modelle für die sogenannten **konservativen Systeme** in der klassischen Mechanik eine große Rolle. In diesem Zusammenhang repräsentiert dann x die (ein-dimensionale) Ortskoordinate, $y = \dot{x}$ die Geschwindigkeit und $\dot{y} = \ddot{x}$ die Beschleunigung eines sich in einem konservativen Kraftfeld befindlichen Teilchens. Da in einem solchen Kraftfeld Reibungsverluste unberücksichtigt bleiben, ist es nicht verwunderlich, daß die aus der kinetischen Energie $\frac{1}{2}\left(\dot{x}^2 - \eta^2\right)$ und der potentiellen Energie $-\int_{\xi}^{x} h(w)\,dw$ (ξ und η sind hier Normierungsgrößen, die den jeweils energielosen Grundzustand beschreiben) gebildete Gesamtenergie

$$H(x,y) := \tfrac{1}{2}(y^2 - \eta^2) - \int_{\xi}^{x} h(w)\,dw \tag{5.15}$$

eine Größe darstellt, die sich für ein im Kraftfeld bewegendes Teilchen nicht ändert. Wie man leicht bestätigt, ist diese physikalisch motivierte „Erhaltungsgröße“ $H(x,y)$ gerade die an der Stelle (ξ,η) verschwindende Hamilton-Funktion für das System (5.14).

Das Paradebeispiel für ein konservatives System ist das reibungslose mathematische Pendel, das wir im Abschnitt 1.3 eingehend beschrieben haben. Die zugehörige Differentialgleichung 2. Ordnung (mit zu 1 normierten Parametern) ist $\ddot{x} = -\sin x$, das entsprechende ebene autonome System hat also die Form

$$\boxed{\dot{x} = y \ , \ \dot{y} = -\sin x} \ . \tag{5.16}$$

Mit Hilfe der zugehörigen, gemäß (5.15) gebildeten Hamilton-Funktion

$$H(x,y) \ = \ \frac{1}{2}(y^2 - \eta^2) - \cos x + \cos \xi$$

kann man nun für jeden Punkt $(\xi, \eta) \in \mathbb{R}^2$ die Trajektorie $O(\xi, \eta)$ als geeignete Teilmenge der Niveaumenge

$$N(\xi, \eta) \ := \ \left\{(x,y) \in \mathbb{R}^2 : y^2 - 2\cos x \ = \ \eta^2 - 2\cos \xi\right\}$$

bestimmen. Da wir aber weniger an einzelnen Trajektorien als am gesamten Phasenportrait interessiert sind, betrachten wir die Familie sämtlicher Niveaumengen

$$\begin{aligned} N_c \ &:= \ \left\{(x,y) \in \mathbb{R}^2 : y^2 - 2\cos x \ = \ c\right\} \\ &= \ \left\{\left(x \, , \pm\sqrt{2\cos x + c}\,\right) \in \mathbb{R}^2 : 2\cos x + c \geq 0\right\} \, , \quad c \in \mathbb{R} \, . \end{aligned}$$

Um uns eine Vorstellung von diesen Niveaumengen machen zu können, stellen wir fest, daß wir wegen der Periodizität des Cosinus die x-Koordinate auf das Intervall $[-\pi\,,\pi]$ einschränken können. Die Bedingung $2\cos x + c \geq 0$ wird dann im Fall $|c| \leq 2$ zur Bedingung $|x| \leq \arccos(\frac{-c}{2})$. Für $c < -2$ ist N_c leer, für Werte von $c \geq -2$ mit qualitativ unterschiedlicher Gestalt von N_c haben wir in der Abbildung 5.5 jeweils den relevanten Teil (d.h. $x \in [-\pi\,,\pi]$) von N_c dargestellt. Zeichnet man nun in die Niveaulinien der Hamilton-Funktion noch die

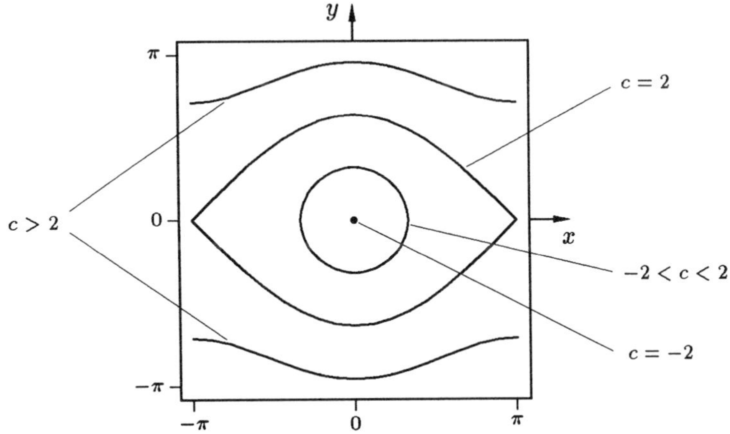

Abb. 5.5 Verschiedene Niveaumengen $N_c = \{(x,y) \in \mathbb{R}^2 : y^2 - 2\cos x = c\}$ der Hamilton-Funktion $H(x,y) = y^2/2 - \cos x$

Ruhelagen des Systems ein, so erhält man das gesuchte Phasenportrait. Die Abbildung 5.6 zeigt einen repräsentativen Ausschnitt aus dem Phasenportrait der Pendelgleichung (ohne Reibung). Der physikalisch interessierte Leser mag sich nun davon überzeugen, daß die Modellgleichung (5.16) die tatsächlichen Bewegungen eines reibungslosen Pendels exakt wiedergibt. Man vergleiche hierzu auch die Ausführungen im Zusammenhang mit dem Beispiel 3.3.3. ◇

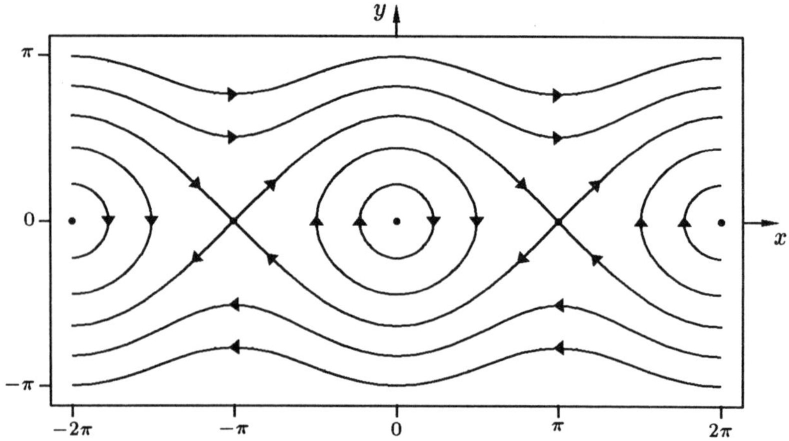

Abb. 5.6 Phasenportrait der Pendelgleichung $\dot{x} = y$, $\dot{y} = -\sin x$

Nachdem wir nun gelernt haben, mit hamilton'schen Systemen umzugehen, stellt sich die Frage, was wir tun können, wenn ein uns vorliegendes System nicht hamilton'sch ist (d.h. wenn die Integrabilitätsbedingung (5.12) nicht erfüllt ist). Eine Antwort auf diese Frage ergibt sich aus der Analogie zwischen hamilton'schen Systemen und exakten Differentialgleichungen. Ist nämlich ein ebenes autonomes System

$$\boxed{\dot{x} = f(x,y) \quad , \quad \dot{y} = g(x,y)} \tag{5.17}$$

nicht hamilton'sch, so sind die beiden zugehörigen impliziten Differentialgleichungen

$$\boxed{f(x,y)\,\frac{dy}{dx} - g(x,y) = 0} \quad \text{und} \quad \boxed{g(x,y)\,\frac{dx}{dy} - f(x,y) = 0}$$

nicht exakt. Es ist nun aber unter Umständen möglich, wie wir aus dem Abschnitt 4.2 wissen, daß man eine (und damit automatisch auch die andere) der beiden impliziten Gleichungen durch Multiplikation mit einem integrierenden Faktor $m(x, y)$ exakt machen kann. Dies aber besagt, daß das zugehörige autonome System

$$\boxed{\dot{x} = f(x,y)\,m(x,y) \quad , \quad \dot{y} = g(x,y)\,m(x,y)} \tag{5.18}$$

hamilton'sch ist. Es ist nun bemerkenswert, daß sich beim Übergang von (5.17) zu (5.18) das Phasenportrait nicht ändert. Dies liegt daran, daß die Funktion

$m(x, y)$ als integrierender Faktor keine Nullstellen besitzt, und sich somit (nach Satz 5.1.1) die Trajektorien jedes der beiden Systeme (5.17) und (5.18) aus den Lösungskurven des von $m(x, y)$ unabhängigen Paares von Differentialgleichungen

$$\boxed{\frac{dy}{dx} = \frac{g(x,y)}{f(x,y)}} \quad \text{und} \quad \boxed{\frac{dx}{dy} = \frac{f(x,y)}{g(x,y)}}$$

ergeben. Eine Hamilton-Funktion des Systems (5.18) ist dann im allgemeinen zwar keine Hamilton-Funktion für das Ausgangssystem (5.17), aber immerhin besitzt sie die für die Analyse des Systems (5.17) wesentliche Eigenschaft, daß ihre Niveaumengen sämtliche Trajektorien beschreiben. All diese Überlegungen nehmen wir zum Anlaß für die folgende Definition.

5.1.7 Definition: *Gegeben sei ein ebenes autonomes System*

$$\boxed{\dot{x} = f(x,y) \ , \ \dot{y} = g(x,y)} \tag{5.19}$$

mit einer auf einer offenen Menge $D \subseteq \mathbb{R}^2$ Lipschitz-stetigen rechten Seite. Eine C^1-Funktion $F : D \to \mathbb{R}$ heißt dann **erstes Integral** *von (5.19), wenn die Beziehung*

$$\frac{\partial F}{\partial x}(x,y) \cdot f(x,y) + \frac{\partial F}{\partial y}(x,y) \cdot g(x,y) \equiv 0 \tag{5.20}$$

für alle $(x, y) \in D$ gilt.

Ein Blick auf die Definition 5.1.3 auf Seite 180 zeigt, daß jede Hamilton-Funktion ein erstes Integral ist. Die Umkehrung dieser Aussage gilt zwar nicht (wie schon unser nächstes Beispiel zeigt), aber dennoch besitzt jedes erste Integral die für Hamilton-Funktionen fundamentale Eigenschaft der Konstanz längs Trajektorien. Diesen Sachverhalt beschreibt der nun folgende Satz.

5.1.8 Satz (Bedeutung eines ersten Integrals für die Trajektorienbestimmung): *Gegeben sei ein ebenes autonomes System*

$$\boxed{\dot{x} = f(x,y) \ , \ \dot{y} = g(x,y)} \tag{5.21}$$

mit einer auf einer offenen Menge $D \subseteq \mathbb{R}^2$ Lipschitz-stetigen rechten Seite. Ist dann $F : D \to \mathbb{R}$ ein erstes Integral dieses Systems, so ist $F(x, y)$ längs jeder Trajektorie konstant, d.h. es gilt

$$F\big(\varphi(t;\xi,\eta)\big) = F(\xi,\eta) \quad \text{für alle } (\xi,\eta) \in D\,,\ t \in J_{max}(\xi,\eta)\,. \tag{5.22}$$

Beweis: Unter Beachtung der Lösungsidentität für den Fluß $\varphi(t;\xi,\eta)$ gilt die Identität

$$\frac{d}{dt}F(\varphi(t;\xi,\eta)) \equiv \frac{\partial F}{\partial x}(\varphi(t;\xi,\eta))\cdot\dot{\varphi}_1(t;\xi,\eta) + \frac{\partial F}{\partial y}(\varphi(t;\xi,\eta))\cdot\dot{\varphi}_2(t;\xi,\eta) \equiv$$

$$\equiv \frac{\partial F}{\partial x}(\varphi(t;\xi,\eta))\cdot f(\varphi(t;\xi,\eta)) + \frac{\partial F}{\partial y}(\varphi(t;\xi,\eta))\cdot g(\varphi(t;\xi,\eta)) \overset{(5.20)}{\equiv} 0 .$$

Hieraus folgt, daß die Funktion $F(\varphi(t;\xi,\eta))$ für alle $t \in J_{max}(\xi,\eta)$ konstant ist und den Wert $F(\xi,\eta)$ besitzt. ■

5.1.9 Bemerkung: Jede auf einer offenen Teilmenge von D *konstante* Funktion ist natürlich (für die auf diese Teilmenge eingeschränkte Differentialgleichung) ein erstes Integral, ein völlig nichtssagendes allerdings. Wir nennen daher ein erstes Integral $F : D \to \mathbb{R}$ **nicht-trivial**, wenn $F(x,y)$ auf keiner offenen Teilmenge von D konstant ist. □

Auf Grund des Satzes 5.1.8 ist klar, daß für ein nicht-hamilton'sches ebenes autonomes System ein erstes Integral den gleichen Nutzen hat wie eine Hamilton-Funktion für ein hamilton'sches System. Die Bestimmung von ersten Integralen ist also für die Analyse ebener autonomer Systeme von größter Bedeutung. Bevor wir uns nun aber mit der Bestimmung erster Integrale beschäftigen, zeigen wir an Hand eines einfachen Beispiels, daß selbst die *Existenz* erster Integrale, geschweige denn ihre Berechenbarkeit, alles andere als selbstverständlich ist.

5.1.10 Beispiel: Wir betrachten das besonders einfache System

$$\boxed{\dot{x} = -x\,,\quad \dot{y} = -y}$$

mit dem Fluß $\varphi(t;\xi,\eta) = (\xi e^{-t}, \eta e^{-t})$ und dem in der Abbildung 5.7 dargestellten Phasenportrait. Daß dieses System auf dem $\mathbb{R}^2$ kein nicht-triviales erstes Integral besitzt, erkennt man wie folgt. Wäre $F(x,y)$ ein erstes Integral, so würde wegen (5.22) für alle $(\xi,\eta) \in \mathbb{R}^2$ und $t \in \mathbb{R}$ folgendes gelten:

$$F(\xi,\eta) = F(\varphi(t;\xi,\eta)) = \lim_{t\to\infty} F(\varphi(t;\xi,\eta)) = F(0,0) .$$

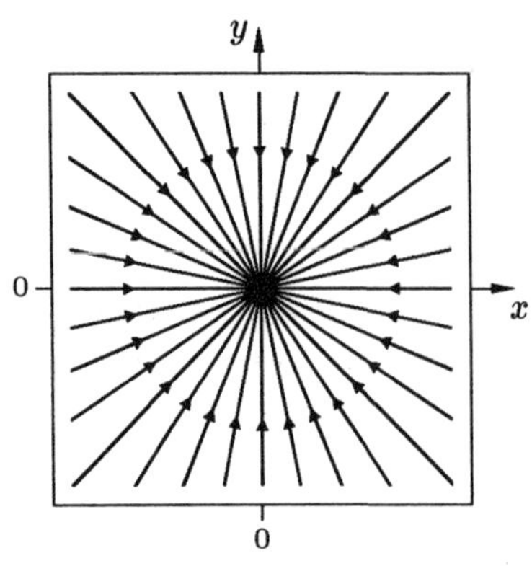

Abb. 5.7
Phasenportrait des Systems
$\dot{x} = -x\,,\ \dot{y} = -y$

Also wäre $F(x, y)$ konstant. Mit der entsprechenden Argumentation folgt im übrigen auch, daß das betrachtete System auf keiner konvexen Umgebung des Koordinatenursprungs ein nicht-triviales erstes Integral besitzt. ◊

Der nun folgende Satz gibt Auskunft über die Bestimmung erster Integrale. Er zeigt darüberhinaus die Verknüpfung der Frage nach der Existenz von ersten Integralen mit der von integrierenden Faktoren.

5.1.11 Satz (Bestimmung erster Integrale): *Gegeben sei ein ebenes autonomes System*

$$\boxed{\dot{x} = f(x,y) \quad , \quad \dot{y} = g(x,y)} \tag{5.23}$$

mit einer auf einer offenen Menge $D \subseteq \mathbb{R}^2$ Lipschitz-stetigen rechten Seite. Ist dann $m : D \to \mathbb{R}$ ein integrierender Faktor der Differentialgleichung

$$\boxed{f(x,y)\,\frac{dy}{dx} - g(x,y) = 0}$$

und ist $S : D \to \mathbb{R}$ eine Stammfunktion der Differentialgleichung

$$\boxed{f(x,y)\,m(x,y)\,\frac{dy}{dx} - g(x,y)\,m(x,y) = 0}\,,$$

so ist $S(x, y)$ ein erstes Integral des Systems (5.23).

Beweis: Nach Voraussetzung gilt

$$\frac{\partial S}{\partial x}(x,y) \equiv -g(x,y)\,m(x,y) \quad \text{und} \quad \frac{\partial S}{\partial y}(x,y) \equiv f(x,y)\,m(x,y) \quad \text{auf } D\,.$$

Hieraus folgt unmittelbar die Beziehung

$$\frac{\partial S}{\partial x}(x,y)\cdot f(x,y) + \frac{\partial S}{\partial y}(x,y)\cdot g(x,y) \equiv 0 \quad \text{auf } D\,,$$

die $S(x, y)$ als erstes Integral des Systems (5.23) ausweist. ■

5.1.12 Beispiel: Wir betrachten das im Abschnitt 1.3 eingeführte System

$$\boxed{\dot{x} = x(\alpha - \beta y) \quad , \quad \dot{y} = y(\delta x - \gamma)} \tag{5.24}$$

des Räuber-Beute-Modells mit positiven Parametern α, β, γ, δ. Das System ist nicht hamilton'sch, denn mit $f(x,y) := x(\alpha - \beta y)$ und $g(x,y) := y(\delta x - \gamma)$ ist wegen $\frac{\partial f}{\partial x}(x,y) \equiv \alpha - \beta y \not\equiv \gamma - \delta x \equiv -\frac{\partial g}{\partial y}(x,y)$ die Integrabilitätsbedingung (5.12) nicht erfüllt. Möchte man nun eine einzelne Trajektorie $O(\xi,\eta)$ dieses Systems bestimmen, so kann man gemäß Satz 5.1.1 zu den beiden Anfangswertproblemen

$$\boxed{\frac{dy}{dx} = \frac{y(\delta x-\gamma)}{x(\alpha-\beta y)}}\,,\ y(\xi)=\eta\,,\quad \text{bzw.}\quad \boxed{\frac{dx}{dy} = \frac{x(\alpha-\beta y)}{y(\delta x-\gamma)}}\,,\ x(\eta)=\xi \qquad (5.25)$$

übergehen, diese durch Trennung der Veränderlichen lösen und dann aus den beiden Lösungen die gesuchte Trajektorie zusammensetzen. Ist man jedoch am gesamten Phasenportrait interessiert, so wird man nach der Bestimmung eines ersten Integrals streben. Der Satz 5.1.11 legt hierzu die Betrachtung der impliziten Differentialgleichung

$$\boxed{x(\alpha-\beta y)\,\frac{dy}{dx} - y(\delta x-\gamma) = 0} \qquad (5.26)$$

nahe. Diese ist, wie wir auf Grund der oben durchgeführten Überlegung wissen, nicht exakt. Wir können sie jedoch (sogar ohne systematische Suche nach einem integrierenden Faktor) leicht exakt machen, denn die zugehörigen skalaren Differentialgleichungen in (5.25) haben getrennte Veränderliche. Eine exakte Variante der Gleichung (5.26) ist damit (siehe Beispiel 4.1.8)

$$\boxed{\frac{\alpha-\beta y}{y}\,\frac{dy}{dx} + \frac{\gamma-\delta x}{x} = 0}\,.$$

Die zugehörige Stammfunktion

$$\begin{aligned} S_0(x,y) &:= \int_{y_0}^{y}\Big(\frac{\alpha}{v}-\beta\Big)\,dv + \int_{x_0}^{x}\Big(\frac{\gamma}{w}-\delta\Big)\,dw = \\ &= \alpha\ln|y| - \beta y - \alpha\ln|y_0| + \beta y_0 + \gamma\ln|x| - \delta x - \gamma\ln|x_0| + \delta x_0 \end{aligned}$$

beschreibt dann nach den Sätzen 5.1.11 und 5.1.8 in jedem der vier offenen Quadranten mittels ihrer Niveaulinien das Phasenportrait des Systems (5.24).

Wir wollen uns hier auf den für die biologische Anwendung relevanten ersten Quadranten $[0,\infty)^2$ konzentrieren (siehe jedoch Aufgabe 3) und insbesondere der Frage nach der Geschlossenheit der Trajektorien nachgehen. Als offensichtliche Tatsachen halten wir zunächst fest, daß die beiden Halbachsen (ohne den Koordinatenursprung) Trajektorien sind, und daß außer den beiden Punkten $(0,0)$ und $(\frac{\gamma}{\delta},\frac{\alpha}{\beta})$ keine weiteren Ruhelagen vorhanden sind. Alle anderen Punkte sind regulär, liegen also auf nicht-einpunktigen Trajektorien, die wiederum in den Niveaumengen

$$N_c := \big\{(x,y)\in(0,\infty)^2 : \alpha\ln y - \beta y + \gamma\ln x - \delta x = c\big\}\,,\qquad c\in\mathbb{R}$$

enthalten sind. Da die geometrische Gestalt der Mengen N_c nicht auf der Hand liegt, wollen wir sie nun bestimmen, und zwar mit einer elementaren, allerdings etwas aufwendigen analytischen Überlegung. Wir zerlegen dazu das erste Integral

$$F(x,y) := \alpha\ln y - \beta y + \gamma\ln x - \delta x$$

in die beiden Summanden $p(x) := \gamma \ln x - \delta x$ und $q(y) := \alpha \ln y - \beta y$ und stellen deren Graphen in der Abbildung 5.8 dar.

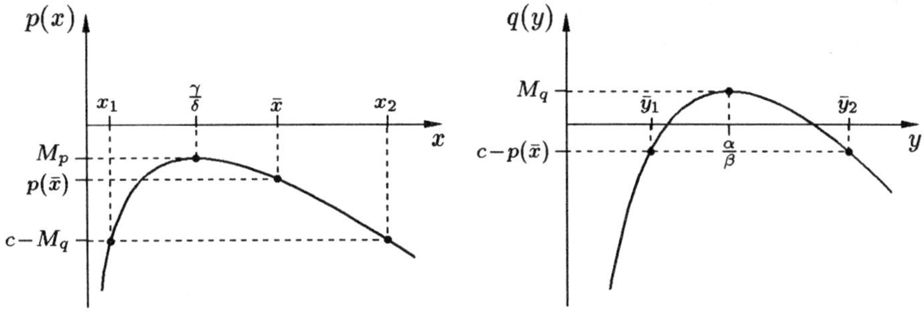

Abb. 5.8 Zum Nachweis der Geschlossenheit der Trajektorien des Räuber-Beute-Modells $\dot{x} = x\,(\alpha - \beta y)$, $\dot{y} = y\,(\delta x - \gamma)$

Eine besondere Rolle spielt das jeweilige Maximum M_p , M_q von $p(x)$ bzw. $q(y)$. Es gilt nämlich, wie man der Abbildung 5.8 entnimmt (oder auch abstrakt nachrechnet), die Beziehung

$$N_c \;=\; \begin{cases} \emptyset\,, & \text{falls } c > M_p + M_q\,, \\ \{(\frac{\gamma}{\delta}, \frac{\alpha}{\beta})\}\,, & \text{falls } c = M_p + M_q\,. \end{cases} \tag{5.27}$$

Zur Analyse der restlichen Niveaumengen wählen wir ein festes $c \in \mathbb{R}$ mit

$$c \;<\; M_p + M_q$$

und beschreiben für jedes feste $\bar{x} > 0$ den Durchschnitt

$$\begin{aligned} \widetilde{N}_c \;&:=\; N_c \cap \{(\bar{x}, y) \in \mathbb{R}^2 : y > 0\} \\ &=\; \{(\bar{x}, y) \in (0\,,\infty)^2 : q(y) = c - p(\bar{x})\} \end{aligned} \tag{5.28}$$

der Niveaumenge N_c mit der senkrechten Geraden $x = \bar{x}$. Zunächst stellen wir dann fest, daß die Zahl $c - M_q$ kleiner ist als das Maximum M_p von $p(x)$, und es somit genau zwei p-Urbilder x_1, x_2 von $c - M_q$ gibt (siehe Abbildung 5.8). Wir unterscheiden nun drei Fälle:

(i) $\bar{x} \in (x_1\,, x_2)$: Für solche $\bar{x}$ gilt $p(\bar{x}) > c - M_q$, also $c - p(\bar{x}) < M_q$, und somit gilt die Beziehung $q(y) = c - p(\bar{x})$ (siehe (5.28)) für genau zwei y-Werte $\bar{y}_1$, $\bar{y}_2$ (siehe die Abbildungen 5.8 und 5.9).

(ii) $\bar{x} = x_1$ oder $\bar{x} = x_2$: Für solch ein $\bar{x}$ gilt $p(\bar{x}) = c - M_q$, also $c - p(\bar{x}) = M_q$, und somit gilt die Beziehung $q(y) = c - p(\bar{x})$ für genau ein y, nämlich für $y = \frac{\alpha}{\beta}$ (siehe die Abbildungen 5.8 und 5.9).

(iii) $\bar{x} \in (0\,,\infty) \setminus [x_1\,, x_2]$: Jetzt gilt $p(\bar{x}) < c - M_q$, und damit gibt es kein y mit $q(y) = c - p(\bar{x}) > M_q$.

Insgesamt können wir feststellen, daß für jedes feste $c < M_p + M_q$ die Niveaumenge N_c eine geschlossene Kurve ist, und zwar eine, die im Streifen $[x_1, x_2] \times \mathbb{R}$ liegt, und die mit den „Randgeraden" $x = x_1$ und $x = x_2$ jeweils genau *einen* und mit den „inneren" Geraden $x = \bar{x} \in (x_1, x_2)$ jeweils genau *zwei* Punkte gemeinsam hat (siehe Abbildung 5.9).

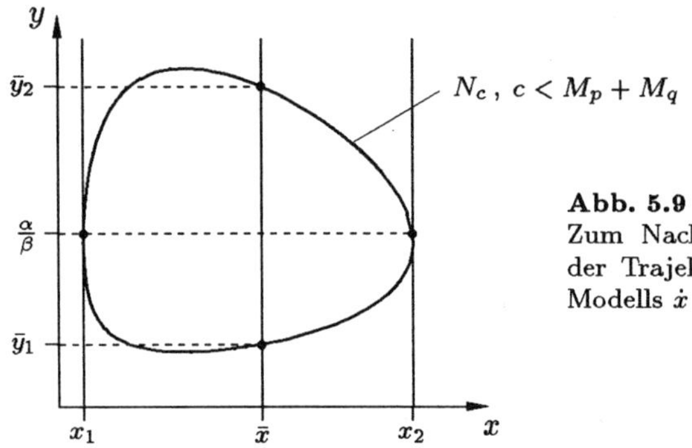

Abb. 5.9
Zum Nachweis der Geschlossenheit der Trajektorien des Räuber-Beute-Modells $\dot{x} = x(\alpha - \beta y)$, $\dot{y} = y(\delta x - \gamma)$

Damit haben wir jede im offenen ersten Quadranten liegende Trajektorie des Räuber-Beute-Modells (5.24) als geschlossen nachgewiesen. Einen Eindruck hiervon vermittelt die Abbildung 5.10, bei der wir alle vier Parameter gleich 1 gewählt haben. ◇

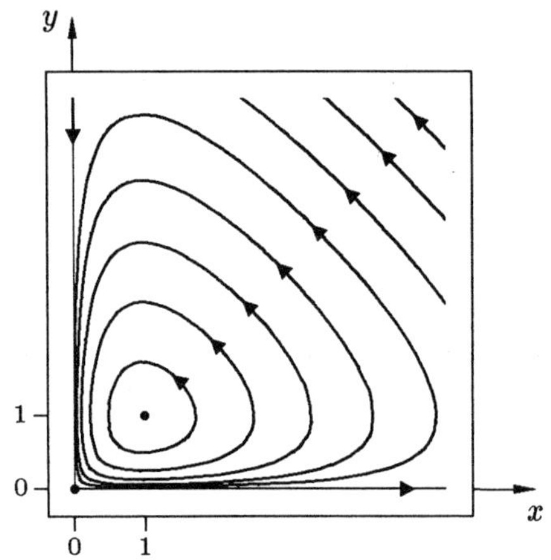

Abb. 5.10
Phasenportrait des speziellen Räuber-Beute-Modells $\dot{x} = x(1 - y)$, $\dot{y} = y(x - 1)$ im ersten Quadranten

Aufgaben

1. Berechnen Sie die Trajektorien des ebenen autonomen Systems

$$\boxed{\dot{x} = -x \ , \ \dot{y} = y + x^2}$$

und zeichnen Sie das Phasenportrait.

2. Skizzieren Sie das Phasenportrait des Systems

$$\boxed{\dot{x} = y(1-x^2-y^2)\ ,\ \dot{y} = x(1-x^2-y^2)}\ .$$

3. Skizzieren Sie das Phasenportrait des Räuber-Beute-Systems

$$\boxed{\dot{x} = x(\alpha-\beta y)\ ,\ \dot{y} = y(\delta x-\gamma)}$$

in den drei biologisch irrelevanten Quadranten.

4. Untersuchen Sie das zur skalaren Differentialgleichung

$$\boxed{\ddot{x} = x - x^2}$$

gehörige ebene autonome System.

(a) Skizzieren Sie die Isoklinen, die Monotoniebereiche sowie das Richtungsfeld.

(b) Bestimmen Sie eine Hamilton-Funktion.

(c) Zeichnen Sie das Phasenportrait.

5. Untersuchen Sie das zur skalaren Differentialgleichung

$$\boxed{\ddot{x} = \dot{x}^2 - \sin x}$$

gehörige ebene autonome System.

(a) Skizzieren Sie die Isoklinen, die Monotoniebereiche sowie das Richtungsfeld.

(b) Bestimmen Sie ein erstes Integral und gegebenenfalls eine Hamilton-Funktion.

(c) Zeichnen Sie das Phasenportrait.

6. Ein ebenes autonomes System

$$\boxed{\dot{x} = f(x,y)\ ,\ \dot{y} = g(x,y)}$$

heißt **entkoppelt**, falls f von y oder g von x unabhängig ist.

(a) Präzisieren und beweisen Sie die Aussage, daß man bei einem solchen entkoppelten System die allgemeine Lösung bestimmen kann, indem man nacheinander zwei skalare Differentialgleichungen löst.

(b) Berechnen Sie für das System

$$\boxed{\dot{x} = x\ ,\ \dot{y} = xy}$$

die allgemeine Lösung und zeichnen Sie das Phasenportrait.

5.2 Systeme in Polarkoordinaten

Nachdem wir bislang ausschließlich mit kartesischen Koordinaten gearbeitet haben, wollen wir nun bei ebenen autonomen Systemen auch Polarkoordinaten verwenden. Besonders dann, wenn das Phasenportrait eine um den Koordinatenursprung rotierende Tendenz zeigt, wird sich dies als nützlich herausstellen. Die theoretische Grundlage für den Einsatz von Polarkoordinaten bei gewöhnlichen Differentialgleichungen liefert der folgende Satz.

5.2.1 Satz (ebene autonome Systeme in Polarkoordinaten): *Gegeben sei ein ebenes autonomes System*

$$\boxed{\dot{x} = f(x,y) \ , \ \dot{y} = g(x,y)} \tag{5.29}$$

mit Lipschitz-stetigen Funktionen $f, g : \mathbb{R}^2 \setminus \{(0,0)\} \to \mathbb{R}$, *und das dazugehörige, für alle* $(r,\phi) \in (0\,,\infty) \times \mathbb{R}$ *erklärte System*

$$\boxed{\dot{r} = p(r,\phi) \ , \ \dot{\phi} = q(r,\phi)}\ , \tag{5.30}$$

wobei

$$\begin{aligned} p(r,\phi) &:= f(r\cos\phi, r\sin\phi)\cdot\cos\phi + g(r\cos\phi, r\sin\phi)\cdot\sin\phi\ , \\ q(r,\phi) &:= \tfrac{1}{r}\left[\, g(r\cos\phi, r\sin\phi)\cdot\cos\phi - f(r\cos\phi, r\sin\phi)\cdot\sin\phi\,\right]. \end{aligned} \tag{5.31}$$

Ist dann $(\mu_1, \mu_2) : I \to \mathbb{R}^2$ *eine Lösung des Systems (5.30), so ist das auf dem Intervall* I *definierte Funktionenpaar*

$$\big(\nu_1(t)\,,\nu_2(t)\big) := \big(\mu_1(t)\cdot\cos\mu_2(t)\ ,\ \mu_1(t)\cdot\sin\mu_2(t)\big)$$

eine Lösung von (5.29). Letztere Lösung genügt zudem der Anfangsbedingung

$$x(0) = x_0\ ,\ \ y(0) = y_0\ ,\ \ (x_0,y_0) \neq (0,0)\ ,$$

falls die Lösung $(\mu_1(t), \mu_2(t))$ *der Anfangsbedingung*

$$r(0) = r_0\ ,\ \ \phi(0) = \phi_0$$

genügt, wo (r_0, ϕ_0) *die in* $(0\,,\infty) \times [0\,,2\pi)$ *eindeutig bestimmten Polarkoordinaten des Punktes* (x_0, y_0) *sind, d.h. wenn* $x_0 = r_0\cos\phi_0$, $y_0 = r_0\sin\phi_0$ *mit* $\phi_0 \in [0\,,2\pi)$ *gilt.*

Beweis: (i) Aus der Lösungsidentität

$$\dot{\mu}_1(t) \equiv p\big(\mu_1(t), \mu_2(t)\big)\ ,\ \ \dot{\mu}_2(t) \equiv q\big(\mu_1(t), \mu_2(t)\big)$$

für das Funktionenpaar $\big(\mu_1(t), \mu_2(t)\big)$ folgt auf I die Identität

$$\begin{aligned} \dot{\nu}_1(t) &\equiv \dot{\mu}_1(t)\cos\mu_2(t) - \mu_1(t)\,\dot{\mu}_2(t)\sin\mu_2(t) \\ &\equiv p\big(\mu_1(t), \mu_2(t)\big)\cos\mu_2(t) - \mu_1(t)\,q\big(\mu_1(t), \mu_2(t)\big)\sin\mu_2(t) \\ &\equiv f\big(\nu_1(t), \nu_2(t)\big)\cos^2\mu_2(t) + g\big(\nu_1(t), \nu_2(t)\big)\cos\mu_2(t)\sin\mu_2(t) \\ &\quad\ - g\big(\nu_1(t), \nu_2(t)\big)\cos\mu_2(t)\sin\mu_2(t) + f\big(\nu_1(t), \nu_2(t)\big)\sin^2\mu_2(t) \\ &\equiv f\big(\nu_1(t), \nu_2(t)\big)\ . \end{aligned}$$

Analog ergibt sich die Identität

$$\dot{\nu}_2(t) \equiv g\big(\nu_1(t), \nu_2(t)\big)\ .$$

Somit ist die Lösungseigenschaft für $\big(\nu_1(t), \nu_2(t)\big)$ nachgewiesen.

(ii) Aus $\mu_1(0) = r_0$, $\mu_2(0) = \phi_0$ folgt sofort

$$\nu_1(0) \;=\; r_0 \cos\phi_0 \;=\; x_0\,, \quad \nu_2(0) \;=\; r_0 \sin\phi_0 \;=\; y_0\,.$$

Also erfüllt die Lösung $\big(\nu_1(t), \nu_2(t)\big)$ auch die gestellte Anfangsbedingung. ■

5.2.2 Bemerkung: Die Transformation von kartesischen auf Polarkoordinaten ist wegen der Periodizität der Winkelvariablen ϕ keine Transformation in dem Sinne, wie er im Abschnitt 4.3 erörtert wurde. Dies ist der Grund dafür, daß der Satz 5.2.1 keinen unmittelbaren Zusammenhang herstellt zwischen den allgemeinen Lösungen der beiden Gleichungen (5.29) und (5.30). Da wir aber mit Hilfe dieses Satzes jedes Anfangswertproblem für die Ausgangsgleichung erfassen können, ist in konkreten Fällen die allgemeine Lösung häufig dennoch angebbar, wie das nun folgende Beispiel zeigt. □

5.2.3 Beispiel: Wie schon im Beispiel 3.2.6 auf Seite 117 angedeutet, können wir die allgemeine Lösung des Systems

$$\boxed{\dot{x} \;=\; y + x(1 - x^2 - y^2)\;\;,\;\; \dot{y} \;=\; -x + y(1 - x^2 - y^2)} \tag{5.32}$$

mit Hilfe von Polarkoordinaten berechnen. Dazu schreiben wir das System gemäß Satz 5.2.1 in Polarkoordinaten um. Die Funktionen in (5.31) haben dann die Form

$$\begin{aligned}
p(r,\phi) \;&=\; \big(r\sin\phi + r\cos\phi\,(1 - r^2)\big)\cos\phi \;+ \\
&\quad + \big(-r\cos\phi + r\sin\phi\,(1 - r^2)\big)\sin\phi \;= \\
&=\; r\cos^2\!\phi\,(1 - r^2) + r\sin^2\!\phi\,(1 - r^2) \;=\; r\,(1 - r^2)\,, \\
q(r,\phi) \;&=\; \tfrac{1}{r}\big[\big(-r\cos\phi + r\sin\phi\,(1 - r^2)\big)\cos\phi \;- \\
&\quad - \big(r\sin\phi + r\cos\phi\,(1 - r^2)\big)\sin\phi\big] \;= \\
&=\; \tfrac{1}{r}\big[-r\cos^2\!\phi - r\sin^2\!\phi\big] \;=\; -1\,.
\end{aligned}$$

Das zum System (5.32) gehörige System in Polarkoordinaten hat also die besonders einfache Gestalt

$$\boxed{\dot{r} \;=\; r(1 - r^2)\;,\;\; \dot{\phi} \;=\; -1}\,, \tag{5.33}$$

bei der auffällt, daß die beiden Gleichungen auf der rechten Seite völlig unabhängig voneinander sind. Das bedeutet, daß man die beiden Koordinatenfunktionen der Lösungen unabhängig voneinander bestimmen kann. Die Berechnung der Lösung $\big(\mu_1(t), \mu_2(t)\big)$ von (5.33) zu einer beliebigen Anfangsbedingung $r(0) = r_0\,, \phi(0) = \phi_0$ läuft also auf das Lösen der beiden Anfangswertprobleme

$$\boxed{\dot{r} \;=\; r(1 - r^2)}\,, \quad r(0) = r_0 \tag{5.34}$$

und

$$\boxed{\dot{\phi} = -1}\,, \quad \phi(0) = \phi_0 \tag{5.35}$$

hinaus. Das letztere Problem besitzt offensichtlich die Lösung $\mu_2(t) = \phi_0 - t$, während die Lösung des Anfangswertproblems (5.34) durch Trennung der Veränderlichen berechnet werden kann. Die entsprechende Gleichung $\int_{r_0}^{r} \frac{d\rho}{\rho(1-\rho^2)} = \int_0^t dt$ führt mittels Partialbruchzerlegung und Integration auf die Beziehung

$$\ln\frac{r^2}{1-r^2} - \ln\frac{r_0^2}{1-r_0^2} = 2t\,, \quad \text{d.h.} \quad \frac{r^2(1-r_0^2)}{(1-r^2)\,r_0^2} = e^{2t}\,.$$

In der Form $\frac{1-r_0^2}{r_0^2}\,e^{-2t} = \frac{1}{r^2} - 1$ läßt sich diese Gleichung nach r auflösen (beachte, daß $r > 0$ gelten muß) und liefert so die gesuchte Lösung

$$\mu_1(t) = \frac{r_0}{\sqrt{r_0^2 + (1-r_0^2)\,e^{-2t}}}$$

von (5.34). Nach Satz 5.2.1 besitzt dann die Lösung $\big(\nu_1(t), \nu_2(t)\big)$ des Ausgangssystems (5.32) zur Anfangsbedingung $x(0) = x_0\,, y(0) = y_0$ in kartesischen Koordinaten die Form

$$\big(\nu_1(t), \nu_2(t)\big) = \frac{r_0}{\sqrt{r_0^2 + (1-r_0^2)\,e^{-2t}}}\Big(\cos(\phi_0 - t)\,,\ \sin(\phi_0 - t)\Big)\,.$$

Unter Verwendung der Additionstheoreme für Sinus und Cosinus ergibt sich hieraus für die allgemeine Lösung von (5.32) die Darstellung

$$\left(\frac{r_0\cos\phi_0\cos t + r_0\sin\phi_0\sin t}{\sqrt{r_0^2 + (1-r_0^2)\,e^{-2t}}}\,,\ \frac{r_0\sin\phi_0\cos t - r_0\cos\phi_0\sin t}{\sqrt{r_0^2 + (1-r_0^2)\,e^{-2t}}}\right)\,.$$

Dies ist, unter Beachtung der Beziehungen $x_0 = r_0\cos\phi_0$, $y_0 = r_0\sin\phi_0$ und $r_0^2 = x_0^2 + y_0^2$, gerade die im Beispiel 3.2.6 angegebene Form

$$\varphi(t;\xi,\eta) = \frac{1}{\sqrt{\xi^2 + \eta^2 + (1-\xi^2-\eta^2)e^{-2t}}}\,(\xi\cos t + \eta\sin t\,,\ \eta\cos t - \xi\sin t)\,.$$

Nachdem Polarkoordinaten bisher lediglich als Hilfmittel bei der *Berechnung* der Lösungen des Systems (5.32) fungiert haben, wollen wir nun an Hand dieses Beispiels noch zeigen, daß man auch die Lösungen selbst in Polarkoordinaten *darstellen* und unter Umständen so Erkenntnisse gewinnen kann, die einem bei Verwendung von kartesischen Koordinaten verborgen bleiben. Dazu fassen wir das globale Phasenportrait von (5.32) ins Auge und stellen die Frage, ob die Trajektorien auch weitab vom Koordinatenursprung (so wie in seiner Nähe, siehe Abbildung 3.11 auf Seite 117) um diesen „rotieren", oder wie sie sich sonst verhalten.

Zur Beantwortung dieser Frage versuchen wir die Trajektorien so darzustellen, daß die radiale Koordinate als Funktion der Winkelkoordinate erscheint. Um dies zu erreichen, erinnern wir daran, daß gemäß Satz 5.1.1 die Trajektorien ebener autonomer Systeme mittels der Lösungen eines Paares skalarer Differentialgleichungen bestimmt werden können, was natürlich unabhängig von der geometrischen Interpretation der Variablen möglich ist. Im vorliegenden Fall (5.33) genügt es sogar, eine einzige skalare Gleichung zu betrachten, da die rechte Seite der ϕ-Gleichung in (5.33) keine Nullstelle besitzt. Das gemäß Satz 5.1.1 zu studierende Anfangswertproblem lautet hier also

$$\boxed{\frac{dr}{d\phi} = r(r^2-1)}\,, \quad r(\phi_0) = r_0\,. \tag{5.36}$$

Dieses ist aufs engste verwandt mit dem Problem (5.34), und so können wir entsprechend der dort gezeigten Vorgehensweise die Lösung leicht angeben. Es ergibt sich

$$\rho(\phi\,;\phi_0,r_0) \;=\; \frac{r_0}{\sqrt{r_0^2+(1-r_0^2)\,e^{2(\phi-\phi_0)}}} \tag{5.37}$$

als maximale Lösung von (5.36). Indem wir die beiden Koordinaten r und ϕ rechtwinklig, also formal in „kartesischer“ Form darstellen, erhalten wir die Abbildung 5.11. Wie man leicht nachrechnet, besitzt die Lösung $\rho(\phi\,;\phi_0,r_0)$ genau für $r_0>1$ eine endliche „Entweichzeit“, nämlich

$$J^+(\phi_0,r_0) \;=\; \phi_0+\frac{1}{2}\ln\frac{r_0^2}{r_0^2-1}\,.$$

Interpretieren wir nun r und ϕ als Polarkoordinaten, so erhalten wir das in der Abbildung 5.12 skizzierte Phasenportrait des Systems (5.32). Die Beschreibung der radialen Koordinate r der Lösungen als Funktion der Winkelkoordinate ϕ zeigt also das Vorliegen eines endlichen „Entweichwinkels“. Also liegt fernab vom Koordinatenursprung, anders als in seiner Nähe, keine „Rotation“ des Phasenportraits von (5.32) vor. ◊

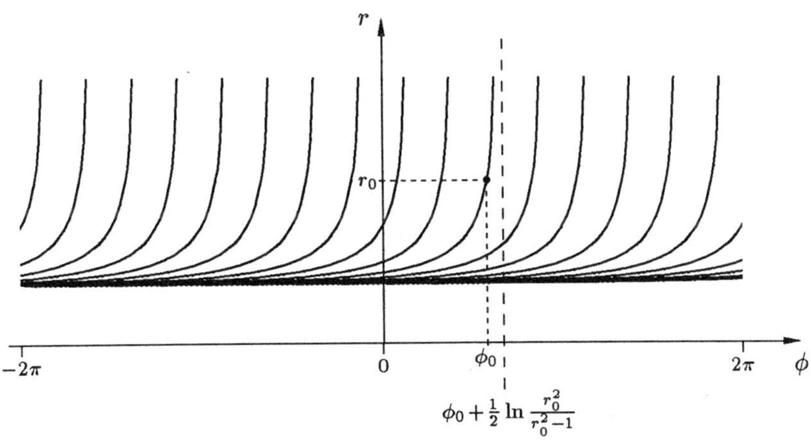

Abb. 5.11 Lösungen der Differentialgleichung $\frac{dr}{d\phi} = r\,(r^2-1)$ im Bereich $r \geq 1$

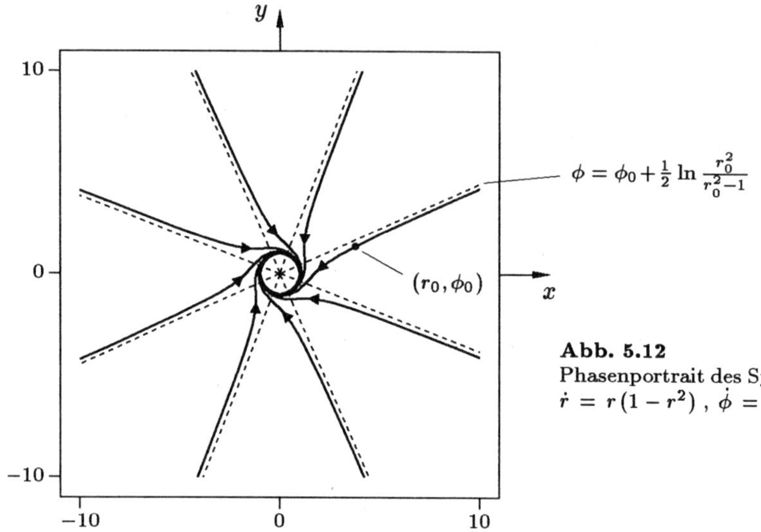

Abb. 5.12
Phasenportrait des Systems
$\dot{r} = r(1-r^2)\,,\ \dot{\phi} = -1$

Aufgaben

1. Bestimmen Sie die allgemeine Lösung des ebenen autonomen Systems

$$\boxed{\dot{x} = \alpha x - y - x(x^2+y^2)\,,\quad \dot{y} = x + \alpha y - y(x^2+y^2)}\,,\qquad \alpha \in \mathbb{R}$$

und diskutieren Sie das Phasenportrait in Abhängigkeit vom Parameter $\alpha \in \mathbb{R}$.

2. Berechnen Sie die allgemeine Lösung des Systems

$$\boxed{\dot{x} = -y + x^3 + xy^2\,,\quad \dot{y} = x + y^3 + x^2 y}$$

und klären Sie die Frage, ob endliche Entweichzeiten auftreten.

3. Beschreiben Sie das Rotationsverhalten der Lösungen des Systems

$$\boxed{\dot{x} = -x + y(1-x^2-y^2)\,,\quad \dot{y} = -y - x(1-x^2-y^2)}$$

alleine auf Grund der Gestalt des zugehörigen Systems in Polarkoordinaten. Verifizieren Sie schließlich das Ergebnis mit Hilfe der allgemeine Lösung dieses Systems.

4. Erstellen Sie das Phasenportrait des auf dem $\mathbb{R}^2$ erklärten Systems

$$\boxed{\dot{x} = y + x f(x,y)\,,\quad \dot{y} = -x + y f(x,y)}\,,$$

bei dem die Funktion $f(x,y)$ im Koordinatenursprung verschwindet und ansonsten wie folgt definiert ist:

$$f(x,y) := (x^2+y^2)\sin\frac{\pi}{\sqrt{x^2+y^2}}\,.$$

5. Für eine beliebige Lipschitz-stetige Funktion $g : (0,\infty) \to \mathbb{R}$ berechne man die allgemeine Lösung des Systems

$$\boxed{\dot{x} = -y\,g(x^2+y^2)\,,\quad \dot{y} = x\,g(x^2+y^2)}\,.$$

Bestimmen Sie dann die Funktion g so, daß alle Lösungen des System periodisch sind, und zwar zum einen mit einer einheitlichen Periode, und zum anderen derart, daß die Lösungen zu je zwei verschiedenen Trajektorien verschiedene minimale Perioden besitzen.

5.3 Lineare ebene autonome Systeme

In diesem Abschnitt untersuchen wir die linearen ebenen autonomen Systeme der Form

$$\boxed{\dot{x} = a_{11}x + a_{12}y\,,\ \ \dot{y} = a_{21}x + a_{22}y}\,, \tag{5.38}$$

die wir, indem wir die skalaren Variablen x und y zu einem Spaltenvektor $z = \binom{x}{y}$ zusammenfassen, auch in der Form

$$\boxed{\dot{z} = Az}\,, \quad A \in \mathbb{R}^{2\times 2} \tag{5.39}$$

schreiben. Es ist unser Ziel, für jede solche Gleichung die allgemeine Lösung zu bestimmen und das zugehörige Phasenportrait zu erstellen. Um in die zunächst unüberschaubare Menge von Gleichungen dieser Art etwas Ordnung zu bringen, bedienen wir uns elementarer Methoden der LINEAREN ALGEBRA. Wir erinnern in diesem Zusammenhang daran, daß man jede quadratische Matrix A mit Hilfe einer regulären Matrix T auf die Form $T^{-1}AT$ transformieren kann, ohne dabei die Eigenwerte von A zu verändern. Eine solche Transformationsmatrix T eignet sich nun in naheliegender Weise auch dafür, die gegebene Differentialgleichung (5.39) zu transformieren. Die lineare Abbildung $w = T^{-1}z$ des $\mathbb{R}^2$ in sich transformiert nämlich, wie man der Beziehung

$$\dot{w} = T^{-1}\dot{z} = T^{-1}Az = T^{-1}ATw$$

entnimmt, das System (5.39) in die Form

$$\boxed{\dot{w} = T^{-1}ATw}\,. \tag{5.40}$$

Dies besagt nun, daß es bei der Analyse der Systemklasse (5.39) genügt, aus jeder Ähnlichkeitsklasse von reellen 2×2-Matrizen jeweils nur einen Repräsentanten auszuwählen. Da wir weiterhin nur reelle (also nicht komplexe) Differentialgleichungen betrachten wollen, wählen wir die jeweiligen Repräsentanten in reeller Jordan'scher Normalform. Bei 2×2-Matrizen ergeben sich dann die folgenden vier Fälle:

(1) Besitzt A zwei verschiedene reelle Eigenwerte ρ und σ, so ist A ähnlich zu $B := \left(\begin{smallmatrix}\rho & 0\\ 0 & \sigma\end{smallmatrix}\right)$.

(2) Besitzt A einen doppelten reellen Eigenwert ρ mit *zwei* linear unabhängigen Eigenvektoren, so ist A ähnlich zu $B := \left(\begin{smallmatrix}\rho & 0\\ 0 & \rho\end{smallmatrix}\right)$.

(3) Besitzt A einen doppelten reellen Eigenwert ρ mit nur *einem* linear unabhängigen Eigenvektor, so ist A ähnlich zu $B := \left(\begin{smallmatrix}\rho & 1\\ 0 & \rho\end{smallmatrix}\right)$.

(4) Besitzt A ein konjugiert komplexes Paar $\rho \pm i\sigma$ von Eigenwerten mit $\sigma \neq 0$, so ist A ähnlich zur reellen Matrix $B := \left(\begin{smallmatrix}\rho & \sigma\\ -\sigma & \rho\end{smallmatrix}\right)$.

Wir wollen nun für jeden dieser vier Fälle das System in der Normalform

$$\boxed{\dot{w} = Bw} \tag{5.41}$$

lösen. Dabei haben wir weiter zu unterscheiden, ob die Koeffizientenmatrix B regulär oder singulär ist. Wir beginnen mit den regulären Fällen, bei denen wir vorweg feststellen können, daß 0 als Eigenwert nicht auftritt, und daß somit der Koordinatenursprung als einzige Lösung der algebraischen Gleichung $Bw = 0$ die einzige Ruhelage des Systems $\dot{w} = Bw$ ist.

I. Die Matrix B in (5.41) ist regulär

Fall I.1 : $B = \begin{pmatrix} \rho & 0 \\ 0 & \sigma \end{pmatrix}$, $\rho, \sigma \in \mathbb{R}$, $\rho \neq \sigma$: Das System (5.41) hat dann die aus zwei voneinander unabhängigen Gleichungen bestehende Form

$$\boxed{\dot{x} = \rho x\ , \quad \dot{y} = \sigma y}\ ,$$

und wir können den Fluß

$$\varphi(t;\xi,\eta) = (\xi\, e^{\rho t}, \eta\, e^{\sigma t})$$

und für jeden Punkt $(\xi,\eta) \in \mathbb{R}^2$ die Trajektorie $O(\xi,\eta) = \{(\xi\, e^{\rho t}, \eta\, e^{\sigma t}) \in \mathbb{R}^2 : t \in \mathbb{R}\}$ sofort angeben. Neben der Ruhelage $(0,0)$ erkennen wir zunächst die vier Halbachsen als Trajektorien. Für jeden Punkt (ξ,η) aus den vier offenen Quadranten des $\mathbb{R}^2$ besitzt die Trajektorie $O(\xi,\eta)$ jeweils die Darstellung

$$O(\xi,\eta) = \left\{ \left(x, \eta \left(\tfrac{x}{\xi}\right)^{\frac{\sigma}{\rho}}\right) \in \mathbb{R}^2 : \tfrac{x}{\xi} > 0 \right\}\ ,$$

die sich durch Elimination des Kurvenparameters t aus den beiden Koordinaten des Flusses ergibt. Um nun das Phasenportrait erstellen zu können, müssen wir noch die Vorzeichen der beiden Eigenwerte ρ und σ berücksichtigen. Für ihre Lage zueinander können wir dabei ohne Beschränkung der Allgemeinheit stets $\rho < \sigma$ voraussetzen, denn andernfalls hätte man einfach die beiden Koordinaten x und y zu vertauschen.

(a) $\rho < \sigma < 0$:

stabiler (zwei-tangentiger) Knoten

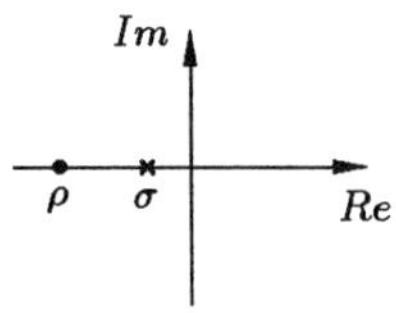

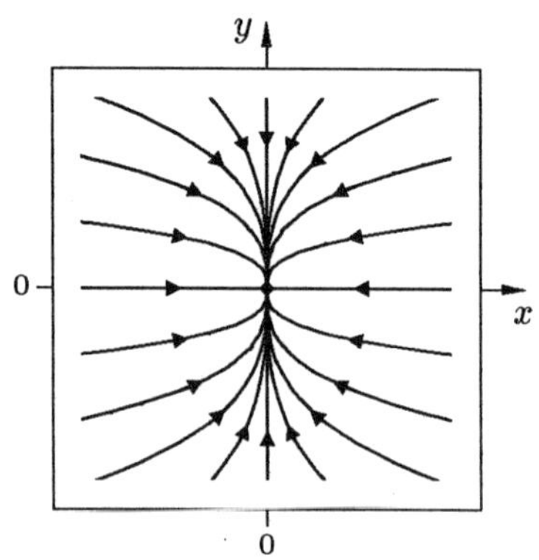

(b) $\rho < 0 < \sigma$:

Sattelpunkt

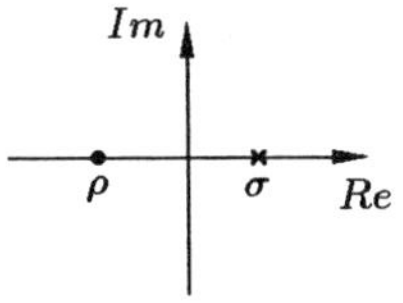

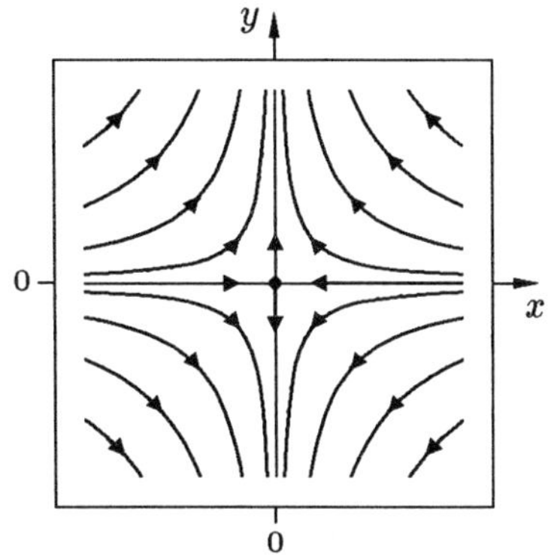

(c) $0 < \rho < \sigma$:

instabiler (zwei-tangentiger) Knoten

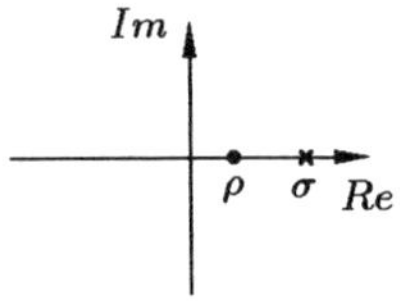

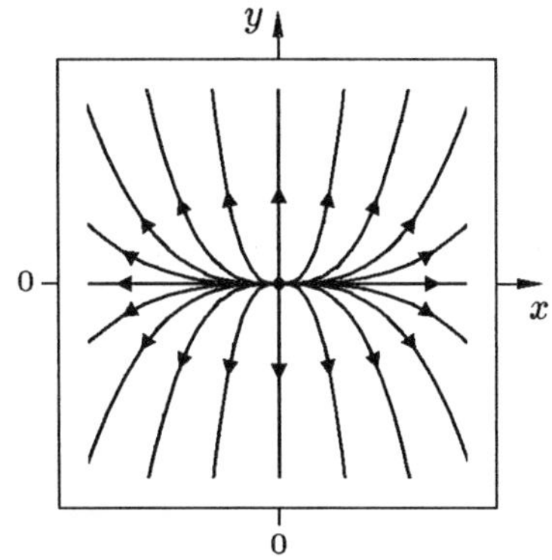

5.3.1 Bemerkung: Die Bezeichnung *stabiler* bzw. *instabiler* Knoten für die Ruhelage $(0,0)$ in den Fällen (a) bzw. (c) bezieht sich auf die Tatsache, daß im Fall (a) die Trajektorien auf den Punkt $(0,0)$ hin orientiert sind und im Fall (c) von ihm weg orientiert. In der dynamischen Interpretation bedeutet dies, daß im Fall (a) die Lösungen für $t \to \infty$ zum Koordinatenursprung konvergieren während sie sich im Fall (c) mit wachsender Zeit t von ihm entfernen. Im gleichen Sinne sind die Zusätze *stabil* und *instabil* auch in den Bezeichnungen für die nachfolgenden Typen von Ruhelagen zu verstehen. □

5.3.2 Bemerkung: Die Bezeichnung *zwei-tangentig* in den Fällen (a) und (c) hebt hervor, daß für das „Einmünden" aller Trajektorien (außer der Ruhelage $(0,0)$) in den Koordinatenursprung nur zwei Tangentenrichtungen in Frage kommen. Im Fall (a) haben die beiden x-Halbachsen eine gemeinsame Richtung, alle anderen Trajektorien münden tangentiell zur y-Achse in die Ruhelage $(0,0)$ ein. Der Grund hierfür ist, daß der Eigenwert ρ, der das Verhalten der x-Koordinate beschreibt, betragsmäßig größer ist als der andere Eigenwert σ. Daher strebt für $t \to \infty$ die x-Koordinate jeder Lösung schneller gegen 0 als die y-Koordinate. Im Fall (c) sind die Rollen der beiden Achsen gerade vertauscht und die Zeitrichtung ist umgekehrt. □

Fall I.2 : $B = \begin{pmatrix} \rho & 0 \\ 0 & \rho \end{pmatrix}$, $\rho \in \mathbb{R} \setminus \{0\}$: In diesem Fall hat das betrachtete System die Form

$$\boxed{\dot{x} = \rho x\ ,\quad \dot{y} = \rho y}\ ,$$

und offensichtlich ist

$$\varphi(t\,;\xi,\eta) \;=\; (\,\xi\, e^{\rho t},\ \eta\, e^{\rho t}\,)$$

der zugehörige Fluß. Wieder sind der Koordinatenursprung und die vier Halbachsen Trajektorien. Die übrigen Trajektorien besitzen die Darstellung

$$O(\xi,\eta) \;=\; \left\{ \left(x,\ \frac{\eta}{\xi}\,x\right) \in \mathbb{R}^2 :\ \frac{\eta}{\xi} \neq 0 \right\}\ ,$$

die man durch Elimination der Veränderlichen t aus dem Fluß $\varphi(t\,;\xi,\eta)$ gewinnt. In Abhängigkeit vom Vorzeichen des Eigenwerts ρ erhalten wir die folgenden Phasenportraits.

(a) $\rho < 0$:

stabiler (viel-tangentiger) Knoten

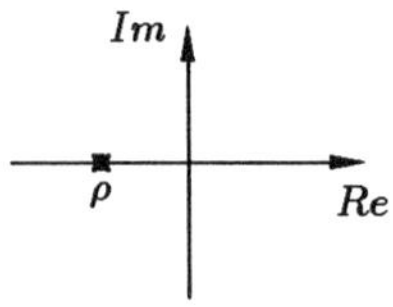

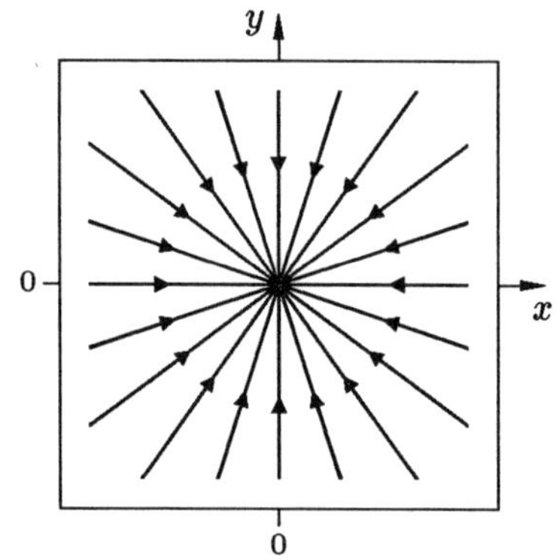

(b) $\rho > 0$:

instabiler (viel-tangentiger) Knoten

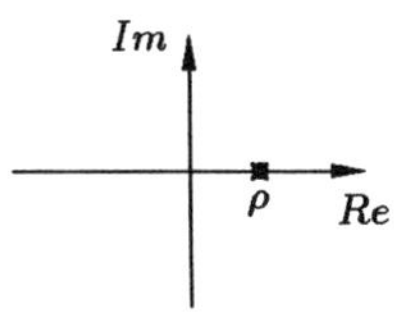

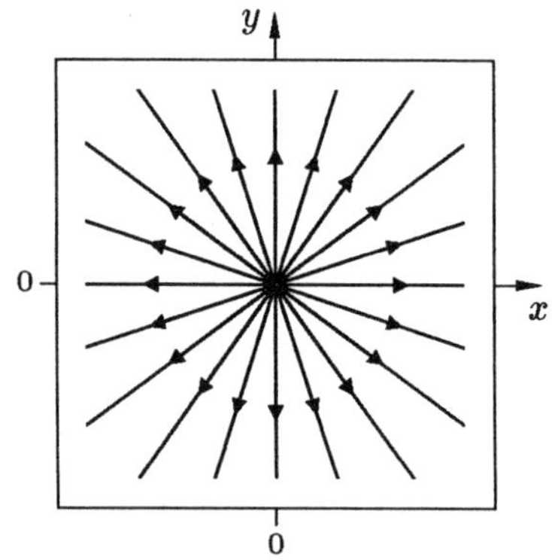

5.3.3 Bemerkung: Die Bezeichnung *viel-tangentiger* Knoten rührt im vorliegenden Fall I.2 augenscheinlich daher, daß es zu *jedem* Richtungsvektor mit Fußpunkt im Koordinatenursprung eine Trajektorie des Systems gibt, die mit dieser Tangentenrichtung (in der einen oder anderen Zeitrichtung) in den Koordinatenursprung einmündet. □

<u>**Fall I.3 :** $B = \begin{pmatrix} \rho & 1 \\ 0 & \rho \end{pmatrix}, \rho \in \mathbb{R} \setminus \{0\}$</u>: Für das zugehörige System

$$\boxed{\dot{x} = \rho x + y\,, \quad \dot{y} = \rho y}$$

kann man den Fluß

$$\varphi(t\,;\xi,\eta) = (\,\xi e^{\rho t} + \eta t e^{\rho t}\,,\, \eta\, e^{\rho t}\,)$$

leicht angeben. Setzen wir $\eta = 0$, so erhalten wir neben der Ruhelage $(0,0)$ die beiden x-Halbachsen als Trajektorien. Für $\eta \neq 0$ liefert die Elimination des Kurvenparameters t für die Trajektorie durch (ξ,η) die explizite Darstellung

$$O(\xi,\eta) = \left\{\left(\,\frac{\xi}{\eta}y + \frac{y}{\rho}\ln\frac{y}{\eta}\,,\, y\,\right) \in \mathbb{R}^2 : \frac{y}{\eta} > 0\,\right\}.$$

<u>(a) $\rho < 0$</u>:

stabiler (ein-tangentiger) Knoten

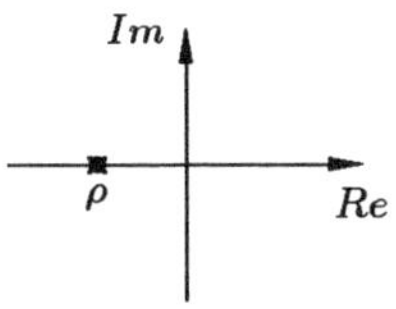

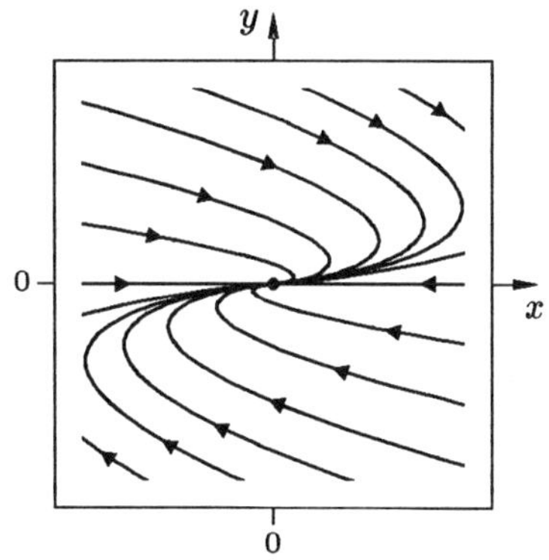

<u>(b) $\rho > 0$</u>:

instabiler (ein-tangentiger) Knoten

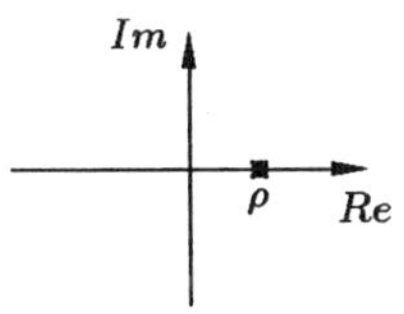

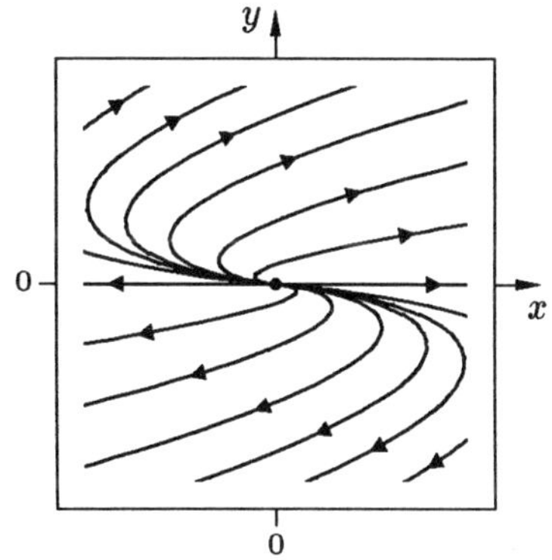

5.3.4 Bemerkung: Um zu erkennen, daß im vorliegenden Fall alle Trajektorien bei $(0,0)$ ein und dieselbe Tangentenrichtung besitzen, beachte man die Tatsache, daß die Isoklinen zu den senkrechten Steigungen die Gerade $y = -\rho x$ bilden. Die Bezeichnung *ein-tangentiger* Knoten im hier vorliegenden Fall bedarf keiner weiteren Erläuterung. □

Fall I.4: $B = \begin{pmatrix} \rho & \sigma \\ -\sigma & \rho \end{pmatrix}$, $\rho, \sigma \in \mathbb{R}$, $\sigma \neq 0$: Das jetzt vorliegende System

$$\boxed{\dot{x} = \rho x + \sigma y\,, \quad \dot{y} = -\sigma x + \rho y}$$

besitzt nach Satz 5.2.1 in Polarkoordinaten die Form $\dot{r} = \rho r$, $\dot{\phi} = -\sigma$. Hieraus ergibt sich der Fluß

$$\varphi(t\,;\xi,\eta) = e^{\rho t}\,(\,\xi\cos\sigma t + \eta\sin\sigma t\,,\ \eta\cos\sigma t - \xi\sin\sigma t\,)\,.$$

(a) $\rho < 0$: **stabiler Strudel**

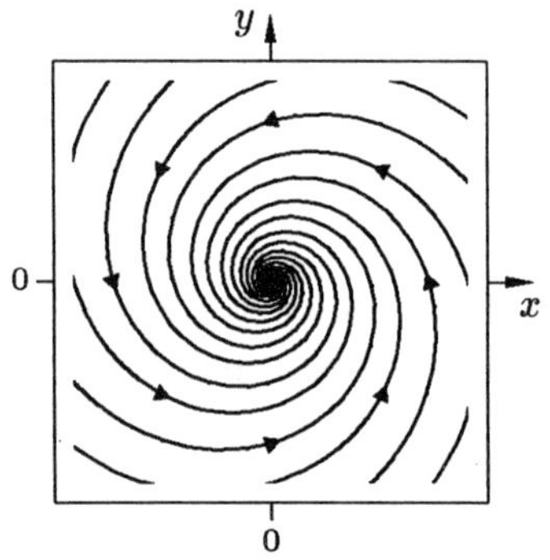

(a_1) $\sigma < 0$

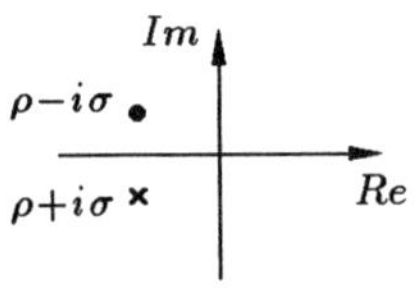

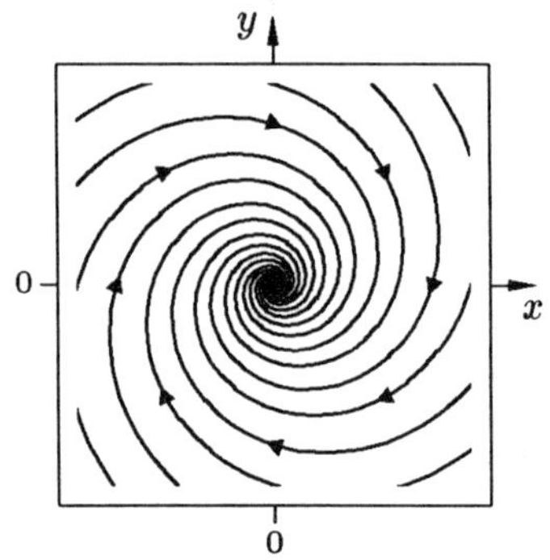

(a_2) $\sigma > 0$

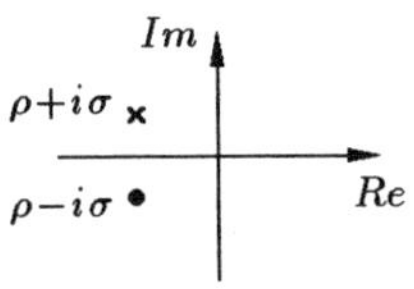

(b) $\rho = 0$: **Zentrum** oder **Wirbel**

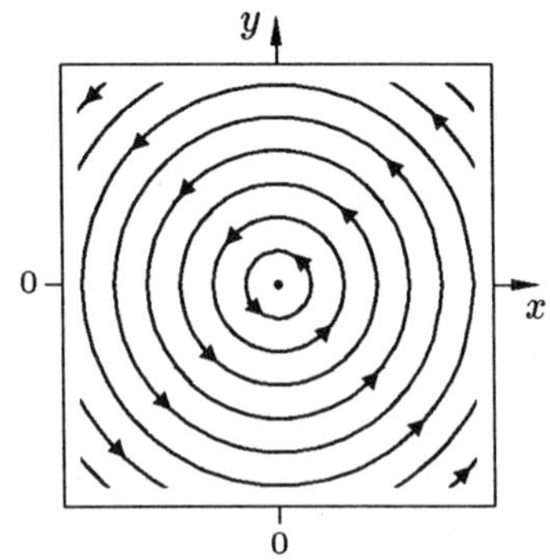

(b_1) $\sigma < 0$

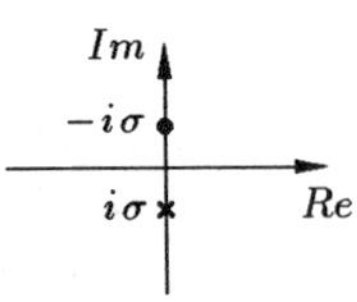

(b₂) $\sigma > 0$

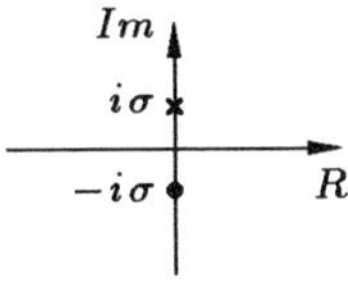

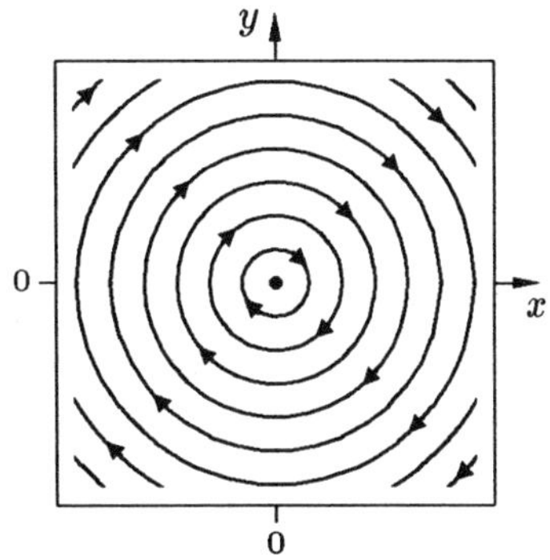

(c) $\rho > 0$: instabiler Strudel

(c_1) $\sigma < 0$

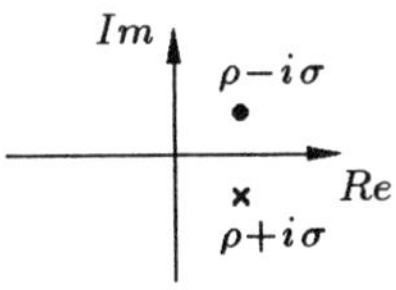

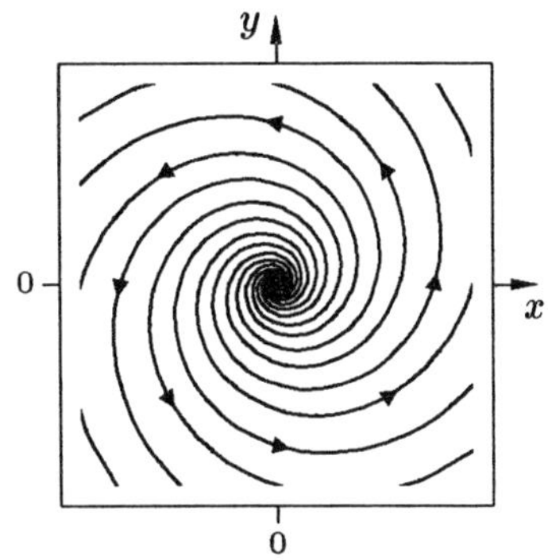

(c_2) $\sigma > 0$

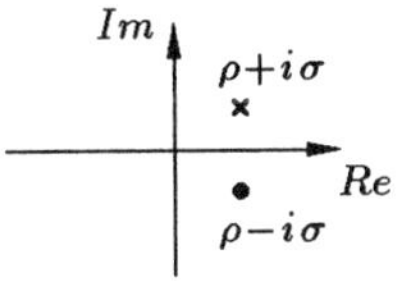

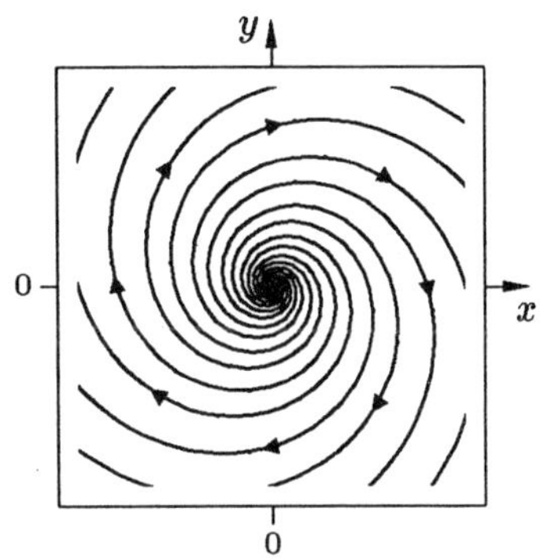

Damit ist die Diskussion für reguläre Koeffizientenmatrizen B des Systems (5.41) abgeschlossen, und wir wenden uns den Fällen zu, in denen diese Matrix singulär ist. Das bedeutet, daß dann 0 stets ein Eigenwert von B ist, und daß die Ruhelagen der Differentialgleichung $\dot{w} = Bw$ als Lösungen des algebraischen Gleichungssystems $Bw = 0$ nicht-isoliert auftreten. Genauer, die Ruhelage $(0, 0)$ ist Element eines ein- oder zwei-dimensionalen, vollständig aus Ruhelagen bestehenden Unterraums des $\mathbb{R}^2$.

II. Die Matrix B in (5.41) ist singulär

Fall II.1 : $B = \begin{pmatrix} \rho & 0 \\ 0 & 0 \end{pmatrix}$, $\rho \in \mathbb{R} \setminus \{0\}$: Das System

$$\boxed{\dot{x} = \rho x \ , \quad \dot{y} = 0}$$

besitzt den Fluß

$$\varphi(t; \xi, \eta) = (\xi \, e^{\rho t}, \eta) \, .$$

Die y-Achse besteht aus Ruhelagen.

(a) $\rho < 0$

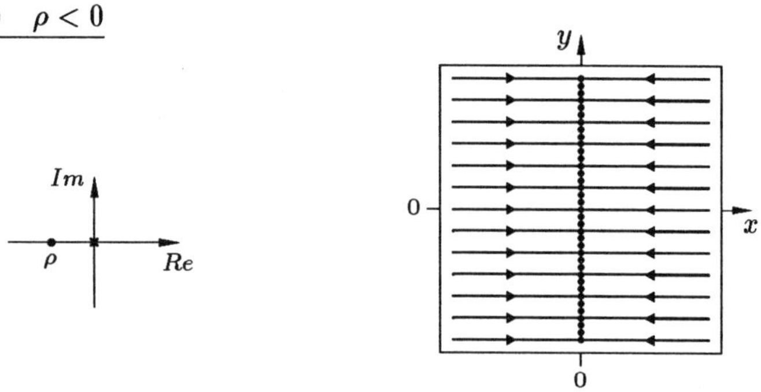

(b) $\rho > 0$

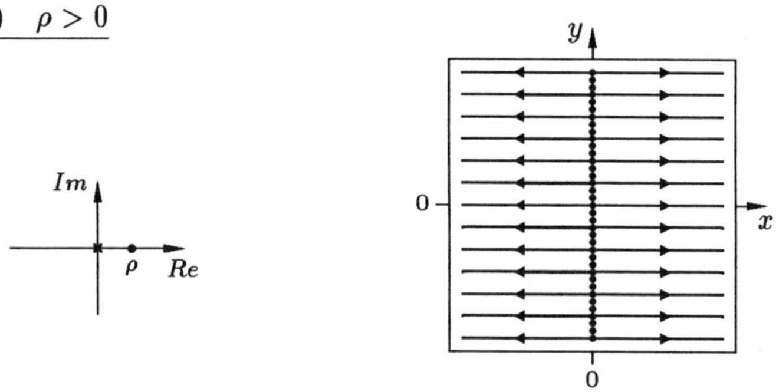

Fall II.2 : $B = \begin{pmatrix} 0 & 0 \\ 0 & 0 \end{pmatrix}$: In diesem trivialen Fall besteht der gesamte Phasenraum aus Ruhelagen.

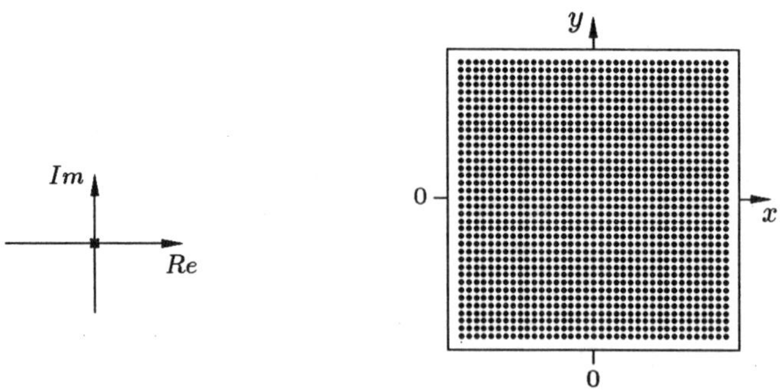

Fall II.3 : $B = \begin{pmatrix} 0 & 1 \\ 0 & 0 \end{pmatrix}$: Der Fluß des Systems

$$\boxed{\dot{x} = y \,, \quad \dot{y} = 0}$$

besitzt die Form $\varphi(t;\xi,\eta) = (\xi + \eta t \,,\, \eta)$. Die x-Achse besteht aus Ruhelagen.

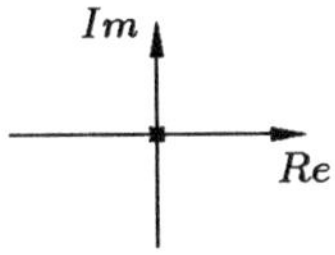

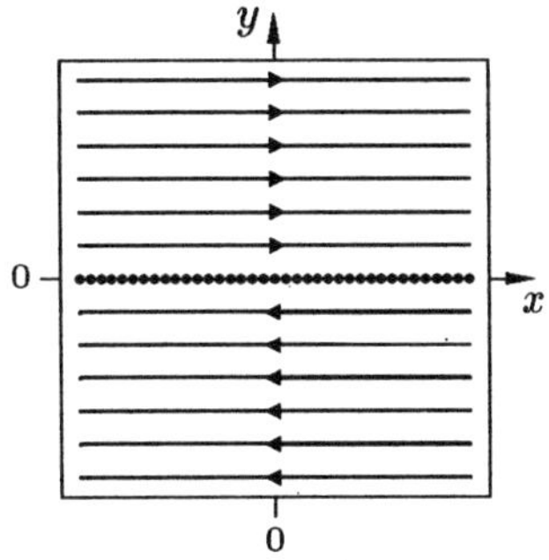

Fall II.4 : Der Fall nicht-reeller Eigenwerte tritt hier nicht auf, denn eine Matrix ohne reelle Eigenwerte ist stets regulär.

Für die linearen ebenen autonomen Systeme ist hiermit die Klassifizierung, Lösung und Darstellung der zugehörigen Phasenportraits abgeschlossen. Mit einer kleinen Zusatzüberlegung wollen wir nun noch die verschiedenen Klassen in einem einzigen übersichtlichen Diagramm anordnen. Wir erinnern dazu an die Tatsache, daß man für jede 2×2-Matrix A das charakteristische Polynom in der Form

$$\det(A - \delta E) \;=\; \delta^2 - \delta \operatorname{spur} A + \det A$$

schreiben kann. Hier ist E die 2×2-Einheitsmatrix und $\operatorname{spur} A$ die Summe der Hauptdiagonalelemente von A. Die beiden Nullstellen des charakteristischen Polynoms, also die Eigenwerte von A, besitzen damit die Darstellung

$$\delta_{1/2} \;=\; \frac{\operatorname{spur} A \pm \sqrt{(\operatorname{spur} A)^2 - 4 \det A}}{2} \,.$$

Wir setzen nun $s := \operatorname{spur} A$, $d := \det A$ und betrachten (siehe Abbildung 5.13) eine Ebene mit rechtwinkligen (s,d)-Koordinaten. Jedem Punkt (s,d) dieser Ebene ordnen wir nun das Eigenwertpaar

$$\delta_{1/2} \;=\; \frac{s \pm \sqrt{s^2 - 4d}}{2} \tag{5.42}$$

zu. Die doppelten Eigenwerte gehören dann zu den auf der Parabel $d = \frac{s^2}{4}$ liegenden Punkten. Den Punkten oberhalb dieser Parabel entsprechen die konjugiert komplexen Eigenwertpaare, während den Punkten unterhalb die reellen Eigenwertpaare entsprechen. Verschwindende Eigenwerte gehören genau zu den Punkten auf der s-Achse. Die jeweilige Lage des Eigenwertpaares in der komplexen Zahlenebene haben wir in der Abbildung 5.13 dargestellt.

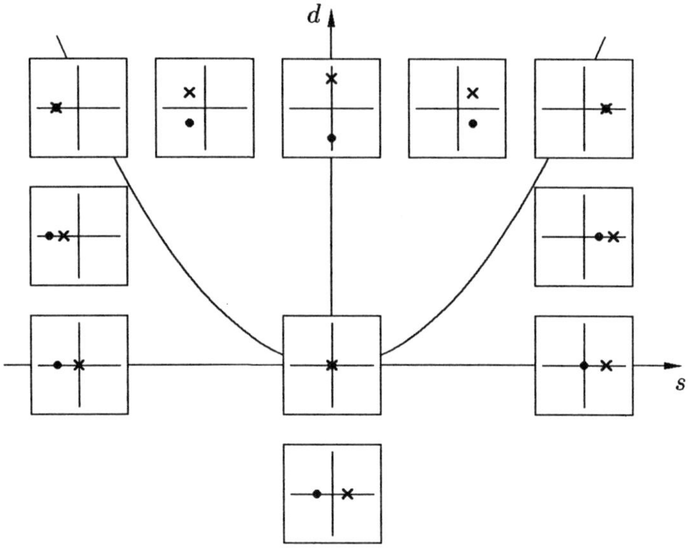

Abb. 5.13 Eigenwertpaare in der (spur, det)-Ebene

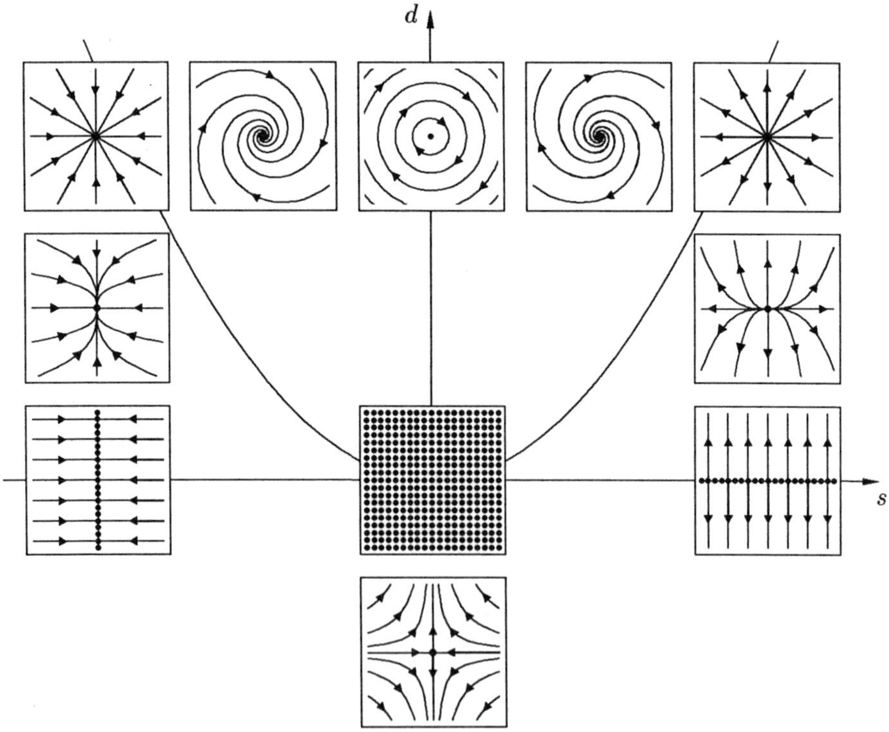

Abb. 5.14 Lineare ebene autonome Systeme $\dot{z} = Az$ in der (spur, det)-Ebene

Da jedes Eigenwertpaar eine der oben beschriebenen Ähnlichkeitsklassen reeller 2×2-Matrizen repräsentiert, können wir jedem Punkt der (s, d)-Ebene ein Phasenportrait zuordnen. Dies führt zu der übersichtlichen Darstellung der möglichen Phasenportraits linearer ebener autonomer Systeme in der Abbildung 5.14. Zu dieser Abbildung noch drei Anmerkungen:

(i) Bei den konjugiert komplexen Eigenwerten (also oberhalb der Parabel) haben wir jeweils die Rotation im Uhrzeigersinn dargestellt. Der andere Drehsinn wäre ebenso möglich gewesen.

(ii) Für die Systeme mit doppelten Eigenwerten (also auf der Parabel) haben wir jeweils den Fall mit *zwei* linear unabhängigen Eigenvektoren gewählt (also die Fälle I.2 und II.2). Ebenso hätte man die Fälle I.3 und II.3 mit nur je *einem* linear unabhängigen Eigenvektor wählen können (siehe Abbildung 7.23 auf Seite 311).

(iii) Bei den Systemen mit zwei verschiedenen reellen Eigenwerten (also unterhalb der Parabel) haben wir den kleineren Eigenwert jeweils der horizontal gezeichneten Koordinate zugeordnet. Daher sind im Fall II.1 (b) im Vergleich mit der Darstellung auf Seite 204 die Koordinatenachsen vertauscht.

Nachdem wir nun die Klasse der in Normalform vorliegenden linearen ebenen autonomen Systeme überblicken, wollen wir abschließend ein Beispiel analysieren, das nicht in Normalform vorliegt.

5.3.5 Beispiel: Wir betrachten das von einem reellen Parameter α abhängige System

$$\boxed{\begin{pmatrix} \dot{x} \\ \dot{y} \end{pmatrix} = \begin{pmatrix} 1 & \alpha \\ 1 & -1 \end{pmatrix} \begin{pmatrix} x \\ y \end{pmatrix}}\,, \tag{5.43}$$

für dessen mit $A(\alpha)$ bezeichnete Koeffizientenmatrix man leicht die beiden Eigenwerte $\pm\sqrt{1+\alpha}$ ermittelt. Abhängig vom Wert des Parameters α können bei diesem System die folgenden drei qualitativ unterschiedlichen Fälle auftreten. Für $\underline{\alpha > -1}$ liegen zwei verschiedene reelle Eigenwerte vor (Fall I.1 (b), Sattelpunkt), für $\underline{\alpha = -1}$ ist 0 ein doppelter Eigenwert (Fall II.2 oder II.3), und für $\underline{\alpha < -1}$ sind die beiden Eigenwerte komplex, und zwar rein imaginär (Fall I.4 (b_1) oder (b_2), Zentrum). In der (spur, det)-Ebene kommt dies im übrigen dadurch zum Ausdruck, daß sich das für die Klassifizierung des Systems zuständige Zahlenpaar $(\operatorname{spur} A(\alpha), \det A(\alpha)) \equiv (0, -1-\alpha)$ bei Variation von α auf der senkrechten Geraden durch den Koordinatenursprung bewegt. Wir stellen uns nun die Aufgabe, für die drei Parameterwerte 0, -1 und -2, die gerade die drei genannten Fälle repräsentieren, jeweils den Fluß des Systems zu berechnen und das zugehörige Phasenportrait zu erstellen.

Um uns zunächst die generelle Vorgehensweise nochmals vor Augen zu führen, erinnern wir an die zu Beginn dieses Abschnitts angestellten Überlegungen. Ein gegebenes System

$$\boxed{\dot{z} = Az} \quad \text{mit dem noch unbekannten Fluß } \varphi(t;\zeta)$$

wird vermittels einer Transformation $z = Tw$ in die zugehörige Normalform

$$\boxed{\dot{w} = T^{-1}ATw} \quad \text{mit dem bekannten Fluß } \psi(t\,;\theta)$$

transformiert. Der gesuchte Fluß ergibt sich dann aus der leicht nachvollziehbaren Beziehung

$$\varphi(t\,;\zeta) = T\psi(t\,;T^{-1}\zeta)\,. \tag{5.44}$$

Alles, was wir zur Durchführung dieses Programms benötigen, ist also eine reguläre Matrix T (und deren Inverse), die die gegebene Matrix A in die zugehörige reelle Normalform $T^{-1}AT$ transformiert. Wie man allgemein die Transformationsmatrix T aus der gegebenen Koeffizientenmatrix A berechnen kann, ist aus der LINEAREN ALGEBRA bekannt, und soll nun an drei konkreten Fällen im Detail beschrieben werden.

Im Fall $\underline{\alpha = 0}$ errechnet man für die Koeffizientenmatrix $A(0) = \left(\begin{smallmatrix}1 & 0\\ 1 & -1\end{smallmatrix}\right)$ die beiden Eigenwerte 1 und -1 und die zugehörigen Eigenvektoren $\binom{2}{1}$ bzw. $\binom{0}{1}$. Mit diesen Vektoren als Spalten bilden wir dann die Transformationsmatrix

$$T := \begin{pmatrix}2 & 0\\ 1 & 1\end{pmatrix}, \quad \text{und berechnen } T^{-1} = \begin{pmatrix}1/2 & 0\\ -1/2 & 1\end{pmatrix}.$$

Das transformierte System besitzt dann die Koeffizientenmatrix

$$\begin{pmatrix}1/2 & 0\\ -1/2 & 1\end{pmatrix}\begin{pmatrix}1 & 0\\ 1 & -1\end{pmatrix}\begin{pmatrix}2 & 0\\ 1 & 1\end{pmatrix} = \begin{pmatrix}1 & 0\\ 0 & -1\end{pmatrix},$$

liegt also in der gewünschten Normalform vor. Aus dem bekannten Fluß $\psi(t\,;\theta) = (\theta_1 e^t,\, \theta_2 e^{-t})$ des transformierten Systems ergibt sich dann gemäß der Formel (5.44) der Fluß des gegebenen Systems (5.43) für den Fall $\alpha = 0$, nämlich

$$\varphi(t\,;\xi,\eta) = \left(\xi e^t,\ \frac{\xi}{2}e^t + \left(\eta - \frac{\xi}{2}\right)e^{-t}\right).$$

Das zugehörige Phasenportrait (siehe Abbildung 5.15 (a)) erhält man am einfachsten, indem man auf das Phasenportrait des entsprechenden Systems in Normalform (siehe Seite 205) die lineare Transformation $\binom{x}{y} \mapsto T\binom{x}{y}$ anwendet.

Im Fall $\underline{\alpha = -1}$ besitzt die Koeffizientenmatrix $A(-1) = \left(\begin{smallmatrix}1 & -1\\ 1 & -1\end{smallmatrix}\right)$ den doppelten Eigenwert 0. Ob nun der Fall II.2 oder aber II.3 vorliegt, entscheidet sich mit der Dimension des zugehörigen Eigenraums. Da die Matrix $A(-1)$ den Rang 1 besitzt, liegt hier ein ein-dimensionaler Eigenraum und damit der Fall II.3 vor. Als erste Spalte der Transformationsmatrix wählen wir den Eigenvektor $\binom{1}{1}$ zum Eigenwert 0. Für die zweite Spalte benötigen wir dann einen verallgemeinerten Eigenvektor (auch Hauptvektor genannt), der sich als Lösung des inhomogenen algebraischen Gleichungssystems

$$\begin{pmatrix}1 & -1\\ 1 & -1\end{pmatrix}\begin{pmatrix}x\\ y\end{pmatrix} = \begin{pmatrix}1\\ 1\end{pmatrix}$$

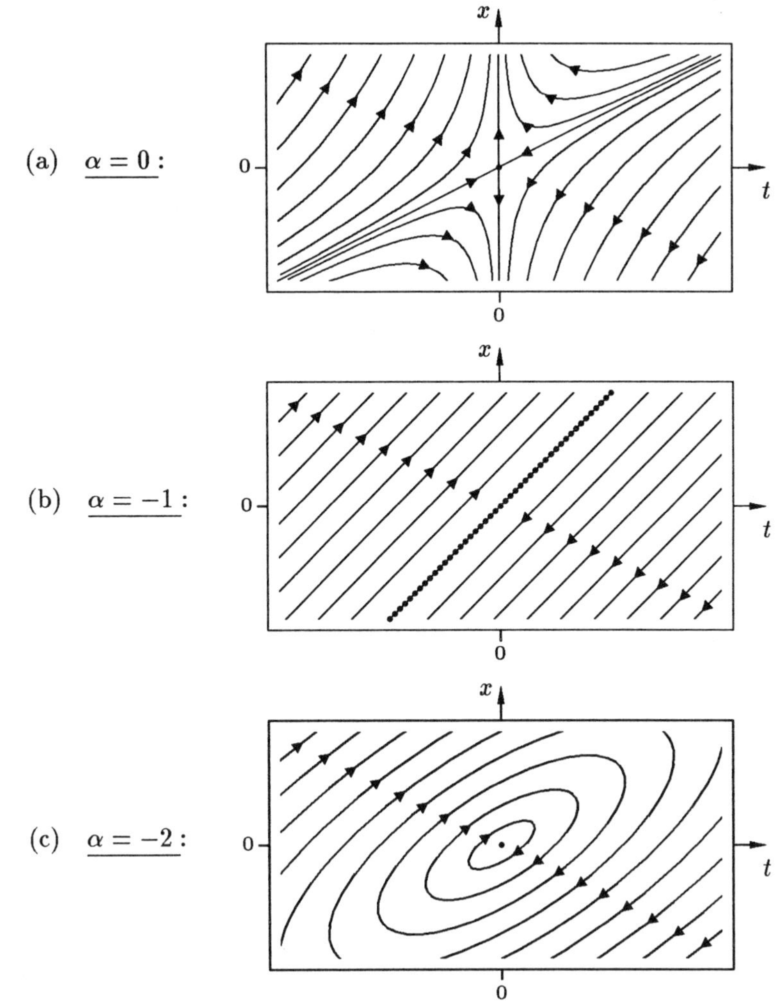

Abb. 5.15 Phasenportrait des Systems $\dot{x} = x + \alpha y$, $\dot{y} = x - y$ für verschiedene Werte des Parameters α

(mit dem Eigenvektor $\binom{1}{1}$ auf der rechten Seite) ermitteln läßt. Mit der Lösung $\binom{2}{1}$ dieses Systems definieren wir dann die gesuchte Transformationsmatrix

$$T := \begin{pmatrix} 1 & 2 \\ 1 & 1 \end{pmatrix}, \quad \text{und berechnen } T^{-1} = \begin{pmatrix} -1 & 2 \\ 1 & -1 \end{pmatrix}.$$

Das transformierte System besitzt dann, wie nicht anders zu erwarten, die Koeffizientenmatrix

$$\begin{pmatrix} -1 & 2 \\ 1 & -1 \end{pmatrix} \begin{pmatrix} 1 & -1 \\ 1 & -1 \end{pmatrix} \begin{pmatrix} 1 & 2 \\ 1 & 1 \end{pmatrix} = \begin{pmatrix} 0 & 1 \\ 0 & 0 \end{pmatrix}.$$

Aus dem Fluß $\psi(t;\theta) = (\theta_1 + \theta_2 t, \theta_2)$ des Systems in Normalform gewinnt man schließlich mittels (5.44) den gesuchten Fluß

$$\varphi(t;\xi,\eta) = \big(\xi + (\xi-\eta)t, \eta + (\xi-\eta)t\big).$$

Das zugehörige Phasenportrait zeigt die Abbildung 5.15 (b).

Im Fall $\underline{\alpha = -2}$ besitzt die Koeffizientenmatrix $A(-2) = \left(\begin{smallmatrix}1 & -2\\ 1 & -1\end{smallmatrix}\right)$ das konjugiert komplexe Eigenwertpaar $\pm i$ mit den zugehörigen Eigenvektoren $\left(\begin{smallmatrix}2\\ 1\pm i\end{smallmatrix}\right)$. Eine reelle Transformationsmatrix können wir dann spaltenweise mit Hilfe des Realteils $\left(\begin{smallmatrix}2\\ 1\end{smallmatrix}\right)$ und des (bis auf das Vorzeichen eindeutig bestimmten) Imaginärteils $\left(\begin{smallmatrix}0\\ 1\end{smallmatrix}\right)$ der Eigenvektoren definieren. Wir setzen also

$$T := \begin{pmatrix}2 & 0\\ 1 & 1\end{pmatrix}, \quad \text{und erkennen (siehe oben)} \quad T^{-1} = \begin{pmatrix}1/2 & 0\\ -1/2 & 1\end{pmatrix}.$$

Die transformierte Koeffizientenmatrix besitzt dann die angestrebte Normalform

$$\begin{pmatrix}1/2 & 0\\ -1/2 & 1\end{pmatrix}\begin{pmatrix}1 & -2\\ 1 & -1\end{pmatrix}\begin{pmatrix}2 & 0\\ 1 & 1\end{pmatrix} = \begin{pmatrix}0 & -1\\ 1 & 0\end{pmatrix}.$$

Daß sich der mathematisch positive Drehsinn des Systems in Normalform dann auf das Ausgangssystem überträgt, folgt im übrigen aus der Tatsache, daß die Transformationsmatrix T eine positive Determinante besitzt. Aus dem bekannten Fluß $\psi(t;\theta) = (\theta_1\cos t - \theta_2\sin t, \theta_2\cos t + \theta_1\sin t)$ des Systems in Normalform erhalten wir schließlich mit der Formel (5.44) den gesuchten Fluß des Ausgangssystems (5.43) für den Fall $\alpha = -2$:

$$\varphi(t;\xi,\eta) = (\xi\cos t + (\xi - 2\eta)\sin t, \eta\cos t + (\xi-\eta)\sin t).$$

Die Abbildung 5.15 (c) zeigt das entsprechende Phasenportrait. ◇

Aufgaben

1. Berechnen Sie die allgemeine Lösung des Systems

$$\boxed{\dot{x} = x + y, \quad \dot{y} = 2y},$$

zum einen durch Transformation auf Normalform, und zum anderen dadurch, daß Sie zunächst die y-Gleichung lösen und danach die x-Gleichung.

2. Klären Sie die Frage, ob bei ein und demselben linearen ebenen autonomen System alle drei möglichen Trajektorientypen auftreten können.

3. Skizzieren Sie das Phasenportrait des Systems

$$\boxed{\dot{x} = -x, \quad \dot{y} = (\alpha+1)x + (\alpha-1)y}, \quad \alpha \in \mathbb{R}$$

für die Parameterwerte $\alpha = -1, 0, 1, 2$. Wo befinden sich diese Systeme in der (spur, det)-Ebene?

4. Klassifizieren Sie alle in diesem Abschnitt vorkommenden linearen Systeme dahingehend, ob sie ein erstes Integral auf dem $\mathbb{R}^2$ besitzen oder sogar hamilton'sch sind.

5. Lokalisieren Sie die Systeme

$$\boxed{\dot{x} = \alpha x\,,\quad \dot{y} = x + \alpha y}\,,\qquad \alpha \in \mathbb{R}$$

in der (spur , det)-Ebene und erklären Sie, warum die zugehörigen Phasenportraits in der Abbildung 5.14 nicht vertreten sind?

6. Bestimmen Sie eine von einem reellen Parameter α abhängige Schar von linearen ebenen autonomen Systemen

$$\boxed{\dot{x} = f(x,y,\alpha)\,,\quad \dot{y} = g(x,y,\alpha)}\,,\qquad \alpha \in \mathbb{R}$$

derart, daß die triviale Ruhelage für $\alpha = 0$ ein viel-tangentiger Knoten ist, und für $\alpha \neq 0$ ein ein-tangentiger Knoten. Lokalisieren Sie diese Systeme in der (spur , det)-Ebene und erstellen Sie einige zugehörige Phasenportraits.

5.4 Rückschau und Ausblick

Sämtliche im Kapitel 5 erzielten Ergebnisse basieren auf der Idee, die Trajektorien eines ebenen autonomen Systems aus den Lösungskurven zweier skalarer Differentialgleichungen zu bestimmen. Wie im Abschnitt 5.1 beschrieben, berechnet man die rechten Seiten dieser beiden skalaren Differentialgleichungen, indem man die beiden Quotienten aus denjenigen Funktionen bildet, die auf der rechten Seite des betrachteten ebenen autonomen Systems auftreten. Diese Vorgehensweise hat dann in naheliegender Weise zur Auszeichnung der Klasse der (ebenen) *hamilton'schen* Systeme geführt, die gerade den exakten skalaren Differentialgleichungen entsprechen. Auch der Begriff des zwei-dimensionalen *ersten Integrals* hat sich in einfacher Weise aus dem skalaren Konzept der integrierenden Faktoren ergeben. Mit Hilfe dieser beiden Begriffsbildungen waren wir dann in der Lage, zwei aus den Anwendungen kommende Systeme vollständig zu analysieren, nämlich das System für das mathematische Pendel (noch ohne Reibung) und das Räuber-Beute-Modell (noch ohne innerspezifische Konkurrenz). In dem kurzen Abschnitt 5.2 haben wir dann gezeigt, wie man ebene autonome Systeme mittels *Polarkoordinaten* beschreiben kann. Diese Wahl des Koordinatensystems hat sich als nützlich erwiesen bei der Analyse von Systemen, deren Trajektorien eine um den Koordinatenursprung rotierende Tendenz zeigen. Im Abschnitt 5.3 haben wir dann in aller Ausführlichkeit die *linearen* ebenen autonomen Systeme studiert. Es ist uns dabei gelungen, in dieser Systemklasse eine vollständige Klassifizierung vorzunehmen, und zwar zunächst algebraisch mit Hilfe der Eigenwerte der Koeffizientenmatrix, und dann hierauf aufbauend sowohl analytisch als auch geometrisch. Zu bemerken ist in diesem Zusammenhang, daß die Attribute „ein-, zwei- und viel-tangentig“ für die verschiedenen Typen von Knoten nicht allgemein üblich sind. Stattdessen findet man in der Literatur entweder keinerlei diesbezügliche Unterscheidungsmerkmale oder die wenig aussagekräftigen Bezeichnungen „ausgeartet“ oder „uneigentlich“ für die ein- oder viel-tangentigen Knoten. Die sich bei der beschriebenen Klassifizierung ergebenden verschiedenen Typen von Phasenportraits haben wir übersichtlich in der sogenannten (spur , det)-Ebene in der Abbildung 5.14 auf der Seite 206 dargestellt.

Im nun folgenden Kapitel 6 setzen wir das Studium spezieller Klassen von Differentialgleichungen fort, indem wir *lineare* Systeme beliebiger Dimension untersuchen. Wir werden dabei sehen, daß sich die Linearität der betrachteten Differentialgleichungssysteme insofern auf die Menge aller Lösungen überträgt, als diese Menge die algebraische Struktur eines Vektorraums besitzt. Die algebraischen Konsequenzen dieses Sachverhalts führen dann zu Ergebnissen, die sowohl aus theoretischer wie praktischer Sicht besonders übersichtlich sind. Dies gilt insbesondere für die linearen Systeme mit konstanten Koeffizienten, bei denen man mit Methoden der LINEAREN ALGEBRA die allgemeine Lösung (im Prinzip wenigstens) explizit berechnen kann.

6 Lineare Systeme

Nachdem wir in den beiden vorherigen Kapiteln Differentialgleichungen behandelt haben, die hinsichtlich ihrer Dimension speziell gewählt waren, wollen wir jetzt beliebige Dimensionen zulassen, dafür aber an den Gleichungstyp eine besondere Forderung stellen. Wir betrachten *lineare* Systeme, die sich zuvor schon insofern gegenüber beliebigen Differentialgleichungen ausgezeichnet haben, als bei ihnen das Superpositionsprinzip gilt und endliche Entweichzeiten nicht auftreten können. Mehr als bisher kommen nun im Rahmen der Theorie linearer Systeme auch Methoden und Denkweisen der LINEAREN ALGEBRA zum Einsatz.

6.1 Algebraische Struktur des Lösungsraums

Das wesentliche Merkmal linearer Systeme ist die algebraische Struktur der Gleichungen sowie der zugehörigen Lösungsräume. Demgemäß spielt die Tatsache eine große Rolle, daß der Funktionenraum $C(I, \mathbb{R}^N)$ der auf einem Intervall I stetigen $\mathbb{R}^N$-wertigen Funktionen mit der üblichen Addition von Funktionen und der Multiplikation mit reellen Zahlen einen reellen (unendlich-dimensionalen) Vektorraum bildet. Desweiteren von Interesse ist der (ebenfalls unendlich-dimensionale) Unterraum $C^1(I, \mathbb{R}^N)$ der auf I stetig differenzierbaren Funktionen.

Im gesamten Abschnitt betrachten wir lineare Systeme der Form

$$\boxed{\dot{x} = A(t)x + g(t)}\,, \tag{6.1}$$

bei denen $A(t)$ und $g(t)$ stetige Funktionen von einem Intervall I in den $\mathbb{R}^{N\times N}$ bzw. $\mathbb{R}^N$ sind. Bei fester Matrixfunktion $A(t)$ bezeichnen wir für eine beliebige Inhomogenität $g \in C(I, \mathbb{R}^N)$ mit $\boldsymbol{\lambda_g(t\,;\tau,\xi)}$ die allgemeine Lösung des Systems (6.1) und mit

$$\boldsymbol{L(g)} := \left\{\mu \in C^1(I, \mathbb{R}^N) : \dot{\mu}(t) \equiv A(t)\,\mu(t) + g(t)\right\}$$

die Menge aller Lösungen dieser Gleichung. Insbesondere ist also $L(0)$ die Lösungsmenge des zu (6.1) gehörigen homogenen Systems

$$\boxed{\dot{x} = A(t)x} \tag{6.2}$$

und $\lambda_0(t\,;\tau,\xi)$ die hierzu gehörige allgemeine Lösung. In dieser Bezeichnungsweise besagt dann das bereits im Abschnitt 1.1 bewiesene **Superpositionsprinzip,** daß die Beziehungen $\mu_1 \in L(g_1)$ und $\mu_2 \in L(g_2)$ die Inklusion

$$c_1\mu_1 + c_2\mu_2 \in L(c_1 g_1 + c_2 g_2) \quad \text{für alle } c_1, c_2 \in \mathbb{R}$$

zur Folge haben. Als erste Konsequenz hieraus erhalten wir den folgenden, für alles weitere fundamentalen Satz.

6.1.1 Satz (algebraische Struktur von L(0) und L(g)): *Für jedes $\tau \in I$ ist die Abbildung*

$$\xi \mapsto \lambda_0(\cdot\,;\tau,\xi)\,, \quad \mathbb{R}^N \to L(0) \tag{6.3}$$

ein Vektorraum-Isomorphismus (d.h. eine lineare Bijektion) des $\mathbb{R}^N$ in den Funktionenraum $L(0)$. Ferner gilt:

(a) *Der Lösungsraum $L(0)$ des N-dimensionalen homogenen Systems (6.2) ist ein N-dimensionaler linearer Unterraum von $C^1(I,\mathbb{R}^N)$.*

(b) *Der Lösungsraum $L(g)$ des inhomogenen Systems (6.1) läßt sich in der Form*

$$L(g) = \{\mu_g^* + \mu_0 \in C^1(I,\mathbb{R}^N) : \mu_0 \in L(0)\}$$

darstellen, wo $\mu_g^*(t)$ eine beliebige, eine sogenannte **partikuläre** *Lösung des inhomogenenen Systems (6.1) ist. Folglich ist $L(g)$ ein N-dimensionaler affiner Unterraum von $C^1(I,\mathbb{R}^N)$.*

Beweis: (a) Für beliebige $c_1, c_2 \in \mathbb{R}$, $\xi_1, \xi_2 \in \mathbb{R}^N$ und $\tau \in I$ gilt

$$\lambda_0(t\,;\tau, c_1\xi_1 + c_2\xi_2) = c_1\lambda_0(t\,;\tau,\xi_1) + c_2\lambda_0(t\,;\tau,\xi_2) \quad \text{für alle } t \in I\,, \tag{6.4}$$

denn auf beiden Seiten dieser Identität steht wegen des Superpositionsprinzips die eindeutig bestimmte Lösung des Anfangswertproblems

$$\boxed{\dot{x} = A(t)x}\,, \quad x(\tau) = c_1\xi_1 + c_2\xi_2\,.$$

Die Beziehung (6.4) besagt aber gerade, daß bei festem $\tau \in I$ die Abbildung (6.3) linear ist. Sie ist auch injektiv, denn gilt $\lambda_0(\cdot\,;\tau,\xi_1) = \lambda_0(\cdot\,;\tau,\xi_2)$ für zwei Anfangswerte ξ_1, ξ_2, so gilt insbesondere an der Stelle τ die Beziehung $\lambda_0(\tau\,;\tau,\xi_1) = \lambda_0(\tau\,;\tau,\xi_2)$, also $\xi_1 = \xi_2$. Die Abbildung (6.3) ist schließlich auch surjektiv, und zwar besitzt jedes $\mu_0 \in L(0)$ das Urbild $\mu_0(\tau)$ im $\mathbb{R}^N$, denn sowohl $\mu_0(t)$ als auch $\lambda_0(t\,;\tau,\mu_0(\tau))$ ist eine Lösung des Anfangswertproblems

$$\boxed{\dot{x} = A(t)x}\,, \quad x(\tau) = \mu_0(\tau)\,,$$

und wegen der eindeutigen Lösbarkeit folgt daraus $\mu_0(t) \equiv \lambda_0(t\,;\tau,\mu_0(\tau))$. Insgesamt ist die Abbildung (6.3) also ein Isomorphismus, und folglich überträgt sich die Dimension N des euklidischen Raums $\mathbb{R}^N$ auf den Funktionenraum $L(0)$.

(b) Für beliebiges festes $\mu_g^* \in L(g)$ setzen wir $M := \{\mu_g^* + \mu_0 : \mu_0 \in L(0)\}$ und zeigen, daß die Beziehung $M = L(g)$ gilt.

($\subseteq$) Ist $\nu \in M$, so gibt es nach der Definition von M ein $\mu_0 \in L(0)$ mit $\nu = \mu_g^* + \mu_0$. Aus dem Superpositionsprinzip folgt dann $\nu = \mu_g^* + \mu_0 \in L(g+0) = L(g)$.

($\supseteq$) Sei jetzt $\nu \in L(g)$. Wegen des Superpositionsprinzips gehört dann die Funktion $\mu_0 := \nu - \mu_g^*$ zu $L(g-g) = L(0)$, also gilt $\nu = \mu_g^* + \mu_0 \in M$. ∎

Die Tatsache, daß der Lösungsraum $L(0)$ des homogenen Systems (6.2) endlich-dimensional ist, hat nun zur Folge, daß es zur Bestimmung einer *beliebigen* Lösung von (6.2) genügt, eine Basis für $L(0)$, also N linear unabhängige Lösungen zu bestimmen. Wir bemerken in diesem Zusammenhang, daß m Funktionen $\mu_1, \ldots, \mu_m \in C(I, \mathbb{R}^N)$ **linear unabhängig** heißen, wenn eine Beziehung der Form $c_1\mu_1 + \ldots + c_m\mu_m = 0 \in C(I, \mathbb{R}^N)$ (das ist gleichwertig mit der Identität $c_1\mu_1(t) + \ldots + c_m\mu_m(t) \equiv 0 \in \mathbb{R}^N$ auf I) nur im trivialen Fall gelten kann, bei dem die reellen Koeffizienten $c_1, \ldots, c_m$ alle gleich 0 sind.

Daß die lineare Unabhängigkeit von Lösungen eines homogenen Systems gleichwertig ist mit der linearen Unabhängigkeit ihrer Anfangswerte, besagt der nun folgende Satz.

6.1.2 Satz (lineare Unabhängigkeit von Lösungen): *Gegeben seien $m \leq N$ Lösungen $\mu_1, \ldots, \mu_m$ des N-dimensionalen homogenen Systems (6.2). Dann sind die folgenden drei Aussagen äquivalent:*

(a) $\mu_1, \ldots, \mu_m$ sind linear unabhängige Funktionen in $L(0)$,

(b) für jedes $\tau \in I$ sind die m Punkte $\mu_1(\tau), \ldots, \mu_m(\tau)$ des $\mathbb{R}^N$ linear unabhängig,

(c) für ein $t_0 \in I$ sind die m Punkte $\mu_1(t_0), \ldots, \mu_m(t_0)$ des $\mathbb{R}^N$ linear unabhängig.

Beweis: Der gesamte Beweis dieses Satzes beruht auf der Tatsache, daß für jedes feste $\tau \in I$ und jedes $i \in \{1, \ldots, m\}$ die Beziehung

$$\mu_i(t) = \lambda_0(t\,;\tau, \mu_i(\tau)) \quad \text{für alle } t \in I \tag{6.5}$$

gilt, denn auf beiden Seiten steht die Lösung von (6.2) zur Anfangsbedingung $x(\tau) = \mu_i(\tau)$. Da die Abbildung $\xi \mapsto \lambda_0(\cdot\,;\tau, \xi)$ nach Satz 6.1.1 für jedes $\tau \in I$ ein Isomorphismus ist, und Isomorphismen die lineare Unabhängigkeit von Vektoren auf ihre Bilder übertragen, folgt aus (6.5) die Behauptung. ∎

Daß die lineare Unabhängigkeit von Funktionen im allgemeinen (d.h. bei Funktionen, die *nicht* Lösungen ein und derselben homogenen linearen Differentialgleichung sind) nicht gleichwertig ist mit der linearen Unabhängigkeit einzelner Funktionswerte, zeigt schon das einfache Beispiel der beiden durch $\mu_1(t) := 1$, $\mu_2(t) := t$ definierten Funktionen $\mu_1, \mu_2 \in C^1(\mathbb{R}, \mathbb{R})$. Für jedes feste $\tau \in \mathbb{R}$

sind nämlich die beiden reellen Zahlen $\mu_1(\tau)$, $\mu_2(\tau)$ in trivialer Weise linear abhängig, als Elemente des Vektorraums $C^1(\mathbb{R},\mathbb{R})$ dagegen sind μ_1, μ_2 linear unabhängig. Aus einer Beziehung der Form $c_1\mu_1 + c_2\mu_2 = 0$, also aus der Identität $c_1\mu_1(t) + c_2\mu_2(t) \equiv 0$, folgt nämlich $c_1 + c_2 t \equiv 0$ und hieraus $c_1 = c_2 = 0$.

6.1.3 Beispiel: Wir betrachten das zwei-dimensionale lineare System

$$\boxed{\begin{pmatrix} x \\ y \end{pmatrix}^{\!\bullet} = \begin{pmatrix} \dfrac{-2}{t^2} & \dfrac{2+2t+t^2}{t^2} \\ \dfrac{-2}{t^2} & \dfrac{2+2t}{t^2} \end{pmatrix} \begin{pmatrix} x \\ y \end{pmatrix}}$$

und wählen das Intervall $(0\,,\infty)$ als Definitionsbereich für die Koeffizientenmatrix. Wie man leicht bestätigt, sind die beiden Funktionen

$$\mu_1(t) := \begin{pmatrix} 1+t \\ 1 \end{pmatrix}, \quad \mu_2(t) := \begin{pmatrix} 2t+t^2 \\ 2t \end{pmatrix}$$

Lösungen dieses Systems. Bemerkenswerterweise ist nicht der größtmögliche Definitionsbereich $(-\infty\,,\infty)$ der beiden Funktionen $\mu_1(t)$ und $\mu_2(t)$, sondern nur $(0\,,\infty)$ das maximale Existenzintervall dieser beiden Lösungen. Dies liegt daran, daß die betrachtete Differentialgleichung und damit gemäß der Definition 1.1.1 jede ihrer Lösungen an der Stelle $t = 0$ nicht definiert ist. Als Funktionen auf $(0\,,\infty)$ sind $\mu_1(t)$ und $\mu_2(t)$ linear unabhängig und bilden somit eine Basis des Lösungsraums $L(0)$, denn zum Beispiel für $t = 1$ sind $\mu_1(1) = \binom{2}{1}$ und $\mu_2(1) = \binom{3}{2}$ linear unabhängige Vektoren des $\mathbb{R}^2$. Also sind nach Satz 6.1.2 auch die Funktionen μ_1, μ_2 linear unabhängig. ◊

6.1.4 Bemerkung: Als Konsequenz der Sätze 6.1.1 und 6.1.2 stellen wir fest, daß bei N-dimensionalen linearen Systemen (anders als bei *nichtlinearen* Systemen, vgl. Abschnitt 2.6, insbesondere Beispiel 2.6.1) schon N reelle Parameter genügen, um *jede* Lösung des Systems zu beschreiben. Dies ist der Grund dafür, daß in der Literatur häufig jede Linearkombination von Basislösungen des Raums $L(0)$ als „allgemeine“ Lösung bezeichnet wird. Daß dieser nur für lineare Systeme geeignete Begriff in dem Konzept der allgemeinen Lösung, das diesem Buche zu Grunde liegt, enthalten ist, erkennt man daran, daß in jeder Beziehung der Form

$$\lambda_0(t\,;\tau,\xi) \;=\; c_1\mu_1(t) + \;\cdots\; + c_N\mu_N(t)$$

mit linear unabhängigen Lösungen $\mu_1(t),\ldots,\mu_N(t)$ die reellen Koeffizienten $c_1,\ldots,c_N$ wohldefinierte Funktionen von τ und ξ sind. Für die Herleitung der entsprechenden Formel verweisen wir auf die Aufgabe 5. □

Sind für ein N-dimensionales homogenes System N verschiedene Lösungen $\mu_1(t),\ldots,\mu_N(t)$ bekannt, so ist es natürlich interessant zu wissen, ob diese Lösungen linear unabhängig sind und somit eine Basis für den Lösungsraum $L(0)$ bilden. Um diese wichtige Frage in eleganter Weise beantworten zu können, fassen wir die Lösungen $\mu_1(t), \ldots, \mu_N(t)$ spaltenweise zu einer $N \times N$-Matrix $W(t) := \big(\mu_1(t) \mid \cdots \mid \mu_N(t)\big)$ zusammen, der sogenannten **Wronski[1]-Matrix.** Mit Hilfe der zugehörigen **Wronski-Determinante**

$$\boldsymbol{\omega(t)} := \det\big(\mu_1(t) \mid \cdots \mid \mu_N(t)\big)\,, \quad \omega : I \to \mathbb{R}$$

läßt sich die gestellte Frage dann leicht beantworten.

6.1.5 Satz (lineare Unabhängigkeit und Wronski-Determinante): *Die Wronski-Determinante von N Lösungen des homogenen Systems (6.2) ist entweder identisch 0 oder sie verschwindet an keiner einzigen Stelle aus dem Intervall I. Ersteres gilt, falls die betrachteten Lösungen linear abhängig sind, und letzteres im Fall deren linearer Unabhängigkeit.*

Beweis: Man wähle $m = N$ im Satz 6.1.2 und beachte die Äquivalenz der dortigen drei Aussagen. ■

Die Berechnung einer Determinante kann bekanntlich sehr aufwendig sein. Im Fall der Wronski-Determinante ist jedoch der folgende Satz sehr hilfreich, der eine einfache Berechnungsformel liefert, in der die **Spur** der Matrix $A(t)$, das ist die Summe $a_{11}(t) + \ldots + a_{NN}(t)$ der Hauptdiagonalelemente von $A(t)$, eine besondere Rolle spielt.

6.1.6 Satz (Formel für die Wronski-Determinante): *Die Wronski-Determinante $\omega(t)$ von N Lösungen des homogenen Systems (6.2) ist eine Lösung der skalaren linearen Differentialgleichung*

$$\boxed{\dot{w} = [\operatorname{spur} A(t)]\, w}\,. \tag{6.6}$$

Die Wronski-Determinante besitzt daher die Darstellung

$$\omega(t) = \omega(\tau)\, e^{\int_\tau^t [\operatorname{spur} A(s)]\, ds} \quad \text{für alle } t, \tau \in I\,. \tag{6.7}$$

Beweis: Wir stellen die gegebene Wronski-Matrix $W(t)$ auf dreierlei Weisen dar, nämlich spalten-, element- und zeilenweise, d.h. wir schreiben

$$W(t) \equiv \big(\mu_1(t) \,|\cdots|\, \mu_N(t)\big) \equiv \begin{pmatrix} w_{11}(t) & \cdots & w_{1N}(t) \\ \vdots & \ddots & \vdots \\ w_{N1}(t) & \cdots & w_{NN}(t) \end{pmatrix} \equiv \begin{pmatrix} \underline{\nu_1(t)} \\ \vdots \\ \overline{\nu_N(t)} \end{pmatrix}.$$

[1] Der polnische Graf Josef Maria **Hoëné-Wronski** (1778–1853) lebte zumeist in Frankreich, wo er neben der Beschäftigung mit Philosophie auch mathematische Arbeiten zur Analysis, Zahlentheorie und Wahrscheinlichkeitstheorie verfaßte.

Der Beweis des Satzes beruht nun auf der Idee, die vorausgesetzten N (wie üblich spaltenweise geschriebenen) Lösungsidentitäten

$$\dot{\mu}_1(t) \equiv A(t)\,\mu_1(t)\,, \quad \ldots \quad, \dot{\mu}_N(t) \equiv A(t)\,\mu_N(t)$$

auf dem Umweg über die Matrixform

$$\begin{pmatrix} \dot{w}_{11}(t) & \cdots & \dot{w}_{1N}(t) \\ \vdots & \ddots & \vdots \\ \dot{w}_{N1}(t) & \cdots & \dot{w}_{NN}(t) \end{pmatrix} \equiv \begin{pmatrix} a_{11}(t) & \cdots & a_{1N}(t) \\ \vdots & \ddots & \vdots \\ a_{N1}(t) & \cdots & a_{NN}(t) \end{pmatrix} \begin{pmatrix} w_{11}(t) & \cdots & w_{1N}(t) \\ \vdots & \ddots & \vdots \\ w_{N1}(t) & \cdots & w_{NN}(t) \end{pmatrix}$$

in N zeilenweise geschriebene Identitäten umzuformen, nämlich

$$\begin{array}{rcl} \dot{\nu}_1(t) & \equiv & a_{11}(t)\,\nu_1(t) + \cdots + a_{1N}(t)\,\nu_N(t)\,, \\ \vdots & & \vdots \qquad\qquad\qquad\qquad \vdots \\ \dot{\nu}_N(t) & \equiv & a_{N1}(t)\,\nu_1(t) + \cdots + a_{NN}(t)\,\nu_N(t)\,. \end{array} \tag{6.8}$$

Differenzieren wir nun die bekannte Determinantendarstellung

$$\det W(t) \equiv \sum_{\sigma \in \Sigma_N} (\operatorname{sgn} \sigma)\, w_{1,\sigma(1)}(t) \cdot \ldots \cdot w_{N,\sigma(N)}(t)$$

nach t, wobei Σ_N die symmetrische Gruppe aller Permutationen von N Elementen bezeichnet, so erhalten wir die Identität

$$\begin{aligned} \frac{d}{dt}\left[\det W(t)\right] &\equiv \sum_{\sigma \in \Sigma_N} (\operatorname{sgn} \sigma)\, \dot{w}_{1,\sigma(1)}(t) \cdot \ldots \cdot w_{N,\sigma(N)}(t) + \cdots + \\ &\quad \sum_{\sigma \in \Sigma_N} (\operatorname{sgn} \sigma)\, w_{1,\sigma(1)}(t) \cdot \ldots \cdot \dot{w}_{N,\sigma(N)}(t) \equiv \\ &\equiv \det \begin{pmatrix} \dot{\nu}_1(t) \\ \hline \nu_2(t) \\ \hline \vdots \\ \hline \nu_N(t) \end{pmatrix} + \det \begin{pmatrix} \nu_1(t) \\ \hline \dot{\nu}_2(t) \\ \hline \vdots \\ \hline \nu_N(t) \end{pmatrix} + \cdots + \det \begin{pmatrix} \nu_1(t) \\ \hline \nu_2(t) \\ \hline \vdots \\ \hline \dot{\nu}_N(t) \end{pmatrix}. \end{aligned}$$

Setzen wir in diese Beziehung die Identitäten (6.8) ein und beachten, daß Determinanten mit zwei identischen Zeilen verschwinden, so folgt für die Funktion $\omega(t) = \det W(t)$ gerade die behauptete Lösungsidentität

$$\dot{\omega}(t) \equiv \frac{d}{dt}\left[\det W(t)\right] \equiv \sum_{i=1}^{N} a_{ii}(t) \det W(t) \equiv \left[\operatorname{spur} A(t)\right] \omega(t)\,.$$

Aus der Tatsache, daß nun $\omega(t)$ als Lösung der skalaren linearen Differentialgleichung (6.6) nachgewiesen ist, folgt die Darstellung (6.7). ■

Zu verschiedenen Mengen von je N Lösungen des Systems (6.2) gehören natürlich verschiedene Wronski-Matrizen. Der Satz 6.1.6 besagt nun aber, daß die Determinanten all dieser Matrizen ein und derselben skalaren Differentialgleichung genügen, die nur von der Koeffizientenmatrix $A(t)$ des Ausgangssystems abhängt, mehr noch, nur von der Summe der Hauptdiagonalelemente dieser Matrix. Ferner erlaubt die Formel (6.7), eine Wronski-Determinante $\omega(t)$ für alle $t \in I$ gänzlich ohne Determinantenrechnung zu bestimmen, wenn man nur ihren Wert zu irgendeinem Zeitpunkt τ kennt.

6.1.7 Beispiel: Wir betrachten nochmals das System

$$\boxed{\dot{\begin{pmatrix} x \\ y \end{pmatrix}} = \begin{pmatrix} \frac{-2}{t^2} & \frac{2+2t+t^2}{t^2} \\ \frac{-2}{t^2} & \frac{2+2t}{t^2} \end{pmatrix} \begin{pmatrix} x \\ y \end{pmatrix}} .$$

Die Spur der Koeffizientenmatrix ist $\frac{2}{t}$, und so genügt jede Wronski-Determinante dieses Systems nach Satz 6.1.6 der skalaren Differentialgleichung

$$\boxed{\dot{w} = \frac{2}{t} w} .$$

Zur Berechnung der Wronski-Determinante $\omega(t)$ zu den aus dem Beispiel 6.1.3 bekannten Lösungen

$$\mu_1(t) := \begin{pmatrix} 1+t \\ 1 \end{pmatrix}, \quad \mu_2(t) := \begin{pmatrix} 2t+t^2 \\ 2t \end{pmatrix}$$

genügt es dann zu wissen, daß die an der Stelle $\tau = 1$ berechnete Determinante $\omega(1) = \det\left(\begin{smallmatrix} 2 & 3 \\ 1 & 2 \end{smallmatrix}\right)$ den Wert 1 besitzt. Aus der Formel (6.7) ergibt sich nämlich ohne weitere Rechnung

$$\omega(t) = e^{2\ln t} = t^2 .$$

Man beachte hierbei, daß das Vorhandensein der Nullstelle der Funktion t^2 der Aussage des Satzes 6.1.5 nicht widerspricht, denn als Intervall, in dem die Koeffizienten des Systems stetig sind, kommt nur ein Intervall in Frage, das die 0 nicht enthält. ◊

Aufgaben

1. Zeigen Sie an Hand eines Beispiels, daß die Menge aller Lösungen einer nichtlinearen Differentialgleichung im allgemeinen nicht die Struktur eines linearen oder affinen Raumes besitzt. Muß man diese Aussage modifizieren, wenn es sich um eine linear beschränkte Differentialgleichung handelt?

2. Beweisen Sie die (in der Bezeichnungsweise dieses Abschnitts formulierte) Beziehung

$$L(g) = \{\lambda_g(\cdot\,;\tau,\xi) \in C^1(I,\mathbb{R}^N) : \xi \in \mathbb{R}^N\} .$$

Zeigen Sie ferner, daß die rechte Seite dieser Identität von der Anfangszeit τ nicht abhängt.

3. Gegeben sei ein offenes Intervall I und eine stetige und bezüglich x Lipschitz-stetige Funktion $f(t,x)$, $f: I \times \mathbb{R}^N \to \mathbb{R}^N$.

Zeigen Sie: Ist mit je zwei Lösungen $\mu_1, \mu_2 \in C^1(J, \mathbb{R}^N)$ auf einem gemeinsamen Lösungsintervall $J \subseteq I$ stets auch jede Linearkombination $c_1\mu_1 + c_2\mu_2$ mit reellen Koeffizienten $c_1, c_2 \in \mathbb{R}$ eine Lösung von

$$\boxed{\dot{x} = f(t,x)},$$

so ist diese Differentialgleichung homogen linear, d.h. es gibt eine stetige Matrixfunktion $A: I \to \mathbb{R}^{N\times N}$ mit

$$f(t,x) = A(t)x \quad \text{für alle } (t,x) \in I \times \mathbb{R}^N .$$

4. Das für alle $t \in (0,\infty)$ definierte lineare System

$$\boxed{\dot{\begin{pmatrix} x \\ y \end{pmatrix}} = \begin{pmatrix} \dfrac{-1}{t(1+t^2)} & \dfrac{1}{t^2(1+t^2)} \\ \dfrac{-t^2}{1+t^2} & \dfrac{2t^2+1}{t(1+t^2)} \end{pmatrix} \begin{pmatrix} x \\ y \end{pmatrix}}$$

besitzt die beiden Lösungen

$$\mu_1(t) := \begin{pmatrix} 1 \\ t \end{pmatrix}, \quad \mu_2(t) := \begin{pmatrix} -\frac{1}{t} \\ t^2 \end{pmatrix}.$$

Bestimmen Sie den Lösungsraum $L(0)$ dieser Gleichung und verifizieren Sie an Hand dieses Beispiels die Aussagen der Sätze 6.1.5 und 6.1.6.

5. Bestimmen Sie eine Formel, die zeigt, in welcher Weise in der Beziehung

$$\lambda_0(t;\tau,\xi) = c_1\mu_1(t) + \cdots + c_N\mu_N(t)$$

(siehe Bemerkung 6.1.4) die Koeffizienten $c_1, \ldots, c_N$ von τ und ξ abhängen.

6.2 Fundamentalmatrizen und Übergangsmatrix

Lineare Abbildungen zwischen endlich-dimensionalen Vektorräumen lassen sich bekanntlich mit Hilfe von Matrizen beschreiben. Da auf Grund des Satzes 6.1.1 die Zuordnung $\xi \mapsto \lambda_0(t;\tau,\xi)$ für feste t und τ eine solche lineare Abbildung des $\mathbb{R}^N$ in sich ist, besitzt die allgemeine Lösung $\lambda_0(t;\tau,\xi)$ eines homogenen linearen Systems

$$\boxed{\dot{x} = A(t)x} \tag{6.9}$$

mit einer auf einem Intervall I stetigen Matrix $A(t) \in \mathbb{R}^{N\times N}$ eine Matrixdarstellung. Der Präzisierung und Diskussion dieses Sachverhalts ist der gegenwärtige Abschnitt gewidmet.

6.2.1 Definition: *Eine Menge von N linear unabhängigen Lösungen des N-dimensionalen Systems (6.9) nennt man ein* **Fundamentalsystem**, *und eine $N\times N$-Matrix $\Phi(t)$, deren Spalten ein Fundamentalsystem bilden, heißt* **Fundamentalmatrix**.

Als unmittelbare Folgerung aus dieser Definition ergibt sich mit dem Satz 6.1.2 die Invertierbarkeit jeder Fundamentalmatrix $\Phi(t)$ an jeder der Stellen $t \in I$. Diese Tatsache findet sogleich Verwendung im folgenden Satz über die Matrixdarstellung der allgemeinen Lösung.

6.2.2 Satz (Darstellung von $\lambda_0(t\,;\tau,\xi)$ mittels Fundamentalmatrizen): *Ist $\Phi(t)$ eine beliebige Fundamentalmatrix des homogenen Systems (6.9), so besitzt die allgemeine Lösung dieses Systems die Form*

$$\lambda_0(t\,;\tau,\xi) \;=\; \Phi(t)\Phi^{-1}(\tau)\,\xi \quad \text{für alle } t,\tau \in I \text{ und } \xi \in \mathbb{R}^N . \tag{6.10}$$

Beweis: Für jedes feste Anfangswertepaar $(\tau,\xi) \in I \times \mathbb{R}^N$ ist $\Phi(t)\Phi^{-1}(\tau)\,\xi$ eine Linearkombination der Spalten von $\Phi(t)$ (mit den Koordinaten des Spaltenvektors $\Phi^{-1}(\tau)\xi$ als Koeffizienten), also eine Linearkombination von Lösungen des Systems (6.9). Nach dem Superpositionsprinzip ist dann auch $\Phi(t)\Phi^{-1}(\tau)\,\xi$ eine Lösung dieses Systems, die zudem für $t = \tau$ den Wert ξ besitzt. ∎

Daß man die durch das System (6.9) *eindeutig bestimmte* allgemeine Lösung mit Hilfe *jeder beliebigen* Fundamentalmatrix in der Form (6.10) darstellen kann, mag zunächst verblüffen. Daß aber die verschiedenen Fundamentalmatrizen so verschieden gar nicht sind, verrät uns der nächste Satz.

6.2.3 Satz (Zusammenhang zwischen verschiedenen Fundamentalmatrizen): *Ist $\Phi(t)$ eine beliebige Fundamentalmatrix von (6.9), so gilt: Eine zweite Matrixfunktion $\Gamma : I \to \mathbb{R}^{N\times N}$ ist genau dann ebenfalls eine Fundamentalmatrix von (6.9), wenn es eine konstante reguläre Matrix $C \in \mathbb{R}^{N\times N}$ gibt mit*

$$\Gamma(t) \;=\; \Phi(t)C \quad \text{für alle } t \in I .$$

Beweis: ($\Rightarrow$) $\Phi(t)$ sei eine Fundamentalmatrix von (6.9). Setzt man dann $\Gamma(t) := \Phi(t)\,C$ mit einer beliebigen regulären Matrix C, so sind die Spalten von $\Gamma(t)$ Linearkombinationen der Spalten der Fundamentalmatrix $\Phi(t)$, also Lösungen von (6.9). Ferner ist $\Gamma(t)$ für jedes $t \in I$ als Produkt zweier regulärer Matrizen selbst regulär. Nach Satz 6.1.2 bilden dann die N Spalten von $\Gamma(t)$ ein Fundamentalsystem von (6.9), also ist $\Gamma(t)$ ebenfalls eine Fundamentalmatrix des Systems (6.9).

($\Leftarrow$) $\Gamma(t)$ sei neben $\Phi(t)$ eine weitere Fundamentalmatrix von (6.9). Nach Satz 6.2.2 besitzt dann die allgemeine Lösung von (6.9) die beiden, für alle $\tau \in I$ und $\xi \in \mathbb{R}^N$ übereinstimmenden Darstellungen

$$\Gamma(t)\Gamma^{-1}(\tau)\,\xi \;=\; \Phi(t)\Phi^{-1}(\tau)\,\xi\,.$$

Wählt man nun für ξ der Reihe nach die kanonischen Einheitsvektoren des $\mathbb{R}^N$, so erkennt man spaltenweise die Übereinstimmung der beiden Matrizen $\Gamma(t)\Gamma^{-1}(\tau)$ und $\Phi(t)\Phi^{-1}(\tau)$, d.h. es gilt

$$\Gamma(t)\Gamma^{-1}(\tau) = \Phi(t)\Phi^{-1}(\tau) \quad \text{für alle } t, \tau \in I .$$

Durch Rechtsmultiplikation mit $\Gamma(\tau)$ folgt hieraus die angestrebte Beziehung $\Gamma(t) = \Phi(t)\, C$ mit der regulären Matrix $C := \Phi^{-1}(\tau)\Gamma(\tau)$. ∎

Wie wir auf Grund der Sätze 6.1.1 und 6.1.2 wissen, ist die allgemeine Lösung $\lambda_0(t\,;\tau,\xi)$ des homogenen Systems (6.9) für feste t und τ linear in ξ, mehr noch, die Abbildung $\xi \mapsto \lambda_0(t\,;\tau,\xi)$ ist ein Automorphismus (also eine lineare bijektive Selbstabbildung) des $\mathbb{R}^N$. Die zugehörige, von t und τ abhängige reguläre Abbildungsmatrix spielt, wie wir gleich sehen werden, gewissermaßen die Rolle der „allgemeinen Fundamentalmatrix" von (6.9). Ihr wollen wir uns nun zuwenden.

6.2.4 Definition: *Die eindeutig bestimmte Fundamentalmatrix von (6.9), deren Spalten die Lösungen $\lambda_0(t\,;\tau,e_1),\ldots,\lambda_0(t\,;\tau,e_N)$ mit den kanonischen Einheitsvektoren $e_1,\ldots,e_N$ als Anfangswerten sind, heißt* **Übergangsmatrix** *von (6.9). Wir bezeichnen sie mit* $\boldsymbol{\Lambda(t,\tau)}$.

Als erste Eigenschaft der Übergangsmatrix halten wir fest, daß für jede beliebige Fundamentalmatrix $\Phi(t)$ von (6.9) die Beziehung

$$\Lambda(t,\tau) = \Phi(t)\Phi^{-1}(\tau) \quad \text{für alle } t,\tau \in I \tag{6.11}$$

gilt, denn nach Satz 6.2.2 gilt $\lambda_0(t\,;\tau,e_i) \equiv \Phi(t)\Phi^{-1}(\tau)\,e_i$ für $i = 1,\ldots,N$, und das bedeutet, daß die beiden Matrizen $\Lambda(t,\tau)$ und $\Phi(t)\Phi^{-1}(\tau)$ spaltenweise übereinstimmen und folglich identisch sind. Damit kann man dann die fundamentale Beziehung (6.10) auch in folgender Form schreiben:

$$\lambda_0(t\,;\tau,\xi) = \Lambda(t,\tau)\xi \quad \text{für alle } t,\tau \in I \text{ und } \xi \in \mathbb{R}^N . \tag{6.12}$$

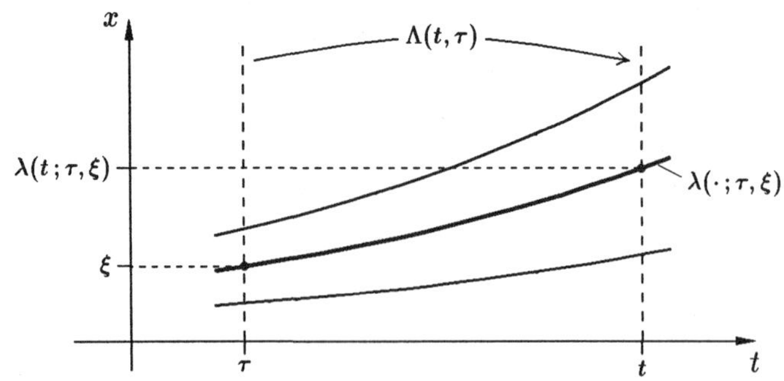

Abb. 6.1 Zur Wirkung der Übergangsmatrix $\Lambda(t,\tau)$ als Abbildung des $\mathbb{R}^N$ in sich

An der Beziehung (6.12) läßt sich das Motiv für die Namensgebung *Übergangsmatrix* leicht erkennen. Die Übergangsmatrix $\Lambda(t,\tau)$ beschreibt nämlich den „Übergang" von dem zum Zeitpunkt τ gegebenen Anfangswert ξ zum Wert $\lambda_0(t\,;\tau,\xi)$, den die allgemeine Lösung zum Zeitpunkt t annimmt (siehe Abbildung 6.1).

6.2.5 Beispiel: Das für alle $t \neq 0$ definierte System

$$\dot{\begin{pmatrix} x \\ y \end{pmatrix}} = \begin{pmatrix} 0 & 1 \\ \frac{-2}{t^2} & \frac{2}{t} \end{pmatrix} \begin{pmatrix} x \\ y \end{pmatrix}$$

besitzt, wie man leicht spaltenweise verifiziert, sowohl auf $(-\infty\,,0)$ als auch auf $(0\,,\infty)$ die Matrix

$$\Phi(t) := \begin{pmatrix} t & t^2 \\ 1 & 2t \end{pmatrix}$$

als Fundamentalmatrix. Aus den beiden Spalten dieser Matrix läßt sich dann jede beliebige Lösung des gegebenen Systems linearkombinieren. So ist zum Beispiel die Linearkombination $\alpha\binom{t}{1} + \beta\binom{t^2}{2t}$ genau dann die erste Spalte der Übergangsmatrix, wenn man die reellen Koeffizienten α und β gemäß dem linearen Gleichungssystem

$$\begin{pmatrix} \tau & \tau^2 \\ 1 & 2\tau \end{pmatrix} \begin{pmatrix} \alpha \\ \beta \end{pmatrix} = \begin{pmatrix} 1 \\ 0 \end{pmatrix}$$

bestimmt. Berechnet man auf analogem Wege auch die zweite Spalte der Übergangsmatrix, so erhält man diese in der Form

$$\Lambda(t,\tau) = \begin{pmatrix} \frac{2t}{\tau} - \frac{t^2}{\tau^2} & -t + \frac{t^2}{\tau} \\ \frac{2}{\tau} - \frac{2t}{\tau^2} & -1 + \frac{2t}{\tau} \end{pmatrix} . \qquad \diamond$$

Als nächstes beschreiben wir die für Übergangsmatrizen charakteristischen Eigenschaften.

6.2.6 Satz (Eigenschaften der Übergangsmatrix): *Die Übergangsmatrix $\Lambda(t,\tau)$ des für alle t aus dem Intervall I definierten homogenen Systems (6.9) besitzt die für beliebige $\tau, \rho, \sigma \in I$ gültigen Eigenschaften:*

(a) $\Lambda(\tau,\tau) = E$ *(N-dimensionale Einheitsmatrix),*

(b) $\Lambda(\tau,\rho)\,\Lambda(\rho,\sigma) = \Lambda(\tau,\sigma)$,

(c) $\Lambda^{-1}(\tau,\rho) = \Lambda(\rho,\tau)$.

Beweis: (a) Für die i-te Spalte von $\Lambda(\tau,\tau)$ gilt nach Definition 6.2.4 die Beziehung $\lambda(\tau\,;\tau,e_i) = e_i$, $i = 1,\ldots,N$. Also ist $\Lambda(\tau,\tau)$ die Einheitsmatrix.

(b) Mit einer beliebigen Fundamentalmatrix $\Phi(t)$ folgt aus (6.11)

$$\Lambda(\tau,\rho)\,\Lambda(\rho,\sigma) \;=\; \Phi(\tau)\Phi^{-1}(\rho)\Phi(\rho)\Phi^{-1}(\sigma) \;=\; \Phi(\tau)\Phi^{-1}(\sigma) \;=\; \Lambda(\tau,\sigma)\,.$$

(c) Als Fundamentalmatrix ist $\Lambda(\tau,\rho)$ invertierbar. Die zugehörige Inverse erhält man unter Verwendung von (a) und (b) gemäß der Beziehung

$$\Lambda^{-1}(\tau,\rho) \;=\; \Lambda^{-1}(\tau,\rho)\Lambda(\tau,\tau) \;=\; \Lambda^{-1}(\tau,\rho)\Lambda(\tau,\rho)\Lambda(\rho,\tau) \;=\; \Lambda(\rho,\tau)\,. \qquad \blacksquare$$

Nachdem wir uns bisher im Abschnitt 6.2 ausschließlich mit dem homogenen System (6.9) befaßt haben, wollen wir uns nun dem inhomogenen System

$$\boxed{\dot{x} \;=\; A(t)x + g(t)} \tag{6.13}$$

zuwenden, bei dem wir wie üblich voraussetzen, daß die auf einem Intervall I erklärten Funktionen $A : I \longrightarrow \mathbb{R}^{N\times N}$ und $g : I \longrightarrow \mathbb{R}^{N}$ stetig sind. Da als Inhomogenität $g(t)$ natürlich auch die identisch verschwindende Funktion zugelassen ist, schließen die folgenden Überlegungen den homogenen Fall mit ein.

Wir kommen nun zum Hauptergebnis dieses Abschnitts, nämlich zu den Formeln für die Darstellung der allgemeinen Lösung von (6.13) mit Hilfe von Fundamentalmatrizen bzw. mit Hilfe der Übergangsmatrix.

6.2.7 Satz (Variation der Konstanten): *Für die allgemeine Lösung des inhomogenen Systems (6.13) gelten die beiden Formeln*

$$\lambda_g(t\,;\tau,\xi) \;=\; \Phi(t)\left[\Phi^{-1}(\tau)\xi + \int_\tau^t \Phi^{-1}(s)g(s)\,ds\right], \tag{6.14}$$

$$\lambda_g(t\,;\tau,\xi) \;=\; \Lambda(t,\tau)\xi + \int_\tau^t \Lambda(t,s)g(s)\,ds\,, \tag{6.15}$$

wobei $\Phi(t)$ eine beliebige Fundamentalmatrix und $\Lambda(t,\tau)$ die Übergangsmatrix des zum System (6.13) gehörigen homogenen Systems $\dot{x} = A(t)x$ ist.

Bevor wir diesen Satz beweisen, wollen wir ihn ein wenig erläutern. Die in ihm angegebenen Formeln besitzen nämlich eine überragende Bedeutung nicht nur innerhalb der Theorie *linearer* Systeme, sondern auch beim Studium *nichtlinearer* Systeme, wie wir im nächsten Kapitel sehen werden.

Was die Namensgebung für den Satz 6.2.7 angeht, so erinnern wir daran, daß jede Lösung des *homogenen* Systems $\dot{x} = A(t)x$ nach Satz 6.2.2 die Form $\Phi(t)c$ besitzt, wobei c ein konstanter Spaltenvektor ist. Die Formel (6.14) für die allgemeine Lösung des *inhomogenen* Systems hat augenscheinlich die Form $\Phi(t)c(t)$ mit einer nun „variablen Konstanten“ $c(t)$. Dies bedingt den Namen „Variation der Konstanten“ für die Aussage des Satzes (siehe auch Aufgabe 5).

Auch die Formel (6.15) spiegelt die lineare Struktur der betrachteten Problemstellung wider, denn die rechte Seite dieser Formel setzt sich additiv zusammen aus den Lösungen der beiden Anfangswertprobleme

$$\boxed{\dot{x} = A(t)x} \quad , \qquad x(\tau) = \xi \; , \tag{6.16}$$

$$\boxed{\dot{x} = A(t)x + g(t)} \quad , \qquad x(\tau) = 0 \; , \tag{6.17}$$

was auf Grund der algebraischen Struktur des Lösungsraums $L(g)$ nicht verwunderlich ist. Gleichwertig hiermit ist im übrigen die Formel

$$\lambda_g(t\,;\tau,\xi) \;\equiv\; \lambda_0(t\,;\tau,\xi) + \lambda_g(t\,;\tau,0)\,. \tag{6.18}$$

Daß der Integralterm in (6.15) tatsächlich das Anfangswertproblem (6.17) löst und damit eine partikuläre Lösung der inhomogenen Gleichung darstellt, ist alles, was wir zum Beweis des Satzes 6.2.7 zeigen müssen. Dies genügt nämlich auf Grund der algebraischen Struktur des Lösungsraums $L(g)$ und der Tatsache, daß wegen der Beziehung (6.11) die beiden Darstellungen (6.14) und (6.15) gleichwertig sind. Was die hierbei benutzte Integralrechnung für matrix-wertige Funktionen betrifft, so verweisen wir auf den Anhang A.

Beweis von Satz 6.2.7: Wie eben beschrieben, genügt es zu zeigen, daß die Funktion

$$\mu(t) \;:=\; \int_\tau^t \Lambda(t,s)g(s)\,ds \;=\; \Phi(t)\int_\tau^t \Phi^{-1}(s)g(s)\,ds$$

das Anfangswertproblem (6.17) löst. Zum Zwecke dieses Nachweises benutzen wir die im Anhang A bewiesene Produktregel $\frac{d}{dt}[\Delta(t)\Theta(t)] = \dot{\Delta}(t)\Theta(t) + \Delta(t)\dot{\Theta}(t)$ für matrix-wertige Funktionen. Damit gilt dann nämlich

$$\begin{aligned}\dot{\mu}(t) \;&\equiv\; \dot{\Phi}(t)\int_\tau^t \Phi^{-1}(s)g(s)\,ds + \Phi(t)\Phi^{-1}(t)g(t)\\ &\equiv\; A(t)\Phi(t)\int_\tau^t \Phi^{-1}(s)g(s)\,ds + g(t) \;\equiv\; A(t)\mu(t) + g(t)\,.\end{aligned}$$

Zusammen mit der Beziehung $\mu(\tau) = 0$ folgt daraus die Behauptung. ∎

6.2.8 Beispiel: Wir wollen für das inhomogene lineare System

$$\boxed{\dot{\begin{pmatrix} x \\ y \end{pmatrix}} = \begin{pmatrix} 0 & 1 \\ \frac{-2}{t^2} & \frac{2}{t} \end{pmatrix}\begin{pmatrix} x \\ y \end{pmatrix} + \begin{pmatrix} t \\ 2 \end{pmatrix}}$$

die allgemeine Lösung bestimmen. Für das zugehörige homogene System kennen wir aus dem Beispiel 6.2.5 die Übergangsmatrix und so können wir die Formel

(6.15) auswerten. Diese liefert nun die allgemeine Lösung

$$\begin{aligned}
\lambda(t;\tau,\xi) &= \begin{pmatrix} \frac{2t}{\tau}-\frac{t^2}{\tau^2} & -t+\frac{t^2}{\tau} \\ \frac{2}{\tau}-\frac{2t}{\tau^2} & -1+\frac{2t}{\tau} \end{pmatrix}\begin{pmatrix}\xi_1\\ \xi_2\end{pmatrix} + \int_\tau^t \begin{pmatrix} \frac{2t}{s}-\frac{t^2}{s^2} & -t+\frac{t^2}{s} \\ \frac{2}{s}-\frac{2t}{s^2} & -1+\frac{2t}{s} \end{pmatrix}\begin{pmatrix}s\\ 2\end{pmatrix} ds \\
&= \begin{pmatrix} (\frac{2t}{\tau}-\frac{t^2}{\tau^2})\xi_1 + (-t+\frac{t^2}{\tau})\xi_2 \\ (\frac{2}{\tau}-\frac{2t}{\tau^2})\xi_1 + (-1+\frac{2t}{\tau})\xi_2 \end{pmatrix} + \int_\tau^t \begin{pmatrix} \frac{t^2}{s} \\ \frac{2t}{s}\end{pmatrix} ds \\
&= \begin{pmatrix} (\frac{2t}{\tau}-\frac{t^2}{\tau^2})\xi_1 + (-t+\frac{t^2}{\tau})\xi_2 + t^2\ln|t| - t^2\ln|\tau| \\ (\frac{2}{\tau}-\frac{2t}{\tau^2})\xi_1 + (-1+\frac{2t}{\tau})\xi_2 + 2t\ln|t| - 2t\ln|\tau| \end{pmatrix} .
\end{aligned}$$

Daß es sich hierbei tatsächlich um die allgemeine Lösung des gegebenen Systems handelt, läßt sich unschwer verifizieren. ◊

Aufgaben

1. Zeigen Sie, daß die Übergangsmatrix $\Lambda(t,\tau)$ eines homogenen linearen Systems mit konstanter Koeffizientenmatrix der folgenden Beziehung genügt:

$$\Lambda(t,\tau) \equiv \Lambda(t-\tau,0) .$$

2. Gegeben sei eine Fundamentalmatrix $\phi : I \to \mathbb{R}^{N\times N}$ eines linearen Systems

$$\boxed{\dot{x} = A(t)\,x} ,$$

und C sei eine reguläre konstante $N\times N$-Matrix.

Zeigen Sie, daß $C\,\Phi(t)$ genau dann eine Fundamentalmatrix dieser Differentialgleichung ist, wenn die folgende Bedingung erfüllt ist:

$$CA(t) = A(t)C \quad \text{für alle } t\in I .$$

3. $\Lambda(t,\tau)$ sei die Übergangsmatrix eines für alle t aus einem Intervall I definierten linearen Systems

$$\boxed{\dot{x} = A(t)\,x}$$

mit stetiger Koeffizientenmatrix. Bestimmen Sie ein lineares System, für das die Matrix $\Psi(t,\tau) := \Lambda(-t,-\tau)$ die Übergangsmatrix ist. Ist dieses System eindeutig bestimmt?

4. Gegeben sei ein Intervall I und eine stetige Funktion $A : I \to \mathbb{R}^{N\times N}$.

Zeigen Sie: Eine auf I stetig differenzierbare $N\times N$-Matrix $\Psi(t)$ ist genau dann eine Fundamentalmatrix des Systems

$$\boxed{\dot{x} = -A^T(t)\,x} ,$$

wenn für jede Fundamentalmatrix $\Phi(t)$ des Systems

$$\boxed{\dot{x} = A(t)\,x}$$

mit einer konstanten regulären Matrix C eine Beziehung der folgenden Form gilt:

$$\Psi^T(t)\,\Phi(t) = C \quad \text{für alle } t\in I .$$

Welcher Zusammenhang besteht zwischen den Übergangsmatrizen dieser beiden Systeme?

5. Gegeben sei ein inhomogenes lineares System

$$\boxed{\dot{x} = A(t)x + g(t)}$$

mit auf einem Intervall I stetigen Funktionen $A : I \to \mathbb{R}^{N\times N}$ und $g : I \to \mathbb{R}^N$.

Leiten Sie die Formel (6.14) für die allgemeine Lösung dieses Systems dadurch her, daß Sie mit Hilfe einer beliebigen Fundamentalmatrix $\Phi(t)$ des homogenen Systems $\dot{x} = A(t)x$ die gesuchte allgemeine Lösung $\lambda_g(t\,;\tau,\xi)$ in der Form $\Phi(t)\,c(t)$ mit einem differenzierbaren Spaltenvektor $c : I \to \mathbb{R}^N$ („Variation der Konstanten") ansetzen und $c(t)$ bestimmen.

6.3 Lineare Systeme mit konstanten Koeffizienten

Im vorherigen Abschnitt haben wir gesehen, daß sich bei linearen Systemen die Bestimmung der allgemeinen Lösung darauf reduziert, eine Fundamentalmatrix oder die Übergangsmatrix zu berechnen. Wie eine solche Berechnung allerdings zu bewerkstelligen ist, darüber wurde nichts gesagt. Der Grund hierfür ist, daß es – abgesehen vom skalaren Fall – kein allgemeingültiges Verfahren zur Berechnung der Lösungen linearer Systeme gibt. In diesem Abschnitt wollen wir uns nun einem speziellen Typ von linearen Systemen zuwenden, für die man ein explizites Lösungsverfahren angeben kann. Es handelt sich dabei um die linearen Systeme mit **konstanten Koeffizienten**.

Wie in der allgemeinen Theorie konzentrieren wir uns zunächst auf die homogenen Systeme, d.h. wir betrachten jetzt Differentialgleichungen der Form

$$\boxed{\dot{x} = Ax} \tag{6.19}$$

mit konstanter $N\times N$-Matrix A. Bei der Herleitung einer Berechnungsformel für die allgemeine Lösung eines solchen Systems orientieren wir uns am skalaren Fall, bei dem bekanntlich die Beziehung $\lambda_0(t\,;\tau,\xi) = e^{A(t-\tau)}\xi$ gilt. Es stellt sich somit die Frage, ob man die durch die Beziehung $e^{At} = \sum_{\nu=0}^{\infty} \frac{t^\nu}{\nu!} A^\nu$ definierte reelle Exponentialfunktion auch für quadratische Matrizen A erklären kann. Daß dies in der Tat der Fall ist, und welche technischen Überlegungen der elementaren ANALYSIS dabei anzustellen sind, haben wir im Anhang A beschrieben. Das Ergebnis jedenfalls ist, daß man für jede konstante $N\times N$-Matrix A vermittels der Definition

$$\boldsymbol{e^{At}} := \sum_{\nu=0}^{\infty} \frac{t^\nu}{\nu!} A^\nu \tag{6.20}$$

eine Funktion $t \mapsto e^{At}$ von $\mathbb{R}$ in den Matrizenraum $\mathbb{R}^{N\times N}$ erklären kann, die man als **Matrix-Exponentialfunktion** bezeichnet. In diesem Zusammenhang sei noch erwähnt, daß A^0 die N-dimensionale Einheitsmatrix E ist, und daß die Konvergenz der auftretenden Reihe von Matrizen als elementweise Konvergenz der Partialsummenfolge $\left(\sum_{\nu=0}^{n} \frac{t^\nu}{\nu!} A^\nu\right)_{n\in\mathbb{N}_0}$ zu verstehen ist.

Um gleich vorweg eine zwar naheliegende, aber unzulässige Möglichkeit für die Berechnung der matrix-wertigen Funktion e^{At} ad absurdum zu führen, betrachten wir als Beispiel $A := \left(\begin{smallmatrix} 0 & 1 \\ 0 & 0 \end{smallmatrix}\right)$. Hierfür gilt $A^\nu = \left(\begin{smallmatrix} 0 & 0 \\ 0 & 0 \end{smallmatrix}\right)$ für $\nu \geq 2$, und somit erhalten wir $e^{At} = E + At = \left(\begin{smallmatrix} 1 & t \\ 0 & 1 \end{smallmatrix}\right)$, d.h. es besteht die Beziehung

$$e^{\left(\begin{smallmatrix} 0 & t \\ 0 & 0 \end{smallmatrix}\right)} \neq \begin{pmatrix} e^0 & e^t \\ e^0 & e^0 \end{pmatrix},$$

bei der auf die unterschiedliche Bedeutung des Buchstabens e zu achten ist. Auf der rechten Seite steht viermal die aus der ANALYSIS bekannte Euler'sche Zahl, während links e mit der in (6.20) erklärten Bedeutung auftritt.

6.3.1 Beispiel: Für die Matrix

$$A := \begin{pmatrix} -1 & 0 & 0 \\ 1 & -1 & 0 \\ 0 & 1 & 0 \end{pmatrix}$$

wollen wir die Matrix-Exponentialfunktion e^{At} berechnen. Da uns nach unserem gegenwärtigen Kenntnisstand hierzu nur die Definition $e^{At} = \sum_{\nu=0}^{\infty} \frac{t^\nu}{\nu!} A^\nu$ zur Verfügung steht, benötigen wir für die Potenzen der Matrix A explizite Darstellungen. Schreibt man sich die ersten Potenzen A, A^2, A^3 auf, so erkennt man die allgemeine Formel

$$A^\nu = \begin{pmatrix} (-1)^\nu & 0 & 0 \\ (-1)^{\nu+1}\nu & (-1)^\nu & 0 \\ (-1)^\nu(\nu-1) & (-1)^{\nu+1} & 0 \end{pmatrix} \quad \text{für alle } \nu \in \mathbb{N},$$

die sich leicht mit vollständiger Induktion verifizieren läßt. Hieraus folgt dann

$$e^{At} = E + \sum_{\nu=1}^{\infty} \frac{t^\nu}{\nu!} A^\nu = \begin{pmatrix} 1 + \sum\limits_{\nu=1}^{\infty} \frac{(-t)^\nu}{\nu!} & 0 & 0 \\ t \sum\limits_{\nu=1}^{\infty} \frac{(-t)^{\nu-1}}{(\nu-1)!} & 1 + \sum\limits_{\nu=1}^{\infty} \frac{(-t)^\nu}{\nu!} & 0 \\ \sum\limits_{\nu=2}^{\infty} \frac{(-t)^\nu(\nu-1)}{\nu!} & -\sum\limits_{\nu=1}^{\infty} \frac{(-t)^\nu}{\nu!} & 1 \end{pmatrix}.$$

Daß sich daraus die Darstellung

$$e^{At} = \begin{pmatrix} e^{-t} & 0 & 0 \\ t\,e^{-t} & e^{-t} & 0 \\ 1-e^{-t}-t\,e^{-t} & 1-e^{-t} & 1 \end{pmatrix}$$

ableiten läßt, ist nicht für alle Matrixelemente trivial, läßt sich aber leicht verifizieren. ◇

Auf das vorherige Beispiel zurückblickend müssen wir feststellen, daß wir die erfolgreiche Berechnung der Funktion e^{At} in diesem konkreten Fall dem glücklichen Umstand verdanken, daß wir für die Matrixpotenzen A^ν eine explizite

Formel angeben können, die zudem erlaubt, den betrachteten Reihengrenzwert in geschlossener Form anzugeben. Da wir nun aber davon ausgehen müssen, daß dieser Weg nicht prinzipiell gangbar ist, wollen wir uns im folgenden um eine alternative Berechnungsmöglichkeit für die Matrix-Exponentialfunktion bemühen, und dabei insbesondere im Auge behalten, daß wir letztendlich mit Hilfe dieser Funktion das gegebene System $\dot{x} = Ax$ lösen wollen.

Unser erstes Anliegen ist der Nachweis der Differenzierbarkeit der Matrix-Exponentialfunktion.

6.3.2 Satz (Ableitung von e^{At}): *Für beliebiges $A \in \mathbb{R}^{N\times N}$ ist die für alle $t \in \mathbb{R}$ erklärte Funktion e^{At} differenzierbar und es gilt die Beziehung*

$$\tfrac{d}{dt}(e^{At}) = A\,e^{At} \quad \textit{für alle } t \in \mathbb{R}. \tag{6.21}$$

Beweis: Nach der Definition (6.20) gilt die Identität $e^{At} = \sum_{\nu=0}^{\infty} \frac{t^\nu}{\nu!} A^\nu$ für alle $t \in \mathbb{R}$. Bezeichnen wir nun mit $\varepsilon_{ij}(t)$ die Elemente der Matrix e^{At} und mit $\alpha_{ij}^{(\nu)}$ diejenigen von A^ν, so gilt wegen der elementweisen Konvergenz von Matrizen-Reihen für alle $t \in \mathbb{R}$

$$\varepsilon_{ij}(t) = \sum_{\nu=0}^{\infty} \alpha_{ij}^{(\nu)} \frac{t^\nu}{\nu!} \quad \text{für alle } i,j = 1,\ldots,N. \tag{6.22}$$

Da die Matrizen-Reihe $\sum_{\nu=0}^{\infty} \frac{t^\nu}{\nu!} A^\nu$ für jedes $t \in \mathbb{R}$ konvergiert, ist auch jede der reellen Potenzreihen (6.22) auf ganz $\mathbb{R}$ konvergent, besitzt also den Konvergenzradius ∞. Damit ist dann jede der Grenzfunktionen $\varepsilon_{ij}(t)$ auf ganz $\mathbb{R}$ differenzierbar, und darüberhinaus kann die Ableitung durch gliedweises Differenzieren der entsprechenden Reihenglieder gewonnen werden. Auf $\mathbb{R}$ gilt also die Identität

$$\dot{\varepsilon}_{ij}(t) \equiv \sum_{\nu=0}^{\infty} \nu\,\alpha_{ij}^{(\nu)} \frac{t^{\nu-1}}{\nu!} \equiv \sum_{\nu=1}^{\infty} \alpha_{ij}^{(\nu)} \frac{t^{\nu-1}}{(\nu-1)!} \equiv \sum_{\nu=0}^{\infty} \alpha_{ij}^{(\nu+1)} \frac{t^\nu}{\nu!}\,.$$

Daraus folgt schließlich

$$\frac{d}{dt}(e^{At}) \equiv \begin{pmatrix} \dot{\varepsilon}_{11}(t) & \cdots & \dot{\varepsilon}_{1N}(t) \\ \vdots & \ddots & \vdots \\ \dot{\varepsilon}_{N1}(t) & \cdots & \dot{\varepsilon}_{NN}(t) \end{pmatrix} \equiv \begin{pmatrix} \sum\limits_{\nu=0}^{\infty} \alpha_{11}^{(\nu+1)} \frac{t^\nu}{\nu!} & \cdots & \sum\limits_{\nu=0}^{\infty} \alpha_{1N}^{(\nu+1)} \frac{t^\nu}{\nu!} \\ \vdots & \ddots & \vdots \\ \sum\limits_{\nu=0}^{\infty} \alpha_{N1}^{(\nu+1)} \frac{t^\nu}{\nu!} & \cdots & \sum\limits_{\nu=0}^{\infty} \alpha_{NN}^{(\nu+1)} \frac{t^\nu}{\nu!} \end{pmatrix}$$

$$\equiv \sum_{\nu=0}^{\infty} \frac{t^\nu}{\nu!} A^{\nu+1} \equiv A \sum_{\nu=0}^{\infty} \frac{t^\nu}{\nu!} A^\nu \equiv A\,e^{At}\,. \qquad \blacksquare$$

Betrachtet man die im Satz 6.3.2 bewiesene Identität $\frac{d}{dt}(e^{At}) \equiv A\,e^{At}$ spaltenweise, so erkennt man jede Spalte der Matrix e^{At} als Lösung der Differentialgleichung $\dot{x} = Ax$. Daß es sich bei e^{At} sogar um eine Fundamentalmatrix dieser

Gleichung handelt, genauer, um die auf die Anfangszeit 0 normierte Übergangsmatrix, ist Teil der Aussage des folgenden Satzes.

6.3.3 Satz (Übergangsmatrix und Fluß von $\dot{x} = Ax$): *Die für alle $t, \tau \in \mathbb{R}$ definierte Funktion $e^{A(t-\tau)}$ ist die Übergangsmatrix, und $e^{At}\xi$ ist der Fluß des Systems*

$$\boxed{\dot{x} = Ax}\,.$$

Beweis: Für jedes $\xi \in \mathbb{R}^N$ gelten nach Satz 6.3.2 für den Spaltenvektor $e^{A(t-\tau)}\xi$ die Beziehungen (man beachte die Regeln für das Differenzieren matrix-wertiger Funktionen, Anhang A)

$$\frac{d}{dt}\left(e^{A(t-\tau)}\xi\right) \equiv \frac{d}{dt}\left(e^{A(t-\tau)}\right)\xi \overset{(6.21)}{\equiv} A\,e^{A(t-\tau)}\xi \quad \text{und} \quad e^{A(\tau-\tau)}\xi = E\xi = \xi\,.$$

Also ist $e^{A(t-\tau)}\xi$ die allgemeine Lösung des Systems $\dot{x} = Ax$, und $e^{At}\xi$ ist der zugehörige Fluß. Läßt man nun in der Identität $\lambda_0(t\,;\tau,\xi) \equiv e^{A(t-\tau)}\xi$ den Vektor ξ die Einheitsvektoren des $\mathbb{R}^N$ durchlaufen, so erhält man der Reihe nach die N Spalten der Matrix $e^{A(t-\tau)}$, die dann gemäß der Definition 6.2.4 die Übergangsmatrix von $\dot{x} = Ax$ ist. ■

6.3.4 Beispiel: Um für eine Matrix der Form

$$A := \begin{pmatrix} \rho & \sigma \\ -\sigma & \rho \end{pmatrix}, \quad \rho, \sigma \in \mathbb{R}$$

die Matrix-Exponentialfunktion e^{At} zu berechnen, ist die Definition (6.20) mangels einer expliziten Formel für die Matrixpotenzen A^ν ungeeignet. Mit Hilfe des Satzes 6.3.3 können wir aber leicht auf die Beziehung

$$e^{At} = e^{\rho t}\begin{pmatrix} \cos\sigma t & \sin\sigma t \\ -\sin\sigma t & \cos\sigma t \end{pmatrix}$$

schließen, denn wir wissen aus dem Abschnitt 5.3 (Fall I.4), daß die hier vorliegende Matrix A gerade die reelle Normalform zum komplexen Eigenwertpaar $\rho \pm i\sigma$ ist, und daß der zugehörige Fluß die Form $\varphi(t\,;\xi,\eta) = e^{\rho t}(\xi\,\cos\sigma t + \eta\,\sin\sigma t\,,\ \eta\,\cos\sigma t - \xi\,\sin\sigma t)$ besitzt. Die beiden Funktionen $\varphi(t\,;1,0)$ und $\varphi(t\,;0,1)$ sind aber nach der Definition 6.2.4 gerade die Spalten der auf die Anfangszeit $\tau = 0$ normierten Übergangsmatrix des Systems $\dot{x} = Ax$. ◊

Nachdem wir nun wissen, wie die Übergangsmatrix des Systems $\dot{x} = Ax$ im Prinzip aussieht, stellt sich die Frage, wie man sie mit Hilfe der Koeffizientenmatrix A praktisch berechnen kann. Die im Beispiel 6.3.1 gezeigte, auf der Definition von e^{At} als Grenzwert einer unendlichen Reihe von Matrizen basierende, Vorgehensweise ist hierzu im allgemeinen ungeeignet, da man für die Matrixpotenzen A^ν in aller Regel keine verwertbare Darstellung findet. Stattdessen werden wir den Weg über die Transformation der Matrix A auf Jordan'sche Normalform gehen. Da wir in diesem Buch den Bereich der *reellen* Differentialgleichungen nicht verlassen wollen, werden wir wie schon im zwei-dimensionalen Fall (Abschnitt 5.3) die reelle Variante der Jordan'schen Normalform verwenden.

Die Herleitung des angestrebten Ergebnisses erfordert noch zwei vorbereitende Sätze über verschiedene Eigenschaften der Matrix-Exponentialfunktion. Im ersten Satz bezeichnen wir mit O und E die Nullmatrix bzw. die Einheitsmatrix im $\mathbb{R}^{N\times N}$.

6.3.5 Satz (Eigenschaften von e^{At}): *Für beliebige $t, s \in \mathbb{R}$ gilt:*

(a) $e^O = E$,

(b) $e^{At}e^{As} = e^{A(t+s)}$,

(c) $(e^{At})^{-1} = e^{-At}$.

Beweis: Nach Satz 6.3.3 ist $e^{A(t-\tau)}$ die Übergangsmatrix $\Lambda(t,\tau)$ von $\dot{x} = Ax$. Sämtliche Aussagen des Satzes 6.3.5 ergeben sich nun sofort aus dem Satz 6.2.6 über die Eigenschaften von Übergangsmatrizen, wenn man die dortigen Größen τ, ρ, σ jeweils geeignet wählt, nämlich $\tau = t$, $\rho = 0$, $\sigma = -s$ in der Aussage (b), und $\tau = t$, $\rho = 0$ in (c). ■

6.3.6 Satz (Weitere Eigenschaften von e^{At}): *Sind A und B reelle $N\times N$-Matrizen, so gilt für alle $t \in \mathbb{R}$:*

(a) $e^{At}e^{Bt} = e^{(A+B)t}$, *falls* $AB = BA$,

(b) $e^{At} = Te^{T^{-1}AT\,t}T^{-1}$ *für jede reguläre Matrix* $T \in \mathbb{R}^{N\times N}$,

(c) besitzt A Blockdiagonalform[2] $\operatorname{diag}(A_1,\ldots,A_n)$, *so gilt*

$$e^{\operatorname{diag}(A_1,\ldots,A_n)t} = \operatorname{diag}\left(e^{A_1t},\ldots,e^{A_nt}\right).$$

Beim Beweis dieses Satzes werden wir mehrmals eine Schlußweise verwenden, die sich wie folgt beschreiben läßt. *Das Anfangswertproblem*

$$\boxed{\dot{X} = CX}, \quad X(0) = E$$

mit matrix-wertigem X besitzt die Funktion e^{Ct} als eindeutig bestimmte Lösung. Dies ist nichts anderes als eine vereinfachte Ausdrucksweise für den bekannten Sachverhalt, daß die N Spalten der Matrix e^{Ct} die auf $\mathbb{R}$ eindeutig bestimmten

[2] Die Bezeichnung *Blockdiagonalform* und die Schreibweise $A = \operatorname{diag}(A_1,\ldots,A_n)$ bedeuten, daß sich auf der Hauptdiagonalen der Matrix A quadratische Matrizen $A_1,\ldots,A_n$ befinden, und alle anderen Elemente der Matrix A gleich 0 sind.

Lösungen der Anfangswertprobleme

$$\boxed{\dot{x} = Cx}, \quad x(0) = e_i\,, \quad i = 1, \ldots, N$$

sind. Der gemeinsame Hintergrund beider Betrachtungsweisen ist natürlich die aus dem Satz 6.3.2 bekannte Matrizen-Identität $\frac{d}{dt}\left(e^{Ct}\right) \equiv C e^{Ct}$.

Beweis von Satz 6.3.6: (a) Wegen $AB = BA$ gilt $A^\nu B = BA^\nu$ für alle $\nu \in \mathbb{N}$ und damit

$$e^{At}B = \Big[\sum_{\nu=0}^{\infty} \frac{t^\nu}{\nu!} A^\nu\Big] B = \sum_{\nu=0}^{\infty} \frac{t^\nu}{\nu!}[A^\nu B] = \sum_{\nu=0}^{\infty} \frac{t^\nu}{\nu!}[BA^\nu] = B e^{At}. \qquad (6.23)$$

Mit Satz 6.3.2 und der Produktregel für die Differentiation von Matrizen folgt dann für die Funktion $M(t) := e^{At}e^{Bt}$ die Beziehung

$$\dot{M}(t) \equiv A e^{At} e^{Bt} + e^{At} B e^{Bt} \overset{(6.23)}{\equiv} (A+B)\, M(t)\,.$$

Ferner gilt $M(0) = E$. Also genügt $M(t)$ wie auch die Funktion $e^{(A+B)t}$ dem Anfangswertproblem

$$\boxed{\dot{X} = (A+B)X}, \quad X(0) = E\,.$$

Hieraus folgt dann die Identität $e^{At}e^{Bt} \equiv M(t) \equiv e^{(A+B)t}$.

(b) Für die Matrixfunktion $P(t) := T e^{T^{-1}AT\,t}\, T^{-1}$ gilt die Identität

$$\dot{P}(t) \equiv T\big[\tfrac{d}{dt}(e^{T^{-1}AT\,t})\big]T^{-1} \overset{(6.21)}{\equiv} T\big[T^{-1}AT e^{T^{-1}AT\,t}\big]T^{-1} \equiv A\,P(t)\,.$$

Da auch $P(0) = E$ gilt, ergibt sich mit der gleichen Schlußweise wie zuvor die Identität $Te^{T^{-1}ATt}\,T^{-1} \equiv P(t) \equiv e^{At}$.

(c) Für die Matrixfunktion $Q(t) := \operatorname{diag}\left(e^{A_1 t}, \ldots, e^{A_n t}\right)$ gilt

$$\begin{aligned}\dot{Q}(t) &\equiv \operatorname{diag}\big(\tfrac{d}{dt}e^{A_1 t}, \ldots, \tfrac{d}{dt}e^{A_n t}\big) \overset{(6.21)}{\equiv} \operatorname{diag}\left(A_1 e^{A_1 t}, \ldots, A_n e^{A_n t}\right)\\ &\equiv \operatorname{diag}\left(A_1, \ldots, A_n\right) \operatorname{diag}\left(e^{A_1 t}, \ldots, e^{A_n t}\right) \equiv \operatorname{diag}\left(A_1, \ldots, A_n\right) Q(t)\end{aligned}$$

und $Q(0) = E$. Damit folgt die Behauptung $Q(t) \equiv e^{\operatorname{diag}(A_1, \ldots, A_n)t}$. ∎

Wir haben nun alle Hilfsmittel zur Hand, die wir für die Herleitung einer Formel benötigen, mit der man aus einer gegebenen Matrix A die Matrix-Exponentialfunktion e^{At} berechnen kann. Auf Grund des Satzes 6.3.6 können wir dabei davon ausgehen, daß die Matrix A in reeller Normalform vorliegt, d.h. wir können die Matrix A in der Blockdiagonalform

$$A = \begin{pmatrix} R & O \\ O & K \end{pmatrix} \qquad (6.24)$$

annehmen, wobei R die reellen und K die komplexen, nicht-reellen Eigenwerte von A als Eigenwerte besitzt. Das Symbol O steht hier für die Nullmatrix der jeweils passenden Gestalt. Wie man aus der LINEAREN ALGEBRA weiß, hat in der Normalform (6.24) die reelle Matrix R die Form

$$R = \operatorname{diag}\left(J_1, \ldots, J_n\right)$$

mit reellen Jordanblöcken der Gestalt

$$J_\nu = \begin{pmatrix} \lambda_\nu & 1 & & 0 \\ & \ddots & \ddots & \\ & & \ddots & 1 \\ 0 & & & \lambda_\nu \end{pmatrix}, \quad \nu = 1, \ldots, n, \tag{6.25}$$

wobei die $\lambda_1, \ldots, \lambda_n$ reelle Eigenwerte von A sind. Die komplexe Matrix K hat ebenfalls Blockdiagonalform

$$K = \operatorname{diag}\left(K_1, \ldots, K_m\right),$$

wobei die einzelnen Blöcke die gleiche Bandstruktur wie die Matrizen J_ν besitzen, mit dem Unterschied allerdings, daß anstatt reeller Zahlen jetzt 2×2-Matrizen stehen. Es gilt

$$K_\mu = \begin{pmatrix} \boxed{\begin{matrix} a_\mu & b_\mu \\ -b_\mu & a_\mu \end{matrix}} & \boxed{\begin{matrix} 1 & 0 \\ 0 & 1 \end{matrix}} & & \boxed{\begin{matrix} 0 & 0 \\ 0 & 0 \end{matrix}} \\ & \ddots & \ddots & \\ & & \ddots & \boxed{\begin{matrix} 1 & 0 \\ 0 & 1 \end{matrix}} \\ \boxed{\begin{matrix} 0 & 0 \\ 0 & 0 \end{matrix}} & & & \boxed{\begin{matrix} a_\mu & b_\mu \\ -b_\mu & a_\mu \end{matrix}} \end{pmatrix}, \quad \mu = 1, \ldots, m. \tag{6.26}$$

Hierbei ist $a_\mu \pm i\, b_\mu$, $b_\mu \neq 0$ für jedes $\mu = 1, \ldots, m$ ein konjugiert komplexes Eigenwertpaar der Matrix A.

Wegen Satz 6.3.6 (b) und (c) genügt es nun für die Berechnung von e^{At}, die n Matrizen $e^{J_1 t}, \ldots, e^{J_n t}$ und die m Matrizen $e^{K_1 t}, \ldots, e^{K_m t}$ zu berechnen. Die Herleitung der Formeln für Matrizen dieses Typs ist unser nächstes und letztes theoretisches Ziel dieses Abschnitts.

(1) Der reelle Fall: Die Matrix $J \in \mathbb{R}^{L \times L}$ habe die Form (6.25) (der Übersichtlichkeit halber ohne Indizes), besitzt also eine Darstellung der Form $J = P + D$ mit

$$P = \begin{pmatrix} 0 & 1 & & 0 \\ & \ddots & \ddots & \\ & & \ddots & 1 \\ 0 & & & 0 \end{pmatrix}, \quad D = \begin{pmatrix} \lambda & & 0 \\ & \ddots & \\ 0 & & \lambda \end{pmatrix}.$$

Offensichtlich gilt dann die Beziehung $PD = \lambda P = DP$, d.h. die Aussage (a) des Satzes 6.3.6 ist anwendbar und liefert

$$e^{Jt} \equiv e^{(P+D)t} \equiv e^{Pt} e^{Dt}. \tag{6.27}$$

Die Matrix P ist augenscheinlich nilpotent, genauer, es gilt $P^\ell = O$ für alle $\ell \geq L$. Hieraus folgt dann die Identität

$$e^{Pt} \equiv \sum_{\ell=0}^{L-1} \frac{t^\ell}{\ell!} P^\ell . \tag{6.28}$$

Unter Berücksichtigung der Beziehung $e^{Dt} \equiv e^{\lambda t} E$ (siehe Satz 6.3.6(c)) folgt dann aus (6.27) und (6.28) die angestrebte Formel:

$$e^{\begin{pmatrix} \lambda & 1 & & 0 \\ & \ddots & \ddots & \\ & & \ddots & 1 \\ 0 & & & \lambda \end{pmatrix} t} = e^{\lambda t} \begin{pmatrix} 1 & t & \frac{t^2}{2} & \cdots & \frac{t^{L-1}}{(L-1)!} \\ & \ddots & \ddots & \ddots & \vdots \\ & & \ddots & \ddots & \frac{t^2}{2} \\ & 0 & & \ddots & t \\ & & & & 1 \end{pmatrix} \tag{6.29}$$

<u>(2) Der komplexe Fall</u>: Die Matrix $K \in \mathbb{R}^{2M \times 2M}$ habe die Gestalt (6.26) (ohne Indizes), läßt sich also in der Form $K = Q + B$ schreiben mit

$$Q = \begin{pmatrix} \boxed{O} & \boxed{E} & & \boxed{O} \\ & & \ddots & \\ & \ddots & & \boxed{E} \\ \boxed{O} & & \ddots & \boxed{O} \end{pmatrix}, \quad B = \begin{pmatrix} \boxed{C} & & \boxed{O} \\ & \ddots & \\ \boxed{O} & & \boxed{C} \end{pmatrix},$$

wobei

$$\boxed{O} = \begin{pmatrix} 0 & 0 \\ 0 & 0 \end{pmatrix}, \quad \boxed{E} = \begin{pmatrix} 1 & 0 \\ 0 & 1 \end{pmatrix}, \quad \boxed{C} = \begin{pmatrix} a & b \\ -b & a \end{pmatrix}.$$

Wegen der Beziehung

$$QB = \begin{pmatrix} \boxed{O} & \boxed{C} & & \boxed{O} \\ & & \ddots & \\ & \ddots & & \boxed{C} \\ \boxed{O} & & \ddots & \boxed{O} \end{pmatrix} = BQ$$

liefert der Satz 6.3.6(a)

$$e^{Kt} \equiv e^{(Q+B)t} \equiv e^{Qt} e^{Bt} . \tag{6.30}$$

Für die Matrix Q gilt $Q^\mu = O$ für alle $\mu \geq M$, und daraus folgt

$$e^{Qt} \equiv \sum_{\mu=0}^{M-1} \frac{t^\mu}{\mu!} Q^\mu . \tag{6.31}$$

Aus (6.30), (6.31), Satz 6.3.6 (c) und der aus dem Beispiel 6.3.4 bekannten Beziehung $e^{Ct} = e^{at}\left(\begin{smallmatrix} \cos bt & \sin bt \\ -\sin bt & \cos bt \end{smallmatrix}\right)$ ergibt sich schließlich die gesuchte Formel, in der wir die Abküzung

$$G(t) := \begin{pmatrix} \cos bt & \sin bt \\ -\sin bt & \cos bt \end{pmatrix}$$

verwenden:

$$e^{\begin{pmatrix} \boxed{\begin{matrix} a & b \\ -b & a \end{matrix}} & \boxed{\begin{matrix} 1 & 0 \\ 0 & 1 \end{matrix}} & & \boxed{\begin{matrix} 0 & 0 \\ 0 & 0 \end{matrix}} \\ & \ddots & \ddots & \\ & & \ddots & \boxed{\begin{matrix} 1 & 0 \\ 0 & 1 \end{matrix}} \\ \boxed{\begin{matrix} 0 & 0 \\ 0 & 0 \end{matrix}} & & & \boxed{\begin{matrix} a & b \\ -b & a \end{matrix}} \end{pmatrix} t} =$$

$$= e^{at} \begin{pmatrix} \boxed{G(t)} & \boxed{t\,G(t)} & \boxed{\frac{t^2}{2} G(t)} & \cdots & \boxed{\frac{t^{M-1}}{(M-1)!} G(t)} \\ & \ddots & \ddots & \ddots & \vdots \\ & & \ddots & \ddots & \boxed{\frac{t^2}{2} G(t)} \\ & 0 & & \ddots & \boxed{t\,G(t)} \\ & & & & \boxed{G(t)} \end{pmatrix} \qquad (6.32)$$

Nachdem die hiermit abgeschlossenen Berechnungen nicht zu einer einzelnen, alle Fälle umfassenden Formel für e^{At} geführt haben, sondern vielmehr zu einer Art Reduktionsverfahren, wollen wir das Erreichte im folgenden zusammenfassen und an Hand von Beispielen erläutern. Wir gehen dabei zunächst auf diejenigen Fälle näher ein, bei denen die Koeffizientenmatrix von vorneherein in Normalform vorliegt. Wir halten in diesem Zusammenhang folgendes fest: *Sind $A_1, \ldots, A_k$ die Jordanblöcke von A (d.h. Matrizen der Form (6.25) oder (6.26)), so gilt nach Satz 6.3.6 (c)*

$$A = \operatorname{diag}(A_1, \ldots, A_k) \quad \Longrightarrow \quad e^{At} = \operatorname{diag}\left(e^{A_1 t}, \ldots, e^{A_k t}\right),$$

und die rechts stehende Block-Diagonalmatrix läßt sich gemäß der Formeln (6.29) und (6.32) unmittelbar angeben.

6.3.7 Beispiel: Wir wollen für sämtliche vier-dimensionalen Matrizen A in Normalform die jeweils zugehörige Matrix-Exponentialfunktion e^{At} angeben. Dabei handelt es sich dann bis auf die Reihenfolge der Blöcke auf der Hauptdiagonalen um eine vollständige Klassifikation. Die auftretenden Parameter a, b, c und d sind beliebige reelle Zahlen, die Punkte ersetzen der Übersichtlichkeit halber die Nullen.

Bei den ersten fünf Fällen liegen nur reelle Eigenwerte vor, d.h. in der Zerlegung (6.24) tritt die Matrix K nicht auf.

$$A = \begin{pmatrix} a & \cdot & \cdot & \cdot \\ \cdot & b & \cdot & \cdot \\ \cdot & \cdot & c & \cdot \\ \cdot & \cdot & \cdot & d \end{pmatrix} \implies e^{At} = \begin{pmatrix} e^{at} & \cdot & \cdot & \cdot \\ \cdot & e^{bt} & \cdot & \cdot \\ \cdot & \cdot & e^{ct} & \cdot \\ \cdot & \cdot & \cdot & e^{dt} \end{pmatrix}$$

$$A = \begin{pmatrix} a & \cdot & \cdot & \cdot \\ \cdot & b & \cdot & \cdot \\ \cdot & \cdot & c & 1 \\ \cdot & \cdot & \cdot & c \end{pmatrix} \implies e^{At} = \begin{pmatrix} e^{at} & \cdot & \cdot & \cdot \\ \cdot & e^{bt} & \cdot & \cdot \\ \cdot & \cdot & e^{ct} & t\,e^{ct} \\ \cdot & \cdot & \cdot & e^{ct} \end{pmatrix}$$

$$A = \begin{pmatrix} a & \cdot & \cdot & \cdot \\ \cdot & b & 1 & \cdot \\ \cdot & \cdot & b & 1 \\ \cdot & \cdot & \cdot & b \end{pmatrix} \implies e^{At} = \begin{pmatrix} e^{at} & \cdot & \cdot & \cdot \\ \cdot & e^{bt} & t\,e^{bt} & \frac{t^2}{2}e^{bt} \\ \cdot & \cdot & e^{bt} & t\,e^{bt} \\ \cdot & \cdot & \cdot & e^{bt} \end{pmatrix}$$

$$A = \begin{pmatrix} a & 1 & \cdot & \cdot \\ \cdot & a & 1 & \cdot \\ \cdot & \cdot & a & 1 \\ \cdot & \cdot & \cdot & a \end{pmatrix} \implies e^{At} = \begin{pmatrix} e^{at} & t\,e^{at} & \frac{t^2}{2}e^{at} & \frac{t^3}{6}e^{at} \\ \cdot & e^{at} & t\,e^{at} & \frac{t^2}{2}e^{at} \\ \cdot & \cdot & e^{at} & t\,e^{at} \\ \cdot & \cdot & \cdot & e^{at} \end{pmatrix}$$

$$A = \begin{pmatrix} a & 1 & \cdot & \cdot \\ \cdot & a & \cdot & \cdot \\ \cdot & \cdot & b & 1 \\ \cdot & \cdot & \cdot & b \end{pmatrix} \implies e^{At} = \begin{pmatrix} e^{at} & t\,e^{at} & \cdot & \cdot \\ \cdot & e^{at} & \cdot & \cdot \\ \cdot & \cdot & e^{bt} & t\,e^{bt} \\ \cdot & \cdot & \cdot & e^{bt} \end{pmatrix}$$

In den nächsten beiden Fällen kommen sowohl reelle als auch nicht-reelle Eigenwerte vor.

$$A = \begin{pmatrix} a & \cdot & \cdot & \cdot \\ \cdot & b & \cdot & \cdot \\ \cdot & \cdot & c & d \\ \cdot & \cdot & -d & c \end{pmatrix} \implies e^{At} = \begin{pmatrix} e^{at} & \cdot & \cdot & \cdot \\ \cdot & e^{bt} & \cdot & \cdot \\ \cdot & \cdot & e^{ct}\cos dt & e^{ct}\sin dt \\ \cdot & \cdot & -e^{ct}\sin dt & e^{ct}\cos dt \end{pmatrix}$$

$$A = \begin{pmatrix} a & 1 & \cdot & \cdot \\ \cdot & a & \cdot & \cdot \\ \cdot & \cdot & c & d \\ \cdot & \cdot & -d & c \end{pmatrix} \implies e^{At} = \begin{pmatrix} e^{at} & t\,e^{at} & \cdot & \cdot \\ \cdot & e^{at} & \cdot & \cdot \\ \cdot & \cdot & e^{ct}\cos dt & e^{ct}\sin dt \\ \cdot & \cdot & -e^{ct}\sin dt & e^{ct}\cos dt \end{pmatrix}$$

In den letzten beiden Fällen treten nur nicht-reelle Eigenwerte auf, d.h. in der Zerlegung (6.24) fehlt die Matrix R.

$$A = \begin{pmatrix} a & b & \cdot & \cdot \\ -b & a & \cdot & \cdot \\ \cdot & \cdot & c & d \\ \cdot & \cdot & -d & c \end{pmatrix} \implies e^{At} = \begin{pmatrix} e^{at}\cos bt & e^{at}\sin bt & \cdot & \cdot \\ -e^{at}\sin bt & e^{at}\cos bt & \cdot & \cdot \\ \cdot & \cdot & e^{ct}\cos dt & e^{ct}\sin dt \\ \cdot & \cdot & -e^{ct}\sin dt & e^{ct}\cos dt \end{pmatrix}$$

$$A = \begin{pmatrix} a & b & 1 & \cdot \\ -b & a & \cdot & 1 \\ \cdot & \cdot & a & b \\ \cdot & \cdot & -b & a \end{pmatrix} \implies e^{At} = \begin{pmatrix} e^{at}\cos bt & e^{at}\sin bt & t\,e^{at}\cos bt & t\,e^{at}\sin bt \\ -e^{at}\sin bt & e^{at}\cos bt & -t\,e^{at}\sin bt & t\,e^{at}\cos bt \\ \cdot & \cdot & e^{at}\cos bt & e^{at}\sin bt \\ \cdot & \cdot & -e^{at}\sin bt & e^{at}\cos bt \end{pmatrix}$$

Damit ist die Klassifizierung sämtlicher Matrix-Exponentialfunktionen e^{At} für vier-dimensionale Matrizen A in Normalform abgeschlossen. $\Diamond$

Im vorherigen Beispiel kann man sehr deutlich erkennen, welche Rolle die Parameter a, b, c und d, die augenscheinlich die Real- und Imaginärteile der Eigenwerte von A beschreiben, für die Matrix-Exponentialfunktion und damit für die Lösungen des Systems $\dot{x} = Ax$ spielen. Während die Imaginärteile in den Sinus- und Cosinus-Termen auftauchen und somit für den „rotierenden" Anteil am Lösungsverhalten verantwortlich sind, entscheiden die Realteile, die über die reelle Exponentialfunktion in die Formeln Eingang finden, über das Wachtumsverhalten für $t \to \infty$ bzw. $t \to -\infty$. Daß all diese Aussagen losgelöst vom vorherigen Beispiel auch allgemein gelten, erkennt man im übrigen schon an der Struktur der Formeln (6.29) und (6.32).

Was die geometrische Veranschaulichung von linearen homogenen Systemen mit konstanten Koeffizienten betrifft, so verweisen wir zunächst auf den Abschnitt 5.3, in dem wir die Phasenportraits *sämlicher* zwei-dimensionaler Systeme in Normalform angegebenen haben. In höheren Dimensionen ist dies natürlich nicht mehr so leicht möglich, dennoch wollen wir uns nun zwei typische Beispiele näher ansehen.

6.3.8 Beispiel: Wir betrachten das System

$$\boxed{\dot{\begin{pmatrix} x \\ y \\ z \end{pmatrix}} = \begin{pmatrix} -2 & 0 & 0 \\ 0 & -1 & 0 \\ 0 & 0 & 1 \end{pmatrix} \begin{pmatrix} x \\ y \\ z \end{pmatrix}}, \tag{6.33}$$

dessen Koeffizientenmatrix augenscheinlich die drei Eigenwerte $-2, -1$ und 1 besitzt. Auf Grund der vorherigen Überlegungen kennen wir die zugehörige Matrix-Exponentialfunktion und so können wir den Fluß dieses Systems sofort angeben. Er hat die Form

$$\varphi(t;\xi,\eta,\zeta) = \begin{pmatrix} e^{-2t} & 0 & 0 \\ 0 & e^{-t} & 0 \\ 0 & 0 & e^{t} \end{pmatrix} \begin{pmatrix} \xi \\ \eta \\ \zeta \end{pmatrix} = \begin{pmatrix} \xi e^{-2t} \\ \eta e^{-t} \\ \zeta e^{t} \end{pmatrix}. \tag{6.34}$$

Man beachte hier, daß das System (6.33) insofern „entkoppelt" ist, als es aus drei voneinander unabhängigen skalaren Differentialgleichungen besteht, deren einzelne Lösungen ebenfalls zur Darstellung (6.34) führen. Die Abbildung 6.2 zeigt auf der linken Seite das Phasenportrait des gegebenen Systems auf den drei Koordinatenebenen des $\mathbb{R}^3$. Auf jeder dieser Ebenen wird das Phasenportrait des drei-dimensionalen Systems (6.33) von einem zwei-dimensionalen System beschrieben, und wir erkennen dort die aus dem Abschnitt 5.3 bekannten Strukturen wieder, nämlich auf zwei Ebenen je einen Sattelpunkt und auf der dritten einen stabilen, zwei-tangentigen Knoten. Das Verhalten der Trajektorien *außerhalb* der drei Koordinatenebenen läßt sich analytisch mittels des Flusses (6.34) beschreiben, geometrisch ergibt es sich als Überlagerung der Projektionen in die drei Ebenen. Die rechte Teilabbildung in 6.2 zeigt ein Stück einer solchen Trajektorie im Raum. ◊

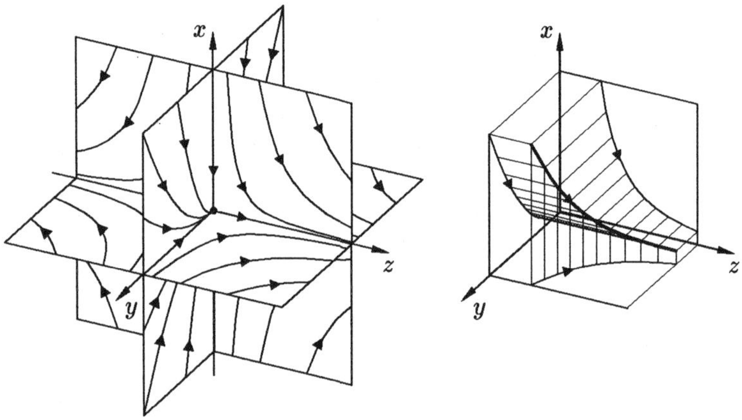

Abb. 6.2 Phasenportrait auf den drei Koordinatenebenen (links), und typische Raum-Trajektorie (rechts) des Systems (6.33)

6.3.9 Beispiel: Die Koeffizientenmatrix des Systems

$$\begin{pmatrix} x \\ y \\ z \end{pmatrix}^{\cdot} = \begin{pmatrix} -1 & 0 & 0 \\ 0 & 2 & 1 \\ 0 & -1 & 2 \end{pmatrix} \begin{pmatrix} x \\ y \\ z \end{pmatrix} \tag{6.35}$$

liegt in reeller Jordan'scher Normalform vor, und so können wir sofort die Eigenwerte erkennen, nämlich die reelle Zahl -1 und das konjugiert komplexe Paar $2 \pm i$. Ebenso leicht sehen wir, daß der Fluß dieses Systems die folgende Form besitzt:

$$\varphi(t;\xi,\eta,\zeta) = \begin{pmatrix} e^{-t} & 0 & 0 \\ 0 & e^{2t}\cos t & e^{2t}\sin t \\ 0 & -e^{2t}\sin t & e^{2t}\cos t \end{pmatrix} \begin{pmatrix} \xi \\ \eta \\ \zeta \end{pmatrix} = \begin{pmatrix} \xi e^{-t} \\ e^{2t}(\eta\cos t + \zeta\sin t) \\ e^{2t}(\zeta\cos t - \eta\sin t) \end{pmatrix}.$$

Das System (6.35) ist „teilweise entkoppelt“, denn es besteht aus der skalaren x-Gleichung und dem hiervon unabhängigen (y,z)-System. Es ist damit klar, wie sich das Phasenportrait des drei-dimensionalen Systems (6.35) aus den Phasenportraits der beiden „Teilgleichungen" zusammensetzt. Die Abbildung 6.3 zeigt links einen instabilen Strudel in der (y, z)-Ebene und den ein-dimensionalen Phasenraum der x-Gleichung. In der rechten Teilabbildung erkennt man eine typische Trajektorie im drei-dimensionalen Raum als Überlagerung der entsprechenden Projektionen in die beiden Unterräume. ◊

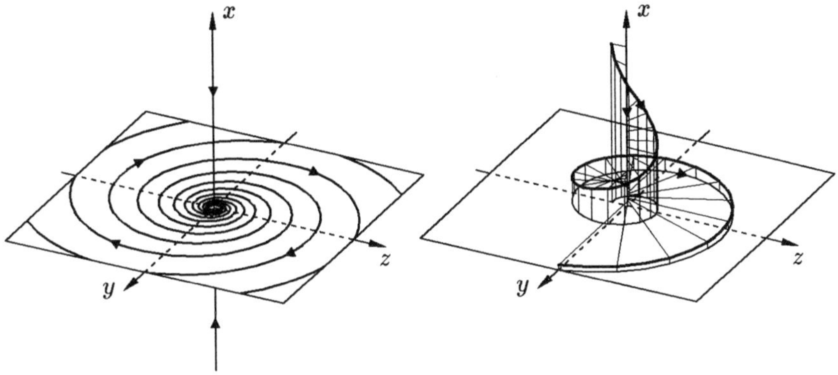

Abb. 6.3 Phasenportrait auf der x-Achse und in der (y, z)-Ebene (links), und typische Raum-Trajektorie (rechts) des Systems (6.35)

Die vorherigen Beispiele haben gezeigt, wie sich in konkreten Fällen der Phasenraum eines in Normalform vorliegenden Systems $\dot{x} = Ax$ in lineare Unterräume zerlegen läßt, in denen das Lösungsverhalten jeweils von den Eigenwerten der Koeffizientenmatrix A bestimmt wird. In welcher Weise der entsprechende Sachverhalt auch allgemein gültig ist, wollen wir als nächstes beschreiben. Wir legen dabei ein beliebiges System der Form

$$\boxed{\dot{x} = Ax} \tag{6.36}$$

zu Grunde, wobei wir jetzt nicht mehr voraussetzen, daß die Koeffizientenmatrix A in Normalform vorliegt. Wie wir gleich sehen werden, spielt in diesem Zusammenhang der aus der LINEAREN ALGEBRA bekannte Begriff des *halbeinfachen* Eigenwerts eine besondere Rolle. Ein Eigenwert heißt dabei **halbeinfach**, wenn seine algebraische[3] und seine geometrische[4] Vielfachheit übereinstimmen. Die für unsere Zwecke bedeutsame Eigenschaft halbeinfacher Eigenwerte ist die, daß der zu einem solchen Eigenwert gehörige Jordanblock eine Diagonalmatrix ist, genauer, im Fall eines reellen Eigenwerts λ gleich $\operatorname{diag}(\lambda, \ldots, \lambda)$, und im Fall eines komplexen Eigenwertpaares $\rho \pm i\sigma$, $\sigma \neq 0$, gleich $\operatorname{diag}\left(\left(\begin{smallmatrix} \rho & \sigma \\ -\sigma & \rho \end{smallmatrix}\right), \ldots, \left(\begin{smallmatrix} \rho & \sigma \\ -\sigma & \rho \end{smallmatrix}\right)\right)$.

[3] Die *algebraische* Vielfachheit eines Eigenwerts λ von A ist die Vielfachheit, die λ als Nullstelle des charakteristischen Polynoms von A besitzt.

[4] Die *geometrische* Vielfachheit eines Eigenwerts λ einer Matrix A ist die Dimension des zugehörigen Eigenraums, also die Dimension des Lösungsraums des algebraischen Gleichungssystems $(A - \lambda E)x = 0$.

6.3.10 Satz (algebraische Feinstruktur des Lösungsraums $L(0)$): *Sind $\lambda_1, \ldots, \lambda_p$ die p paarweise verschiedenen reellen Eigenwerte bzw. komplexen Eigenwertpaare von $A \in \mathbb{R}^{N\times N}$, so gibt es p lineare Unterräume $L_{\lambda_1}, \ldots, L_{\lambda_p}$ des Lösungsraums $L(0)$ von (6.36) derart, daß sich $L(0)$ wie folgt als direkte Summe darstellen läßt*[5]:

$$L(0) = L_{\lambda_1} \oplus \cdots \oplus L_{\lambda_p}$$

Für die einzelnen Unterräume $L_{\lambda_1}, \ldots, L_{\lambda_p}$ und die darin befindlichen Lösungen gilt dabei folgendes:

(a) *Ist λ ein reeller Eigenwert von A mit der algebraischen Vielfachheit k, so hat der zugehörige Unterraum L_λ die Dimension k, und er besitzt eine Basis der Form*

$$e^{\lambda t} p_0(t)\,,\ e^{\lambda t} p_1(t), \ \ldots, e^{\lambda t} p_{k-1}(t)\,. \tag{6.37}$$

Hierbei sind $p_0(t), \ldots, p_{k-1}(t)$ Funktionen von $\mathbb{R}$ nach $\mathbb{R}^N$, und jede der Koordinatenfunktionen von $p_i(t)$ ist ein Polynom in t vom Grade $\leq i$, $i = 0, \ldots, k-1$. Ist hierbei der gegebene Eigenwert λ halbeinfach, so haben all diese Polynome den Grad 0, sind also konstant.

(b) Ist $\rho \pm i\sigma$ mit $\sigma \neq 0$ ein konjugiert komplexes Eigenwertpaar von A mit der algebraischen Vielfachheit m, so hat der zugehörige Unterraum $L_{\rho\pm i\sigma}$ die Dimension $2m$, und er besitzt eine Basis der Form

$$\begin{aligned} &e^{\rho t}\cos\sigma t\; q_0(t)\;,\ e^{\rho t}\cos\sigma t\; q_1(t)\;,\ \ldots\;,\ e^{\rho t}\cos\sigma t\; q_{m-1}(t)\;,\\ &e^{\rho t}\sin\sigma t\; r_0(t)\;,\ e^{\rho t}\sin\sigma t\; r_1(t)\;,\ \ldots\;,\ e^{\rho t}\sin\sigma t\; r_{m-1}(t)\;, \end{aligned} \tag{6.38}$$

mit Funktionen $q_j, r_j : \mathbb{R} \longrightarrow \mathbb{R}^N$, deren Koordinaten Polynome in t vom Grade $\leq j$ sind, $j = 0, \ldots, m-1$. Ist dabei $\rho \pm i\sigma$ ein Paar halbeinfacher Eigenwerte von A, so sind all diese Polynome konstant.

Insgesamt erhält man also, wenn λ die reellen und $\rho \pm i\sigma$ die nichtreellen Eigenwerte der Matrix A durchläuft, mit Hilfe der zugehörigen Funktionensysteme (6.37) und (6.38) N linear unabhängige Lösungen, also ein Fundamentalsystem von (6.36).

Beweis: (i) Wir beginnen mit einer Vorüberlegung, die zeigt, daß man den allgemeinen Fall auf den einer Matrix in Normalform zurückführen kann. Bezeichnen wir nämlich das im Satz beschriebene Fundamentalsystem mit $\mu_1(t), \ldots, \mu_N(t)$,

[5] Das bedeutet, daß sich jede Funktion $\mu \in L(0)$ in der Form $c_1\mu_1 + \cdots + c_p\mu_p$ mit $\mu_i \in L_{\lambda_i}, c_i \in \mathbb{R}, i = 1, \ldots, p$ schreiben läßt, und daß in dieser Darstellung die Koeffizienten $c_1, \ldots, c_p$ eindeutig bestimmt sind.

und ist T eine reguläre $N \times N$-Matrix, so ist das Funktionensystem $T\mu_1(t),\ldots,$ $T\mu_N(t)$ ein Fundamentalsystem des vermöge der Transformation $x = Ty$ gebildeten Systems $\dot{y} = T^{-1}ATy$. Da für jedes $j = 1,\ldots,N$ die Koordinaten des Vektors $T\mu_j(t)$ Linearkombinationen der Koordinaten von $\mu_j(t)$ sind, ist dann auch jede Koordinate von $T\mu_j(t)$ eine Linearkombination von Funktionen der Art, wie sie in den Koordinaten von $\mu_j(t)$ auftreten. Damit ist gezeigt, daß eine Ähnlichkeitstransformation der Koeffizientenmatrix A an der Aussage des Satzes nichts ändert, und wir daher von vorneherein A in Normalform annehmen können.

(ii) Die Matrix A besitze also die reelle Jordan'sche Normalform

$$A = \operatorname{diag}(J_1,\ldots,J_p),$$

wobei wir mit J_i für jedes $i = 1,\ldots,p$ diejenige Matrix bezeichnen, die *sämtliche* zu dem Eigenwert λ_i gehörigen Jordanblöcke als Diagonalblöcke enthält. Im Fall eines reellen Eigenwerts bzw. komplexen Eigenwertpaares λ_i mit der algebraischen Vielfachheit m_i gilt also $J_i \in \mathbb{R}^{m_i \times m_i}$ bzw. $J_i \in \mathbb{R}^{2m_i \times 2m_i}$. Die zugehörige Matrix-Exponentialfunktion hat dann die entsprechende Blockdiagonalform

$$e^{At} = \operatorname{diag}\left(e^{J_1 t},\ldots,e^{J_p t}\right).$$

Da die Spalten dieser Matrix N linear unabhängige Lösungen des Systems $\dot{x} = Ax$ sind, ergibt sich die Aussage des Satzes (sogar mit einem explizit angebbaren Fundamentalsystem) aus der speziellen Gestalt von e^{At} und der Tatsache, daß für jedes $i = 1,\ldots,p$ die Matrix $e^{J_i t}$ selbst eine Blockdiagonalmatrix ist, deren Hauptdiagonalblöcke alle die spezielle Form (6.29) bzw. (6.32) besitzen, je nachdem ob λ_i reell ist oder nicht. An dieser Stelle ist es für das Verständnis des Beweises sicher nützlich, die Formeln (6.29) und (6.32) im Lichte der gegenwärtigen Überlegungen noch einmal genauer in Augenschein zu nehmen.

(iii) Es bleiben noch die für halbeinfache Eigenwerte gemachten Aussagen zu beweisen. Ist ein *reeller* Eigenwert λ halbeinfach, so ist der zugehörige Jordanblock J eine Diagonalmatrix, und diese Eigenschaft überträgt sich auf den entsprechenden Hauptdiagonalblock e^{Jt} von e^{At}, der folglich keine t-Potenzen enthält. Dies liefert, wenn k die (algebraische und geometrische) Vielfachheit dieses Eigenwerts ist, k linear unabhängige Lösungen der Form $e^{\lambda t}\zeta_0, \ldots, e^{\lambda t}\zeta_{k-1}$ mit konstanten $\mathbb{R}^N$-Vektoren $\zeta_0,\ldots,\zeta_{k-1}$, und diese Konstellation bleibt auch unter der eingangs des Beweises beschriebenen linearen Transformation erhalten. Bei einem halbeinfachen *komplexen* Eigenwertpaar $\rho \pm i\sigma$ ist der zugehörige Hauptdiagonalblock e^{Jt} von e^{At} eine Blockdiagonalmatrix, deren einzelne Blöcke alle die Form $e^{\rho t}\left(\begin{smallmatrix} \cos\sigma t & \sin\sigma t \\ -\sin\sigma t & \cos\sigma t \end{smallmatrix}\right)$ besitzen, also ebenfalls keine t-Potenzen enthalten. Daher treten auch in den Lösungen des hierzu gehörigen Teils des Fundamentalsystems keine Potenzen von t auf. ∎

Der Satz 6.3.10 liefert neben theoretischen Einsichten in die Feinstruktur der Lösungsräume von linearen Systemen mit konstanten Koeffizienten auch ein praktisches Verfahren zur Bestimmung von Fundamentalsystemen. Er beschreibt nämlich, mit welchen Ansätzen man (im Prinzip wenigstens) stets ein Fundamentalsystem berechnen kann (siehe Aufgabe 5).

Als nächstes wollen wir beschreiben, wie man bei der Berechnung eines Fundamentalsystems mit Hilfe der Matrix-Exponentialfunktionen e^{At} praktisch vorzugehen hat, wenn die Matrix A nicht in Normalform vorliegt. Wir erinnern in diesem Zusammenhang daran, daß man zur Transformation auf Jordan'sche Normalform von der gegebenen $N \times N$-Matrix A nicht nur die Eigenwerte benötigt, sondern N linear unabhängige Eigenvektoren, oder allgemeiner, eine aus Eigen- und gegebenenfalls Hauptvektoren bestehende Basis des $\mathbb{R}^N$, falls nicht alle Eigenwerte ***halbeinfach*** sind, d.h. falls nicht bei allen Eigenwerten die algebraische und die geometrischeVielfachheit übereinstimmen.

6.3.11 Zusammenfassung (Rezept zur Berechnung von e^{At}):

1. Schritt: Berechnung der Eigenwerte von A.

2. Schritt: Berechnung der Eigenvektoren (und gegebenenfalls Hauptvektoren) von A, und spaltenweise Anordnung dieser Vektoren zu einer Matrix T. Im Fall komplexer Eigenwerte verwendet man von den komplexen Eigen- oder Hauptvektoren die Real- und Imaginärteile.

3. Schritt: Berechnung von T^{-1}.

4. Schritt: Berechnung von $T^{-1}AT$ und erkennen der Jordanblöcke $\widetilde{A}_1, \ldots, \widetilde{A}_k$ in der Darstellung $T^{-1}AT = \operatorname{diag}\big(\widetilde{A}_1, \ldots, \widetilde{A}_k\big)$.

5. Schritt: Berechnung von e^{At} nach der Formel

$$e^{At} = T \operatorname{diag}\big(e^{\widetilde{A}_1 t}, \ldots, e^{\widetilde{A}_k t}\big)\, T^{-1},$$

wobei die $e^{\widetilde{A}_1 t}, \ldots, e^{\widetilde{A}_k t}$ gemäß der Formeln (6.29) bzw. (6.32) zu bestimmen sind.

An Hand eines konkreten Beispiels wollen wir nun dieses Verfahren in allen Einzelheiten vorführen, ohne allerdings die zur LINEAREN ALGEBRA gehörigen Rechnungen explizit auszuführen. Es handelt sich dabei insofern um ein nichttriviales Beispiel, als einer der auftretenden Eigenwerte nicht halbeinfach ist und man daher mit Eigenvektoren alleine nicht auskommt, sondern auch einen Hauptvektor berechnen muß.

6.3.12 Beispiel: Für das System

$$\boxed{\dot{\begin{pmatrix} x \\ y \\ z \end{pmatrix}} = \begin{pmatrix} -1 & 0 & 0 \\ 1 & -1 & 0 \\ 0 & 1 & 0 \end{pmatrix} \begin{pmatrix} x \\ y \\ z \end{pmatrix}}, \qquad (6.39)$$

dessen mit A bezeichnete Koeffizientenmatrix offensichtlich nicht in Normalform vorliegt, wollen wir den Fluß berechnen. Da dieser gemäß Satz 6.3.3 die Form $\varphi(t;\xi) = e^{At}\xi$ besitzt, ist dies gleichwertig mit der Berechnung der Matrix-Exponentialfunktion e^{At}. Dazu gehen wir nun entsprechend der Zusammenfassung 6.3.11 schrittweise vor.

1. Schritt: Das charakteristische Polynom $\det(A - \rho E)$ der Matrix A besitzt im vorliegenden Fall die Form $-\rho(\rho+1)^2$. Also ist 0 ein einfacher und -1 ein doppelter Eigenwert der gegebenen Matrix.

2. Schritt: Einen Eigenvektor zum Eigenwert 0 liefert das lineare algebraische Gleichungssystem

$$\begin{pmatrix} -1 & 0 & 0 \\ 1 & -1 & 0 \\ 0 & 1 & 0 \end{pmatrix} \begin{pmatrix} x \\ y \\ z \end{pmatrix} = \begin{pmatrix} 0 \\ 0 \\ 0 \end{pmatrix}, \quad \text{also etwa} \begin{pmatrix} 0 \\ 0 \\ 1 \end{pmatrix}.$$

Zur Ermittlung der Eigenvektoren zum Eigenwert -1 haben wir das homogene Gleichungssystem mit der Koeffizientenmatrix $A + E$ zu lösen, also

$$\begin{pmatrix} 0 & 0 & 0 \\ 1 & 0 & 0 \\ 0 & 1 & 1 \end{pmatrix} \begin{pmatrix} x \\ y \\ z \end{pmatrix} = \begin{pmatrix} 0 \\ 0 \\ 0 \end{pmatrix}.$$

Dieses Gleichungssystem besitzt nur einen ein-dimensionalen Lösungsraum, der zum Beispiel von dem Vektor $(0, -1, 1)^T$ aufgespannt wird, denn die Koeffizientenmatrix besitzt den Rang 2. Einen zweiten linear unabhängigen Vektor des zum Eigenwert -1 gehörigen (verallgemeinerten) Eigenraums liefert (das besagt die LINEARE ALGEBRA) eine Lösung w des inhomogenen Gleichungssystems $(A + E)w = v$, bei dem die Inhomogenität der bereits bestimmte Eigenvektor v zum Eigenwert -1 ist. Im vorliegenden Fall haben wir also eine Lösung des linearen Gleichungssystems

$$\begin{pmatrix} 0 & 0 & 0 \\ 1 & 0 & 0 \\ 0 & 1 & 1 \end{pmatrix} \begin{pmatrix} x \\ y \\ z \end{pmatrix} = \begin{pmatrix} 0 \\ -1 \\ 1 \end{pmatrix}$$

zu bestimmen. Wie man leicht bestätigt, ist $(-1, 0, 1)^T$ eine solche Lösung. Aus den nun vorliegenden Eigenvektoren $(0, 0, 1)^T$, $(0, -1, 1)^T$ und dem Hauptvektor $(-1, 0, 1)^T$ bilden wir die Matrix

$$T := \begin{pmatrix} 0 & 0 & -1 \\ 0 & -1 & 0 \\ 1 & 1 & 1 \end{pmatrix}.$$

3. Schritt: Die zu T inverse Matrix ist

$$T^{-1} = \begin{pmatrix} 1 & 1 & 1 \\ 0 & -1 & 0 \\ -1 & 0 & 0 \end{pmatrix}.$$

4. Schritt: Auf Grund der Theorie ist nun bekannt, daß die Matrix $T^{-1}AT$ die reelle Jordan'sche Normalform

$$T^{-1}AT = \begin{pmatrix} 0 & 0 & 0 \\ 0 & -1 & 1 \\ 0 & 0 & -1 \end{pmatrix}$$

besitzt, was sich natürlich auch leicht durch Berechnung des Matrizenprodukts $T^{-1}AT$ ergibt. Wir erkennen nun die Jordanblöcke $\widetilde{A}_1 = (0)$ und $\widetilde{A}_2 = \left(\begin{smallmatrix} -1 & 1 \\ 0 & -1 \end{smallmatrix}\right)$ in der Reihenfolge, die durch die Anordnung der Eigen- und Hauptvektoren zur Matrix T bestimmt ist.

5. Schritt: Mit den zuvor erzielten Ergebnissen und der Formel (6.29) gilt

$$\begin{aligned} e^{At} &= \begin{pmatrix} 0 & 0 & -1 \\ 0 & -1 & 0 \\ 1 & 1 & 1 \end{pmatrix} \begin{pmatrix} 1 & 0 & 0 \\ 0 & e^{-t} & t\,e^{-t} \\ 0 & 0 & e^{-t} \end{pmatrix} \begin{pmatrix} 1 & 1 & 1 \\ 0 & -1 & 0 \\ -1 & 0 & 0 \end{pmatrix} \\ &= \begin{pmatrix} e^{-t} & 0 & 0 \\ te^{-t} & e^{-t} & 0 \\ 1-e^{-t}-te^{-t} & 1-e^{-t} & 1 \end{pmatrix}. \end{aligned}$$

Es sei hier am Rande erwähnt, daß sich dieses Ergebnis natürlich in Übereinstimmung befindet mit dem im Beispiel 6.3.1 auf anderem Wege erzielten Resultat. Aus der nun vorliegenden Fundamentalmatrix e^{At} erhalten wir schließlich in Form der Funktion

$$\varphi(t;\xi,\eta,\zeta) = \begin{pmatrix} \xi\, e^{-t} \\ \xi t e^{-t} + \eta e^{-t} \\ \xi\left[1 - e^{-t} - t\,e^{-t}\right] + \eta\left[1 - e^{-t}\right] + \zeta \end{pmatrix}$$

den Fluß des betrachteten Systems (6.39). ◇

Nachdem wir uns bisher in diesem Abschnitt nur mit *homogenen* linearen Systemen beschäftigt haben, wollen wir uns abschließend auch noch den *inhomogenen* Systemen zuwenden. Wir betrachten dabei Systeme der Form

$$\boxed{\dot{x} = Ax + g(t)}, \tag{6.40}$$

bei denen also die Koeffizientenmatrix $A \in \mathbb{R}^{N\times N}$ nach wie vor konstant ist, die Inhomogenität jedoch von t abhängen darf, und zwar stetig für alle t aus einem Intervall I. Daß dies im Hinblick auf die explizite Lösbarkeit des Systems keinerlei Probleme mit sich bringt, erkennt man an der zugehörigen Formel der **Variation der Konstanten** (siehe Satz 6.2.7), die im vorliegenden Fall besagt, daß die für alle $t \in I$ und alle $(\tau,\xi) \in I \times \mathbb{R}^N$ erklärte allgemeine Lösung $\lambda_g(t\,;\tau,\xi)$ von (6.40) die folgende Form besitzt:

$$\begin{aligned} \lambda_g(t\,;\tau,\xi) &= e^{At}\left[e^{-A\tau}\xi + \int_\tau^t e^{-As} g(s)\,ds\right] \\ &= e^{A(t-\tau)}\xi + \int_\tau^t e^{A(t-s)} g(s)\,ds\,. \end{aligned} \tag{6.41}$$

Den Einsatz dieser Formeln demostrieren wir an Hand des folgenden Beispiels.

6.3.13 Beispiel: Zur Berechnung der allgemeinen Lösung des inhomogenen linearen Systems

$$\dot{\begin{pmatrix} x \\ y \\ z \end{pmatrix}} = \begin{pmatrix} -1 & 0 & 0 \\ 1 & -1 & 0 \\ 0 & 1 & 0 \end{pmatrix} \begin{pmatrix} x \\ y \\ z \end{pmatrix} + \begin{pmatrix} 0 \\ 0 \\ e^{-t} \end{pmatrix}$$

benötigen wir gemäß der Formel (6.41) zunächst die Übergangsmatrix des zugehörigen homogenen Systems $\dot{x} = Ax$. Da zur vorliegenden Koeffizientenmatrix die Exponentialfunktion e^{At} aus dem vorherigen Beispiel bekannt ist, erhalten wir sofort

$$e^{A(t-\tau)} = \begin{pmatrix} e^{\tau-t} & 0 & 0 \\ (t-\tau)e^{\tau-t} & e^{\tau-t} & 0 \\ 1-e^{\tau-t}+(\tau-t)e^{\tau-t} & 1-e^{\tau-t} & 1 \end{pmatrix}.$$

Anwendung der Formel (6.41), mit $(\xi, \eta, \zeta)^T$ anstelle von ξ, liefert dann

$$\lambda_g(t\,;\tau, \xi, \eta, \zeta) =$$

$$= \begin{pmatrix} e^{\tau-t} & 0 & 0 \\ (t-\tau)e^{\tau-t} & e^{\tau-t} & 0 \\ 1-e^{\tau-t}+(\tau-t)e^{\tau-t} & 1-e^{\tau-t} & 1 \end{pmatrix} \begin{pmatrix} \xi \\ \eta \\ \zeta \end{pmatrix} +$$

$$+ \int_\tau^t \begin{pmatrix} e^{s-t} & 0 & 0 \\ (t-s)e^{s-t} & e^{s-t} & 0 \\ 1-e^{s-t}+(s-t)e^{s-t} & 1-e^{s-t} & 1 \end{pmatrix} \begin{pmatrix} 0 \\ 0 \\ e^{-s} \end{pmatrix} ds =$$

$$= \begin{pmatrix} \xi\, e^{\tau-t} \\ \xi\,(t-\tau)e^{\tau-t} + \eta e^{\tau-t} \\ \xi\left[1-e^{\tau-t}+(\tau-t)\,e^{\tau-t}\right] + \eta\left[1-e^{\tau-t}\right] + \zeta \end{pmatrix} + \int_\tau^t \begin{pmatrix} 0 \\ 0 \\ e^{-s} \end{pmatrix} ds =$$

$$= \begin{pmatrix} \xi\, e^{\tau-t} \\ \xi\,(t-\tau)e^{\tau-t} + \eta e^{\tau-t} \\ \xi\left[1-e^{\tau-t}+(\tau-t)\,e^{\tau-t}\right] + \eta\left[1-e^{\tau-t}\right] + \zeta + e^{-\tau} - e^{-t} \end{pmatrix}.$$

Für die spezielle Wahl $\tau = 0$ erhalten wir im übrigen, wenn wir noch $\xi = \alpha$, $\eta = \beta$ und $\zeta = \gamma - \beta - 1$ setzen, die im Beispiel 1.1.17 auf Seite 8 angegebene Lösungsschar. ◊

Aufgaben

1. Berechnen Sie die allgemeine Lösung des Systems

$$\begin{pmatrix} \dot{x} \\ y \\ z \end{pmatrix} = \begin{pmatrix} 1 & 0 & 0 \\ -1 & 1 & 0 \\ 0 & -1 & 0 \end{pmatrix} \begin{pmatrix} x \\ y \\ z \end{pmatrix} + \begin{pmatrix} e^t \\ -e^t \\ te^t \end{pmatrix}.$$

Hinweis: Eine Variante des homogenen Systems wurde bereits behandelt.

2. Bestimmen Sie reelle 2×2-Matrizen A und B derart, daß die im Satz 6.3.6 (a) beschriebene Beziehung

$$e^{At}e^{Bt} = e^{(A+B)t}$$

nicht gilt.

3. Skizzieren Sie das Phasenportrait des Systems

$$\begin{pmatrix} \dot{x} \\ y \\ z \end{pmatrix} = \begin{pmatrix} -1 & 0 & 0 \\ 0 & \alpha & 0 \\ 0 & 0 & 1 \end{pmatrix} \begin{pmatrix} x \\ y \\ z \end{pmatrix}$$

in den Fällen $\alpha < 0$, $\alpha = 0$ und $\alpha > 0$.

4. Bestimmen Sie die reellen Parameter a, b, c derart, daß jede Lösung des Systems

$$\begin{pmatrix} \dot{x} \\ y \\ z \end{pmatrix} = \begin{pmatrix} a & 0 & 0 \\ 0 & b & c \\ 0 & -c & b \end{pmatrix} \begin{pmatrix} x \\ y \\ z \end{pmatrix}$$

für $t \to \infty$ gegen 0 konvergiert. Bestimmen Sie ferner die Werte dieser Parameter so, daß jeweils folgendes gilt:

(i) Alle Lösungen sind auf $[0, \infty)$ beschränkt.

(ii) Nur die triviale Lösung ist auf $[0, \infty)$ beschränkt.

(iii) Alle Lösungen sind auf $\mathbb{R}$ beschränkt.

(iv) Nur die triviale Lösung ist auf $\mathbb{R}$ beschränkt.

5. Zeigen Sie an Hand des Systems

$$\begin{pmatrix} \dot{x} \\ y \\ z \end{pmatrix} = \begin{pmatrix} -1 & 0 & 0 \\ 1 & -1 & 0 \\ 0 & 1 & 0 \end{pmatrix} \begin{pmatrix} x \\ y \\ z \end{pmatrix},$$

daß man das im Satz 6.3.10 beschriebene Fundamentalsystem mit einem geeigneten Ansatz bestimmen kann. Vergleichen Sie diese Vorgehensweise mit der des Beispiels 6.3.12.

6. Gegeben sei ein N-dimensionales lineares System

$$\dot{x} = Ax$$

mit konstanten Koeffizienten und Fluß $\varphi(t;\xi) = \xi e^{At}$. Zeigen Sie, daß für jeden Anfangswert $\xi \in \mathbb{R}^N \setminus \{0\}$ wenigstens eine der beiden Beziehungen

$$\lim_{t \to \infty} ||\varphi(t;\xi)|| = \infty \quad \text{oder} \quad \lim_{t \to -\infty} ||\varphi(t;\xi)|| = \infty$$

genau dann gilt, wenn A keine Eigenwerte auf der imaginären Achse besitzt.

Kann es in diesem Fall Anfangswerte ξ_0 geben, so daß die beiden Beziehungen auch gleichzeitig gelten, oder solche, bei denen

$$\lim_{t \to \infty} ||\varphi(t;\xi_0)|| = 0 \quad \text{oder} \quad \lim_{t \to -\infty} ||\varphi(t;\xi_0)|| = 0$$

gilt?

6.4 Lineare Differentialgleichungen höherer Ordnung

Differentialgleichungen höherer Ordnung sind zwar prinzipiell in der Theorie der Systeme 1. Ordnung enthalten, der großen praktischen Bedeutung wegen wollen wir jedoch für die *skalaren linearen* Differentialgleichungen höherer Ordnung die einschlägigen Ergebnisse in einem eigenen Abschnitt herleiten und explizit formulieren. Die Gleichungen, mit denen wir uns dabei beschäftigen wollen, haben die Form

$$\boxed{u^{(n)} = a_{n-1}(t)\,u^{(n-1)} + \ldots + a_1(t)\,\dot{u} + a_0(t)\,u + b(t)}\,. \tag{6.42}$$

Die hierbei auftretenden Koeffizientenfunktionen $a_{n-1}(t)$, ..., $a_0(t)$ und $b(t)$ seien stetig auf einem offenen Intervall I und reellwertig. Wie wir aus dem Abschnitt 1.4 wissen, läßt sich die Differentialgleichung (6.42) vermöge der Zuordnungen $x_1 := u$, $x_2 := \dot{u}$, ..., $x_n := u^{(n-1)}$ äquivalent in folgendes System 1. Ordnung umformen:

$$\boxed{\dot{\begin{pmatrix} x_1 \\ \vdots \\ \vdots \\ x_n \end{pmatrix}} = \begin{pmatrix} 0 & 1 & \cdots & \cdots & 0 \\ \vdots & \ddots & \ddots & & \vdots \\ \vdots & & \ddots & \ddots & \vdots \\ 0 & \cdots & \cdots & 0 & 1 \\ a_0(t) & \cdots & \cdots & \cdots & a_{n-1}(t) \end{pmatrix} \begin{pmatrix} x_1 \\ \vdots \\ \vdots \\ x_n \end{pmatrix} + \begin{pmatrix} 0 \\ \vdots \\ 0 \\ b(t) \end{pmatrix}} \tag{6.43}$$

Auf Grund dieser Äquivalenz lassen sich nun sämtliche bislang erzielten Ergebnisse über lineare Systeme auf die Differentialgleichung (6.42) übertragen. Insbesondere folgt aus dem globalen Existenz- und Eindeutigkeitssatz für lineare Systeme (Satz 2.5.8), daß jede Lösung von (6.42) auf dem ganzen Intervall I existiert, und daß für jeden Punkt $(t_0, u_0, u_1, \ldots, u_{n-1}) \in I \times \mathbb{R}^n$ die Lösung von (6.42) zur Anfangsbedingung

$$u(t_0) = u_0\,,\ \dot{u}(t_0) = u_1\,,\ \ldots\,,\ u^{(n-1)}(t_0) = u_{n-1}$$

auf I eindeutig bestimmt ist. Diese mit $\boldsymbol{\sigma_b(t\,;t_0, u_0, \ldots, u_{n-1})}$ bezeichnete Lösung nennen wir die **allgemeine Lösung**[6] der Gleichung (6.42).

---

[6] Diese Begriffsbildung stellt eine natürliche Ergänzung zu dem im Abschnitt 2.6 für Systeme 1. Ordnung eingeführten Begriff der allgemeinen Lösung dar. Für $n = 1$ stimmen beide Begriffe überein, und für $n > 1$ sind sie in naheliegender Weise miteinander verknüpft (siehe Aufgabe 1). Wie in der Bemerkung 6.1.4, die sich auf *Systeme* bezieht, gilt auch bei *skalaren* Gleichungen, daß der in diesem Buch verwendete Begriff der allgemeinen Lösung den in der Literatur üblichen beinhaltet. Während im letzteren Fall die „allgemeine" Lösung – wie man oft lesen kann – „willkürliche Konstante enthält, die man den Anfangsbedingungen erst noch anpassen muß", trägt der im vorliegenden Buch verwendete Lösungsbegriff die Anfangsdaten bereits in sich.

Im Hinblick auf die Beschreibung weiterer Eigenschaften der Gleichung (6.42) führen wir zu fest vorgegebenen Funktionen $a_0, \ldots, a_{n-1} \in C(I, \mathbb{R})$ und variablem $b \in C(I, \mathbb{R})$ die folgenden Bezeichnungen ein:

$$\begin{aligned} \boldsymbol{U(b)} &:= \left\{ \mu \in C^n(I, \mathbb{R}) : \ \mu(t) \text{ ist Lösung von (6.42)} \right\} , \\ \boldsymbol{X(b)} &:= \left\{ \nu \in C^1(I, \mathbb{R}^n) : \ \nu(t) \text{ ist Lösung von (6.43)} \right\} . \end{aligned}$$

Wie wir vom Satz 1.1.20 her wissen, ist auch für die Gleichung (6.42) das **Superpositionsprinzip** gültig, d.h. gilt $\mu_1 \in U(b_1)$ und $\mu_2 \in U(b_2)$, so folgt die Beziehung $c_1 \mu_1 + c_2 \mu_2 \in U(c_1 b_1 + c_2 b_2)$ für beliebige $c_1, c_2 \in \mathbb{R}$.

Eine zentrale Rolle bei der systematischen Übertragung von bereits bekannten Ergebnissen auf skalare Differentialgleichungen höherer Ordnung spielt die Abbildung

$$F(\nu_1, \ldots, \nu_n) := \nu_1 , \quad F : X(b) \to U(b) , \tag{6.44}$$

von der wir auf Grund des Satzes 1.4.1 wissen, daß sie bijektiv ist, die Umkehrabbildung

$$F^{-1}(\mu) = \left(\mu, \dot{\mu}, \ldots, \mu^{(n-1)}\right) , \quad F^{-1} : U(b) \to X(b) \tag{6.45}$$

besitzt und die Anfangswerte der betrachteten Lösungen unverändert läßt. Wie man sofort sieht, ist die Abbildung F (und damit auch F^{-1}) linear, folglich ein Vektorraum-Isomorphismus zwischen $X(b)$ und $U(b)$. Dies wiederum hat zur Folge, daß sich sämtliche Linearitätseigenschaften des Systems (6.43) auf die Gleichung (6.42) übertragen lassen. Insbesondere ist also $U(b)$ ein n-dimensionaler affiner Unterraum von $C^n(I, \mathbb{R})$, und im Fall der zugehörigen homogenen Gleichung

$$\boxed{u^{(n)} = a_{n-1}(t)\, u^{(n-1)} + \ldots + a_1(t)\, \dot{u} + a_0(t)\, u} \tag{6.46}$$

ist $U(0)$ sogar ein linear Unterraum.

Eine Menge von n linear unabhängigen Lösungen der homogenen Gleichung (6.46) nennen wir auch hier ein **Fundamentalsystem**. Um festzustellen, ob n Lösungen $\mu_1(t), \ldots, \mu_n(t)$ dieser Gleichung ein Fundamentalsystem bilden, benutzt man die mit Hilfe der zugehörigen **Wronski-Matrix**

$$\boldsymbol{W(t)} := \begin{pmatrix} \mu_1(t) & \cdots & \mu_n(t) \\ \dot{\mu}_1(t) & \cdots & \dot{\mu}_n(t) \\ \vdots & \ddots & \vdots \\ \mu_1^{(n-1)}(t) & \cdots & \mu_n^{(n-1)}(t) \end{pmatrix} , \quad W : I \to \mathbb{R}^{n \times n} \tag{6.47}$$

definierte **Wronski-Determinante**

$$\boldsymbol{\omega(t)} := \det W(t) . \tag{6.48}$$

Der entsprechende Satz lautet wie folgt.

6.4.1 Satz (Eigenschaften der Wronski-Determinante): *Die Wronski-Determinante $\omega(t)$ von n Lösungen der homogenen Differentialgleichung (6.46) ist eine auf I erklärte Lösung der skalaren Differentialgleichung*

$$\boxed{\dot{w} = a_{n-1}(t)w}\,.$$

Sie besitzt folglich die Darstellung

$$\omega(t) = \omega(\tau)\, e^{\int_\tau^t a_{n-1}(s)\,ds} \quad \text{für alle } t,\tau \in I\,. \tag{6.49}$$

Ferner ist die Funktion $\omega(t)$ entweder identisch 0 oder sie verschwindet an keiner einzigen Stelle aus dem Intervall I, je nachdem ob die betrachteten Lösungen linear abhängig oder linear unabhängig sind.

Beweis: Die Aussage dieses Satzes folgt sofort aus den Sätzen 6.1.5 und 6.1.6, wenn man beachtet, daß n Lösungen $\mu_1(t),\ldots,\mu_n(t)$ der skalaren Gleichung (6.46) genau dann linear unabhängig in $C^n(I,\mathbb{R}^n)$ sind, wenn die zugehörigen Lösungen $\left(\mu_1(t),\dot{\mu}_1(t),\ldots,\mu_1^{(n-1)}(t)\right)^T,\ldots,\left(\mu_n(t),\dot{\mu}_n(t),\ldots,\mu_n^{(n-1)}(t)\right)^T$ des Systems (6.43) in $C^1(I,\mathbb{R})$ linear unabhängig sind. Daß dies in der Tat so ist, liegt daran, daß die Abbildung (6.44), die diese beiden Funktionensysteme miteinander verknüpft, ein Isomorphismus ist und folglich die lineare Unabhängigkeit überträgt. ■

Die Formel der **Variation der Konstanten** hat im Gewand der skalaren Gleichungen höherer Ordnung die im folgenden Satz angegebene Form.

6.4.2 Satz (Variation der Konstanten): *Die Formel für die allgemeine Lösung $\sigma_b(t\,;t_0,u_0,\ldots,u_{n-1})$ der inhomogenen Gleichung (6.42) lautet*

$$\begin{aligned}\sigma_b(t\,;t_0,u_0,\ldots,u_{n-1}) &= \qquad\qquad (6.50)\\ &= \left(\mu_1(t),\ldots,\mu_n(t)\right)\left[W^{-1}(t_0)\begin{pmatrix}u_0\\ \vdots\\ u_{n-1}\end{pmatrix} + \int_{t_0}^t W^{-1}(s)\begin{pmatrix}0\\ \vdots\\ 0\\ b(s)\end{pmatrix}ds\right].\end{aligned}$$

Hierbei ist $\mu_1(t),\ldots,\mu_n(t)$ ein beliebiges Fundamentalsystem der zu (6.42) gehörigen homogenen Gleichung (6.46), und $W^{-1}(t)$ ist die Inverse der zu diesem Fundamentalsystem gehörigen Wronski-Matrix.

Dem Beweis dieses Satzes stellen wir einige Erläuterungen voran. Zunächst sei bemerkt, daß die Formel (6.50) – obwohl sie letztlich eine skalare Größe beschreibt – die Form eines Matrizenprodukts besitzt. Zwischen den eckigen Klammern steht nämlich insgesamt ein Spaltenvektor, also eine einspaltige Matrix, und dieser wird von links im Sinne des Matrizenprodukts mit der einzeiligen Matrix $(\mu_1(t),\ldots,\mu_n(t))$ multipliziert. Diese Betrachtungsweise läßt nun zweierlei erkennen. Zum einen liegt in (6.50) ein Ausdruck der Form

$$\mu_1(t)c_1(t) + \ldots + \mu_n(t)c_n(t) \tag{6.51}$$

vor. Sind dabei die Koeffizienten $c_1(t),\ldots,c_n(t)$ konstant (das ist gemäß (6.50) genau für $b(t)\equiv 0$ der Fall), so ist (6.51) eine Lösung der *homogenen* Gleichung. Daß man durch geeignete „Variation" dieser (dann konstanten) Koeffizienten die allgemeine Lösung der *inhomogenen* Gleichung beschreiben kann, begründet den Namen *Variation der Konstanten.* Auf der anderen Seite läßt sich die Formel (6.50) durch Ausmultiplizieren in die Form

$$\sigma_b(t\,;t_0,u_0,\ldots,u_{n-1}) \;\equiv\; \sigma_0(t\,;t_0,u_0,\ldots,u_{n-1})+\sigma_b(t\,;t_0,0,\ldots,0) \tag{6.52}$$

bringen, die das Analogon zur Formel (6.18) für Systeme 1. Ordnung darstellt. Die Formel (6.52) läßt erkennen, daß sich auch bei linearen Differentialgleichungen höherer Ordnung die allgemeine Lösung der inhomogenen Gleichung additiv aus der allgemeinen Lösung der homogenen Gleichung und einer sogenannten **partikulären Lösung** der inhomogenen Gleichung zusammensetzt.

Beweis des Satzes 6.4.2: Die zu dem Fundamentalsystem $\mu_1(t),\ldots,\mu_n(t)$ gehörige Wronski-Matrix $W(t)$ ist (dies bewirkt der Isomorphismus (6.45)) eine Fundamentalmatrix des Systems (6.43). Auf Grund der Formel (6.14) der Variation der Konstanten für das System (6.43) ist dann

$$W(t)\left[W^{-1}(t_0)\begin{pmatrix} u_0\\ \vdots\\ u_{n-1}\end{pmatrix} + \int_{t_0}^{t} W^{-1}(s)\begin{pmatrix} 0\\ \vdots\\ 0\\ b(s)\end{pmatrix} ds\right] \tag{6.53}$$

diejenige Lösung des Systems (6.43), die zum Zeitpunkt t_0 den Wert $(u_0,\ldots, u_{n-1})^T$ annimmt. Die erste Koordinate des Spaltenvektors (6.53) ist dann (dies bewirkt der Isomorphismus (6.44)) die Lösung der skalaren Gleichung (6.42) zum Anfangspunkt $(t_0,u_0,\ldots,u_{n-1})$, also $\sigma_b(t\,;t_0,u_0,\ldots,u_{n-1})$. Diese erste Koordinatenfunktion erhält man aber aus der Formel (6.53) einfach dadurch, daß man von der links stehenden Matrix $W(t)$ nur die erste Zeile $(\mu_1(t),\ldots,\mu_n(t))$ berücksichtigt. ∎

Jedes beliebige Fundamentalsystem der skalaren homogenen Gleichung (6.46) bildet in Form seiner Wronski-Matrix bekanntlich eine Fundamentalmatrix des zugehörigen Systems 1. Ordnung. Es liegt somit die Frage nahe, welches Fundamentalsystem die *Übergangsmatrix* des Systems als Wronski-Matrix besitzt. Wie man sofort sieht, läßt sich dieses sogenannte **kanonische Fundamentalsystem** in Form des von zwei Veränderlichen $t,t_0\in I$ abhängigen Funktionensystems

$$\varphi_i(t,t_0) \;:=\; \sigma_0(t\,;t_0,e_i)\,,\quad i=1,\ldots,n \tag{6.54}$$

definieren. Die zugehörige Wronski-Matrix ist an der Stelle $t = t_0$ nämlich gerade die Einheitsmatrix. Hieraus ergibt sich sofort die Identität

$$\sigma_0(t\,; t_0, u_0, \ldots, u_{n-1}) \equiv u_0\,\varphi_1(t, t_0) + \cdots + u_{n-1}\,\varphi_n(t, t_0)\,, \tag{6.55}$$

die das skalare Analogon zur entsprechenden Formel (6.12) für Systeme 1. Ordnung darstellt.

Den Zusammenhang zwischen einem *beliebigen* Fundamentalsystem $\mu_1(t), \ldots, \mu_n(t)$ mit zugehöriger Wronski-Matrix $W(t)$ und dem *eindeutig bestimmten* kanonischen Fundamentalsystem $\varphi_1(t, t_0), \ldots, \varphi_n(t, t_0)$ stellt die folgende, in Vektorform geschriebene Identität her:

$$\big(\varphi_1(t, t_0), \ldots, \varphi_n(t, t_0)\big) \equiv \big(\mu_1(t), \ldots, \mu_n(t)\big)\, W^{-1}(t_0)\,. \tag{6.56}$$

Die direkte Nachprüfung dieser Beziehung, die im übrigen der Matrizenidentität (6.11) entspricht, erfolgt, indem man den betrachteten Zeilenvektor von rechts der Reihe nach im Sinne des Matrizenprodukts mit den kanonischen Einheitsspalten $e_1, \ldots, e_n$ multipliziert und die Formel (6.50) mit $b(s) \equiv 0$ beachtet.

Nachdem wir nun die Klasse der skalaren linearen Differentialgleichungen höherer Ordnung vom Standpunkt der *Theorie* aus gut überblicken, wollen wir uns jetzt den *Lösungsmethoden* zuwenden. Dabei müssen wir vorweg feststellen, daß es wie auch bei den Systemen 1. Ordnung (im allgemeinen nichtautonomen Fall) kein allgemeingültiges Lösungsverfahren gibt. Anders als bei den Systemen kennt man jedoch im skalaren Fall eine Reihe von Gleichungstypen, bei denen sich Lösungen mit Hilfe geeigneter Ansätze bestimmen lassen. Das „Zauberwort" in diesem Zusammenhang heißt **Potenzreihenansatz**. Sind nämlich die Koeffizientenfunktionen $a_0(t), \ldots, a_{n-1}(t)$ analytisch, d.h. um jeden Punkt $t_0 \in I$ in eine konvergente Potenzreihe entwickelbar, so besteht die Aussicht, daß man auch Lösungen in Form von Potenzreihen gewinnen kann. Wir verdeutlichen dies an Hand dreier instruktiver Beispiele.

6.4.3 Beispiel: Wir betrachten zunächst die für alle $t \in \mathbb{R}$ erklärte Differentialgleichung

$$\boxed{\ddot{u} = 2t\dot{u} - 4u} \tag{6.57}$$

und setzen uns zum Ziel, ein Fundamentalsystem für diese Gleichung zu bestimmen. Wir machen hierzu einen Potenzreihenansatz der Form

$$\lambda(t) = \sum_{k=0}^{\infty} a_k\, t^k$$

mit noch unbekannten Koeffizienten a_k und berechnen formal die Ableitungen

$$\dot{\lambda}(t) = \sum_{k=1}^{\infty} k\,a_k\, t^{k-1}\,, \quad \ddot{\lambda}(t) = \sum_{k=2}^{\infty} k(k-1)a_k\, t^{k-2}\,.$$

Setzen wir all dies in die gegebene Differentialgleichung ein, so erhalten wir zunächst die Identität

$$\sum_{k=0}^{\infty}(k+2)(k+1)a_{k+2}\,t^k \;=\; 2\sum_{k=0}^{\infty} k\,a_k\,t^k - 4\sum_{k=0}^{\infty} a_k\,t^k\,.$$

Durch Koeffizientenvergleich schließen wir hieraus auf die Beziehungen

$$a_2 \;=\; -2a_0 \quad \text{und} \quad a_{k+2} \;=\; \frac{2(k-2)}{(k+2)(k+1)}a_k \quad \text{für alle } k \geq 1\,,$$

aus denen ersichtlich ist, daß man die ersten beiden Koeffizienten a_0 und a_1, die im übrigen gerade gleich $\lambda(0)$ bzw. $\dot{\lambda}(0)$ sind, beliebig wählen kann, und daß damit dann alle weiteren Koeffizienten festgelegt sind. Im Hinblick auf die Bestimmung des kanonischen Fundamentalsystems (zur Anfangszeit 0) setzen wir daher zunächst

$$a_0 := 1 \quad \text{und} \quad a_1 := 0\,.$$

Damit verschwinden dann alle Koeffizienten mit ungeradem Index, und für diejenigen mit geradem Index gilt

$$a_2 \;=\; -2 \quad \text{und} \quad a_{2n} \;=\; 0 \quad \text{für alle } n \geq 2\,.$$

Dies liefert sofort die Funktion

$$\varphi_1(t) \;:=\; 1 - 2t^2$$

als Lösung der Gleichung (6.57) zur Anfangsbedingung $u(0) = 1, \dot{u}(0) = 0$. Um nun auch die zweite Lösung des kanonischen Fundamentalsystems zu bestimmen, setzen wir

$$a_0 := 0 \quad \text{und} \quad a_1 := 1\,.$$

Dies hat zur Folge, daß jetzt alle Koeffizienten mit geradem Index verschwinden, während sich diejenigen mit ungeradem Index rekursiv aus der folgenden Beziehung berechnen lassen:

$$a_{2n+1} \;=\; \frac{2(2n-3)}{(2n+1)\cdot 2n}\,a_{2n-1} \quad \text{für alle } n \geq 1\,.$$

Um hieraus folgern zu können, daß die mit diesen Koeffizienten gebildete Potenzreihe in Form der Funktion

$$\varphi_2(t) \;:=\; t - \frac{1}{3}t^3 - \frac{1}{30}t^5 - \frac{1}{210}t^7 - \frac{1}{1512}t^9 - \ldots \tag{6.58}$$

tatsächlich die für alle $t \in \mathbb{R}$ definierte zweite Lösung des kanonischen Fundamentalsystems darstellt, müssen wir uns (in Ermangelung einer theoretischen Absicherung) noch Gedanken über das Konvergenzintervall der ermittelten Potenzreihe machen. Da im vorliegenden Fall aber die Beziehung

$$\lim_{n\to\infty}\frac{a_{2n+1}}{a_{2n-1}} \;=\; \lim_{n\to\infty}\frac{2(2n-3)}{(2n+1)\cdot 2n} \;=\; 0$$

gilt, besitzt die Potenzreihe den Konvergenzradius ∞ und definiert somit eine für alle $t \in \mathbb{R}$ erklärte Funktion.

Der Vollständigkeit halber sei zu diesem Beispiel abschließend bemerkt, daß man (wieder mangels eines theoretischen Fundaments) von den mittels Potenzreihenansatz gefundenen Funktionen noch zeigen muß, daß es sich tatsächlich um Lösungen der betrachteten Differentialgleichung handelt. Im vorliegenden Fall läßt sich dies leicht bewerkstelligen. ◊

Auf das vorherige Beispiel zurückblickend stellen wir fest, daß es uns mit Hilfe eines Potenzreihenansatzes nicht gelungen ist, *alle* Lösungen in geschlossener Form zu bestimmen. Immerhin konnten wir aber eine Reihendarstellung für eine Lösung finden (nämlich (6.58)), die anderweitig ohnehin nicht zu finden gewesen wäre.

6.4.4 Beispiel: Gehen wir bei der Differentialgleichung

$$\boxed{\ddot{x} = \frac{2}{t^2}\, x}\,, \quad t \neq 0 \tag{6.59}$$

wie im vorherigen Beispiel vor, so führt uns der dortige Potenzreihenansatz über die Identität

$$\sum_{k=2}^{\infty} k(k-1)a_k\, t^k = 2\sum_{k=0}^{\infty} a_k\, t^k$$

auf die Beziehungen

$$a_0 = 0\,, \quad a_1 = 0 \quad \text{und} \quad k(k-1)\,a_k = 2a_k \quad \text{für alle } k \geq 2\,.$$

Hieraus wiederum folgt, daß a_2 beliebig wählbar ist, und daß die nachfolgenden Koeffizienten alle verschwinden. Dies zeigt, daß unser Ansatz nur *eine* linear unabhängige Lösung liefert, zum Beispiel

$$\mu_1(t) := t^2\,. \tag{6.60}$$

Bei der Suche nach einer zweiten linear unabhängigen Lösung hat sich ein **modifizierter Potenzreihenansatz** bewährt, nämlich

$$\lambda(t) = t^r \sum_{k=0}^{\infty} a_k t^k \quad \text{mit einem } r \in \mathbb{R}\,. \tag{6.61}$$

Durch formales Differenzieren und anschließendes Einsetzen in die Differentialgleichung (6.59) ergibt sich hieraus

$$\sum_{k=0}^{\infty}(k+r)(k+r-1)a_k\, t^{k+r} = 2\sum_{k=0}^{\infty} a_k\, t^{k+r}$$

und weiter durch Koeffizientenvergleich

$$(k+r)(k+r-1)a_k = 2a_k \quad \text{für alle } k \geq 0\,. \tag{6.62}$$

Unter der Annahme, daß a_0 nicht 0 ist, zeigt die Beziehung $r(r-1)a_0 = 2a_0$ zur Bestimmung des Koeffizienten a_0, daß r (als Lösung der quadratischen Gleichung $r(r-1) = 2$) notwendigerweise gleich 2 oder -1 sein muß. Im Fall $r = 2$ führt dies auf die Beziehungen

$$(k+2)(k+1)a_k = 2a_k \quad \text{für alle } k \geq 0 ,$$

die nur erfüllt sind, wenn alle Koeffizienten mit Index $k \geq 1$ verschwinden. Dieser Fall liefert offensichtlich die bereits zuvor gefundene Lösung (6.60). Der andere Fall $r = -1$ dagegen führt auf die Gleichungen

$$(k-1)(k-2)a_k = 2a_k \quad \text{für alle } k \geq 0 ,$$

die in den Fällen $k = 0$ und $k = 3$ für beliebiges a_0 bzw. a_3 erfüllt sind, die für die übrigen k jedoch $a_k = 0$ liefern. Dies läßt jede der Funktionen $a_0 t^{-1} + a_3 t^2$, insbesondere die Funktion

$$\mu_2(t) := t^{-1}$$

als Lösung der Differentialgleichung (6.60) erkennen, die zusammen mit der Lösung (6.59) offensichtlich ein Fundamentalsystem dieser Gleichung bildet.

Es sei noch angemerkt, daß man auch unter der Annahme $a_0 = 0$ das gleiche Ergebnis erhält, denn in diesem Fall gibt es einen ersten von 0 verschiedenen Koeffizienten a_{k_0} mit $k_0 \geq 1$ (andernfalls würde der Ansatz (6.61) die triviale Lösung liefern), und dies führt mittels der Gleichung $(k_0 + r)(k_0 + r - 1) = 2$, die die beiden Lösungen $r = 2 - k_0$ und $r = -1 - k_0$ besitzt, ebenfalls auf das Fundamentalsystem bestehend aus den Funktionen t^2 und t^{-1}.

Rückblickend können wir feststellen, daß bei der Differentialgleichung (6.59) sogar der **vereinfachte Ansatz** $\lambda(t) = t^r$, $r \in \mathbb{R}$, zum Erfolg geführt hätte, und zwar unmittelbar mit Hilfe der sich aus diesem Ansatz ergebenden Gleichung $r(r-1) = 2$ mit den beiden Lösungen 2 und -1. ◊

Als Resümee zum vorherigen Beispiel halten wir fest, daß unter Umständen der *modifizierte* Potenzreihenansatz (6.61) (oder sogar der *vereinfachte* Ansatz t^r) ein Fundamentalsystem liefert, wenn der *gewöhnliche* Potenzreihenansatz dazu nicht in der Lage ist.

Unser abschließendes Beispiel zum Thema *Potenzreihenansatz* soll schließlich noch die Möglichkeit verdeutlichen, daß zuweilen auch der modifizierte Ansatz (6.61) nicht ausreicht, ein Fundamentalsystem zu bestimmen.

6.4.5 Beispiel: Wie man leicht bestätigt, besitzt die Differentialgleichung

$$\boxed{\ddot{x} = -\frac{1}{t(t+1)}\,\dot{x}} , \quad t \in \mathbb{R} \setminus \{-1, 0\}$$

auf dem Intervall $(0, \infty)$ ein Fundamentalsystem bestehend aus den beiden Funktionen

$$\mu_1(t) = 1 , \quad \mu_2(t) = t + \ln t .$$

Offensichtlich ist es nicht möglich, die Funktion $\mu_2(t)$ mit Hilfe eines Ansatzes der Form (6.61) zu ermitteln. ◊

Die vorherigen Beispiele verdeutlichen die bei *nichtautonomen* Gleichungen bestehende Komplikation, daß es kein allgemeingültiges Lösungsverfahren gibt. Wie man jedoch im Fall einer skalaren Gleichung mit **konstanten Koeffizienten** ein Fundamentalsystem explizit berechnen kann, wollen wir als nächstes beschreiben. Gegeben sei also eine Gleichung der Form

$$\boxed{u^{(n)} = \alpha_{n-1}u^{(n-1)} + \ldots + \alpha_1 \dot{u} + \alpha_0 u} \tag{6.63}$$

mit konstanten reellen Koeffizienten $\alpha_{n-1}, \ldots, \alpha_0$. Die Tatsache, daß in diesem Fall alle Lösungen auf ganz $\mathbb{R}$ existieren, sei hier am Rand erwähnt und im folgenden stillschweigend benutzt.

Wir werden nun zeigen, daß man mit Hilfe der Nullstellen des Polynoms

$$p(\lambda) := \lambda^n - \alpha_{n-1}\lambda^{n-1} - \ldots - \alpha_1\lambda - \alpha_0 , \tag{6.64}$$

das man das zu (6.63) gehörige **charakteristische Polynom** nennt, ein Fundamentalsystem der Gleichung (6.63) angeben kann.

6.4.6 Satz (Fundamentalsystem für die Gleichung (6.63)): *Ist ρ eine k-fache reelle Nullstelle des Polynoms (6.64), so sind die k Funktionen*

$$e^{\rho t},\, te^{\rho t}, \ldots, t^{k-1}e^{\rho t} \tag{6.65}$$

linear unabhängige Lösungen der Differentialgleichung (6.63). Ist $\rho + i\sigma$ mit $\sigma \neq 0$ (und damit auch $\rho - i\sigma$) eine m-fache komplexe Nullstelle von (6.64), so sind die $2m$ Funktionen

$$\begin{aligned} &e^{\rho t}\cos\sigma t\,,\ te^{\rho t}\cos\sigma t\,,\ \ldots,\ t^{m-1}e^{\rho t}\cos\sigma t\,,\\ &e^{\rho t}\sin\sigma t\,,\ te^{\rho t}\sin\sigma t\,,\ \ldots\,,\ t^{m-1}e^{\rho t}\sin\sigma t \end{aligned} \tag{6.66}$$

linear unabhängige Lösungen von (6.63). Insgesamt erhält man auf diesem Wege mit Hilfe der Nullstellen des Polynoms (6.64) n linear unabhängige Lösungen, also ein Fundamentalsystem der Differentialgleichung (6.63).

Beweis: Das zur gegebenen Differentialgleichung (6.63) gehörige System 1. Ordnung hat die Form

$$\boxed{\begin{pmatrix} \dot{x}_1 \\ \vdots \\ \vdots \\ \dot{x}_n \end{pmatrix} = \begin{pmatrix} 0 & 1 & \cdots & \cdots & 0 \\ \vdots & \ddots & \ddots & & \vdots \\ \vdots & & \ddots & \ddots & \vdots \\ 0 & \cdots & \cdots & 0 & 1 \\ \alpha_0 & \cdots & \cdots & \cdots & \alpha_{n-1} \end{pmatrix} \begin{pmatrix} x_1 \\ \vdots \\ \vdots \\ x_n \end{pmatrix}} \tag{6.67}$$

Wie man aus der LINEAREN ALGEBRA weiß, ist das Polynom (6.64) gerade das charakteristische Polynom der mit A bezeichneten Koeffizientenmatrix dieses Systems (Entwicklung der Determinante $\det(A - \lambda E)$ nach der letzten Zeile). Es seien nun $\lambda_1, \ldots, \lambda_p$ die paarweise verschiedenen Nullstellen des Polynoms (6.64) mit den zugehörigen Vielfachheiten $\kappa_1, \ldots, \kappa_p$. Analog zur bisherigen Sprechweise bei Eigenwerten fassen wir dabei auch bei Nullstellen ein konjugiert komplexes Paar als eine einzige Nullstelle auf. Dann sind $\lambda_1, \ldots, \lambda_p$ gerade die paarweise verschiedenen Eigenwerte der Matrix A mit den entsprechenden algebraischen Vielfachheiten $\kappa_1, \ldots, \kappa_p$, was nach Satz 6.3.10 zur Zerlegung $X(0) = X_{\lambda_1} \oplus \cdots \oplus X_{\lambda_p}$ des Lösungsraums $X(0)$ des Systems (6.67) führt, wobei für jedes $j = 1, \ldots, p$ der Unterraum X_{λ_j} die Dimension κ_j besitzt. Diese Zerlegung von $X(0)$ überträgt sich nun mit Hilfe des Isomorphismus (6.44) auf den Lösungsraum $U(0)$ der skalaren Gleichung (6.63), was zu einer Zerlegung der Form $U(0) = U_{\lambda_1} \oplus \ldots \oplus U_{\lambda_p}$ mit $\dim U_{\lambda_j} = \kappa_j$ für $j = 1, \ldots, p$ führt. Um den Beweis des Satzes 6.4.6 zu beenden, bleibt nur noch zu zeigen, daß jeder der Unterräume U_{λ_j}, $j = 1, \ldots, p$, von einem Funktionensystem der in (6.65) oder (6.66) beschriebenen Art erzeugt wird, je nachdem ob der Eigenwert λ_j reell oder komplex ist.

Es sei zunächst ρ eine reelle k-fache Nullstelle von (6.64). Dann besteht der zugehörige k-dimensionale Unterraum X_ρ von $X(0)$ nach Satz 6.3.10 aus $\mathbb{R}^n$-wertigen Funktionen $\mu_1(t), \ldots, \mu_p(t)$, deren einzelne Koordinaten Linearkombinationen der Funktionen $e^{\rho t}$, $te^{\rho t}$, $\ldots, t^{k-1}e^{\rho t}$ sind. Da der Unterraum U_ρ von $U(0)$ aus den ersten Koordinaten der Funktionen $\mu_1(t), \ldots, \mu_p(t)$ besteht, ist dann auch jede Funktion aus U_ρ eine Linearkombination der Funktionen $e^{\rho t}$, $te^{\rho t}$, $\ldots, t^{k-1}e^{\rho t}$. Damit ist schließlich klar, daß das aus k Funktionen bestehende Funktionensystem (6.65) den k-dimensionalen Raum U_ρ erzeugt, also aus linear unabhängigen Funktionen besteht.

Völlig analog zeigt man, daß das von einem komplexen m-fachen Nullstellenpaar $\rho \pm i\sigma$ gebildete Funktionensystem (6.66) eine Basis des zugehörigen $2m$-dimensionalen Raums $U_{\rho \pm i\sigma}$ darstellt. ∎

Das im vorherigen Satz beschriebene Fundamentalsystem besitzt die angenehme Eigenschaft, daß es sich *ohne Rechnung* sofort angeben läßt, sobald man nur die Nullstellen des charakteristischen Polynoms (6.64) kennt. Es soll jedoch nicht verschwiegen werden, daß dieses Fundamentalsystem im allgemeinen *nicht kanonisch* ist, und daß somit – wie wir gleich sehen werden – in konkreten Fällen zur Anpassung an vorgegebene Anfangsbedingungen letztlich doch wieder Rechnungen erforderlich sind.

Wir wollen nun die zuvor erzielten Ergebnisse auf Gleichungen der Form

$$\boxed{\ddot{u} = a\dot{u} + bu + f(t)} \tag{6.68}$$

anwenden, die als mathematische Modelle für verschiedenartige Schwingungsvorgänge in Naturwissenschaft und Technik eine große Rolle spielen. In diesem Zusammenhang interpretiert man den Term $a\dot{u}$ als **Reibung** und bu als **Rückstellkraft.** Ist die Funktion $f(t)$ identisch 0, so spricht man bei den Lösungen dieser Gleichung von **freien**, andernfalls von **erzwungenen Schwingungen.** Obwohl die bereits vorhandene Theorie völlig ausreicht, die Gleichung (6.68) in der angegebenen Allgemeinheit zu behandeln, wollen wir uns der Übersichtlichkeit halber auf zwei (allerdings sehr aussagekräftige) Spezialfälle konzentrieren.

6.4.7 Beispiel: Wir betrachten zunächst die von einem reellen Parameter α abhängige Differentialgleichung[7]

$$\boxed{\ddot{u} = 2\alpha\dot{u} - u}\,. \tag{6.69}$$

Um das Lösungsverhalten dieser Gleichung zu untersuchen, stellen wir fest, daß das zugehörige charakteristische Polynom $p(\lambda) = \lambda^2 - 2\alpha\lambda + 1$ die beiden Nullstellen

$$\lambda_{1/2} = \alpha \pm \sqrt{\alpha^2 - 1}$$

besitzt. Zur Vermeidung von zu vielen Fallunterscheidungen beschränken wir uns auf die Untersuchung der Gleichung (6.69) für α-Werte ≤ 0. In den dann noch verbleibenden vier Unterfällen wollen wir jeweils das im Satz 6.4.6 beschriebene Fundamentalsystem und das kanonische Fundamentalsystem bestimmen. Da die betrachtete Gleichung autonom ist, wählen wir jeweils als Anfangszeit 0.

<u>1. Fall, $\alpha = 0$ (keine Dämpfung)</u>: Das charakteristische Polynom besitzt in diesem Fall das rein imaginäre Nullstellenpaar $\pm i$. Das vom Satz 6.4.6 gelieferte Fundamentalsystem $\cos t$, $\sin t$ liegt, wie man leicht bestätigt, schon in kanonischer Form vor.

<u>2. Fall, $-1 < \alpha < 0$ (schwache Dämpfung)</u>: Jetzt besitzt das charakteristische Polynom das konjugiert komplexe Nullstellenpaar $\alpha \pm i\sqrt{1-\alpha^2}$. Der Satz 6.4.6 liefert dann die beiden linear unabhängigen Lösungen

$$\mu_1(t) = e^{\alpha t}\cos\sqrt{1-\alpha^2}\,t\,, \quad \mu_2(t) = e^{\alpha t}\sin\sqrt{1-\alpha^2}\,t\,.$$

Im Hinblick auf eine Anwendung der Formel (6.56) zur Bestimmung des kanonischen Fundamentalsystems berechnen wir zunächst die zu $\mu_1(t), \mu_2(t)$ gehörige Wronski-Matrix. Unter Verwendung der Abkürzung $\sigma := \sqrt{1-\alpha^2}$ erhalten wir

$$W(t) = \begin{pmatrix} e^{\alpha t}\cos\sigma t & e^{\alpha t}\sin\sigma t \\ e^{\alpha t}(\alpha\cos\sigma t - \sigma\sin\sigma t) & e^{\alpha t}(\alpha\sin\sigma t + \sigma\cos\sigma t) \end{pmatrix}$$

und daraus

$$W(0) = \begin{pmatrix} 1 & 0 \\ \alpha & \sigma \end{pmatrix}, \quad W^{-1}(0) = \begin{pmatrix} 1 & 0 \\ -\frac{\alpha}{\sigma} & \frac{1}{\sigma} \end{pmatrix}.$$

Mit Hilfe der Formel (6.56) gelangen wir dann zu dem in der Abbildung 6.4 (b) dargestellten kanonischen Fundamentalsystem

$$\varphi_1(t) = e^{\alpha t}\bigl(\cos\sigma t - \tfrac{\alpha}{\sigma}\sin\sigma t\bigr)\,, \quad \varphi_2(t) = \tfrac{1}{\sigma}\,e^{\alpha t}\sin\sigma t\,,$$

wobei $\sigma = \sqrt{1-\alpha^2}$ ist.

---

[7] Der Faktor 2 beim Reibungsterm ist lediglich darstellungstechnischer Art. Ohne ihn würden nämlich die nachfolgenden Rechnungen an Übersichtlichkeit verlieren.

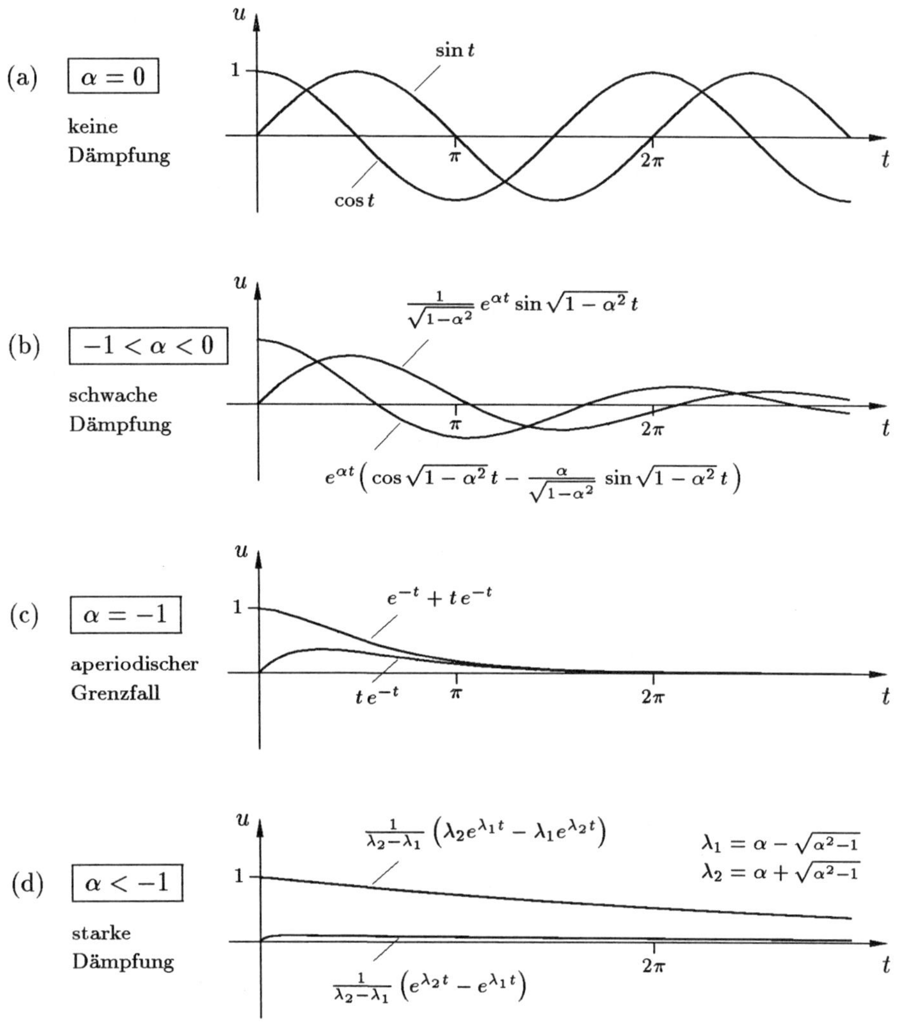

Abb. 6.4 Die Lösungen des kanonischen Fundamentalsystems der Gleichung $\ddot{u} = 2\alpha\dot{u} - u$ für verschiedene Werte von α

3. Fall, $\alpha = -1$ (aperiodischer Grenzfall): In diesem Fall besitzt das charakteristische Polynom die doppelte Nullstelle $\alpha = -1$, und somit ist

$$\mu_1(t) = e^{-t}\,, \quad \mu_2(t) = t e^{-t}$$

nach Satz 6.4.6 ein Fundamentalsystem der betrachteten Differentialgleichung. Mit Hilfe der zugehörigen Wronski-Matrix

$$W(t) = \begin{pmatrix} e^{-t} & t\,e^{-t} \\ -e^{-t} & (1-t)\,e^{-t} \end{pmatrix}$$

erkennen wir $W(0) = \begin{pmatrix} 1 & 0 \\ -1 & 1 \end{pmatrix}$ und $W^{-1}(0) = \begin{pmatrix} 1 & 0 \\ 1 & 1 \end{pmatrix}$. Damit haben dann die in der Abbildung 6.4 (c) dargestellten Lösungen des kanonischen Fundamentalsystems die Form

$$\varphi_1(t) = e^{-t} + te^{-t}, \quad \varphi_2(t) = te^{-t}.$$

4. Fall, $\alpha < -1$ (starke Dämpfung): Für die beiden reellen Nullstellen

$$\lambda_1 := \alpha - \sqrt{\alpha^2 - 1}, \quad \lambda_2 := \alpha + \sqrt{\alpha^2 - 1}$$

des charakteristischen Polynoms gilt in diesem Fall $\lambda_1 < \lambda_2 < 0$. Der Satz 6.4.6 liefert dann das Fundamentalsystem

$$\mu_1(t) = e^{\lambda_1 t}, \quad \mu_2(t) = e^{\lambda_2 t}.$$

Aus der zugehörigen Wronski-Matrix

$$W(t) = \begin{pmatrix} e^{\lambda_1 t} & e^{\lambda_2 t} \\ \lambda_1 e^{\lambda_1 t} & \lambda_2 e^{\lambda_2 t} \end{pmatrix}$$

errechnen wir dann im Hinblick auf den Einsatz der Formel (6.56)

$$W(0) = \begin{pmatrix} 1 & 1 \\ \lambda_1 & \lambda_2 \end{pmatrix}, \quad W^{-1}(0) = \frac{1}{\lambda_2 - \lambda_1} \begin{pmatrix} \lambda_2 & -1 \\ -\lambda_1 & 1 \end{pmatrix}.$$

Diese Formel liefert dann das kanonische Fundamentalsystem

$$\varphi_1(t) = \frac{1}{\lambda_2 - \lambda_1}\left(\lambda_2 e^{\lambda_1 t} - \lambda_1 e^{\lambda_2 t}\right), \quad \varphi_2(t) = \frac{1}{\lambda_2 - \lambda_1}\left(e^{\lambda_2 t} - e^{\lambda_1 t}\right),$$

dessen Lösungen in der Abbildung 6.4 (d) dargestellt sind.

Die vorherigen Ergebnisse zusammenfassend stellen wir mit Blick auf die Abbildung 6.4 fest, daß bei negativem α alle Lösungen der Gleichung (6.69) für $t \to \infty$ exponentiell gegen 0 konvergieren. Die Art und Weise, wie dies allerdings geschieht, hängt von der Größe des Parameters α ab, also von der Stärke des Reibungseinflusses. Während bei schwacher Dämpfung Oszillationen mit abnehmender Amplitude auftreten, ist das Abklingen bei stärkerer Dämpfung (gegebenenfalls nach einmaligem Ausschlag, vgl. Aufgabe 4) streng monoton. Für die Anwendungen von besonderem Interesse (man denke etwa an Stoßdämpfer oder Meßinstrumente) ist dabei der aperiodische Grenzfall $\alpha = -1$, bei dem die Bewegung nach höchstens einmaligem Ausschlag schnellstmöglich, und zwar ohne zu oszillieren, zur Ruhe kommt. $\diamond$

Als zweiten Spezialfall der allgemeinen Schwingungsgleichung (6.68) betrachten wir den Fall, bei dem eine äußere harmonische Anregung auf einen reibungslosen harmonischen Oszillator einwirkt.

6.4.8 Beispiel: Bei der von zwei positiven Parametern β und ω abhängigen Differentialgleichung[8]

$$\boxed{\ddot{u} \;=\; -\beta^2 u + \cos\omega t} \tag{6.70}$$

interessieren wir uns vor allem dafür, welchen Einfluß die Inhomogenität $\cos\omega t$ auf die Lösungsgesamtheit der homogenen Gleichung

$$\boxed{\ddot{u} \;=\; -\beta^2 u} \tag{6.71}$$

nimmt, für die wir sofort das Fundamentalsystem

$$\mu_1(t) \;=\; \cos\beta t \;,\quad \mu_2(t) \;=\; \sin\beta t$$

angeben können. Offensichtlich sind *alle* Lösungen der homogenen Gleichung periodisch, mehr noch, sie besitzen alle die gleiche Periode $2\pi/\beta$. Die Zahl β nennt man daher die zu der Differentialgleichung (6.70) gehörige **Eigenfrequenz.** Um nun zu erkennen, wie sich die $2\pi/\omega$-periodische Inhomogenität $\cos\omega t$, deren Frequenz ω man die **Erregerfrequenz** der Gleichung (6.70) nennt, auf die periodische Lösungsgesamtheit der homogenen Gleichung auswirkt, berechnen wir die allgemeine Lösung der inhomogenen Gleichung (6.70) gemäß der Formel (6.50) der Variation der Konstanten. Zu diesem Zwecke erstellen wir zunächst die zu $\mu_1(t)\,,\mu_2(t)$ gehörige Wronski-Matrix $W(t)$ und berechnen ihre Inverse,

$$W(t) \;=\; \begin{pmatrix} \cos\beta t & \sin\beta t \\ -\beta\sin\beta t & \beta\cos\beta t \end{pmatrix}\;, \quad W^{-1}(t) \;=\; \begin{pmatrix} \cos\beta t & -\frac{1}{\beta}\sin\beta t \\ \sin\beta t & \frac{1}{\beta}\cos\beta t \end{pmatrix}.$$

Die auf die Anfangszeit $t_0 \;=\; 0$ normierte allgemeine Lösung $\sigma(t\,; u_0, u_1)$ der Gleichung (6.70) ergibt sich dann wie folgt:

$$\begin{aligned} \sigma(t; u_0, u_1) \;&=\; \big(\cos\beta t, \sin\beta t\big)\left[\begin{pmatrix} u_0 \\ \frac{u_1}{\beta} \end{pmatrix} + \frac{1}{\beta}\int_0^t \begin{pmatrix} -\sin\beta s\cos\omega s \\ \cos\beta s\cos\omega s \end{pmatrix} ds\right] \\ &=\; u_0\cos\beta t + \frac{u_1}{\beta}\sin\beta t + \begin{cases} \frac{1}{\omega^2-\beta^2}\big(\cos\beta t - \cos\omega t\big) & \text{falls } \omega \neq \beta\,, \\ \frac{1}{2\beta}\,t\sin\beta t & \text{falls } \omega = \beta\,. \end{cases} \end{aligned}$$

Bemerkenswerterweise läßt dieses Ergebnis zwei sehr unterschiedliche Bewegungsmuster erkennen, je nachdem ob die Erregerfrequenz mit der Eigenfrequenz übereinstimmt oder nicht.

Im Fall $\omega \neq \beta$ liegt eine Überlagerung von zwei Schwingungen mit unterschiedlichen Frequenzen vor. Das Resultat ist eine sogenannte **Schwebung** oder

[8] Die besondere Erscheinungsform des Parameters β hat einerseits wieder drucktechnische Gründe, andererseits hat β aber – wie sich aus der Analyse des Beispiels ergeben wird – auch eine besondere physikalische Bedeutung.

amplitudenmodulierte Schwingung, eine Bewegungsform (siehe Abbildung 6.5 (a)), die für die Akustik und die Funktechnik vor großer Bedeutung ist. Unter Verwendung der trigonometrischen Identität

$$\cos \beta t - \cos \omega t \;\equiv\; 2 \sin \frac{\omega - \beta}{2} t \, \sin \frac{\omega + \beta}{2} t$$

erkennt man, daß es sich – sofern ω nahe bei β liegt und daher $\omega - \beta$ klein im Vergleich zu $\omega + \beta$ ist – um eine *schnelle* Schwingung $\sin \frac{\omega+\beta}{2} t$ mit einer sich *langsam* ändernden Amplitude $\frac{2}{\omega^2-\beta^2} \sin \frac{\omega-\beta}{2} t$ handelt.

Im anderen Fall $\omega = \beta$ tritt das beachtliche, als **Resonanz** bezeichnete Phänomen auf, daß eine periodische Einwirkung auf ein System, das von Hause aus nur periodischen Lösungen besitzt, dazu führt, daß *alle* Bewegungen des angeregten Systems unbeschränkt anwachsen (siehe Abbildung 6.5 (b)). Dieses Phänomen hat seine Ursache augenscheinlich in dem Faktor t in der partikulären Lösung $\frac{1}{2\beta} t \sin \beta t$. ◊

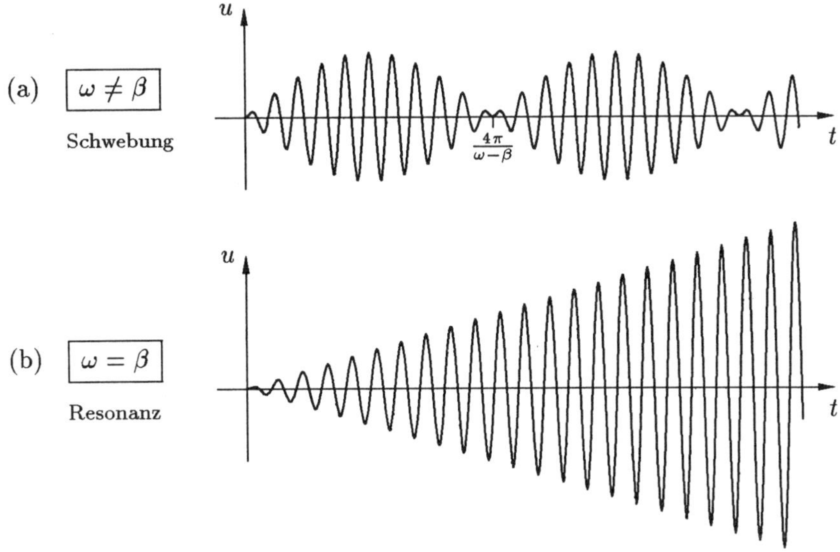

Abb. 6.5 Die Lösung des Anfangswertproblems $\ddot{u} = -\beta^2 u + \cos \omega t$, $u(0) = 0$, $\dot{u}(0) = 0$ im Fall (a) $\omega \neq \beta$ und (b) $\omega = \beta$

Aufgaben

1. Gegeben sei die skalare Differentialgleichung n-ter Ordnung (6.42) und das zugehörige System 1. Ordnung (6.43). Zeigen Sie:

   (a) Ist $\lambda_b(t\,; t_0, x_0)$ die allgemeine Lösung des n-dimensionalen Systems (6.43), so ist die erste Koordinatenfunktion von $\lambda_b(t\,; t_0, x_0)$ die allgemeine Lösung der skalaren Differentialgleichung (6.42).

   (b) Ist $\sigma_b(t\,; t_0, u_0, \ldots, u_{n-1})$ die allgemeine Lösung der skalaren Differentialgleichung (6.42), so erhält man die allgemeine Lösung des Systems (6.43) dadurch, daß man die (bezüglich t gebildete) $k-1$-te Ableitung $\sigma_b^{(k-1)}(t\,; t_0, u_0, \ldots, u_{n-1})$ als k-te Koordinatenfunktion wählt, $k = 1, \ldots, n$.

2. Gegeben sei die für alle $t \neq 0$ erklärte inhomogene lineare Differentialgleichung

$$\boxed{\ddot{x} = \frac{2}{t}\dot{x} - \frac{2}{t^2}x + \frac{1}{t}} \; .$$

(a) Bestimmen Sie ein Fundamentalsystem der zugehörigen homogenen Differentialgleichung mittels Potenzreihenansatz.

(b) Berechnen Sie die allgemeine Lösung der inhomogenen Differentialgleichung mit Hilfe der Formel der Variation der Konstanten.

3. Berechnen Sie ein Fundamentalsystem der für alle $t \neq 0$ erklärten skalaren Differentialgleichung

$$\boxed{\ddot{x} = -\frac{2}{t}\dot{x} + \frac{6}{t^2}x} \; .$$

4. Gegeben sei die im Beispiel 6.4.7 behandelte Differentialgleichung

$$\boxed{\ddot{u} = 2\alpha\dot{u} - u} \, , \qquad \alpha \in \mathbb{R} \, .$$

(a) Beschreiben Sie, wie man mit Hilfe eines Fundamentalsystems dieser Gleichung die Lösung zur Anfangsbedingung

$$u(0) = a, \; \dot{u}(0) = b \, , \quad a, b \in \mathbb{R}$$

bestimmen kann.

(b) Erklären Sie das in der Abbildung 6.4 ersichtliche Phänomen, daß im Fall $\alpha < -1$ (starke Dämpfung) eine Lösung anfänglich „ausschlagen" kann, bevor sie streng monoton für $t \to \infty$ gegen 0 konvergiert.

5. Bestimmen Sie für die lineare Differentialgleichung 4. Ordnung

$$\boxed{u^{(4)} = 2u^{(3)} - \ddot{u}}$$

ein Fundamentalsystem und die Lösung zur Anfangsbedingung

$$u(0) = 1 \, , \quad \dot{u}(0) = 2 \, , \quad \ddot{u}(0) = 3 \, , \quad u^{(3)}(0) = 4 \, .$$

6. Lokalisieren Sie die Phasenportraits der zu den skalaren Differentialgleichungen

$$\boxed{\ddot{u} = \alpha\dot{u} + \beta u} \, , \qquad \alpha, \beta \in \mathbb{R}$$

gehörigen ebenenen autonomen Systeme in der (spur, det)-Ebene (siehe Abbildung 5.14 auf Seite 206).

6.5 Rückschau und Ausblick

Auf das Kapitel 6 zurückblickend wollen wir die wesentlichen Erkenntnisse über *lineare* Systeme nochmals zusammenfassen. Im Abschnitt 6.1 haben wir die algebraischen Konsequenzen untersucht, welche die Linearität der rechten Seite eines Differentialgleichungssystems nach sich zieht. Das Hauptergebnis dieses Abschnitts besagt, daß die Menge der Lösungen eines N-dimensionalen linearen Systems 1. Ordnung einen N-dimensionalen reellen Funktionenraum bildet. Dieser ist linear oder affin, je nachdem ob das System homogen oder inhomogen ist. Die Bestimmung der allgemeinen Lösung eines linearen Systems reduziert sich also auf das Auffinden einer Basis für diesen Funktionenraum und gegebenenfalls einer partikulären Lösung des inhomogenen Systems. Im Abschnitt 6.2 standen dann die matrizentheoretischen Aspekte dieses Sachverhalts im Vordergrund. Entsprechend der Betonung des Konzepts der allgemeinen Lösung spielte dabei neben den (nicht eindeutig bestimmten) *Fundamentalmatrizen* eines linearen homogenen Systems die eindeutig bestimmte *Übergangsmatrix* eine zentrale Rolle. Das Hauptergebnis dieses Abschnitts ist die im Satz 6.2.7 beschriebene explizite Formel für die allgemeine Lösung, die Formel der *Variation der Konstanten.* Nach den allgemeinen, auf beliebige *nichtautonome* lineare Systeme zutreffenden Ausführungen haben wir uns dann im Abschnitt 6.3 speziell den linearen Systemen mit ***konstanten*** *Koeffizienten* zugewandt. Wir haben dabei gezeigt, wie man für solche Systeme die allgemeine Lösung mit algebraischen Mitteln, genauer, mit Hilfe der *Matrix-Exponentialfunktion*, explizit berechnen kann. Da in diesem Zusammenhang mit der Jordan'schen Normalform vergleichsweise anspruchsvolle Sachverhalte der LINEAREN ALGEBRA zum Einsatz gekommen sind, haben wir der Behandlung von aussagekräftigen Beispielen breiten Raum eingeräumt. Danach sind wir auf ***skalare*** lineare Differentialgleichungen *höherer* Ordnung näher eingegangen. Obwohl dieser Themenkreis prinzipiell in der Theorie der Systeme 1. Ordnung enthalten ist, haben wir wegen der Bedeutung dieses Gleichungstyps für die Beschreibung von Schwingungsvorgängen aller Art die einschlägigen Ergebnisse explizit formuliert und deren Herleitung beschrieben. Da eine adäquate Beschreibung der Theorie der *nichtautonomen* linearen Differentialgleichungen höherer Ordnung jedoch den Rahmen dieses Buches sprengen und unserer Grundkonzeption (Betonung nichtlinearer Phänomene) nicht entsprechen würde, haben wir uns auf die Gleichungen mit konstanten Koeffizienten konzentriert. Bei den Gleichungen mit variablen Koeffizienten dagegen haben wir lediglich die allgemeine Vorgehensweise der Lösungsberechnung mittels Potenzreihenansatz an Hand einiger typischer Beispiele vor Augen geführt.

Das nun folgende, dieses Buch beschließende Kapitel 7 ist *nichtlinearen* Differentialgleichungssystemen gewidmet. Wir erinnern in diesem Zusammenhang daran, daß „nichtlinear“ natürlich im Sinne von „nicht notwendig linear“ zu verstehen ist. Die ersten drei Abschnitte dieses Kapitels, in denen die Stetigkeit und die Differenzierbarkeit der allgemeinen Lösung parameterabhängiger Systeme untersucht wird, gehören dabei noch zum Standardstoff über gewöhnliche Differentialgleichungen. Die danach behandelten Themen sollen dem Leser eine Richtung aufzeigen, in der man die Theorie gewöhnlicher Differentialgleichungen über den elementaren Rahmen hinaus fortführen kann. Angesichts des heutzutage großen Interesses an nichtlinearen Phänomenen werden dabei Grundfragen der nichtlinearen Stabilitäts- und Verzweigungstheorie in den Mittelpunkt gerückt. Obwohl wir uns dabei natürlich auf die Behandlung einfacher Problemstellungen beschränken müssen, werden doch einige typische Denk- und Arbeitsweisen dieser Theorie sichtbar. Insbesondere die vollständige Analyse der nichtlinearen Pendelgleichung und die Herleitung des sogenannten Satzes über die Hopf-Verzweigung (in der Ebene) sollen hierbei zeigen, daß man selbst mit vergleichsweise einfachen Mitteln durchaus nichttriviale Phänomene der NICHTLINEAREN ANALYSIS verstehen kann.

7 Nichtlineare Systeme

Im letzten Kapitel dieses Buches wollen wir die zuvor erzielten Grundkenntnisse über Differentialgleichungen dazu benutzen, einen Blick über den Rand der elementaren Theorie hinaus in das weite Feld der *nichtlinearen* Systeme zu werfen. Da angesichts dieser Themenstellung explizite Lösungsmethoden nicht zu erwarten sind, richten wir unser Augenmerk auf die Entwicklung sogenannter *qualitativer* Methoden; das sind Methoden, mit deren Hilfe man Aussagen über das Lösungsverhalten der betrachteten Systeme gewinnen kann, ohne die Lösungen genau zu kennen. Um dieses Ziel zu erreichen, benötigen wir die volle Aussagekraft des Begriffs der *allgemeinen Lösung*, was bedeutet, daß wir zunächst unsere Kenntnisse über diese Begriffsbildung vertiefen müssen. Wir werden dabei unseren Gesichtskreis noch dahingehend erweitern, daß wir Differentialgleichungen betrachten, deren rechte Seiten auch noch von *Parametern* abhängen. Für solche Systeme werden wir dann das im Rahmen der Stabilitäts- und Verzweigungstheorie relevante Langzeitverhalten von Systemtrajektorien in Abhängigkeit von Anfangswerten und Parametern studieren.

7.1 Parameterabhängige Differentialgleichungen

Bevor wir uns mit Differentialgleichungen beschäftigen, deren rechte Seiten von Parametern abhängen, wollen wir zunächst ein paar Worte über den Begriff des Parameters verlieren. **Parameter** sind, sowohl innerhalb der Mathematik als auch in den Anwendungen, gewissermaßen *Zwitterwesen*, die man je nach Betrachtungsweise als *Konstante* oder als *Variable* ansehen kann. Es handelt sich bei einem Parameter also um eine Größe, die zunächst als eine Konstante in eine vorgegebene Fragestellung eingeht, bei der man sich aber auch dafür interessiert, wie sich das Problem und deren Lösung ändert, wenn diese konstante Größe einen anderen konstanten Wert annimmt.

In genau dieser Weise treten Parameter häufig auch in Differentialgleichungen auf, besonders dann, wenn die Gleichungen aus den Anwendungen kommen. Dies läßt sich leicht an Hand von Beispielen belegen. So enthält die Differentialgleichung (1.17) des Subtangentenproblems die Länge l der Subtangente als Parameter. Die Differentialgleichung (1.18) des mathematischen Pendels hängt von vier Parametern ab, der Masse m und der Länge l des Pendels, dem Reibungskoeffizienten k und der Erdbeschleunigung g. Die Räuber-Beute-Gleichung (1.28) schließlich enthält sogar sechs aus biologischer Sicht interpretierbare Parameter.

Da es auch aus theoretischer Sicht unerläßlich ist, Parameter in den rechten Seiten von Differentialgleichungen zuzulassen, wollen wir nun unsere systematischen Untersuchungen auf parameterabhängige Differentialgleichungen ausdehnen, wobei wir im Fall mehrerer Parameter diese in der Regel zu einem einzigen Vektorparameter zusammenfassen. In Erweiterung der „parameterlosen" Situation des Abschnitts 2.4 formulieren wir zunächst die Voraussetzungen, die wir von nun an als unseren Standard für parameterabhängige Differentialgleichungen verstehen wollen.

Standardvoraussetzungen für $\dot{x} = f(t, x, \alpha)$

Die rechte Seite $f : D \to \mathbb{R}^N$ der betrachteten Differentialgleichung sei für alle (t, x, α) aus einer offenen Menge $D \subseteq \mathbb{R}^{1+N+M}$ stetig und bezüglich x Lipschitz-stetig.

Für jeden festen Wert des Parameters α genügt eine solche Gleichung augenscheinlich unseren Standardvoraussetzungen für parameterunabhängige Differentialgleichungen (siehe Seite 71), und so bleiben alle bisher erzielten Ergebnisse weiterhin gültig, mit dem Zusatz allerdings, daß jetzt auch noch der Parameter α als Variable auftritt. In diesem Sinne bezeichnen wir für jeden Punkt $(\tau, \xi, \alpha) \in D$ mit $\boldsymbol{I_{max}(\tau, \xi, \alpha)}$ das **maximale Existenzintervall** zur Anfangsbedingung $x(\tau) = \xi$ und mit $\boldsymbol{\lambda(t\,;\tau, \xi, \alpha)}$ die **allgemeine Lösung** der betrachteten Differentialgleichung. Der Definitionsbereich der allgemeinen Lösung hat dann dementsprechend die Form

$$\Omega := \left\{(t, \tau, \xi, \alpha) \in \mathbb{R}^{2+N+M} : (\tau, \xi, \alpha) \in D\,, t \in I_{max}(\tau, \xi, \alpha)\right\}\,, \tag{7.1}$$

die Lösungsidentität wird zu

$$\frac{\partial \lambda}{\partial t}(t\,; \tau, \xi, \alpha) \equiv f\big(t, \lambda(t\,; \tau, \xi, \alpha), \alpha\big) \quad \text{auf } \Omega\,, \tag{7.2}$$

und die zugehörige Anfangsbedingung erscheint in der Form

$$\lambda(\tau\,; \tau, \xi, \alpha) = \xi \quad \text{für alle } (\tau, \xi, \alpha) \in D\,. \tag{7.3}$$

Die im Zusammenhang mit der **Kozykluseigenschaft** (siehe Satz 2.6.5) bestehenden Identitäten lauten jetzt für alle $(\tau, \xi, \alpha) \in D$ und $\sigma \in I_{max}(\tau, \xi, \alpha)$

$$I_{max}\big(\sigma, \lambda(\sigma\,; \tau, \xi, \alpha), \alpha\big) = I_{max}(\tau, \xi, \alpha)\,, \tag{7.4}$$

$$\lambda\big(t\,; \sigma, \lambda(\sigma\,; \tau, \xi, \alpha), \alpha\big) = \lambda(t\,; \tau, \xi, \alpha) \quad \text{für alle } t \in I_{max}(\tau, \xi, \alpha)\,, \tag{7.5}$$

und für $t = \tau$ gilt insbesondere

$$\lambda\big(\tau\,; \sigma, \lambda(\sigma\,; \tau, \xi, \alpha), \alpha\big) = \xi\,. \tag{7.6}$$

Eine vollwertige geometrische Darstellung der allgemeinen Lösung $\lambda(t\,;\tau,\xi,\alpha)$ ist wegen der zu großen Anzahl von Variablen nicht möglich. Betrachtet man jedoch das Anfangswertepaar (τ,ξ) als fest, so läßt sich die Funktion

$$\lambda(\cdot\,;\tau,\xi,\cdot)\;:\;\left\{(t,\alpha)\in\mathbb{R}^{1+M}:(\tau,\xi,\alpha)\in D\,,\,t\in I_{max}(\tau,\xi,\alpha)\right\}\;\to\;\mathbb{R}^N$$

der beiden Variablen t und α im Fall einer skalaren Gleichung mit ein-dimensionalem Parameter α als Fläche im $\mathbb{R}^3$ darstellen. In der Abbildung 7.1 haben wir diverse Punkte und Kurven auf dieser Fläche mit Hilfe der allgemeinen Lösung beschrieben. Bei den Kurven auf der Fläche handelt es sich einerseits um die Lösungskurven zu den Lösungen $\lambda(\cdot\,;\tau,\xi,\alpha):[\,0\,,t^*\,]\to\mathbb{R}$ mit $\alpha\in[\,0\,,\alpha^*]$, andererseits um die zu dieser Lösungsschar orthogonale Kurvenschar $\lambda(t\,;\tau,\xi,\cdot\,)$: $[\,0\,,\alpha^*]\to\mathbb{R}$ mit dem Scharparameter $t\in[\,0\,,t^*\,]$.

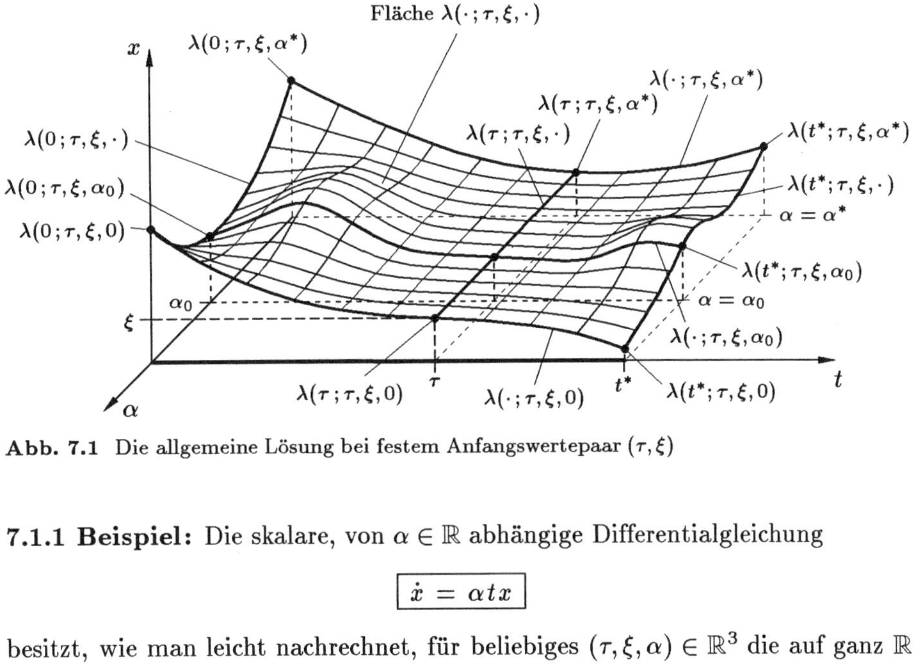

Abb. 7.1 Die allgemeine Lösung bei festem Anfangswertepaar (τ,ξ)

7.1.1 Beispiel: Die skalare, von $\alpha\in\mathbb{R}$ abhängige Differentialgleichung

$$\boxed{\dot{x}\;=\;\alpha t x}$$

besitzt, wie man leicht nachrechnet, für beliebiges $(\tau,\xi,\alpha)\in\mathbb{R}^3$ die auf ganz $\mathbb{R}$ definierte Funktion

$$\xi\,e^{(t^2-\tau^2)\frac{\alpha}{2}}$$

als Lösung. Zudem erfüllt diese Lösung die Anfangsbedingung $x(\tau)=\xi$. Somit ist die für alle $(t,\tau,\xi,\alpha)\in\mathbb{R}^4$ erklärte Funktion

$$\lambda(t\,;\tau,\xi,\alpha)\;:=\;\xi\,e^{(t^2-\tau^2)\frac{\alpha}{2}}\,,\quad\lambda:\mathbb{R}^4\to\mathbb{R}$$

die allgemeine Lösung dieser Differentialgleichung. Für die Anfangszeit $\tau=0$ und drei verschiedene Anfangswerte, nämlich ξ gleich 0 bzw. $x^+>0$ bzw. $x^-<0$ haben wir in der Abbildung 7.2 diese allgemeine Lösung dargestellt, und zwar über einem Parameterintervall der Form $[\alpha^-,\alpha^+]$ mit $\alpha^-<0<\alpha^+$. ◊

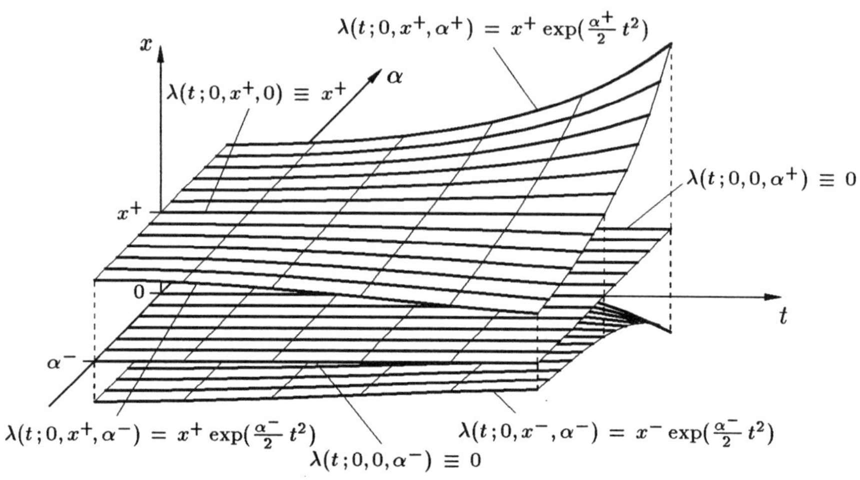

Abb. 7.2 Zur allgemeinen Lösung bei der Differentialgleichung $\dot{x} = \alpha t x$

Der nun folgende Satz macht die gleichermaßen überraschende wie erfreuliche Aussage, daß aus theoretischer Sicht das Auftreten von Parametern in Differentialgleichungen keinerlei neue Probleme mit sich bringt. Parameterabhängige Systeme lassen sich nämlich leicht in solche ohne Parameter umwandeln.

7.1.2 Satz (Umformung parameterabhängiger Anfangswertprobleme): *Gegeben sei eine Funktion $f : D \subseteq \mathbb{R}^{1+N+M} \to \mathbb{R}^N$ und ein Punkt $(\tau, \xi, \alpha) \in D$. Dann ist das N-dimensionale parameterabhängige Anfangswertproblem*

$$\boxed{\dot{x} = f(t,x,\alpha)}, \quad x(\tau) = \xi \tag{7.7}$$

gleichwertig zum $N+M$-dimensionalen parameterunabhängigen Anfangswertproblem

$$\boxed{\begin{array}{rcl} \dot{x} &=& f(t,x,y) \\ \dot{y} &=& 0 \end{array}}, \qquad \boxed{\begin{array}{rcl} x(\tau) &=& \xi \\ y(\tau) &=& \alpha \end{array}}, \tag{7.8}$$

und zwar in folgendem Sinne:

(a) Ist $\mu(t)$ eine Lösung von (7.7), so ist $(\mu(t), \alpha)$ eine Lösung von (7.8).

(b) Ist $(\nu_1(t), \nu_2(t))$ eine Lösung von (7.8), so ist $\nu_1(t)$ eine Lösung von (7.7).

Beweis: Aus der Identität $\dot{\mu}(t) \equiv f(t, \mu(t), \alpha)$ und der Beziehung $\mu(\tau) = \xi$ folgen für die Funktion $(\nu_1(t), \nu_2(t)) := (\mu(t), \alpha)$ die Identitäten $\dot{\nu}_1(t) \equiv f(t, \nu_1(t), \nu_2(t))$, $\dot{\nu}_2(t) \equiv 0$ und die Beziehungen $\nu_1(\tau) = \xi$ und $\nu_2(\tau) = \alpha$. Entsprechend schließt man umgekehrt. ■

7.1.3 Bemerkung: Besitzt die im Satz 7.1.2 betrachtete Funktion $f(t,x,\alpha)$ einen offenen Definitionsbereich und ist sie dort stetig und bezüglich x Lipschitz-stetig, so sind zwar die Standardvoraussetzungen für das parameterabhängige System (7.7) erfüllt, nicht jedoch die für das parameterunabhängige System (7.8). Dies liegt daran, daß die Funktion $f(t,x,y)$ in der y-Variablen nur stetig, aber nicht Lipschitz-stetig ist. Bemerkenswerterweise existiert aber dennoch auch für das System (7.8) die allgemeine Lösung, denn ist $\lambda(t\,;\tau,\xi,\alpha)$ die auf der Menge

$$\Omega := \left\{(t,\tau,\xi,\alpha)\in\mathbb{R}^{2+N+M} : (\tau,\xi,\alpha)\in D\,, t\in I_{max}(\tau,\xi,\alpha)\right\},$$

definierte $\mathbb{R}^N$-wertige allgemeine Lösung des Systems (7.7), so besitzt die auf Ω erklärte $\mathbb{R}^{N+M}$-wertige Funktion $(\lambda(t\,;\tau,\xi,\eta),\eta)$ alle Merkmale der allgemeinen Lösung von (7.8). Die Lösungseigenschaft und die Eindeutigkeit ergeben sich dabei unmittelbar aus dem Satz 7.1.2, und die Maximalität der Lösungen folgt daraus, daß jede Lösung $(\lambda(t\,;\tau,\xi,\eta),\eta)$ der Gleichung (7.8) wegen der Konstanz der zweiten Komponente das gleiche Randverhalten besitzt wie die zugehörige Lösung $\lambda(t\,;\tau,\xi,\alpha)$ der Gleichung (7.7) für den Parameterwert $\alpha=\eta$. □

7.1.4 Beispiel: Die parameterabhängige Differentialgleichung

$$\boxed{\dot{x} = \alpha x^2}, \quad \alpha\in\mathbb{R} \tag{7.9}$$

besitzt die durch Trennung der Veränderlichen ermittelte allgemeine Lösung

$$\lambda(t\,;\tau,\xi,\alpha) := \frac{\xi}{1+\alpha\xi(\tau-t)} \quad \text{mit } I_{max} := \begin{cases} (-\infty\,,\tau+\frac{1}{\alpha\xi}) & \text{falls } \alpha\xi\geq 0 \\ (\tau+\frac{1}{\alpha\xi}\,,\infty) & \text{falls } \alpha\xi\leq 0\,, \end{cases}$$

wobei $\alpha\xi=0$ natürlich dem Fall $I_{max}=(-\infty\,,\infty)$ entspricht. Anders als früher (vgl. Abbildung 2.19 auf Seite 87), wo wir bei parameterabhängigen Gleichungen verschiedene zwei-dimensionale Lösungsportraits nebeneinanderlegten, wollen wir in der Abbildung 7.3 die geometrische Veranschaulichung der Lösungen von (7.9) in einer einzigen drei-dimensionalen Skizze vornehmen, wobei wir die

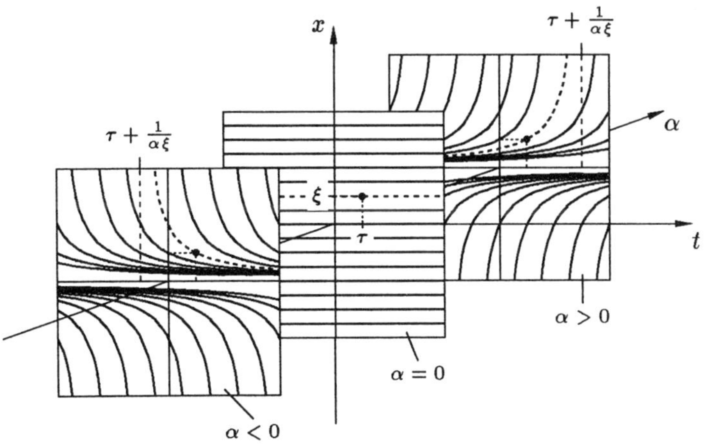

Abb. 7.3 Lösungen der Differentialgleichung $\dot{x}=\alpha x^2$, $\alpha\in\mathbb{R}$

für verschiedene Werte von α ermittelten zwei-dimensionalen Bilder nebeneinanderschichten. Ebensogut können wir aber die Abbildung 7.3 auch als dreidimensionales Lösungsportrait des zur Gleichung (7.9) äquivalenten Systems

$$\boxed{\dot{x} = yx^2\,,\quad \dot{y} = 0} \tag{7.10}$$

ansehen, dessen allgemeine Lösung gemäß der Bemerkung 7.1.3 die leicht verifizierbare Form $\left(\frac{\xi}{1+\eta\xi(\tau-t)}\,,\eta\right)$ besitzt. ◊

Aufgaben

1. Erstellen Sie das Phasenportrait des ebenen autonomen Systems

$$\boxed{\dot{x} = xy - x^3\,,\quad \dot{y} = 0}$$

und interpretieren Sie das Ergebnis im Hinblick auf die parameterabhängige Gleichung

$$\boxed{\dot{x} = \alpha x - x^3}\,,\quad \alpha \in \mathbb{R}\,.$$

2. Formulieren und beweisen Sie einen Satz, der besagt, daß man ein beliebiges nichtautonomes N-dimensionales System n-ter Ordnung mit einem M-dimensionalen Parameter

$$\boxed{x^{(n)} = f(t,\dot{x},\ldots,x^{(n-1)},\alpha)}\,,\quad \alpha \in \mathbb{R}^M$$

in ein gleichwertiges autonomes System 1. Ordnung ohne Parameter

$$\boxed{\dot{z} = g(z)}$$

umwandeln kann. Klären Sie vorab, welche Dimension dieses autonome System besitzt und wie es im Fall der skalaren Differentialgleichung

$$\boxed{\ddot{x} = \alpha t x}$$

aussieht.

3. Zeigen Sie an Hand eines Beispiels, daß das gemäß Satz 7.1.2 zu einer *linearen* parameterabhängigen Differentialgleichung gehörige parameterunabhängige System *nichtlinear* sein kann.

4. Erstellen Sie das von einem reellen Parameter α abhängige Phasenportrait des zu der Differentialgleichung 2. Ordnung

$$\boxed{\ddot{x} = \alpha x - x^3}$$

gehörigen Systems 1. Ordnung.

5. Zeigen Sie, daß der Definitionsbereich der allgemeinen Lösung $\lambda(t\,;\tau,\xi,\alpha)$ der Gleichung

$$\boxed{\dot{x} = \alpha x^2}\,,\quad \alpha \in \mathbb{R}\,,$$

eine offene Teilmenge D des $\mathbb{R}^4$ ist, und daß die allgemeine Lösung auf D total differenzierbar ist. Zeigen Sie ferner, daß die Funktionen $\frac{\partial\lambda}{\partial\tau}(t\,;\tau,\xi,\alpha)$, $\frac{\partial\lambda}{\partial\xi}(t\,;\tau,\xi,\alpha)$ und $\frac{\partial\lambda}{\partial\alpha}(t\,;\tau,\xi,\alpha)$ bei festgehaltenem (τ,ξ,α) als Funktionen von t Lösungen von *linearen* Anfangswertproblemen sind.

7.2 Stetigkeit der allgemeinen Lösung

Um zu erkennen, in welcher Weise die Lösungen einer Differentialgleichung von den Anfangsbedingungen und gegebenenfalls von Parametern abhängen, müssen wir die allgemeine Lösung $\lambda(t\,;\tau,\xi,\alpha)$ als Funktion ihres gesamten Variablensatzes (t,τ,ξ,α) studieren, was auch die Frage nach der Glattheit dieser Funktion aufwirft. Insbesondere im Hinblick auf die Differenzierbarkeit sehen wir uns daher mit der Frage konfrontiert, ob der Definitionsbereich

$$\Omega \;=\; \big\{(t,\tau,\xi,\alpha)\in\mathbb{R}^{2+N+M} : (\tau,\xi,\alpha)\in D\,,\, t\in I_{max}(\tau,\xi,\alpha)\big\}$$

der allgemeinen Lösung eine im $\mathbb{R}^{2+N+M}$ offene Menge ist.

Nachdem sowohl der Definitionsbereich D der betrachteten Differentialgleichung als auch jedes maximale Existenzintervall $I_{max}(\tau,\xi,\alpha)$ offen ist, mag man die Offenheit von Ω für selbstverständlich halten. Zweifel an dieser Tatsache mögen jedoch aufkommen, wenn man bedenkt, daß die maximalen Existenzintervalle, genauer ihre Endpunkte, im allgemeinen nicht stetig (sondern nur halbstetig, siehe Aufgabe 5) von den Anfangswerten und den Parametern abhängen, wie das folgende Beispiel zeigt.

7.2.1 Beispiel: Die von einem reellen Parameter α abhängige Gleichung

$$\boxed{\dot{x} \;=\; \frac{1}{t^2+\alpha^2}}$$

besitzt das in der Abbildung 7.4 skizzierte Lösungsportrait und erfüllt mit dem offenen Definitionsbereich $D := \big\{(t,x,\alpha)\in\mathbb{R}^3 : (t,\alpha)\neq(0,0)\big\}$ unsere Standard-

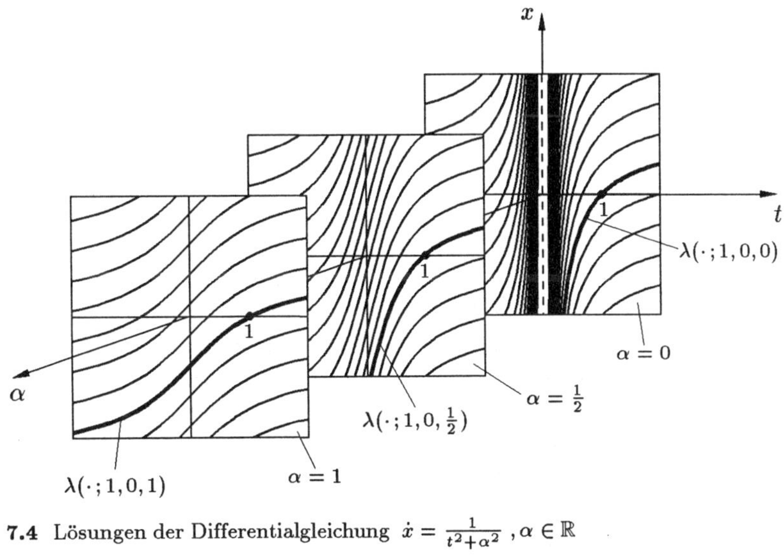

Abb. 7.4 Lösungen der Differentialgleichung $\dot{x} = \frac{1}{t^2+\alpha^2}$, $\alpha\in\mathbb{R}$

voraussetzungen. Man rechnet leicht nach, daß die allgemeine Lösung durch

$$\lambda(t\,;\tau,\xi,\alpha) \;=\; \begin{cases} \xi + \frac{1}{\alpha}\Big[\arctan\frac{t}{\alpha} - \arctan\frac{\tau}{\alpha}\Big] & \text{für } \alpha \neq 0 \\ \xi + \frac{1}{\tau} - \frac{1}{t} & \text{für } \alpha = 0 \end{cases}$$

gegeben ist. Es ist nun bemerkenswert, daß im Fall $\alpha \neq 0$ für jedes Anfangswertepaar (τ,ξ) das maximale Lösungsintervall $\big(I^-(\tau,\xi,\alpha)\,,I^+(\tau,\xi,\alpha)\big)$ gleich $(-\infty\,,\infty)$ ist, während es im Fall $\alpha = 0$ die Form $(0\,,\infty)$ oder $(-\infty\,,0)$ besitzt, je nachdem ob τ größer oder kleiner als 0 ist. Also gilt, um ein Beispiel zu nennen,

$$I^-(1,0,0) \;=\; 0 \quad \text{und} \quad I^-(1,0,\alpha) = -\infty \quad \text{für jedes } \alpha \neq 0\,.$$

Dieser „Sprung" von 0 nach $-\infty$ selbst bei kleinster Änderung von α ist eine besonders krasse Form von unstetiger Abhängigkeit des Punktes $I^-(\tau,\xi,\alpha)$ vom Parameter α. ◊

Gewarnt durch dieses Beispiel wird man den Definitionsbereich der allgemeinen Lösung nicht so ohne weiteres als offen erwarten. Daß dies aber dennoch stets der Fall ist, und zwar alleine unter unseren Standardvoraussetzungen, ist Teil der Aussage des folgenden Satzes.

7.2.2 Satz (Stetigkeit der allgemeinen Lösung): *Ist D eine offene Teilmenge des $\mathbb{R}^{1+N+M}$, und ist die rechte Seite $f : D \to \mathbb{R}^N$ der Differentialgleichung*

$$\boxed{\dot{x} \;=\; f(t,x,\alpha)} \tag{7.11}$$

stetig und bezüglich x Lipschitz-stetig, so ist der Definitionsbereich

$$\Omega = \{(t,\tau,\xi,\alpha) \in \mathbb{R}^{2+N+M} : (\tau,\xi,\alpha) \in D\,,\, t \in I_{max}(\tau,\xi,\alpha)\}$$

der allgemeinen Lösung $\lambda(t\,;\tau,\xi,\alpha)$ dieser Gleichung eine offene Teilmenge des $\mathbb{R}^{2+N+M}$, und die allgemeine Lösung $\lambda : \Omega \to \mathbb{R}^N$ ist stetig.

Beweis: An Stelle des Systems (7.11) betrachten wir das gemäß Satz 7.1.2 zugehörige parameterunabhängige System

$$\boxed{\dot{z} \;=\; g(t,z)}\,, \quad g : D \to \mathbb{R}^{N+M}\,, \tag{7.12}$$

wobei $g(t,x,y) = (f(t,x,y),0)$ und $z = (x,y)$ gilt. Man beachte in diesem Zusammenhang, daß das System (7.12) zwar nicht Lipschitz-stetig bezüglich z ist, und daß damit unsere (auf Seite 71 formulierten) Standardvoraussetzungen für die Existenz der allgemeinen Lösung nicht erfüllt sind, daß aber gemäß der Bemerkung 7.1.3 die entsprechende Begriffsbildung dennoch zur Verfügung steht. Darüberhinaus besagt die Bemerkung 7.1.3, daß es zum Nachweis der Stetigkeit von $\lambda(t\,;\tau,\xi,\alpha)$ genügt, die mit $\mu(t\,;\tau,\zeta)$, $\zeta = (\xi,\alpha)$ bezeichnete allgemeine Lösung des Systems (7.12) als stetig nachzuweisen, denn es gilt auf Ω die Identität $\mu(t\,;\tau,\xi,\alpha) \equiv (\lambda(t\,;\tau,\xi,\alpha),\alpha)$.

Im Verlaufe des Beweises, den wir zur Verdeutlichung in drei Schritte unterteilen, verwenden wir für beliebige Punkte $(\sigma, \eta) \in D$ für Zylinderumgebungen wieder die Bezeichnungen

$$Z_{a,b}(\sigma, \eta) := [\sigma - a, \sigma + a] \times \overline{U_b(\eta)}, \quad a, b > 0 .$$

1. Schritt: Wir zeigen zunächst, daß es zu jedem Punkt $(\tau_0, \zeta_0) \in D$ zwei Zylinderumgebungen

$$Z_{a,b}(\tau_0, \zeta_0) \subseteq Z_{a,2b}(\tau_0, \zeta_0) \subseteq D, \quad a, b > 0$$

gibt mit der Eigenschaft, daß die Lösung $\mu(t;\tau,\zeta)$ für jedes Anfangswertepaar $(\tau, \zeta) \in Z_{a,b}(\tau_0, \zeta_0)$ auf dem t-Intervall $[\tau_0 - a, \tau_0 + a]$ existiert und dort der Abschätzung

$$\|\mu(t;\tau,\zeta) - \zeta_0\| < 2b \tag{7.13}$$

genügt.

Da D offen ist, können wir zwei Zahlen $\tilde{a}, b > 0$ so wählen, daß $Z_{\tilde{a},2b}(\tau_0, \zeta_0)$ ganz in D liegt. Wegen der Stetigkeit von $g(t, z)$ existiert dann das Maximum $M := \max\{\|g(t, z)\| : (t, z) \in Z_{\tilde{a},2b}(\tau_0, \zeta_0)\}$, und wir können ein a so wählen, daß

$$0 < a \leq \tilde{a} \quad \text{und} \quad 2aM < b$$

gilt. Wir machen nun die *Widerspruchsannahme*, daß die mit den so gewählten Größen a und b formulierte Behauptung (7.13) nicht gilt. Dann gibt es einen Punkt $(\bar{t}, \bar{\tau}, \bar{\zeta}) \in [\tau_0 - a, \tau_0 + a] \times Z_{a,b}(\tau_0, \zeta_0)$ mit der Eigenschaft $\|\mu(\bar{t};\bar{\tau},\bar{\zeta}) - \zeta_0\| \geq 2b$ (siehe Abbildung 7.5). Indem wir o. B. d. A. nur den Fall $\bar{t} \geq \bar{\tau}$ betrachten, schließen wir unter Verwendung der Stetigkeit der Lösung $\bar{\mu}(t) := \mu(t;\bar{\tau},\bar{\zeta})$ auf die Existenz eines $t^* \in (\bar{\tau}, \bar{t}]$ mit der Eigenschaft

$$\|\bar{\mu}(t^*) - \zeta_0\| = 2b \quad \text{und} \quad \|\bar{\mu}(t) - \zeta_0\| < 2b \quad \text{für alle } t \in (\bar{\tau}, t^*) . \tag{7.14}$$

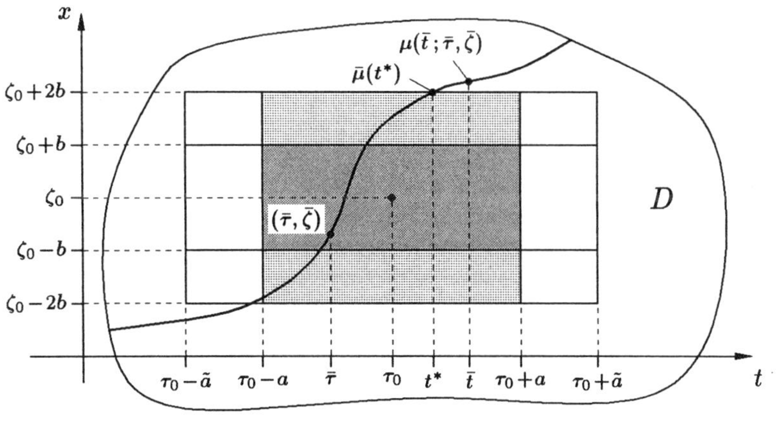

Abb. 7.5 Zur Begründung des 1. Beweisschritts von Satz 7.2.2

Damit gilt dann $\|g(t, \bar{\mu}(t))\| \leq M$ für alle $t \in [\bar{\tau}, t^*]$, und unter Verwendung der Lösungsidentität für $\bar{\mu}(t)$ in Integralform

$$\bar{\mu}(t^*) - \bar{\mu}(\bar{\tau}) = \int_{\bar{\tau}}^{t^*} g\big(t, \bar{\mu}(t)\big)\, dt$$

schließen wir auf die zu (7.14) widersprüchliche Abschätzung

$$\begin{aligned} \|\bar{\mu}(t^*) - \zeta_0\| &\leq \|\bar{\mu}(t^*) - \bar{\mu}(\bar{\tau})\| + \|\bar{\mu}(\bar{\tau}) - \zeta_0\| \leq \\ &\leq |t^* - \bar{\tau}| M + \|\bar{\zeta} - \zeta_0\| \leq 2aM + b < 2b . \end{aligned}$$

<u>2. Schritt</u>: Als nächstes zeigen wir, daß es zu jedem speziellen Punkt der Form $(\tau_0, \tau_0, \zeta_0) \in \Omega$ eine ganz in Ω gelegene Umgebung der Form

$$\widehat{Z}_{a,b}(\tau_0, \zeta_0) := [\tau_0 - a, \tau_0 + a] \times Z_{a,b}(\tau_0, \zeta_0)$$

gibt, auf der die allgemeine Lösung $\mu(t; \tau, \zeta)$ stetig ist.

Zum gegebenen Punkt $(\tau_0, \zeta_0) \in D$ wählen wir a und b gemäß der Aussage des 1. Beweisschritts. Die dortige Aussage lautet dann

$$\|\mu(t; \tau, \zeta) - \zeta_0\| < 2b \quad \text{für alle } (t, \tau, \zeta) \in \widehat{Z}_{a,b}(\tau_0, \zeta_0) . \tag{7.15}$$

Wegen der Lösungseigenschaft von $\mu(t; \tau, \zeta)$ gilt ferner

$$\mu(t; \tau, \zeta) - \mu(s; \tau, \zeta) = \int_s^t g\big(\sigma, \mu(\sigma; \tau, \zeta)\big)\, d\sigma ,$$

und folglich

$$\|\mu(t; \tau, \zeta) - \mu(s; \tau, \zeta)\| \leq M\,|t - s| \tag{7.16}$$

für alle $t, s \in [\tau_0 - a, \tau_0 + a]$ und $(\tau, \zeta) \in Z_{a,b}(\tau_0, \zeta_0)$. Wir betrachten nun einen beliebigen Punkt $(t^*, \tau^*, \zeta^*) \in \widehat{Z}_{a,b}(\tau_0, \zeta_0)$ und eine beliebige gegen diesen Punkt konvergierende Folge (t_i, τ_i, ζ_i), $i = 1, 2, \ldots$ von Punkten aus $\widehat{Z}_{a,b}(\tau_0, \zeta_0)$. Um die den Beweis des 2. Schritts beendende Grenzwertbeziehung

$$\lim_{i \to \infty} \mu(t_i; \tau_i, \zeta_i) = \mu(t^*; \tau^*, \zeta^*)$$

zu beweisen, genügt es wegen (7.16) folgendes zu zeigen:

$$\lim_{i \to \infty} \mu(t; \tau_i, \zeta_i) = \mu(t; \tau^*, \zeta^*) \quad \text{gleichmäßig bzgl. } t \in [\tau_0 - a, \tau_0 + a] . \tag{7.17}$$

Zum Zwecke dieses Nachweises machen wir die *Widerspruchsannahme*, daß (7.17) nicht gilt. Dann existieren ein $\varepsilon > 0$, eine Folge $t_k \in [\tau_0 - a, \tau_0 + a]$ und eine streng monoton wachsende Folge natürlicher Zahlen i_k mit der Eigenschaft

$$\|\mu(t_k; \tau_{i_k}, \zeta_{i_k}) - \mu(t_k; \tau^*, \zeta^*)\| \geq \varepsilon \quad \text{für alle } k \in \mathbb{N} . \tag{7.18}$$

Auf die Funktionenfolge $\big(\mu(\cdot\,; \tau_{i_k}, \zeta_{i_k})\big)_{k \in \mathbb{N}}$ ist der im Anhang B beschriebene Satz von Arzelà-Ascoli anwendbar, denn sie ist gleichgradig stetig (wegen

(7.16)) und gleichmäßig beschränkt (wegen (7.15)). Also existiert eine Teilfolge $\big(\mu(\cdot\,;\tau_{i_{k_l}},\zeta_{i_{k_l}})\big)_{l\in\mathbb{N}}$ und eine auf dem Intervall $[\tau_0-a\,,\tau_0+a]$ stetige Funktion $\Lambda(t)$ mit

$$\lim_{l\to\infty}\mu(t\,;\tau_{i_{k_l}},\zeta_{i_{k_l}}) \;=\; \Lambda(t) \quad \text{gleichmäßig bzgl. } t\in[\tau_0-a\,,\tau_0+a]\,. \tag{7.19}$$

Auf Grund der Lösungseigenschaft von μ gilt die Beziehung

$$\mu(t\,;\tau_{i_{k_l}},\zeta_{i_{k_l}}) \;=\; \zeta_{i_{k_l}} + \int_{\tau_{i_{k_l}}}^{t} g\big(s,\mu(s\,;\tau_{i_{k_l}},\zeta_{i_{k_l}})\big)\,ds\,,$$

aus der wir (unter Beachtung der gleichmäßigen Stetigkeit der Funktion $g(t,z)$ auf der kompakten Menge $Z_{a,b}(\tau_0,\zeta_0)$) durch den Grenzübergang $l\to\infty$ auf die Identität

$$\Lambda(t) \;=\; \zeta^* + \int_{\tau^*}^{t} g\big(s,\Lambda(s)\big)\,ds$$

schließen. Folglich ist $\Lambda(t)$ eine Lösung des Anfangswertproblems $\dot z = g(t,z)$, $z(\tau^*) = \zeta^*$. Wegen der eindeutigen Lösbarkeit dieses Anfangswertproblems (siehe die Bemerkung eingangs des Beweises) gilt auf dem Intervall $[\tau_0-a\,,\tau_0+a]$ also $\Lambda(t)\equiv\mu(t\,;\tau^*,\zeta^*)$, und das bedeutet, daß die Funktionenfolge $\big(\mu(\cdot\,;\tau_{i_{k_l}},\zeta_{i_{k_l}})\big)_{l\in\mathbb{N}}$ wegen (7.19) auf diesem Intervall gleichmäßig gegen die Lösung $\mu(t\,;\tau^*,\zeta^*)$ konvergiert. Es gilt also für alle $t\in[\tau_0-a\,,\tau_0+a]$ eine Abschätzung der Form

$$\|\mu(t\,;\tau_{i_{k_l}},\zeta_{i_{k_l}})-\mu(t\,;\tau^*,\zeta^*)\| \;\le\; \tfrac{\varepsilon}{2} \quad \text{für alle hinreichend großen } l\,.$$

Dies widerspricht aber der Aussage (7.18).

3. Schritt: Um den Beweis des Satzes 7.2.2 zu beenden, betrachten wir das System $\mathcal{U}$ aller im $\mathbb{R}^{2+N+M}$ offenen Teilmengen U von Ω mit der Eigenschaft, daß die Einschränkung von $\mu(t\,;\tau,\zeta)$ auf U stetig ist, und beweisen, daß die Vereinigungsmenge

$$V := \bigcup_{U\in\mathcal{U}} U \;\subseteq\; \Omega$$

mit Ω übereinstimmt.

Die Menge V ist offen, und darüberhinaus nichtleer, denn nach der Aussage des 2. Beweisschritts gehört jeder Punkt der Form $(\tau_0,\tau_0,\zeta_0)\in\mathbb{R}^{2+N+M}$, für den $(\tau_0,\zeta_0)\in D$ gilt, zusammen mit einer ganzen Umgebung zu V. Wir machen nun die *Widerspruchsannahme*, daß $\Omega\setminus V\neq\emptyset$ gilt. Es gibt dann einen Punkt

$$(t_0,\tau_0,\zeta_0)\;\in\;\Omega\setminus V\,, \tag{7.20}$$

bei dem wir o. B. d. A. $t_0>\tau_0$ annehmen können. Für die reelle Zahl

$$t^* := \inf\big\{t\in\mathbb{R} : t>\tau_0 \text{ und } (t,\tau_0,\zeta_0)\notin V\big\}$$

(siehe Abbildung 7.6) gilt dann $\tau_0<t^*\le t_0$ und

$$(t,\tau_0,\zeta_0)\in V \quad \text{für alle } t\in[\tau_0\,,t^*)\,.$$

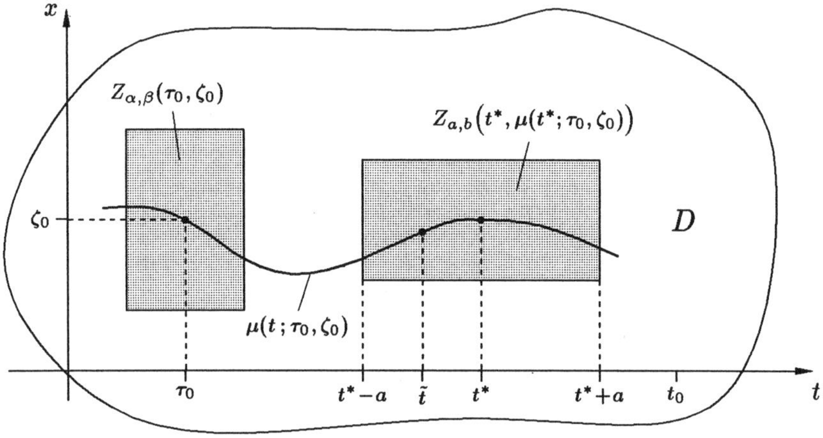

Abb. 7.6 Zur Begründung des 3. Beweisschritts von Satz 7.2.2

Da V offen ist, gilt zudem

$$(t^*, \tau_0, \zeta_0) \notin V\ . \tag{7.21}$$

Andererseits gilt $(t^*, \tau_0, \zeta_0) \in \Omega$, denn wegen $(t_0, \tau_0, \zeta_0) \in \Omega$ gehört neben τ_0 auch t_0 und folglich auch das zwischen τ_0 und t_0 liegende t^* zu $I_{max}(\tau_0, \zeta_0)$. Damit gehört der Punkt $\big(t^*, \mu(t^*; \tau_0, \zeta_0)\big)$ zu D, und so besitzt nach dem 2. Beweisschritt der Punkt $\big(t^*, t^*, \mu(t^*; \tau_0, \zeta_0)\big) \in \Omega$ eine Umgebung der Form $\widehat{Z}_{a,b}\big(t^*, \mu(t^*; \tau_0, \zeta_0)\big)$, $a, b > 0$, auf der die allgemeine Lösung $\mu(t\,; \tau, \zeta)$ stetig ist. Wegen der Beziehung

$$\widehat{Z}_{a,b}\big(t^*, \mu(t^*; \tau_0, \zeta_0)\big) \;=\; [t^* - a\,, t^* + a] \times [t^* - a\,, t^* + a] \times \overline{U_b\big(\mu(t^*\,; \tau_0, \zeta_0)\big)}$$

ist dann insbesondere für jedes $\tau \in [t^* - a\,, t^* + a]$ die Funktion

$$\mu(\cdot\,; \tau, \cdot) : [t^* - a\,, t^* + a] \times \overline{U_b\big(\mu(t^*\,; \tau_0, \zeta_0)\big)} \to \mathbb{R}^{N+M} \quad \text{stetig}\,. \tag{7.22}$$

Wir wählen nun ein $\tilde{t}$ mit $\max\{\tau_0\,, t^* - a\} < \tilde{t} < t^*$ und der Eigenschaft

$$\mu(\tilde{t}\,; \tau_0, \zeta_0) \in U_b(\zeta_0)\ .$$

Dann liegt der Punkt $(\tilde{t}, \tau_0, \zeta_0)$ in V, und so gibt es nach der Definition von V eine offene Umgebung $U \in \mathcal{U}$ dieses Punktes, auf der $\mu(t\,; \tau, \zeta)$ stetig ist. Indem man U klein genug wählt, findet man zwei positive Zahlen α und β mit der Eigenschaft, daß die Funktion

$$\mu(\tilde{t}\,; \cdot, \cdot) : Z_{\alpha,\beta}(\tau_0, \zeta_0) \to U_b(\zeta_0) \quad \text{stetig} \tag{7.23}$$

ist. An dieser Stelle kommt nun die Kozykluseigenschaft (2.55) der allgemeinen Lösung ins Spiel, und zwar in Form der Beziehung

$$\mu(t\,; \tau, \zeta) \;=\; \mu\big(t\,; \tilde{t}, \mu(\tilde{t}\,; \tau, \zeta)\big)\ , \tag{7.24}$$

die insbesondere für alle $(t, \tau, \zeta) \in \widetilde{Z} := (t^* - a, t^* + a) \times (\tau_0 - \alpha, \tau_0 + \alpha) \times U_\beta(\zeta_0)$ gilt. Die auf der linken Seite von (7.24) stehende Funktion ist dann die Hintereinanderausführung der beiden nach (7.22) und (7.23) stetigen Funktionen $\mu(\tilde{t}\,; \cdot, \cdot)$ und $\mu(\cdot\,; \tilde{t}, \cdot)$, und als solche selbst auf $\widetilde{Z}$ stetig. Da $\widetilde{Z}$ zu $\mathcal{U}$ gehört, gilt $(t^*, \tau_0, \zeta_0) \in V$. Dies widerspricht der Beziehung (7.21). ■

Der im Satz 7.2.2 geschilderte Sachverhalt wird häufig auch als **stetige Abhängigkeit der Lösungen von Anfangswerten und Parametern** bezeichnet. Diese Ausdrucksweise wird besonders in denjenigen Fällen plausibel, in denen man entweder die Anfangszeit τ sowie den Parameter α festhält und nur den Anfangswert ξ variiert, oder aber das Anfangswertepaar (τ, ξ) festhält und nur den Parameter α variiert. Den ersten dieser beiden Fälle wollen wir seiner großen Bedeutung wegen im nächsten Satz beschreiben, dem zweiten Fall sind die Aufgaben 3 und 4 gewidmet.

7.2.3 Satz (Variation des Anfangswerts): *Unter den Standardvoraussetzungen des Satzes 7.2.2 seien ein Punkt $(t_0, x_0, \alpha_0) \in D$ und ein kompaktes Intervall $[a\,, b] \subset I_{max}(t_0, x_0, \alpha_0)$ mit $t_0 \in [a\,, b]$ fest gewählt. Dann gibt es zu jedem $\varepsilon > 0$ ein $\delta = \delta(\varepsilon, t_0, x_0, \alpha_0, a, b) > 0$ mit folgender Eigenschaft: Für alle Anfangswerte $\xi \in \mathbb{R}^N$ mit $\|\xi - x_0\| < \delta$ existiert die Lösung $\lambda(t\,; t_0, \xi, \alpha_0)$ für alle $t \in [a\,, b]$ und es gilt*

$$\big\|\lambda(t\,; t_0, \xi, \alpha_0) - \lambda(t\,; t_0, x_0, \alpha_0)\big\| < \varepsilon \quad \text{für alle } t \in [a\,, b]\,.$$

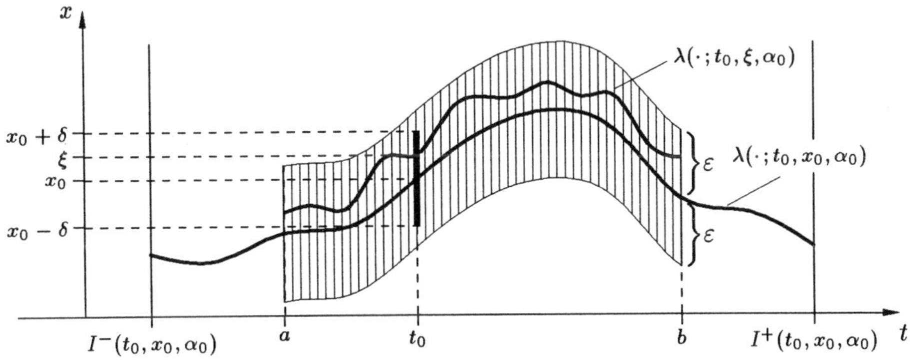

Abb. 7.7 Zu der im Satz 7.2.3 beschriebenen Variation des Anfangswerts

Beweis: Wegen $[a\,, b] \subset I_{max}(t_0, x_0, \alpha_0)$ ist die Menge $[a\,, b] \times \{t_0\} \times \{x_0\} \times \{\alpha_0\}$ eine kompakte Teilmenge des offenen Definitionsbereichs Ω der allgemeinen Lösung. Also gibt es ein $\rho > 0$, so daß auch $[a\,, b] \times \{t_0\} \times \overline{U_\rho^N(x_0)} \times \{\alpha_0\}$ eine kompakte Teilmenge von Ω ist. Dies impliziert nun zweierlei:

(i) Für jedes $\xi \in \overline{U_\rho^N(x_0)}$ gilt $[a\,,b] \subset I_{max}(t_0,\xi,\alpha_0)$, und das besagt, daß die Lösung $\lambda(\cdot\,;t_0,\xi,\alpha_0)$ auf ganz $[a\,,b]$ existiert.

(ii) Die von (t,ξ) abhängige Funktion $\lambda(\cdot\,;t_0,\cdot\,,\alpha_0)$ ist auf der kompakten Menge $[a\,,b] \times \overline{U_\rho^N(x_0)}$ gleichmäßig stetig, also gibt es zu jedem $\varepsilon > 0$ ein $\delta > 0$ mit $\|\lambda(t\,;t_0,\xi,\alpha_0) - \lambda(s\,;t_0,\eta,\alpha_0)\| < \varepsilon$, falls $t,s \in [a\,,b]$ mit $|t-s| < \delta$ und $\xi,\eta \in \overline{U_\rho^N(x_0)}$ mit $\|\xi - \eta\| < \delta$. Setzt man nun $s := t$ und $\eta := x_0$, so folgt die Behauptung. ■

7.2.4 Beispiel: Bei der schon zuvor betrachteten Differentialgleichung

$$\boxed{\dot{x} = \alpha t x}\,, \qquad \alpha \in \mathbb{R}$$

wollen wir zu vorgegebenem $\varepsilon > 0$ ein $\delta > 0$ explizit bestimmen, wie es im Satz 7.2.3 beschrieben ist. Die auf ganz $\mathbb{R}^4$ definierte allgemeine Lösung der Gleichung ist

$$\lambda(t\,;\tau,\xi,\alpha) = \xi\, e^{(t^2-\tau^2)\frac{\alpha}{2}},$$

und somit ist die (bei festem Parameterwert α_0) im Satz 7.2.3 betrachtete Lösungsdifferenz

$$\left|\lambda(t\,;t_0,\xi,\alpha_0) - \lambda(t\,;t_0,x_0,\alpha_0)\right| = |\xi - x_0|\, e^{(t^2-t_0^2)\frac{\alpha_0}{2}} \tag{7.25}$$

eine bezüglich t gerade Funktion, die zudem auf den beiden Halbachsen $(-\infty\,,0]$ und $[0\,,\infty)$ streng monoton ist (für $\alpha_0 \neq 0$). Auf einem festen Intervall $[a\,,b]$ nimmt sie also den maximalen Wert am Rande an, und zwar im Fall $\alpha_0 > 0$ (siehe Abbildung 7.8) an dem vom Koordinatenursprung weiter entfernten Randpunkt. In diesem Fall ist also die Differenz (7.25) auf ganz $[a\,,b]$ genau dann kleiner als ε, wenn der Ausdruck $|\xi - x_0|\, e^{(max\{a^2,b^2\}-t_0^2)\alpha_0/2}$ kleiner als ε ist, wenn also

$$|\xi - x_0| < \delta := \varepsilon\, e^{(t_0^2 - max\{a^2,b^2\})\frac{\alpha_0}{2}}$$

gilt. Das hier angegebene δ ist offensichtlich das größtmögliche mit der im Satz 7.2.3 beschriebenen Eigenschaft. Es zeigt im übrigen explizit die in 7.2.3 erwähnte Abhängigkeit von ε, t_0, a, b und α_0. Von x_0 ist es offensichtlich unabhängig. ◇

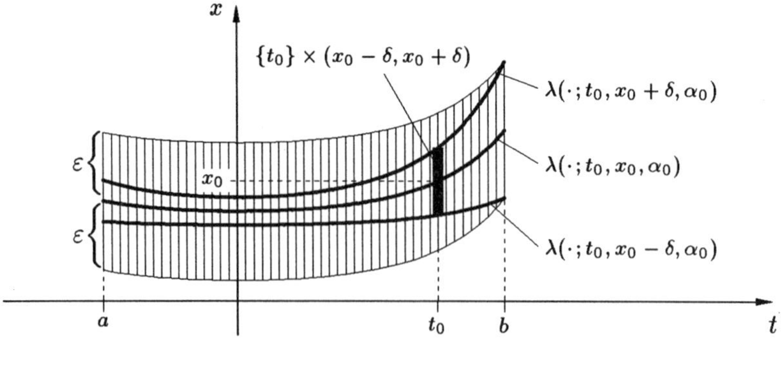

Abb. 7.8 Zur Variation des Anfangswerts bei der Gleichung $\dot{x} = \alpha t x$, $\alpha = \alpha_0 > 0$

Aufgaben

1. Gegeben sei eine Differentialgleichung

$$\boxed{\dot{x} = f(t,x)},$$

deren rechte Seite $f : D \to \mathbb{R}^N$ auf einer offenen Menge $D \subseteq \mathbb{R}^{1+N}$ stetig und bezüglich x Lipschitz-stetig ist. Ferner sei

$$\mu : [a\,,b] \to \mathbb{R}^N$$

eine Lösung dieser Gleichung und t_0 ein beliebiger Punkt aus $[a\,,b]$. Zeigen Sie:

(a) Ist $(\xi_n)_{n\in\mathbb{N}}$ eine gegen $\mu(t_0)$ konvergierende Folge von Punkten des $\mathbb{R}^N$, so besitzt für alle hinreichend großen $n \in \mathbb{N}$ das Anfangswertproblem

$$\boxed{\dot{x} = f(t,x)}, \quad x(t_0) = \xi_n$$

eine Lösung $\mu_n(t)$ auf dem ganzen Intervall $[a\,,b]$.

(b) Die nach Teil (a) existierende Funktionenfolge $\{\mu_n(t)\}_{n=n_0}^{\infty}$ konvergiert gleichmäßig auf dem Intervall $[a\,,b]$ gegen die Lösung $\mu(t)$.

2. (a) Zeigen Sie an Hand von Beispielen, daß die Aussage (a) der vorherigen Aufgabe falsch wird, wenn man vom Intervall $[a\,,b]$ entweder nur die Abgeschlossenheit oder nur die Beschränktheit voraussetzt.

(b) Zeigen Sie ferner, daß selbst wenn die Aussage (a) der vorherigen Aufgabe zutrifft, es im Fall eines abgeschlossenen (aber nicht beschränkten) oder eines beschränkten (aber nicht abgeschlossenen) Intervalls $[a\,,b]$ möglich ist, daß die in der Aussage (b) der vorherigen Aufgabe beschriebene Konvergenz auf $[a\,,b]$ zwar punktweise, aber nicht gleichmäßig vorliegt.

Hinweis: In dieser Aufgabe ist nach insgesamt vier Gegenbeispielen gefragt. Der bisher in diesem Buch angelegte Beispielvorrat reicht zum Auffinden von dreien, für das vierte betrachte man die Differentialgleichung $\dot{x} = -\frac{x}{t}$, $t \neq 0$.

3. Gegeben sei eine unseren Standardvoraussetzungen genügende parameterabhängige Differentialgleichung und zu einem festen Anfangswertepaar (t_0, x_0) die Familie der Anfangswertprobleme

$$\boxed{\dot{x} = f(t,x,\alpha)}, \quad x(t_0) = x_0\ , \quad (t_0, x_0, \alpha) \in D.$$

Gibt es dann ein t_0 enthaltendes Intervall I, auf dem jedes dieser Anfangswertprobleme eine Lösung $\mu_\alpha : I \to \mathbb{R}^N$ besitzt, so gilt für jedes α_0 mit $(t_0, x_0, \alpha) \in D$ und alle $t \in I$ die Beziehung

$$\lim_{\alpha\to\alpha_0} \mu_\alpha(t) = \mu_{\alpha_0}(t)\,.$$

4. Zeigen Sie an Hand der skalaren Differentialgleichung

$$\boxed{\dot{x} = \alpha x^2}$$

(siehe Beispiel 7.1.4), daß man in der Aussage der vorherigen Aufgabe auf die Voraussetzung, daß die Lösung $\mu_{\alpha_0}(t)$ zum „Parametergrenzwert" α_0 existiert, nicht verzichten kann. Betrachten Sie hierzu das Intervall $I := (0\,,1]$. Zeigen Sie ferner, daß diese Voraussetzung im Fall der Kompaktheit von I verzichtbar ist.

5. Gegeben sei ein parameterabhängiges System

$$\boxed{\dot{x} = f(t,x,\alpha)},$$

dessen rechte Seite auf einer offenen Menge $D \subseteq \mathbb{R}^{1+N+M}$ stetig und bezüglich x Lipschitz-stetig ist. Wie üblich bezeichne $(I^-(\tau,\xi,\alpha)\,,\, I^+(\tau,\xi,\alpha))$ das maximale Lösungsintervall zum Anfangswertepaar (τ,ξ) und Parameter α.

Zeigen Sie, daß die Funktion $I^+ : D \to \mathbb{R}$ ***unterhalbstetig*** ist, d.h. daß es zu jedem Punkt $(\tau_0, \xi_0, \alpha_0) \in D$ und jedem $\varepsilon > 0$ ein $\delta > 0$ gibt, so daß $I^+(\tau,\xi,\alpha) > I^+(\tau_0,\xi_0,\alpha_0) - \varepsilon$ für alle $(\tau,\xi,\alpha) \in D$ mit $\|(\tau,\xi,\alpha) - (\tau_0,\xi_0,\alpha_0)\| < \delta$ gilt.

Formulieren und beweisen Sie die entsprechende Aussage, daß der linke Randpunkt des maximalen Lösungsintervalls ***oberhalbstetig*** vom Punkt (τ,ξ,α) abhängt.

7.3 Differenzierbarkeit der allgemeinen Lösung

Angesichts unseres Ziels, das Änderungsverhalten von Lösungen bei Variation von Anfangszeit, Anfangswert oder Parameter zu studieren, ist die im vorherigen Abschnitt gezeigte Stetigkeit der allgemeinen Lösung noch nicht ausreichend, denn erst die Differenzierbarkeit erlaubt den Einsatz eines auch für praktische Zwecke geeigneten Kalküls. Dementsprechend wollen wir jetzt der Frage nach der Differenzierbarkeit der allgemeinen Lösung nachgehen, wobei natürlich die Differenzierbarkeit bezüglich des gesamten Variablensatzes gemeint ist.

Bei einer Differentialgleichung mit nicht-differenzierbarer rechter Seite wird man nicht erwarten können, daß die allgemeine Lösung differenzierbar ist (siehe Aufgabe 1). Verschärft man jedoch die Standardvoraussetzungen hinsichtlich der Glattheit der rechten Seiten, so liefert dies die Differenzierbarkeit der allgemeinen Lösung. Dies und noch mehr besagt der nun folgende Satz.

7.3.1 Satz (Differenzierbarkeit der allgemeinen Lösung): *Ist D eine offene Teilmenge des $\mathbb{R}^{1+N+M}$, und ist $f : D \to \mathbb{R}^N$ eine C^1-Funktion, so ist auch die allgemeine Lösung $\lambda(t\,;\tau,\xi,\alpha)$ der Differentialgleichung*

$$\boxed{\dot{x} = f(t,x,\alpha)} \tag{7.26}$$

eine C^1-Funktion auf ihrem offenen Definitionsbereich Ω. Darüberhinaus existieren die folgenden partiellen Ableitungen 2. Ordnung und sind stetig:

$$\begin{aligned}
\frac{\partial^2\lambda}{\partial t\,\partial\tau} &: \Omega \to \mathbb{R}^N\,,\\
\frac{\partial^2\lambda}{\partial t\,\partial\xi_i} &: \Omega \to \mathbb{R}^N\,, \quad i = 1,\ldots,N\,,\\
\frac{\partial^2\lambda}{\partial t\,\partial\alpha_j} &: \Omega \to \mathbb{R}^N\,, \quad j = 1,\ldots,M\,.
\end{aligned}$$

Ferner läßt sich in jedem dieser Fälle die Reihenfolge der Differentiationen vertauschen.

Beweis: Schon zu Beginn des Beweises sei darauf hingewiesen, daß wir mehrmals eine (auch als „Lemma von Hadamard" bezeichnete) Variante des Mittelwertsatzes der Differentialrechnung verwenden werden. Diesen Satz inklusive Beweis findet man im Anhang A.

Wie im Beweis des Satzes 7.2.2 können wir auch jetzt wieder die Abhängigkeit der Differentialgleichung vom Parameter außer acht lassen, indem wir das entsprechende parameterunabhängige System

$$\boxed{\dot{z} = g(t,z)}\,, \quad g : D \to \mathbb{R}^{N+M} \tag{7.27}$$

betrachten, wobei $z = (x, y)$ und $g(t, x, y) = (f(t, x, y), 0)$ gilt. Den jetzt zu führenden Nachweis, daß die nach dem Satz 7.2.2 stetige allgemeine Lösung $\mu(t\,;\tau,\zeta)$ von (7.27) unter den Voraussetzungen des Satzes 7.3.1 sogar stetig differenzierbar ist, führen wir in vier Schritten.

1. Schritt (stetige partielle Differenzierbarkeit nach t): Die partielle Differenzierbarkeit der allgemeinen Lösung $\mu(t\,;\tau,\zeta)$ nach t ist offensichtlich. Aus der Lösungsidentität

$$\frac{\partial\mu}{\partial t}(t\,;\tau,\zeta) \;\equiv\; g\big(t, \mu(t;\tau,\zeta)\big)$$

folgt zudem sofort die Stetigkeit der Funktion $\frac{\partial\mu}{\partial t} : \Omega \to \mathbb{R}^N$, denn die rechte Seite dieser Identität ist nach Satz 7.2.2 stetig.

2. Schritt (stetige partielle Differenzierbarkeit nach den Komponenten von ζ): Wir betrachten einen beliebigen Punkt $(t_0, \tau, \zeta) \in \Omega$, o.B.d.A. $t_0 > \tau$, fixieren eine Koordinate $j \in \{1, \ldots, N + M\}$ von ζ und wählen gemäß Satz 7.2.3 ein $\delta > 0$ derart, daß für jedes $h \in (-\delta\,, \delta)$ die Lösung $\mu(t\,;\tau,\zeta + he_j)$ für alle $t \in [\tau\,, t_0]$ existiert. Hierbei ist e_j der j-te kanonische Einheitsvektor des $\mathbb{R}^{N+M}$. Wir definieren nun für alle $t \in [\tau\,, t_0]$ und $h \in (-\delta\,, \delta)$ die Funktion

$$\Delta(t, \tau, \zeta, h) \;:=\; \mu(t\,;\tau, \zeta + he_j) - \mu(t\,;\tau,\zeta) \tag{7.28}$$

und stellen fest, daß es auf Grund des Lemmas von Hadamard (siehe Anhang A) eine stetige $\mathbb{R}^{(N+M)\times(N+M)}$-wertige Funktion $G(t, \tau, \zeta, h)$ gibt, nämlich

$$G(t, \tau, \zeta, h) \;=\; \int_0^1 \frac{\partial g}{\partial z}\big(t, \mu(t\,;\tau,\zeta) + s\,\Delta(t, \tau, \zeta, h)\big)\,ds\,,$$

für die die Beziehung

$$g\big(t, \mu(t\,;\tau,\zeta + he_j)\big) - g\big(t, \mu(t\,;\tau,\zeta)\big) \;\equiv\; G(t, \tau, \zeta, h)\,\Delta(t, \tau, \zeta, h)$$

für alle $t \in [\tau\,, t_0]$ und $h \in (-\delta\,, \delta)$ gilt. Unter Verwendung dieser Beziehung erhalten wir dann die Identität

$$\begin{aligned}
\frac{\partial\Delta}{\partial t}(t, \tau, \zeta, h) \;&\equiv\; \Big[\frac{\partial\mu}{\partial t}(t\,;\tau,\zeta + he_j) - \frac{\partial\mu}{\partial t}(t\,;\tau,\zeta)\Big] \\
&\equiv\; \big[g\big(t, \mu(t\,;\tau,\zeta + he_j)\big) - g\big(t, \mu(t\,;\tau,\zeta)\big)\big] \\
&\equiv\; G(t, \tau, \zeta, h)\,\Delta(t, \tau, \zeta, h)\,.
\end{aligned}$$

Da zudem $\Delta(\tau, \tau, \zeta, h) = he_j$ gilt, haben wir die Funktion $\Delta(t, \tau, \zeta, h)$ als Lösung des parameterabhängigen linearen Anfangswertproblems

$$\boxed{\dot z \;=\; G(t, \tau, \zeta, h)\,z}\,, \qquad z(\tau) = he_j$$

nachgewiesen. Bezeichnen wir nun mit $r(t, \tau, \zeta, h)$ die für jedes $h \in (-\delta\,, \delta)$ und alle $t \in [\tau\,, t_0]$ existierende Lösung des Anfangswertproblems

$$\boxed{\dot z \;=\; G(t, \tau, \zeta, h)\,z}\,, \qquad z(\tau) = e_j\,,$$

so ist diese nach Satz 7.2.2 stetig (als Funktion des gesamten Variablensatzes (t, τ, ζ, h)), und wegen der Linearität der beiden betrachteten Anfangswertprobleme gilt die Identität

$$\Delta(t, \tau, \zeta, h) \equiv r(t, \tau, \zeta, h)h .$$

Diese liefert dann sofort (wegen (7.28) und der Stetigkeit von $r(t, \tau, \zeta, h)$) die zu beweisende Differenzierbarkeitsaussage, und zudem die Beziehung

$$\frac{\partial \mu}{\partial \zeta_j}(t_0 ; \tau, \zeta) = r(t_0, \tau, \zeta, 0) ,$$

aus der die Stetigkeit der nachgewiesenen partiellen Ableitung ersichtlich ist.

3. Schritt (stetige partielle Differenzierbarkeit nach τ): Wir betrachten einen beliebigen Punkt $(t_0, \tau, \zeta) \in \Omega$, o.B.d.A. $t_0 \geq \tau$, und wählen ein beliebiges kompaktes Intervall $[a , b] \subset I_{max}(\tau, \zeta)$ mit $\tau, t_0 \in (a , b)$. Damit ist die Menge $[a , b] \times \{\tau\} \times \{\zeta\}$ eine kompakte Teilmenge der offenen Menge Ω, und folglich gibt es ein $\delta > 0$ derart, daß auch die Menge $[a , b] \times [\tau - \delta , \tau + \delta] \times \{\zeta\}$ ganz in Ω liegt. Dies bedeutet, daß für jedes $h \in (-\delta , \delta)$ die Lösung $\mu(t ; \tau + h, \zeta)$ für alle $t \in [a , b]$ existiert. Wir definieren nun für alle $t \in [a , b]$ und $h \in (-\delta , \delta)$ die Funktion

$$\Gamma(t, \tau, \zeta, h) := \mu(t ; \tau + h, \zeta) - \mu(t ; \tau, \zeta) \tag{7.29}$$

und stellen fest, daß das Lemma von Hadamard eine stetige $\mathbb{R}^{(N+M)\times(N+M)}$-wertige Funktion $H(t, \tau, \zeta, h)$ liefert, die der Identität

$$g\big(t, \mu(t ; \tau + h, \zeta)\big) - g\big(t, \mu(t ; \tau, \zeta)\big) \equiv H(t, \tau, \zeta, h)\, \Gamma(t, \tau, \zeta, h)$$

genügt. Unter Verwendung dieser Beziehung erhalten wir dann wie zuvor für $\Gamma(t, \tau, \zeta, h)$ die Lösungsidentität

$$\frac{\partial \Gamma}{\partial t}(t, \tau, \zeta, h) \equiv H(t, \tau, \zeta, h)\Gamma(t, \tau, \zeta, h) .$$

Im Hinblick auf die Bestimmung einer Anfangsbedingung für $\Gamma(t, \tau, \zeta, h)$ bemühen wir bei der folgenden Rechnung nochmals das Lemma von Hadamard:

$$\begin{aligned}\Gamma(\tau, \tau, \zeta, h) &= \mu(\tau ; \tau + h, \zeta) - \zeta = \mu(\tau ; \tau + h, \zeta) - \mu(\tau + h ; \tau + h, \zeta) \\ &= -h \int_0^1 \frac{\partial \mu}{\partial t}(\tau + sh ; \tau + h, \zeta)\, ds \\ &= -h \int_0^1 g\big(\tau + sh, \mu(\tau + sh ; \tau + h, \zeta)\big)\, ds .\end{aligned}$$

Wir bezeichnen das zuletzt auftretende Integral mit $\widetilde{r}(\tau, \zeta, h)$ und stellen fest, daß es sich hierbei um eine (im gesamten Variablensatz) stetige Funktion handelt. Insgesamt haben wir damit die Funktion $\Gamma(t, \tau, \zeta, h)$ für alle $t \in [a , b]$ und jedes $h \in (-\delta , \delta)$ als Lösung des linearen Anfangswertproblems

$$\boxed{\dot{z} = H(t, \tau, \zeta, h) z}\,, \quad z(\tau) = -h\, \widetilde{r}(\tau, \zeta, h)$$

nachgewiesen. Bezeichnen wir nun mit $R_j(t,\tau,\zeta,h)$ die Lösung des Anfangswertproblems

$$\boxed{\dot{z} \;=\; H(t,\tau,\zeta,h)\,z}\,, \qquad z(\tau) = e_j$$

und bilden mit den $R_j(t,\tau,\zeta,h)$, $j = 1,\ldots,N+M$ als Spalten die Matrix $R(t,\tau,\zeta,h)$, so gilt auf Grund der Linearität der beiden betrachteten Anfangswertprobleme die Identität

$$\Gamma(t,\tau,\zeta,h) \;=\; -\,h\,R(t,\tau,\zeta,h)\,\tilde{r}(\tau,\zeta,h)\,.$$

Da die rechts stehende Funktion stetig ist, impliziert diese Beziehung wegen (7.29) die partielle Differenzierbarkeit von $\mu(t\,;\tau,\zeta)$ nach τ, insbesondere an der Stelle (t_0,τ,ζ), sowie die Gültigkeit der Beziehung

$$\frac{\partial\mu}{\partial\tau}(t_0\,;\tau,\zeta) \;=\; -\,R(t_0,\tau,\zeta,0)\,\tilde{r}(\tau,\zeta,0)\,,$$

die die Stetigkeit der partiellen Ableitungen liefert.

4. Schritt (Existenz der gemischten Ableitungen 2. Ordnung): Aus der auf Ω gültigen Lösungsidentität

$$\frac{\partial\mu}{\partial t}(t\,;\tau,\zeta) \;\equiv\; g\big(t,\mu(t\,;\tau,\zeta)\big)$$

folgt die Existenz und Stetigkeit von $\frac{\partial^2\mu}{\partial\tau\partial t}(t\,;\tau,\zeta)$ und $\frac{\partial^2\mu}{\partial\zeta_j\partial t}(t\,;\tau,\zeta)$, $j = 1,\ldots, N+M$ auf Ω, denn die rechte Seite ist nach dem bisher Bewiesenen stetig partiell differenzierbar nach τ und den Komponenten von ζ. Da diese gemischten Ableitungen 2. Ordnung auf Ω dann sogar stetig sind, folgt aus einem bekannten Satz der ANALYSIS, daß man jeweils die Differentiationsreihenfolge vertauschen kann und wieder die gleiche Funktion erhält.

Damit ist der Beweis des Satzes 7.3.1 vollständig. ■

Der Satz 7.3.1 liefert unter anderem die Existenz der Funktionen

$$\frac{\partial\lambda}{\partial\tau} \;:\; \Omega \to \mathbb{R}^N\,,$$
$$\frac{\partial\lambda}{\partial\xi_i} \;:\; \Omega \to \mathbb{R}^N\,, \quad i = 1,\ldots,N\,,$$
$$\frac{\partial\lambda}{\partial\alpha_j} \;:\; \Omega \to \mathbb{R}^N\,, \quad j = 1,\ldots,M\,.$$

Hält man nun im Argument (t,τ,ξ,α) dieser Funktionen τ,ξ und α fest und betrachtet die so entstehenden Funktionen in Abhängigkeit von t alleine, so sind diese nach Satz 7.3.1 stetig differenzierbar, und es stellt sich somit die Frage, ob die Funktionen $\frac{\partial\lambda}{\partial\tau}(t\,;\tau,\xi,\alpha)$, $\frac{\partial\lambda}{\partial\xi_i}(t\,;\tau,\xi,\alpha)$, $\frac{\partial\lambda}{\partial\alpha_j}(t\,;\tau,\xi,\alpha)$ als Funktionen von t wiederum Lösungen von irgendwelchen Differentialgleichungen sind. Bemerkenswerterweise ist dies tatsächlich der Fall, wie der nun folgende Satz zeigt.

7.3.2 Satz (Anfangswertprobleme für die partiellen Ableitungen der allgemeinen Lösung): *D sei eine offene Menge im $\mathbb{R}^{1+N+M}$ und $f : D \to \mathbb{R}^N$ sei eine C^1-Funktion. Wie üblich bezeichne Ω den Definitionsbereich der allgemeinen Lösung $\lambda(t\,;\tau,\xi,\alpha)$ der Differentialgleichung*

$$\boxed{\dot{x} = f(t,x,\alpha)}\,. \tag{7.30}$$

Setzt man dann für jedes $(t,\tau,\xi,\alpha) \in \Omega$ zur Abkürzung

$$A(t\,;\tau,\xi,\alpha) := \frac{\partial f}{\partial x}(t,\lambda(t\,;\tau,\xi,\alpha),\alpha)\,, \quad A : \Omega \to \mathbb{R}^{N\times N},$$

so gilt:

(a) Bei festem $(\tau,\xi,\alpha) \in D$ ist die Funktion

$$\mu(t) := \frac{\partial \lambda}{\partial \tau}(t\,;\tau,\xi,\alpha)\,, \quad \mu : I_{max}(\tau,\xi,\alpha) \to \mathbb{R}^N$$

die maximale Lösung des linearen Anfangswertproblems

$$\boxed{\dot{y} = A(t\,;\tau,\xi,\alpha)\,y}\,, \quad y(\tau) = -f(\tau,\xi,\alpha)\,. \tag{7.31}$$

(b) Für jedes $i = 1,\ldots,N$ ist bei festem $(\tau,\xi,\alpha) \in D$ die Funktion

$$\nu_i(t) := \frac{\partial \lambda}{\partial \xi_i}(t\,;\tau,\xi,\alpha)\,, \quad \nu_i : I_{max}(\tau,\xi,\alpha) \to \mathbb{R}^N$$

die maximale Lösung des linearen Anfangswertproblems

$$\boxed{\dot{y} = A(t\,;\tau,\xi,\alpha)\,y}\,, \quad y(\tau) = e_i\,, \tag{7.32}$$

wobei e_i den i-ten kanonischen Einheitsvektor des $\mathbb{R}^N$ darstellt.

(c) Für jedes $j = 1,\ldots,M$ ist bei festem $(\tau,\xi,\alpha) \in D$ die Funktion

$$\kappa_j(t) := \frac{\partial \lambda}{\partial \alpha_j}(t\,;\tau,\xi,\alpha)\,, \quad \kappa_j : I_{max}(\tau,\xi,\alpha) \to \mathbb{R}^N$$

die maximale Lösung des linearen Anfangswertproblems

$$\boxed{\dot{y} = A(t\,;\tau,\xi,\alpha)\,y + \frac{\partial f}{\partial \alpha_j}(t,\lambda(t\,;\tau,\xi,\alpha),\alpha)}\,, \quad y(\tau) = 0\,. \tag{7.33}$$

Bevor wir diesen Satz beweisen, wollen wir seine etwas unübersichtlichen Aussagen an Hand eines Beispiels bestätigen.

7.3.3 Beispiel: Die skalare Differentialgleichung

$$\boxed{\dot{x} = \alpha t x^2}$$

besitzt die allgemeine Lösung

$$\lambda(t;\tau,\xi,\alpha) = \frac{2\xi}{2+\alpha\xi(\tau^2-t^2)} ,$$

deren Definitionsbereich sich aus der Form des Nenners ergibt. Wir wählen nun den festen Punkt $(\tau,\xi,\alpha) := (0,1,1)$ des $\mathbb{R}^3$ und erhalten damit die spezielle Lösung

$$\lambda(t;0,1,1) = \frac{2}{2-t^2} , \quad t \in I_{max}(0,1,1) = (-\sqrt{2},\sqrt{2}) .$$

Mit den Bezeichnungen des Satzes 7.3.2, allerdings ohne die Indizes bei $\alpha, \xi, \nu(t)$ und $\kappa(t)$, gilt dann

$$A(t;0,1,1) = \frac{4t}{2-t^2}$$

und

$$\mu(t) \equiv 0 , \quad \nu(t) = \frac{4}{(2-t^2)^2} , \quad \kappa(t) = \frac{2t^2}{(2-t^2)^2} .$$

Die auf dem Intervall $(-\sqrt{2},\sqrt{2})$ definierten Funktionen $\mu(t), \nu(t)$ und $\kappa(t)$ genügen dann, wie im Satz 7.3.2 ausgesagt, den Anfangswertproblemen

$$\boxed{\dot{y} = \frac{4t}{2-t^2}\,y} , \quad y(0) = 0 , \quad \text{bzw.}$$

$$\boxed{\dot{y} = \frac{4t}{2-t^2}\,y} , \quad y(0) = 1 , \quad \text{bzw.}$$

$$\boxed{\dot{y} = \frac{4t}{2-t^2}\,y + \frac{4t}{(2-t^2)^2}} , \quad y(0) = 0 .$$

Damit haben wir alle Aussagen des Satzes 7.3.2 beim vorliegenden Beispiel nachvollzogen. ◊

Beweis von Satz 7.3.2: Sämtliche Aussagen des Satzes lassen sich leicht dadurch beweisen, daß man die für alle (t,τ,ξ,α) aus Ω gültigen Identitäten

$$\frac{\partial\lambda}{\partial t}(t;\tau,\xi,\alpha) \equiv f(t,\lambda(t;\tau,\xi,\alpha),\alpha) , \quad \lambda(\tau;\tau,\xi,\alpha) \equiv \xi \tag{7.34}$$

partiell nach τ und den Komponenten von ξ und α differenziert. Daß wir dies tun dürfen und dabei sogar die Reihenfolge der auf der linken Seite auftretenden partiellen Ableitungen vertauschen können, ist Teil der Aussage von Satz 7.3.1.

(a) Differenzieren wir die erste Identität in (7.34) nach τ und vertauschen anschließend auf der linken Seite die Reihenfolge der partiellen Ableitungen, so erhalten wir

$$\frac{\partial}{\partial t}\frac{\partial \lambda}{\partial \tau}(t\,;\tau,\xi,\alpha) \;\equiv\; \frac{\partial f}{\partial x}(t,\lambda(t\,;\tau,\xi,\alpha),\alpha)\cdot\frac{\partial \lambda}{\partial \tau}(t;\tau,\xi,\alpha)\,,$$

also die Lösungsaussage für die im Satz definierte Funktion $\mu(t)$. Durch Differenzieren der zweiten Identität in (7.34) nach τ ergibt sich

$$\frac{\partial \lambda}{\partial t}(\tau\,;\tau,\xi,\alpha) + \frac{\partial \lambda}{\partial \tau}(\tau\,;\tau,\xi,\alpha) \;\equiv\; 0\,.$$

Beachtet man hier noch die sich aus (7.34) ergebende Beziehung

$$\frac{\partial \lambda}{\partial t}(\tau\,;\tau,\xi,\alpha) \;\equiv\; f(\tau,\lambda(\tau\,;\tau,\xi,\alpha),\alpha) \;\equiv\; f(\tau,\xi,\alpha)\,,$$

so erkennt man sofort, daß die Funktion $\mu(t)$ auch die Anfangsbedingung $y(\tau) = -f(\tau,\xi,\alpha)$ erfüllt. Daß es sich bei $\mu(t)$ sogar um die maximale Lösung des linearen Anfangswertproblems (7.31) handelt, folgt mit dem Satz 2.5.8 aus der Tatsache, daß die Lösung $\mu(t)$ genau dort definiert ist, wo die matrixwertige Funktion $A(\cdot\,;\tau,\xi,\alpha)$ definiert ist, nämlich auf $I_{max}(\tau,\xi,\alpha)$.

(b) Entsprechend der vorherigen Vorgehensweise erhält man durch partielles Differenzieren der Identitäten (7.34) nach ξ_i

$$\begin{aligned}\frac{\partial}{\partial t}\frac{\partial \lambda}{\partial \xi_i}(t\,;\tau,\xi,\alpha) \;&\equiv\; \frac{\partial f}{\partial x}(t,\lambda(t\,;\tau,\xi,\alpha),\alpha)\cdot\frac{\partial \lambda}{\partial \xi_i}(t\,;\tau,\xi,\alpha)\,,\\ \frac{\partial \lambda}{\partial \xi_i}(\tau\,;\tau,\xi,\alpha) \;&\equiv\; e_i\,.\end{aligned}$$

(c) Partielle Differentiation von (7.34) nach α_j schließlich liefert

$$\begin{aligned}\frac{\partial}{\partial t}\frac{\partial \lambda}{\partial \alpha_j}(t\,;\tau,\xi,\alpha) \;&\equiv\; \frac{\partial f}{\partial x}(t,\lambda(t\,;\tau,\xi,\alpha),\alpha)\cdot\frac{\partial \lambda}{\partial \alpha_j}(t\,;\tau,\xi,\alpha) + \\ &\quad + \frac{\partial f}{\partial \alpha_j}(t,\lambda(t\,;\tau,\xi,\alpha),\alpha)\,,\\ \frac{\partial \lambda}{\partial \alpha_j}(\tau\,;\tau,\xi,\alpha) \;&\equiv\; 0\,.\end{aligned}$$

Damit ist der Satz 7.3.2 vollständig bewiesen. ■

Die im Satz 7.3.2 mehrmals auftretende homogene lineare Differentialgleichung

$$\boxed{\dot{y} \;=\; \frac{\partial f}{\partial x}(t,\lambda(t\,;\tau,\xi,\alpha),\alpha)\cdot y} \qquad (7.35)$$

bezeichnet man als **Variationsgleichung** zur Differentialgleichung (7.30). Betrachtet man statt der *allgemeinen* Lösung $\lambda(t\,;\tau,\xi,\alpha)$ eine *spezielle* Lösung

$\sigma : I \to \mathbb{R}^N$ der Differentialgleichung (7.30), so nennt man die lineare Differentialgleichung

$$\boxed{\dot{x} = \frac{\partial f}{\partial x}(t, \sigma(t), \alpha) \cdot y} \tag{7.36}$$

die **Variationsgleichung** der Differentialgleichung $\dot{x} = f(t, x, \alpha)$ zur Lösung $\sigma(t)$. Der Name *Variationsgleichung* für die Gleichungen (7.35) und (7.36) erklärt sich dadurch, daß man mit Hilfe dieser linearen Differentialgleichungen das Änderungsverhalten der Lösungen der gegebenen, im allgemeinen nichtlinearen Differentialgleichung $\dot{x} = f(t, x, \alpha)$ bei Variation von Anfangszeit τ, Anfangswert ξ oder Parameter α untersuchen kann, und zwar ganz so, wie man in der ANALYSIS das Verhalten nichtlinearer Funktionen mit Hilfe der Ableitung, also der linearen Approximation, untersucht. Zur Verdeutlichung dieser Aussage betrachten wir in einem Beispiel das Änderungsverhalten einer Lösung in Abhängigkeit vom Differentialgleichungsparameter.

7.3.4 Beispiel: Wir interessieren uns dafür, wie die Lösung des Anfangswertproblems

$$\boxed{\dot{x} = \alpha(x^2 + 1)}, \quad x(0) = 0$$

vom reellen Parameter α abhängt. Drücken wir dies mit Hilfe des Begriffs der allgemeinen Lösung aus, so heißt das, wir interessieren uns für die Abhängigkeit des Ausdrucks $\lambda(t\,; 0, 0, \alpha)$ von α. Im Fall $\alpha = 0$ ist die triviale Lösung offensichtlich die gesuchte Lösung, also gilt $\lambda(t\,; 0, 0, 0) \equiv 0$. Wir nehmen nun an, wir wären nicht in der Lage, die allgemeine Lösung der gegebenen Gleichung zu bestimmen. Der Differentialrechnungskalkül bietet uns dann immerhin noch die Möglichkeit, für jedes feste $t_0 \in \mathbb{R}$ die Werte $\lambda(t_0\,; 0, 0, \alpha)$ für kleine α näherungsweise zu bestimmen. Es stellt nämlich nach dem aus der ANALYSIS bekannten Taylor'schen Satz der Ausdruck

$$\lambda(t_0\,; 0, 0, 0) + \frac{\partial \lambda}{\partial \alpha}(t_0\,; 0, 0, 0) \cdot \alpha$$

eine lineare Näherung für diesen Wert dar. Der Satz 7.3.2 erlaubt uns nun, für jedes $t_0 \in \mathbb{R}$ den Ausdruck $\frac{\partial \lambda}{\partial \alpha}(t_0\,; 0, 0, 0)$ zu berechnen, und zwar – und das ist das Bemerkenswerte – ohne die allgemeine Lösung $\lambda(t\,; \tau, \xi, \alpha)$ selbst zu kennen. Nach Teil (c) des Satzes (mit $\tau = \xi = \alpha = 0$) ist die Funktion $\frac{\partial \lambda}{\partial \alpha}(\cdot\,; 0, 0, 0)$ nämlich die maximale Lösung eines linearen Anfangswertproblems, das im vorliegenden Falle die Form

$$\boxed{\dot{y} = 1}, \quad y(0) = 0$$

besitzt. Aus seiner Lösung $\mu(t) = t$ ergibt sich dann mit dem Satz 7.3.2 und der Eindeutigkeit der Lösungen die Identität $\frac{\partial \lambda}{\partial \alpha}(t\,; 0, 0, 0) = t$ für alle $t \in \mathbb{R}$ und hieraus für $\lambda(t_0\,; 0, 0, \alpha)$ die lineare Approximation

$$\lambda(t_0\,; 0, 0, \alpha) = t_0 \alpha + o(\alpha) \quad \text{für } \alpha \to 0 \qquad \left(\text{ wobei } \lim_{\alpha \to 0} \frac{o(\alpha)}{\alpha} = 0 \right).$$

Wir heben nochmals hervor, daß wir dieses Ergebnis über die Parameterabhängigkeit von Lösungen ohne Kenntnis der allgemeinen Lösung erzielt haben. Es handelt sich hier also um ein typisches Resultat einer *qualitativen* Analyse.

Daß wir im vorliegenden Fall die allgemeine Lösung sogar explizit angeben können, bietet die Möglichkeit der nachträglichen Überprüfung unseres Ergebnisses. Wie man leicht nachrechnet, ist nämlich

$$\lambda(t\,;\tau,\xi,\alpha) \;=\; \tan\big(\alpha(t-\tau)+\arctan\xi\big)$$

die allgemeine Lösung der Differentialgleichung $\dot{x} = \alpha(x^2+1)$, es gilt also

$$\lambda(t\,;0,0,\alpha) \;=\; \tan(t\alpha)\;,$$

und dies bestätigt unser obiges Ergebnis, denn es gilt $\tan(0) = 0$ und $\tan'(0) = 1$. In der Abbildung 7.9 haben wir einen Teil der Fläche $x = \lambda(t\,;0,0,\alpha) = \tan(t\alpha)$ und der approximierenden Fläche $x = t\alpha$ dargestellt. Um einem möglichen Mißverständnis vorzubeugen sei betont, daß die approximierende (nichtlineare) Fläche $x = t\alpha$ nicht etwa eine Tangentialebene an die Fläche $x = \tan(t\alpha)$ in irgendeinem Punkt darstellt. Vielmehr beschreibt für jedes feste $t_0 \in \mathbb{R}$ die lineare Funktion $\alpha \mapsto \lambda(t_0\,;0,0,0) + \frac{\partial\lambda}{\partial\alpha}(t_0\,;0,0,0)\,\alpha = t_0\alpha$ die Tangente an die nichtlineare Funktion $\alpha \mapsto \lambda(t_0\,;0,0,\alpha) = \tan(t_0\alpha)$ im Punkt $\alpha = 0$. ◊

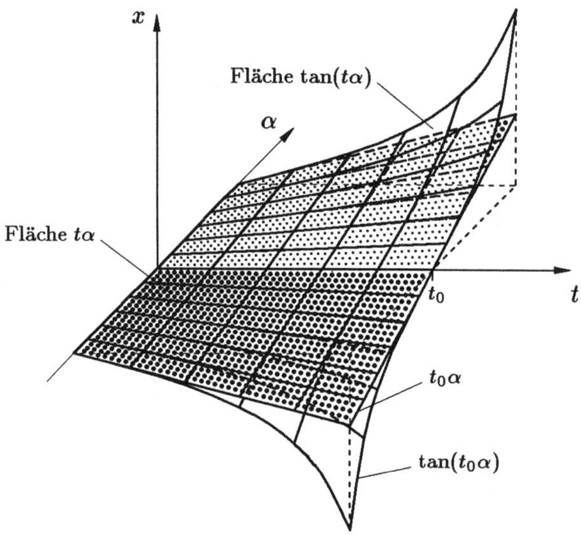

Abb. 7.9
Zur Differenzierbarkeit und Approximierbarkeit der allgemeinen Lösung bei der Gleichung $\dot{x} = \alpha(x^2+1)$

Aufgaben

1. Zeigen Sie an Hand des Beispiels

$$\boxed{\dot{x} \;=\; |x|}\;,$$

daß die allgemeine Lösung einer Differentialgleichung mit Lipschitz-stetiger, aber nicht-differenzierbarer rechter Seite im allgemeinen nicht differenzierbar ist. Stellen Sie ferner fest, wie oft die allgemeine Lösung der Differentialgleichung

$$\boxed{\dot{x} \;=\; |t|}$$

nach der Anfangszeit τ differenzierbar ist.

2. Für die allgemeine Lösung $\lambda(t;\tau,\xi,\alpha)$ der Differentialgleichung

$$\boxed{\dot{x} = \sin(tx\alpha)}\,, \qquad \alpha \in \mathbb{R}$$

berechne man die Funktionen $\frac{\partial\lambda}{\partial\tau}(t;\tau,0,\alpha)$, $\frac{\partial\lambda}{\partial\xi}(t;\tau,0,\alpha)$ und $\frac{\partial\lambda}{\partial\alpha}(t;\tau,0,\alpha)$.

3. Für eine gegebene C^1-Funktion $f : D \to \mathbb{R}^N$, D eine offene Teilmenge von $\mathbb{R}^{1+N}$, bestimme man die allgemeine Lösung der $2N$-dimensionalen Differentialgleichung

$$\boxed{\dot{x} = f(t,x)\,, \quad \dot{y} = \frac{\partial f}{\partial x}\big(t,x\big)\cdot y}$$

mit Hilfe der allgemeinen Lösung $\lambda(t;\tau,\xi)$ der N-dimensionalen Gleichung $\dot{x} = f(t,x)$.

4. Gegeben sei eine offene Menge $D \subseteq \mathbb{R}^{1+N}$ und eine C^1-Funktion $f : D \to \mathbb{R}^N$. Zeigen Sie, daß es dann zu jedem Punkt $(\tau,\xi) \in D$ eine Umgebung $U(\tau,\xi)$ gibt, auf der sich die Differentialgleichung

$$\boxed{\dot{x} = f(t,x)}$$

in die Differentialgleichung

$$\boxed{\dot{y} = 0}$$

transformieren läßt, und zwar mit Hilfe der aus der allgemeinen Lösung bei festem t_0 gebildeten Funktion $y = \lambda(t_0;t,x)$.

5. Gegeben sei ein auf einer offenen Menge $D \subseteq \mathbb{R}^{1+N}$ gegebenes C^1-System

$$\boxed{\dot{x} = f(t,x)}$$

und für $\tau < \sigma$ sei $X_{\tau,\sigma}$ eine Teilmenge des $\mathbb{R}^N$ derart, daß die Lösungen $\lambda(t;\tau,\xi)$ für alle $\xi \in X_{\tau,\sigma}$ auf dem Intervall $[\tau,\sigma]$ existieren (vgl. Aufgabe 2 von Abschnitt 2.6).
Zeigen Sie, daß dann die Jacobi-Matrix der Abbildung

$$\xi \mapsto \lambda(\sigma;\tau,\xi)\,, \quad X_{\tau,\sigma} \to \mathbb{R}^N$$

die Übergangsmatrix der Variationsgleichung von $\dot{x} = f(t,x)$ ist.

7.4 Grundbegriffe der Stabilitätstheorie

Wir kommen jetzt zum zentralen Thema der Qualitativen Theorie gewöhnlicher Differentialgleichungen, der Stabilitätstheorie. Es geht dabei um die aus theoretischer wie praktischer Sicht gleichermaßen bedeutsame Frage, wie sich die Lösung eines Anfangswertproblems verändert, wenn man bei festgehaltener Anfangszeit den Anfangswert variiert. Im Gegensatz zur entsprechenden Fragestellung im Zusammenhang mit der stetigen Abhängigkeit der Lösungen von den Anfangswerten, wo man die Lösungen über einem *kompakten* Teil des Existenzintervalls betrachtet, interessiert man sich im Rahmen der Stabilitätstheorie für das Verhalten der Lösungen über einem in positiver Zeitrichtung *unbeschränkten* Teil des Existenzintervalls.

Dem gesamten Abschnitt legen wir eine Differentialgleichung zu Grunde, die den Standardvoraussetzungen des globalen Existenz- und Eindeutigkeitssatzes genügt. Wie üblich bezeichnen wir mit $\lambda(t;\tau,\xi)$ die allgemeine Lösung eines solchen Systems

$$\boxed{\dot{x} = f(t,x)}\,, \tag{7.37}$$

dessen rechte Seite $f : D \to \mathbb{R}^N$ auf einer offenen Menge $D \subseteq \mathbb{R}^{1+N}$ als stetig und bezüglich x als Lipschitz-stetig vorausgesetzt ist.

Es soll an dieser Stelle nicht unerwähnt bleiben, daß es neben dem nun einzuführenden, nach dem russischen Mathematiker und Maschinenbauingenieur Ljapunov[1] benannten Stabilitätsbegriff noch weitere Arten von Stabilität gibt. Da diese aber im Rahmen des vorliegenden Buches keine Rolle spielen, verzichten wir schon bei den Definitionen auf den häufig in der Literatur anzutreffenden Zusatz „im Sinne von Ljapunov".

7.4.1 Definition: *Eine auf einem Intervall der Form* $(t^-, \infty) \subseteq \mathbb{R}$ *gegebene Lösung* $\mu(t)$ *des Systems (7.37) heißt* **stabil**, *wenn es zu jedem* $\varepsilon > 0$ *und jedem* $t_0 > t^-$ *ein* $\delta = \delta(\varepsilon, t_0) > 0$ *gibt mit folgender Eigenschaft (siehe Abbildung 7.10): Für jeden Anfangswert* $\xi \in \mathbb{R}^N$ *mit* $\|\xi - \mu(t_0)\| < \delta$ *existiert die Lösung* $\lambda(t\,; t_0, \xi)$ *für alle* $t \geq t_0$ *und genügt der Abschätzung*

$$\|\lambda(t\,; t_0, \xi) - \mu(t)\| < \varepsilon \quad \text{für alle } t \geq t_0 . \tag{7.38}$$

Andernfalls heißt die Lösung $\mu(t)$ **instabil**.

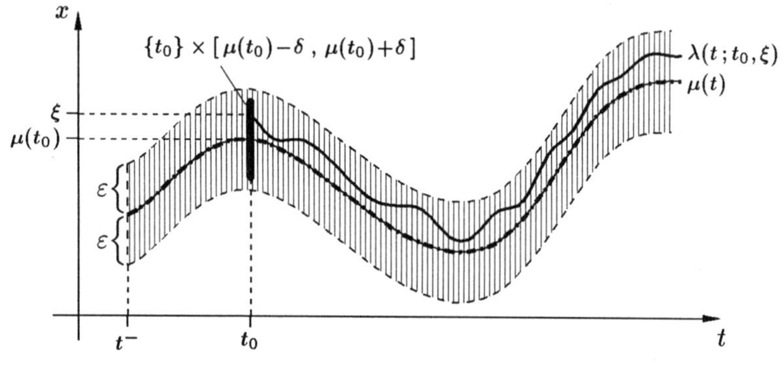

Abb. 7.10 Zur Definition der Stabilität einer Lösung $\mu : (t^-, \infty) \to \mathbb{R}^N$

7.4.2 Bemerkung: Zum Nachweis der Stabilität einer Lösung $\mu(t)$ genügt es schon, die in der Definition 7.4.1 angegebene Bedingung für eine *einzige* Anfangszeit t_0^* zu verifizieren. Ist nämlich t_0 eine beliebige andere Anfangszeit, so

[1] Alexander Michailowitsch **Ljapunov** (1857–1918) studierte an der Universität St. Petersburg. Nach mehrjähriger Lehrtätigkeit an der Universität von Charkow in der Ukraine wechselte er im Jahre 1902 an die St. Petersburger Akademie der Wissenschaften. Ljapunov leistete grundlegende Beiträge zur Potentialtheorie, der Theorie der Gleichgewichtsfiguren rotierender Flüssigkeiten sowie zur Wahrscheinlichkeitsrechnung. Seine wohl einflußreichsten, auch aus heutigen Lehrbüchern nicht mehr wegzudenkenden fundamentalen Ergebnisse zur Stabilitätstheorie gewöhnlicher Differentialgleichungen veröffentlichte Ljapunov in seiner Habilitationsschrift *„Das allgemeine Stabilitätsproblem der Bewegung"* im Jahre 1892.

kann man wegen der stetigen Abhängigkeit der Lösungen von den Anfangswerten die Lösungsdifferenz $\|\lambda(t\,;t_0,\xi) - \mu(t)\|$ auf dem kompakten Intervall $[\min\{t_0,t_0^*\}\,,\max\{t_0,t_0^*\}]$ beliebig klein machen. Der detaillierte Beweis dieser Aussage soll in der Aufgabe 1 erbracht werden. □

7.4.3 Beispiel: Gegeben sei die von einem reellen Parameter α abhängige skalare Differentialgleichung

$$\boxed{\dot{x} = x(\alpha + \sin t)} \tag{7.39}$$

mit der allgemeinen Lösung

$$\lambda(t\,;\tau,\xi,\alpha) = \xi\, e^{\alpha t - \cos t - \alpha\tau + \cos\tau}\,.$$

Da alle Lösungen dieser Gleichung auf ganz $\mathbb{R}$ existieren, können wir auf Grund der Bemerkung 7.4.2 ohne Beschränkung der Allgemeinheit bei Stabilitätsuntersuchungen 0 als feste Anfangszeit wählen. Wir unterscheiden drei Fälle hinsichtlich des Vorzeichens des Parameters α.

<u>1. Fall, $\alpha = 0$</u>: Wir wollen eine beliebig vorgegebene Lösung

$$\mu(t) := \xi_0 e^{1-\cos t} \quad \big(= \lambda(t\,;0,\xi_0,0)\,\big)$$

auf Stabilität hin untersuchen. Dem oberen Bild in der Abbildung 7.11 entnimmt man, daß benachbarte Lösungen zum Beispiel an der Stelle $t = \pi$ am meisten voneinander abweichen. Diese Beobachtung legt nahe, wie man zu einem beliebig vorgegebenen $\varepsilon > 0$ das nach der Definition 7.4.1 gesuchte $\delta = \delta(\varepsilon)$ zu wählen

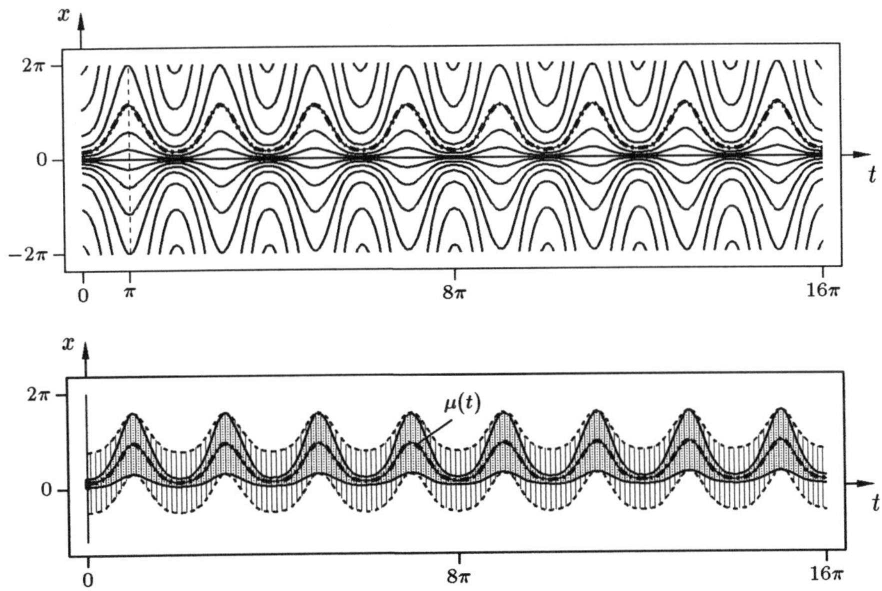

Abb. 7.11 Zur Stabilität der Lösung $\mu(t) = \xi_0\, e^{1-\cos t}$ von $\dot{x} = x\,\sin t$

hat. Setzt man nämlich $\delta(\varepsilon) := \varepsilon e^{-2}$, so gilt für alle Lösungen $\lambda(t\,;0,\xi,0)$ mit $|\xi - \mu(0)| < \delta$ die Abschätzung

$$|\lambda(t\,;0,\xi,0) - \mu(t)| \;=\; |\xi - \xi_0|\, e^{1-\cos t} \;\leq\; |\xi - \xi_0|\, e^2 \;<\; \varepsilon \quad \text{für alle } t \in \mathbb{R}\,.$$

Dies beweist die Stabilität der Lösung $\mu(t)$. Das untere Bild in der Abbildung 7.11 zeigt die vorgelegte ε-Umgebung der betrachteten Lösung $\mu(t)$ und diejenige Umgebung von $\mu(t)$, die von den Lösungen gebildet wird, deren Anfangswert ξ zur Anfangszeit 0 von $\mu(0)$ um weniger als δ abweicht.

2. Fall, $\alpha < 0$: Wir wählen wieder eine feste Lösung

$$\mu_\alpha(t) \;:=\; \xi_0\, e^{\alpha t + 1 - \cos t} \qquad (= \lambda(t\,;0,\xi_0,\alpha)\;)$$

der Gleichung (7.39) und untersuchen diese hinsichtlich Stabilität. Im vorliegenden Fall (siehe Abbildung 7.12) streben alle Lösungen der gegebenen Gleichung für $t \to \infty$ gegen 0. Zu vorgegebenem $\varepsilon > 0$ können wir wieder $\delta = \delta(\varepsilon) := \varepsilon e^{-2}$ wählen. Denn mit dieser Wahl folgt für alle $\xi \in \mathbb{R}$ mit $|\xi - \mu_\alpha(0)| = |\xi - \xi_0| < \delta$ die Abschätzung

$$|\lambda(t\,;0,\xi,\alpha) - \mu_\alpha(t)| \;=\; |\xi - \xi_0|\, e^{\alpha t + 1 - \cos t} \;\leq\; |\xi - \xi_0|\, e^2 < \varepsilon \quad \text{für alle } t \geq 0\,.$$

Dies zeigt die Stabilität von $\mu_\alpha(t)$. Im unteren Bild der Abbildung 7.12 erkennt man, wie die Umgebung der Nachbarlösungen von $\mu_\alpha(t)$ mit Anfangswerten ξ, die der Bedingung $|\xi - \mu_\alpha(0)| < \delta$ zur Anfangszeit 0 genügen, für $t \to \infty$ zusammenschrumpft.

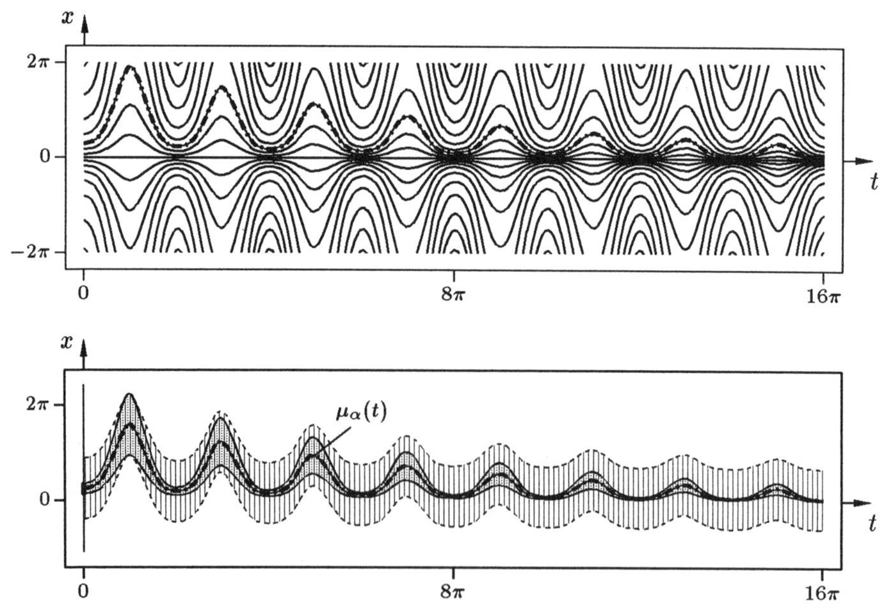

Abb. 7.12 Zur Stabilität der Lösung $\mu_\alpha(t) = \xi_0\, e^{\alpha t + 1 - \cos t}$ von $\dot{x} = x\,(\alpha + \sin t)$, $\alpha < 0$

3. Fall, $\alpha > 0$: In diesem Fall sind alle Lösungen der betrachteten Gleichung für $t \to \infty$ unbeschränkt, ja sie streben je nach Vorzeichen des Anfangswerts gegen $+\infty$ oder $-\infty$ (siehe Abbildung 7.13). Augenscheinlich ist jede Lösung instabil. Da der präzise Nachweis der Instabilität einer Lösung in aller Regel subtiler ist als der Stabilitätsnachweis, wollen wir uns hier zu Demonstrationszwecken der Mühe einer detaillierten Diskussion unterziehen. Zum Nachweis, daß eine beliebig vorgegebene Lösung

$$\mu_\alpha(t) := \xi_0 e^{\alpha t + 1 - \cos t}$$

im Fall $\alpha > 0$ instabil ist, haben wir das logische Gegenteil der Stabilität zu verifizieren. Wir haben also zu zeigen, daß es ein $\varepsilon > 0$ und eine Anfangszeit t_0 derart gibt, daß zu jedem noch so kleinen $\delta > 0$ wenigstens *ein* Anfangswert ξ und wenigstens *ein* Zeitpunkt $t^* \geq t_0$ existiert mit

$$|\,\xi - \mu_\alpha(t_0)\,| < \delta \quad \text{und} \quad |\,\lambda(t^*; t_0, \xi, \alpha) - \mu_\alpha(t^*)\,| \geq \varepsilon\,.$$

Im vorliegenden Fall wählen wir $\varepsilon := 1$ und $t_0 := 0$ (siehe Abbildung 7.13). Zu jedem $\delta > 0$ gibt es dann ein $n \in \mathbb{N}$ derart, daß für den Anfangswert $\xi_n := \mu_\alpha(t_0) + \frac{1}{n}$ die Abschätzung

$$|\,\xi_n - \mu_\alpha(t_0)\,| = \frac{1}{n} < \delta$$

gilt. Darüberhinaus gibt es wegen der Beziehung $\lim_{t\to\infty} |\lambda(t\,; t_0, \xi_n, \alpha) - \mu_\alpha(t)| = \lim_{t\to\infty} \frac{1}{n} e^{\alpha t + 1 - \cos t} = \infty$ offensichtlich ein $t^* \geq t_0$ mit

$$|\,\lambda(t^*; t_0, \xi_n, \alpha) - \mu_\alpha(t^*)\,| \geq \varepsilon = 1\,.$$

All dies beweist die Instabilität der betrachteten Lösung $\mu_\alpha(t)$. ◊

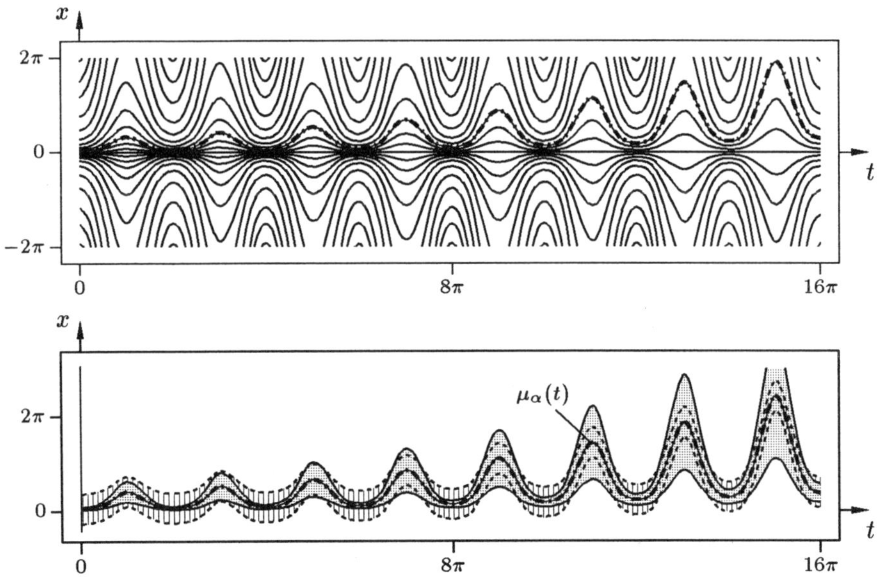

Abb. 7.13 Zur Instabilität der Lösung $\mu_\alpha(t) = \xi_0\, e^{\alpha t + 1 - \cos t}$ von $\dot{x} = x\,(\alpha + \sin t)$, $\alpha > 0$

Vergleicht man im vorherigen Beispiel die beiden stabilen Fälle $\alpha = 0$ und $\alpha < 0$ miteinander, so fällt ein wesentlicher Unterschied in den Verhaltensweisen der Lösungen auf. Im ersten Fall (siehe Abbildung 7.11) verbleiben alle in hinreichender Nähe der gegebenen Lösung $\mu(t)$ startenden Lösungen in einer vorgegebenen ε-Umgebung, ohne gegen die Lösungskurve von $\mu(t)$ zu streben. Im zweiten Fall dagegen (siehe Abbildung 7.12) konvergieren alle hinreichend benachbarten Lösungen gegen $\mu(t)$, oder mit anderen Worten, die Lösung $\mu(t)$ wirkt *anziehend* auf ihre Umgebung. Diese für die Stabilitätstheorie fundamentale Eigenschaft der *Attraktivität* einer Lösung wollen wir als nächstes näher beschreiben.

7.4.4 Definition: *Eine auf einem Intervall der Form $(t^-, \infty) \subseteq \mathbb{R}$ gegebene Lösung $\mu(t)$ des Systems (7.37) heißt* **attraktiv**, *wenn es zu jedem $t_0 > t^-$ ein $\eta = \eta(t_0) > 0$ gibt mit folgender Eigenschaft (siehe Abbildung 7.14): Für jeden Anfangswert $\xi \in \mathbb{R}^N$ mit $\|\xi - \mu(t_0)\| < \eta$ existiert die Lösung $\lambda(t; t_0, \xi)$ für alle $t \geq t_0$ und es gilt*

$$\lim_{t\to\infty} \| \lambda(t; t_0, \xi) - \mu(t) \| = 0 . \tag{7.40}$$

Die Menge $\{(\tau, \xi) \in (t^-, \infty) \times \mathbb{R}^N : \lim_{t\to\infty} \|\lambda(t; \tau, \xi) - \mu(t)\| = 0\}$ heißt dann **Einzugsbereich** *von $\mu(t)$.*

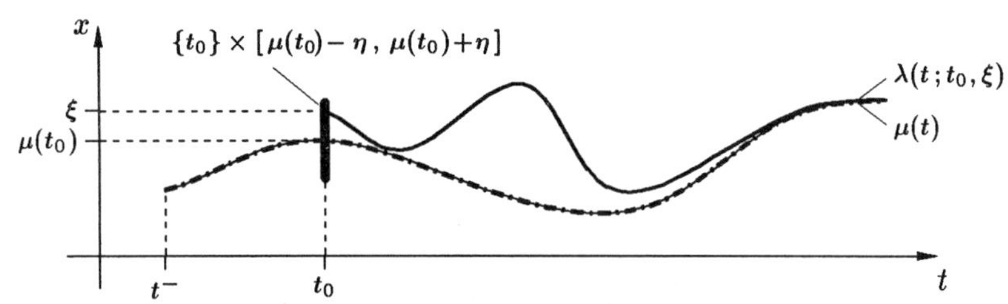

Abb. 7.14 Zur Definition der Attraktivität einer Lösung $\mu : (t^-, \infty) \to \mathbb{R}^N$

7.4.5 Bemerkung: Entsprechend der Bemerkung 7.4.2 zur Stabilität gilt auch bei der Attraktivität, daß man die in der Definition 7.4.4 angegebene Bedingung nur für eine *einzige* Anfangszeit t_0 nachweisen muß (siehe Aufgabe 1). □

7.4.6 Beispiel: Wir greifen nochmals die Gleichung

$$\boxed{\dot{x} = x(\alpha + \sin t)}, \quad \alpha \in \mathbb{R}$$

des Beispiels 7.4.3 auf. Im Fall $\alpha < 0$ gilt für jede fest vorgegebene Lösung $\mu_\alpha(t) := \xi_0 e^{\alpha t - \cos t - \alpha t_0 + \cos t_0}$ und alle $\xi \in \mathbb{R}$ die Grenzwertbeziehung

$$\lim_{t\to\infty} | \lambda(t; t_0, \xi, \alpha) - \mu_\alpha(t) | = \lim_{t\to\infty} |\xi - \xi_0| e^{\alpha t - \cos t - \alpha t_0 + \cos t_0} = 0 .$$

Daher ist die Lösung $\mu_\alpha(t)$ attraktiv und der gesamte $\mathbb{R}^2$ ist ihr Einzugsbereich. Daß in den Fällen $\alpha = 0$ bzw. $\alpha > 0$ keine Lösung der gegebenen Gleichung attraktiv ist, sieht man sofort. ◊

Die an Hand der einfachen Differentialgleichung $\dot{x} = x(\alpha + \sin t)$ gewonnenen Einsichten mögen suggerieren, daß die Attraktivität einer Lösung stets ihre Stabilität zur Folge hat. Daß dem bei *skalaren* Differentialgleichungen tatsächlich so ist, zeigt der nachfolgende Satz. Bereits jetzt sei jedoch darauf hingewiesen, daß es schon bei zwei-dimensionalen Systemen möglich ist, daß eine Lösung attraktiv und dennoch instabil ist. In Kürze (siehe Beispiel 7.4.16) werden wir ein explizites Beispiel für dieses Phänomen kennenlernen.

7.4.7 Satz (Attraktivität und Stabilität bei skalaren Differentialgleichungen): *Gegeben sei eine skalare Differentialgleichung*

$$\boxed{\dot{x} = f(t, x)}$$

mit einer auf einer offenen Menge $D \subseteq \mathbb{R}^2$ stetigen und bezüglich x Lipschitz-stetigen rechten Seite. Ist dann eine Lösung $\mu : (t^-, \infty) \to \mathbb{R}$ dieser Differentialgleichung attraktiv, so ist sie auch stabil.

Beweis: Zum Nachweis der Stabilität der Lösung $\mu(t)$ geben wir eine beliebige Anfangszeit $t_0 > t^-$ und ein beliebiges $\varepsilon > 0$ vor. Auf Grund der vorausgesetzten Attraktivität dieser Lösung gibt es dann ein $\eta > 0$, so daß die Beziehung $\lim_{t\to\infty} |\lambda(t; t_0, \xi) - \mu(t)| = 0$ für alle reellen ξ mit $|\xi - \mu(t_0)| < \eta$ gilt. Diese Grenzwertbeziehung gilt dann insbesondere für die beiden Anfangswerte $\xi = \mu(t_0) + \frac{\eta}{2}$ und $\xi = \mu(t_0) - \frac{\eta}{2}$, und das bedeutet, daß es ein $T \geq t_0$ gibt mit

$$|\lambda(t; t_0, \xi) - \mu(t)| < \varepsilon \quad \text{für alle } t \geq T, \text{ falls } \xi = \mu(t_0) \pm \tfrac{\eta}{2}. \tag{7.41}$$

Da sich die Lösungskurven der vorgegebenen Differentialgleichung nicht schneiden können, und da die Gleichung skalar ist, folgt aus jeder Ungleichung der Form $\xi_1 \leq \xi_2$ für Anfangswerte die Ungleichung $\lambda(t; t_0, \xi_1) \leq \lambda(t; t_0, \xi_2)$ für die zugehörigen Lösungen auf dem Durchschnitt der beiden Existenzintervalle. Aus (7.41) folgt somit

$$|\lambda(t; t_0, \xi) - \mu(t)| < \varepsilon \quad \text{für alle } t \geq T, \text{ falls } |\xi - \mu(t_0)| \leq \tfrac{\eta}{2}. \tag{7.42}$$

Auf Grund der stetigen Abhängigkeit der Lösungen von den Anfangswerten gibt es dann ein positives $\delta \leq \frac{\eta}{2}$, so daß folgendes gilt:

$$|\lambda(t; t_0, \xi) - \mu(t)| < \varepsilon \quad \text{für alle } t \in [t_0, T] \text{ und } |\xi - \mu(t_0)| < \delta.$$

Zusammen mit (7.42) folgt daraus die den Beweis beendende Beziehung

$$|\lambda(t; t_0, \xi) - \mu(t)| < \varepsilon \quad \text{für alle } t \geq t_0, \text{ falls } |\xi - \mu(t_0)| < \delta. \qquad ■$$

Wie wir bald sehen werden, liefert erst das gleichzeitige Vorliegen von Stabilität und Attraktivität einen in jeder Hinsicht brauchbaren Stabilitätsbegriff. Ihm geben wir nun einen eigenen Namen.

7.4.8 Definition: *Eine Lösung* $\mu : (t^-, \infty) \to \mathbb{R}^N$ *von (7.37) heißt* **asymptotisch stabil**, *wenn sie stabil und attraktiv ist (siehe Abbildung 7.15).*

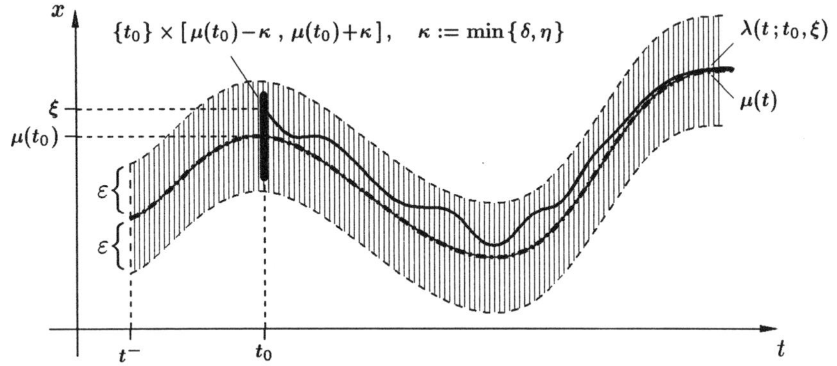

Abb. 7.15 Zur Definition der asymptotischen Stabilität einer Lösung $\mu(t)$; vergleiche mit den Abbildungen 7.10 und 7.14

Bei der Differentialgleichung $\dot{x} = x(\alpha + \sin t)$ haben wir gesehen (siehe Abbildung 7.12), daß im Fall eines negativen Parameterwerts α jede Lösung der Gleichung stabil und attraktiv, also asymptotisch stabil ist. Daß hierbei alle Lösungen das gleiche Stabilitätsverhalten besitzen, liegt im übrigen an der Linearität dieser Gleichung (dazu mehr im nächsten Abschnitt). Daß ein und dieselbe Differentialgleichung, sofern sie nicht linear ist, Lösungen mit unterschiedlichen Stabilitätseigenschaften besitzen kann, zeigt das folgende Beispiel.

7.4.9 Beispiel: Für die schon mehrfach untersuchte Gleichung

$$\boxed{\dot{x} = x^2 t}$$

kennen wir die allgemeine Lösung

$$\lambda(t\,;\tau,\xi) = \frac{2\xi}{2+\xi(\tau^2-t^2)} \tag{7.43}$$

und das Lösungsportrait (siehe Abbildung 7.16). Für die Lösungen in der oberen Halbebene stellt sich die Stabilitätsfrage nicht, denn jede dieser Lösungen besitzt zwei endliche Entweichzeiten, und so ist die Grundvoraussetzung des nach rechts hin unbeschränkten Existenzintervalls nicht erfüllt. Die triviale Lösung dagegen besitzt ein solches unbeschränktes Existenzintervall, sie ist aber weder stabil noch attraktiv, denn jeder noch so kleine positive Anfangswert liefert eine in wachsender Zeitrichtung unbeschränkte Lösung, die zudem eine endliche Entweichzeit besitzt. In der unteren Halbebene gibt es Lösungen mit nach rechts hin beschränktem Existenzintervall, nämlich genau diejenigen, deren Anfangswertepaar (t_0, x_0) den Bedingungen $t_0 < 0$ und $x_0 \leq -2/t_0^2$ genügen (schraffierter Bereich in der Abbildung 7.16). Die übrigen Lösungen in der unteren Halbebene streben für $t \to \infty$ gegen 0 und sind alle attraktiv. Mit Hilfe der Lösungsdarstellung (7.43) kann man leicht für jede dieser Lösungen sogar den Einzugsbereich explizit bestimmen. In jedem der Fälle $t_0 > 0$, $x_0 \leq -2/t_0^2$ ist er gleich der in der Abbildung 7.16 kariert dargestellten Menge

$$\left(\sqrt{t_0^2 + \tfrac{2}{x_0}}\,,\, \infty\right) \times (-\infty\,, 0]\,,$$

und in den Fällen $-2/t_0^2 < x_0 < 0$ (inklusive $t_0 = 0$, $x_0 < 0$) ist der Einzugsbereich unabhängig von der jeweiligen Lösung gleich

$$\left\{(\tau, \xi) \in (-\infty\,, 0) \times (-\infty\,, 0] : -\tfrac{2}{\tau^2} < \xi\right\} \cup \left([0\,, \infty) \times (-\infty\,, 0]\right).$$

Der explizite Nachweis, daß alle attraktiven Lösungen der betrachteten Differentialgleichung auch stabil, also sogar asymptotisch stabil sind, ist etwas subtiler als der Nachweis der Attraktivität. Der Satz 7.4.7 liefert jedoch ohne zusätzliche Überlegungen das gewünschte Ergebnis.

Insgesamt haben wir also gezeigt, daß die nichtlineare Differentialgleichung $\dot{x} = x^2 t$ Lösungen mit unterschiedlichem Stabilitätsverhalten besitzt, nämlich die instabile triviale Lösung, zahlreiche attraktive Lösungen, sowie Lösungen, bei denen wegen der endlichen Entweichzeit die Frage nach der Stabilität gegenstandslos ist. ◊

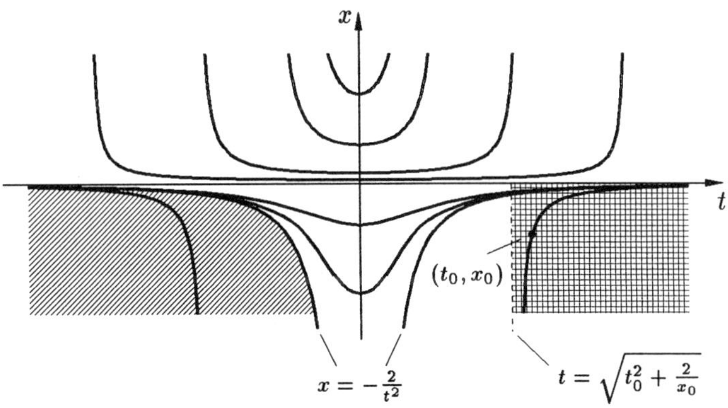

Abb. 7.16 Lösungsportrait der Differentialgleichung $\dot{x} = x^2 t$

Besonders einfach und anschaulich werden die Definitionen von Stabilität, Attraktivität und asymptotischer Stabilität bei konstanten Lösungen, insbesondere bei der trivialen Lösung. Daß man durch Anwendung einer einfachen Transformation generell an Stelle einer beliebigen Lösung stets die triviale Lösung (der transformierten Differentialgleichung) betrachten kann, besagt der nächste Satz.

7.4.10 Satz (Differentialgleichung der gestörten Bewegung): *Gegeben sei eine Differentialgleichung*

$$\boxed{\dot{x} = f(t,x)} \tag{7.44}$$

mit einer auf einer offenen Menge $D \subseteq \mathbb{R}^{1+N}$ stetigen und bezüglich x Lipschitz-stetigen rechten Seite, sowie eine Lösung $\mu : (t^-,\infty) \to \mathbb{R}^N$ dieser Gleichung. Daneben betrachte man die mit Hilfe der Transformation

$$y = x - \mu(t) \tag{7.45}$$

aus (7.44) entstandene sogenannte **Differentialgleichung der gestörten Bewegung**

$$\boxed{\dot{y} = f\big(t, y + \mu(t)\big) - f\big(t, \mu(t)\big)}\,. \tag{7.46}$$

Die Differentialgleichung (7.46) besitzt dann die auf dem Intervall (t^-,∞) erklärte triviale Lösung, und diese ist stabil bzw. attraktiv bzw. asymptotisch stabil genau dann, wenn die Lösung $\mu(t)$ von (7.44) stabil bzw. attraktiv bzw. asymptotisch stabil ist.

7.4.11 Bemerkung: Die für die Differentialgleichung (7.46) angegebene traditionelle und etwas eigentümliche Bezeichnung rührt daher, daß man die gegebene Lösung $\mu(t)$ der Ausgangsdifferentialgleichung (7.44) als *ungestörte* Lösung oder Bewegung ansieht und alle anderen Lösungen dieser Gleichung als (durch Störungen der Anfangswerte verursachte) *gestörte* Lösungen oder Bewegungen. Die feste Lösung $\mu(t)$ wird mittels der Transformation (7.45) in die triviale Lösung der Differentialgleichung (7.46) transformiert, und so beschreibt die transformierte Differentialgleichung mit Hilfe ihrer nichttrivialen Lösungen $\gamma(t)$ die gestörten Bewegungen der Ausgangsgleichung in der Form $\mu(t) + \gamma(t)$.

Es sei an dieser Stelle ausdrücklich betont, daß es sich bei der Differentialgleichung der gestörten Bewegung (7.46) um eine *nichtautonome* Gleichung handelt, selbst dann, wenn die Ausgangsgleichung (7.44) autonom ist. Die Reduktion der Stabilitätsfrage für eine nicht konstante Lösung eines autonomen Systems auf die triviale Lösung geschieht also um den Preis, daß das resultierende System nicht mehr autonom ist. □

Beweis von Satz 7.4.10: (i) Zunächst stellen wir fest, daß zwischen den beiden mit $\lambda(t\,;\tau,\xi)$ und $\gamma(t\,;\tau,\eta)$ bezeichneten allgemeinen Lösungen von (7.44) bzw. (7.46) die folgenden, leicht nachprüfbaren Identitäten gelten:

$$\gamma(t\,;\tau,\eta) \equiv \lambda\big(t\,;\tau,\eta + \mu(\tau)\big) - \mu(t)\,, \tag{7.47}$$

$$\lambda(t\,;\tau,\xi) \;\equiv\; \gamma\big(t\,;\tau,\xi-\mu(\tau)\big)+\mu(t)\,. \tag{7.48}$$

(ii) ($\Rightarrow$) Die Lösung $\mu : (t^-,\infty) \to \mathbb{R}^N$ sei stabil und $\varepsilon > 0$ sowie $t_0 > t^-$ seien beliebig gegeben. Dann existiert ein $\delta > 0$, so daß für alle $\xi \in \mathbb{R}^N$ mit $\|\xi - \mu(t_0)\| < \delta$ die Abschätzung $\|\lambda(t\,;t_0,\xi) - \mu(t)\| < \varepsilon$ für alle $t \geq t_0$ gilt. Wegen (7.47) gilt dann die Beziehung

$$\|\gamma(t\,;t_0,\eta)\| \;=\; \|\lambda(t;t_0,\eta+\mu(t_0)) - \mu(t)\| \;<\; \varepsilon$$

für alle $t \geq t_0$ und $\|\eta\| = \|\big(\eta+\mu(t_0)\big) - \mu(t_0)\| < \delta$. Also ist die triviale Lösung von (7.46) stabil.

($\Leftarrow$) Ist die triviale Lösung der Differentialgleichung (7.46) stabil, so gibt es zu jedem $\varepsilon > 0$ und $t_0 > t^-$ ein $\delta > 0$ mit $\|\gamma(t\,;t_0,\eta)\| < \varepsilon$ für alle $t \geq t_0$ und $\|\eta\| < \delta$. Wegen (7.48) gilt dann

$$\|\lambda(t\,;t_0,\xi) - \mu(t)\| \;=\; \|\gamma(t\,;t_0,\xi-\mu(t_0))\| \;<\; \varepsilon$$

für alle $t \geq t_0$, falls $\|\xi - \mu(t_0)\| < \delta$. Dies beweist die Stabilität der Lösung $\mu(t)$ von (7.44).

(iii) Mit den gleichen Überlegungen wie in (ii) folgt die Aussage über die Attraktivität der betrachteten Lösungen.

(iv) Die Aussage bezüglich der asymptotischen Stabilität ist eine unmittelbare Konsequenz der bereits bewiesenen Aussagen zur Stabilität und Attraktivität. ■

7.4.12 Beispiel: Wir greifen nochmals die Differentialgleichung

$$\boxed{\dot{x} \;=\; x^2 t}$$

auf und berechnen für zwei Lösungen die jeweils zugehörige Differentialgleichung der gestörten Bewegung. Im Fall der Lösung

$$\mu_1(t) := -\frac{2}{2+t^2} \quad \big(=\lambda(t\,;0,-1)\ \big)\,, \quad \mu_1 : \mathbb{R} \to \mathbb{R}$$

gilt $[y+\mu_1(t)]^2 t - \mu_1(t)^2 t = y^2 t - \frac{4yt}{2+t^2}$. Folglich lautet die zugehörige Differentialgleichung der gestörten Bewegung

$$\boxed{\dot{y} \;=\; y^2 t - \frac{4yt}{2+t^2}}\,.$$

Während die rechte Seite dieser Gleichung für alle $t \in \mathbb{R}$ existiert, ist im Fall der Lösung

$$\mu_2(t) := \frac{2}{2-t^2} \quad \big(=\lambda(t\,;2,-1)\ \big)\,, \quad \mu_2 : (\sqrt{2}\,,\infty) \to \mathbb{R}$$

die Differentialgleichung der gestörten Bewegung

$$\boxed{\dot{y} \;=\; y^2 t + \frac{4yt}{2-t^2}}$$

wie auch die entsprechende „ungestörte“ Lösung $\mu_2(t)$ natürlich nur für alle t aus dem Intervall $(\sqrt{2}\,,\infty)$ erklärt. ◊

Es bedarf eigentlich keiner Erwähnung, daß alle bisher in diesem Abschnitt gemachten Aussagen auch für *autonome* Systeme gelten. Da jedoch bei solchen Systemen die geometrische Veranschaulichung im x-Raum und nicht im (t, x)-Raum stattfindet, wollen wir hier doch näher auf die autonomen Systeme und die zugehörige Veranschaulichung der Stabilitätsbegriffe im Phasenraum eingehen. Zunächst stellen wir dabei fest, daß wir die verschiedenen Stabilitätseigenschaften neben den *Lösungen* auch den *Trajektorien* zuordnen können. Dies liegt daran, daß alle Lösungen, die die gleiche Trajektorie beschreiben, durch Translation auseinander hervorgehen und somit (siehe Aufgabe 3) das gleiche Stabilitätsverhalten besitzen. Wir nennen also eine Trajektorie **stabil, instabil, attraktiv** bzw. **asymptotisch stabil**, wenn es eine diese Trajektorie parametrisierende Lösung mit der entsprechenden Stabilitätseigenschaft gibt.

Man könnte nun aus Gründen der Anschauung vermuten, daß eine Trajektorie zum Beispiel dann stabil ist, wenn es um diese Trajektorie (als Punktmenge im Phasenraum) eine Umgebung U gibt mit der Eigenschaft, daß mit jedem Punkt ξ aus dieser Umgebung die gesamte positive Halbtrajektorie $O^+(\xi)$ in U liegt. Daß dies jedoch ein Trugschluß ist, zeigt das folgende Beispiel.

7.4.13 Beispiel: Das von einem Parameter $\alpha \geq 0$ abhängige ebene autonome System

$$\boxed{\dot{x} = y(x^2 + y^2)^\alpha \,, \quad \dot{y} = -x(x^2 + y^2)^\alpha}$$

besitzt, wie man mittels Polarkoordinaten berechnen und leicht bestätigen kann, den mit $\varphi(t\,; \xi, \eta, \alpha)$ bezeichneten Fluß

$$(\xi \cos t(\xi^2+\eta^2)^\alpha + \eta \sin t(\xi^2+\eta^2)^\alpha \,, \; \eta \cos t(\xi^2+\eta^2)^\alpha - \xi \sin t(\xi^2+\eta^2)^\alpha) \,.$$

Unabhängig vom Wert des Parameters besteht das Phasenportrait dieses Systems aus der Familie konzentrischer Kreise um den Koordinatenursprung, der selbst eine Ruhelage des Systems ist (siehe Abbildung 7.17).

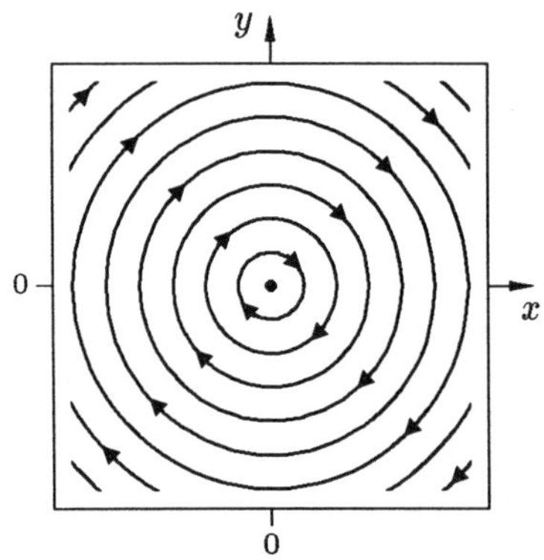

Abb. 7.17
Phasenportrait des von einem Parameter $\alpha \geq 0$ abhängigen Systems $\dot{x} = y(x^2 + y^2)^\alpha$, $\dot{y} = -x(x^2 + y^2)^\alpha$

Die Systeme zu verschiedenen Parameterwerten unterscheiden sich jedoch hinsichtlich der Geschwindigkeit, mit der die einzelnen Trajektorien durchlaufen werden. Diese Information kommt bekanntlich im Phasenportrait nicht zum Ausdruck. Aber genau hierauf beruht im vorliegenden Fall das unterschiedliche Stabilitätsverhalten der Lösungen. Im Fall $\alpha = 0$ (es handelt sich hierbei um den wohlbekannten harmonischen Oszillator) sind alle Lösungen des Systems stabil, denn für je zwei beliebige Lösungen gilt, wie man leicht nachrechnet, die Identität

$$\|\varphi(t;\xi_1,\eta_1,0) - \varphi(t;\xi_2,\eta_2,0)\| \equiv \sqrt{(\xi_1-\xi_2)^2 + (\eta_1-\eta_2)^2}\,.$$

Das bedeutet, daß sich zwei benachbarte Punkte „synchron" auf den entsprechenden Trajektorien mit gleichbleibendem Abstand bewegen. In jedem der Fälle $\alpha > 0$ dagegen ist zwar die triviale Lösung stabil (denn jede Nachbarlösung hält von der trivialen Ruhelage konstanten Abstand), alle anderen Lösungen sind jedoch instabil. Dies liegt an der „Asynchronität", mit der benachbarte Trajektorien durchlaufen werden, oder anders gesagt, an der Abhängigkeit der Periode $\frac{2\pi}{(\xi^2+\eta^2)^\alpha}$ der Lösungen vom Radius der zugehörigen Trajektorie. Die Präzisierung dieser dynamischen Überlegung führen wir am Beispiel der speziellen 2π-periodischen Lösung

$$\mu(t) := (\cos t, -\sin t) \quad \left(= \varphi(t;1,0,\tfrac{1}{2})\right)$$

des Systems zum Parameterwert $\alpha = \frac{1}{2}$ mit dem Anfangswert $(1,0)$ durch. Für die Lösungen der Schar

$$\varphi(t;1+\tfrac{1}{2n},0,\tfrac{1}{2}) = \left((1+\tfrac{1}{2n})\cos\frac{2n+1}{2n}t\,,\ -(1+\tfrac{1}{2n})\sin\frac{2n+1}{2n}t\right),\quad n\in\mathbb{N},$$

die bei geeigneter Wahl von n in beliebiger Nähe von $(1,0)$ starten, gilt dann

$$\begin{aligned}
&\|\varphi(2n\pi;1+\tfrac{1}{2n},0,\tfrac{1}{2}) - \mu(2n\pi)\| = \\
&= \|((1+\tfrac{1}{2n})\cos(2n+1)\pi\,,\ -(1+\tfrac{1}{2n})\sin(2n+1)\pi\,) - (1,0)\| = \\
&= \|(-1-\tfrac{1}{2n}-1\,,\,0)\| = 2+\tfrac{1}{2n} \geq 2 \quad \text{für alle } n\in\mathbb{N}\,.
\end{aligned}$$

Also ist die betrachtete Lösung $\mu(t)$, die den Einheitskreis als Trajektorie besitzt, instabil, obwohl jede noch so schmale Ringumgebung des Einheitskreises von ganzen Trajektorien gebildet wird. ◊

Das im vorherigen Beispiel aufgezeigte Problem, daß man den Trajektorien ihre Stabilität nicht so ohne weiteres ansehen kann, hat damit zu tun, daß wir die Stabilität nichtkonstanter Lösungen mit Hilfe ihrer Trajektorien zu veranschaulichen suchten. Ist die zur Diskussion stehende Lösung jedoch konstant, ihre Trajektorie also einpunktig, so tritt das geschilderte Problem nicht auf, und wir können sehr wohl die verschiedenen Stabilitätseigenschaften einer Ruhelage an Hand des Abstands der Nachbartrajektorien zur Ruhelage ablesen. Die Abbildung 7.18 zeigt die geometrische Veranschaulichung der verschiedenen Stabilitätsbegriffe für eine Ruhelage. Für das vollständige Verständnis der vier Teilabbildungen möge der Leser die Definitionen 7.4.1, 7.4.4 und 7.4.8 rekapitulieren.

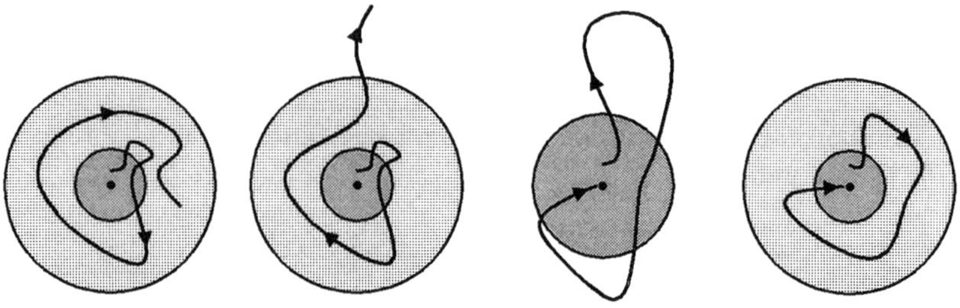

Abb. 7.18 Zur Veranschaulichung der Stabilität von Ruhelagen im Phasenraum

Schließlich sei noch erwähnt, daß wir im Fall einer attraktiven Ruhelage x_0 eines autonomen Systems mit dem Fluß $\varphi(t\,;\xi)$ die Teilmenge

$$E(x_0) \;:=\; \left\{\xi \in \mathbb{R}^N : \lim_{t\to\infty} \varphi(t\,;\xi) = x_0\right\} \tag{7.49}$$

des Phasenraums als **Einzugsbereich** von x_0 bezeichnen.

7.4.14 Beispiel: Besonders einfach ist die geometrische Veranschaulichung der Stabilität von Ruhelagen bei *skalaren* autonomen Differentialgleichungen

$$\boxed{\dot{x} \;=\; f(x)}\;. \tag{7.50}$$

Unmittelbar einsichtig sind die in der Abbildung 7.19 beschriebenen Stabilitätseigenschaften der trivialen Ruhelage der jeweils angegebenen Gleichung. Der Deutlichkeit halber haben wir dabei jeweils die rechte Seite der Differentialgleichung und das Phasenportrait in einem Bild zusammengefaßt.

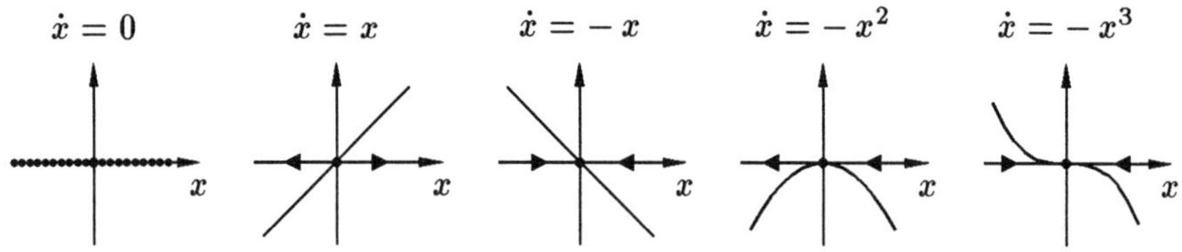

Abb. 7.19 Zur Stabilität der trivialen Ruhelagen von skalaren Differentialgleichungen

In Verallgemeinerung dieses Sachverhalts betrachten wir jetzt eine beliebige Ruhelage x_0 der skalaren Gleichung (7.50) und setzen voraus, daß

$$f^{(k)}(x_0) \;=\; 0 \quad \text{für } k = 0,\ldots,n-1 \;\text{ und }\; f^{(n)}(x_0) \;\neq\; 0 \;\text{ für ungerades } n$$

gilt. Dann wechselt die Funktion $f(x)$ nach dem Taylor'schen Satz bei x_0 das Vorzeichen, und folglich ist die Ruhelage x_0 asymptotisch stabil, falls $f^{(n)}(x_0) < 0$ gilt, und instabil im Fall $f^{(n)}(x_0) > 0$. Für einen formalen Beweis dieser anschaulichen Aussage verweisen wir auf die Aufgabe 2. ◊

Die bei der Gleichung $\dot{x} = -x^2$ vorliegende, nur „einseitige" Instabilität nehmen wir zum Anlaß, in der nachfolgenden Bemerkung noch einen speziell auf skalare autonome Differentialgleichungen zugeschnittenen Stabilitätsbegriff einzuführen.

7.4.15 Bemerkung: Besitzt die rechte Seite einer skalaren autonomen Differentialgleichung in einer Nullstelle x_0 ein strenges lokales Extremum, so strebt die Trajektorie auf der einen Seite der Ruhelage x_0 gegen diese Ruhelage für $t \to \infty$ und auf der anderen Seite für $t \to -\infty$. Eine solche Ruhelage nennen wir **semistabil**. Eine hinreichende Bedingung für die Existenz einer semistabilen Ruhelage x_0 einer skalaren Differentialgleichung $\dot{x} = f(x)$ ist dann

$$f^{(k)}(x_0) = 0 \quad \text{für } k = 1, \ldots, n-1 \quad \text{und} \quad f^{(n)}(x_0) \neq 0 \quad \text{für gerades } n,$$

wie man leicht an Hand des Vorzeichenverhaltens der Funktion $f(x)$ in der Nähe von x_0 sehen kann (siehe auch Aufgabe 2). □

Den gegenwärtigen Abschnitt beschließend wollen wir wie angekündigt ein Beispiel einer Differentialgleichung angeben, bei der eine Lösung attraktiv und gleichzeitig instabil ist. Wie wir bereits wissen (siehe Satz 7.4.7), kann diese Beispielgleichung nicht skalar sein, und wie wir im nächsten Abschnitt erfahren werden (siehe Satz 7.5.3), kann sie auch nicht linear sein.

7.4.16 Beispiel: Das in Polarkoordinaten gegebene ebene autonome System

$$\boxed{\dot{r} = r(1-r)\,, \quad \dot{\phi} = \sin^2\frac{\phi}{2}}$$

besteht aus zwei voneinander unabhängigen Gleichungen und läßt sich daher explizit lösen. Als Fluß erhält man die mit $(r(t\,;r_0,\phi_0)\,,\ \phi(t\,;r_0,\phi_0))$ bezeichnete Funktion

$$\left(\frac{r_0}{r_0 + (1-r_0)e^{-t}}\,,\ 2\arctan\left(\frac{2\sin\phi_0}{2\cos\phi_0 - t\sin\phi_0 + 2}\right)\right),$$

was man unschwer verifizieren kann.[2] Das Vorliegen der allgemeinen Lösung in expliziter Form stellt dann die analytische Absicherung dar für die folgenden, durch die Abbildung 7.20 illustrierten Aussagen. Der Einheitskreis in der Phasenebene besteht aus der Ruhelage $(1,0)$ und einer Trajektorie, die in beiden Zeitrichtungen gegen diese Ruhelage strebt. Dies zeigt sofort die Instabilität der Ruhelage $(1,0)$, denn in beliebiger Nähe dieses Punktes starten auf dem Einheitskreis Lösungen, die zum Beispiel die Kreisscheibe um den Punkt $(1,0)$ mit Radius 1 (vorübergehend) verlassen (bevor sie gegen $(1,0)$ streben). Auf der anderen Seite konvergiert jede nichttriviale Lösung des Systems für $t \to \infty$ gegen $(1,0)$, und somit ist diese Ruhelage attraktiv und die gesamte Phasenebene ohne den Koordinatenursprung ist ihr Einzugsbereich. ◊

---

[2] Bei der zweiten Koordinatenfunktion hat man, schon um die Wohldefiniertheit und die Stetigkeit der betrachteten Funktion zu garantieren, je nach Wahl von ϕ_0 verschiedene Zweige des Arcustangens zu wählen.

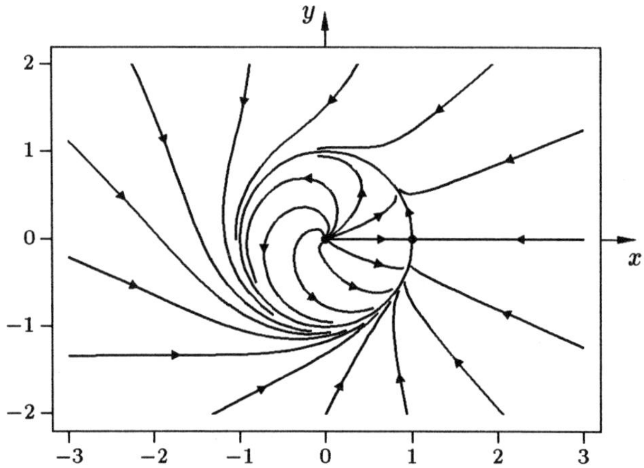

Abb. 7.20 Phasenportrait des Systems $\dot{r} = r(1-r)$, $\dot{\phi} = \sin^2 \frac{\phi}{2}$ mit der instabilen und attraktiven Ruhelage $(1,0)$

Aufgaben

1. Gegeben sei eine Differentialgleichung

$$\boxed{\dot{x} = f(t,x)}\,,$$

deren rechte Seite $f : D \to \mathbb{R}^N$ auf einer offenen Menge $D \subseteq \mathbb{R}^{1+N}$ stetig und bezüglich x Lipschitz-stetig ist. Gegeben sei ferner eine Lösung $\mu : (t^-, \infty) \to \mathbb{R}^N$ dieser Gleichung und eine *feste* Anfangszeit $t_0^* > t^-$. Zeigen Sie:

(a) Gibt es zu jedem $\varepsilon > 0$ ein $\delta^* = \delta^*(\varepsilon) > 0$ mit der Eigenschaft, daß für alle ξ^* mit $\|\xi^* - \mu(t_0^*)\| < \delta^*$ die Abschätzung

$$\|\lambda(t; t_0^*, \xi^*) - \mu(t)\| < \varepsilon \quad \text{für alle } t \geq t_0^*$$

gilt, so ist die Lösung $\mu(t)$ stabil.

(b) Gibt es ein $\eta^* > 0$ mit der Eigenschaft, daß für alle ξ^* mit $\|\xi^* - \mu(t_0^*)\| < \eta^*$ die Beziehung

$$\lim_{t \to \infty} \|\lambda(t; t_0^*, \xi^*) - \mu(t)\| = 0$$

gilt, so ist die Lösung $\mu(t)$ attraktiv.

2. Gegeben sei eine *skalare* autonome Differentialgleichung

$$\boxed{\dot{x} = f(x)}$$

mit einer n-mal stetig differenzierbaren rechten Seite $f : D \subseteq \mathbb{R} \to \mathbb{R}$ und einer Ruhelage x_0. Untersuchen Sie die Stabilität dieser Ruhelage in Abhängigkeit vom Vorzeichen von $f^{(n)}(x_0)$, wenn folgendes gilt:

$$f^{(k)}(x_0) = 0 \quad \text{für } k = 1, \ldots, n-1 \quad \text{und} \quad f^{(n)}(x_0) \neq 0\,.$$

3. Gegeben sei eine Trajektorie T eines autonomen Systems

$$\boxed{\dot{x} = f(x)}$$

mit Lipschitz-stetiger rechter Seite $f : D \subseteq \mathbb{R}^N \to \mathbb{R}^N$.

Zeigen Sie: Ist *eine* die Trajektorie T parametrisierende Lösung stabil bzw. attraktiv, so sind *alle* Lösungen, die T als Trajektorie besitzen, stabil bzw. attraktiv.

4. Gegeben sei ein N-dimensionales, Lipschitz-stetiges autonomes System mit einer attraktiven Ruhelage x_0. Zeigen Sie, daß dann der Einzugsbereich von x_0 eine offene und zusammenhängende Teilmenge des $\mathbb{R}^N$ ist.

   Zeigen Sie ferner an Hand eines Beispiels, daß der Einzugsbereich einer attraktiven Lösung eines *nichtautonomen* Systems nicht offen zu sein braucht.

5. Zeigen Sie, daß eine (nichtkonstante) periodische Lösung eines Lipschitz-stetigen autonomen Systems nicht asymptotisch stabil sein kann.

6. Untersuchen Sie die Stabilität der trivialen Ruhelage des zur Differentialgleichung

$$\boxed{\ddot{x} = -x^3}$$

   gehörigen Systems 1. Ordnung. Erklären Sie ferner, warum Hamilton'sche Systeme generell keine asymptotisch stabilen Ruhelagen besitzen können.

7.5 Stabilität linearer Systeme

Wir wenden uns nun der Frage zu, inwieweit sich bei linearen Differentialgleichungssystemen die algebraische Struktur der Gleichungen und der zugehörigen Lösungsräume auf Stabilitätseigenschaften auswirkt. Dem gesamten Abschnitt legen wir dabei ein lineares System der Form

$$\boxed{\dot{x} = A(t)x + g(t)} \tag{7.51}$$

zu Grunde, bei dem die auf einem Intervall der Form $(T, \infty) \subseteq \mathbb{R}$ erklärten Funktionen $A : (T, \infty) \to \mathbb{R}^{N \times N}$, $g : (T, \infty) \to \mathbb{R}^N$ stetig sind. Wir erinnern in diesem Zusammenhang daran, daß alle Lösungen eines solchen Systems auf dem gesamten Intervall (T, ∞) existieren, und daß sich die allgemeine Lösung $\lambda(t\,;\tau,\xi)$ mit Hilfe der Übergangsmatrix $\Lambda(t,\tau)$ in der Form

$$\lambda(t\,;\tau,\xi) = \Lambda(t,\tau)\,\xi + \int_\tau^t \Lambda(t,s)g(s)\,ds$$

darstellen läßt. Neben dem inhomogenen System (7.51) spielt in der allgemeinen Theorie linearer Systeme bekanntlich der Spezialfall des zugehörigen homogenen Systems

$$\boxed{\dot{x} = A(t)x} \tag{7.52}$$

eine zentrale Rolle. Daß dies bei Stabilitätsfragen nicht anders ist, besagt der nun folgende Satz.

7.5.1 Satz (einheitliches Stabilitätsverhalten aller Lösungen): *Alle Lösungen des inhomogenen Systems (7.51) sind stabil bzw. attraktiv bzw. asymptotisch stabil genau dann, wenn die triviale Lösung des zugehörigen homogenen Systems (7.52) stabil bzw. attraktiv bzw. asymptotisch stabil ist.*

Beweis: Alle Lösungen $\mu : (T, \infty) \to \mathbb{R}^N$ von (7.51) besitzen die gleiche Differentialgleichung der gestörten Bewegung, und zwar ist dies gemäß der Formel (7.46) die Differentialgleichung

$$\boxed{\dot{y} = \big[A(t)\big(y + \mu(t)\big) + g(t)\big] - \big[A(t)\mu(t) + g(t)\big]}\,.$$

Dies ist augenscheinlich gerade die homogene lineare Differentialgleichung (7.52). Also folgt die Behauptung sofort aus dem Satz 7.4.10. ■

7.5.2 Beispiel: Eine Anwendung des Satzes 7.5.1 zeigt, daß jede Lösung der skalaren Differentialgleichung

$$\boxed{\dot{x} = -x + \sin t}$$

asymptotisch stabil ist, denn die triviale Lösung der zugehörigen homogenen Gleichung $\dot{x} = -x$ ist asymptotisch stabil (siehe Beispiel 7.4.14 und die Abbildungen 7.21 und 7.22). ◊

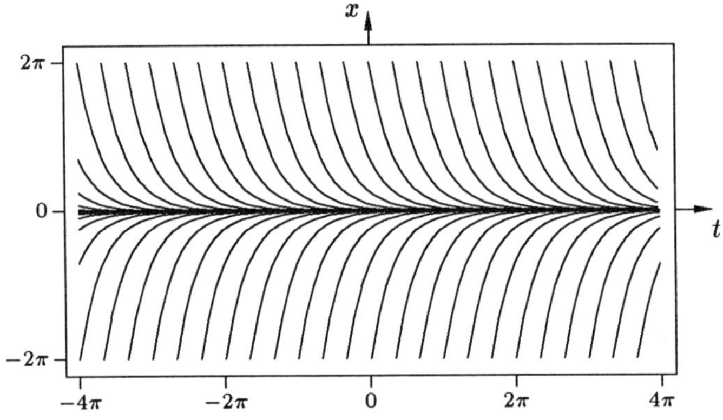

Abb. 7.21 Die triviale (sowie jede andere) Lösung der Differentialgleichung $\dot{x} = -x$ ist asymptotisch stabil.

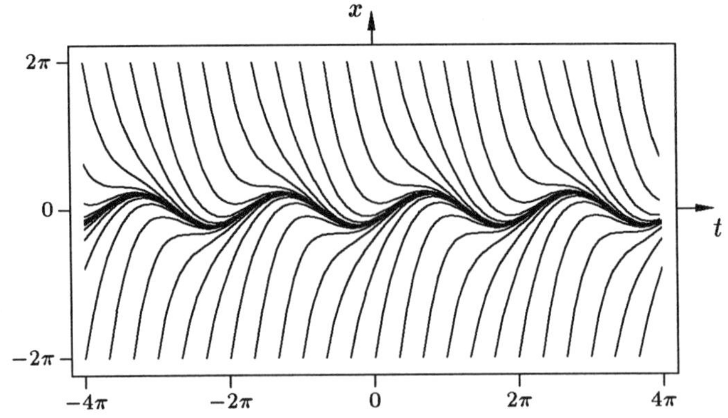

Abb. 7.22 Jede Lösung der Differentialgleichung $\dot{x} = -x + \sin t$ ist asymptotisch stabil.

Wie wir auf Grund des Beispiels 7.4.9 wissen, ist das im Satz 7.5.1 gezeigte einheitliche Stabilitätsverhalten *aller* Lösungen eine besondere Eigenschaft der Klasse linearer Systeme. Wir können daher die Attribute stabil oder attraktiv bei linearen Systemen – anders als bei nichtlinearen Systemen – nicht nur einzelnen Lösungen, sondern dem System als Ganzem zuschreiben. Wir sprechen daher zukünftig von **stabilen, instabilen** oder **asymptotisch stabilen** linearen Systemen, wenn die triviale Lösung der zugehörigen homogenen Gleichung die entsprechende Eigenschaft besitzt. Warum wir bei dieser Aufzählung die Attraktivität nicht berücksichtigt haben, erklärt unser nächster Satz.

Für das im folgenden verstärkt zum Einsatz kommende Rechnen mit matrixwertigen Funktionen verweisen wir auf den Anhang A.

7.5.3 Satz (Attraktivität und Stabilität bei linearen Systemen): *Eine attraktive Lösung des linearen Systems (7.51) ist stets auch stabil, damit also asymptotisch stabil.*

Beweis: Auf Grund des Satzes 7.5.1 genügt es, die Behauptung nur für die triviale Lösung des homogenen Systems (7.52) zu beweisen.

(i) Die triviale Lösung von (7.52) sei attraktiv. Nach Definition 7.4.4 gibt es dann zu jedem $t_0 > T$ ein $\eta = \eta(t_0) > 0$ mit

$$\lim_{t\to\infty} \Lambda(t,t_0)\xi \;=\; \lim_{t\to\infty} \lambda(t\,;t_0,\xi) \;=\; 0 \quad \text{für jedes } \xi \in \mathbb{R}^N \text{ mit } ||\xi|| < \eta\,.$$

Setzen wir in dieser Beziehung speziell $\xi := \frac{\eta}{2}e_i$ für $i = 1,\ldots,N$ (e_i die kanonischen Einheitsvektoren des $\mathbb{R}^N$), so folgt

$$\lim_{t\to\infty} \Lambda(t,t_0)e_i \;=\; \frac{2}{\eta}\lim_{t\to\infty} \Lambda(t,t_0)\,\frac{\eta}{2}\,e_i \;=\; 0\,,$$

und dies bedeutet, daß die N Spalten der Matrix $\Lambda(t,t_0)$ für $t \to \infty$ gegen 0 konvergieren, d.h. es gilt die Beziehung

$$\lim_{t\to\infty} \Lambda(t,t_0) \;=\; 0 \in \mathbb{R}^{N\times N}\,.$$

(ii) Wegen der eben bewiesenen Grenzwertbeziehung und der Stetigkeit von $\Lambda(t,t_0)$ in t gibt es eine von t_0 abhängige Zahl $\beta = \beta(t_0) > 0$ mit

$$||\Lambda(t,t_0)|| \;\leq\; \beta(t_0) \quad \text{für alle } t \geq t_0\,.$$

Zum Nachweis, daß aus dieser Abschätzung die Stabilität der trivialen Lösung folgt, geben wir nun ein beliebiges $\varepsilon > 0$ und ein beliebiges $t_0 > T$ vor. Wählen wir dann $\delta = \delta(\varepsilon,t_0) := \frac{\varepsilon}{\beta(t_0)}$, so folgt die Abschätzung

$$||\lambda(t\,;t_0,\xi)|| \;=\; ||\Lambda(t,t_0)\xi|| \;\leq\; ||\Lambda(t,t_0)||\cdot||\xi|| \;\leq\; \beta(t_0)||\xi|| \;<\; \varepsilon$$

für alle $t \geq t_0$ und $||\xi|| < \delta$. Dies ist die gewünschte Stabilitätsaussage für die triviale Lösung. ∎

Auf Grund des Satzes 7.5.1 wissen wir, daß sich Stabilitätsfragen bei linearen Systemen stets an Hand von *homogenen* linearen Systemen beantworten lassen. Diese wiederum werden vollständig durch ihre allgemeine Lösung und damit durch ihre Übergangsmatrix beschrieben. In welcher Weise nun die Übergangsmatrix $\Lambda(t,t_0)$ das Stabilitätsverhalten eines solchen Systems widerspiegelt, beschreibt der folgende Satz.

7.5.4 Satz (Stabilität und Übergangsmatrix): *Alle Lösungen des homogenen linearen Systems (7.52) sind genau dann*

(a) stabil, wenn es für jedes $t_0 > T$ ein $\beta = \beta(t_0) > 0$ gibt mit

$$||\Lambda(t,t_0)|| \;\leq\; \beta(t_0) \quad \textit{für alle } t \geq t_0\ ,$$

(b) asymptotisch stabil, wenn für jedes $t_0 > T$ die folgende Beziehung gilt:

$$\lim_{t\to\infty} \Lambda(t,t_0) \;=\; 0\ .$$

In beiden Fällen genügt es hierbei sogar, eine einzige Anfangszeit $t_0 > T$ zu betrachten.

Beweis: Nach Satz 7.5.1 haben alle Lösungen eines linearen Systems das gleiche Stabilitätsverhalten. Es genügt also, die triviale Lösung zu untersuchen.

(a) ($\Rightarrow$) Die triviale Lösung sei stabil. Für jedes $t_0 > T$ gibt es dann ein $\delta = \delta(t_0) > 0$ mit

$$||\Lambda(t,t_0)\,\xi\,|| \;=\; ||\lambda(t\,;t_0,\xi)|| \;<\; 1 \quad \text{für alle } ||\xi|| < \delta \text{ und } t \geq t_0\ .$$

Setzen wir in dieser Beziehung $\xi := \frac{\delta}{2}e_i$ für $i = 1,\ldots,N$, so folgt $||\Lambda(t,t_0)e_i|| < \frac{2}{\delta(t_0)}$, und das bedeutet, daß die N Spalten der Matrix $\Lambda(t,t_0)$ und damit auch die Funktion $||\Lambda(t,t_0)||$ für $t \geq t_0$ durch eine von t_0 abhängige Zahl beschränkt ist.

($\Leftarrow$) Aus der für alle $t \geq t_0$ gültigen Abschätzung $||\Lambda(t,t_0)|| \leq \beta(t_0)$ folgt die Stabilität der trivialen Lösung. Dies wurde im Beweisschritt (ii) zum Satz 7.5.3 gezeigt.

(b) ($\Rightarrow$) Ist die triviale Lösung asymptotisch stabil, so folgt die behauptete Grenzwertbeziehung. Dies wurde im Beweisschritt (i) zum Satz 7.5.3 gezeigt.

($\Leftarrow$) Für jedes $t_0 > T$ folgt aus $\lim_{t\to\infty} \Lambda(t,t_0) = 0$ die Beziehung

$$||\lambda(t\,;t_0,\xi)|| \;\leq\; ||\Lambda(t,t_0)|| \cdot ||\xi|| \to 0 \quad \text{für } t \to \infty \text{ und jedes } \xi \in \mathbb{R}^N\ .$$

Dies liefert die Attraktivität der trivialen Lösung und weiter mit Satz 7.5.3 die asymptotische Stabilität.

Die Zusatzbemerkung bezüglich einer einzigen Anfangszeit t_0 folgt aus den Bemerkungen 7.4.2 und 7.4.5. ■

Eine besonders wichtige Klasse von homogenen linearen Systemen bilden diejenigen mit konstanten Koeffizienten. Daß bei einem solchen System

$$\boxed{\dot{x} = Ax}, \quad A \in \mathbb{R}^{N\times N} \tag{7.53}$$

mit von t unabhängiger Koeffizientenmatrix die Eigenwerte von A eine zentrale Rolle für das asymptotische Lösungsverhalten spielen, ist uns schon aus dem Abschnitt 6.3 bekannt. Auf Grund der dortigen Sätze liegen die Aussagen des nun folgenden Satzes geradezu auf der Hand.

7.5.5 Satz (Eigenwertbedingungen für Stabilität): *Alle Lösungen des Systems (7.53) sind genau dann*

(a) *stabil, wenn alle Eigenwerte von A Realteile ≤ 0 haben und diejenigen mit Realteil 0 halbeinfach sind. In diesem Fall gibt es eine Konstante $M \geq 1$ mit*

$$\|e^{At}\| \leq M \quad \text{für alle } t \geq 0\,.$$

(b) *asymptotisch stabil, wenn alle Eigenwerte von A negative Realteile besitzen. Ist dabei ρ_{max} das (negative) Maximum der Eigenwertrealteile, so gibt es zu jedem positiven α mit $\rho_{max} < -\alpha < 0$ eine Konstante $K = K(\alpha) \geq 1$ mit*

$$\|e^{At}\| \leq K\,e^{-\alpha t} \quad \text{für alle } t \geq 0\,.$$

Beweis: Wir erinnern daran, daß das System (7.53) nach Satz 6.3.10 ein Fundamentalsystem besitzt, das aus Funktionen der folgenden Form besteht:

$$\begin{aligned} &e^{\lambda t}\,p_0(t)\,,\ e^{\lambda t}\,p_1(t)\,,\ \ldots\,,e^{\lambda t}\,p_{k-1}(t)\,,\\ &e^{\rho t}\cos\sigma t\ q_0(t)\,,\ e^{\rho t}\cos\sigma t\ q_1(t)\,,\ \ldots\,,\ e^{\rho t}\cos\sigma t\ q_{m-1}(t)\,,\\ &e^{\rho t}\sin\sigma t\ r_0(t)\,,\ e^{\rho t}\sin\sigma t\ r_1(t)\,,\ \ldots\,,\ e^{\rho t}\sin\sigma t\ r_{m-1}(t)\,. \end{aligned} \tag{7.54}$$

Hierbei durchläuft λ die reellen und $\rho \pm i\sigma$ die nichtreellen Eigenwerte von A, und die Koordinaten der $\mathbb{R}^N$-wertigen Funktionen $p_i(t)\,,\ i = 0,\ldots,k-1$, und $q_j(t)\,,\ r_j(t)\,,\ j = 0,\ldots,m-1$, sind Polynome in t, die sich im Fall eines halbeinfachen Eigenwerts sogar auf Konstante reduzieren. Beachtet man die aus der ANALYSIS bekannte Beziehung

$$\lim_{t\to\infty} t^n e^{\mu t} = 0\,, \quad \text{falls } n \in \mathbb{N}_0 \text{ und } \mu < 0$$

und den im Anhang A beschriebenen Sachverhalt, daß sich die Norm einer Matrix nach oben durch die Summe der Normen ihrer Spalten abschätzen läßt, so ergeben sich die Aussagen des Satzes wie folgt:

(a) Die im Teil (a) angegebene Eigenwertbedingung ist gleichwertig damit, daß alle Lösungen des mit (7.54) angedeuteten Fundamentalsystems und folglich alle Lösungen des Systems (7.53) auf dem Intervall $[0,\infty)$ beschränkt sind. Dies wiederum ist äquivalent zur Beschränktheit jeder der Spalten der Fundamentalmatrix e^{At} und damit zur Beschränktheit der Matrix e^{At} selbst. Nach Satz 7.5.4 bedeutet dies die Stabilität aller Lösungen von (7.53).

(b) Die in (b) angegebene Eigenwertbedingung ist gleichwertig damit, daß jede Lösung des in (7.54) skizzierten Fundamentalsystems, also überhaupt jede Lösung des Systems (7.53) für $t \to \infty$ gegen 0 konvergiert. Da dies gleichwertig damit ist, daß jede Spalte von e^{At} und somit die Matrix e^{At} selbst für $t \to \infty$ verschwindet, ergibt sich die Äquivalenz der angegebenen Eigenwertbedingung mit der asymptotischen Stabilität aller Lösungen aus dem Satz 7.5.4.

Die behauptete Abschätzung für $\|e^{At}\|$ folgt schließlich aus der Tatsache, daß wegen $\rho_{max} + \alpha < 0$ die Funktionen $t^n e^{(\rho_{max}+\alpha)t}$, $n \in \mathbb{N}_0$, für $t \to \infty$ gegen 0 konvergieren und somit auf $[0, \infty)$ beschränkt sind. Folglich gilt für jeden Eigenwertrealteil $\mu \leq \rho_{max}$, jedes $n \in \mathbb{N}_0$ und alle $t \geq 0$ eine Abschätzung der Form

$$t^n e^{\mu t} \leq t^n e^{\rho_{max} t} \leq t^n e^{(\rho_{max}+\alpha)t} e^{-\alpha t} \leq K_n e^{-\alpha t}$$

mit einer positiven Konstanten K_n. Da auch die in (7.54) auftretenden Sinus- und Cosinusterme an Abschätzungen dieser Form nichts ändern, übertragen sich diese Abschätzungen von den einzelnen Lösungen über die Spalten der Fundamentalmatrix e^{At} auf die Matrix e^{At} selbst und liefern so eine Abschätzung der angegebenen Art. ∎

7.5.6 Beispiele: Im Abschnitt 5.3 haben wir die linearen ebenen autonomen Systeme der Form

$$\boxed{\dot{x} = Ax}\,, \qquad A \in \mathbb{R}^{2\times 2}$$

vollständig klassifiziert. Die Abbildung 7.23 zeigt einen Überblick über die Systeme dieser Art, wobei die beiden Koordinaten s und d von der Spur bzw. der Determinante der Koeffizientenmatrix A gebildet werden. Im Gegensatz zur früheren Abbildung 5.14 auf Seite 206 haben wir jetzt auf der Parabel die Fälle mit den nicht halbeinfachen Eigenwerten dargestellt.

Augenscheinlich sind in der Abbildung 7.23 genau die Systeme im offenen zweiten Quadranten asymptotisch stabil, und alle Systeme im Komplement des abgeschlossenen zweiten Quadranten sind instabil. Am Rand des zweiten Quadranten befinden sich die Systeme, die stabil aber nicht attraktiv sind. Eine Ausnahme hiervon bildet das im Koordinatenursprung dargestellte System mit $\operatorname{spur} A = \det A = 0$ und doppeltem, nicht halbeinfachem Eigenwert 0. Dieses System ist offensichtlich instabil.

Schließlich sei aus Sicht der Stabilitätstheorie zu den linearen ebenen autonomen Systemen noch erwähnt, daß sich die im Abschnitt 5.3 im Zusammenhang mit Strudeln und Knoten bereits erwähnten Attribute *stabil* und *instabil* in Übereinstimmung mit den nun vorliegenden allgemeinen Stabilitätsbegriffen befinden. Bemerkenswert ist dabei jedoch, daß die in traditioneller Bezeichnung *stabile* Strudel und *stabile* Knoten genannten Ruhelagen tatsächlich sogar *asymptotisch stabil* sind. ◇

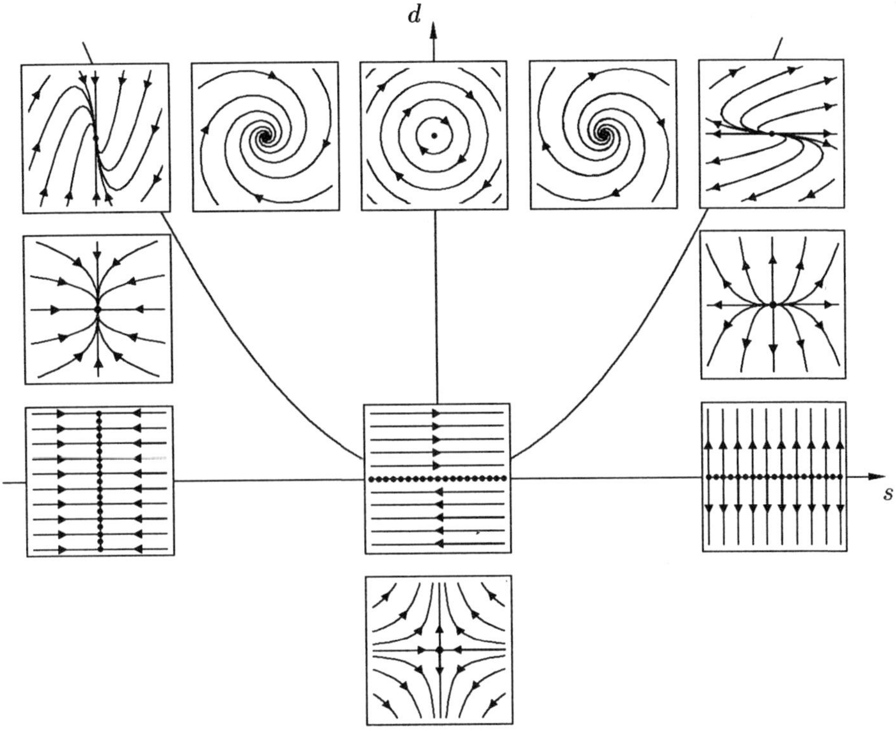

Abb. 7.23 Lineare ebene autonome Systeme $\dot{x} = Ax$ in der (spur, det)-Ebene

Abschließend wollen wir an Hand eines drei-dimensionalen Beispiels demonstrieren, daß unsere Bemühungen um qualitative Untersuchungsmethoden bereits erste Früchte tragen.

7.5.7 Beispiel: Das lineare System

$$\boxed{\begin{pmatrix} x \\ y \\ z \end{pmatrix}^{\bullet} = \begin{pmatrix} -1 & 0 & 0 \\ 1 & -1 & 0 \\ 0 & 1 & 0 \end{pmatrix} \begin{pmatrix} x \\ y \\ z \end{pmatrix} + \begin{pmatrix} 0 \\ 0 \\ e^{-t} \end{pmatrix}} \tag{7.55}$$

besitzt, wie man leicht bestätigt, die Funktion $(-e^{-t}, -te^{-t}, te^{-t})$ als Lösung. Wir stellen nun die Frage, ob diese Lösung stabil oder gar asymptotisch stabil ist. In den Beispielen 6.3.12 und 6.3.13 haben wir mit großem Rechenaufwand die allgemeine Lösung des Systems (7.55) hergeleitet und folgendes erhalten:

$$\lambda(t;\tau,\xi) = \begin{pmatrix} \xi_1 e^{\tau-t} \\ \xi_1 (t-\tau) e^{\tau-t} + \xi_2 e^{\tau-t} \\ \xi_1 \left[1 - e^{\tau-t} + (\tau-t) e^{\tau-t}\right] + \xi_2 \left[1 - e^{\tau-t}\right] + \xi_3 + e^{-\tau} - e^{-t} \end{pmatrix}$$

Wollten wir mit dieser Formel die gestellte Stabilitätsfrage beantworten, so wären wieder umfangreiche Rechnungen vonnöten. An Stelle dieser umständlichen quantitativen Vorgehensweise sind wir mittlerweile in der Lage, sehr elegant qualitativ zu argumentieren. Die Koeffizientenmatrix des Systems (7.55) besitzt nämlich das leicht berechenbare charakteristische Polynom $-\rho(\rho+1)^2$ und somit 0 als einfachen und -1 als doppelten Eigenwert. Nach Satz 7.5.5 ist dann die triviale Lösung des zu (7.55) gehörigen homogenen Systems stabil, aber nicht asymptotisch stabil. Mit dem Satz 7.5.1 überträgt sich diese Stabilitätseigenschaft auf alle Lösungen und damit insbesondere auf die oben vorgelegte spezielle Lösung $(-e^{-t}, -te^{-t}, te^{-t})$ des Systems (7.55). ◊

Aufgaben

1. Zeigen Sie, daß jede asymptotisch stabile Lösung $\mu : (T,\infty) \subseteq \mathbb{R} \to \mathbb{R}^N$ eines linearen Systems

$$\boxed{\dot{x} = A(t)x + g(t)}$$

mit stetigen Funktionen $A : (T,\infty) \to \mathbb{R}^{N\times N}$ und $g : (T,\infty) \to \mathbb{R}^N$ den gesamten Definitionsbereich $(T,\infty)\times\mathbb{R}^N$ der Differentialgleichung als Einzugsbereich besitzt.

2. Gegeben sei eine skalare Differentialgleichung

$$\boxed{\dot{x} = a(t)x + b(t)}$$

mit stetigen Funktionen $a, b : \mathbb{R} \to \mathbb{R}$. Bestimmen Sie Bedingungen an $a(t)$ und $b(t)$, die hinreichend und notwendig sind für die asymptotische Stabilität dieser Gleichung. Wie lauten diese Bedingungen im Fall periodischer Funktionen $a(t)$ und $b(t)$?

3. Gegeben sei das zwei-dimensionale lineare System

$$\boxed{\dot{\begin{pmatrix} x \\ y \end{pmatrix}} = \begin{pmatrix} -1-2\cos 4t & 2+2\sin 4t \\ -2+2\sin 4t & -1+2\cos 4t \end{pmatrix} \begin{pmatrix} x \\ y \end{pmatrix}}$$

Zeigen Sie, daß dieses System instabil ist, obwohl seine Koeffizientenmatrix nur Eigenwerte mit negativen Realteilen besitzt. Erklären Sie den scheinbaren Widerspruch zum Satz 7.5.5.

Hinweis: Das System besitzt die Lösung $(e^t \sin 2t,\ e^t \cos 2t)$.

4. Zeigen Sie, daß ein lineares System

$$\boxed{\dot{x} = A(t)x}$$

mit auf $\mathbb{R}$ stetiger Koeffizientenmatrix genau dann stabil ist, wenn jede Lösung dieses Systems auf $[0,\infty)$ beschränkt ist. Gilt diese Aussage auch im Fall eines inhomogenen Systems?

5. Zeigen Sie an Hand eines Beispiels, daß man in der Aussage (b) des Satzes 7.5.5 im allgemeinen nicht $\alpha = -\rho_{max}$ wählen kann. Zeigen Sie ferner, daß dies unter der zusätzlichen Voraussetzung, daß alle Eigenwerte mit Realteil ρ_{max} halbeinfach sind, möglich ist.

6. Gegeben sei eine für alle $t \in [0,\infty)$ stetige Matrix $A(t) \in \mathbb{R}^{N\times N}$ und die damit gebildeten linearen Systeme

$$\boxed{\dot{x} = A(t)x} \quad \text{und} \quad \boxed{\dot{x} = -A^T(t)x}\ .$$

Zeigen Sie, daß die beiden Systeme genau dann stabil sind, wenn für die Übergangsmatrix $\Lambda(t,\tau)$ des Systems $\dot{x} = A(t)x$ mit einer Konstanten c eine Abschätzung der Form

$$\|\Lambda(t,\tau)\| \le c \quad \text{für alle } t,\tau \ge 0$$

gilt (siehe Aufgabe 4 des Abschnitts 6.2).

7.6 Linearisierte asymptotische Stabilität

Mit der Herleitung eines klassischen und fundamentalen Ergebnisses der Stabilitätstheorie wollen wir in diesem Abschnitt einen wichtigen Schritt in Richtung einer qualitativen Analyse nichtlinearer Differentialgleichungssysteme machen. Es geht dabei – grob gesprochen – um die Frage, inwieweit man die Stabilität der Ruhelage eines nichtlinearen Systems mit Hilfe eines geeigneten linearen Systems bestimmen kann. Wir beginnen unsere diesbezüglichen Überlegungen mit einem motivierenden Beispiel.

7.6.1 Beispiel: Das von einem Parameter α abhängige ebene autonome System

$$\boxed{\begin{array}{rcl} \dot{x} &=& \alpha \sin x + y + x y^3 \\ \dot{y} &=& -x \cos y + \alpha(e^y - 1) \end{array}} \tag{7.56}$$

ist so angelegt, daß man es zwar nicht explizit lösen, ihm aber sofort die Ruhelage $(x,y) = (0,0)$ ansehen kann. Wir fragen nun nach der Stabilität dieser Ruhelage. Da uns die allgemeine Lösung des Systems nicht vorliegt, können wir die Stabilitätsdefinitionen nicht direkt überprüfen, wir müssen uns also einen anderen Weg zur Untersuchung der Stabilität einer Ruhelage einfallen lassen. Ein aus Sicht der ANALYSIS naheliegendes Vorgehen scheint zu sein, die rechte Seite dieses Systems zunächst im Sinne einer linearen Approximation bei $(0,0)$ in der Form

$$\boxed{\begin{array}{rcl} \dot{x} &=& \alpha x + y + r_1(x,y) \\ \dot{y} &=& -x + \alpha y + r_2(x,y) \end{array}}$$

zu schreiben, wobei wir gemäß dem Taylor'schen Satz in den Funktionen $r_1(x,y)$ und $r_2(x,y)$ die jeweils auftretenden nichtlinearen Reste der rechten Seite von (7.56) zusammenfassen. Für das nun ersichtliche lineare Hilfssystem

$$\boxed{\dot{\begin{pmatrix} x \\ y \end{pmatrix}} = \begin{pmatrix} \alpha & 1 \\ -1 & \alpha \end{pmatrix} \begin{pmatrix} x \\ y \end{pmatrix}} \tag{7.57}$$

können wir die Stabilitätsfrage mit Hilfe des Satzes 7.5.5 beantworten. Die Koeffizientenmatrix besitzt nämlich das charakteristische Polynom $\rho^2 - 2\alpha\rho + \alpha^2 + 1$ mit dem komplexen Nullstellenpaar $\alpha \pm i$. Für $\alpha < 0$ ist das *lineare* System (7.57) asymptotisch stabil, für $\alpha = 0$ ist es stabil und für $\alpha > 0$ instabil. Ob, und gegebenenfalls was, sich hieraus für die triviale Ruhelage des gegebenen *nichtlinearen* Systems (7.56) aussagen läßt, wollen wir nun im Rahmen theoretischer Betrachtungen klären. Auf das Beispiel kommen wir dann an späterer Stelle wieder zurück. ◊

Wir beginnen mit einer Überlegung, die eine grundsätzliche Vorgehensweise beim Studium nichtlinearer Differentialgleichungen zeigt. Um dabei das Wesentliche der zugrundeliegenden Idee von eher nebensächlichen technischen Details zu trennen, beschränken wir uns von nun an auf *autonome* Systeme. Für eine naheliegende Verallgemeinerung auf *nichtautonome* Systeme sei auf die Aufgabe 6 verwiesen. Unser Ausgangspunkt ist ein autonomes System der Form

$$\boxed{\dot{x} = Ax + r(x)}\,, \tag{7.58}$$

bei dem die Funktion $r(x)$ in einer Umgebung von $0 \in \mathbb{R}^N$ stetig differenzierbar ist und den Bedingungen

$$r(0) = 0 \in \mathbb{R}^N \quad \text{und} \quad r'(0) = 0 \in \mathbb{R}^{N\times N} \tag{7.59}$$

genügt. Mit $r'(0)$ bezeichnen wir hierbei die an der Stelle 0 berechnete Jacobi-Matrix der Funktion $r(x)$. Die Voraussetzung (7.59) besagt also einerseits, daß das System (7.58) die triviale Lösung besitzt, und andererseits, daß bei der linearen Approximation der rechten Seite von (7.58) im Punkt 0 der lineare Anteil die Form Ax besitzt, während die Funktion $r(x)$ den nichtlinearen Rest beschreibt. Um nun die Stabilität der trivialen Ruhelage von (7.58) untersuchen zu können, benötigt man Informationen über das asymptotische Verhalten der Lösungen $\varphi(t;\xi)$ zu Anfangswerten ξ in der Nähe von 0. Einen in diesem Zusammenhang einfachen, aber erstaunlich ergiebigen *Kunstgriff* wollen wir jetzt etwas näher beschreiben: Eine Lösung $\varphi(t;\xi)$ des *nichtlinearen* Systems (7.58) genügt auf ihrem Existenzintervall der Lösungsidentität

$$\dot{\varphi}(t;\xi) \equiv A\varphi(t;\xi) + r\big(\varphi(t;\xi)\big)\,. \tag{7.60}$$

Diese Identität läßt sich nun auch so interpretieren, daß die Funktion $\varphi(t;\xi)$ eine Lösung des *linearen* Systems

$$\boxed{\dot{x} = Ax + r\big(\varphi(t;\xi)\big)} \tag{7.61}$$

ist, in deren Inhomogenität die nicht näher bekannte Funktion $\varphi(t;\xi)$ mit ξ als Parameter eingeht. Schließlich besagt auch diese Aussage nichts anderes, als daß die Identität (7.60) gilt. Der große Vorteil dieser Überlegung ist nun der, daß man auf das *lineare* System (7.61) die Formel (6.41) der Variation der Konstanten anwenden kann (was für ein nichtlineares System wie (7.58) von Hause aus nicht möglich ist). Dies führt auf die Identität

$$\varphi(t;\xi) \equiv e^{At}\xi + \int_0^t e^{A(t-s)} r\big(\varphi(s;\xi)\big)\,ds\,, \tag{7.62}$$

in der die zu untersuchende Funktion auf beiden Seiten vorkommt. Im Hinblick auf einen Informationsgewinn bezüglich der Funktion $\varphi(t;\xi)$ scheint jedoch nichts gewonnen, denn $\varphi(t;\xi)$ genügt jetzt einer „impliziten Integralgleichung", für die wir keinen Lösungsweg kennen. Wie sich aber in Kürze herausstellen wird, folgt aus der Identität (7.62) für die Funktion $u(t) := e^{\alpha t}\|\varphi(t;\xi)\|$ mit einer geeigneten Konstanten α eine Ungleichung der Form

$$u(t) \le c + d\int_a^t u(s)ds\,, \tag{7.63}$$

wobei c und d nichtnegative Konstanten sind. Damit scheint man nun endgültig in eine Sackgasse geraten zu sein, denn die zu untersuchende Funktion $\varphi(t;\xi)$ steckt jetzt in einer Funktion, die einer „impliziten Integral*un*gleichung“ genügt.

Just an dieser Stelle kommt uns nun aber ein Hilfsmittel zugute, das von Hause aus mit Differentialgleichungen überhaupt nichts zu tun hat. Es handelt sich dabei um das sogenannte **Gronwall-Lemma**, das uns in die Lage versetzen wird, die für die Funktion $u(t)$ vorliegende implizite Ungleichung (7.63) in eine explizite Abschätzung für $u(t)$ umzuwandeln.

Motiviert durch diese Überlegungen formulieren wir nun eine für unsere Zwecke geeignete Version des Gronwall-Lemmas, von dem es im übrigen verschiedene Varianten und Verallgemeinerungen gibt (siehe Aufgabe 1).

7.6.2 Satz (Gronwall[3]-Lemma): *Gegeben sei ein Intervall der Form* $[a, b)$ *mit* $a < b \leq \infty$ *und zwei nichtnegative Konstante* c *und* d*. Genügt dann eine stetige Funktion* $u : [a, b) \to \mathbb{R}$ *der Integralungleichung*

$$0 \leq u(t) \leq c + d\int_a^t u(s)ds \quad \text{für alle } t \in [a, b)\,, \tag{7.64}$$

so folgt hieraus die Abschätzung

$$0 \leq u(t) \leq c\,e^{d(t-a)} \quad \text{für alle } t \in [a, b)\,. \tag{7.65}$$

Beweis: Es sei T beliebig aus $[a, b)$ gewählt. Dann gibt es wegen der Stetigkeit von $u(t)$ ein $M > 0$ mit $|u(t)| \leq M$ auf $[a, T]$. Damit folgt aus (7.64)

$$u(t) \leq c + dM(t-a) \quad \text{für alle } t \in [a, T]\,.$$

Verwendet man nun diese Abschätzung für den Integranden in (7.64), so folgt

$$u(t) \leq c + cd(t-a) + d^2 M\frac{(t-a)^2}{2!} \quad \text{für alle } t \in [a, T]\,.$$

Mit vollständiger Induktion verifiziert man dann die für jedes $n \in \mathbb{N}$ und alle $t \in [a, T]$ gültige Abschätzung

$$u(t) \leq c\sum_{k=0}^{n-1}\frac{d^k(t-a)^k}{k!} + \frac{Md^n(t-a)^n}{n!}\,.$$

[3] Der schwedische Mathematiker und Ingenieur Thomas Hakon **Gronwall** (1877–1932) studierte an den Universitäten von Uppsala und Stockholm und an der Technischen Hochschule Berlin-Charlottenburg. Er arbeitete als Ingenieur in den USA, lehrte Mathematik an der Princeton University in New Jersey und unterhielt enge Beziehungen zur New Yorker Columbia University. Von seinen mathematischen Arbeiten zur Analysis und Funktionentheorie hinterließ das nach ihm benannte Lemma den nachhaltigsten Eindruck.

Setzt man jetzt $t = T$ und läßt n gegen ∞ streben, so folgt die Abschätzung (7.65) mit T an Stelle von t. Da T beliebig aus $[a, b)$ gewählt war, ist damit der Satz vollständig bewiesen. ■

Nach diesen Vorbereitungen sind wir nun in der Lage, das folgende fundamentale Ergebnis der Stabilitätstheorie zu beweisen.

7.6.3 Satz (linearisierte asymptotische Stabilität): *Gegeben sei ein autonomes System der Form*

$$\boxed{\dot{x} = Ax + r(x)} \tag{7.66}$$

mit $A \in \mathbb{R}^{N \times N}$ und einer auf einer offenen Nullumgebung $D \subseteq \mathbb{R}^N$ definierten C^1- Funktion $r : D \to \mathbb{R}^N$ mit

$$r(0) = 0 \in \mathbb{R}^N \quad \text{und} \quad r'(0) = 0 \in \mathbb{R}^{N \times N} .$$

Besitzt dann die Matrix A nur Eigenwerte mit negativen Realteilen, so ist die triviale Ruhelage des Systems (7.66) asymptotisch stabil.

Beweis: Wir untergliedern den Beweis in drei Schritte. Der erste Schritt dient dabei der Vorbereitung des eigentlichen Beweises durch einige Überlegungen technischer Art.

1. Schritt: Auf Grund der Eigenwertvoraussetzungen an die Matrix A gibt es nach Satz 7.5.5 zwei Konstanten $K \geq 1$ und $\alpha > 0$ derart, daß

$$\|e^{At}\| \leq K e^{-\alpha t} \quad \text{für alle } t \geq 0 \tag{7.67}$$

gilt. Wir wählen nun eine beliebige positive Zahl $M < \frac{\alpha}{K}$ und halten die Beziehung

$$KM - \alpha < 0 \tag{7.68}$$

für spätere Zwecke fest. Wegen der Stetigkeit der Jacobi-Matrix $r'(x)$ gibt es dann ein positives ρ, so daß $\|r'(x)\| \leq M$ für alle $x \in \overline{U_\rho(0)}$ gilt. Aus dem mehr-dimensionalen Mittelwertsatz (auch „Schrankensatz" genannt) folgt dann

$$\|r(x)\| \leq M\|x\| \quad \text{für alle } x \in \overline{U_\rho(0)} . \tag{7.69}$$

Schließlich definieren wir für jeden Anfangswert $\xi \in U_\rho(0)$ die „Endzeit"

$$T^*(\xi) := \sup\left\{T > 0 : \|\varphi(t;\xi)\| \leq \rho \text{ für alle } t \in [0, T)\right\},$$

zu der die Lösung $\varphi(t;\xi)$ die ρ-Umgebung der trivialen Ruhelage verläßt. Der (wünschenswerte) Fall $T^*(\xi) = \infty$ ist hierbei natürlich mit eingeschlossen.

2. Schritt: Wir zeigen in diesem zentralen Beweisschritt, daß für jeden Anfangswert $\xi \in U_\rho(0)$ die folgende Abschätzung gilt:

$$\|\varphi(t;\xi)\| \leq K\|\xi\|e^{(KM-\alpha)t} \quad \text{für alle } t \in [0, T^*(\xi)) . \tag{7.70}$$

Zu diesem Zwecke stellen wir zunächst fest, daß – wie zuvor schon erläutert – die Lösung $\varphi(t;\xi)$ der nichtlinearen Differentialgleichung (7.66) auch eine Lösung der linearen Differentialgleichung

$$\boxed{\dot{x} = Ax + r(\varphi(t;\xi))} \tag{7.71}$$

ist. Anwendung der Formel (6.41) der Variation der Konstanten (mit der Anfangszeit $\tau = 0$) liefert dann die für alle $t \in [0, T^*(\xi))$ gültige Identität

$$\varphi(t;\xi) = e^{At}\xi + \int_0^t e^{A(t-s)} r(\varphi(s;\xi))ds\,. \tag{7.72}$$

Hieraus folgt dann für alle $t \in [0, T^*(\xi))$

$$\begin{aligned} \|\varphi(t;\xi)\| &\leq \|e^{At}\|\cdot\|\xi\| + \int_0^t \|e^{A(t-s)}\|\cdot\|r(\varphi(s;\xi))\|ds \\ &\overset{(7.67)}{\leq} Ke^{-\alpha t}\|\xi\| + \int_0^t Ke^{\alpha(s-t)}\|r(\varphi(s;\xi))\|ds \\ &\overset{(7.69)}{\leq} Ke^{-\alpha t}\|\xi\| + \int_0^t Ke^{\alpha(s-t)}M\|\varphi(s;\xi)\|ds\,. \end{aligned}$$

Durch Multiplikation mit $e^{\alpha t}$ ergibt sich hieraus die für alle $t \in [0, T^*(\xi))$ gültige Ungleichung

$$e^{\alpha t}\|\varphi(t;\xi)\| \leq K\|\xi\| + KM\int_0^t e^{\alpha s}\|\varphi(s;\xi)\|ds\,. \tag{7.73}$$

Für die Funktion $u(t) := e^{\alpha t}\|\varphi(t;\xi)\|$ ist dies eine Ungleichung, auf die das Gronwall-Lemma 7.6.2 anwendbar ist. Dies liefert sofort die zu (7.70) äquivalente Abschätzung

$$e^{\alpha t}\|\varphi(t;\xi)\| \leq K\|\xi\|e^{KMt} \quad \text{für alle } t \in [0, T^*(\xi))\,.$$

3. Schritt: Wir beenden den Beweis des Satzes 7.6.3 durch Auswertung der Beziehung (7.70), in der die Funktion $e^{(KM-\alpha)t}$ wegen (7.68) streng motonon fällt. Als erstes erkennen wir, daß jede der Lösungen $\varphi(t;\xi)$ mit $\|\xi\| < \frac{\rho}{K}$ für alle $t \in [0, T^*(\xi))$ der Abschätzung $\|\varphi(t;\xi)\| < \rho$ genügt. Dies zeigt zunächst, daß

$$T^*(\xi) = \infty \quad \text{für alle } \xi \in U_{\rho/K}(0)$$

gilt. Wegen des Abklingens der Funktion $e^{(KM-\alpha)t}$ ist folglich die triviale Lösung des Systems (7.66) attraktiv. Die Beziehung (7.70) beweist aber auch die Stabilität der trivialen Lösung, denn wählt man zu vorgegebenem $\varepsilon > 0$ die Schranke $\delta = \delta(\varepsilon) := \min\{\frac{\varepsilon}{K}, \frac{\rho}{K}\}$, so existiert für jedes $\xi \in U_\delta(0)$ die Lösung $\varphi(t;\xi)$ für alle $t \geq 0$ und genügt der Abschätzung $\|\varphi(t;\xi)\| < \varepsilon$. ■

7.6.4 Beispiel: Wir kehren zu unserem im Beispiel 7.6.1 betrachteten System

$$\boxed{\dot{x} = \alpha \sin x + y + xy^3, \quad \dot{y} = -x\cos y + \alpha(e^y - 1)} \tag{7.74}$$

zurück und erinnern daran, daß die Koeffizientenmatrix der Linearisierung bei $(0,0)$ das Eigenwertpaar $\alpha \pm i$ besitzt. Der Satz 7.6.3 liefert also im Fall $\alpha < 0$ die asymptotische Stabilität der trivialen Ruhelage des nichtlinearen Systems (7.74). Wie steht es nun aber mit den Parameterwerten $\alpha \geq 0$, bei denen der lineare Teil des Systems nicht asymptotisch stabil ist, und somit die Voraussetzungen des Satzes 7.6.3 nicht erfüllt sind? Der Beantwortung dieser Frage ist die nachfolgende Bemerkung gewidmet. ◊

7.6.5 Bemerkung: Gegeben sei wie im Satz 7.6.3 ein System der Form

$$\boxed{\dot{x} = Ax + r(x)} \tag{7.75}$$

mit $r(0) = 0$, $r'(0) = 0$. Ist nun die dortige Voraussetzung an die Matrix A nicht erfüllt, so tritt genau einer der folgenden drei Fälle ein.

(1) Haben alle Eigenwerte von A positive Realteile, so kann man leicht zeigen (siehe Aufgabe 5), daß die triviale Ruhelage des Systems (7.75) instabil ist.

(2) Auch in dem Fall, daß A mindestens einen Eigenwert mit positivem Realteil besitzt (neben solchen mit Realteilen ≤ 0), kann man die Instabilität der trivialen Ruhelage von (7.75) zeigen. Der Beweis ist allerdings etwas aufwendiger als der Beweis des Satzes 7.6.3 und soll daher (aus Platzgründen) im Rahmen dieses einführenden Lehrbuchs nicht geführt werden.

(3) Haben alle Eigenwerte von A Realteile ≤ 0 und gibt es mindestens einen Eigenwert mit Realteil 0, so ist eine allgemeingültige Aussage über die Stabilität der trivialen Ruhelage der nichtlinearen Differentialgleichung (7.75) nicht möglich. Die Stabilität dieser Ruhelage hängt dann von der Art der Nichtlinearität $r(x)$ ab, wie das nachfolgende einfache Beispiel zeigt. □

7.6.6 Beispiel: Die triviale Ruhelage der skalaren Differentialgleichung

$$\boxed{\dot{x} = 0}$$

ist offensichtlich stabil. Daß sich beim Hinzufügen von Nichtlinearitäten an die rechte Seite dieser Gleichung die Stabilität der trivialen Ruhelage ändern kann, zeigt die Abbildung 7.24, bei der wir wieder die jeweils rechte Seite der Differentialgleichung zusammen mit dem Phasenportrait skizziert haben. ◊

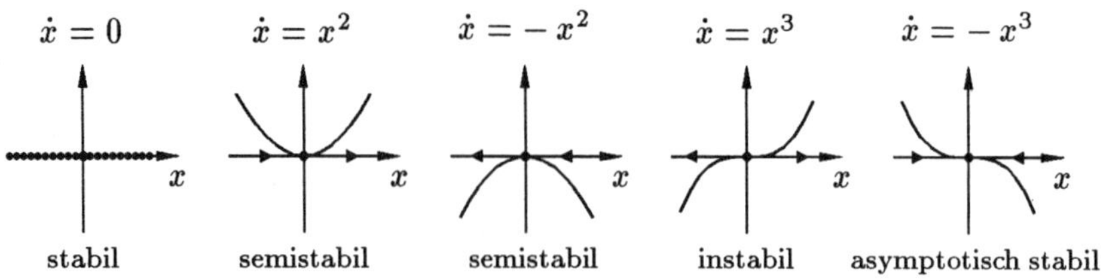

Abb. 7.24 Zur Stabilität der trivialen Ruhelagen von skalaren Differentialgleichungen

Der Satz 7.6.3 besagt, daß sich (unter den dortigen Voraussetzungen) die asymptotische Stabilität des linearen Systems $\dot{x} = Ax$ auf die triviale Ruhelage des nichtlinearen Systems $\dot{x} = Ax + r(x)$ überträgt. Er sagt jedoch nichts über die zugehörigen Einzugsbereiche aus. Bei *linearen* Systemen ist der Einzugsbereich stets der gesamte Phasenraum (siehe Aufgabe 1 des Abschnitts 7.5), bei *nichtlinearen* Systemen muß dies nicht der Fall sein. Wie sich der Einzugsbereich der trivialen Ruhelage bei festem Linearteil Ax mit der Nichtlinearität $r(x)$ ändern kann, zeigt das folgende Beispiel.

7.6.7 Beispiel: Bei der von einem reellen Parameter α abhängigen skalaren Differentialgleichung

$$\boxed{\dot{x} = -x + \alpha x^3}$$

kann man für jedes positive α die nichttrivialen Ruhelagen als Nullstellen der rechten Seite $x(\alpha x^2 - 1)$ leicht berechnen. Diese sind offensichtlich $\pm\sqrt{1/\alpha}$. Die Abbildung 7.25 zeigt die zu den verschiedenen Parameterwerten gehörigen eindimensionalen Phasenportraits. Die Nichtlinearität αx^3 ändert augenscheinlich nichts an der asymptotischen Stabilität der Ruhelage $x = 0$, wohl aber an der Größe des zugehörigen Einzugsbereichs dieser Ruhelage. ◊

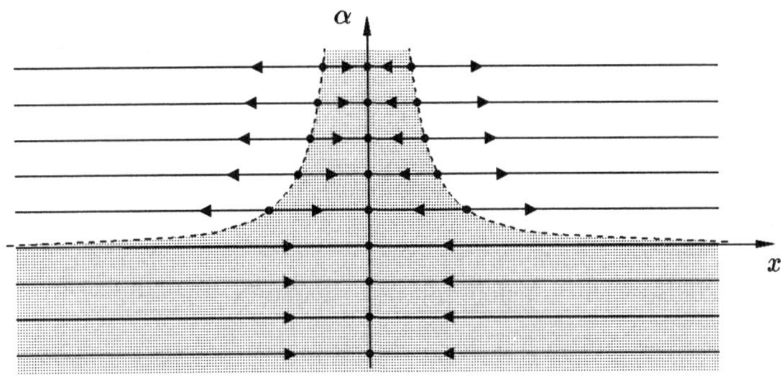

Abb. 7.25 Phasenportraits der skalaren Differentialgleichungen $\dot{x} = -x + \alpha x^3$, $\alpha \in \mathbb{R}$, mit α-abhängigem Einzugsbereich der trivialen Ruhelage

7.6.8 Bemerkung: Der Linearisierungssatz 7.6.3 wird typischerweise in der folgenden Form angewandt. Besitzt ein autonomes System

$$\boxed{\dot{x} = f(x)}$$

mit stetig differenzierbarer rechter Seite eine Ruhelage x_0, so ist diese asymptotisch stabil, falls die Jacobimatrix $f'(x_0)$ von $f(x)$ an der Stelle x_0 nur Eigenwerte mit negativen Realteilen besitzt. Diese Aussage (deren einfache Begründung in Aufgabe 4 zu erbringen ist) gibt also eine hinreichende Bedingung für die asymptotische Stabilität der Ruhelage x_0 an. Da diese Bedingung mit Hilfe der Linearisierung von $f(x)$ formuliert ist, spricht man mit gutem Recht von der **linearisierten asymptotischen Stabilität** der Ruhelage x_0. □

Nachdem wir im Abschnitt 5.1 für die Differentialgleichung des *reibungslosen* mathematischen Pendels das Phasenportrait vollständig erstellt haben, wollen wir nun im Bewußtsein unseres erweiterten Kenntnisstands die Ansprüche höher schrauben und uns die vollständige Analyse des mathematischen Pendels *mit* Reibung vornehmen. Mit dieser Analyse, die uns auch noch in den nächsten beiden Abschnitten beschäftigen wird, wollen wir jetzt beginnen.

7.6.9 Beispiel: Wir betrachten die im Abschnitt 1.4 eingeführte Differentialgleichung des mathematischen Pendels in der Form $\ddot{x} = -g(\dot{x}) - \sin x$, oder besser in Form des Systems

$$\boxed{\dot{x} = y \ , \ \dot{y} = -g(y) - \sin x} \ . \tag{7.76}$$

Die den Reibungseinfluß beschreibende C^1-Funktion $g : \mathbb{R} \to \mathbb{R}$ möge dabei den Bedingungen

$$g(0) = 0 \quad \text{und} \quad g'(y) \geq 0 \quad \text{für alle } y \in \mathbb{R} \tag{7.77}$$

genügen, welche ihrerseits die Ungleichung

$$y \cdot g(y) \geq 0 \quad \text{für alle } y \in \mathbb{R} \tag{7.78}$$

nach sich ziehen. Die so definierte Funktion ist offensichtlich monoton wachsend und ihr Graph verläuft im ersten und im dritten Quadranten (jeweils inklusive der horizontalen Achse) der Koordinatenebene. Die getroffene Wahl eines den linearen Fall $g(y) \equiv y$ stark verallgemeinernden Reibungsterms ist auch aus physikalischer Sicht sinnvoll, denn sie besagt, daß die durch die Reibung verursachte Kraft zu jedem Zeitpunkt der Bewegungsrichtung des Pendels entgegengesetzt ist und mit wachsender Geschwindigkeit monoton zunimmt.

Im Hinblick auf eine Analyse des Systems (7.76) skizzieren wir zunächst in der Abbildung 7.26 das Richtungsfeld mit den zugehörigen Isoklinen. Zum Zwecke der

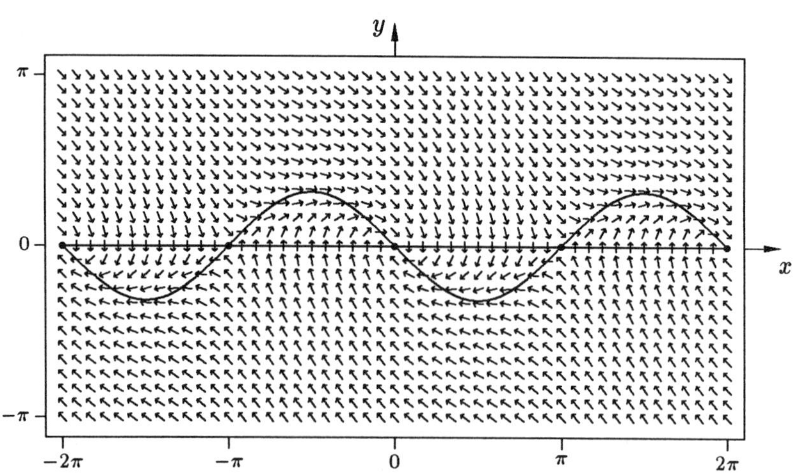

Abb. 7.26 Richtungsfeld, Isoklinen und Ruhelagen des Systems $\dot{x} = y$, $\dot{y} = -y - \sin x$

geometrischen Veranschaulichung haben wir dabei den einfachen Fall $g(y) \equiv y$ gewählt. Der Leser möge der Abbildung die Art der einzelnen Isoklinen und der voneinander abgegrenzten Monotoniebereiche (siehe Abschnitt 3.3) entnehmen und sich eine erste Vorstellung vom Phasenportrait des Systems verschaffen.

Das System (7.76) besitzt für jede den Beziehungen (7.77) genügende Funktion $g(y)$ die Ruhelagen

$$(k\pi\,,0) \quad \text{für alle } k \in \mathbb{Z}\,.$$

Um die Stabilität dieser Ruhelagen gemäß der Bemerkung 7.6.8 zu bestimmen, berechnen wir die Jacobi-Matrix der mit $f(x,y)$ bezeichneten rechten Seite von (7.76). Wir erhalten

$$f'(x,y) = \begin{pmatrix} 0 & 1 \\ -\cos x & -g'(y) \end{pmatrix} \quad \text{für alle } (x,y) \in \mathbb{R}^2\,,$$

und durch Auswertung an den Ruhelagen ergibt sich

$$f'(k\pi,0) = \begin{pmatrix} 0 & 1 \\ (-1)^{k+1} & -g'(0) \end{pmatrix} \quad \text{für alle } k \in \mathbb{Z}\,.$$

Da man die Eigenwerte einer mit A bezeichneten 2×2-Matrix gemäß der Formel

$$\rho_{1/2} \;=\; \tfrac{1}{2}\big(\operatorname{spur} A \pm \sqrt{[\operatorname{spur} A]^2 - 4{\cdot}\det A}\;\big)$$

bestimmen kann, erhalten wir für die Matrizen $f'(k\pi,0)$ die Eigenwerte

$$\rho_{1/2} \;=\; \tfrac{1}{2}\big(-g'(0) \pm \sqrt{[g'(0)]^2 - 4{\cdot}(-1)^k}\;\big) \quad \text{für alle } k \in \mathbb{Z}\,.$$

Mit einer elementaren Fallunterscheidung bezüglich des auftretenden Radikanden sieht man, daß an den Ruhelagen $(k\pi,0)$ mit *ungeradem* k die beiden Eigenwerte verschiedene Vorzeichen besitzen. Zum *gegenwärtigen Zeitpunkt* können wir daher (siehe Bemerkung 7.6.5 (2)) noch keine Aussage über die Stabilität dieser Ruhelagen machen. An den Punkten $(k\pi,0)$ mit *geradem* k besitzen beide Eigenwerte der Jacobi-Matrix den Realteil $-\frac{1}{2}\,g'(0)$ (im Fall $\big[g'(0)\big]^2 < 4$), oder die beiden Eigenwerte sind reell und haben die Form $\frac{1}{2}\big(-g'(0) \pm \sqrt{[g'(0)]^2 - 4}\big)$ (im Fall $\big[g'(0)\big]^2 \geq 4$). Unter der zusätzlichen Voraussetzung

$$g'(0) \;>\; 0 \tag{7.79}$$

haben dann all diese Eigenwerte negative Realteile und wir können gemäß Satz 7.6.3 auf die asymptotische Stabilität der Ruhelagen $(k\pi,0)$ mit *geradzahligem* k schließen. Abschließend halten wir aber noch fest, daß im Fall

$$g'(0) \;=\; 0 \tag{7.80}$$

im Moment (siehe Bemerkung 7.6.5 (3)) noch keine Stabilitätsaussage über diese Ruhelagen möglich ist, selbst dann nicht, wenn Reibung wirklich auftritt, d.h. wenn die Beziehung

$$y{\cdot}g(y) \;>\; 0 \quad \text{für alle } y \neq 0 \tag{7.81}$$

mit dem *strikten* Ungleichungszeichen gilt. ◊

In den nächsten beiden Abschnitten werden wir Methoden der Stabilitätsuntersuchung kennenlernen, die nicht auf *Linearisierung* beruhen. Damit werden wir dann in der Lage sein, die noch offenen Fragen bei der Pendelgleichung *mit* Reibung zu beantworten und die Analyse dieser Gleichung abzuschließen. Wie schon erwähnt, werden wir uns in den noch verbleibenden Abschnitten der Übersichtlichkeit halber auf *autonome* Systeme beschränken.

Aufgaben

1. Zeigen Sie, daß man im Gronwall-Lemma 7.6.2 die nichtnegative Konstante c (an allen Stellen ihres Auftretens) durch eine beliebige nichtnegative, auf $[a, b)$ monoton wachsende Funktion $\gamma(t)$ ersetzen kann.

2. Zeigen Sie, daß sich der Beweis des Satzes 2.5.6 (über die Nichtexistenz endlicher Entweichzeiten bei Differentialgleichungen mit linear beschränkter rechter Seite) beträchtlich vereinfachen läßt, wenn man die in der vorherigen Aufgabe beschriebene Version des Gronwall-Lemmas anwendet.

3. Zeigen Sie an Hand eines Beispiels, daß man bei einem System der in diesem Abschnitt behandelten Form
$$\boxed{\dot{x} = Ax + r(x)}$$
mit $r(0) = 0$ und $r'(0) = 0$ von der (gewöhnlichen, d.h. nicht asymptotischen) Stabilität des linearen Systems nicht auf die Stabilität der trivialen Ruhelage des gegebenen nichtlinearen Systems schließen kann.

4. Zeigen Sie: Besitzt ein autonomes System mit stetig differenzierbarer rechter Seite $f(x)$ eine Ruhelage x_0, so ist diese asymptotisch stabil, falls die Jacobimatrix $f'(x_0)$ nur Eigenwerte mit negativen Realteilen besitzt.

5. Gegeben sei ein autonomes System der Form
$$\boxed{\dot{x} = Ax + r(x)}\ .$$
Hierbei sei $A \in \mathbb{R}^{N\times N}$ und $r : \mathbb{R}^N \to \mathbb{R}^N$ sei eine C^1-Funktion mit $r(0) = 0 \in \mathbb{R}^N$ und $r'(0) = 0 \in \mathbb{R}^{N\times N}$.
Zeigen Sie, daß die Ruhelage $x = 0$ dieses Systems instabil ist, falls die Matrix A nur Eigenwerte mit positiven Realteilen besitzt.

6. Gegeben sei eine Differentialgleichung der Form
$$\boxed{\dot{x} = A(t)x + r(t, x)} \qquad (*)$$
auf einer offenen Menge $(t^-, \infty) \times G \subseteq \mathbb{R} \times \mathbb{R}^N$. Die rechte Seite dieses Systems sei stetig und bezüglich x Lipschitz-stetig. Ferner gelte $r(t, 0) \equiv 0$ und
$$\lim_{x\to 0} \frac{\|r(t, x)\|}{\|x\|} = 0 \quad \text{gleichmäßig bezüglich } t \in (t^-, \infty)\ .$$
Zeigen Sie: Ist das lineare System
$$\boxed{\dot{x} = A(t)x}$$
asymptotisch stabil in dem Sinne, daß für die zugehörige Übergangsmatrix $\Lambda(t, \tau)$ eine Abschätzung der Form
$$\|\Lambda(t, \tau)\| \leq K e^{-\alpha(t-\tau)} \quad \text{für alle } t \geq \tau > t^-$$
mit Konstanten $K \geq 1$ und $\alpha > 0$ gilt, so ist die triviale Lösung des Systems $(*)$ asymptotisch stabil.

7.7 Invariante Mengen und Grenzmengen

Anders als bei *linearen* ist bei *nichtlinearen* Systemen das Ziel, das Lösungsverhalten im *gesamten* Phasenraum zu überblicken, mit anderen Worten, das *globale* Phasenportrait zu erstellen, im allgemeinen zu hochgesteckt. Man wird sich daher meist damit zufriedengeben müssen, das Lösungsverhalten in bestimmten Teilen des Phasenraums zu erkunden. Sinnvollerweise wird man sich dabei auf Teilmengen konzentrieren, die in dem Sinne der vorliegenden Differentialgleichung angepaßt sind, als sie aus ganzen Trajektorien, oder wenigstens aus Halbtrajektorien, bestehen. Dem Studium dieser sogenannten *invarianten* Mengen, speziell im Hinblick auf das asymptotische Lösungsverhalten, ist der gegenwärtige Abschnitt gewidmet, dem wir ein autonomes System der Form

$$\boxed{\dot{x} = f(x)} \tag{7.82}$$

zu Grunde legen, das unseren Standardvoraussetzungen genügt, d.h. dessen rechte Seite auf einer offenen Menge $D \subseteq \mathbb{R}^N$ Lipschitz-stetig ist.

7.7.1 Definition: *Eine Teilmenge M des Definitionsbereichs D des Systems (7.82) heißt* **positiv invariant** *bezüglich (7.82), wenn für jedes $\xi \in M$ die positive Halbtrajektorie $O^+(\xi)$ ganz in M liegt, d.h. wenn folgendes gilt:*

$$\xi \in M \implies \varphi(t;\xi) \in M \quad \text{für alle } t \in \left[0, J^+(\xi)\right).$$

Entsprechend heißt die Menge M **negativ invariant**, *wenn für jedes $\xi \in M$ die negative Halbtrajektorie $O^-(\xi)$ ganz in M liegt. Schließlich heißt M* **invariant**, *wenn für jedes $\xi \in M$ die gesamte Trajektorie $O(\xi)$ in M liegt.*

Als Demonstrationsobjekt für sämtliche Aussagen dieses Abschnitts dient uns ein System, das uns als einfacher, aber typischer Vertreter nichtlinearer Systeme schon früher dienlich war, nämlich auf den Seiten 117 und 193.

7.7.2 Beispiel: Das ebene autonome System

$$\boxed{\dot{x} = y + x(1 - x^2 - y^2), \quad \dot{y} = -x + y(1 - x^2 - y^2)} \tag{7.83}$$

besitzt – wie wir wissen, aber auch leicht verifizieren können – die periodische Funktion $(\cos t, \sin t)$ als Lösung, und das bedeutet, daß der Einheitskreis $S_1(0)$ eine Trajektorie dieses Systems ist. Da sich nach dem Satz 3.3.1 Trajektorien nicht schneiden können, folgt hieraus sofort, daß das Innengebiet $U_1(0)$ des Einheitskreises sowie das Außengebiet $\mathbb{R}^2 \setminus \overline{U_1(0)}$ invariante Mengen sind. Schließlich ist der Koordinatenursprung als Ruhelage ebenfalls eine Trajektorie, und so können wir feststellen, daß sich der Phasenraum $\mathbb{R}^2$ des Systems (7.83) disjunkt in die vier invarianten Mengen $\{0\}$, $U_1(0) \setminus \{0\}$, $S_1(0)$, $\mathbb{R}^2 \setminus \overline{U_1(0)}$ zerlegen läßt.

Diese noch recht grobe Zerlegung des Phasenraums in invariante Mengen ist ohne Kenntnis der allgemeinen Lösung des Systems (7.83) möglich. Benutzen wir jedoch unsere Kenntnis von der allgemeinen Lösung dieses Systems, speziell in der Polarkoordinaten-Darstellung

$$\rho(\phi\,;\phi_0,r_0) \;=\; \frac{r_0}{\sqrt{r_0^2+(1-r_0^2)\,e^{2(\phi-\phi_0)}}}\;,$$

so können wir auf Grund der „radialen Monotonie" sämtlicher Lösungen noch weitere Aussagen machen (siehe Abbildung 7.27). Positiv invariante Mengen zum Beispiel sind die offene Kreisscheibe $U_2(0)$, die abgeschlossene Kreisscheibe $\overline{U_2(0)}$ und der „Ring" $U_2(0)\setminus U_{1/2}(0)$. Negativ invariant dagegen sind zum Beispiel die Kreisscheibe $U_{1/2}(0)$ und das Gebiet $\mathbb{R}^2\setminus U_2(0)$. $\diamondsuit$

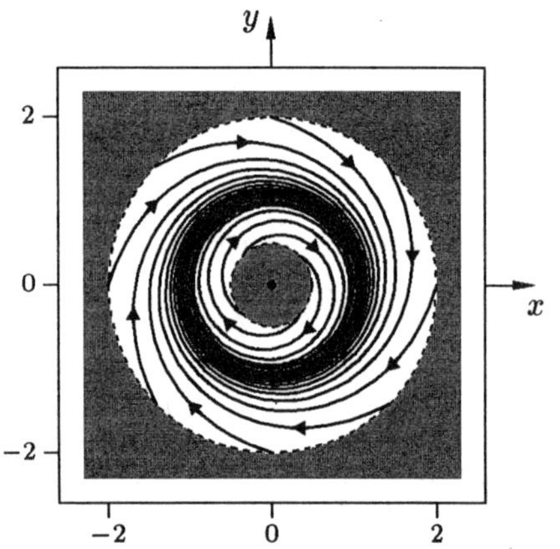

Abb. 7.27
Positiv bzw. negativ invariante Mengen bei dem System
$\dot{x} = y + x(1 - x^2 - y^2)$,
$\dot{y} = -x + y(1 - x^2 - y^2)$

Nach Definition 7.7.1 besteht jede invariante Menge aus ganzen Trajektorien, ist also Vereinigung von Trajektorien. Damit ist dann auch die Vereinigung von je zwei invarianten Mengen trivialerweise wieder invariant. Schließlich ist auch die leere Menge, jede einzelne Trajektorie und der gesamte Definitionsbereich der betrachteten Differentialgleichung invariant. Zur Begründung für diese und weitere Aussagen in dieser Richtung verweisen wir auf die Aufgabe 1.

7.7.3 Bemerkung: Um möglichen Mißverständnissen vorzubeugen, sei hier erwähnt, daß bei der Definition einer positiv bzw. negativ invarianten Menge M in der Literatur zuweilen die Existenz aller in M startenden Lösungen für *alle* $t \geq 0$ bzw. $t \leq 0$ (also $J^+(\xi) = \infty$ bzw. $J^-(\xi) = -\infty$ für alle $\xi \in M$) vorausgesetzt wird. Im Gegensatz zu unserer Definition 7.7.1 hat eine solche Festlegung (über das Auftreten einer zusätzlichen Bedingung hinaus) noch den Nachteil, daß einzelne Trajektorien sowie der gesamte Definitionsbereich eines autonomen Systems im allgemeinen (nämlich immer dann, wenn endliche Entweichzeiten auftreten) nicht invariant sind. Dies widerspricht aber dem Wesen des mathematischen Invarianzbegriffs (vgl. hierzu die Aufgabe 2). $\square$

Als nächstes wollen wir einen für die qualitative Theorie gewöhnlicher Differentialgleichungen besonders wichtigen Typ von invarianten Mengen kennenlernen. Die Invarianz ist dabei nicht Bestandteil der Definition, sie wird sich vielmehr als eine von mehreren Eigenschaften dieser sogenannten **Grenzmengen** in Kürze ergeben. Die Bedeutung dieses Mengentyps liegt in seiner Aussagekraft über das asymptotische Verhalten von Lösungen, besonders dann, wenn keine Konvergenz für $t \to \infty$ oder $t \to -\infty$ vorliegt.

7.7.4 Definition: *Gegeben sei das autonome System (7.82) und ein Punkt ξ aus dem Definitionsbereich D dieses Systems.*

(a) *Ein Punkt $x^* \in D$ heißt dann* ***ω-Grenzpunkt*** *von ξ, wenn es eine gegen ∞ strebende Folge $(t_k)_{k\in\mathbb{N}}$ in $[0,\infty)$ gibt, für die*

$$x^* = \lim_{k\to\infty} \varphi(t_k;\xi)$$

gilt. Die mit ***ω(ξ)*** *bezeichnete Menge aller ω-Grenzpunkte von ξ heißt* ***ω-Grenzmenge*** *von ξ.*

(b) *Entsprechend heißt ein Punkt $x_* \in D$* ***α-Grenzpunkt*** *von ξ, wenn es eine gegen $-\infty$ strebende Folge $(s_k)_{k\in\mathbb{N}}$ in $(-\infty,0]$ gibt, so daß*

$$x_* = \lim_{k\to\infty} \varphi(s_k;\xi)$$

gilt. Die Menge ***α(ξ)*** *aller α-Grenzpunkte von ξ heißt* ***α-Grenzmenge*** *von ξ.*

(c) *Eine Teilmenge M von D heißt* ***Grenzmenge****, falls sie α- oder ω-Grenzmenge eines nicht in M gelegenen Punktes aus D ist. Ist dabei M eine geschlossene Trajektorie, so heißt M* ***Grenzzyklus****.*

Bevor wir uns die neuen Begriffe an Hand eines Beispiels veranschaulichen, wollen wir der Definition 7.7.4 einige offensichtliche Aussagen entnehmen. Aus Gründen der „Zeitsymmetrie“ beschränken wir uns dabei auf *eine*, und zwar die positive Zeitrichtung.

7.7.5 Bemerkungen: (1) Der einfachste Fall einer ω-Grenzmenge liegt vor, wenn die Lösung $\varphi(t;\xi)$ für $t \to \infty$ konvergiert. Ist nämlich x^* dieser Grenzwert, so gilt für jede gegen ∞ konvergierende Folge von Zeitpunkten t_k die Beziehung $x^* = \lim_{k\to\infty} \varphi(t_k;\xi)$. Also ist $\omega(\xi)$ gerade die einpunktige Menge $\{x^*\}$.

(2) Auf Grund der Definition 7.7.4 ist zu erwarten, daß sich die ω-Grenzmenge $\omega(\xi)$ ändert, wenn der Punkt ξ in D variiert. Es ist jedoch leicht einzusehen (siehe Aufgabe 3), daß $\omega(\xi)$ unverändert bleibt, solange ξ auf ein und derselben Trajektorie verbleibt. Wir werden daher zukünftig auch von der **ω-Grenzmenge** einer Trajektorie oder einer positiven Halbtrajektorie sprechen.

7.7.6 Beispiel: Wir betrachten wieder das System

$$\boxed{\dot{x} = y + x\,(1 - x^2 - y^2)\,, \quad \dot{y} = -x + y\,(1 - x^2 - y^2)}\,, \tag{7.84}$$

dessen allgemeine Lösung

$$\varphi(t\,;\xi_1,\xi_2) = \frac{1}{\sqrt{\xi_1^2 + \xi_2^2 + (1-\xi_1^2-\xi_2^2)e^{-2t}}}(\,\xi_1\cos t + \xi_2\sin t\,,\ \xi_2\cos t - \xi_1\sin t\,)$$

wir kennen (siehe Beispiel 3.2.6). Auf Grund dieser Kenntnis können wir für jeden Anfangspunkt $\xi = (\xi_1, \xi_2) \in D$ sowohl die α- als auch die ω-Grenzmenge bestimmen. Vorweg halten wir fest, daß endliche Entweichzeiten nur dann auftreten können, wenn $||\xi|| > 1$ gilt, denn nur für solche ξ kann der Nenner in der Lösungsformel für $\varphi(t\,;\xi)$ verschwinden. Man errechnet leicht

$$J^-(\xi) \;=\; \frac{1}{2}\ln\frac{||\xi||^2 - 1}{||\xi||^2} \quad \text{für } ||\xi|| > 1\,. \tag{7.85}$$

Wir beginnen die Bestimmung der α- und ω-Grenzmengen mit der Ruhelage $\xi = 0$. Wegen $\varphi(t\,;\xi) \equiv 0$ gilt trivialerweise

$$\omega(0) \;=\; \alpha(0) \;=\; \{0\}\,.$$

Sei nun ξ ein beliebiger, von 0 verschiedener Punkt des $\mathbb{R}^2$. Die Lösung $\varphi(t\,;\xi)$ existiert dann insbesondere für alle $t \geq 0$ und die Grenzbeziehung

$$\lim_{t\to\infty} ||\varphi(t\,;\xi)|| \;=\; \lim_{t\to\infty}\frac{||\xi||}{\sqrt{||\xi||^2 + (1 - ||\xi||^2)e^{-2t}}} \;=\; 1$$

zeigt, daß jeder ω-Grenzpunkt von ξ notwendigerweise auf dem Einheitskreis $S_1(0)$ liegt. Also gilt $\omega(\xi) \subseteq S_1(0)$. Daß *jeder* Punkt η von $S_1(0)$ tatsächlich ein ω-Grenzpunkt von ξ ist, erscheint auf Grund der Abbildung 7.28 anschaulich klar. Man „sieht" ja förmlich die Folge der Zeitpunkte t_k mit der Eigenschaft

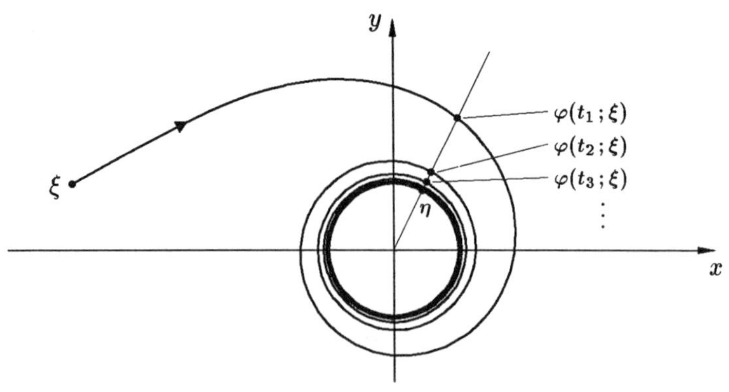

Abb. 7.28 Zur Bestimmung der ω-Grenzmenge $\omega(\xi)$ beim System (7.84)

$\lim_{k\to\infty} \varphi(t_k\,;\xi) = \eta$. Da wir uns aber nicht auf die Anschauung verlassen wollen, bestimmen wir die von der Abbildung suggerierte Folge explizit. Der vorgegebene Punkt $\xi \neq 0$ hat in Polarkoordinaten eine Darstellung der Form

$$\xi \;=\; (\xi_1, \xi_2) \;=\; R\,(\sin T, \cos T)$$

mit einem (eindeutig bestimmten) $R > 0$ und einem (nur bis auf additive Vielfache von 2π eindeutig bestimmten) $T \in \mathbb{R}$. Die Lösung $\varphi(t\,;\xi)$ läßt sich dann unter Verwendung der Additionstheoreme für Sinus und Cosinus in der Form

$$\varphi(t\,;\xi) \;=\; \frac{R}{\sqrt{R^2 + (1-R^2)e^{-2t}}}\big(\sin(t+T)\,, \cos(t+T)\big) \qquad (7.86)$$

schreiben. Den beliebig auf $S_1(0)$ gewählten Punkt η können wir entsprechend in der Form

$$\eta \;=\; (\sin S, \cos S) \quad \text{mit einem } S \in [\,T - 2\pi, T\,) \qquad (7.87)$$

darstellen. Definieren wir dann die Folge positiver Zeitpunkte

$$t_k \;:=\; S - T + 2k\pi \qquad \text{für alle } k \in \mathbb{N}\,,$$

so folgt $\lim_{k\to\infty} t_k = \infty$ und

$$\lim_{k\to\infty} \varphi(t_k\,;\xi) \overset{(7.86)}{=} (\sin S\,, \cos S) \overset{(7.87)}{=} \eta\,.$$

Damit haben wir dann

$$\omega(\xi) \;=\; S_1(0) \qquad \text{für alle } \xi \neq 0$$

gezeigt. Kommen wir nun zu den α-Grenzmengen. Wir haben dabei drei Fälle zu unterscheiden. Zunächst betrachten wir einen beliebigen Punkt $\xi \in \dot{U}_1(0) = \{x \in \mathbb{R}^2 : 0 < \|x\| < 1\}$. Die Lösung $\varphi(t\,;\xi)$ existiert dann für alle $t \in (-\infty\,, \infty)$ und sie konvergiert für $t \to -\infty$ gegen 0. Nach der Bemerkung 7.7.5 (1) bedeutet dies

$$\alpha(\xi) \;=\; \{0\} \qquad \text{für } 0 < \|\xi\| < 1.$$

Sei nun ξ ein Punkt auf dem Einheitskreis $S_1(0)$. Auf Grund der Darstellung $\xi = (\sin T, \cos T)$, $T \in \mathbb{R}$, folgt dann wie oben (siehe (7.86))

$$\varphi(t\,;\xi) \;\equiv\; \big(\sin(t+T), \cos(t+T)\big)\,, \qquad \|\varphi(t\,;\xi)\| \;\equiv\; 1\,. \qquad (7.88)$$

Dies liefert die Inklusion $\alpha(\xi) \subseteq S_1(0)$. Ist umgekehrt η ein beliebiger Punkt aus $S_1(0)$, so gelangt man über die Darstellung $\eta = (\sin S, \cos S)\,, S \in [\,T\,, T + 2\pi)$, zu der Folge negativer Zeitpunkte

$$s_k \;:=\; S - T - 2k\pi \qquad \text{für } k \in \mathbb{N}\,,$$

von der man die Beziehungen $\lim_{k\to\infty} s_k = -\infty$ und

$$\lim_{k\to\infty} \varphi(s_k\,;\xi) \overset{(7.88)}{=} (\sin S, \cos S) \;=\; \eta$$

leicht sieht. Zusammen folgt also

$$\alpha(\xi) = S_1(0) \quad \text{für } \|\xi\| = 1\,.$$

Schließlich haben wir noch die α-Grenzmengen für die Punkte $\xi \in \mathbb{R}^2$ mit $\|\xi\| > 1$ zu bestimmen. Wegen der aus der Lösungsformel für $\varphi(t\,;\xi)$ und (7.85) ersichtlichen Beziehung

$$\lim_{t \searrow J^-(\xi)} \|\varphi(t\,;\xi)\| = \infty \quad \text{für } \|\xi\| > 1$$

existiert keine dieser Lösungen für alle $t \in (-\infty\,, 0]$, und folglich kann es keinen der Definition des α-Grenzpunktes genügenden Punkt geben. Mit der Feststellung

$$\alpha(\xi) = \emptyset \quad \text{für } \|\xi\| > 1$$

ist dann die Bestimmung aller Grenzmengen unseres Beispielsystems (7.84) abgeschlossen. ◊

Unser nächstes Ziel ist es, für die in der Definition 7.7.4 eingeführten Grenzmengen alternative Charakterisierungen anzugeben. Mit Vorteil können wir uns dabei des Klassifikationssatzes 3.2.5 bedienen, indem wir die Grenzmengen für die drei verschiedenen Trajektorientypen separat beschreiben.

7.7.7 Satz (Charakterisierung von Grenzmengen): *Gegeben sei das System (7.82) und ein Punkt $\xi \in D$ mit der Eigenschaft, daß die Lösung $\varphi(t\,;\xi)$ für alle $t \geq 0$ (bzw. für alle $t \leq 0$) existiert.*

Dann gilt:

(a) Ist die Lösung $\varphi(t\,;\xi)$ konstant, so gilt $\omega(\xi) = \{\xi\}$ (bzw. $\alpha(\xi) = \{\xi\}$).

(b) Ist $\varphi(t\,;\xi)$ periodisch, so gilt $\omega(\xi) = O(\xi)$ (bzw. $\alpha(\xi) = O(\xi)$).

(c) In jedem Fall gilt

$$\omega(\xi) = \bigcap_{\tau \in [0,\infty)} \overline{O^+(\varphi(\tau\,;\xi))} \quad \left(\text{bzw. } \alpha(\xi) = \bigcap_{\tau \in (-\infty,0]} \overline{O^-(\varphi(\tau\,;\xi))} \right). \quad (7.89)$$

7.7.8 Bemerkung: Es sei ausdrücklich darauf hingewiesen, daß im Gegensatz zum Klassifikationssatz 3.2.5 mit seinen sich gegenseitig ausschließenden drei Fällen die Formulierung des Satzes 7.7.7 so gewählt ist, daß die Aussage (b) die Aussage (a) beinhaltet, und daß (c) für *alle* Lösungen gilt, die keine endlichen Entweichzeiten besitzen, also insbesondere auch für die unter (a) und (b) genannten Lösungen. □

Bevor wir den Satz 7.7.7 beweisen, wollen wir uns die auf Anhieb nicht so leicht zu durchschauenden Beziehungen in (7.89) etwas näher ansehen, und zwar an Hand unseres Standardbeispiels.

7.7.9 Beispiel: Gegeben sei wieder unser Standardsystem

$$\boxed{\dot{x} = y + x(1 - x^2 - y^2)\,, \quad \dot{y} = -x + y(1 - x^2 - y^2)}\,. \tag{7.90}$$

Wir wollen jetzt nicht-periodische Lösungen betrachten und wählen daher einen Punkt $\xi \in \mathbb{R}^2$, der weder der Koordinatenursprung ist, noch auf dem Einheitskreis liegt. Für jedes $\tau \in [0, \infty)$ ist $O^+(\varphi(\tau;\xi))$ die im Punkt $\varphi(\tau;\xi)$ startende positive Halbtrajektorie. Da der Punkt $\varphi(\tau;\xi)$ auf der Halbtrajektorie $O^+(\xi)$ liegt, ist $O^+(\varphi(\tau;\xi))$ eine Teilmenge von $O^+(\xi)$. Allgemein gilt ja sogar

$$O^+(\varphi(\tau;\xi)) \subseteq O^+(\varphi(\sigma;\xi))\,, \quad \text{falls } 0 \le \sigma \le \tau$$

(siehe Abbildung 7.29). Geht man nun für beliebiges $\tau \in [0, \infty)$ von der Halbtrajektorie $O^+(\varphi(\tau;\xi))$ zu deren Abschluß $\overline{O^+(\varphi(\tau;\xi))}$ über, so kommt zur Halbtrajektorie gerade noch die Menge ihrer Häufungspunkte, also ihre ω-Grenzmenge hinzu. Im vorliegenden Fall ist dies gerade der Einheitskreis $S_1(0)$. Es gilt also

$$\overline{O^+(\varphi(\tau;\xi))} = O^+(\varphi(\tau;\xi)) \cup S_1(0) \quad \text{für jedes } \tau \in [0, \infty)\,.$$

Bei der Durchschnittsbildung über all diese Mengen fallen dann die jeweils auf den Halbtrajektorien liegenden Punkte weg, und übrig bleibt der Einheitskreis, der im vorliegenden Fall – wie wir schon wissen – gerade die ω-Grenzmenge des Punktes ξ ist. ◊

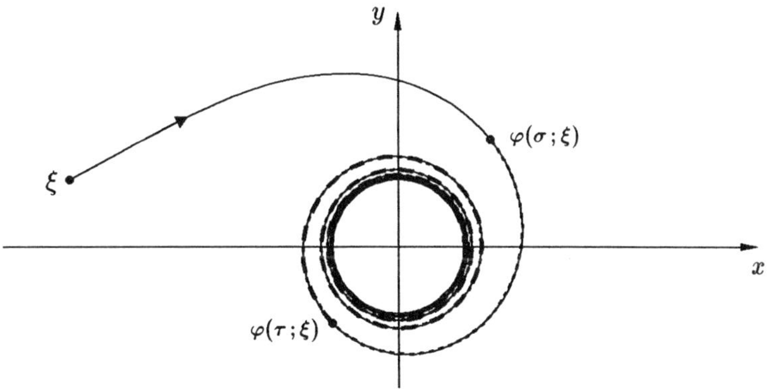

Abb. 7.29 Zur Bestimmung der ω-Grenzmenge $\omega(\xi)$ beim System (7.90)

Beweis von Satz 7.7.7: Ohne Einschränkung der Allgemeinheit beweisen wir die Aussagen des Satzes nur für die ω-Grenzmengen; die für die α-Grenzmengen ergeben sich nämlich völlig analog. Wir beginnen mit der allgemeingültigen Aussage (c) und leiten dann daraus die Spezialfälle (b) und (a) ab. Grundlage des gesamten Beweises ist die für alle $\tau \in [0, \infty)$ gültige Beziehung

$$O^+(\varphi(\tau;\xi)) = \{\varphi(t;\xi) : t \in [\tau, \infty)\}\,, \tag{7.91}$$

die auf Grund der kinematischen Interpretation anschaulich klar ist, und sich aus dem Satz 3.1.3 wie folgt ergibt:

$$\begin{aligned} O^+(\varphi(\tau;\xi)) &= \{\varphi(t;\varphi(\tau;\xi)) : t \in [0, J^+(\varphi(\tau;\xi)))\} = \\ &= \{\varphi(t+\tau;\xi) : t \in [0, J^+(\xi)-\tau)\} = \{\varphi(s;\xi) : s \in [\tau, \infty)\}\,. \end{aligned}$$

(i) ($\subseteq$) Zum Nachweis der unten angegebenen Inklusion (7.92) wählen wir einen beliebigen Punkt $\eta \in \omega(\xi)$. Dann existiert eine Folge $t_k \in [0, \infty)$ mit $\lim_{k\to\infty} t_k = \infty$ und $\eta = \lim_{k\to\infty} \varphi(t_k;\xi)$. Für beliebiges $\tau \in [0, \infty)$ gibt es dann ein $k_0 = k_0(\tau) \in \mathbb{N}$ mit

$$r_k := t_{k+k_0} \in [\tau, \infty) \quad \text{für alle } k \in \mathbb{N}$$

und

$$\lim_{k\to\infty} r_k = \infty\,, \quad \lim_{k\to\infty} \varphi(r_k;\xi) = \eta\,.$$

Wegen der für alle $k \in \mathbb{N}$ gültigen Inklusion $\varphi(r_k;\xi) \in O^+(\varphi(\tau;\xi))$ ist dann η ein Element oder ein Häufungspunkt der Menge $O^+(\varphi(\tau;\xi))$, d.h. es gilt

$$\eta \in \overline{O^+(\varphi(\tau;\xi))} \quad \text{für jedes } \tau \in [0, \infty)\,.$$

Dies besagt aber gerade, daß der beliebig aus $\omega(\xi)$ gewählte Punkt η im Durchschnitt über all diese Mengen liegt. Insgesamt gilt also

$$\omega(\xi) \subseteq \bigcap_{\tau\in[0,\infty)} \overline{O^+(\varphi(\tau;\xi))}\,. \tag{7.92}$$

($\supseteq$) Um die unten angegebene Inklusion (7.93) zu beweisen, sei jetzt η ein beliebiger Punkt aus $\bigcap_{\tau\in[0,\infty)} \overline{O^+(\varphi(\tau;\xi))}$. Folglich gilt $\eta \in \overline{O^+(\varphi(\tau;\xi))}$ für jedes $\tau \in [0, \infty)$, insbesondere also

$$\eta \in \overline{O^+(\varphi(k;\xi))} \quad \text{für jedes } k \in \mathbb{N}\,.$$

Für jedes $k \in \mathbb{N}$ enthält damit jede Umgebung von η, also auch $U_{1/k}(\eta)$, wenigstens einen Punkt von $O^+(\varphi(k;\xi))$. Folglich gibt es für jedes $k \in \mathbb{N}$ ein $t_k \in [k, \infty)$ mit $\varphi(t_k;\xi) \in U_{1/k}(\eta)$. All dies impliziert

$$\lim_{k\to\infty} t_k = \infty \quad \text{und} \quad \lim_{k\to\infty} \varphi(t_k;\xi) = \eta\,,$$

und dies besagt, daß η ein ω-Grenzpunkt von ξ ist. Insgesamt haben wir also auch die Inklusion

$$\omega(\xi) \supseteq \bigcap_{\tau\in[0,\infty)} \overline{O^+(\varphi(\tau;\xi))} \tag{7.93}$$

gezeigt, welche zusammen mit (7.92) den Beweis der Aussage (c) des Satzes 7.7.7 abschließt.

(ii) Die beiden Spezialfälle (a) und (b) dieses Satzes ergeben sich leicht aus der nun bewiesenen Aussage (c). Ist nämlich $\varphi(t;\xi)$ periodisch, mit der Periode $T > 0$ etwa, so gilt

$$\begin{aligned} O^+(\varphi(\tau;\xi)) &\overset{(7.91)}{=} \{\varphi(t;\xi) : t \in [\tau, \infty)\} = \{\varphi(t;\xi) : t \in [\tau, \tau+T]\} \\ &= \{\varphi(t;\xi) : t \in [0, T]\} = O(\xi)\,. \end{aligned}$$

Als Bild des kompakten Intervalls $[0, T]$ unter der stetigen Abbildung $\varphi(\cdot\,;\xi)$ ist $O(\xi)$ kompakt, und somit gilt auch für den Abschluß von $O^+(\varphi(\tau\,;\xi))$ die Beziehung

$$\overline{O^+(\varphi(\tau\,;\xi))} \;=\; O(\xi) \quad \text{für jedes } \tau \in [0\,,\infty)\,.$$

Aus der schon bewiesenen Aussage (c) folgt dann sofort die Aussage (b), und hieraus wiederum die Aussage (a) für konstantes $\varphi(t\,;\xi)$. ∎

Zum Schluß dieses Abschnitts wollen wir die wesentlichen Eigenschaften von Grenzmengen beweisen. Wir betrachten dabei die sowohl für die Theorie als auch für die Anwendungen interessantesten Fälle der ***beschränkten*** Halbtrajektorien, bei denen – wie wir aus Satz 3.1.4 wissen – endliche Entweichzeiten nicht auftreten können.

7.7.10 Satz (Eigenschaften von Grenzmengen): *Gegeben sei das System (7.82) und ein Punkt $\xi \in D$ mit der Eigenschaft, daß die Halbtrajektorie $O^+(\xi)$ beschränkt ist und der Bedingung $\overline{O^+(\xi)} \subset D$ genügt. Dann ist die zugehörige ω-Grenzmenge $\omega(\xi)$ nichtleer, kompakt, zusammenhängend und invariant. Ferner gilt*

$$\lim_{t\to\infty} \mathit{dist}\,(\varphi(t\,;\xi)\,,\omega(\xi)) \;=\; 0\,. \tag{7.94}$$

Ist die Lösung $\varphi(t\,;\xi)$ auf dem Intervall $(-\infty\,,0]$ beschränkt und gilt die Beziehung $\overline{O^-(\xi)} \subset D$, so besitzt die α-Grenzmenge $\alpha(\xi)$ die oben genannten Eigenschaften, und darüberhinaus gilt

$$\lim_{t\to-\infty} \mathit{dist}\,(\varphi(t\,;\xi)\,,\alpha(\xi)) \;=\; 0\,. \tag{7.95}$$

Beweis: Wieder beschränken wir uns aus Gründen der „Zeitsymmetrie“ auf den Nachweis der Eigenschaften der ω-Grenzmenge. Wir beginnen mit dem Beweis der Beziehung (7.94), indem wir annehmen, diese Beziehung sei falsch. Dann gibt es ein $\varepsilon > 0$ und eine gegen ∞ strebende Folge $(t_k)_{k\in\mathbb{N}}$ reeller Zahlen mit

$$\operatorname{dist}\,(\varphi(t_k\,;\xi)\,,\omega(\xi)) \;\geq\; \varepsilon \;>\; 0 \quad \text{für alle } k \in \mathbb{N}\,. \tag{7.96}$$

Wegen der Beschränktheit der Halbtrajektorie $O^+(\xi)$ ist die Folge $\big(\varphi(t_k\,;\xi)\big)_{k\in\mathbb{N}}$ beschränkt und besitzt somit eine konvergente Teilfolge $\big(\varphi(t_{k_j};\xi)\big)_{j\in\mathbb{N}}$. Deren mit η bezeichneter Grenzwert ist dann offensichtlich ein ω-Grenzpunkt von ξ, also ein Element von $\omega(\xi)$. Da die dist-Funktion stetig ist (siehe Anhang C), folgt die zu (7.96) widersprüchliche Beziehung

$$\lim_{j\to\infty} \operatorname{dist}\,(\varphi(t_{k_j};\xi)\,,\omega(\xi)) \;=\; \operatorname{dist}\,(\eta\,,\omega(\xi)) \;=\; 0\,.$$

Als nächstes beweisen wir der Reihe nach die vier im Satz genannten Eigenschaften von $\omega(\xi)$.

(i) ($\omega(\xi)$ ist nichtleer) Die Folge $\big(\varphi(k\,;\xi)\big)_{k\in\mathbb{N}}$ ist nach Voraussetzung beschränkt, besitzt also eine konvergente Teilfolge $\big(\varphi(k_j\,;\xi)\big)_{j\in\mathbb{N}}$. Der Grenzwert dieser Teilfolge ist dann ein ω-Grenzpunkt von ξ, also ist $\omega(\xi)$ nicht leer.

(ii) ($\omega(\xi)$ ist kompakt) Die Kompaktheit von $\omega(\xi)$ ergibt sich sofort aus der Beziehung (7.89), denn wegen der vorausgesetzten Beschränktheit der Halbtrajektorie $O^+(\xi)$ ist jede der Mengen $\overline{O^+(\varphi(\tau\,;\xi))}$, $\tau\in[0\,,\infty)$, kompakt.

(iii) ($\omega(\xi)$ ist zusammenhängend) Nehmen wir an, $\omega(\xi)$ sei nicht zusammenhängend, so gibt es zwei nichtleere, abgeschlossene und disjunkte Teilmengen ω_1,ω_2 des $\mathbb{R}^N$ mit $\omega(\xi) = \omega_1 \cup \omega_2$. Wegen der schon bewiesenen Kompaktheit von $\omega(\xi)$ sind dann auch ω_1 und ω_2 kompakt. Es gibt also zwei offene und disjunkte Umgebungen U_1 , U_2 von ω_1 bzw. ω_2 (siehe Abbildung 7.30). Da der Rand der offenen Menge $U_1 \cup U_2$ von der kompakten Menge $\omega_1 \cup \omega_2$ einen positiven Mindestabstand besitzt (Stetigkeit der dist-Funktion, Anhang C), folgt aus der bereits bewiesenen Beziehung (7.94) die Existenz eines $t^* > 0$ mit der Eigenschaft

$$\varphi(t\,;\xi) \in U_1 \cup U_2 \quad \text{für alle } t \geq t^*\,.$$

Da U_1 und U_2 disjunkt sind, können wir durch die Zuordnungsvorschrift

$$h(t) := \begin{cases} 0\,, & \text{falls } \varphi(t\,;\xi)\in U_1 \\ 1\,, & \text{falls } \varphi(t\,;\xi)\in U_2 \end{cases}$$

eine Funktion h vom Intervall $[t^*,\infty)$ in die zweielementige Menge $\{0,1\}$ definieren. Diese Funktion ist stetig, denn zu jedem $\bar{t}\in[t^*,\infty)$ gibt es ein Intervall um $\bar{t}$, auf dem h konstant gleich 0 oder gleich 1 ist, je nachdem, ob der Punkt $\varphi(\bar{t}\,;\xi)$ in U_1 oder U_2 liegt. Für diesen Schluß benötigt man die Offenheit von U_1 , U_2 und die Stetigkeit von $\varphi(\cdot\,;\xi)$. Da ω_1 und ω_2 nichtleer sind, gibt es Punkte $\eta_1\in\omega_1$ und $\eta_2\in\omega_2$ und zwei gegen ∞ strebende Folgen $t_k, s_k\in[t^*,\infty)$ mit

$$\lim_{k\to\infty}\varphi(t_k\,;\xi) = \eta_1\,,\ \lim_{k\to\infty}\varphi(s_k\,;\xi) = \eta_2\,.$$

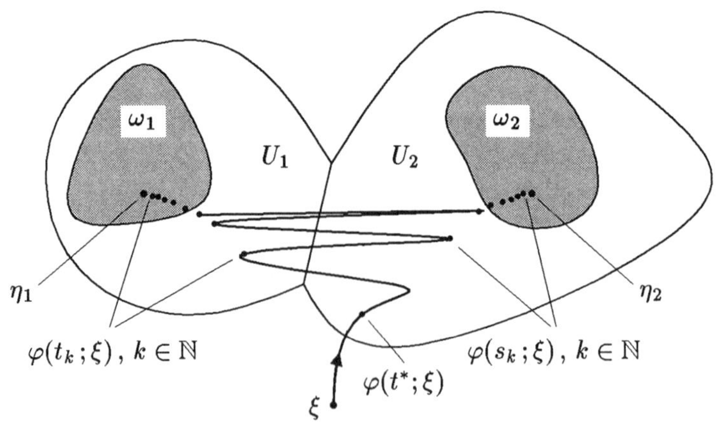

Abb. 7.30 Zum Beweis des Zusammenhangs von $\omega(\xi)$

Die stetige Funktion $h : [t^*, \infty) \to \{0, 1\}$ nimmt also die beiden Werte 0 und 1 tatsächlich an. Eine auf einem Intervall stetige Funktion, die genau zwei Werte annimmt, kann es aber nach dem Zwischenwertsatz der ANALYSIS nicht geben. Dieser Widerspruch beweist den Zusammenhang von $\omega(\xi)$.

(iv) ($\omega(\xi)$ ist invariant) Für die Invarianz von $\omega(\xi)$ haben wir zu zeigen, daß mit jedem Punkt η die ganze Trajektorie $O(\eta)$, also jeder Punkt der Form $\varphi(\tau\,;\eta)$ mit $\tau \in J_{max}(\eta)$ in $\omega(\xi)$ liegt. Seien also $\eta \in \omega(\xi)$ und $\tau \in J_{max}(\eta)$ beliebig gewählt (siehe Abbildung 7.31). Dann gibt es eine gegen ∞ strebende Folge $t_k \in [0\,,\infty)$ mit

$$\eta = \lim_{k\to\infty} \varphi(t_k\,;\xi)\,. \tag{7.97}$$

Für die gegen ∞ konvergierende Folge

$$s_k := t_k + \tau \in [\tau\,,\infty)\,,\; k \in \mathbb{N}$$

gilt dann wegen der Stetigkeit der allgemeinen Lösung $\varphi(t\,;\xi)$ (beachte die Beziehung $\varphi(t\,;\xi) \overset{(3.7)}{=} \lambda(t\,;0,\xi)$ auf Seite 103 und Satz 7.2.2 auf Seite 272) die Grenzbeziehung

$$\lim_{k\to\infty} \varphi(s_k\,;\xi) = \lim_{k\to\infty} \varphi(t_k + \tau;\xi) = \lim_{k\to\infty} \varphi(\tau\,;\varphi(t_k\,;\xi)) \overset{(7.97)}{=} \varphi(\tau;\eta)\,.$$

Dies besagt aber gerade, daß $\varphi(\tau\,;\eta)$ ein ω-Grenzpunkt von ξ ist. ∎

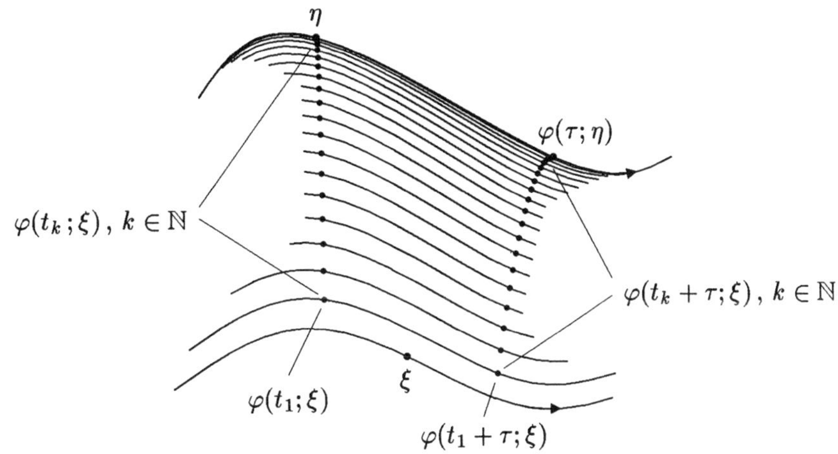

Abb. 7.31 Zum Beweis der Invarianz von $\omega(\xi)$

Aufgaben

1. Gegeben sei ein unseren Standardvoraussetzungen genügendes autonomes System.

(a) Beweisen Sie die Invarianz der leeren Menge, jeder einzelnen Trajektorie und des gesamten Definitionsbereichs dieses Systems.

(b) Zeigen Sie, daß beliebige Vereinigungen und beliebige Durchschnitte positiv invarianter Mengen positiv invariant sind. Gilt das Gleiche auch, wenn man in dieser Aussage „positiv" durch „negativ" ersetzt oder ganz wegläßt?

2. Gegeben sei eine offene Menge $D \subseteq \mathbb{R}^N$, eine Lipschitz-stetige Funktion $f : D \to \mathbb{R}^N$ und die hiermit gebildeten autonomen Systeme

$$\boxed{\dot{x} = f(x)} \quad \text{und} \quad \boxed{\dot{x} = \frac{1}{1 + \|f(x)\|^2} f(x)} \,.$$

Zeigen Sie:

(a) Beide Systeme besitzen das gleiche Phasenportrait, inklusive der Orientierung aller Trajektorien.

(b) Bei dem zweiten System treten keine endlichen Entweichzeiten auf, d.h. jede Lösung dieses System existiert für alle $t \in \mathbb{R}$.

Hinweis: Die Lösungen $\mu(t)$ des Systems $\dot{x} = f(x)$ lassen sich mit Hilfe der Lösungen der skalaren Differentialgleichung $\dot{s} = 1/(1 + \|f(\mu(s))\|^2)$ umparametrisieren.

3. Gegeben sei ein unseren Standardvoraussetzungen genügendes autonomes System.

(a) Zeigen Sie, daß sich die ω-Grenzmenge $\omega(\xi)$ nicht ändert, solange der Punkt ξ auf der Trajektorie $O(\xi)$ variiert, d.h. daß die folgende Implikation gilt:

$$\eta \in O(\xi) \quad \Longrightarrow \quad \omega(\xi) = \omega(\eta) \,.$$

(b) Gilt auch die Umkehrung dieser Implikation?

4. Zeigen Sie an Hand eines Beispiels, daß im Satz 7.7.10 bei den Voraussetzungen auf die Beschränktheit der Halbtrajektorie $O^+(\xi)$ und die Bedingung $\overline{O^+(\xi)} \subset D$ nicht verzichtet werden kann.

5. Zeigen Sie: Existiert der Grenzwert $x^* := \lim_{t\to\infty} \mu(t)$ einer Lösung eines auf $D \subseteq \mathbb{R}^N$ erklärten autonomen Standardsystems, und gilt $x^* \in D$, so ist x^* eine Ruhelage dieses Systems.

6. Zeigen Sie, daß der Einzugsbereich einer attraktiven Ruhelage eines unseren Standardvoraussetzungen genügenden autonomen Systems invariant ist.

Ist auch der Rand des Einzugsbereichs invariant? Ist generell der Rand einer invarianten Menge invariant?

7.8 Ljapunov-Funktionen

In diesem Abschnitt wollen wir einen Typ von Funktionen vorstellen, mit dessen Hilfe man invariante Mengen bestimmen und Grenzmengen lokalisieren kann. Es handelt sich dabei um eine Verallgemeinerung des Begriffs des *erstes Integrals*, den wir für den speziellen Fall der ebenen autonomen Systeme im Abschnitt 5.1 kennengelernt haben. Wir erinnern in diesem Zusammenhang daran, daß ein erstes Integral eine zu einem solchen System passend gewählte Funktion ist, mit deren Hilfe man Aussagen über die Trajektorien des Systems gewinnen kann, und zwar dergestalt, daß die Niveaumengen des ersten Integrals invariant sind. Einer geeigneten Modifikation dieses nützlichen Konzepts wollen wir uns nun zuwenden, wobei wir dem gesamten Abschnitt wieder ein autonomes System

$$\boxed{\dot{x} = f(x)} \tag{7.98}$$

zu Grunde legen, dessen rechte Seite auf einer offenen Menge $D \subseteq \mathbb{R}^N$ Lipschitz-stetig ist. Wir beginnen mit der Definition des für die weiteren Ausführungen fundamentalen Funktionstyps.

7.8.1 Definition: *Eine stetig differenzierbare Funktion $V : D \to \mathbb{R}$ heißt* **Ljapunov-Funktion** *für die Differentialgleichung (7.98), wenn die durch*

$$\dot{V}(x) := \operatorname{grad} V(x) \cdot f(x) = \sum_{i=1}^{N} \frac{\partial V}{\partial x_i}(x) \cdot f_i(x) \tag{7.99}$$

definierte Funktion $\dot{V} : D \to \mathbb{R}$ der folgenden Ungleichung genügt:

$$\dot{V}(x) \leq 0 \quad \text{für alle } x \in D\,. \tag{7.100}$$

Bevor wir auf die Bedeutung einer Ljapunov-Funktion für die zugehörige Differentialgleichung näher eingehen, wollen wir einige Worte über die in (7.99) definierte Funktion $\dot{V}(x)$ verlieren. Mit einem Punkt über einem Funktionsnamen bezeichnen wir in diesem Buch *generell* die Ableitung der betrachteten Funktion nach einer Variablen, die den Namen t trägt. Im vorliegenden Fall ist dies *ausnahmsweise* nicht der Fall. Daß wir dennoch der eingebürgerten Konvention folgend die Funktion $\operatorname{grad} V(x) \cdot f(x)$ mit $\dot{V}(x)$ bezeichnen, hat einen guten Grund. Ist nämlich $\mu : I \to D$ eine beliebige Lösung der Differentialgleichung (7.98), so gilt die Identität

$$\frac{d}{dt}V\big(\mu(t)\big) \equiv \operatorname{grad} V\big(\mu(t)\big) \cdot \dot{\mu}(t) \equiv \operatorname{grad} V\big(\mu(t)\big) \cdot f\big(\mu(t)\big) \overset{(7.99)}{\equiv} \dot{V}\big(\mu(t)\big), \tag{7.101}$$

oder gleichwertig, mittels des Hauptsatzes der Differential- und Integralrechnung,

$$V\big(\mu(t)\big) - V\big(\mu(t_0)\big) = \int_{t_0}^{t} \dot{V}\big(\mu(s)\big)\, ds \quad \text{für alle } t_0, t \in I\,. \tag{7.102}$$

Der Beziehungen (7.101) und (7.102) wegen nennt man im übrigen die Funktion $\dot{V}(x)$ auch die **Ableitung** von V **bezüglich der Differentialgleichung** (7.98).

Die enge, über die Beziehung (7.99) bestehende Verknüpfung einer Ljapunov-Funktion $V(x)$ mit der zugehörigen Differentialgleichung (7.98) und die daraus resultierende Bedeutung einer Ljapunov-Funktion für die Lösungen dieser Gleichung wird deutlich, wenn man die Werte der Ljapunov-Funktion längs einer beliebigen Lösung $\mu : I \to D$ betrachtet. Es gilt nämlich die Beziehung

$$\frac{d}{dt}V\big(\mu(t)\big) \overset{(7.101)}{=} \dot{V}\big(\mu(t)\big) \overset{(7.100)}{\leq} 0 \quad \text{für alle } t \in I\,, \tag{7.103}$$

und diese besagt, daß die Funktion $V\big(\mu(t)\big)$ mit wachsendem t monoton fällt. Eine Trajektorie $T = \mu(I)$ des Systems (7.98) kann also im Phasenraum nur so verlaufen, daß die Einschränkung der Ljapunov-Funktion $V(x)$ auf T im Sinne der Orientierung der Trajektorie monoton fällt (siehe Abbildung 7.32). Eine Ljapunov-Funktion ist also gewissermaßen ein über dem Phasenraum liegender *Indikator*, der qualitativ den Verlauf der Trajektorien des Systems beschreibt.

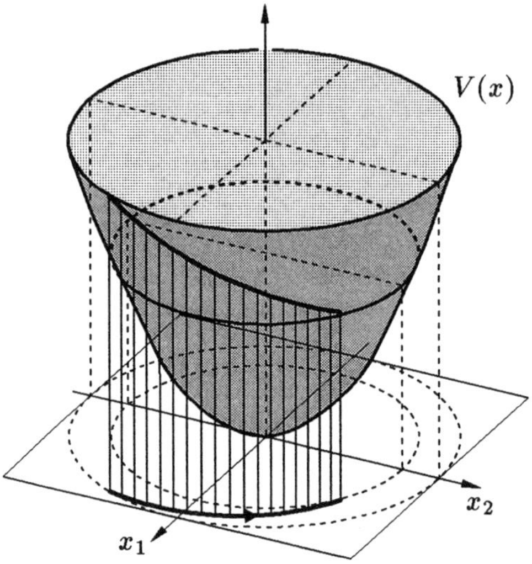

Abb. 7.32
Zur geometrischen Bedeutung einer Ljapunov-Funktion der Form $V(x_1, x_2) = x_1^2 + x_2^2$

7.8.2 Beispiel: Ist die gegebene Differentialgleichung (7.98) *skalar*, so kann man hierfür sofort eine Ljapunov-Funktion angeben. Ist nämlich $F(x)$ eine beliebige Stammfunktion der rechten Seite $f(x)$, so gilt gemäß (7.99) für die Ableitung der Funktion $V(x) := -F(x)$ bezüglich der Differentialgleichung (7.98) die Beziehung

$$\dot{V}(x) = -F'(x) \cdot f(x) = -\big[f(x)\big]^2 \leq 0 \quad \text{für alle } x \in D\,.$$

Also ist $V(x)$ eine Ljapunov-Funktion für (7.98). Die Abbildung 7.33 zeigt die rechte Seite $f(x)$, die Ljapunov-Funktion $V(x)$ sowie das Phasenportrait einer skalaren Differentialgleichung $\dot{x} = f(x)$. Man beachte das monotone Fallen der Ljapunov-Funktion längs der einzelnen Lösungen. ◊

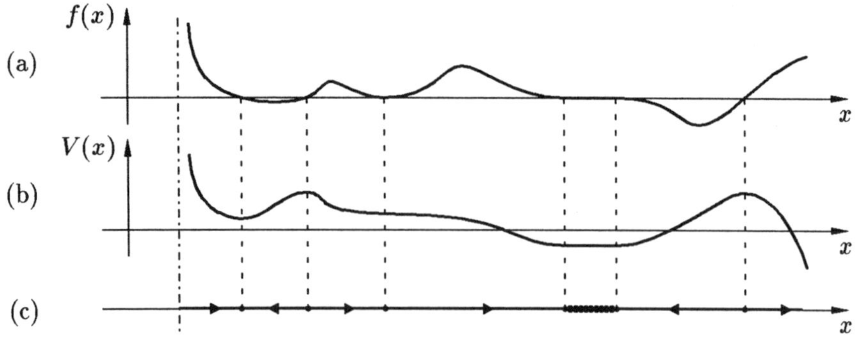

Abb. 7.33 (a) die rechte Seite $f(x)$, (b) eine Ljapunov-Funktion $V(x)$ und (c) das Phasenportrait einer skalaren Differentialgleichung $\dot{x} = f(x)$

Zuweilen erfüllt eine Funktion $V(x)$ die sie als Ljapunov-Funktion ausweisende Ungleichung $\dot{V}(x) \leq 0$ nur auf einer Teilmenge $\widetilde{D}$ des Definitionsbereichs D der zugehörigen Differentialgleichung. In diesem Fall betrachtet man einfach die Einschränkung der Differentialgleichung auf $\widetilde{D}$. Natürlich liefert dann die Ljapunov-Funktion auch nur Informationen über die gegebene Differentialgleichung in der Teilmenge $\widetilde{D}$ ihres Definitionsbereichs. Wir betrachten hierzu das uns wohlvertraute Beispiel 3.2.6 und die Abbildung 3.11 auf Seite 117.

7.8.3 Beispiel: Berechnen wir für die auf dem $\mathbb{R}^2$ definierte Funktion $V(x,y) := x^2 + y^2$ die Ableitung bezüglich der Differentialgleichung

$$\boxed{\begin{aligned} \dot{x} &= y + x(1 - x^2 - y^2) \\ \dot{y} &= -x + y(1 - x^2 - y^2) \end{aligned}}\,, \tag{7.104}$$

so erhalten wir gemäß (7.99)

$$\begin{aligned} \dot{V}(x,y) &= 2x\big[y + x(1 - x^2 - y^2)\big] + 2y\big[-x + y(1 - x^2 - y^2)\big] \\ &= 2(x^2 + y^2)(1 - x^2 - y^2)\,. \end{aligned}$$

Wie man leicht sieht, ist die Funktion $V(x,y)$ nur in der Menge $\{(x,y) \in \mathbb{R}^2 : x^2 + y^2 \geq 1\}$ eine Ljapunov-Funktion. Auf der anderen Seite ist auch klar, daß die Funktion $-V(x,y)$ in der abgeschlossenen Einheitskreisscheibe die Eigenschaft besitzt, eine Ljapunov-Funktion für das System (7.104) zu sein. ◊

Wie in der Einleitung zu diesem Abschnitt angedeutet, stellt der Typ der Ljapunov-Funktion eine Verallgemeinerung des Begriffs des ersten Integrals dar. Die Präzisierung dieses Gedankens geschieht in der folgenden Bemerkung.

7.8.4 Bemerkung: Gilt in der Definition 7.8.1 an Stelle der Ungleichung (7.100) speziell die Identität

$$\dot{V}(x) = 0 \quad \text{für alle } x \in D \subseteq \mathbb{R}^N\,,$$

so nennt man die Funktion $V(x)$ ein **erstes Integral** für die Differentialgleichung (7.98). Diese Bezeichnung befindet sich offensichtlich in Übereinstimmung mit der bekannten Definition 5.1.7 des ersten Integrals für den Fall $N = 2$. Aus der Identität (7.101) folgt im übrigen sofort, daß ein erstes Integral von (7.98) längs jeder Lösung konstant ist. Also sind wie im zwei-dimensionalen auch im höher-dimensionalen Fall alle Niveaumengen

$$\{x \in D \subseteq \mathbb{R}^N : V(x) = c\}\,, \quad c \in \mathbb{R}$$

eines ersten Integrals invariant bezüglich der Differentialgleichung (7.98). In welcher Weise sich dieses dem Leser vertraute geometrische Phänomen auf allgemeine Ljapunov-Funktionen übertragen läßt, wollen wir als nächstes klären. □

Aus Gründen der Anschaulichkeit betrachten wir zunächst die einfache Situation eines zwei-dimensionalen Systems $\dot{x} = f(x)$ mit einer zugehörigen Ljapunov-Funktion $V(x)$, bei der eine Niveaumenge

$$N_c \;:=\; \{x \in \mathbb{R}^2 : V(x) = c\}$$

in Form einer C^1-Kurve vorliegt. Aus der ANALYSIS wissen wir, daß dann in jedem Punkt $x \in N_c$ der Richtungsvektor $\operatorname{grad} V(x)$ auf der Kurve N_c senkrecht steht (und darüberhinaus in die Richtung des steilsten Anstiegs von $V(x)$ zeigt). Die für eine Ljapunov-Funktion charakteristische Ungleichung

$$\operatorname{grad} V(x) \cdot f(x) \;\leq\; 0$$

bedeutet dann anschaulich, daß die Richtungsvektoren des Vektorfeldes $f(x)$ mit Fußpunkt auf der Kurve N_c stets auf die gleiche Seite der Kurve hin gerichtet sind (siehe Abbildung 7.34), und zwar auf diejenige Seite, auf der das Niveau von $V(x)$ niedriger ist als c, also in Richtung der Menge

$$N_c^+ := \{x \in \mathbb{R}^2 : V(x) \leq c\}\;,$$

die wir naheliegenderweise eine **Subniveaumenge** der Funktion $V(x)$ nennen. Zu beachten ist hierbei jedoch, daß es natürlich auch Punkte $\tilde{x} \in N_c$ geben kann, für die die Beziehung $\operatorname{grad} V(\tilde{x}) \cdot f(\tilde{x}) = 0$ gilt. Dies bedeutet anschaulich, daß in einem solchen Punkt $\tilde{x}$ Tangentialität von $f(\tilde{x})$ an die Kurve N_c vorliegt (siehe Abbildung 7.34).

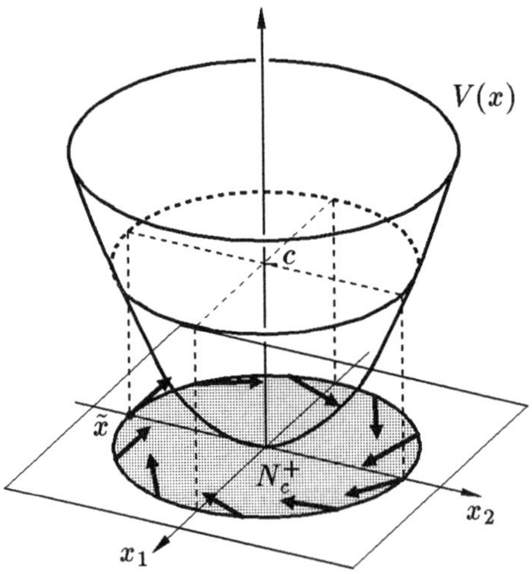

Abb. 7.34
Geometrische Bedeutung einer Ljapunov-Funktion für das Vektorfeld $f(x)$ der zugehörigen Differentialgleichung $\dot{x} = f(x)$

Unsere einfachen geometrischen Betrachtungen legen nun die Vermutung nahe, daß alle auf der Kurve N_c startenden Lösungen ins Innere der Menge N_c^+ eindringen und dort für alle Zeit verbleiben, mit anderen Worten, daß die Subniveaumenge N_c^+ positiv invariant ist. Daß dem tatsächlich so ist, und zwar nicht nur in der hier beschriebenen zwei-dimensionalen Situation und trotz der möglichen Punkte $\tilde{x}$ mit tangentiellem $f(\tilde{x})$, besagt unser nächster Satz.

7.8.5 Satz (Subniveaumengen von Ljapunov-Funktionen sind positiv invariant): *Ist $V : D \to \mathbb{R}$ eine Ljapunov-Funktion für das System (7.98), so ist jede der Mengen*

$$N_c^+ := \{x \in D : V(x) \le c\}\,, \quad c \in \mathbb{R}$$

positiv invariant bezüglich dieses Systems.

Beweis: Es sei ξ ein Punkt aus N_c^+, d.h. es gelte $V(\xi) \le c$. Dann gilt für jedes $t \in [0\,, J^+(\xi))$ die Abschätzung

$$V\big(\varphi(t\,;\xi)\big) \overset{(7.102)}{=} V(\xi) + \int_0^t \dot{V}\big(\varphi(s\,;\xi)\big)\,ds \overset{(7.100)}{\le} V(\xi) \le c\,,$$

d.h. es gilt $\varphi(t\,;\xi) \in N_c^+$ für alle $t \in [0\,, J^+(\xi))$. Mit jedem Punkt ξ liegt also wie behauptet die ganze positive Halbtrajektorie $O^+(\xi)$ in N_c^+. ■

Wie wir wissen, stellt eine Ljapunov-Funktion für die zugehörige Differentialgleichung eine Hilfsgröße dar, die Auskunft gibt über den Trajektorienverlauf des Systems. Es stellt sich daher die für die qualitative Theorie gewöhnlicher Differentialgleichungen besonders wichtige Frage, *wie man zu einem vorgegebenen System eine Ljapunov-Funktion bestimmen kann.* Im Hinblick auf die Beantwortung dieser Frage gibt es in der Literatur zahlreiche systematische und unzählige Einzeluntersuchungen, es gibt aber bedauerlicherweise *keine generelle Antwort.* Abgesehen von der trivialen und bedeutungslosen Aussage (siehe Beispiel 7.8.2)), daß man für skalare Differentialgleichungen stets Ljapunov-Funktionen berechnen kann, wollen wir in diesem Buch nur die folgende grundlegende Idee zur Bestimmung von Ljapunov-Funktionen vorstellen: *Kann man das zu untersuchende System als eine Störung eines Systems ansehen, welches ein erstes Integral besitzt, so kann man versuchen, dieses erste Integral des* ungestörten *Systems als eine Ljapunov-Funktion für das* gestörte *System nachzuweisen.*

Wie dies im einzelnen geschehen kann, zeigen wir nun am Beispiel des mathematischen Pendels.

7.8.6 Beispiel: Wir betrachten das System des mathematischen Pendels

$$\boxed{\dot{x} = y\;,\;\; \dot{y} = -g(y) - \sin x}\,, \tag{7.105}$$

bei dem der C^1-Reibungsterm $g(y)$ wie in (7.77) und (7.78) den folgenden Bedingungen genügt:

$$g(0) = 0\,,\;\; g'(y) \ge 0 \quad \text{und} \quad y\,g(y) \ge 0 \quad \text{für alle } y \in \mathbb{R}\,. \tag{7.106}$$

Wir fassen nun dieses System als Störung des reibungslosen Systems

$$\boxed{\dot{x} = y \ , \ \dot{y} = -\sin x} \ , \tag{7.107}$$

auf, das bekanntlich hamilton'sch ist und die Gesamtenergie

$$V(x,y) = \frac{y^2}{2} - \cos x \tag{7.108}$$

als erstes Integral besitzt. Für die Ableitung dieser Funktion bezüglich der „gestörten" Ausgangsdifferentialgleichung (7.105) gilt dann für alle $(x,y) \in \mathbb{R}^2$

$$\dot{V}(x,y) = y \sin x + y\big[-g(y) - \sin x\big] = -y\,g(y) \overset{(7.106)}{\leq} 0 \, .$$

Damit ist tatsächlich das erste Integral $V(x,y)$ des ungestörten Systems (7.107) als eine Ljapunov-Funktion für das gestörte System (7.105) nachgewiesen.

Das Vorliegen dieser Ljapunov-Funktion wird uns bei der Analyse des Systems (7.105) noch von großem Nutzen sein. Als erste Information entnehmen wir dem Satz 7.8.5, daß die Niveaulinien der Funktion (7.108), die in ihrer Gesamtheit bekanntlich das Phasenportrait des ungestörten Systems (7.107) beschreiben, zahlreiche positiv invariante Gebiete für das gestörte System (7.105) beranden. Von besonderem Interesse ist dabei der in der Abbildung 7.35 grau getönte Bereich, dessen Rand von den beiden die Ruhelagen $(-\pi, 0)$ und $(\pi, 0)$ verbindenden Trajektorien gebildet wird. Wie diese Abbildung zeigt, vermittelt die Erkenntnis von den positiv invarianten Subniveaumengen der Ljapunov-Funktion (7.108) bereits einen ersten Eindruck vom Trajektorienverlauf des betrachteten Systems. Welche weiteren Informationen diese Ljapunov-Funktion für das System (7.105) in sich trägt, wollen wir uns nun im Rahmen weiterer theoretischer Überlegungen erschließen. ◊

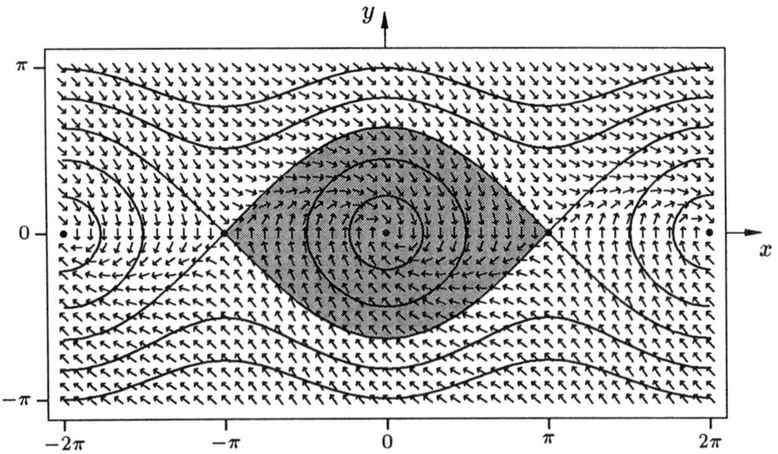

Abb. 7.35 Richtungsfeld und positiv invariante Gebiete für das System des mathematischen Pendels mit Reibung $\dot{x} = y$, $\dot{y} = -g(y) - \sin x$, hier $g(y) \equiv y$

Als nächstes beweisen wir das sogenannte **Invarianzprinzip**, bei dem es darum geht, mit Hilfe von Ljapunov-Funktionen Grenzmengen zu lokalisieren.

7.8.7 Satz (Invarianzprinzip): *Gegeben sei das autonome System (7.98) und eine zugehörige Ljapunov-Funktion $V : D \to \mathbb{R}$. Für jedes $\xi \in D$ ist dann die ω-Grenzmenge $\omega(\xi)$ in der Nullstellenmenge der Funktion $\dot{V}(x)$ enthalten, d.h. es gilt*

$$\omega(\xi) \subseteq \{x \in D : \dot{V}(x) = 0\} \quad \textit{für alle } \xi \in D\,.$$

7.8.8 Bemerkung: Das Invarianzprinzip wird meist in der folgenden Form angewandt: Ist eine positive Halbtrajektorie $O^+(\xi)$ beschränkt und gilt $\overline{O^+(\xi)} \subset D$, so liegt die ω-Grenzmenge $\omega(\xi)$ in der größten invarianten Teilmenge M von $\{x \in D : \dot{V}(x) = 0\}$, und darüberhinaus gilt

$$\lim_{t\to\infty} \operatorname{dist}\bigl(\varphi(t\,;\xi)\,,M\bigr) \;=\; 0\,.$$

Zur einfachen Begründung dieser Aussage möge der Leser in der Aufgabe 1 den Satz 7.7.10 über die Eigenschaften von Grenzmengen heranziehen. □

Beweis von Satz 7.8.7: Es sei ξ ein beliebiger Punkt aus D. Ist die zugehörige ω-Grenzmenge leer, so ist nichts zu zeigen. Ist dagegen ξ^* ein Punkt aus $\omega(\xi)$, so haben wir die Beziehung $\dot{V}(\xi^*) = 0$ zu beweisen. Zu diesem Zwecke nehmen wir das Gegenteil an, und das lautet, da V eine Ljapunov-Funktion ist, $\dot{V}(\xi^*) < 0$. Dies bedeutet, daß die Funktion

$$v(t) \;:=\; V\bigl(\varphi(t\,;\xi^*)\bigr)\,, \quad v : J_{max}(\xi^*) \to \mathbb{R} \tag{7.109}$$

wegen der Beziehung $\dot{v}(t) \equiv \dot{V}\bigl(\varphi(t\,;\xi^*)\bigr)$ bei $t = 0$ die negative Ableitung $\dot{v}(0) = \dot{V}(\xi^*)$ besitzt und somit in einer Intervall-Umgebung von $t = 0$ *streng* monoton fällt. Daher gibt es ein $\tau > 0$, so daß die *strikte* Ungleichung

$$V\bigl(\varphi(\tau\,;\xi^*)\bigr) \;<\; V(\xi^*) \tag{7.110}$$

gilt. Da ξ^* ein ω-Grenzpunkt von ξ ist, gibt es eine monoton wachsende Folge von Zeitpunkten $t_k \in [0,\infty)$ mit $\lim_{k\to\infty} t_k = \infty$ und $\xi^* = \lim_{k\to\infty} \varphi(t_k\,;\xi)$ (siehe Abbildung 7.36). Da $V\bigl(\varphi(t\,;\xi)\bigr)$ als Funktion von t monoton fällt, gilt für alle $k \in \mathbb{N}$ die Beziehung

$$V\bigl(\varphi(t_k\,;\xi)\bigr) \geq \lim_{k\to\infty} V\bigl(\varphi(t_k\,;\xi)\bigr) \;=\; V\bigl(\lim_{k\to\infty} \varphi(t_k\,;\xi)\bigr) \;=\; V(\xi^*)\,.$$

Da es zu jedem $t \geq 0$ ein $\tilde{k} = \tilde{k}(t) \in \mathbb{N}$ mit $t_{\tilde{k}} \geq t$ gibt, folgt dann

$$V\bigl(\varphi(t\,;\xi)\bigr) \;\geq\; V\bigl(\varphi(t_{\tilde{k}}\,;\xi)\bigr) \geq V(\xi^*) \quad \text{für alle } t \geq 0\,. \tag{7.111}$$

Wegen der für alle $k \in \mathbb{N}$ gültigen Beziehung $\varphi(\tau + t_k\,;\xi) \equiv \varphi(\tau\,;\varphi(t_k\,;\xi))$ folgt zunächst $\lim_{k\to\infty} \varphi(\tau + t_k\,;\xi) = \varphi(\tau\,;\lim_{k\to\infty} \varphi(t_k\,;\xi)) = \varphi(\tau\,;\xi^*)$, mit (7.110) also $\lim_{k\to\infty} V(\varphi(\tau + t_k\,;\xi)) = V(\varphi(\tau\,;\xi^*)) < V(\xi^*)$ und damit

$$V(\varphi(\tau + t_k\,;\xi)) < V(\xi^*) \quad \text{für alle bis auf endlich viele } k \in \mathbb{N}\,.$$

Dies steht im Widerspruch zu (7.111). ■

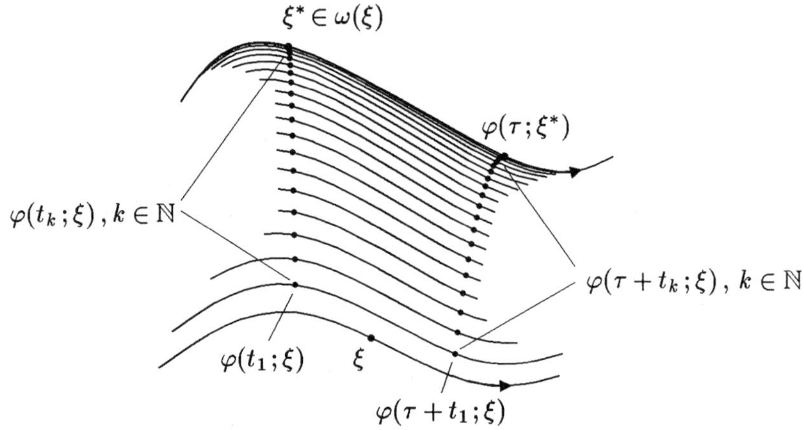

Abb. 7.36 Zum Beweis des Satzes 7.8.7

Mit Hilfe des Invarianzprinzips 7.8.7 können wir nun nachweisen, daß beim mathematischen Pendel – sofern ein Reibungseinfluß tatsächlich vorliegt – jede Bewegung des Pendels schließlich zur Ruhe kommt.

7.8.9 Beispiel: Von der C^1-Reibungsfunktion $g(y)$ im System

$$\boxed{\dot{x} = y\,, \quad \dot{y} = -g(y) - \sin x} \tag{7.112}$$

setzen wir jetzt voraus, daß sie die Bedingungen

$$g(0) = 0\,, \quad g'(y) \geq 0 \quad \text{und} \quad y\,g(y) > 0 \quad \text{für alle } y \in \mathbb{R} \setminus \{0\} \tag{7.113}$$

erfüllt, bei der die gegenüber (7.106) verschärfte Bedingung $y\,g(y) > 0$ für $y \neq 0$ die Tatsache beschreibt, daß Reibung tatsächlich auftritt.

Zum Nachweis, daß *jede* Lösung des Systems (7.112) für $t \to \infty$ gegen eine Ruhelage konvergiert, müssen wir dank des Invarianzprinzips „lediglich“ zeigen, daß jede Lösung für $t \to \infty$ beschränkt ist. Nach der Bemerkung 7.8.8 strebt dann nämlich jede Lösung gegen die größte invariante Teilmenge M der Nullstellenmenge der Ableitung $\dot{V}(x,y) = -y\,g(y)$ der uns aus dem Beispiel 7.8.6 bekannten Ljapunov-Funktion $V(x,y) = \frac{y^2}{2} - \cos x$. Im vorliegenden Fall ist die Nullstellenmenge von $\dot{V}(x,y)$ gerade die x-Achse, und M ist die Teilmenge *aller* Ruhelagen

$\{(k\pi, 0) \in \mathbb{R}^2 : k \in \mathbb{Z}\}$. Diese Menge ist offensichtlich invariant. Andererseits gibt es keine größere invariante Teilmenge der x-Achse, denn in allen anderen Punkten ist das Richtungsfeld des Systems – wie man leicht verifiziert und der Abbildung 7.35 entnimmt – entweder strikt nach oben oder nach unten gerichtet. Da ω-Grenzmengen ***beschränkter*** Halbtrajektorien nach Satz 7.7.10 nichtleer und zusammenhängend sind, ist dann für jeden Anfangspunkt $(\xi, \eta) \in \mathbb{R}^2$ die ω-Grenzmenge $\omega(\xi, \eta)$ einpunktig.

Für den Nachweis der behaupteten *Konvergenz* aller Lösungen zeigen wir nun die *Beschränktheit* aller Lösungen des Systems (7.112) unter der Voraussetzung (7.113). Zu diesem Zwecke geben wir einen beliebigen Anfangspunkt (ξ, η) aus dem $\mathbb{R}^2$ vor und betrachten die Abbildung 7.37.

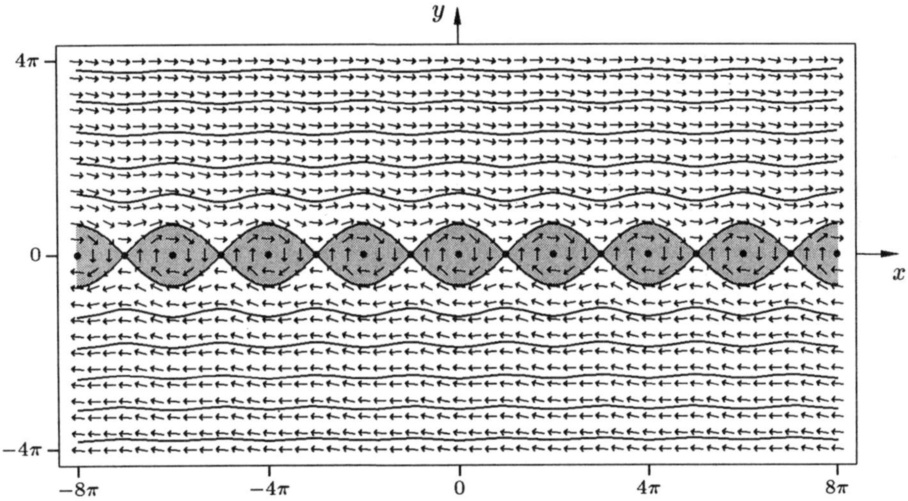

Abb. 7.37 Richtungsfeld und positiv invariante Mengen für das System des mathematischen Pendels mit Reibung $\dot{x} = y$, $\dot{y} = -g(y) - \sin x$, hier $g(y) \equiv \frac{1}{10} y$

Die „Perlenkette" längs der x-Achse besteht aus den Ruhelagen der Form $(k\pi, 0)$ mit ungeradem k und Mengen, von denen wir auf Grund des Beispiels 7.8.6 wissen, daß sie positiv invariant sind. Liegt also ein beliebiger Punkt der positiven Halbtrajektorie $O^+(\xi, \eta)$ in der (abgeschlossenen) „Perlenkette" – wir bezeichnen sie fortan mit P – so ist die Beschränktheit von $O^+(\xi, \eta)$ offensichtlich. Es bleiben also diejenigen Lösungen zu untersuchen, die entweder oberhalb oder unterhalb von P verbleiben. Wir betrachten ohne Einschränkung der Allgemeinheit einen festen Anfangspunkt (ξ, η) *oberhalb* von P und bezeichnen der kürzeren Schreibweise wegen die zugehörige Lösung $\varphi(t; \xi, \eta)$ mit $\varphi(t) = \big(\varphi_1(t), \varphi_2(t)\big)$ und mit J^+ das rechte Ende des zugehörigen maximalen Existenzintervalls. Daß die zweite Komponente $\varphi_2(t)$ der betrachteten Lösung beschränkt ist, läßt sich leicht zeigen. Konkret gilt nämlich die Ungleichung

$$0 < \varphi_2(t) \leq \sqrt{\eta^2 + 4} \quad \text{für alle } t \in [0, J^+) ,$$

denn die Ljapunov-Funktion $V(x,y) = \frac{y^2}{2} - \cos x$ liefert die für alle $t \in [0\,, J^+)$ gültige Ungleichung

$$\frac{[\varphi_2(t)]^2}{2} - \cos\varphi_1(t) \;=\; V\big(\varphi_1(t),\varphi_2(t)\big) \;\le\; V(\xi,\eta) \;=\; \frac{\eta^2}{2} - \cos\xi\,,$$

aus der die Abschätzung

$$\varphi_2(t) \;\le\; \sqrt{\eta^2 - 2\cos\xi + 2\cos\varphi_1(t)} \;\le\; \sqrt{\eta^2+4} \quad \text{für alle } t \in [0\,, J^+)$$

folgt. Die erste Lösungskomponente $\varphi_1(t)$ ist wegen der aus der Lösungsidentität für $\varphi(t)$ ersichtlichen Beziehung

$$\dot\varphi_1(t) \;\equiv\; \varphi_2(t) \;>\; 0 \tag{7.114}$$

auf ihrem halbseitigen Existenzintervall $[0\,, J^+)$ streng monoton wachsend. Daß sie dennoch beschränkt ist, kann man aus Sicht der Anschauung nicht verstehen. Wie die Abbildung 7.37 zu einer Gleichung mit einem kleinen Reibungsterm andeutet, scheint es nämlich möglich zu sein, daß die Lösung $\varphi(t)$ wie im reibungslosen Fall $g(y) \equiv 0$ nach rechts hin bis ins Unendliche abdriftet. Daß dem aber im vorliegenden Fall mit $g(y) \neq 0$ für $y \neq 0$ nicht so ist, wollen wir nun zeigen. Die Argumentation ist jetzt der Situation angemessen etwas subtiler als zuvor. Es geht schließlich darum, das Wachstum der ersten Lösungskomponente $\varphi_1(t)$ dem Abklingen der zweiten Komponente $\varphi_2(t)$ gegenüberzustellen und beide gegeneinander zu verrechnen. Bevor wir dies tun, bemerken wir noch, daß die für alle $t \in [0\,, J^+)$ definierte Funktion

$$V\big(\varphi_1(t),\varphi_2(t)\big) - V(\xi,\eta) \;=\; \int_0^t \dot V\big(\varphi_1(s),\varphi_2(s)\big)\,ds \;=\; -\int_0^t \varphi_2(s)\,g\big(\varphi_2(s)\big)\,ds$$

in t monoton fallend und nach unten beschränkt ist. Also existiert der Grenzwert

$$\lim_{t\to J^+} \int_0^t \varphi_2(s)\,g\big(\varphi_2(s)\big)\,ds \;<\; \infty\,. \tag{7.115}$$

Die Idee, die unsere Überlegungen nun zu einem Ende bringen wird, ist die, daß man nicht das gegebene System (7.112) direkt betrachtet, sondern die zugehörige skalare Differentialgleichung

$$\boxed{\frac{dy}{dx} = -\frac{g(y)}{y} - \frac{\sin x}{y}}\,, \quad y > 0\,. \tag{7.116}$$

Die maximalen Lösungen dieser Gleichung sind dann (siehe Satz 5.1.1) gerade die Trajektorien des Systems (7.112) in der oberen Halbebene. Wir nehmen nun an, die betrachtete Lösung $\big(\varphi_1(t),\varphi_2(t)\big)$ des Systems (7.112) wäre unbeschränkt für $t \to J^+$. Wegen der Beschränktheit der zweiten Komponente ist dann die erste Komponente $\varphi_1(t)$ unbeschränkt. Das wiederum bedeutet, daß die entsprechende Lösung $\lambda(x)$ der Gleichung (7.116) zur Anfangsbedingung $\lambda(\xi) = \eta$ für alle $x \ge \xi$

existiert. Da $\lambda(x)$ oberhalb der Menge P verläuft, kann $\lambda(x)$ für $x \to \infty$ nicht gegen 0 konvergieren. Also kann auch die Funktion $g(\lambda(x))$ für $x \to \infty$ nicht gegen 0 konvergieren, denn $g(y)$ ist wegen (7.113) für $y > 0$ positiv und monoton wachsend. Folglich gilt

$$\lim_{x\to\infty} \int_\xi^x g(\lambda(u))\,du = \infty . \tag{7.117}$$

Dies widerspricht aber der Beziehung (7.115), denn nach Satz 5.1.1 besteht zwischen der Lösung $(\varphi_1(t), \varphi_2(t))$ von (7.112) und der Lösung $\lambda(x)$ von (7.116) die Beziehung

$$\lambda(x) = \varphi_2(\varphi_1^{-1}(x)) \quad \text{für alle } x \geq \xi , \tag{7.118}$$

und diese erlaubt, vermöge der bijektiven Substitution $\varphi_1 : [0, t] \to [\xi, \varphi_1(t)]$ die in (7.115) und (7.117) auftretenden Integrale miteinander zu verknüpfen, und zwar mit der Substitutionsregel in der Form

$$\int_0^t \varphi_2(s)\, g(\varphi_2(s))\, ds \overset{(7.114)}{=} \int_0^t \dot{\varphi}_1(s)\, g(\varphi_2(\varphi_1^{-1}(\varphi_1(s))))\, ds = \overset{(7.118)}{=} \int_\xi^{\varphi_1(t)} g(\lambda(u))\, du . \tag{7.119}$$

Unter Beachtung der angenommenen Beziehung $\lim_{t\to J^+} \varphi_1(t) = \infty$ folgt dann aus (7.119) durch den Grenzübergang $t \to J^+$ ein Widerspruch (siehe (7.115) und (7.117)). Damit ist unsere Annahme, daß die Lösung $\varphi(t)$ auf dem Intervall $[0, J^+)$ unbeschränkt ist, widerlegt, und jede Lösung des Systems (7.112) für $t \to \infty$ als konvergent nachgewiesen. ◇

Insgesamt ist nun gezeigt, daß *jede* Lösung der Gleichung des mathematischen Pendels bei Vorliegen von Reibung im Sinne der Ungleichungen $g'(y) \geq 0$ und $yg(y) > 0$ für $y \neq 0$ gegen eine Ruhelage konvergiert. Die Analyse des Systems ist damit aber noch nicht vollständig, denn da mehrere Ruhelagen vorhanden sind, hängt das asymptotische Verhalten der Lösungen in drastischer und auch für die Anwendungen essentieller Weise von den Anfangswerten ab. Wir werden uns der abschließenden Behandlung der Pendelgleichung im nächsten Abschnitt noch einmal zuwenden, nachdem wir gelernt haben werden, auch lokale Stabilitätsfragen mit Hilfe von Ljapunov-Funktionen zu beantworten.

Aufgaben

1. Beweisen Sie die folgende Aussage (siehe Bemerkung 7.8.8): Ist eine positive Halbtrajektorie $O^+(\xi)$ beschränkt, und ist ihr Abschluß $\overline{O^+(\xi)}$ eine Teilmenge des Definitionsbereichs D des betrachteten autonomen Systems, so liegt die ω-Grenzmenge $\omega(\xi)$ in der größten invarianten Teilmenge M der Menge $\{x \in D : \dot{V}(x) = 0\}$, und darüberhinaus gilt

$$\lim_{t\to\infty} \operatorname{dist}(\varphi(t;\xi), M) = 0 .$$

2. Zeigen Sie, daß unter den Voraussetzungen des Invarianzprinzips 7.8.7 auch jede α-Grenzmenge in der Nullstellenmenge der Funktion $\dot{V}(x)$ enthalten ist. Formulieren und begründen Sie ferner die für α-Grenzmengen gültige Modifikation der Bemerkung 7.8.8.

3. Zeigen Sie: Gilt für eine Ljapunov-Funktion $V(x)$ eines unseren Standardvoraussetzungen genügenden autonomen Systems mit Definitionsbereich D und Fluß $\varphi(t;\xi)$ eine Ungleichung der Form

$$\dot{V}(x) \leq -\alpha V(x) \quad \text{für alle } x \in D$$

mit einer positiven Konstante α, so gilt für jedes $\xi \in D$ die Abschätzung

$$V(\varphi(t;\xi)) \leq e^{-\alpha t} V(\xi) \quad \text{für alle } t \in [0, J^+(\xi)) .$$

4. Gegeben sei das System des allgemeinen Räuber-Beute-Modells

$$\boxed{\dot{x} = x(\alpha - \beta y - \varepsilon x)\,, \quad \dot{y} = y(\delta x - \gamma - \kappa y)}$$

mit $\alpha, \beta, \gamma, \delta > 0$ und $\varepsilon, \kappa \geq 0$. Zeigen Sie:

(a) Für jeden Parameterwert $\varepsilon \in (0, \alpha\delta/\gamma)$ besitzt das System genau eine Ruhelage (x_0, y_0) im offenen ersten Quadranten $(0,\infty)^2$ der Koordinatenebene.

(b) Die in (a) bestimmte Ruhelage ist ***global attraktiv*** in dem Sinne, daß jede in $(0,\infty)^2$ startende Lösung für $t \to \infty$ gegen diese Ruhelage konvergiert.

Hinweis: Ziehen Sie die Funktion $\delta(x - x_0 \ln x) + \beta(y - y_0 \ln y)$ zu Rate.

5. Zeigen Sie, daß jede Lösung des Systems

$$\boxed{\dot{x} = -y - x^3\,, \quad \dot{y} = x - y^3}$$

für $t \to \infty$ gegen die triviale Ruhelage dieses Systems konvergiert.

6. Zeigen Sie: Ist $F : D \to \mathbb{R}$ eine C^2-Funktion auf einer offenen Menge $D \subseteq \mathbb{R}^N$, so bestehen bei dem sogenannten **Gradientensystem**

$$\boxed{\dot{x} = -\operatorname{grad} F(x)}$$

alle Grenzmengen aus Ruhelagen.

7.9 Die direkte Methode von Ljapunov

Unsere bisherigen Betrachtungen über Ljapunov-Funktionen geben Anlaß zu der Vermutung, daß man mit Hilfe dieses Funktionstyps auch auf Stabilitätseigenschaften von Ruhelagen schließen kann. Inwieweit dies richtig ist, wollen wir nun durch Beschreibung der Grundzüge der sogenannten **direkten Methode von Ljapunov** klären, die man im übrigen deshalb *direkt* nennt, weil man mittels dieser Methode *direkt* aus der rechten Seite der betrachteten Differentialgleichung, also ohne Kenntnis der Lösungen, auf die Stabilität von Trajektorien schließen kann.

Wir werden in diesem Abschnitt drei grundlegende Sätze dieser Theorie beweisen, mit deren Hilfe man auf die Stabilität, bzw. asymptotische Stabilität bzw. Instabilität von Ruhelagen schließen kann. Aus Gründen der Übersichtlichkeit beschränken wir uns wieder auf *autonome* Systeme der Form

$$\boxed{\dot{x} = f(x)}\,, \tag{7.120}$$

deren rechte Seiten auf einer offenen Menge $D \subseteq \mathbb{R}^N$ erklärt und dort Lipschitz-stetig sind. Unser erster Satz zielt auf den Nachweis der Stabilität einer Ruhelage.

7.9.1 Satz (Stabilität nach der direkten Methode): *Gegeben sei ein autonomes System der Form (7.120) mit der trivialen Ruhelage und einer zugehörigen Ljapunov-Funktion $V : D \to \mathbb{R}$. Gilt dann*

$$V(0) = 0 \quad \textit{und} \quad V(x) > 0 \text{ für alle } x \in D \setminus \{0\}\,, \tag{7.121}$$

so ist die Ruhelage $x = 0$ stabil.

Beweis: Zum Zwecke des Stabilitätsnachweises der Ruhelage $x = 0$ wählen wir eine beliebige ε-Umgebung von 0 mit $\overline{U_\varepsilon(0)} \subset D$ und setzen

$$m = m(\varepsilon) := \min\{V(x) \in \mathbb{R} : \|x\| = \varepsilon\} \overset{(7.121)}{>} 0 \tag{7.122}$$

(siehe Abbildung 7.38). Wegen der Stetigkeit von $V(x)$ und der Voraussetzung (7.121) gibt es dann ein $\delta = \delta(\varepsilon) > 0$ mit

$$0 \le V(x) \le \frac{m}{2} \quad \text{für alle } x \in U_\delta(0)\,. \tag{7.123}$$

Wir können nun zeigen, daß für jeden Anfangswert $\xi \in U_\delta(0)$ die Lösung $\varphi(t\,;\xi)$ auf ihrem rechtsseitigen Existenzintervall $[0\,, J^+(\xi))$ die ε-Umgebung von 0 nicht verläßt, d.h. daß sie den Rand der ε-Umgebung nie erreicht. Nehmen wir nämlich an, daß die zu einem Punkt $\xi_0 \in U_\delta(0)$ gehörige Lösung $\varphi(t\,;\xi_0)$ den Rand von $U_\varepsilon(0)$ erreicht, so gibt es einen Zeitpunkt $T > 0$ mit

$$\|\varphi(t\,;\xi_0)\| < \varepsilon \quad \text{für alle } t \in [0\,,T) \text{ und } \|\varphi(T;\xi_0)\| = \varepsilon\,.$$

Da V aber als Ljapunov-Funktion längs der Lösung $\varphi(t\,;\xi_0)$ monoton fällt, erhalten wir $V(\varphi(T;\xi_0)) \le V(\xi_0)$. Daraus folgt die widersprüchliche Ungleichung

$$m \overset{(7.122)}{\le} V(\varphi(T;\xi_0)) \le V(\xi_0) \overset{(7.123)}{\le} \frac{m}{2}\,.$$

Aus der nun bewiesenen Tatsache, daß jede in $U_\delta(0)$ startende Lösung für alle $t \in [0\,, J^+(\xi))$ in der kompakten Menge $\overline{U_\varepsilon(0)}$ verbleibt, folgt mit Satz 3.1.4 (a) schließlich $J^+(\xi) = \infty$. Damit ist dann der Stabilitätsnachweis für die triviale Ruhelage von (7.120) abgeschlossen. ■

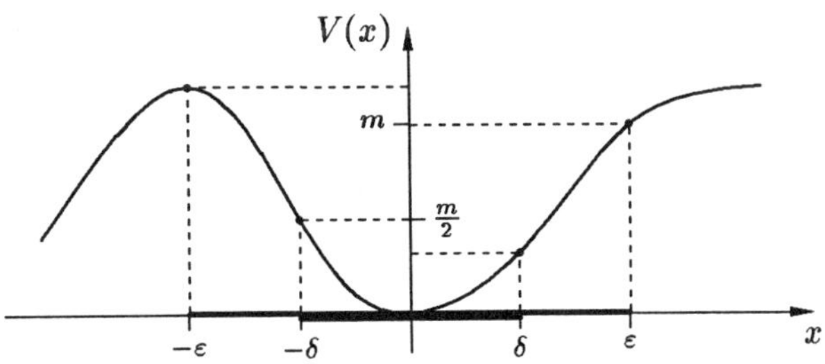

Abb. 7.38 Zum Beweis des Satzes 7.9.1

Daß sich alleine unter der Voraussetzung (7.121) die Aussage des Satzes 7.9.1 nicht zur asymptotischen Stabilität verschärfen läßt, zeigt schon das einfache Beispiel des harmonischen Oszillators $\dot{x} = y$, $\dot{y} = -x$, für den die Funktion $V(x,y) = x^2 + y^2$ ein erstes Integral (und damit eine Ljapunov-Funktion) ist, das der Voraussetzung (7.121) mit $D = \mathbb{R}^2$ genügt. Die Funktion $V(x,y)$ ist, wie die Abbildung 7.39 links zeigt, offensichtlich konstant längs aller Lösungen. Nimmt man jedoch zu (7.121) eine Voraussetzung hinzu, die garantiert, daß die Ljapunov-Funktion längs der Lösungen *streng* monoton fällt, so wird man vermuten (siehe Abbildung 7.39 rechts), daß die Ruhelage $x = 0$ asymptotisch stabil ist. Daß dem tatsächlich so ist, zeigt unser nächster Satz.

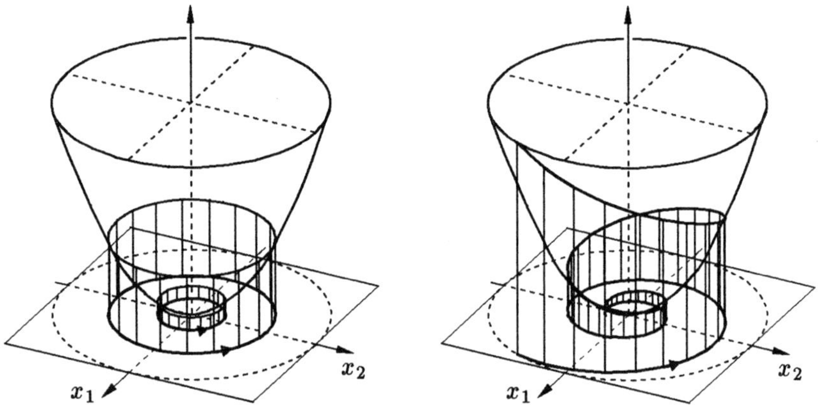

Abb. 7.39 Eine längs Lösungen konstante (links) bzw. streng monoton fallende (rechts) Ljapunov-Funktion

7.9.2 Satz (asymptotische Stabilität nach der direkten Methode): *Gegeben sei ein autonomes System der Form (7.120) mit der trivialen Ruhelage und einer zugehörigen Ljapunov-Funktion $V : D \to \mathbb{R}$. Gelten dann die Bedingungen*

$$V(0) = 0 \quad \textit{und} \quad V(x) > 0 \quad \textit{für alle } x \in D \setminus \{0\}, \tag{7.124}$$
$$\dot{V}(0) = 0 \quad \textit{und} \quad \dot{V}(x) < 0 \quad \textit{für alle } x \in D \setminus \{0\}, \tag{7.125}$$

so ist die Ruhelage $x = 0$ asymptotisch stabil. Ferner ist jede Menge der Form

$$N_c^+ := \{x \in D : V(x) \leq c\}, \quad c > 0, \tag{7.126}$$

sofern sie eine kompakte Teilmenge von D ist, ein Teil des Einzugsbereichs der Ruhelage $x = 0$.

Beweis: (a) Wir beweisen zunächst die folgende Hilfssaussage, aus der sich dann die beiden Aussagen des Satzes 7.9.2 leicht ergeben.

Ist $\varphi(t;\xi)$ eine Lösung von (7.120), die für alle $t \geq 0$ existiert und in einer kompakten Umgebung $K \subset D$ von 0 verbleibt, so gilt $\lim\limits_{t\to\infty} \varphi(t;\xi) = 0$. (7.127)

(a$_1$) Für festes $\xi \in D$ sei $\varphi(t;\xi)$ eine Lösung von (7.120) mit

$$\varphi(t;\xi) \in K \quad \text{für alle } t \geq 0\,. \tag{7.128}$$

Da $V\big(\varphi(t;\xi)\big)$ als Funktion von t monoton fällt und wegen (7.124) nach unten durch 0 beschränkt ist, existiert der nichtnegative Grenzwert

$$V^* := \lim_{t\to\infty} V\big(\varphi(t;\xi)\big)\,.$$

(a$_2$) Wir zeigen in diesem Beweisschritt, daß V^* gleich 0 ist, indem wir die Annahme $V^* > 0$ zum Widerspruch führen. Da $V\big(\varphi(t;\xi)\big)$ als Funktion von t monoton fällt, gilt unter dieser Annahme

$$V\big(\varphi(t;\xi)\big) \geq V^* > 0 \quad \text{für alle } t \geq 0\,. \tag{7.129}$$

Wir wählen nun ein $\delta > 0$ so klein, daß $U_\delta(0) \subset K$ gilt (K ist nach Voraussetzung eine Umgebung von 0) und darüberhinaus

$$0 \leq V(x) < V^* \quad \text{für alle } x \in U_\delta(0)\,. \tag{7.130}$$

Aus (7.128), (7.129) und (7.130) folgt dann

$$\varphi(t;\xi) \in K \setminus U_\delta(0) \quad \text{für alle } t \geq 0\,. \tag{7.131}$$

Da $\dot{V}(x)$ stetig und $K \setminus U_\delta(0)$ kompakt ist, existiert die Zahl

$$\mu := \max\big\{\dot{V}(x) \in \mathbb{R} : x \in K \setminus U_\delta(0)\big\}\,,$$

und sie ist wegen der Voraussetzung (7.125) negativ. Zusammen mit (7.131) folgt dann die Beziehung $\dot{V}\big(\varphi(t;\xi)\big) \leq \mu < 0$ für alle $t \geq 0$, woraus wir auf die Abschätzung

$$V\big(\varphi(t;\xi)\big) - V(\xi) \overset{(7.102)}{=} \int_0^t \dot{V}\big(\varphi(s;\xi)\big)\,ds \leq \mu t \quad \text{für alle } t \geq 0$$

schließen. Da μ negativ ist, folgt hieraus die Beziehung $\lim_{t\to\infty} V\big(\varphi(t;\xi)\big) = -\infty$. Dies widerspricht aber der Tatsache, daß $V(x)$ nach Voraussetzung (7.124) stets nichtnegativ ist.

(a$_3$) Aus der nun vorliegenden Aussage $V^* = \lim_{t\to\infty} V\big(\varphi(t;\xi)\big) = 0 \in \mathbb{R}$ folgt wegen der Stetigkeit von $V(x)$ die in (7.127) angestrebte Beziehung

$$\lim_{t\to\infty} \varphi(t;\xi) = 0 \in \mathbb{R}^N\,.$$

Zu beachten ist bei dieser Schlußweise, daß die betrachtete Lösung $\varphi(t;\xi)$ für alle $t \geq 0$ in der kompakten Menge K verbleibt und somit jeder ω-Grenzpunkt von $\varphi(t;\xi)$ eine Nullstelle von $V(x)$ sein muß. $V(x)$ besitzt nach Voraussetzung (7.124) aber nur die einpunktige Nullstellenmenge $\{0\}$.

Damit ist schließlich der Beweis der Aussage (7.127) abgeschlossen.

(b) Zum Nachweis der asymptotischen Stabilität der Ruhelage $x = 0$ wählen wir ein $\varepsilon > 0$ mit $\overline{U_\varepsilon(0)} \subset D$. Da die Ruhelage nach Satz 7.9.1 stabil ist, gibt es ein $\eta > 0$ derart, daß jede Lösung $\varphi(t;\xi)$ mit $\|\xi\| < \eta$ für alle $t \geq 0$ existiert und in der kompakten Umgebung $\overline{U_\varepsilon(0)}$ von 0 verbleibt. Mit $K := \overline{U_\varepsilon(0)}$ folgt dann aus der bereits bewiesenen Aussage (7.127), daß jede solche Lösung für $t \to \infty$ gegen 0 konvergiert. Dies beweist die noch ausstehende Attraktivität der trivialen Ruhelage.

(c) Zum Nachweis der Aussage bezüglich der Mengen N_c^+ stellen wir fest, daß für jedes $c > 0$ die Menge N_c^+ nach Satz 7.8.5 positiv invariant und nach Voraussetzung kompakt ist. Für jedes $\xi \in N_c^+$ existiert also nach Satz 3.1.4 (a) die Lösung $\varphi(t;\xi)$ für alle $t \geq 0$ und verbleibt in N_c^+. Schließlich ist N_c^+ wegen der Voraussetzung (7.124) eine Umgebung von 0. Mit $K := N_c^+$ liefert dann die Aussage (7.127) die Konvergenz jeder in N_c^+ startenden Lösung gegen 0. ■

Der dritte Satz zur direkten Methode von Ljapunov, den wir nun vorstellen wollen, betrifft die Instabilität einer Ruhelage. Da der Beweis denen der vorherigen beiden Sätze sehr ähnelt, können wir uns jetzt etwas kürzer fassen.

7.9.3 Satz (Instabilität nach der direkten Methode): *Gegeben sei ein autonomes System der Form (7.120) mit der trivialen Ruhelage und einer zugehörigen Ljapunov-Funktion* $V : D \to \mathbb{R}$. *Gelten dann die Bedingungen*

$$V(0) = 0 \ , \tag{7.132}$$

$$\dot V(0) = 0 \quad \textit{und} \quad \dot V(x) < 0 \ \textit{für alle}\ x \in D \setminus \{0\} \ , \tag{7.133}$$

und gibt es in jeder Umgebung von 0 wenigstens einen Punkt, in dem $V(x)$ *einen negativen Wert annimmt, so ist die Ruhelage* $x = 0$ *instabil.*

Beweis: Wir nehmen an, die Ruhelage wäre stabil. Wählen wir dann ein $\varepsilon > 0$ mit $\overline{U_\varepsilon(0)} \subset D$, so existiert ein $\delta > 0$ mit

$$\|\varphi(t;\xi)\| < \varepsilon \quad \text{für alle } t \geq 0 \text{ und } \xi \in U_\delta(0) \ . \tag{7.134}$$

Nach Voraussetzung gibt es dann einen Anfangswert $\xi_0 \in U_\delta(0)$ mit $V(\xi_0) < 0$, und wegen (7.132) und der Stetigkeit von $V(x)$ gibt es ein positives $\eta < \varepsilon$ mit

$$V(x) > V(\xi_0) \quad \text{für alle } x \in U_\eta(0) \ . \tag{7.135}$$

Da V längs der Lösung $\varphi(t;\xi_0)$ monoton fällt, gilt $V\big(\varphi(t;\xi_0)\big) \leq V(\xi_0)$ für alle $t \geq 0$. Zusammen mit (7.134) und (7.135) bedeutet dies

$$0 < \eta \leq \|\varphi(t;\xi_0)\| < \varepsilon \quad \text{für alle } t \geq 0 \ . \tag{7.136}$$

Setzen wir dann $\mu := \max\{\dot{V}(x) \in \mathbb{R} : \eta \leq \|x\| \leq \varepsilon\} < 0$, so folgt $\dot{V}(\varphi(t;\xi_0)) \leq \mu < 0$ für alle $t \geq 0$ und damit

$$V(\varphi(t;\xi_0)) - V(\xi_0) = \int_0^t \dot{V}(\varphi(s;\xi_0))\,ds \;\leq\; \mu t \;\to\; -\infty \quad \text{für } t \to \infty .$$

Dies widerspricht aber der Tatsache, daß die Lösung $\varphi(t;\xi_0)$ wegen (7.136) für alle $t \geq 0$ in der kompakten Menge $\overline{U_\varepsilon(0)}$ verbleibt, auf der $V(x)$ als stetige Funktion beschränkt ist. ■

Wir wollen nun die direkte Methode von Ljapunov, und zwar in Form des Stabilitätssatzes 7.9.1, auf die Pendelgleichung anwenden und so auf dem Wege zum vollständigen Verständnis dieser Gleichung weiter voranschreiten. Um dabei der in diesem Satz auftretenden Vorzeichenbedingung an die Ljapunov-Funktion zu genügen, müssen wir die aus dem Beispiel 7.8.6 bekannte Ljapunov-Funktion $\frac{y^2}{2} - \cos x$ leicht modifizieren. Wir bemerken in diesem Zusammenhang, daß das Anbringen einer additiven Konstante an der Eigenschaft, eine Ljapunov-Funktion für eine bestimmte Gleichung zu sein, nichts ändert, da diese Konstante in der Ableitung der Funktion bezüglich der Differentialgleichung nicht auftritt.

7.9.4 Beispiel: Gegeben sei also wieder das System

$$\boxed{\dot{x} = y\,, \quad \dot{y} = -g(y) - \sin x}\,, \tag{7.137}$$

bei dem die C^1-Funktion $g(y)$ die Bedingungen

$$g(0) = 0 \quad \text{und} \quad y\,g(y) \geq 0 \quad \text{für alle } y \in \mathbb{R} \tag{7.138}$$

erfüllt. Wir erinnern daran, daß das System (7.137) die Ruhelagen $(k\pi, 0)$ für alle $k \in \mathbb{Z}$ besitzt. Die Abbildung 7.40 vermittelt einen Eindruck vom Richtungsfeld und einigen positiv invarianten Mengen dieses Systems.

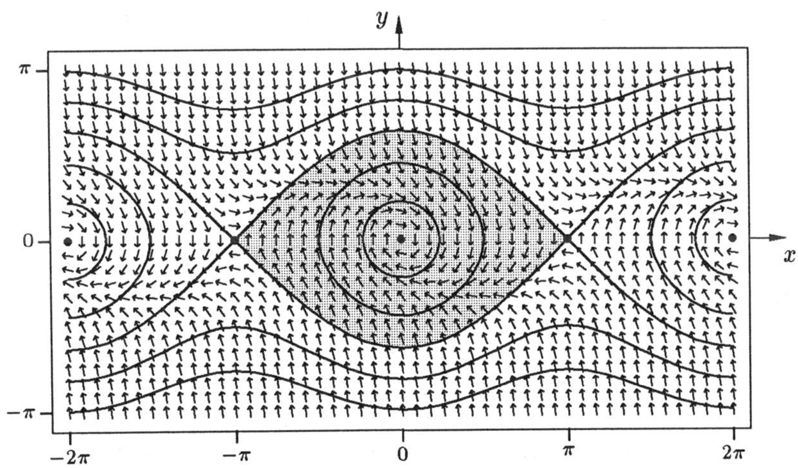

Abb. 7.40 Richtungsfeld und positiv invariante Mengen für das System $\dot{x} = y$, $\dot{y} = -g(y) - \sin x$, hier $g(y) \equiv y^3$

Wir untersuchen nun zunächst die zentrale Ruhelage $(0,0)$. Im Hinblick auf eine Anwendung des Satzes 7.9.1 definieren wir die Funktion

$$V_0(x,y) := \frac{y^2}{2} - \cos x + 1 \,.$$

Sie ist eine Ljapunov-Funktion für die Differentialgleichung (7.137), denn für die Ableitung bezüglich dieser Gleichung gilt wegen der Voraussetzung (7.138)

$$\dot{V}_0(x,y) = -\,y\,g(y) \leq 0 \quad \text{für alle } (x,y) \in \mathbb{R}^2 \,. \tag{7.139}$$

Darüberhinaus besitzt $V_0(x,y)$ die Eigenschaften (siehe Abbildung 7.41)

$$V_0(0,0) = 0 \quad \text{und} \quad V_0(x,y) > 0 \text{ für alle } (x,y) \in \big((-2\pi, 2\pi) \times \mathbb{R}\big) \setminus \{(0,0)\} \,.$$

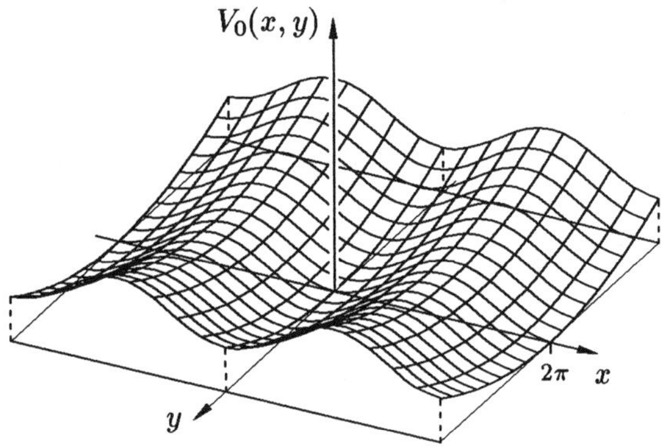

Abb. 7.41 Die Ljapunov-Funktion $\frac{y^2}{2} - \cos x + 1$ für das System $\dot{x} = y$, $\dot{y} = -\,g(y) - \sin x$

Also ist der Satz 7.9.1 auf die Einschränkung des Systems (7.137) auf die Menge $D := (-2\pi, 2\pi) \times \mathbb{R}$ anwendbar. Die Stabilität der Ruhelage $(0,0)$ gilt dann natürlich auch für das gegebene System auf ganz $\mathbb{R}^2$. Daß darüberhinaus *alle* Ruhelagen der Form $(2n\pi, 0)$, $n \in \mathbb{Z}$ die gleiche Stabilität wie $(0,0)$ besitzen, begründet man einfach damit (siehe Satz 7.4.10), daß die zu einer solchen Ruhelage gehörige Differentialgleichung der gestörten Bewegung (wieder in (x,y)-Koordinaten geschrieben) die Form

$$\boxed{\dot{x} = y \,, \quad \dot{y} = -\,g(y) - \sin(x + 2n\pi)}$$

besitzt und folglich mit der gegebenen Differentialgleichung (7.137) identisch ist.

Daß man unter den Voraussetzungen (7.138) nicht mehr als die Stabilität, d.h. nicht die asymptotische Stabilität der Ruhelagen $(2n\pi, 0)$, $n \in \mathbb{Z}$ erwarten kann, ist offensichtlich, denn diese Voraussetzungen beinhalten den reibungslosen Fall mit $g(y) \equiv 0$, bei dem diese Ruhelagen bekanntlich von geschlossenen Trajektorien umgeben sind, und zwar in jeder noch so kleinen Umgebung (siehe Beispiel 5.1.6). Daß man jedoch unter der verschärften Bedingung

$$g(0) = 0 \quad \text{und} \quad y\,g(y) > 0 \quad \text{für alle } y \in \mathbb{R} \setminus \{0\} \,,$$

die einen tatsächlich vorliegenden Reibungseinfluß zum Ausdruck bringt, sogar die asymptotische Stabilität der Ruhelagen $(k\pi, 0)$ für gerades k und die Instabilität für ungerades k nachweisen kann, ergibt sich aus den im vorherigen Abschnitt gewonnenen Erkenntnissen, wenn man die spezielle Form der Subniveaumengen der Ljapunov-Funktion $V_0(x, y)$ beachtet, sowie die Tatsache, daß jede Lösung des Systems (7.137) für $t \to \infty$ gegen eine Ruhelage strebt.

Um dies einzusehen, betrachten wir den in der Abbildung 7.40 grau getönten Bereich, der von den beiden die Ruhelagen $(-\pi, 0)$ und $(\pi, 0)$ miteinander verbindenden Trajektorien gebildet wird. Das vorübergehend mit A bezeichnete Innere dieses Bereichs ist positiv invariant, und jede darin startende Lösung konvergiert für $t \to \infty$ gegen eine Ruhelage. Die beiden Ruhelagen $(-\pi, 0)$ und $(\pi, 0)$ kommen dabei als Grenzwerte nicht in Frage, denn jeder Punkt $(\xi, \eta) \in A$ liegt auf einer geschlossenen Niveaulinie der Ljapunov-Funktion $V_0(x, y)$, und das bedeutet, daß die in diesem Punkt startende Lösung die entsprechende Subniveaumenge für $t \geq 0$ nicht verlassen und somit nur gegen die triviale Ruhelage konvergieren kann. Damit haben wir gezeigt, daß die triviale Ruhelage attraktiv (und wegen der zuvor bewiesenen Stabilität sogar asymptotisch stabil) ist, und daß die Menge A zum Einzugsbereich dieser Ruhelage gehört. Daß die beiden Ruhelagen $(-\pi, 0)$ und $(\pi, 0)$ instabil sind, ergibt sich aus der eben beschriebenen Tatsache, daß *jede*, also auch in beliebiger Nähe einer solchen Ruhelage in A startende Lösung gegen $(0, 0)$ konvergiert. Auf Grund der 2π-Periodizität des Systems (7.137) in x übertragen sich schließlich diese Stabilitätseigenschaften sinngemäß auf *alle* Ruhelagen des Systems (7.137), so daß wir nun die Diskussion der Pendelgleichung als abgeschlossen betrachten können.

Das in der Abbildung 7.42 gezeigte, numerisch bestimmte Phasenportrait der Pendelgleichung mit dem Reibungsterm $g(y) = \frac{1}{10}y$ zeigt die verschiedenen Einzugsbereiche der asymptotisch stabilen Ruhelagen $(2n\pi, 0)$, $n \in \mathbb{Z}$ und die sie gegeneinander abgrenzenden Trajektorien, die ihrerseits in die instabilen Ruhelagen $((2n+1)\pi, 0)$, $n \in \mathbb{Z}$ einmünden. ◇

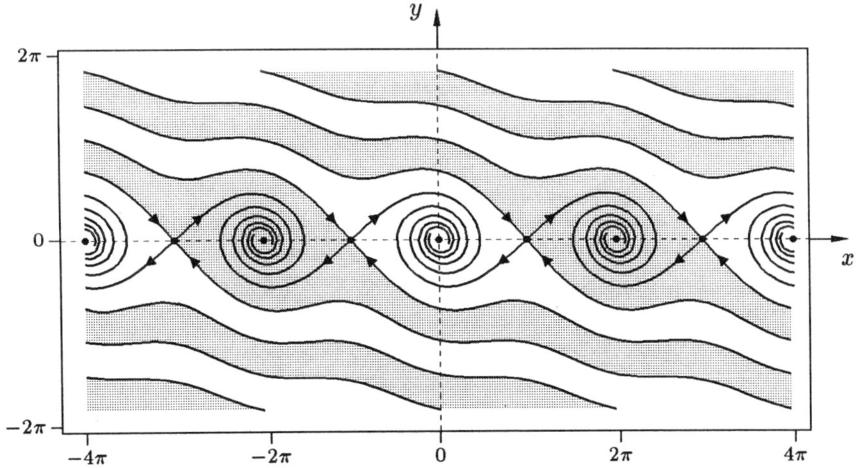

Abb. 7.42 Phasenportrait des Systems $\dot{x} = y$, $\dot{y} = -\frac{1}{10}y - \sin x$

Aufgaben

1. Gegeben sei auf einer offenen Menge $D \subseteq \mathbb{R}^2$ ein autonomes C^1-System der Form

$$\boxed{\begin{pmatrix} \dot{x} \\ \dot{y} \end{pmatrix} = \begin{pmatrix} a & b \\ -b & a \end{pmatrix} \begin{pmatrix} x \\ y \end{pmatrix} + \begin{pmatrix} r_1(x,y) \\ r_2(x,y) \end{pmatrix}} \qquad (*)$$

mit $r(0,0) = 0 \in \mathbb{R}^2$, $r'(0,0) = 0 \in \mathbb{R}^{2\times 2}$ und reellen Koeffizienten a, b mit $a < 0$.

(a) Bestimmen Sie eine positiv definite quadratische Form $V(x,y)$, deren Ableitung bezüglich des linearen Systems

$$\boxed{\begin{pmatrix} \dot{x} \\ \dot{y} \end{pmatrix} = \begin{pmatrix} a & b \\ -b & a \end{pmatrix} \begin{pmatrix} x \\ y \end{pmatrix}}$$

der Identität $\dot{V}(x,y) = -x^2 - y^2$ für alle $x, y \in \mathbb{R}$ genügt.

(b) Zeigen Sie, daß $V(x,y)$ auf einer Umgebung des Koordinatenursprungs eine Ljapunov-Funktion für das nichtlineare System $(*)$ ist, welche die asymptotische Stabilität der trivialen Ruhelage dieses Systems beweist.

2. Auf einer offenen Menge $D \subseteq \mathbb{R}^N$ sei ein autonomes C^1-System mit rechter Seite $f(x)$ und der Eigenschaft $f(0) = 0$ gegeben.

Zeigen Sie, daß die triviale Ruhelage dieses Systems asymptotisch stabil ist, falls es eine C^1-Funktion $W : D \to \mathbb{R}$ mit folgenden Eigenschaften gibt:

$$W(0) = 0 \quad \text{und} \quad W(x) < 0 \quad \text{für alle } x \in D \setminus \{0\}\,,$$
$$\operatorname{grad} W(x) \cdot f(x) > 0 \quad \text{für alle } x \in D \setminus \{0\}\,.$$

3. Gegeben sei auf dem $\mathbb{R}^N$ ein autonomes C^1-System

$$\boxed{\dot{x} = f(x)}$$

mit der trivialen Ruhelage und einer zugehörigen Ljapunov-Funktion $V : \mathbb{R}^N \to \mathbb{R}$.

Zeigen Sie: Gelten die Bedingungen

$$\begin{aligned} &V(0) = 0 \quad \text{und} \quad V(x) > 0 \quad \text{für alle } x \neq 0\,,\\ &\dot{V}(0) = 0 \quad \text{und} \quad \dot{V}(x) < 0 \quad \text{für alle } x \neq 0\,,\\ &V(x) \to \infty \quad \text{für} \quad \|x\| \to \infty\,, \end{aligned}$$

so ist die Ruhelage $x = 0$ ***global asymptotisch stabil***, d.h. sie ist asymptotisch stabil und der gesamte $\mathbb{R}^N$ ist der zugehörige Einzugsbereich.

4. Auf einer offenen Menge $D \subset \mathbb{R}^N$ sei ein autonomes C^1-System mit rechter Seite $f(x)$ gegeben. Das System besitze die triviale Ruhelage und $V : D \to \mathbb{R}^N$ sei eine zugehörige Ljapunov-Funktion.

Zeigen Sie: Gibt es positive Konstante a, b, c und d derart, daß die Bedingungen

$$a\|x\|^d \leq V(x) \leq b\|x\|^d \quad \text{und} \quad \dot{V}(x) \leq -c\|x\|^d$$

für alle $x \in D$ gelten, so ist die Ruhelage $x = 0$ ***exponentiell stabil***, d.h. es gibt positive Konstante α, η und K, so daß für den Fluß $\varphi(t;\xi)$ dieses System folgendes gilt:

$$\|\xi\| < \eta \implies \|\varphi(t;\xi)\| \leq K\,e^{-\alpha t} \quad \text{für alle } t \geq 0\,.$$

5. Gegeben sei eine C^2-Funktion $F : D \to \mathbb{R}$ auf einer offenen Menge $D \subseteq \mathbb{R}^N$ sowie das hiermit gebildete **Gradientensystem**

$$\boxed{\dot{x} = -\operatorname{grad} F(x)}\,.$$

Zeigen Sie: Besitzt die Funktion $F(x)$ an einem Punkt $x_0 \in D$ ein strenges relatives Minimum, so ist x_0 eine asymptotisch stabile Ruhelage dieses Systems.

7.10 Verzweigung von Ruhelagen

In diesem Abschnitt wollen wir uns mit der Frage beschäftigen, inwieweit die Änderung eines Differentialgleichungsparameters das Lösungsverhalten der betrachteten Gleichung verändern kann. Unser besonderes Interesse gilt dabei dem häufig in den Anwendungen anzutreffenden Phänomen, daß schon die kleinste Änderung eines Parameters drastische Auswirkungen auf das Systemverhalten nach sich zieht. Der Untersuchung dieser für die sogenannte *Verzweigungs-* oder *Bifurkationstheorie* zentralen Fragestellung wollen wir uns nun zuwenden, wobei wir uns gemäß der Intention dieses einführenden Lehrbuches auf sehr einfache Fälle[4] beschränken, diese aber vollständig diskutieren.

Ausgangspunkt unserer Betrachtungen ist eine skalare Differentialgleichung

$$\boxed{\dot{x} = f(x,\alpha)}\,, \quad \alpha \in \mathbb{R}\,, \tag{7.140}$$

deren rechte Seite $f : D \to \mathbb{R}$ auf einer offenen Menge $D \subseteq \mathbb{R}^2$ von der Klasse C^k, $k \geq 1$ ist, und die für einen Parameterwert α_0 eine Ruhelage x_0 besitzt. Wir stellen dann die folgenden Fragen: *Unter welchen Voraussetzungen besitzt die Gleichung (7.140) für Werte des Parameters α nahe α_0 weitere Ruhelagen in der Nähe von x_0? Wieviele solcher Ruhelagen gibt es, und von welchem Stabilitätstyp sind sie?*

Bevor wir uns ein erstes Beispiel ansehen, erinnern wir daran (siehe Abschnitt 7.1), daß man die parameterabhängige Differentialgleichung (7.140) auch in der Form

$$\boxed{\dot{x} = f(x,y)\,,\quad \dot{y} = 0} \tag{7.141}$$

als zwei-dimensionales System schreiben kann. Auf Grund unserer Voraussetzungen an die Gleichung (7.140) besitzt dieses System die Ruhelage (x_0, α_0), und die eben gestellten Fragen zielen jetzt auf die Ruhelagen des Systems (7.141) in der Nähe des Punktes (x_0, α_0). Ein für beide Gleichungsvarianten gleichermaßen gültiges Phasenportrait im (x, α)-Raum, aus dem insbesondere die Ruhelagen ersichtlich sind, nennen wir fortan ein **Verzweigungsdiagramm**.

Wir beginnen unsere Untersuchungen mit einem Beispiel, bei dem eine asymptotisch stabile Ruhelage bei Parameteränderung instabil wird und somit ihre Attraktivität verliert.

7.10.1 Beispiel: Die skalare Differentialgleichung

$$\boxed{\dot{x} = \alpha x - x^3}\,, \quad \alpha \in \mathbb{R} \tag{7.142}$$

ist so einfach, daß wir ihr parameterabhängiges Phasenportrait, also ihr Verzweigungsdiagramm, in der Nähe des Punktes $(0,0)$ sofort angeben und diskutieren

---

[4] Die „Einfachheit“ bezieht sich primär auf die *Dimension* der betrachteten Differentialgleichungen. Höher-dimensionale Systeme erfordern nämlich einen theoretischen Aufwand, der den Rahmen dieses Buches sprengen würde. Mehr zu diesem Thema später im Abschnitt 7.12.

können (siehe Abbildung 7.43). Für jeden Parameterwert liegt die triviale Ruhelage vor, für $\alpha \leq 0$ ist diese asymptotisch stabil und für $\alpha > 0$ instabil. Neben dem „trivialen Zweig" von Ruhelagen besitzt diese Gleichung offensichtlich einen weiteren Zweig $\alpha = x^2$ von nichttrivialen Ruhelagen, die alle asymptotisch stabil sind. Die jeweiligen Stabilitätseigenschaften der Ruhelagen haben wir in der Abbildung 7.43 – wie auch in allen noch folgenden Verzweigungsdiagrammen – durch die verschiedenen Punktdarstellungen zum Ausdruck gebracht. ◊

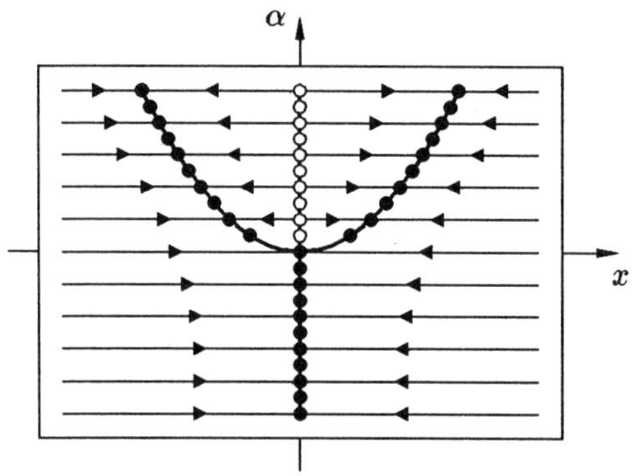

Abb. 7.43
Verzweigungsdiagramm der Gleichung $\dot{x} = \alpha x - x^3$

Bevor wir Bedingungen dafür angeben, daß sich die Anzahl von Ruhelagen in der Nähe von x_0 bei Variation des Parameters α ändert, beschreiben wir die Situation, in der dies *nicht* möglich ist. Es handelt sich hierbei schlichtweg um den aus der ANALYSIS bekannten Satz über implizite Funktionen, der sich aus Sicht der Differentialgleichungen wie folgt formulieren läßt:

7.10.2 Satz (keine Verzweigung von Ruhelagen): *Gilt für die rechte Seite der Differentialgleichung (7.140) die Beziehung*[5] $f_x(x_0, \alpha_0) \neq 0$, *so gibt es eine Umgebung* $U \times V$ *des Punktes* (x_0, α_0) *in* D *und eine* C^k*-Funktion* $g : V \to U$ *mit* $g(\alpha_0) = x_0$ *und der Eigenschaft*

$$f\big(g(\alpha), \alpha\big) = 0 \quad \text{für alle } \alpha \in V\,.$$

Außer den Ruhelagen $\big(g(\alpha), \alpha\big)$, $\alpha \in V$, *besitzt das System (7.140) keine weiteren Ruhelagen in* $U \times V$ *(siehe Abbildung 7.44).*

[5] Da wir es mit größeren Formeln zu tun bekommen werden, verwenden wir von nun an für partielle Ableitungen die platzsparende Schreibweise $f_x(x, \alpha)$ an Stelle von $\frac{\partial f}{\partial x}(x, \alpha)$, entsprechend für andere Ableitungen erster oder höherer Ordnung. Bei gemischten partiellen Ableitungen, wie etwa $f_{xx\alpha}(x, \alpha)$, brauchen wir auf die Reihenfolge der Differentiationen nicht zu achten, denn alle im folgenden auftretenden Ableitungen sind auf Grund der jeweils vorliegenden Voraussetzungen stetig, so daß es nach einem Satz der Analysis auf die Reihenfolge der partiellen Differentiationen nicht ankommt.

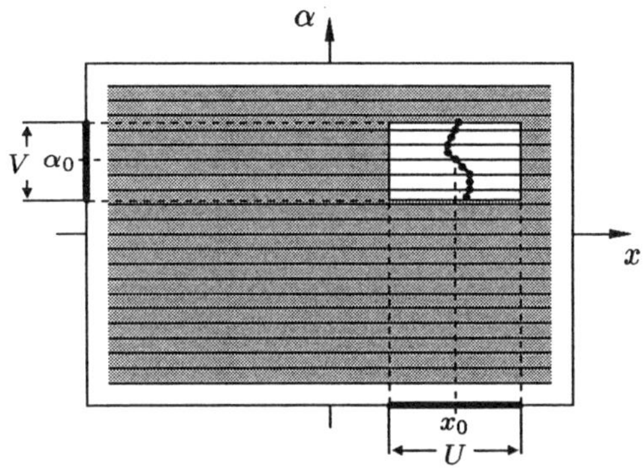

Abb. 7.44
Die Ruhelagen von $\dot{x} = f(x, \alpha)$ in der Nähe von (x_0, α_0) unter der Bedingung $f_x(x_0, \alpha_0) \neq 0$

Der Satz 7.10.2 schließt aus, daß es neben den auf der Kurve $\{(g(\alpha), \alpha) : \alpha \in V\}$ liegenden Ruhelagen noch weitere Ruhelagen in $U \times V$ gibt. Nennen wir also einen Punkt (x_0, α_0) mit der Eigenschaft, daß sich in jeder noch so kleinen Intervall-Umgebung von x_0 bei Variation des Parameters α in der Nähe von α_0 die Anzahl der Ruhelagen ändert, einen **Verzweigungspunkt**, so besagt die Bedingung $f_x(x_0, \alpha_0) \neq 0$, daß (x_0, α_0) *kein* Verzweigungspunkt ist. Umgekehrt ist dann die Bedingung $f_x(x_0, \alpha_0) = 0$ notwendig (aber nicht hinreichend, siehe Aufgabe 1) dafür, daß (x_0, α_0) ein Verzweigungspunkt ist. Zur Unterscheidung dieser beiden Fälle nennt man den Punkt (x_0, α_0) **hyperbolisch** bzw. **nicht-hyperbolisch**, je nachdem ob $f_x(x_0, \alpha_0) \neq 0$ oder $f_x(x_0, \alpha_0) = 0$ gilt. Weitere Bezeichnungsweisen, die der Unterscheidung verschiedener Verzweigungsarten dienen, sind die folgenden: Tritt in der Nähe eines Verzweigungspunktes (x_0, α_0) nur für $\alpha \geq \alpha_0$ bzw. nur für $\alpha \leq \alpha_0$ mehr als eine Ruhelage auf, so sprechen wir von **superkritischer** bzw. von **subkritischer Verzweigung.** Findet in beiden Parameterrichtungen Verzweigung statt, so nennen wir dies eine **transkritische Verzweigung.**

Abschließend sei noch erwähnt, daß wir in den nun folgenden theoretischen Untersuchungen stets $x_0 = 0$ und $\alpha_0 = 0$ wählen, was sich in konkreten Fällen ja durch die einfache Transformation $x \mapsto x - x_0$, $\alpha \mapsto \alpha - \alpha_0$ stets erreichen läßt.

7.10.1 Sattel-Knoten-Verzweigung

Wir betrachten eine skalare parameterabhängige Differentialgleichung

$$\boxed{\dot{x} = f(x, \alpha)}\,, \tag{7.143}$$

deren rechte Seite $f : D \to \mathbb{R}$ auf einer offenen Menge $D \subseteq \mathbb{R}^2$ differenzierbar ist und den Bedingungen

$$f(0,0) = 0\,, \tag{7.144}$$
$$f_x(0,0) = 0 \tag{7.145}$$

genügt, die nichts anderes besagen, als daß die Gleichung (7.143) für $\alpha = 0$ bei $x = 0$ eine nicht-hyperbolische Ruhelage besitzt. Um den Einfluß der nichtlinearen Funktion $f(x, \alpha)$ auf das Verzweigungsverhalten in der Nähe der trivialen Ruhelage zu untersuchen, betrachten wir zunächst die Taylor-Approximation zweiter Ordnung von $f(x, \alpha)$ im Punkt $(0,0)$, was natürlich zweimalige Differenzierbarkeit von $f(x, \alpha)$ erfordert. Unter Beachtung der Voraussetzungen (7.144) und (7.145) liefert der Taylor'sche Satz die Darstellung

$$\begin{aligned} f(x,\alpha) &= f_\alpha(0,0)\alpha + \tfrac{1}{2}\left[f_{xx}(0,0)x^2 + 2f_{\alpha x}(0,0)x\alpha + \right. \\ &\quad \left. + f_{\alpha\alpha}(0,0)\alpha^2 \right] + Rest(x,\alpha)\,. \end{aligned} \tag{7.146}$$

Der nun folgende Satz macht die Voraussetzung, daß die ersten beiden der hier auftretenden Taylor-Koeffizienten von 0 verschieden sind. Zur Veranschaulichung der verschiedenen Aussagen dieses Satzes verweisen wir schon vorweg auf die Abbildung 7.45.

7.10.3 Satz (Sattel-Knoten-Verzweigung): *Die Differentialgleichung (7.143) sei von der Klasse C^2 und besitze für den Parameterwert $\alpha = 0$ bei $x = 0$ eine nicht-hyperbolische Ruhelage, d.h. es gelten die Voraussetzungen (7.144) und (7.145). Sind darüberhinaus die Bedingungen*

$$f_\alpha(0,0) \neq 0\,, \tag{7.147}$$

$$f_{xx}(0,0) \neq 0 \tag{7.148}$$

erfüllt, so gibt es eine Umgebung $U \times V$ des Punktes $(0,0)$ im $\mathbb{R}^2$ und eine C^2-Funktion $h: U \to V$ mit $h(0) = 0$ und

$$f\big(x, h(x)\big) = 0 \quad \text{für alle } x \in U\,. \tag{7.149}$$

Ferner gilt:

(a) Die Differentialgleichung (7.143) besitzt in $U \times V$ keine Ruhelagen außer denen auf dem Graphen $\{(x, h(x)) \in \mathbb{R}^2 : x \in U\}$ von h.

(b) Der Graph von h besitzt im Punkt $(0,0)$ ein strenges lokales (und bezüglich U globales) Extremum, genauer, es gilt $h'(0) = 0$ und

$$h''(0) = -\frac{f_{xx}(0,0)}{f_\alpha(0,0)} \neq 0\,. \tag{7.150}$$

(c) Für $\alpha = 0$ ist die triviale Ruhelage der Gleichung (7.143) semistabil.

(d) Für $\alpha \neq 0$ gilt: Ist $\alpha \in V \setminus h(U)$, so besitzt die Differentialgleichung (7.143) keine Ruhelage in U. Für jedes $\alpha \in h(U) \setminus \{0\}$ dagegen besitzt die Gleichung (7.143) genau zwei Ruhelagen $x^- < 0 < x^+$ in U. Ist die gemäß (7.148) von 0 verschiedene Zahl $f_{xx}(0,0)$ positiv, so ist x^- asymptotisch stabil und x^+ instabil, ist dagegen $f_{xx}(0,0)$ negativ, so ist x^- instabil und x^+ asymptotisch stabil.

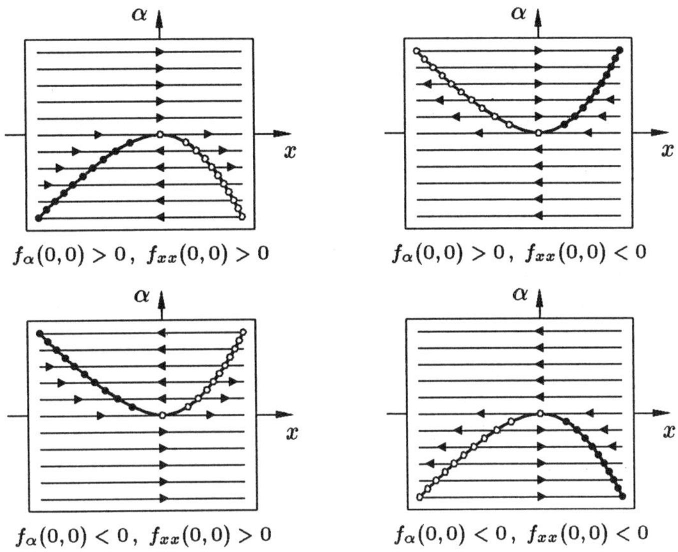

Abb. 7.45 Die vier Fälle der Sattel-Knoten-Verzweigung

Dem Beweis des Satzes 7.10.3 stellen wir eine Bemerkung zur Bezeichnung *Sattel-Knoten-Verzweigung* voran. Da die Begriffe *Sattel* und *Knoten* bei skalaren Differentialgleichungen keinen Sinn ergeben, ist diese Bezeichnung hier eher irreführend. Sie wird erst verständlich, wenn man eine den Voraussetzungen des Satzes 7.10.3 genügende skalare Differentialgleichung, so zum Beispiel $\dot{x} = \alpha - x^2$, durch die Gleichung $\dot{y} = -y$ zu einem zwei-dimensionalen System der Form

$$\boxed{\dot{x} = \alpha - x^2 \,, \quad \dot{y} = -y} \tag{7.151}$$

ergänzt und das in der Abbildung 7.46 gezeigte drei-dimensionale Phasenportrait betrachtet. Für $\alpha > 0$ erkennt man einen Sattelpunkt und einen Knoten.

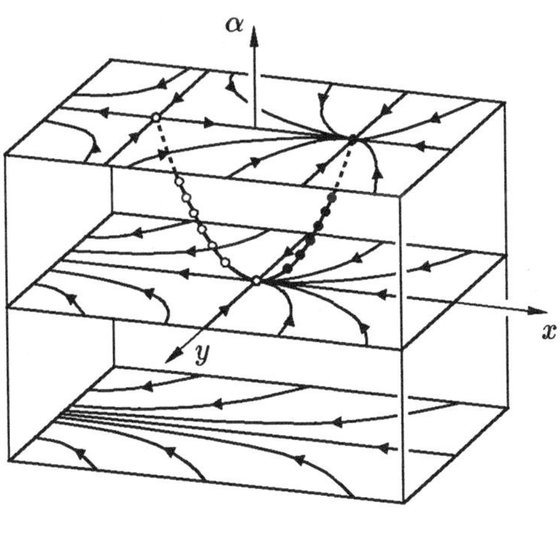

Abb. 7.46 Zur Bezeichnung Sattel-Knoten-Verzweigung

Mit fallendem Parameter bewegen sich diese beiden Ruhelagen aufeinander zu, um für $\alpha = 0$ zu einem sogenannten Sattel-Knoten zu verschmelzen und dann für $\alpha < 0$ gänzlich zu verschwinden. Um Mißverständnissen vorzubeugen sei an dieser Stelle ausdrücklich betont, daß es sich bei diesem Beispiel nicht um die Begriffe *Sattel* und *Knoten* im (linearen) Sinne unseres Abschnitts 5.3 handelt. Das System (7.151) ist nämlich nicht linear und somit sind die Begriffe Sattel und Knoten hier nur im Sinne einer (mathematisch nicht präzisierten) augenscheinlichen Ähnlichkeit zu den entsprechenden linearen Begriffen zu verstehen.

Um sowohl die Aussage als auch den Beweis des Satzes 7.10.3 zu veranschaulichen, erinnern wir daran, daß bei *skalaren autonomen* Differentialgleichungen alleine das Vorzeichen der rechten Seite das Trajektorienverhalten der Gleichung bestimmt. Im Fall der parameterabhängigen Gleichung (7.143) bedeutet dies, daß man aus dem Graphen der Funktion $f(x, \alpha)$ in der Nähe der Ruhelage $(0,0)$ das vollständige Verzweigungsdiagramm inklusive der Stabilität der abzweigenden Ruhelagen ablesen kann. Unter den Voraussetzungen des Satzes 7.10.3 hat die Funktion $f(x, \alpha)$ (exemplarisch mit positiven Vorzeichen in (7.147) und (7.148)) in einer Null-Umgebung $U \times V$ das in der Abbildung 7.47 gezeigte qualitative Aussehen, was man mit einer der üblichen Kurvendiskussion analogen „Flächen"-Diskussion erkennen kann, die wir nun durchführen wollen.

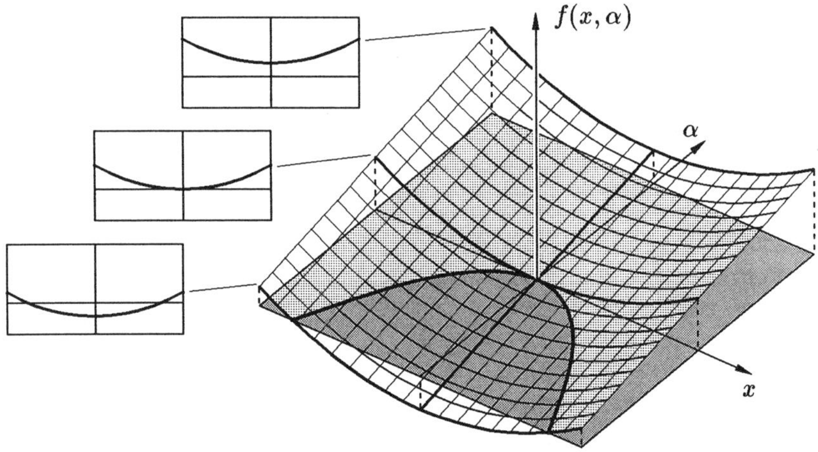

Abb. 7.47 Graph von $f(x,\alpha)$ über $U \times V$ im Fall $f_\alpha(0,0) > 0$, $f_{xx}(0,0) > 0$

Entscheidend für die Gestalt des Graphen von $f(x, \alpha)$ sind die über den beiden Achsen liegenden Graphen von $f(x, 0)$, $x \in U$ und $f(0, \alpha)$, $\alpha \in V$. Im vorliegenden Fall der Sattel-Knoten-Verzweigung besitzt die Funktion $f(\cdot, 0) : U \to \mathbb{R}$ wegen der Voraussetzungen (7.145) und (7.148) im Punkt $x = 0$ ein strenges lokales Extremum und die Funktion $f(0, \cdot) : V \to \mathbb{R}$ ist wegen (7.147) bei $\alpha = 0$ streng monoton. Für das Verzweigungsverhalten der Gleichung (7.143) ist nun letztendlich entscheidend, wie sich auf dem Graphen von $f(x, \alpha)$ die von $\alpha \in V$ abhängigen „Schnittkurven" $\{(x, \alpha, f(x, \alpha)) \in \mathbb{R}^3 : x \in U\}$ ändern, wenn man den Parameter α variiert (siehe Abbildung 7.48).

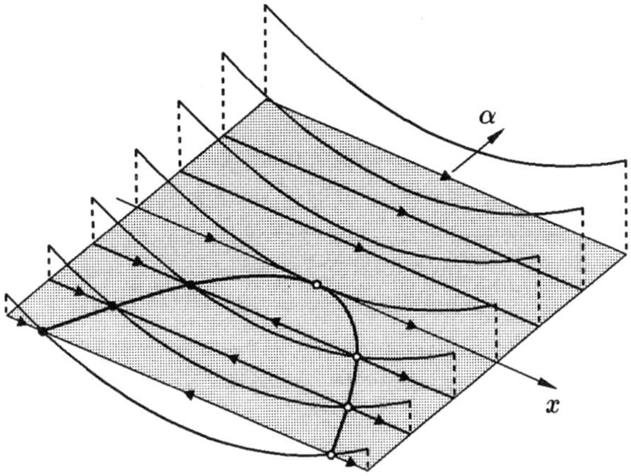

Abb. 7.48 Verzweigungsverhalten von $\dot{x} = f(x, \alpha)$ im Fall $f_\alpha(0,0) > 0$, $f_{xx}(0,0) > 0$

Da wir uns aber nicht allzusehr auf die geometrische Anschauung verlassen wollen, geben wir nun einen abstrakten analytischen Beweis für den Satz 7.10.3. Dieser Beweis ist insofern elementar, als er eigentlich nur aus einer Anwendung des Satzes über implizite Funktionen besteht. Was den Nachweis der Stabilitätsaussagen betrifft, so werden wir von den einfachen Aussagen der folgenden Bemerkung Gebrauch machen.

7.10.4 Bemerkung: Bei einer skalaren Differentialgleichung $\dot{x} = f(x)$ kann man, wie wir vom Beispiel 7.4.14 her wissen, unter Umständen aus den Ableitungen der rechten Seite an einer Ruhelage x_0 auf die Stabilität dieser Ruhelage schließen. Insbesondere gelten diesbezüglich die folgenden Aussagen:

$$\begin{aligned} f'(x_0) < 0 \quad &\Longrightarrow \quad x_0 \text{ asymptotisch stabil }, \\ f'(x_0) > 0 \quad &\Longrightarrow \quad x_0 \text{ instabil }, \\ f'(x_0) = 0\,,\ f''(x_0) \neq 0 \quad &\Longrightarrow \quad x_0 \text{ semistabil }. \end{aligned}$$

Bezüglich der letzten Implikation verweisen wir auf die Bemerkung 7.4.15. □

Beweis von Satz 7.10.3: (a) Wegen der Voraussetzungen (7.144) und (7.147) ist der Satz über implizite Funktionen anwendbar. Er liefert eine Umgebung $\widetilde{U} \times V$ des Punktes $(0,0)$ im $\mathbb{R}^2$ und eine C^2-Funktion $h : \widetilde{U} \to V$, so daß $h(0) = 0$ und die behauptete Identität (7.149), d.h. $f(x, h(x)) \equiv 0$ in $\widetilde{U}$, gilt. Der Satz über implizite Funktionen besagt ferner, daß die Funktion $f(x, \alpha)$ außer den Nullstellen auf dem Graphen von h keine weiteren Nullstellen, also keine weiteren Ruhelagen in $\widetilde{U} \times V$ besitzt.

(b) Differentiation der nun nachgewiesenen Identität (7.149) nach x liefert

$$f_x\big(x, h(x)\big) + f_\alpha\big(x, h(x)\big) \cdot h'(x) \;=\; 0 \quad \text{für alle } x \in \widetilde{U}\,. \tag{7.152}$$

Wegen der Voraussetzung (7.147) und der Stetigkeit der Funktionen $f_\alpha(x, \alpha)$ und $h(x)$ kann man die Umgebung $\widetilde{U}$ von 0 so klein wählen, daß die Funktion

$f_\alpha(x, h(x))$ dort von 0 verschieden ist. Folglich läßt sich (7.152) in der Form

$$h'(x) = -\frac{f_x\big(x, h(x)\big)}{f_\alpha\big(x, h(x)\big)} \quad \text{für alle } x \in \widetilde{U} \tag{7.153}$$

schreiben. Hieraus schließen wir dann, wie der Leser leicht nachrechnet, unter Verwendung von (7.145) auf die im Satz behaupteten Beziehungen

$$h'(0) = 0 \quad \text{und} \quad h''(0) = -\frac{f_{xx}(0,0)}{f_\alpha(0,0)} \overset{(7.148)}{\neq} 0\,. \tag{7.154}$$

(c) Auf die Funktion $f(x,0)$ trifft bei $x = 0$ wegen der Voraussetzungen (7.144), (7.145) und (7.148) die dritte Implikation der Bemerkung 7.10.4 zu. Also ist die triviale Ruhelage der Gleichung $\dot{x} = f(x,0)$ semistabil.

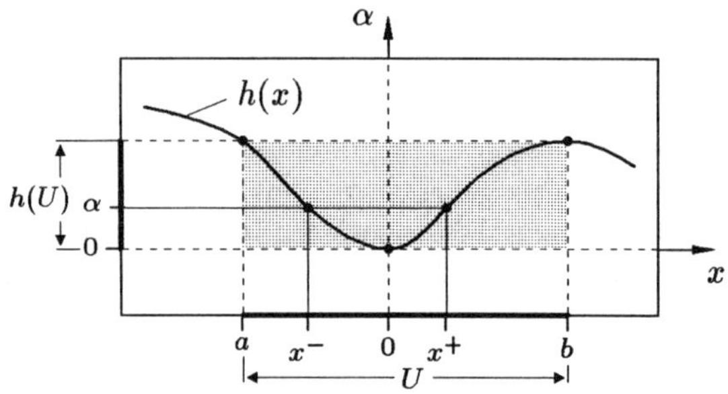

Abb. 7.49
Die Umgebung $\widetilde{U} \times V$ im Beweis des Satzes 7.10.3

(d) Wir wählen nun U als (nicht notwendig symmetrisches) Intervall $[a\,,b]$ um 0 derart, daß die Funktion $h(x)$ auf den Intervallen $[a\,,0]$ und $[0\,,b]$ jeweils streng monoton ist und $h(a) = h(b)$ gilt (siehe Abbildung 7.49). Damit besitzt dann jedes $\alpha \in V \setminus h\big([a\,,b]\big)$ kein h-Urbild in $[a\,,b]$, und jedes $\alpha \in h\big([a\,,b]\big) \setminus \{0\}$ besitzt genau zwei h-Urbilder $x^- < 0 < x^+$ in $[a\,,b]$. Für spätere Zwecke halten wir die Beziehung

$$h(x^-) = h(x^+) = \alpha \tag{7.155}$$

fest. Für jedes (von nun an als fest betrachtete) $\alpha \in h\big([a\,,b]\big) \setminus \{0\}$ kann man die Stabilität der Ruhelagen x^- und x^+ gemäß der Implikationen in 7.10.4 am Vorzeichen von $f_x(x^-, \alpha)$ bzw. $f_x(x^+, \alpha)$ ablesen. Die behaupteten Stabilitätsaussagen ergeben sich nun aus der Tatsache, daß die Funktion

$$\widetilde{f}(x) := f_x\big(x, h(x)\big)\,, \quad \widetilde{f} : U \to \mathbb{R} \tag{7.156}$$

wegen (7.145) bei $x = 0$ verschwindet und wegen

$$\widetilde{f}\,'(0) \overset{(7.156)}{=} f_{xx}(0,0) + f_{\alpha x}(0,0) \cdot h'(0) \overset{(7.154)}{=} f_{xx}(0,0) \overset{(7.148)}{\neq} 0 \tag{7.157}$$

bei 0 das Vorzeichen wechselt. Wir betrachten jetzt den Fall $\widetilde{f}\,'(0) = f_{xx}(0,0) > 0$ (der andere Fall $f_{xx}(0,0) < 0$ ergibt sich analog). Wegen $x^- < 0 < x^+$ gilt dann

$$\widetilde{f}(x^-) < 0 < \widetilde{f}(x^+)\,, \tag{7.158}$$

und hieraus folgen die Ungleichungen

$$f_x(x^-,\alpha) \overset{(7.155)}{=} f_x\big(x^-,h(x^-)\big) \overset{(7.156)}{=} \tilde{f}(x^-) < 0\,,$$
$$f_x(x^+,\alpha) \overset{(7.155)}{=} f_x\big(x^+,h(x^+)\big) \overset{(7.156)}{=} \tilde{f}(x^+) > 0\,.$$

Damit ist dann wie behauptet x^- asymptotisch stabil und x^+ instabil. ■

Das folgende Beispiel zur Sattel-Knoten-Verzweigung behandelt eine zu Demonstrationszwecken konstruierte Gleichung, der wir sukzessive ihre Geheimnisse entlocken wollen.

7.10.5 Beispiel: Wir stellen uns die Aufgabe, für die Differentialgleichung

$$\boxed{\dot{x} = x(x-2)\sin x + \alpha(2x - x^2 - \sin x) + \alpha^2}\,, \quad \alpha \in \mathbb{R} \tag{7.159}$$

das Verzweigungsdiagramm zu erstellen, und zwar in der Rechteck-Umgebung $[-4,4] \times [-1,1]$ des Punktes $(x,\alpha) = (0,0)$. Dabei wollen wir zunächst nach Sattel-Knoten-Verzweigungen Ausschau halten. Zur Bestimmung des Verzweigungsverhaltens der Gleichung (7.159) benötigen wir die beiden partiellen Ableitungen der mit $f(x,\alpha)$ bezeichneten rechten Seite von (7.159). Wir erhalten

$$f_x(x,\alpha) = 2(x-1)\sin x + (x^2-2x-\alpha)\cos x + 2\alpha(1-x)\,, \tag{7.160}$$
$$f_\alpha(x,\alpha) = 2x - x^2 - \sin x + 2\alpha\,. \tag{7.161}$$

Die Gleichung (7.159) besitzt für $\alpha = 0$, wie man ihr sofort ansieht, neben der trivialen Ruhelage noch eine weitere Ruhelage bei $x = 2$ und im betrachteten x-Intervall $[-4,4]$ ferner die beiden Nullstellen $\pm\pi$ des Sinus. Zur Untersuchung dieser vier Ruhelagen hinsichtlich ihrer Hyperbolizität berechnen wir aus (7.160)

$$\begin{aligned} f_x(0,0) &= 0\,, \quad f_x(2,0) = 2\sin 2 \neq 0\,, \\ f_x(-\pi,0) &= -\pi(2+\pi) \neq 0\,, \quad f_x(\pi,0) = \pi(2-\pi) \neq 0\,. \end{aligned} \tag{7.162}$$

Die drei nichttrivialen Ruhelagen sind also hyperbolisch und so findet bei ihnen gemäß Satz 7.10.2 keine Verzweigung statt. Daß das gesuchte Verzweigungsdiagramm in der Nähe dieser drei Ruhelagen das in der Abbildung 7.50 skizzierte Aussehen hat, folgt aus dem Satz über implizite Funktionen (siehe Aufgabe 3).

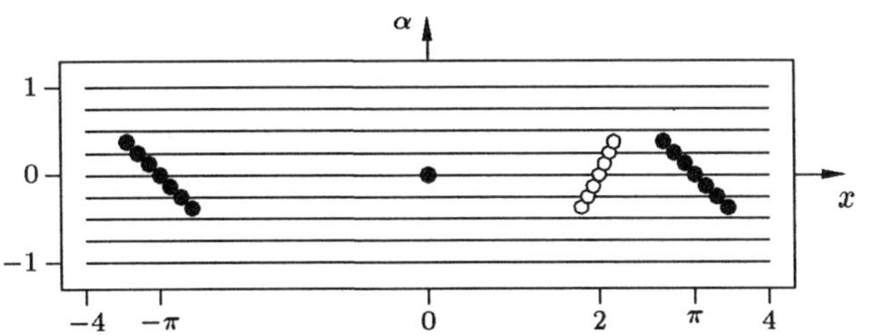

Abb. 7.50 Erste Informationen zum Verzweigungsdiagramm der Gleichung (7.159)

Es bleibt also die triviale Ruhelage als einziger Kandidat für eine Sattel-Knoten-Verzweigung der Gleichung (7.159) bei $\alpha = 0$. Im Hinblick auf eine Anwendung des Satzes 7.10.3 entnehmen wir aus (7.161) die Beziehung $f_\alpha(0,0) = 0$ und stellen fest, daß eine Sattel-Knoten-Verzweigung hier *nicht* stattfindet, denn die Voraussetzung (7.147) des Satzes 7.10.3 ist nicht erfüllt. Wir halten also fest, daß bei $\underline{\alpha = 0}$ in keiner der vier Ruhelagen eine Sattel-Knoten-Verzweigung vorliegt. Ob im Punkt $(0,0)$ *überhaupt* eine Verzweigung stattfindet, und gegebenenfalls von welchem Typ, können wir im Moment noch nicht entscheiden. Wir werden diese Frage aber in Kürze beantworten können.

Auf der Suche nach weiteren Ruhelagen der Gleichung (7.159) fixieren wir nun den Parameterwert $\underline{\alpha = -1}$ und stellen fest, daß die entsprechende Gleichung, die sich in der Form

$$\boxed{\dot{x} = (1 - 2x + x^2)(1 + \sin x)}$$

schreiben läßt, im Intervall $[-4, 4]$ genau zwei Ruhelagen besitzt, nämlich 1 und $-\frac{\pi}{2}$. Beide Ruhelagen sind nicht-hyperbolisch, denn aus (7.160) folgt $f_x(1,-1) = 0$ und $f_x(-\frac{\pi}{2},-1) = 0$. Zum Nachweis von Sattel-Knoten-Verzweigungen in diesen beiden Punkten berechnen wir aus (7.160) und (7.161) die Ableitungen

$$\begin{aligned} f_\alpha(1,-1) &= -1 - \sin 1 < 0\,, & f_{xx}(1,-1) &= 2 + 2\sin 1 > 0\,,\\ f_\alpha(-\tfrac{\pi}{2},-1) &= -1 - \pi - \tfrac{\pi^2}{4} < 0\,, & f_{xx}(-\tfrac{\pi}{2},-1) &= 1 + \pi + \tfrac{\pi^2}{4} > 0\,. \end{aligned}$$

Der Satz 7.10.3 liefert dann die in der Abbildung 7.51 gezeigte Fortführung des in der Abbildung 7.50 begonnenen Verzweigungsdiagramms mit den eben nachgewiesenen superkritischen Sattel-Knoten-Verzweigungen in den Punkten $(-\frac{\pi}{2},-1)$ und $(1,-1)$. In der Abbildung 7.51 haben wir ferner für den Parameterwert $\underline{\alpha = 1}$ bei $x = \frac{\pi}{2}$ eine subkritische Sattel-Knoten-Verzweigung eingezeichnet, die sich mit Satz 7.10.3 aus den folgenden Beziehungen ergibt:

$$f(\tfrac{\pi}{2},1) = 0\,, \quad f_x(\tfrac{\pi}{2},1) = 0\,, \quad f_\alpha(\tfrac{\pi}{2},1) = f_{xx}(\tfrac{\pi}{2},1) = 1 + \pi - \tfrac{\pi^2}{4} > 0\,.$$

Damit sind wir nun vorläufig bei der Gleichung (7.159) mit unserem Latein am Ende. Nach unserem nächsten Verzweigungsresultat werden wir aber die Analyse dieser Gleichung fortsetzen. ◊

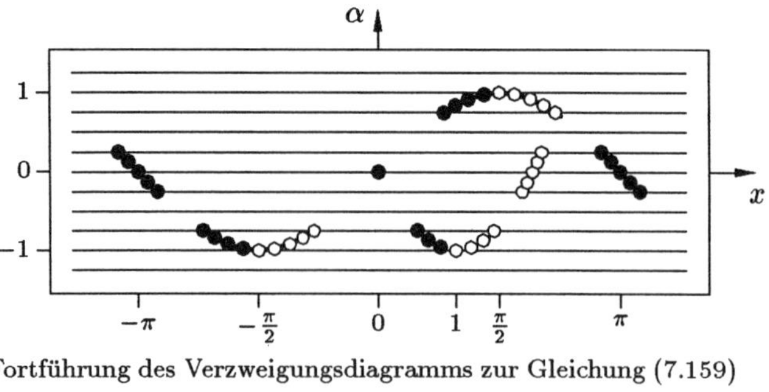

Abb. 7.51 Fortführung des Verzweigungsdiagramms zur Gleichung (7.159)

7.10.2 Transkritische Verzweigung

Wie im vorherigen Abschnitt gehen wir von einer skalaren Differentialgleichung

$$\boxed{\dot{x} = f(x,\alpha)}, \quad \alpha \in \mathbb{R} \tag{7.163}$$

mit einer Ruhelage (x_0, α_0) aus. Darüberhinaus setzen wir aber im gegenwärtigen Abschnitt voraus, daß diese Ruhelage eingebettet ist in eine Schar von Ruhelagen der Form $(g(\alpha), \alpha)$ (siehe Abbildung 7.52). Das soll heißen, daß es ein $\varepsilon > 0$ und eine Funktion $g : (\alpha_0 - \varepsilon, \alpha_0 + \varepsilon) \to \mathbb{R}$ gibt mit $g(\alpha_0) = x_0$ und

$$f\big(g(\alpha), \alpha\big) = 0 \quad \text{für alle } \alpha \in (\alpha_0 - \varepsilon, \alpha_0 + \varepsilon)\,. \tag{7.164}$$

Ferner setzen wir voraus, daß längs dieser Kurve von Ruhelagen ein *Stabilitätswechsel* stattfindet, und zwar derart, daß die relle Zahl $f_x(g(\alpha), \alpha)$ bei Variation von α an der Stelle α_0 ihr Vorzeichen ändert.

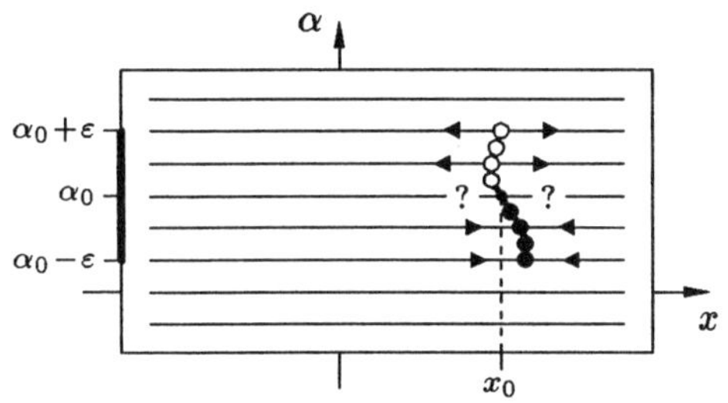

Abb. 7.52
Die bei der transkritischen Verzweigung vorausgesetzte Schar von Ruhelagen mit Stabilitätswechsel

Bei der nun folgenden theoretischen Untersuchung können wir ohne Beschränkung der Allgemeinheit $x_0 = 0$ und $\alpha_0 = 0$ wählen und voraussetzen, daß die Funktion $g(\alpha)$ identisch verschwindet. Durch Anwendung der Transformation $x \mapsto x - g(\alpha)$, $\alpha \mapsto \alpha - \alpha_0$ läßt sich dies nämlich stets so einrichten. Für die skalare Differentialgleichung (7.163) bedeutet all dies

$$f(0,\alpha) = 0 \quad \text{für alle } \alpha \in (-\varepsilon, \varepsilon) \tag{7.165}$$

$$\text{und} \quad f_x(0,0) = 0\,. \tag{7.166}$$

An dieser Stelle erkennt man im übrigen sofort, daß wir es jetzt mit einem anderen Verzweigungsproblem als im vorherigen Abschnitt zu tun haben, denn dort war $f_\alpha(0,0) \neq 0$ vorausgesetzt, eine Bedingung, die wegen (7.165) jetzt offensichtlich verletzt ist. Da wegen (7.165) auch $f_{\alpha\alpha}(0,0)$ verschwindet, reduziert sich im vorliegenden Fall die Taylor-Entwicklung zweiter Ordnung von $f(x,\alpha)$ um $(0,0)$ auf die Form

$$f(x,\alpha) = \tfrac{1}{2} f_{xx}(0,0)\,x^2 + f_{\alpha x}(0,0)\,x\alpha + \mathit{Rest}(x,\alpha)\,. \tag{7.167}$$

Der Taylor-Koeffizient $f_{\alpha x}(0,0)$ besitzt hierbei eine interessante und leicht zu interpretierende Bedeutung. Schreibt man nämlich die Differentialgleichung (7.163) (bei festem α) in der linearisierten Form

$$\boxed{\dot{x} = f_x(0,\alpha)x + r(x,\alpha)}, \tag{7.168}$$

so erkennt man den Ausdruck $f_{\alpha x}(0,0)$ als die partielle Ableitung der Funktion $f_x(0,\alpha)$ nach α an der Stelle $\alpha = 0$. Er beschreibt somit die „Geschwindigkeit", mit der der parameterabhängige Koeffizient $f_x(0,\alpha)$ des Linearteils von (7.168) bei $\alpha = 0$ das Vorzeichen wechselt. Diesen Vorzeichenwechsel wollen wir im gesamten gegenwärtigen Abschnitt als „transversal" annehmen, und so machen wir die Voraussetzung, daß die sogenannte **Transversalitätsbedingung**

$$f_{\alpha x}(0,0) \neq 0 \tag{7.169}$$

erfüllt ist. Die beiden als nächste zu beschreibenden Verzweigungsarten werden wir an Hand des noch „freien" Taylor-Koeffizienten $f_{xx}(0,0)$ in (7.167) unterscheiden. Zunächst sei er von 0 verschieden.

Zur Veranschaulichung der verschiedenen Aussagen des folgenden Satzes verweisen wir auf die Abbildung 7.53.

7.10.6 Satz (transkritische Verzweigung): *Die Differentialgleichung (7.163) sei von der Klasse C^2 und besitze für alle Werte des Parameters α aus einem Intervall $(-\varepsilon,\varepsilon)$ die triviale Ruhelage, und bei $\alpha = 0$ finde ein transversaler Stabilitätswechsel statt, d.h. es gelten die Voraussetzungen (7.165), (7.166) und (7.169). Gilt darüberhinaus die Ungleichung*

$$f_{xx}(0,0) \neq 0\,, \tag{7.170}$$

so gibt es eine Umgebung $U \times V$ des Punktes $(0,0)$ im $\mathbb{R}^2$ und eine C^1-Funktion $h : U \to V$ mit $h(0) = 0$ und

$$f\big(x,h(x)\big) = 0 \quad \text{für alle } x \in U\,. \tag{7.171}$$

Ferner gilt:

(a) Die Gleichung (7.163) besitzt in $U \times V$ keine Ruhelagen außer den trivialen $(0,\alpha)$, $\alpha \in V$, und denen auf dem Graphen $\{(x,h(x)) : x \in U\}$ von h.

(b) Der Graph von h ist streng monoton, insbesondere gilt

$$h'(0) = -\frac{1}{2}\,\frac{f_{xx}(0,0)}{f_{\alpha x}(0,0)} \neq 0\,. \tag{7.172}$$

(c) Für $\alpha = 0$ ist die triviale Ruhelage der Gleichung (7.163) semistabil.

(d) Für jedes $\alpha \in V\setminus\{0\}$ besitzt die Differentialgleichung (7.163) neben der trivialen genau eine nichttriviale Ruhelage in U, und zwar ist jeweils eine dieser beiden Ruhelagen asymptotisch stabil und die andere instabil. Die triviale Ruhelage ist hierbei für $\alpha < 0$ asymptotisch stabil und für $\alpha > 0$ instabil, falls die gemäß (7.169) von 0 verschiedene Zahl $f_{\alpha x}(0,0)$ positiv ist, und umgekehrt, falls $f_{\alpha x}(0,0)$ negativ ist.

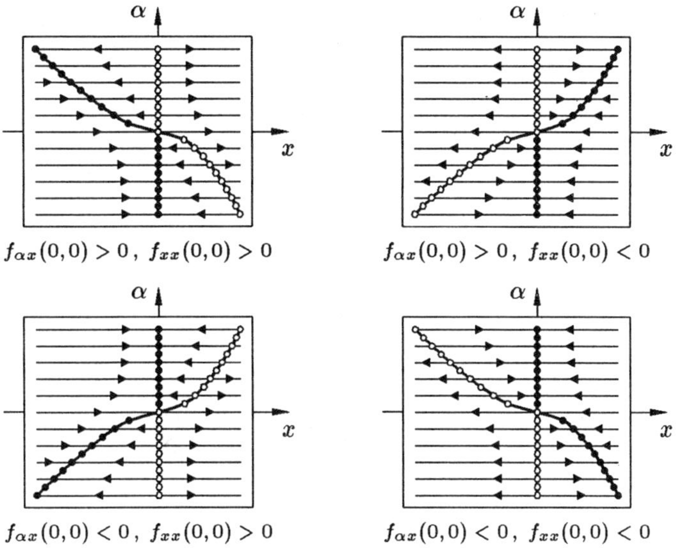

Abb. 7.53 Die vier Fälle der transkritischen Verzweigung

Dem formalen Beweis des Satzes 7.10.6 stellen wir einen „geometrischen Beweis" voran, indem wir den Graphen der Funktion $f(x,\alpha)$ diskutieren (siehe Abbildung 7.54). Was die Schnittkurve des Graphen über der x-Achse angeht, so liegt (wegen (7.166) und (7.170)) wie im vorherigen Abschnitt bei $x = 0$ ein strenges lokales Extremum vor. Die Schnittkurve über der α-Achse jedoch fällt (wegen (7.165)) im vorliegenden Fall mit der α-Achse zusammen und liefert somit keinerlei Information über den Funktionsverlauf von $f(x,\alpha)$ in einer vollen Null-Umgebung $U \times V$. An dieser Stelle kommt die Transversalitätsbedingung (7.169) mit der folgenden geometrischen Interpretation ins Spiel. Für jedes feste $\alpha \in V$

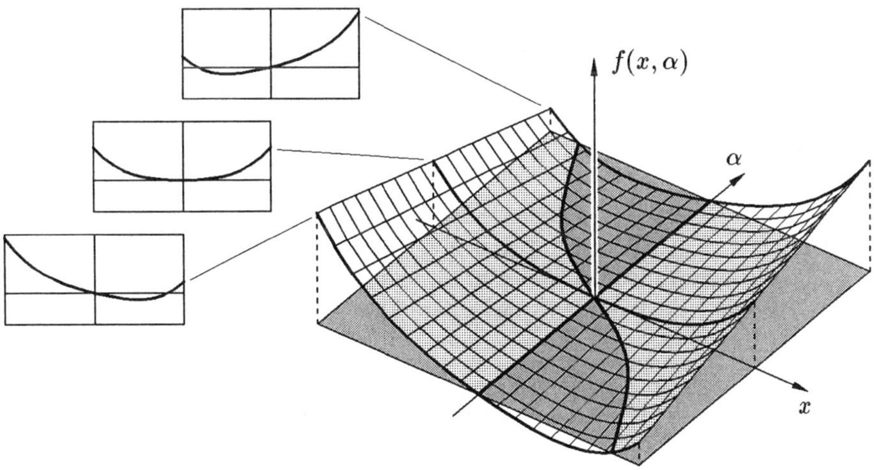

Abb. 7.54 Graph von $f(x,\alpha)$ über $U \times V$ im Fall $f_{\alpha x}(0,0) > 0\,,\; f_{xx}(0,0) > 0$

hat der Graph der Funktion $f(\cdot\,,\alpha) : U \to \mathbb{R}$ bei $x = 0$ die Steigung $f_x(0,\alpha)$. Die gemäß (7.169) von 0 verschiedene Zahl $f_{\alpha x}(0,0)$ gibt also an, wie sich die Steigung der Schnittkurve $\{(x,\alpha,f(x,\alpha)) \in \mathbb{R}^3 : x \in U\}$ im Punkt $x = 0$ bei variablem α ändert. Die Abbildung 7.54 auf der vorherigen Seite zeigt den Fall $f_{\alpha x}(0,0) > 0$, bei dem die Steigung $f_x(0,\alpha)$ mit wachsendem α zunimmt. In der Abbildung 7.55 schließlich erkennt man die Wirkung des Vorzeichenverhaltens von $f(x,\alpha)$ auf die Trajektorien der Gleichung $\dot{x} = f(x,\alpha)$.

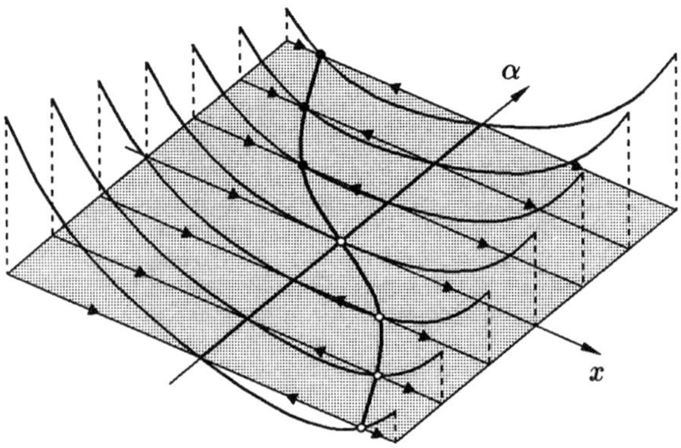

Abb. 7.55 Verzweigungsverhalten von $\dot{x} = f(x,\alpha)$ im Fall $f_{\alpha x}(0,0) > 0$, $f_{xx}(0,0) > 0$

Beweis von Satz 7.10.6: (a) Da auf Grund der Voraussetzungen des Satzes die beiden partiellen Ableitungen von $f(x,\alpha)$ an der Stelle $(0,0)$ verschwinden, ist der Satz über implizite Funktionen nicht unmittelbar anwendbar, sondern erst, wenn man die Funktion $f(x,\alpha)$ unter Abspaltung des Faktors x in der Form

$$f(x,\alpha) \;=\; x \cdot g(x,\alpha) \tag{7.173}$$

schreibt. Daß diese Darstellung wegen (7.165) möglich ist, sieht man leicht. Nicht so offensichtlich ist jedoch, daß die Funktion $g(x,\alpha)$ bei $x = 0$ differenzierbar ist. An dieser Stelle kommt uns das Lemma von Hadamard zu Hilfe (siehe Anhang A), das besagt, daß $g(x,\alpha)$ in der Form

$$g(x,\alpha) \;:=\; \int_0^1 f_x(\theta x,\alpha)\,d\theta \tag{7.174}$$

explizit angebbar ist. Da f eine C^2-Funktion ist, ist g augenscheinlich eine C^1-Funktion. Die nichttrivialen Nullstellen von $f(x,\alpha)$ sind nun wegen (7.173) gerade die nichttrivialen Nullstellen von $g(x,\alpha)$, und die letzteren lassen sich bemerkenswerterweise dann doch mit Hilfe des Satzes über implizite Funktionen bestimmen. Es gilt nämlich

$$g(0,0) \overset{(7.174)}{=} \int_0^1 f_x(0,0)\,d\theta \overset{(7.166)}{=} 0\,, \tag{7.175}$$

$$g_\alpha(0,0) \overset{(7.174)}{=} \int_0^1 f_{\alpha x}(0,0)\,d\theta \;=\; f_{\alpha x}(0,0) \overset{(7.169)}{\neq} 0\,. \tag{7.176}$$

Also gibt es (siehe Abbildung 7.56) eine Umgebung $\widetilde{U} \times \widetilde{V}$ von $(0,0)$ und eine C^1-Funktion $h : \widetilde{U} \to \widetilde{V}$ mit $h(0) = 0$ und

$$g\big(x, h(x)\big) = 0 \quad \text{für alle } x \in \widetilde{U}\,. \tag{7.177}$$

Aus dieser Beziehung folgt dann mit (7.173) die behauptete Identität (7.171) und die Aussage (a) des Satzes 7.10.6, und zwar zunächst auf der Umgebung $\widetilde{U} \times \widetilde{V}$ von $(0,0)$, schließlich aber auch auf der nachfolgend (siehe (d)) konstruierten kleineren Umgebung $U \times V$ mit $V = h(U)$.

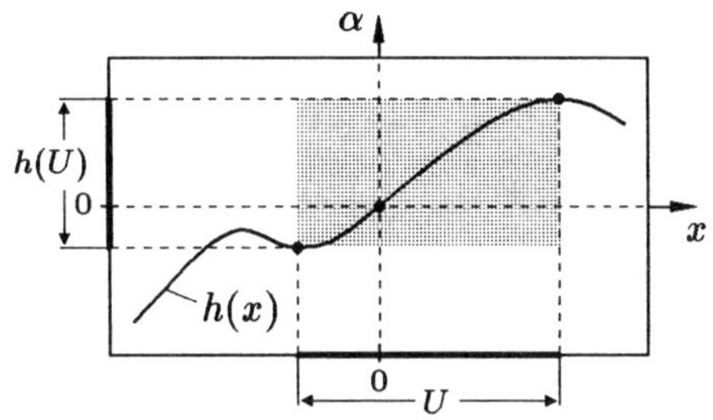

Abb. 7.56
Die Umgebung $\widetilde{U} \times \widetilde{V}$ im Beweis des Satzes 7.10.6

(b) Differenziert man die Identität (7.177) nach x und setzt dann $x = 0$, so ergibt sich die Beziehung $g_x(0,0) + g_\alpha(0,0) \cdot h'(0) \equiv 0$, und daraus folgt mit (7.176)

$$h'(0) = -\frac{g_x(0,0)}{f_{\alpha x}(0,0)}\,.$$

Dies erweist sich als die behauptete Beziehung (7.172), wenn man noch folgendes beachtet:

$$g_x(0,0) \overset{(7.174)}{=} \int_0^1 f_{xx}(0,0)\,\theta\,d\theta = f_{xx}(0,0) \int_0^1 \theta\,d\theta = \tfrac{1}{2} f_{xx}(0,0) \overset{(7.170)}{\neq} 0\,.$$

(c) Die triviale Ruhelage der Differentialgleichung $\dot{x} = f(x,0)$ ist wegen der Voraussetzungen (7.165), (7.166) und (7.170) (siehe Bemerkung 7.10.4) semistabil.

(d) Wir verkleinern die Umgebung $\widetilde{U}$ zu einem Intervall U um 0 derart, daß die Funktion $h(x)$ in U streng monoton ist (möglich, da $h'(0) \neq 0$), und setzen $V := h(U)$ (siehe Abbildung 7.56). Im folgenden betrachten wir nur den Fall

$$f_{\alpha x}(0,0) > 0\,, \tag{7.178}$$

denn im Fall des anderen Vorzeichens schließt man analog. Die Stabilität der trivialen Ruhelagen entscheidet sich gemäß der Bemerkung 7.10.4 mit dem Vorzeichen von $f_x(0,\alpha)$ (sofern dieses von 0 verschieden ist). Für die Funktion

$$\widehat{f}(\alpha) := f_x(0,\alpha)\,, \quad \widehat{f} : (-\varepsilon\,,\varepsilon) \to \mathbb{R}$$

gelten die Beziehungen

$$\widehat{f}(0) \overset{(7.166)}{=} 0 \quad \text{und} \quad \widehat{f}_\alpha(0) = f_{\alpha x}(0,0) \overset{(7.178)}{>} 0$$

und damit gilt

$$f_x(0,\alpha) \;=\; \widehat{f}(\alpha) \begin{cases} < 0 & \text{für } \alpha < 0 \\ > 0 & \text{für } \alpha > 0\,. \end{cases}$$

Folglich (siehe Bemerkung 7.10.4) ist die triviale Ruhelage für $\alpha < 0$ asymptotisch stabil und für $\alpha > 0$ instabil. Für die Stabilitätsuntersuchung der nichttrivialen Ruhelagen machen wir eine weitere Fallunterscheidung, wobei wir uns ohne Einschränkung der Allgemeinheit auf einen der beiden Vorzeichenfälle, nämlich auf

$$f_{xx}(0,0) \;>\; 0 \tag{7.179}$$

beschränken. Wie im Beweis der Sattel-Knoten-Verzweigung betrachten wir die Funktion

$$\widetilde{f}(x) \;:=\; f_x\big(x, h(x)\big)\,, \quad \widetilde{f}: U \to \mathbb{R} \tag{7.180}$$

und schließen auf die Beziehungen $\widetilde{f}(0) \overset{(7.166)}{=} 0$ und

$$\widetilde{f}\,'(0) \;=\; f_{xx}(0,0) + f_{\alpha x}(0,0)\cdot h'(0) \overset{(7.172)}{=} \tfrac{1}{2}\, f_{xx}(0,0) \overset{(7.179)}{>} 0\,. \tag{7.181}$$

Wir wählen nun einen beliebigen (als fest betrachteten) positiven Parameterwert $\alpha \in V$. Da die Funktion $h : U \to V$ im vorliegenden Fall (wegen (7.172), (7.178) und (7.179)) streng monoton fällt, ist die eindeutig bestimmte nichttriviale Ruhelage x_0 der Gleichung $\dot{x} = f(x,\alpha)$ negativ, d.h. es gilt

$$h(x_0) = \alpha\,, \quad x_0 < 0\,. \tag{7.182}$$

Da andererseits die Funktion $\widetilde{f} : U \to \mathbb{R}$ wegen (7.181) streng monoton wächst, folgt schließlich

$$f_x(x_0,\alpha) \overset{(7.182)}{=} f_x\big(x_0, h(x_0)\big) \overset{(7.180)}{=} \widetilde{f}(x_0) \overset{(7.182)}{<} 0\,,$$

und hieraus ergibt sich gemäß der Bemerkung 7.10.4 die asymptotische Stabilität der Ruhelage x_0 für $\alpha > 0$. Die nichttriviale Ruhelage besitzt damit gerade, wie behauptet, die zur trivialen Ruhelage entgegengesetzte Stabilitätseigenschaft. Entsprechend schließt man, daß auch im Fall $\alpha < 0$ die dann positive nichttriviale Ruhelage das der trivialen Ruhelage entgegengesetzte Stabilitätsverhalten besitzt. ■

Im folgenden Beispiel setzen wir die Diskussion der Gleichung (7.159) aus dem vorherigen Abschnitt fort.

7.10.7 Beispiel: Bei der Differentialgleichung

$$\boxed{\dot{x} \;=\; x\,(x-2)\sin x + \alpha\,(2x - x^2 - \sin x) + \alpha^2}\,, \quad \alpha \in \mathbb{R}\,, \tag{7.183}$$

deren rechte Seite wir wieder mit $f(x,\alpha)$ bezeichnen, haben wir schon im Beispiel 7.10.5 die Beziehungen

$$f(0,0) = 0\,, \quad f_x(0,0) = 0\,, \quad f_\alpha(0,0) = 0 \tag{7.184}$$

nachgewiesen und daraus geschlossen, daß im Punkt $(x, \alpha) = (0,0)$ keine Verzweigung vom Sattel-Knoten-Typ auftritt. Da die drei Beziehungen in (7.184) jedoch einen Teil der Voraussetzungen des Satzes 7.10.6 darstellen, besteht die Aussicht, im Punkt $(0,0)$ eine transkritische Verzweigung nachzuweisen. Das Problem hierbei ist jedoch, daß man eine (mittels α parametrisierte) Kurve von Ruhelagen $(g(\alpha), \alpha)$ kennen muß, die durch den Punkt $(0,0)$ verläuft. Die Existenz einer solchen Kurve ist bei der Gleichung (7.183) zwar nicht offensichtlich, wir können aber dennoch eine angeben. Man bestätigt nämlich leicht, daß die Parabel $\alpha = x^2 - 2x$ aus Ruhelagen besteht (siehe Abbildung 7.57 (a)), es gilt nämlich $f(x, x^2 - 2x) = 0$ für alle $x \in \mathbb{R}$. Diese Parabel läßt sich zwar nicht *global* durch α parametrisieren, *lokal* in der Nähe von $(0,0)$ ist dies jedoch möglich. Wir erhalten nämlich durch Auflösung der Gleichung $x^2 - 2x - \alpha = 0$ nach x die gewünschte Darstellung $x = g(\alpha) := 1 - \sqrt{1+\alpha}$, $\alpha \in [-1, \infty)$ einer Kurve von Ruhelagen durch den Punkt $(0,0)$. Analytisch ausgedrückt bedeutet dies

$$f\big(1 - \sqrt{1+\alpha}\,,\, \alpha\big) = 0 \quad \text{für alle } \alpha \in [-1, \infty)\,. \tag{7.185}$$

Um nun die Situation des Satzes 7.10.6 (nämlich $g(\alpha) \equiv 0$) herzustellen, transformieren wir die gegebene Gleichung (7.183) mittels der Transformation

$$y = x - g(\alpha) = x - 1 + \sqrt{1+\alpha} \tag{7.186}$$

und erhalten die Differentialgleichung

$$\boxed{\dot{y} = F(y, \alpha) := f\big(y + 1 - \sqrt{1+\alpha}\,,\, \alpha\big)}\,, \quad \alpha \in [-1, \infty)\,, \tag{7.187}$$

die für alle $\alpha \in [-1, \infty)$ die triviale Ruhelage besitzt (siehe Abbildung 7.57 (b)).

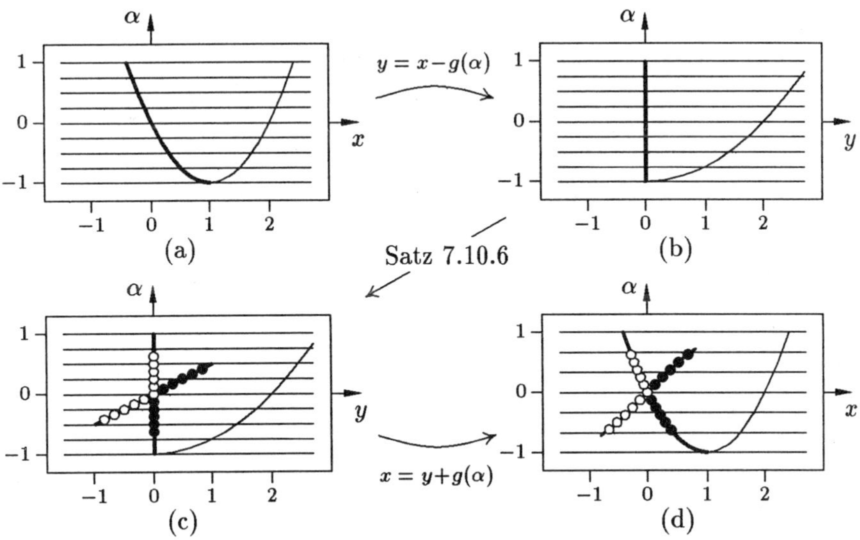

Abb. 7.57 Zum Nachweis einer transkritischen Verzweigung bei der Gleichung (7.183).

Es gelten nun die Beziehungen

$$F(0,\alpha) \overset{(7.185)}{=} 0 \quad \text{für alle } \alpha \in [-1,\infty) \quad \text{und} \quad F_y(0,0) = f_x(0,0) \overset{(7.184)}{=} 0\,,$$

und das bedeutet, daß für die Differentialgleichung (7.187) die Voraussetzungen (7.165) und (7.166) des Satzes 7.10.6 erfüllt sind. Um den Satz anwenden zu können, müssen wir noch die Transversalitätsbedingung (7.169) überprüfen und den Ausdruck $F_{yy}(0,0)$ als von 0 verschieden nachweisen. Zu diesem Zwecke berechnen wir, indem wir an die bereits in (7.160) angegebene Form der Ableitung $f_x(x,\alpha)$ erinnern, zunächst die Größen

$$f_{xx}(0,0) = -4 \quad \text{und} \quad f_{\alpha x}(0,0) = 1\,. \tag{7.188}$$

Hieraus folgen dann die Beziehungen

$$\begin{aligned} F_{\alpha y}(0,0) &= -\tfrac{1}{2} f_{xx}(0,0) + f_{\alpha x}(0,0) = 3\,, \\ F_{yy}(0,0) &= f_{xx}(0,0) = -4\,. \end{aligned}$$

Damit sind schließlich alle Voraussetzungen des Satzes 7.10.6 verifiziert, und wir haben eine transkritische Verzweigung der Gleichung (7.187) im Punkt $(y,\alpha) = (0,0)$ nachgewiesen. Die Teilabbidung 7.57 (c) zeigt das entsprechende lokale Verzweigungsdiagramm für die Gleichung (7.187), während die Teilabbildung 7.57 (d) das Ergebnis für die Ausgangsgleichung (7.183) wiedergibt.

Tragen wir das Ergebnis dieser Überlegungen in die Abbildung 7.51 auf Seite 364 ein, so erhalten wir das in der Abbildung 7.58 gezeigte Verzweigungsdiagramm für die Differentialgleichung (7.183).

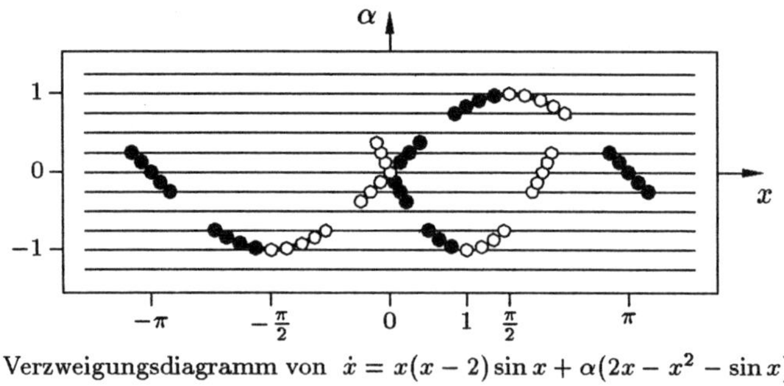

Abb. 7.58 Verzweigungsdiagramm von $\dot{x} = x(x-2)\sin x + \alpha(2x - x^2 - \sin x) + \alpha^2$

Nach der sich nun über zwei Abschnitte hingezogenen Analyse der Beispielgleichung (7.183) wollen wir jetzt das Geheimnis lüften, das in dieser Gleichung steckt, und das mühsam erarbeitete *qualitative* Verzweigungsdiagramm 7.58 mit dem *tatsächlichen* Verzweigungsdiagramm vergleichen. Dieses können wir nämlich explizit angeben, denn die Differentialgleichung (7.183) besitzt, wie man leicht verifiziert, die faktorisierte Form

$$\boxed{\dot{x} = (\alpha + 2x - x^2)(\alpha - \sin x)}\,,$$

deren rechter Seite man sofort die Nullstellenmenge sowie die in der Abbildung 7.59 enthaltenen Stabilitätsaussagen ansieht. Diese Abbildung zeigt ferner, daß im betrachteten (x, α)-Bereich noch eine weitere transkritische Verzweigung vorliegt, an einem Punkt allerdings, den man der zugrundeliegenden Gleichung in der ursprünglichen Form (7.183) nicht so leicht entnehmen kann. ◊

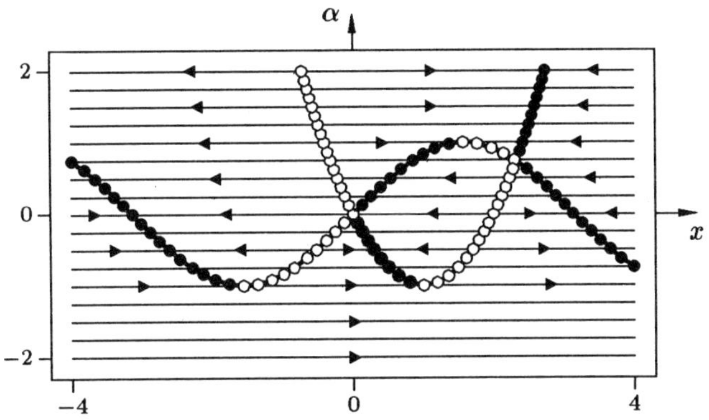

Abb. 7.59 Verzweigungsdiagramm der Gleichung $\dot{x} = (\alpha + 2x - x^2)\,(\alpha - \sin x)$

Wir kehren nun zur Ausgangssituation des Abschnitts 7.10.2 zurück und erinnern daran, daß wir für die Differentialgleichung (7.163) mit dem vorausgesetzten Zweig von trivialen Ruhelagen mit transversalem Stabilitätswechsel zwei Fälle unterscheiden wollten. Es ging hierbei darum, ob der Koeffizient $f_{xx}(0,0)$ in der Taylor-Entwicklung der rechten Seite $f(x, \alpha)$ gleich 0 ist oder nicht. Nachdem der Fall $f_{xx}(0,0) \neq 0$ erledigt ist – er führte auf die transkritische Verzweigung – betrachten wir im nächsten Abschnitt den Fall $f_{xx}(0,0) = 0$. Das Verschwinden dieses Taylor-Koeffizienten kompensieren wir allerdings dadurch, daß wir vom nächsten Koeffizienten $f_{xxx}(0,0)$ in der Taylor-Entwicklung voraussetzen, daß er von 0 verschieden ist. Diese Voraussetzung wiederum bedingt, daß wir gegenüber der vorherigen Situation von der rechten Seite $f(x, \alpha)$ mehr Glattheit verlangen müssen, nämlich C^3 an Stelle von C^2.

7.10.3 Heugabel-Verzweigung

Wir betrachten wie im Abschnitt 7.10.2 eine skalare Differentialgleichung

$$\boxed{\dot{x} = f(x, \alpha)}\,, \quad \alpha \in \mathbb{R}\,, \tag{7.189}$$

von der wir voraussetzen, daß sie auf einer offenen Menge $D \subseteq \mathbb{R}^2$ erklärt ist, und daß sie eine Schar $(g(\alpha), \alpha)$, $\alpha \in (\alpha_0 - \varepsilon, \alpha_0 + \varepsilon)$ von Ruhelagen besitzt, für die beim Durchgang des Parameters α durch α_0 ein transversaler Stabilitätswechsel stattfindet. Wie schon beschrieben, können wir dabei ohne Einschränkung der Allgemeinheit $\alpha_0 = 0$ und $g(\alpha) \equiv 0$ annehmen. Formal besagt all dies, daß wir von der rechten Seite der Differentialgleichung (7.189) jetzt voraussetzen, daß sie den drei Bedingungen

$$f(0,\alpha) = 0 \quad \text{für alle } \alpha \in (-\varepsilon, \varepsilon)\,, \tag{7.190}$$
$$f_x(0,0) = 0\,, \tag{7.191}$$
$$f_{\alpha x}(0,0) \neq 0 \tag{7.192}$$

genügt. Der Veranschaulichung sämtlicher Aussagen des nun folgenden Satzes dient die Abbildung 7.60, der man auch den Grund für die Namensgebung des beschriebenen Verzweigungstyps entnehmen kann.

7.10.8 Satz (Heugabel-Verzweigung): *Die Differentialgleichung (7.189) sei von der Klasse C^3 und besitze für alle Werte des Parameters α aus einem Intervall $(-\varepsilon, \varepsilon)$ die triviale Ruhelage, und für $\alpha = 0$ finde ein transversaler Stabilitätswechsel statt, d.h. es gelten die Voraussetzungen (7.190), (7.191) und (7.192). Gelten darüberhinaus die Beziehungen*

$$f_{xx}(0,0) = 0\,, \tag{7.193}$$
$$f_{xxx}(0,0) \neq 0\,, \tag{7.194}$$

so gibt es eine Umgebung $U \times V$ des Punktes $(0,0)$ im $\mathbb{R}^2$ und eine C^2-Funktion $h : U \to V$ mit $h(0) = 0$ und

$$f\big(x, h(x)\big) = 0 \quad \text{für alle } x \in U\,. \tag{7.195}$$

Ferner gilt:

(a) Die Gleichung (7.189) besitzt in $U \times V$ keine Ruhelagen außer den trivialen und denen auf dem Graphen $\{(x, h(x)) : x \in U\}$ von h.

(b) Der Graph von h besitzt im Punkt $(0,0)$ ein strenges lokales Extremum, genauer, es gilt $h'(0) = 0$ und

$$h''(0) = -\frac{1}{3}\,\frac{f_{xxx}(0,0)}{f_{\alpha x}(0,0)} \neq 0\,. \tag{7.196}$$

(c) Für $\alpha = 0$ ist die triviale Ruhelage asymptotisch stabil bzw. instabil, je nachdem ob $f_{xxx}(0,0)$ negativ oder positiv ist.

(d) Für jedes $\alpha \in V \setminus h(U)$ besitzt die Differentialgleichung (7.189) nur die triviale Ruhelage in U, für jedes $\alpha \in h(U) \setminus \{0\}$ dagegen gibt es neben der trivialen Ruhelage genau zwei weitere Ruhelagen $x^- < 0 < x^+$ in U. Dabei sind x^- und x^+ asymptotisch stabil, falls die triviale Ruhelage instabil ist, und umgekehrt sind x^- und x^+ instabil, falls die triviale Ruhelage asymptotisch stabil ist. Die triviale Ruhelage ist hierbei für $\alpha < 0$ asymptotisch stabil und für $\alpha > 0$ instabil, falls die gemäß der Transversalitätsbedingung von 0 verschiedene Zahl $f_{\alpha x}(0,0)$ positiv ist, und umgekehrt, falls $f_{\alpha x}(0,0)$ negativ ist.

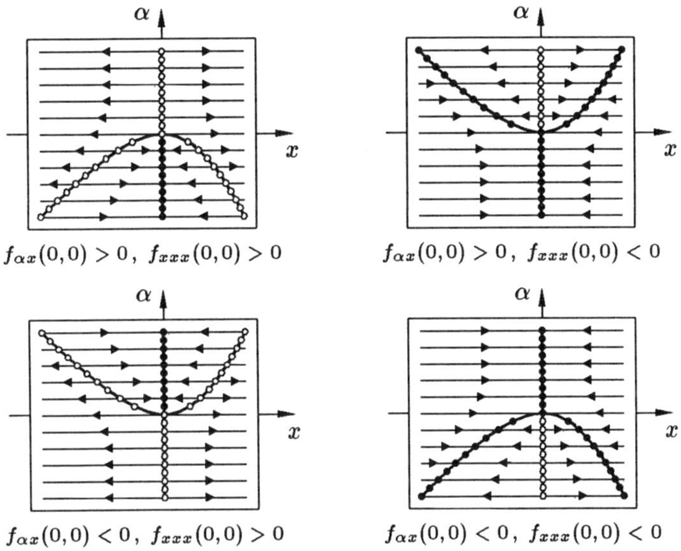

Abb. 7.60 Die vier Fälle der Heugabel-Verzweigung

Wieder stellen wir dem analytischen Beweis des Satzes 7.10.8 einen „geometrischen Beweis“ voran, indem wir das qualitative Aussehen der rechten Seite $f(x,\alpha)$ der betrachteten Differentialgleichung skizzieren. Die Abbildungen 7.61 und 7.62 veranschaulichen den Fall $f_{\alpha x}(0,0) > 0$ und $f_{xxx}(0,0) < 0$. Auf eine detaillierte Diskussion können wir jetzt verzichten, denn die Argumente sind die gleichen wie bei den beiden Verzweigungstypen, die wir im Anschluß an die Sätze 7.10.3 bzw. 7.10.6 beschrieben haben.

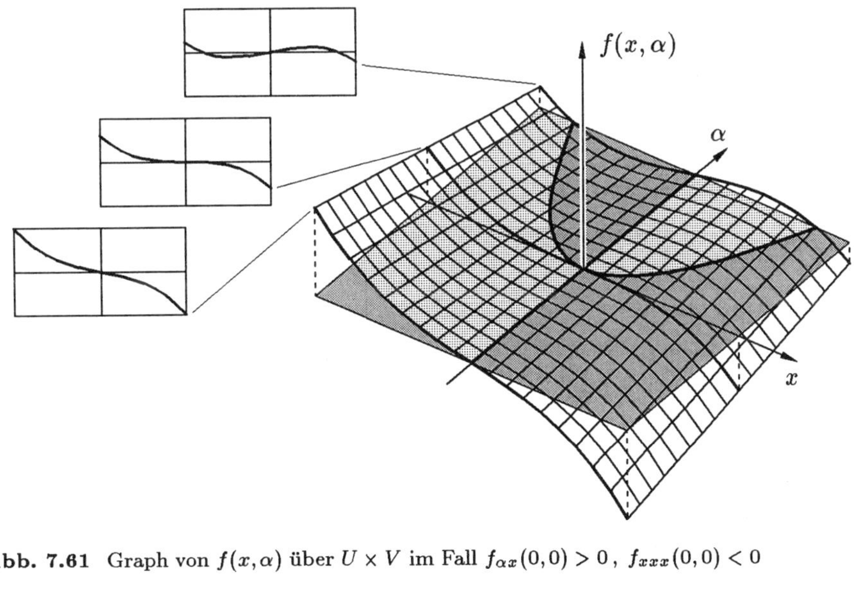

Abb. 7.61 Graph von $f(x,\alpha)$ über $U \times V$ im Fall $f_{\alpha x}(0,0) > 0\,,\ f_{xxx}(0,0) < 0$

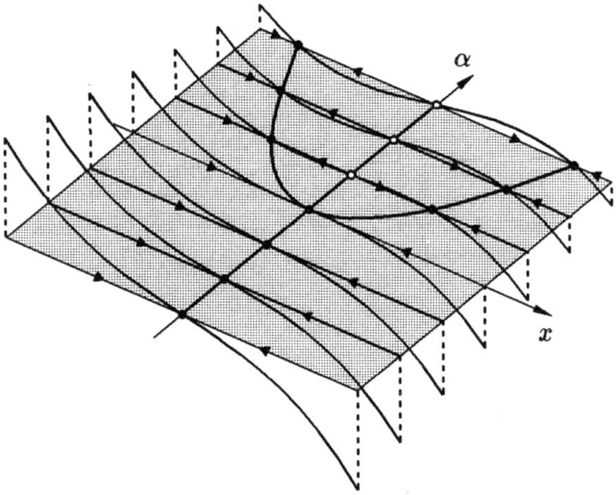

Abb. 7.62 Verzweigungsverhalten von $\dot{x} = f(x,\alpha)$ im Fall $f_{\alpha x}(0,0) > 0$, $f_{xxx}(0,0) < 0$

Beweis von Satz 7.10.8: (a) Wie beim Beweis des Satzes 7.10.6 zur transkritischen Verzweigung ist auch jetzt der Satz über implizite Funktionen erst anwendbar, und zwar auf die Funktion

$$g(x,\alpha) := \int_0^1 f_x(\theta x, \alpha)\, d\theta\,, \tag{7.197}$$

wenn man die Funktion $f(x,\alpha)$ in der Form

$$f(x,\alpha) = x \cdot g(x,\alpha) \tag{7.198}$$

schreibt. Da f jetzt als C^3-Funktion vorausgesetzt ist, ist g von der Klasse C^2. Wie im Beweis des Satzes 7.10.6 (siehe (7.175), (7.176)) gelten auch jetzt die Beziehungen $g(0,0) = 0$ und

$$g_\alpha(0,0) = f_{\alpha x}(0,0) \neq 0\,, \tag{7.199}$$

und so folgt aus dem Satz über implizite Funktionen, daß es eine Umgebung $\widetilde{U} \times \widetilde{V}$ von $(0,0)$ gibt und eine C^2-Funktion $h : \widetilde{U} \to \widetilde{V}$ mit $h(0) = 0$ und

$$g\big(x, h(x)\big) = 0 \quad \text{für alle } x \in \widetilde{U}\,. \tag{7.200}$$

Aus dieser Beziehung folgen dann mit (7.198) die behauptete Identität (7.195) und die Aussage (a) des Satzes 7.10.8, und zwar zunächst auf der Nullumgebung $\widetilde{U} \times \widetilde{V}$, schließlich aber auch auf der nachfolgend konstruierten Teilumgebung $U \times V$ mit $V = h(U)$.

(b) Differentiation der Identität (7.200) nach x liefert die Beziehung

$$g_x\big(x, h(x)\big) + g_\alpha\big(x, h(x)\big) \cdot h'(x) = 0 \quad \text{für alle } x \in \widetilde{U}\,,$$

die man wegen (7.199) auf einer geeigneten Nullumgebung $U \subseteq \widetilde{U}$ in der Form

$$h'(x) = -\frac{g_x(x, h(x))}{g_\alpha(x, h(x))} \tag{7.201}$$

schreiben kann. Hieraus ergibt sich dann durch nochmaliges Differenzieren nach x und anschließendes Nullsetzen von x

$$\begin{aligned} h''(0) = \;& \frac{g_x(0,0)\left[g_{x\alpha}(0,0) + g_{\alpha\alpha}(0,0)\cdot h'(0)\right]}{\left[g_\alpha(0,0)\right]^2} - \\ & - \frac{g_\alpha(0,0)\left[g_{xx}(0,0) + g_{\alpha x}(0,0)\cdot h'(0)\right]}{\left[g_\alpha(0,0)\right]^2} . \end{aligned} \tag{7.202}$$

Zum Nachweis der behaupteten Beziehung $h'(0) = 0$ und der Formel (7.196) müssen wir nun die in (7.201) und (7.202) auftretenden partiellen Ableitungen von g durch die entsprechenden partiellen Ableitungen von f ausdrücken. Zu diesem Zwecke differenzieren wir die sich aus (7.198) ergebende, für $x \neq 0$ gültige Identität $g(x,0) = \frac{f(x,0)}{x}$ nach x und erhalten

$$g_x(x,0) = \frac{x\cdot f_x(x,0) - f(x,0)}{x^2} \quad \text{für } x \neq 0 . \tag{7.203}$$

Da die partielle Ableitung g_x stetig ist, können wir den Wert von $g_x(x,0)$ an der Stelle $x = 0$ aus (7.203) durch den Grenzübergang $x \to 0$ berechnen. Wie der Leser verifizieren möge, erhalten wir unter Zuhilfenahme der Regel von de l'Hospital die Beziehung

$$g_x(0,0) = \lim_{x\to 0} g_x(x,0) = \lim_{x\to 0} \tfrac{1}{2} f_{xx}(x,0) = \tfrac{1}{2} f_{xx}(0,0) \overset{(7.193)}{=} 0 . \tag{7.204}$$

Also gilt wegen (7.201) $h'(0) = 0$. Die in der Formel (7.202) auftretende zweite Ableitung $g_{xx}(0,0)$ berechnen wir als Differentialquotient in der Form

$$g_{xx}(0,0) = \lim_{x\to 0} \tfrac{1}{x}\cdot\left[g_x(x,0) - g_x(0,0)\right] .$$

Mit (7.203), (7.204) und zweimaliger Anwendung der l'Hospital'schen Regel erhalten wir, wie der Leser nachvollziehen möge,

$$g_{xx}(0,0) = \lim_{x\to 0} \tfrac{1}{x}\cdot g_x(x,0) = \tfrac{1}{3} f_{xxx}(0,0) . \tag{7.205}$$

Beachtet man nun $h'(0) = 0$ und setzt (7.199), (7.204) und (7.205) in (7.202) ein, so erhält man die Formel (7.196).

(c) Wegen $f_x(0,0) = 0$ (siehe (7.191)) und $f_{xx}(0,0) = 0$ (siehe (7.193)) hängt die Stabilität der trivialen Ruhelage der skalaren Gleichung $\dot{x} = f(x,0)$ in der behaupteten Weise (siehe Beispiel 7.4.14) vom Vorzeichen von $f_{xxx}(0,0)$ ab, denn dieses bestimmt das Vorzeichen der rechten Seite in der Nähe der betrachteten Ruhelage.

(d) Die Stabilitätsaussagen hinsichtlich der trivialen Ruhelage von $\dot{x} = f(x,\alpha)$ für $\alpha \neq 0$ sind identisch mit denen des Satzes 7.10.6, denn sie hängen nur vom Vorzeichen von $f_{\alpha x}(0,0)$ ab, sind also insbesondere unabhängig von den Ausdrücken $f_{xx}(0,0)$ und $f_{xxx}(0,0)$ (nur in diesen unterscheiden sich die beiden Sätze 7.10.6 und 7.10.8). Was die Untersuchung der Stabilität der nichttrivialen Ruhelagen $x^- < 0 < x^+$ betrifft, so gehen wir wie im Beweis des Satzes 7.10.3 vor und betrachten die Funktion

$$\widetilde{f}(x) := f_x\big(x, h(x)\big)\,.$$

Im vorliegenden Fall (beachte (7.193) und $h'(0) = 0$) gilt folgendes:

$$\begin{aligned}\widetilde{f}'(x) &= f_{xx}\big(x,h(x)\big) + f_{\alpha x}\big(x,h(x)\big)\cdot h'(x)\,, \quad \text{folglich } \tilde{f}'(0) = 0\,,\\ \widetilde{f}''(0) &= f_{xxx}(0,0) + f_{\alpha x}\big(0,0\big)\cdot h''(0) \overset{(7.196)}{=} \tfrac{2}{3}\, f_{xxx}(0,0) \overset{(7.194)}{\neq} 0\,.\end{aligned} \tag{7.206}$$

Hiermit folgt zunächst, daß der Graph von $\widetilde{f}(x)$ im Punkt $x = 0$ ein strenges lokales Extremum besitzt. Also haben die beiden Ausdrücke $f_x(x^-, h(x^-))$ und $f_x(x^+, h(x^+))$ das gleiche Vorzeichen, und das bedeutet, daß die beiden Ruhelagen x^- und x^+ das gleiche Stabilitätsverhalten besitzen. Daß dieses dem Stabilitätsverhalten der zugehörigen trivialen Ruhelage gerade entgegengesetzt ist, erkennt man am einfachsten durch eine Fallunterscheidung. Im Fall $f_{\alpha x}(0,0) > 0$ und $f_{xxx}(0,0) > 0$ gilt wegen (7.196) $h''(0) < 0$. Folglich existieren die nichttrivialen Ruhelagen x^- und x^+ für die negativen Werte des Parameters α. Wie zuvor gezeigt, sind in diesem Fall die trivialen Ruhelagen für $\alpha < 0$ asymptotisch stabil. Wegen (7.206) besitzt die Funktion $\widetilde{f}(x)$ im betrachteten Fall bei 0 ein Minimum, und somit sind $f_x\big(x^-, h(x^-)\big)$ und $f_x\big(x^+, h(x^+)\big)$ positiv, d.h. die Ruhelagen x^- und x^+ sind instabil. Die anderen drei Vorzeichenfälle behandelt man analog. ■

Aufgaben

1. Zeigen Sie an Hand eines Beispiels, daß bei einer skalaren Differentialgleichung

$$\boxed{\dot{x} = f(x,\alpha)}\,, \quad \alpha \in \mathbb{R}$$

mit $f(x_0, \alpha_0) = 0$ die nach Satz 7.10.2 notwendige Bedingung $f_x(x_0,\alpha_0) = 0$ dafür, daß (x_0,α_0) ein Verzweigungspunkt dieser Gleichung ist, nicht auch hinreichend ist.

2. Gegenstand dieser Aufgabe sind C^1-Funktionen $f : \mathbb{R}^2 \to \mathbb{R}$ mit $f(0,0) = 0$ und die zugehörigen Differentialgleichungen

$$\boxed{\dot{x} = f(x,\alpha)}\,, \quad \alpha \in \mathbb{R} \tag{$*$}$$

und

$$\boxed{\dot{x} = f(x,y)\,,\ \dot{y} = 0}\,. \tag{$**$}$$

Demonstrieren Sie an Hand von Beispielen, daß folgendes möglich ist:

(a) Die triviale Ruhelage von (**) ist stabil, obwohl für jedes $\alpha \neq 0$ die triviale Ruhelage von (*) instabil ist.

(b) Die triviale Ruhelage von (**) ist instabil, obwohl für jedes $\alpha \neq 0$ die triviale Ruhelage von (*) stabil ist.

Sind die in (a) und (b) beschriebenen Fälle auch möglich, wenn man jeweils die Einschränkung „$\alpha \neq 0$" durch „$\alpha \in \mathbb{R}$" ersetzt?

3. Gegeben sei eine parameterabhängige skalare Differentialgleichung

$$\boxed{\dot{x} = f(x,\alpha)}, \quad \alpha \in \mathbb{R}$$

mit einer C^1-Funktion $f : \mathbb{R}^2 \to \mathbb{R}$. Die Differentialgleichung besitze eine differenzierbare Schar $(g(\alpha),\alpha)$, $\alpha \in (-\varepsilon, \varepsilon)$ von Ruhelagen und es gelte $f_x(g(0),0) \neq 0$.

(a) Zeigen Sie, daß damit für jeden (betragsmäßig) hinreichend kleinen Parameterwert α die Stabilität der Ruhelage $g(\alpha)$ festgelegt ist.

(b) Geben Sie für die Differentialgleichung (7.159) von Seite 363 eine Begründung für die in der Abbildung 7.50 eingezeichneten Teile des Verzweigungsdiagramms (Steigung der Kurven, Stabilitätsaussagen für die Ruhelagen).

4. Gegeben sei die von zwei Parametern abhängige Differentialgleichung

$$\boxed{\dot{x} = \alpha(1+x) + x^2(\alpha+\beta)}, \quad \alpha,\beta \in \mathbb{R}\,.$$

Zeigen Sie, daß für jedes feste $\beta \neq 0$ bei $(x,\alpha) = (0,0)$ eine Sattel-Knoten-Verzweigung vorliegt und bestimmen Sie den jeweiligen Typ unter Verweis auf die Abbildung 7.45. Welcher Verzweigungstyp liegt im Fall $\beta = 0$ vor?

5. Gegeben sei die von zwei Parametern α und β abhängige Differentialgleichung

$$\boxed{\dot{x} = \alpha x + (\alpha+\beta)x^2 + x^3}, \quad \alpha,\beta \in \mathbb{R}\,.$$

Zeigen Sie, daß für jeden festen Wert des Parameters β bei $(x,\alpha) = (0,0)$ eine transkritische Verzweigung oder eine Heugabel-Verzweigung stattfindet und bestimmen Sie unter Verweis auf die Abbildungen 7.53 bzw. 7.60 den jeweiligen Verzweigungstyp.

6. Zeigen Sie, daß die skalare Differentialgleichung

$$\boxed{\dot{x} = 2x^2 - x^3 - x^4 + \alpha(x^3 - x) + \alpha^2(x-1)}, \quad \alpha \in \mathbb{R}$$

für den Parameterwert $\alpha = 1$ genau zwei Ruhelagen besitzt und bestimmen Sie in jeder dieser beiden Ruhelagen das lokale Verzweigungsverhalten.

7.11 Verzweigung geschlossener Trajektorien

Auch in diesem Abschnitt untersuchen wir die Auswirkungen, die ein Stabilitätswechsel in einer Familie von Ruhelagen zur Folge hat. Während im vorherigen Abschnitt der Stabilitätswechsel dadurch zustande kam, daß der parameterabhängige Koeffizient des Linearteils einer skalaren Differentialgleichung das Vorzeichen wechselt, betrachten wir jetzt ebene autonome Systeme mit der Eigenschaft, daß die Koeffizientenmatrix der Linearisierung ein konjugiert komplexes Eigenwertpaar besitzt, das bei Parametervariation die imaginäre Achse überquert. Um die diesbezüglichen theoretischen Untersuchungen zu erleichtern, nehmen wir einige Vereinfachungen vor, die sich in konkreten Fällen leicht bewerkstelligen lassen. Wir setzen nämlich voraus, daß die gegebene Schar von Ruhelagen trivial ist, d.h. aus trivialen Ruhelagen besteht, daß der Stabilitätswechsel beim Parameterwert 0 stattfindet, und daß die parameterabhängige Koeffizientenmatrix der Linearisierung bereits in reeller Jordan'scher Normalform vorliegt. All dies bedeutet, daß wir ein ebenes autonomes System der folgenden Form betrachten:

$$\boxed{\dot{\begin{pmatrix} x \\ y \end{pmatrix}} = \begin{pmatrix} \mu(\alpha) & -\nu(\alpha) \\ \nu(\alpha) & \mu(\alpha) \end{pmatrix} \begin{pmatrix} x \\ y \end{pmatrix} + \begin{pmatrix} f(x,y,\alpha) \\ g(x,y,\alpha) \end{pmatrix}} \qquad (7.207)$$

Wir setzen für das System (7.207) voraus, daß seine rechte Seite auf einer offenen Menge $D \subseteq \mathbb{R}^3$ differenzierbar ist und für alle α aus einem Intervall $(-\varepsilon, \varepsilon)$ den Bedingungen

$$\begin{aligned} f(0,0,\alpha) &= f_x(0,0,\alpha) = f_y(0,0,\alpha) = 0 \\ g(0,0,\alpha) &= g_x(0,0,\alpha) = g_y(0,0,\alpha) = 0 \end{aligned} \qquad (7.208)$$

genügt. Die Voraussetzung, daß bei $\alpha = 0$ ein konjugiert komplexes Eigenwertpaar vorliegt, nimmt dann die Form

$$\mu(0) = 0\,, \quad \nu(0) \neq 0 \qquad (7.209)$$

an. Das Überschreiten der imaginären Achse durch das Paar $\mu(\alpha) \pm i\nu(\alpha)$ von Eigenwerten setzen wir als „transversal" voraus. Die entsprechende **Transversalitätsbedingung** lautet

$$\mu'(0) \neq 0\,. \qquad (7.210)$$

Auf die vorherigen Verzweigungsresultate zurückblickend stellen wir fest, daß dort neben den Voraussetzungen, die den transversalen Stabilitätswechsel beschreiben, noch eine sogenannte *Nichtausartungsbedingung* vonnöten war. Diese betraf das Nichtverschwinden eines geeigneten Taylor-Koeffizienten der rechten Seite der betrachteten Gleichung, und zwar $f_{xx}(0,0)$ im Fall der transkritischen Verzweigung und $f_{xxx}(0,0)$ im Fall der Heugabel-Verzweigung. Im vorliegenden Fall eines zwei-dimensionalen Systems wird diese Bedingung nun komplizierter und in konkreten Fällen schwerer verifizierbar. An die Stelle des ersten nichtverschwindenden Taylor-Koeffizienten tritt jetzt nämlich der Ausdruck $\frac{A_2}{\nu(0)} + A_3$, wobei wir zur Abkürzung

$$\begin{aligned} A_2 &:= f_{02}g_{02} - f_{20}g_{20} + f_{11}(f_{20} + f_{02}) - g_{11}(g_{20} + g_{02}) \\ A_3 &:= f_{30} + f_{12} + g_{21} + g_{03} \end{aligned} \qquad (7.211)$$

setzen, mit den Bezeichnungen

$$f_{ij} := f_{x^iy^j}(0,0,0)\,, \quad g_{ij} := g_{x^iy^j}(0,0,0) \qquad (7.212)$$

für die entsprechenden partiellen Ableitungen zweiter und dritter Ordnung. Die verzweigenden Objekte bei dem jetzt vorliegenden Verzweigungsproblem sind nicht Ruhelagen, sondern geschlossene Trajektorien. Was die diesbezüglichen Stabilitätsaussagen betrifft, so stellen wir schon vorweg fest, daß die abzweigenden geschlossenen Trajektorien in keinem Fall asymptotisch stabil sein können (siehe Aufgabe 5 im Abschnitt 7.4). Für die Stabilitätsaussagen über geschlossene Trajektorien müssen wir also einen modifizierten Stabilitätsbegriff einführen. Wir nennen dabei eine geschlossene Trajektorie T **attraktiv**, wenn sie die ω-Grenzmenge aller Punkte aus einer Umgebung von T ist (siehe Abbildung 7.63 links). Es handelt sich hierbei also um einen Grenzzyklus, der *alle* Nachbartrajektorien „anzieht". Entsprechend heißt ein Grenzzyklus T, der die α-Grenzmenge aller Punkte einer Umgebung von T ist, **repulsiv**.

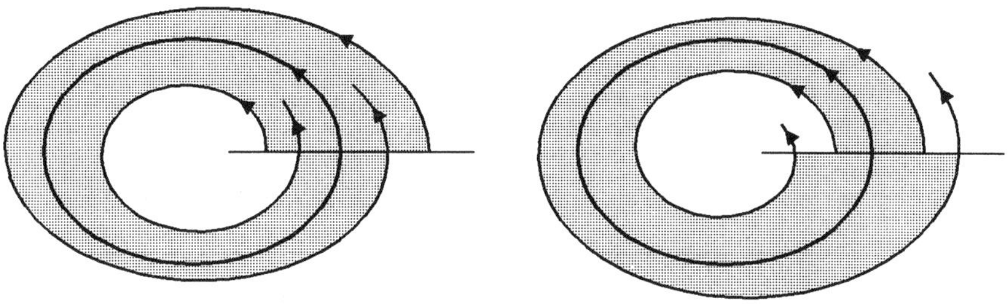

Abb. 7.63 Ein attraktiver (links) und ein repulsiver (rechts) Grenzzyklus

Bevor wir den Satz über die sogenannte **Hopf-Verzweigung** (für den Fall ebener autonomer Systeme) formulieren und beweisen, wollen wir noch eine Anmerkung zur Namengebung machen. Das beschriebene Verzweigungsresultat war im wesentlichen schon H. Poincaré[6] gegen Ende des vorherigen Jahrhunderts bekannt. Explizit formuliert und bewiesen wurde es jedoch erstmals von dem russischen Mathematiker A. A. Andronov[7] im Jahre 1929. Unabhängig davon beschrieb der deutsche Mathematiker Eberhard Hopf[8] im Jahre 1942 dieses Resultat. Obwohl also E. Hopf nicht der eigentliche Urheber des Satzes über die Abzweigung von geschlossenen Trajektorien ist, hat sich (vor allem in der westlichen Literatur) der Name Hopf-Verzweigung eingebürgert. Eine informativere, aber sicher nicht bessere Bezeichnung wäre **Poincaré-Andronov-Hopf-Verzweigung**.

---

[6] Der französische Mathematiker, Physiker, Astronom und Philosoph Jules-Henri **Poincaré** (1854–1912) studierte in Paris zunächst Ingenieurwissenschaften, bevor er in Mathematik promovierte. Bereits mit 25 Jahren wurde er Professor für Analysis in Caen und 2 Jahre später an der Sorbonne in Paris, wo er auch Professuren für Mechanik, mathematische Physik und Himmelsmechanik übernahm. Poincaré's mathematische Arbeitsgebiete umfaßten komplexe Funktionen, Topologie, Differentialgleichungen, Differenzengleichungen, Potentialtheorie und Wahrscheinlichkeitstheorie. Hinzu kamen noch zahlreiche weitere Gebiete aus der Physik und der Astronomie sowie die mit seinen naturwissenschaftlichen Interessen in Verbindung stehenden Fragen wissenschaftstheoretischer und philosophischer Art. Die ungeheure Breite von Poincaré's Interessensgebieten ließen ihn zu einem der universellsten Gelehrten der Neuzeit werden. Um den Rahmen dieser Fußnote nicht zu sprengen, sei zu dem etwa 250 Arbeiten umfassenden Werk Poincaré's aus Sicht der Differentialgleichungen nur gesagt, daß ein großer Teil der sogenannten *Qualitativen Theorie gewöhnlicher Differentialgleichungen*, so wie sie sich im ausgehenden 20. Jahrhundert präsentiert, in ihren Grundzügen bereits bei Poincaré zu finden ist. Ein Beispiel hierfür liefert das jetzt zu beschreibende Verzweigungsresultat, der Satz 7.11.1.

[7] Die erste explizite Formulierung des im Satz 7.11.1 beschriebenen Resultats befindet sich in der von A. A. Andronov geschriebenen Arbeit „*Application of Poincaré's theorem on 'bifurcation points' and 'change in stability' to simple autooscillatory systems*", erschienen in *Comptes Rendus de l'Academie des Sciences Paris, 189, 15 (1929), 559-561.* Die Veröffentlichung des zugehörigen Beweises erfolgte wenige Jahre später.

[8] In der Arbeit „*Abzweigung einer periodischen Lösung von einer stationären Lösung eines Differentialsystems*", erschienen in *Berichte über Verhandlungen der Sächsischen Akademie der Wissenschaften Leipzig, Mathematisch-Naturwissenschaftliche Klasse 94 (1942), 3-22,* formulierte und bewies E. Hopf einen Satz für n-dimensionale Systeme, dessen zwei-dimensionaler Spezialfall im wesentlichen mit unserem Satz 7.11.1 übereinstimmt.

Schon vor der Formulierung des Satzes über die Abzweigung von geschlossenen Trajektorien verweisen wir auf die Abbildung 7.64, in der wir die verschiedenen Fälle der Hopf-Verzweigung darstellen, und zwar insofern nur symbolisch, als wir den zwei-dimensionalen (x, y)-Raum durch die ein-dimensionale positive r-Achse ersetzen ($r = \sqrt{x^2 + y^2}$) und eine geschlossene Trajektorie als Punkt (die *Amplitude* der periodischen Bewegung repräsentierend) darstellen. Es ist in diesem Zusammenhang erwähnenswert, daß die vier Teilabbildungen in 7.64 die insgesamt acht möglichen Fälle der Hopf-Verzweigung repräsentieren. Jedes der symbolischen zwei-dimensionalen Diagramme in der Abbildung 7.64 steht nämlich für zwei drei-dimensionale Verzweigungsdiagramme, die sich durch die vom Vorzeichen von $\nu(0)$ abhängige Orientierung des abzweigenden Grenzzyklus (und damit des gesamten Phasenportraits in der Nähe der trivialen Ruhelage) unterscheiden. Die Abbildung 7.65 schließlich zeigt in einem der acht möglichen Fälle der Hopf-Verzweigung (der *superkritischen* Verzweigung *attraktiver* Grenzzyklen mit *positivem* Drehsinn) das drei-dimensionale Verzweigungsdiagramm.

7.11.1 Satz (Hopf-Verzweigung): *Das System (7.207) sei von der Klasse C^4 und besitze für alle Werte des Parameters α aus einem Intervall $(-\varepsilon, \varepsilon)$ die triviale Ruhelage, und bei $\alpha = 0$ finde ein transversaler Stabilitätswechsel statt, d.h. es gelten die Voraussetzungen (7.208), (7.209) und (7.210). Gilt darüberhinaus mit den in (7.211) und (7.212) definierten Zahlen A_2 und A_3 die Ungleichung*

$$\frac{A_2}{\nu(0)} + A_3 \neq 0\,, \tag{7.213}$$

so gibt es eine Null-Umgebung U im $\mathbb{R}^2$ und ein $\varepsilon_0 > 0$ mit folgenden Eigenschaften:

(a) Das System (7.207) besitzt in $U \times [-\varepsilon_0, \varepsilon_0]$ keine Ruhelagen außer den trivialen $(0, 0, \alpha)$, $\alpha \in [-\varepsilon_0, \varepsilon_0]$.

(b) Im Fall $\mu'(0) > 0$ sind die trivialen Ruhelagen für $\alpha \in [-\varepsilon_0, 0)$ asymptotisch stabil und für $\alpha \in (0, \varepsilon_0]$ instabil, und umgekehrt im Fall $\mu'(0) < 0$.

(c) Für $\alpha = 0$ ist die triviale Ruhelage asymptotisch stabil bzw. instabil, je nachdem ob $\frac{A_2}{\nu(0)} + A_3$ negativ oder positiv ist.

(d) Im Fall $\left[\frac{A_2}{\nu(0)} + A_3\right]\mu'(0) > 0$ gibt es für jedes $\alpha \in [0, \varepsilon_0]$ keine geschlossene Trajektorie in U, und für jedes $\alpha \in [-\varepsilon_0, 0)$ gibt es genau eine geschlossene Trajektorie in U. Diese enthält die triviale Ruhelage im Innengebiet und ist attraktiv im Fall $\mu'(0) < 0$ und repulsiv im Fall $\mu'(0) > 0$.

(e) Im Fall $\left[\frac{A_2}{\nu(0)} + A_3\right]\mu'(0) < 0$ gibt es für jedes $\alpha \in [-\varepsilon_0, 0]$ keine geschlossene Trajektorie in U, und für jedes $\alpha \in (0, \varepsilon_0]$ gibt es genau eine geschlossene Trajektorie in U. Diese enthält die triviale Ruhelage im Innengebiet und ist attraktiv im Fall $\mu'(0) > 0$ und repulsiv im Fall $\mu'(0) < 0$.

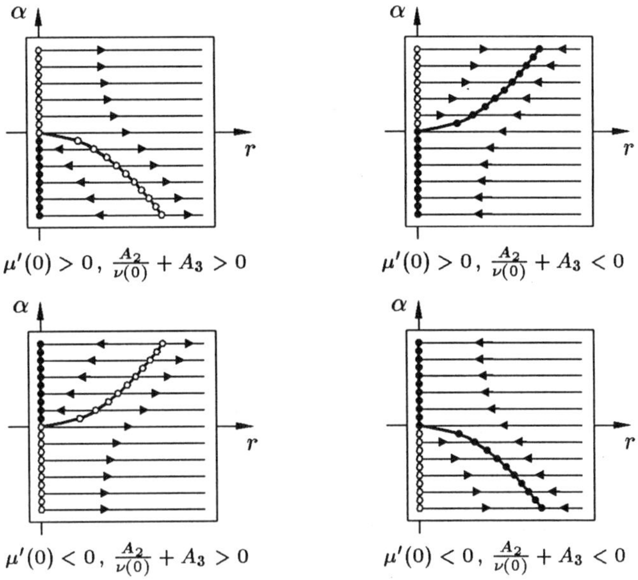

Abb. 7.64 Die acht Möglichkeiten der Hopf-Verzweigung, symbolisiert in vier Diagrammen

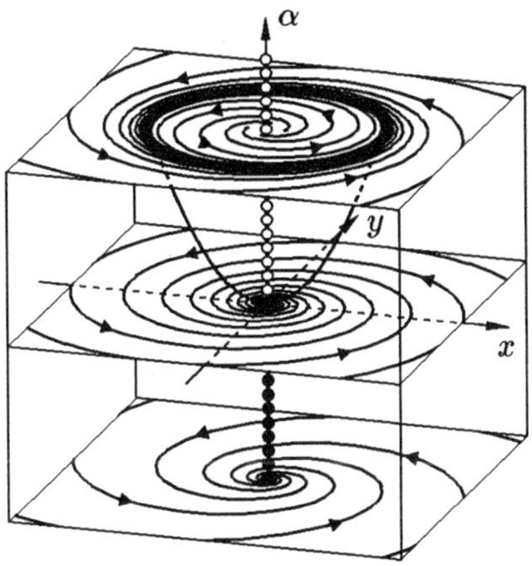

Abb. 7.65
Die Hopf-Verzweigung im Fall $\mu'(0) > 0\,,\ \frac{A_2}{\nu(0)} + A_3 < 0$. Der Drehsinn der Trajektorien ist wegen $\nu(0) > 0$ positiv.

7.11.2 Bemerkung: Bei den Voraussetzungen des Satzes 7.11.1 ist eine zweigeteilte Struktur zu erkennen. Zum einen sind da die Voraussetzungen, die lediglich den *Linearteil* des Systems betreffen, nämlich neben der speziellen Gestalt des Systems (7.207) die Voraussetzungen (7.209) und (7.210) über das Eigenwertpaar $\mu(\alpha) \pm i\nu(\alpha)$. Auf der anderen Seite bezieht sich die Voraussetzung (7.213) ausschließlich auf die *Nichtlinearität*, genauer, auf bestimmte Terme zweiter und dritter Ordnung der Taylor-Entwicklung um die betrachtete Ruhelage. Hierbei ist im Hinblick auf Anwendungen beachtenswert, daß die Nichtlinearität nur für den speziellen Parameterwert $\alpha = 0$ ausgewertet werden muß. □

Beweis des Satzes 7.11.1: Dieser sich über etwa neun Seiten erstreckende Beweis besitzt eine dreiteilige Struktur. Im ersten Teil beschreiben und illustrieren wir die Beweisidee und im zweiten Teil führen wir die zugehörigen theoretischen Überlegungen im Detail durch. Der dritte Teil schließlich ist den elementaren, jedoch umfangreichen Rechnungen vorbehalten.

1. Teil : Wir schreiben das gegebene System (7.207) gemäß Satz 5.2.1 in Polarkoordinaten, was auf eine Gleichung der Form

$$\boxed{\dot{r} = \mu(\alpha) r + F(r, \phi, \alpha)\,, \quad \dot{\phi} = \nu(\alpha) + G(r, \phi, \alpha)} \tag{7.214}$$

führt. Die Trajektorien dieses Systems lassen sich dann nach Satz 5.1.1 mit Hilfe der Lösungskurven der skalaren Differentialgleichung

$$\boxed{\frac{dr}{d\phi} = \frac{\mu(\alpha) r + F(r, \phi, \alpha)}{\nu(\alpha) + G(r, \phi, \alpha)}} \tag{7.215}$$

beschreiben. Für diese Gleichung werden wir im technischen zweiten Teil des Beweises die folgende Aussage herleiten, die sich wegen der stetigen Abhängigkeit der Lösungen von den Anfangswerten aus der Tatsache ergibt, daß (7.215) die triviale Lösung besitzt (siehe Abbildung 7.66 links).

> Es gibt drei positive Zahlen ε_0 und $r_1 < r_2$ derart, daß für jede der Gleichungen (7.215) mit $|\alpha| \leq \varepsilon_0$ folgendes gilt: jede Lösung, die bei $\phi = 0$ in einem Punkt $\rho \in [0\,, r_1]$ startet, existiert für alle $\phi \in [0\,, 2\pi]$ und verbleibt für alle diese ϕ im Intervall $[0\,, r_2]$. (7.216)

Der *Schlüssel* zum Beweis des Satzes 7.11.1 liegt in der Tatsache, daß einerseits jede Lösung der skalaren Differentialgleichung (7.215) mit Parameter $|\alpha| \leq \varepsilon_0$ und Anfangswertepaar $(0, \rho) \in \mathbb{R} \times [0\,, r_1]$ ein Trajektorienstück des Systems (7.214) und damit des Ausgangssystems (7.207) beschreibt, das ganz in der Nullumgebung $U_{r_2}(0,0) = \{(x,y) \in \mathbb{R}^2 : \|(x,y)\| < r_2\}$ liegt, und daß andererseits von den auf $[0\,, 2\pi]$ existierenden Lösungen der skalaren Gleichung (7.215) genau diejenigen geschlossene Trajektorien des Systems (7.207) in $U_{r_2}(0,0)$ liefern, deren Werte für $\phi = 0$ und $\phi = 2\pi$ übereinstimmen (siehe Abbildung 7.66).

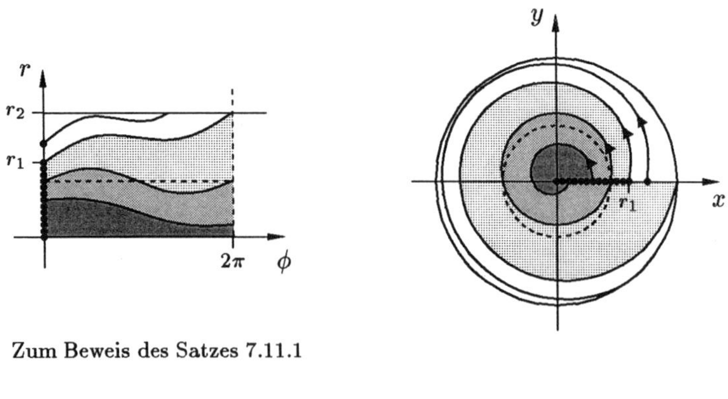

Abb. 7.66 Zum Beweis des Satzes 7.11.1

Zum Auffinden der Lösungen von (7.215), die für $\phi = 0$ und $\phi = 2\pi$ die gleichen Werte annehmen, bezeichnen wir mit $\lambda(\phi\,;\phi_0, r_0, \alpha)$ die allgemeine Lösung von (7.215) und definieren die Funktion

$$\Lambda(\rho,\alpha) := \nu(0)\cdot\left[\,\lambda(2\pi\,;0,\rho,\alpha) - \rho\,\right], \quad \Lambda : [0\,,r_1]\times[-\,\varepsilon_0\,,\varepsilon_0] \to \mathbb{R}\,. \quad (7.217)$$

Für jedes feste $\alpha \in [-\,\varepsilon_0\,,\varepsilon_0]$ entspricht dann der trivialen Lösung des Systems (7.207) die Nullstelle $\rho = 0$ der Funktion $\Lambda(\rho,\alpha)$, und den (nichtkonstanten) geschlossenen Trajektorien des Systems (7.207) in $U_{r_2}(0,0)$ entsprechen umkehrbar eindeutig die positiven ρ-Nullstellen der Funktion $\Lambda(\rho,\alpha)$. Darüberhinaus kann man am Vorzeichenverhalten von $\Lambda(\rho,\alpha)$ erkennen, ob die im Punkt $(0,\rho)$ auf der positiven x-Achse startende positive Halbtrajektorie des Systems (7.207) die positive x-Achse erstmals wieder links oder rechts von Startwert ρ schneidet, ob sie also auf den Koordinatenursprung hin oder von ihm weg spiralt. Die gesamte Aussage des Satzes 7.11.1 läßt sich somit an Hand des Graphen der Funktion $\Lambda(\rho,\alpha)$ beschreiben. Der Satz wird daher bewiesen sein, wenn wir von dieser Funktion gezeigt haben, daß sie je nach betrachtetem Fall eine der in der Abbildung 7.67 gezeigten Formen annimmt. Wie man sich leicht überlegt (am besten durch getrennte Betrachtung der beiden unterschiedlichen „Drehsinne“, beschrieben durch die verschiedenen Vorzeichen von $\nu(0)$), entsprechen dabei den beiden Teilabbildungen links die repulsiven, und den Teilabbildungen rechts die attraktiven verzweigenden Grenzzyklen.

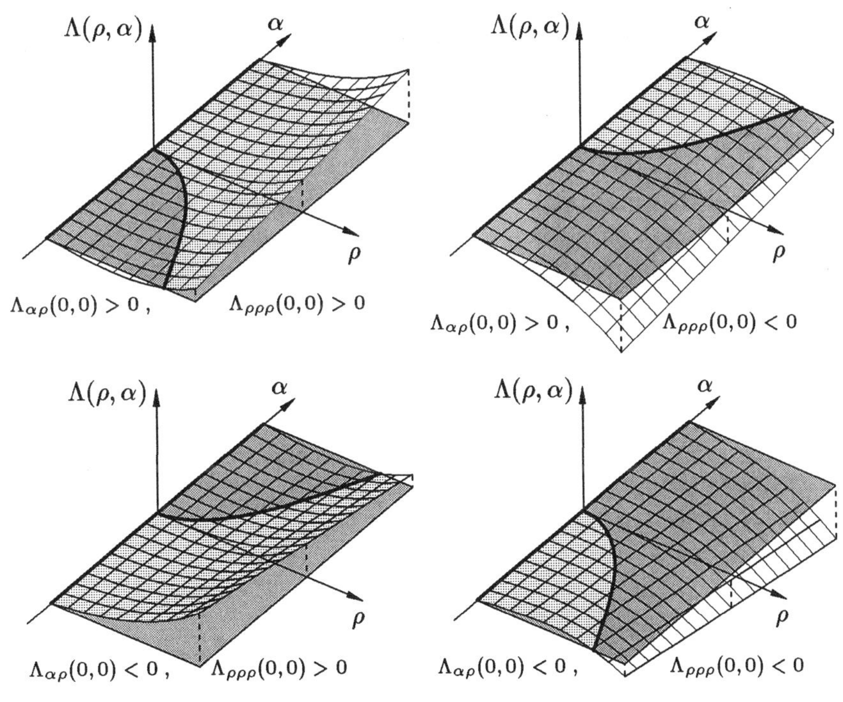

Abb. 7.67 Zum Beweis des Satzes 7.11.1

Auffallend bei der Abbildung 7.67 ist die Ähnlichkeit der dargestellten Funktion mit der bei der Heugabel-Verzweigung auftretenden Funktion (siehe Abbildung 7.61 auf Seite 375). Die in dieser Analogie enthaltene qualitative Information können wir nun insofern nutzen, als wir genau wissen, von welchen Größen und in welcher Weise die Form des Graphen von $\Lambda(\rho,\alpha)$ in der Nähe von $(0,0)$ abhängt. Nach den Erkenntnissen des Abschnitts 7.10.3 hat der Graph von $\Lambda(\rho,\alpha)$ nämlich sicher dann die in den Teilabbildungen von 7.67 gezeigte Form, wenn folgendes gilt:

$$\Lambda(0,\alpha) = 0 \quad \text{für alle } \alpha \in [-\varepsilon_0,\varepsilon_0]\,, \tag{7.218}$$

$$\Lambda_\rho(0,0) = 0\,, \tag{7.219}$$

$$\Lambda_{\alpha\rho}(0,0) \neq 0\,, \tag{7.220}$$

$$\Lambda_{\rho\rho}(0,0) = 0\,, \tag{7.221}$$

$$\Lambda_{\rho\rho\rho}(0,0) \neq 0\,. \tag{7.222}$$

Die Zuordnung der in diesen Beziehungen enthaltenen vier Vorzeichenfälle zu den entsprechenden Graphen von $\Lambda(\rho,\alpha)$ kann man der Beschriftung der Abbildung 7.67 entnehmen.

Zusammenfassend können wir also feststellen, daß sich der gesamte Beweis des Satzes 7.11.1 auf den Nachweis der fünf Beziehungen (7.218) bis (7.222) reduziert, und – um die in den Abbildungen 7.64 und 7.67 gezeigten vier Fälle einander richtig zuordnen zu können – auf den Nachweis der Beziehungen

$$\operatorname{sgn} \Lambda_{\alpha\rho}(0,0) = \operatorname{sgn} \mu'(0)\,, \tag{7.223}$$

$$\operatorname{sgn} \Lambda_{\rho\rho\rho}(0,0) = \operatorname{sgn}\left[\frac{A_2}{\nu(0)} + A_3\right]. \tag{7.224}$$

<u>2. Teil</u>: Wir gliedern diesen zentralen Teil des Beweises in fünf Schritte.

<u>1. Schritt</u> (Eigenschaften der Funktionen $F(r,\phi,\alpha)$ und $G(r,\phi,\alpha)$ in (7.214)): Transformiert man das gegebene System (7.207) gemäß Satz 5.2.1 in Polarkoordinaten, so erhält man das System (7.214), mit

$$F(r,\phi,\alpha) = f(r\cos\phi, r\sin\phi,\alpha)\cos\phi + g(r\cos\phi, r\sin\phi,\alpha)\sin\phi\,, \tag{7.225}$$

$$G(r,\phi,\alpha) = \tfrac{1}{r}\left[\, g(r\cos\phi, r\sin\phi,\alpha)\cos\phi - f(r\cos\phi, r\sin\phi,\alpha)\sin\phi\,\right]. \tag{7.226}$$

Die Funktion F ist offensichtlich wie f von der Klasse C^4, und wegen der Eigenschaften (7.208) von f gelten die Beziehungen

$$F(0,\phi,\alpha) = 0 \quad \text{und} \quad F_r(0,\phi,\alpha) = 0 \quad \text{für alle } \phi \in \mathbb{R}\,, \alpha \in (-\varepsilon,\varepsilon)\,. \tag{7.227}$$

Daß die Funktion G eine C^3-Funktion mit der Eigenschaft

$$G(0,\phi,\alpha) = 0 \quad \text{für alle } \phi \in \mathbb{R}\,, \alpha \in (-\varepsilon,\varepsilon) \tag{7.228}$$

ist, folgt aus den Beziehungen (7.208) mit Hilfe des Lemmas von Hadamard (siehe Anhang A).

2. Schritt (Beweis der Aussage (7.216)): Auf Grund der Voraussetzungen (7.208) und (7.209) gibt es positive Zahlen ε_0 und r_2 mit

$$\nu(\alpha) + G(r, \phi, \alpha) \neq 0 \quad \text{für alle } r \in [0, r_2], \, \phi \in \mathbb{R}, \, |\alpha| \leq \varepsilon_0 .$$

Damit existiert die rechte Seite der Differentialgleichung (7.215) für die genannten r, ϕ, α und ist von der Klasse C^3. Sie besitzt wegen (7.227) die triviale Lösung, und das bedeutet, daß für ihre allgemeine Lösung $\lambda(\phi\,; \phi_0, r_0, \alpha)$ die Beziehung

$$\lambda(\phi\,; 0, 0, \alpha) = 0 \quad \text{für alle } \phi \in \mathbb{R}, \, |\alpha| \leq \varepsilon_0 \tag{7.229}$$

gilt. Wegen der stetigen Abhängigkeit der Lösungen von den Anfangswerten (siehe Satz 7.2.3) gibt es dann ein $r_1 \in (0, r_2)$, so daß die Aussage (7.216) gilt.

3. Schritt (Eigenschaften der rechten Seite von (7.215)): Wie sich im vierten Beweisschritt herausstellen wird, benötigen wir zum Nachweis der Beziehungen (7.218) bis (7.224) bestimmte Informationen über die mit

$$R(r, \phi, \alpha) := \frac{\mu(\alpha) r + F(r, \phi, \alpha)}{\nu(\alpha) + G(r, \phi, \alpha)} \tag{7.230}$$

bezeichnete rechte Seite von (7.215). Zunächst gilt – wie der Leser unter Verwendung von (7.227) und (7.228) leicht nachrechnet – die Beziehung

$$R_r(0, \phi, \alpha) = \frac{\mu(\alpha)}{\nu(\alpha)} \quad \text{für alle } \phi \in \mathbb{R}, \, |\alpha| \leq \varepsilon_0 . \tag{7.231}$$

Ebenso leicht erkennt man die beiden Identitäten (beachte $\mu(0) = 0$)

$$R(0, \phi, 0) = 0 \quad \text{und} \quad R_r(0, \phi, 0) = 0 \quad \text{für alle } \phi \in \mathbb{R} . \tag{7.232}$$

Die Herleitung der nächsten beiden Beziehungen erfordert zwar nur einfache, aber doch umfangreiche Rechnungen (Koeffizientenvergleiche und Integrationen). Um den Beweisgang an dieser Stelle nicht mit solchen Berechnungen zu unterbrechen, holen wir diese im dritten Teil des Beweises nach und geben die Ergebnisse jetzt direkt an. Es handelt sich um die beiden Beziehungen

$$\int_0^{2\pi} R_{rr}(0, \theta, 0)\, d\theta = 0 , \tag{7.233}$$

$$\int_0^{2\pi} R_{rrr}(0, \theta, 0)\, d\theta = \frac{3\pi}{4\nu(0)} \left[\frac{A_2}{\nu(0)} + A_3 \right] , \tag{7.234}$$

wobei wir bezüglich A_2 und A_3 auf (7.211) und (7.212) verweisen.

4. Schritt (Eigenschaften der allgemeinen Lösung von (7.215)): Die skalare Differentialgleichung (7.215) erscheint jetzt mit der Abkürzung (7.230) in der Form

$$\frac{dr}{d\phi} = R(r, \phi, \alpha) . \tag{7.235}$$

Wegen (7.229) und (7.232) gilt die Beziehung

$$R_r\big(\lambda(\phi\,;0,0,0),\phi,0\big) \;=\; 0 \quad \text{für alle } \phi \in \mathbb{R}\,. \tag{7.236}$$

Zur Berechnung der Ableitung der allgemeinen Lösung $\lambda(\phi\,;\phi_0,\rho,\alpha)$ nach ρ erinnern wir daran (siehe Satz 7.3.2 (b)), daß die Funktion $\lambda_\rho(\phi\,;0,\rho,\alpha)$ (bei festem ρ und α als Funktion von ϕ) eine Lösung des skalaren linearen Anfangswertproblems

$$\frac{ds}{d\phi} \;=\; R_r\big(\lambda(\phi\,;0,\rho,\alpha),\phi,\alpha\big)\,s\,, \quad s(0) \;=\; 1$$

ist. Es gilt daher für alle $\phi \in \mathbb{R}$ die Beziehung

$$\lambda_\rho(\phi\,;0,\rho,\alpha) \;=\; \exp\Big(\int_0^\phi R_r\big(\lambda(\theta\,;0,\rho,\alpha),\theta,\alpha\big)\,d\theta\Big)\,, \tag{7.237}$$

und für $\rho = \alpha = 0$ folgt mit (7.236) insbesondere

$$\lambda_\rho(\phi\,;0,0,0) \;=\; 1 \quad \text{für alle } \phi \in \mathbb{R}\,. \tag{7.238}$$

Die zweite Ableitung von $\lambda(\phi\,;0,\rho,\alpha)$ nach ρ läßt sich mittels (7.237) berechnen. Leicht bestätigt der Leser (unter Verwendung von (7.236) und (7.238)) die Beziehung

$$\lambda_{\rho\rho}(\phi\,;0,0,0) \;=\; \int_0^\phi R_{\rho\rho}(0,\theta,0)\,d\theta \quad \text{für alle } \phi \in \mathbb{R}\,. \tag{7.239}$$

<u>5. Schritt</u> (Verifikation der Beziehungen (7.218) bis (7.224)): Für die in (7.217) eingeführte Funktion

$$\Lambda(\rho,\alpha) \;=\; \nu(0)\cdot\big[\,\lambda(2\pi\,;0,\rho,\alpha) - \rho\,\big] \tag{7.240}$$

verifizieren wir nun der Reihe nach die Beziehungen (7.218) bis (7.224).

<u>zu (7.218)</u> ($\Lambda(0,\alpha) \equiv 0$): Es gilt $\Lambda(0,\alpha) \overset{(7.240)}{=} \nu(0)\,\lambda(2\pi\,;0,0,\alpha) \overset{(7.229)}{=} 0$ für alle $|\alpha| \le \varepsilon_0$.

<u>zu (7.219)</u> ($\Lambda_\rho(0,0) = 0$): Aus (7.240) folgt mit (7.237)

$$\Lambda_\rho(\rho,\alpha) \;=\; \nu(0)\cdot\Big[\,\exp\Big(\int_0^{2\pi} R_r\big(\lambda(\theta\,;0,\rho,\alpha),\theta,\alpha\big)\,d\theta\Big) \;-\; 1\Big]\,, \tag{7.241}$$

und weiter ergibt sich für $\rho = 0$ insbesondere

$$\begin{aligned} \Lambda_\rho(0,\alpha) &\overset{(7.229)}{=} \nu(0)\cdot\Big[\,\exp\Big(\int_0^{2\pi} R_r(0,\theta,\alpha)\,d\theta\Big) - 1\Big] \;= \\ &\overset{(7.231)}{=} \nu(0)\cdot\Big[\,\exp\big(\tfrac{\mu(\alpha)}{\nu(\alpha)}\,2\pi\big) - 1\Big]\,. \end{aligned} \tag{7.242}$$

Wegen $\mu(0) = 0$ folgt hieraus die zu beweisende Beziehung $\Lambda_\rho(0,0) = 0$.

zu (7.220) ($\Lambda_{\alpha\rho}(0,0) \neq 0$): Durch Differenzieren der Identität (7.242) nach α und anschließendes Nullsetzen von α folgt (unter Verwendung von $\mu(0) = 0$) sofort

$$\Lambda_{\alpha\rho}(0,0) \;=\; 2\pi\,\mu'(0) \overset{(7.210)}{\neq} 0\,. \tag{7.243}$$

zu (7.221) ($\Lambda_{\rho\rho}(0,0) = 0$): Differentiation der Identität (7.241) nach ρ liefert

$$\begin{aligned}\Lambda_{\rho\rho}(\rho,\alpha) \;=\; \nu(0)\cdot\Big[\exp\Big(\int_0^{2\pi} R_r\big(\lambda(\theta;0,\rho,\alpha),\theta,\alpha\big)\,d\theta\Big)\times \\ \times\int_0^{2\pi}\Big(R_{rr}\big(\lambda(\theta;0,\rho,\alpha),\theta,\alpha\big)\cdot\lambda_\rho(\theta;0,\rho,\alpha)\Big)\,d\theta\Big]\,.\end{aligned} \tag{7.244}$$

Für $\rho = \alpha = 0$ folgt hieraus mit (7.229), (7.236) und (7.238)

$$\Lambda_{\rho\rho}(0,0) \;=\; \nu(0)\cdot\int_0^{2\pi} R_{rr}(0,\theta,0)\,d\theta \overset{(7.233)}{=} 0\,.$$

zu (7.222) ($\Lambda_{\rho\rho\rho}(0,0) \neq 0$): Wir differenzieren die Identität (7.244) nach ρ und setzen anschließend $\rho = \alpha = 0$. Unter Verwendung der Beziehungen (7.229), (7.236), (7.238) und (7.239) ergibt dies, wir der Leser verifizieren möge, die Beziehung

$$\begin{aligned}\Lambda_{\rho\rho\rho}(0,0) \;=\; \nu(0)\cdot\Big[\Big[\int_0^{2\pi} R_{rr}(0,\theta,0)\,d\theta\Big]^2 + \int_0^{2\pi} R_{rrr}(0,\theta,0)\,d\theta\, + \\ + \int_0^{2\pi}\Big[R_{rr}(0,\theta,0)\cdot\int_0^{\theta} R_{rr}(0,\sigma,0)\,d\sigma\Big]\,d\theta\Big]\,.\end{aligned} \tag{7.245}$$

Wegen (7.233) verschwinden auf der rechten Seite von (7.245) der erste und der dritte Summand. Für den ersten Summanden ist dies wegen (7.233) trivial, und für den dritten Summanden ergibt sich dies durch Anwendung der aus der Ableitungsregel $\frac{d}{d\theta}\left[F(\theta)\right]^2 = 2F(\theta)F'(\theta)$ folgenden Integralformel $\int_0^{2\pi} F(\theta)F'(\theta)\,d\theta = \frac{1}{2}\left[F(2\pi)^2 - F(0)^2\right]$ auf die Funktion $F(\theta) := \int_0^{\theta} R_{rr}(0,\sigma,0)\,d\sigma$. Insgesamt haben wir also

$$\Lambda_{\rho\rho\rho}(0,0) \;=\; \nu(0)\cdot\int_0^{2\pi} R_{rrr}(0,\theta,0)\,d\theta \overset{(7.234)}{=} \frac{3\pi}{4}\Big[\frac{A_2}{\nu(0)} + A_3\Big] \overset{(7.213)}{\neq} 0 \tag{7.246}$$

gezeigt und somit (7.222) verifiziert.

zu (7.223): Siehe (7.243).

zu (7.224): Siehe (7.246).

Wie im ersten Teil des Beweises festgestellt, ist mit der Verifikation der Beziehungen (7.218) bis (7.224) der Beweis des Satzes 7.11.1 abgeschlossen. Bis auf den noch ausstehenden rechnerischen Nachweis der beiden Beziehungen (7.233) und

(7.234), den wir im nun anschließenden dritten Teil durchführen, ist der Beweis des Satzes 7.11.1 also vollständig.

3. Teil: Die Verifikation der Beziehungen (7.233) und (7.234) geschieht dadurch, daß man die betrachteten Ableitungen der Funktion R durch die Taylor-Koeffizienten der rechten Seite des Ausgangssystems (7.207) für $\alpha = 0$ ausdrückt. Zu diesem Zwecke stellen wir die Funktionen $f(x, y, 0)$ und $g(x, y, 0)$ nach dem Taylor'schen Satz mit nicht näher spezifizierten Restgliedern wie folgt dar:

$$f(x,y,0) = \frac{f_{20}}{2}x^2 + f_{11}xy + \frac{f_{02}}{2}y^2 + \frac{f_{30}}{6}x^3 + \frac{f_{21}}{2}x^2y + \frac{f_{12}}{2}xy^2 + \frac{f_{03}}{6}y^3 + \cdots$$

$$g(x,y,0) = \frac{g_{20}}{2}x^2 + g_{11}xy + \frac{g_{02}}{2}y^2 + \frac{g_{30}}{6}x^3 + \frac{g_{21}}{2}x^2y + \frac{g_{12}}{2}xy^2 + \frac{g_{03}}{6}y^3 + \cdots$$

Hierbei haben wir die schon in (7.212) eingeführten Abkürzungen

$$f_{ij} = f_{x^iy^j}(0,0,0) \quad \text{und} \quad g_{ij} = g_{x^iy^j}(0,0,0) \tag{7.247}$$

für die betroffenen partiellen Ableitungen verwendet. Die in (7.225) definierte Funktion $F(r, \phi, 0)$ läßt sich dann unter Beachtung von (7.227) in folgender Form darstellen:

$$\begin{aligned} F(r,\phi,0) &= F_2(\phi)\,r^2 + F_3(\phi)\,r^3 + \widetilde{F}(r,\phi)\,, \\ \text{wobei } \lim_{r\to 0}\frac{\widetilde{F}(r,\phi)}{r^3} &= 0 \quad \text{für jedes } \phi \in \mathbb{R} \end{aligned} \tag{7.248}$$

gilt. Die Koeffizientenfunktionen $F_2(\phi)$ und $F_3(\phi)$ haben dabei die Form

$$\begin{aligned} F_2(\phi) &= \frac{f_{20}}{2}\cos^3(\phi) + \Big(f_{11} + \frac{g_{20}}{2}\Big)\cos^2(\phi)\sin(\phi) + \\ &\quad + \Big(\frac{f_{02}}{2} + g_{11}\Big)\cos(\phi)\sin^2(\phi) + \frac{g_{02}}{2}\sin^3(\phi)\,, \end{aligned} \tag{7.249}$$

$$\begin{aligned} F_3(\phi) &= \frac{f_{30}}{6}\cos^4(\phi) + \Big(\frac{f_{21}}{2} + \frac{g_{30}}{6}\Big)\cos^3(\phi)\sin(\phi) + \\ &\quad + \Big(\frac{f_{12}}{2} + \frac{g_{21}}{2}\Big)\cos^2(\phi)\sin^2(\phi) + \Big(\frac{f_{03}}{6} + \frac{g_{12}}{2}\Big)\times \\ &\quad \times \cos(\phi)\sin^3(\phi) + \frac{g_{03}}{6}\sin^4(\phi)\,. \end{aligned} \tag{7.250}$$

Entsprechend erlaubt die in (7.226) definierte Funktion $G(r, \phi, 0)$ wegen (7.228) die Darstellung

$$G(r,\phi,0) = G_1(\phi)\,r + \widetilde{G}(r,\phi)\,, \quad \lim_{r\to 0}\frac{\widetilde{G}(r,\phi)}{r} = 0 \quad \text{für jedes } \phi \in \mathbb{R}\,, \tag{7.251}$$

wobei

$$\begin{aligned} G_1(\phi) &= \frac{g_{20}}{2}\cos^3(\phi) + \Big(g_{11} - \frac{f_{20}}{2}\Big)\cos^2(\phi)\sin(\phi) + \\ &\quad + \Big(\frac{g_{02}}{2} - f_{11}\Big)\cos(\phi)\sin^2(\phi) - \frac{f_{02}}{2}\sin^3(\phi)\,. \end{aligned} \tag{7.252}$$

Unter Beachtung von (7.232) läßt sich die Funktion $R(r,\phi,0)$ nach dem Taylor'schen Satz in der Form

$$R(r,\phi,0) \;=\; \tfrac{1}{2}\,R_{rr}(0,\phi,0)\,r^2 + \tfrac{1}{6}\,R_{rrr}(0,\phi,0)\,r^3 + \widetilde{R}(r,\phi) \qquad (7.253)$$

darstellen, mit $\lim_{r\to 0}\frac{\widetilde{R}(r,\phi)}{r^3} = 0$ für jedes $\phi \in \mathbb{R}$. Die Beziehung (7.230) formulieren wir nun für $\alpha = 0$ unter Verwendung von (7.248) und (7.251) (beachte $\mu(0) = 0$) um in die Form

$$\begin{aligned} F_2(\phi)\,r^2 + F_3(\phi)\,r^3 + \widetilde{F}(r,\phi) \;&=\; \Big[\nu(0) + G_1(\phi)\,r + \widetilde{G}(r,\phi)\Big]\times \\ \times\Big[\tfrac{1}{2}\,R_{rr}(0,\phi,0)\,r^2 &+ \tfrac{1}{6}\,R_{rrr}(0,\phi,0)\,r^3 + \widetilde{R}(r,\phi)\Big]\,. \end{aligned} \qquad (7.254)$$

Ein Vergleich der Koeffizienten der niedrigsten auftretenden Potenz r^2 liefert $F_2(\phi) \equiv \frac{\nu(0)}{2}\,R_{rr}(0,\phi,0)$. Also gilt

$$R_{rr}(0,\phi,0) \;=\; \frac{2}{\nu(0)}\,F_2(\phi) \quad \text{für alle } \phi \in \mathbb{R}\,. \qquad (7.255)$$

Vergleicht man als nächstes die Koeffizienten der r^3-Terme in (7.254), so erhält man $F_3(\phi) \equiv \frac{\nu(0)}{6}\,R_{rrr}(0,\phi,0) + \frac{G_1(\phi)}{2}\,R_{rr}(0,\phi,0)$. Dies liefert unter Verwendung von (7.255) die Beziehung

$$R_{rrr}(0,\phi,0) \;=\; \frac{6}{\nu(0)}\left[F_3(\phi) - \frac{F_2(\phi)\,G_1(\phi)}{\nu(0)}\right] \quad \text{für alle } \phi \in \mathbb{R}\,. \qquad (7.256)$$

Um nun (7.233) und (7.234) zu verifizieren, haben wir die Funktionen (7.255) und (7.256) von 0 bis 2π zu integrieren. Wie man den Beziehungen (7.249), (7.250) und (7.252) entnimmt, bedeutet dies die Integration von verschiedenen Funktionen der Form $\cos^i\phi\,\sin^j\phi$ mit Exponenten $i,j \in \mathbb{N}_0$. Partielle Integration (oder ein Blick in eine Formelsammlung) liefert die folgenden elementaren Intergralbeziehungen:

$$\begin{aligned}
&\int_0^{2\pi}\cos\phi\,d\phi \;=\; 0\,, \quad \int_0^{2\pi}\cos^i\phi\,d\phi \;=\; \frac{i-1}{i}\int_0^{2\pi}\cos^{i-2}\phi\,d\phi \quad \text{für } i \geq 2\,,\\
&\int_0^{2\pi}\sin\phi\,d\phi \;=\; 0\,, \quad \int_0^{2\pi}\sin^j\phi\,d\phi \;=\; \frac{j-1}{j}\int_0^{2\pi}\sin^{j-2}\phi\,d\phi \quad \text{für } j \geq 2\,,\\
&\int_0^{2\pi}\cos\phi\,\sin\phi\,d\phi \;=\; 0\,,\\
&\int_0^{2\pi}\cos^i\phi\,\sin^j\phi\,d\phi \;=\; \frac{i-1}{i+j}\int_0^{2\pi}\cos^{i-2}\phi\,\sin^j\phi\,d\phi \quad \text{für } i \geq 2\,,\\
&\int_0^{2\pi}\cos^i\phi\,\sin^j\phi\,d\phi \;=\; \frac{j-1}{i+j}\int_0^{2\pi}\cos^i\phi\,\sin^{j-2}\phi\,d\phi \quad \text{für } j \geq 2\,.
\end{aligned}$$

Hieraus folgt insbesondere:

$$\begin{aligned}
&\int_0^{2\pi} \cos^i\phi\, \sin^j\phi\, d\phi \;=\; 0\,, \quad \text{falls } i \text{ oder } j \text{ ungerade}\,,\\
&\int_0^{2\pi} \cos^4\phi\, d\phi \;=\; \int_0^{2\pi} \sin^4\phi\, d\phi \;=\; \frac{3\pi}{4}\,, \quad \int_0^{2\pi} \cos^2\phi \sin^2\phi\, d\phi \;=\; \frac{\pi}{4}\,,\\
&\int_0^{2\pi} \cos^6\phi\, d\phi \;=\; \int_0^{2\pi} \sin^6\phi\, d\phi \;=\; \frac{5\pi}{8}\,,\\
&\int_0^{2\pi} \cos^4\phi \sin^2\phi\, d\phi \;=\; \int_0^{2\pi} \cos^2\phi \sin^4\phi\, d\phi \;=\; \frac{\pi}{8}\,.
\end{aligned} \tag{7.257}$$

Als erste Konsequenz dieser Beziehungen erkennen wir, daß das Intergral über die Funktion $F_2(\phi)$ (siehe (7.249)) verschwindet, was wegen (7.255) bereits die Beziehung (7.233) beweist. Zum noch ausstehenden Nachweis der Beziehung (7.234) haben wir (7.256) von 0 bis 2π zu intergrieren. Das Integral über $F_3(\phi)$ ergibt nach (7.250) zunächst

$$\int_0^{2\pi} F_3(\phi)\, d\phi \;=\; \frac{\pi}{8}\Big[f_{30} + f_{12} + g_{21} + g_{03} \Big]\,. \tag{7.258}$$

Für das Integral über die Funktion $F_2(\phi)G_1(\phi)$ (siehe (7.249) und (7.252)) erhalten wir zunächst

$$\begin{aligned}
&\int_0^{2\pi} F_2(\phi)G_1(\phi)\, d\phi \;=\; \frac{f_{20}\, g_{20}}{4}\int_0^{2\pi} \cos^6\phi\, d\phi \;-\; \frac{g_{02}\, f_{02}}{4}\int_0^{2\pi} \sin^6\phi\, d\phi \;+\\
&+\Big[\frac{f_{20}}{2}\Big(\frac{g_{02}}{2} - f_{11}\Big) + \Big(f_{11} + \frac{g_{20}}{2}\Big)\Big(g_{11} - \frac{f_{20}}{2}\Big) + \Big(\frac{f_{02}}{2} + g_{11}\Big)\frac{g_{20}}{2} \Big] \times\\
&\times \int_0^{2\pi} \cos^4\phi \sin^2\phi\, d\phi \;+\\
&+\Big[-\Big(f_{11} + \frac{g_{20}}{2}\Big)\frac{f_{02}}{2} + \Big(\frac{f_{02}}{2} + g_{11}\Big)\Big(\frac{g_{02}}{2} - f_{11}\Big) + \frac{g_{02}}{2}\Big(g_{11} - \frac{f_{20}}{2}\Big) \Big] \times\\
&\times \int_0^{2\pi} \cos^2\phi \sin^4\phi\, d\phi\,.
\end{aligned}$$

Integration gemäß der Formeln (7.257) und arithmetische Vereinfachung der auftretenden Ausdrücke liefert

$$\begin{aligned}
&\int_0^{2\pi} F_2(\phi)G_1(\phi)\, d\phi \;=\; \frac{5\pi}{8}\Big[\frac{f_{20}g_{20}}{4} - \frac{f_{02}g_{02}}{4} \Big] +\\
&+\frac{\pi}{8}\Big[-f_{20}f_{11} + g_{20}g_{11} - \frac{f_{20}g_{20}}{4} - f_{11}f_{02} + \frac{f_{02}g_{02}}{4} + g_{11}g_{02} \Big] \;=\\
&= \frac{\pi}{8}\Big[f_{20}g_{20} - f_{02}g_{02} - f_{11}\,(f_{20} + f_{02}) + g_{11}\,(g_{20} + g_{02}) \Big]\,.
\end{aligned} \tag{7.259}$$

Setzt man nun (7.258) und (7.259) gemäß (7.256) zusammen, so folgt schließlich

$$\int_0^{2\pi} R_{rrr}(0,\phi,0)\, d\phi \;=\; \frac{3\pi}{4\nu(0)}\Big[f_{30} + f_{12} + g_{21} + g_{03} \Big] \;-$$

$$
\begin{aligned}
& -\frac{3\pi}{4\nu(0)^2}\Big[f_{20}g_{20} - f_{02}g_{02} - f_{11}(f_{20}+f_{02}) + g_{11}(g_{20}+g_{02})\Big] = \\
& \overset{(7.211)}{=} \frac{3\pi}{4\nu(0)}\left[\frac{A_2}{\nu(0)} + A_3\right],
\end{aligned}
$$

und das ist gerade die noch zu beweisende Beziehung (7.234). Damit ist nun schließlich und endlich der Beweis des Satzes 7.11.1 vollständig erbracht. ■

Wir wollen nun abschließend den Satz 7.11.1 anwenden und in einer Beispielgleichung die Existenz abzweigender Grenzzyklen im Sinne der Hopf-Verzweigung nachweisen. Wir erinnern in diesem Zusammenhang an die Bemerkung 7.11.2, in der wir die zweiteilige Struktur der Voraussetzungen des Satzes 7.11.1 betont haben.

7.11.3 Beispiel: Das zwei-dimensionale System

$$
\boxed{\dot u = u + 2v - 2\alpha v\,, \quad \dot v = 2\alpha v - \sin(u+v)} \tag{7.260}
$$

besitzt für jeden Wert des reellen Parameters α die triviale Ruhelage. Um den entsprechenden Linearteil der rechten Seite in den Blickpunkt zu rücken, schreiben wir das System in der Form

$$
\boxed{\dot{\begin{pmatrix} u \\ v \end{pmatrix}} = \begin{pmatrix} 1 & 2-2\alpha \\ -1 & 2\alpha - 1 \end{pmatrix}\begin{pmatrix} u \\ v \end{pmatrix} + \begin{pmatrix} 0 \\ u+v-\sin(u+v) \end{pmatrix}}\,. \tag{7.261}
$$

Die hierbei ersichtliche Koeffizientenmatrix besitzt, wie man leicht verifiziert, das charakteristische Polynom $\lambda^2 - 2\alpha\lambda + 1$, und folglich ist das Nullstellenpaar $\alpha \pm i\sqrt{1-\alpha^2}$ das (für $|\alpha| < 1$) konjugiert komplexe Eigenwertpaar dieser Matrix, das offensichtlich bei $\alpha = 0$ die imaginäre Achse überschreitet. Trotzdem ist der Satz 7.11.1 im Moment noch nicht anwendbar, denn das System (7.261) besitzt hinsichtlich des Linearteils nicht die für den Satz 7.11.1 erforderliche Ausgangsform (7.207). Um diese Form zu erreichen, müssen wir von Hause aus für alle α aus einem Intervall um 0 die Matrix des Systems (7.261) auf reelle Normalform transformieren. Da eine solche Transformation aber am vorliegenden Eigenwertpaar $\alpha \pm i\sqrt{1-\alpha^2}$ nichts ändert, und wir die Nichtlinearität des resultierenden Systems ohnehin nur für $\alpha = 0$ kennen müssen (siehe Bemerkung 7.11.2), genügt es, die Transformation nur für $\alpha = 0$ durchzuführen. Mit anderen Worten, wir haben eine Transformationsmatrix zu bestimmen, welche die Matrix $\left(\begin{smallmatrix} 1 & 2 \\ -1 & -1 \end{smallmatrix}\right)$ mit dem Eigenwertpaar $\pm i$ auf die reelle Normalform $\left(\begin{smallmatrix} 0 & 1 \\ -1 & 0 \end{smallmatrix}\right)$ transformiert. Dies geschieht nun dadurch, daß wir zunächst zu einem der beiden Eigenwerte, etwa i, einen komplexen Eigenvektor $\left(\begin{smallmatrix} z \\ w \end{smallmatrix}\right)$ konstruieren, also eine Lösung des linearen Gleichungssystems

$$
\begin{pmatrix} 1-i & 2 \\ -1 & -1-i \end{pmatrix}\begin{pmatrix} z \\ w \end{pmatrix} = \begin{pmatrix} 0 \\ 0 \end{pmatrix}.
$$

Da die beiden Zeilen der hier auftretenden Matrix linear abhängig sind (wie man leicht nachrechnet), braucht man nur für eine der beiden Gleichungen eine Lösung anzugeben, etwa $\binom{-1-i}{1}$. Mit Hilfe des Realteils $\binom{-1}{1}$ und des Imaginärteils $\binom{-1}{0}$ dieses komplexen Eigenvektors läßt sich nun die gesuchte Transformationsmatrix T bestimmen. Wir definieren bzw. berechnen also

$$T := \begin{pmatrix} -1 & -1 \\ 1 & 0 \end{pmatrix}, \quad T^{-1} = \begin{pmatrix} 0 & 1 \\ -1 & -1 \end{pmatrix}.$$

Den angestrebten Effekt, nämlich die Beziehung

$$T^{-1} \begin{pmatrix} 1 & 2 \\ -1 & -1 \end{pmatrix} T = \begin{pmatrix} 0 & 1 \\ -1 & 0 \end{pmatrix},$$

kann man nun leicht nachrechnen. Zur Durchführung der angestrebten Transformation setzen wir nun

$$\begin{pmatrix} x \\ y \end{pmatrix} := \begin{pmatrix} 0 & 1 \\ -1 & -1 \end{pmatrix} \begin{pmatrix} u \\ v \end{pmatrix} \quad \text{und damit} \quad \begin{pmatrix} u \\ v \end{pmatrix} = \begin{pmatrix} -1 & -1 \\ 1 & 0 \end{pmatrix} \begin{pmatrix} x \\ y \end{pmatrix},$$

und erhalten das aus (7.260) für $\alpha = 0$ gewonnene transformierte System

$$\boxed{\dot{x} = \sin y\,, \quad \dot{y} = y - x - \sin y}\,. \tag{7.262}$$

Von der rechten Seite dieses Systems können wir unter Beachtung der bekannten Beziehung

$$\sin y = \sum_{k=0}^{\infty} (-1)^k \frac{y^{2k+1}}{(2k+1)!} = y - \frac{y^3}{6} \pm \cdots$$

alle Taylor-Koeffizienten sofort ablesen. Offensichtlich verschwinden die Koeffizienten der quadratischen Terme, und für die Koeffizienten dritter Ordnung gilt (mit der Bezeichnungsweise (7.212))

$$f_{30} = 0\,, \quad f_{12} = 0\,, \quad g_{21} = 0\,, \quad g_{03} = 1\,.$$

Folglich ist die zu dem System (7.262) gehörige Zahl (7.213) gleich 1. Beachten wir nun, daß im vorliegenden Fall $\mu(\alpha) \equiv \alpha$ und $\nu(\alpha) \equiv -\sqrt{1-\alpha^2}$ gilt, so erkennen wir, daß mit

$$\mu(0) = 0\,, \quad \mu'(0) = 1\,, \quad \nu(0) = -1 \quad \text{und} \quad \frac{A_2}{\nu(0)} + A_3 = 1$$

alle Voraussetzungen des Satzes 7.11.1 für das System (7.262) erfüllt sind. Folglich liegt eine wie in der Abbildung 7.68 qualitativ skizzierte subkritische Hopf-Verzweigung repulsiver Grenzzyklen vor. Gleiches gilt dann auch für das Ausgangssystem (7.260). Daß sich im übrigen auch der wegen $\nu(0) < 0$ negative Drehsinn des abzweigenden Grenzzyklus vom transformierten System (7.262) auf das ursprüngliche System (7.260) überträgt, liegt schließlich an der Tatsache, daß die Transformationsmatrix T eine positive Determinante besitzt und somit orientierungserhaltend wirkt. ◊

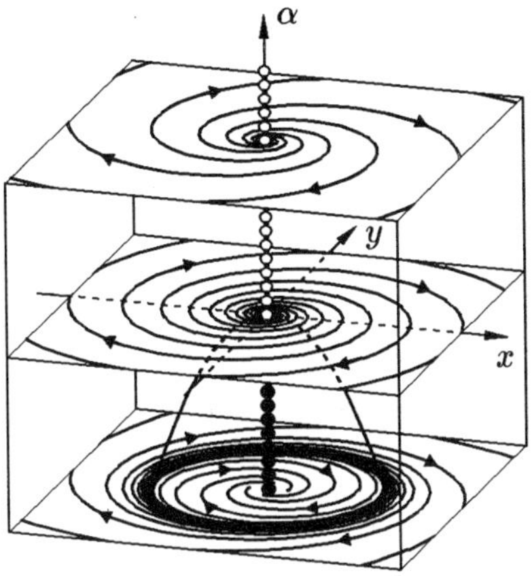

Abb. 7.68 Die im System (7.260) nachgewiesene subkritische Hopf-Verzweigung repulsiver Grenzzyklen mit negativem Drehsinn

Aufgaben

1. Zeigen Sie, daß in dem System

$$\boxed{\dot{x} = \alpha \sin x + y \cos x - x^2 + xy^2 \ , \ \ \dot{y} = \sin(\alpha y - x) + x^2 e^{xy}}$$

beim Parameterwert $\alpha = 0$ im Koordinatenursprung eine Hopf-Verzweigung stattfindet und identifizieren Sie den Verzweigungstyp an Hand der Abbildung 7.64.

2. Klären Sie mittels Beweis oder Gegenbeispiel, ob die folgende Aussage wahr ist: Ändert man in einem zwei-dimensionalen System der Form

$$\boxed{\begin{pmatrix} \dot{x} \\ \dot{y} \end{pmatrix} = \begin{pmatrix} \alpha & -\beta \\ \beta & \alpha \end{pmatrix} \begin{pmatrix} x \\ y \end{pmatrix} + F(x,y,\alpha)} \ , \quad \alpha, \beta \in \mathbb{R}$$

mit $F(0,0,\alpha) \equiv 0 \in \mathbb{R}^2$ und $F'(0,0,\alpha) \equiv 0 \in \mathbb{R}^{2\times 2}$ das Vorzeichen von β, so ändert sich lediglich die Orientierung der Trajektorien. Das Verzweigungsdiagramm bezüglich des Parameters α bleibt jedoch qualitativ unverändert.

3. Gegeben sei eine skalare Differentialgleichung 2. Ordnung der Form

$$\boxed{\ddot{x} = \alpha \dot{x} - x + h(x, \dot{x}, \alpha)} \ , \quad \alpha \in \mathbb{R} \, .$$

Bestimmen Sie mit Hilfe des Satzes 7.11.1 eine Bedingung an die Funktion h, die für (betragsmäßig) kleine Werte des Parameters α nichtkonstante periodische Lösungen dieser Gleichung liefert.

4. Untersuchen Sie die skalare Differentialgleichung 2. Ordnung

$$\boxed{\ddot{x} = \dot{x}(\alpha - x^2) - x} \ , \quad \alpha \in \mathbb{R}$$

daraufhin, ob sie für (betragsmäßig) kleine Werte des Parameters α nichtkonstante periodische Lösungen besitzt.

5. Für welche Werte der reellen Parameter α und β lassen sich bei dem System

$$\boxed{\dot{x} = y + \alpha^2 x^2 y + \beta x y^2 \ , \ \ \dot{y} = 2\alpha y - x + xy + y^2}$$

mit Hilfe einer Hopf-Verzweigung Grenzzyklen in der Nähe des Koordinatenursprungs nachweisen?

7.12 Rückschau und Ausblick

Bevor wir den gesamten Stoff dieses Buches rekapitulieren und zum Anlaß nehmen für einen Blick über den hier gesteckten Rahmen hinaus, wollen wir zunächst auf das Kapitel 7 zurückschauen.

Nachdem wir im Abschnitt 7.1 gesehen haben, daß man auch parameterabhängige Differentialgleichungssysteme in einfacher Weise in den parameterunabhängigen Kontext einbetten kann, haben wir in den nachfolgenden beiden Abschnitten die allgemeine Lösung $\lambda(t;\tau,\xi,\alpha)$ solcher Systeme als Funktion ihres gesamten Variablensatzes (t,τ,ξ,α) untersucht. Im Abschnitt 7.2 haben wir dabei festgestellt, daß die allgemeine Lösung bereits unter den üblicherweise vorliegenden Standardvoraussetzungen eine stetige Funktion ist, was die sogenannte *stetige Abhängigkeit der Lösungen von Anfangswerten und Parametern* zur Folge hat. Unter der zusätzlichen Voraussetzung der stetigen Differenzierbarkeit der rechten Seite hat sich dann im Abschnitt 7.3 die stetige Differenzierbarkeit der allgemeinen Lösung ergeben, ferner die besonders für qualitative Untersuchungen bedeutsame Eigenschaft, daß die partiellen Ableitungen der allgemeinen Lösung nach der Anfangszeit τ bzw. den Koordinaten des Anfangswerts ξ oder des Parameters α gewissen *linearen* Anfangswertproblemen im Zusammenhang mit der sogenannten *Variationsgleichung* genügen.

Während der bis einschließlich Abschnitt 7.3 behandelte Stoff gewissermaßen als „Pflicht" für einen ein-semestrigen Grundkurs über gewöhnliche Differentialgleichungen anzusehen ist, bildet der anschließende Exkurs in die *qualitative Theorie* eine „Kür", welche die ersten Schritte in Richtung einer zeitgemäßen Fortführung der elementaren Theorie beschreibt. Nach der Einführung der grundlegenden Begriffsbildungen der Stabilitätstheorie im Abschnitt 7.4 haben wir im Abschnitt 7.5 zunächst untersucht, in welcher Weise sich die einschlägigen Stabilitätsfragen bei *linearen* Systemen beantworten lassen. Um von da an alle technisch bedingten Komplikationen zu vermeiden, welche die Grundideen qualitativer Untersuchungsmethoden eher verschleiern als erhellen, haben wir uns vom Abschnitt 7.6 an auf das Studium *autonomer* Systeme beschränkt. Das erste Resultat betraf dabei den Nachweis der asymptotischen Stabilität einer Ruhelage eines nichtlinearen Systems mittels *Linearisierung*. Nach der Klärung dieser lokalen Frage haben wir uns dann im Abschnitt 7.7 dem globalen Problem der Bestimmung des Langzeitverhaltens von Lösungen zugewandt. In diesem Zusammenhang spielten die *invarianten Mengen*, speziell die *Grenzmengen*, eine zentrale Rolle, zu deren Lokalisierung wir das besonders anschauliche Konzept der *Ljapunov-Funktionen* eingeführt und zum sogenannten *Invarianzprinzip* ausgebaut haben. Der Abschnitt 7.9 war dann den Grundzügen der *direkten Methode von Ljapunov* gewidmet, deren Ergebnisse erlauben, direkt aus der rechten Seite der betrachteten Differentialgleichung, also ohne Kenntnis der Lösungen, auf Stabilitätseigenschaften von Ruhelagen zu schließen. Den Abschluß unseres Ausflugs in die qualitative Theorie gewöhnlicher Differentialgleichungen bildeten schließlich die in den Abschnitten 7.10 und 7.11 bewiesenen Resultate über die Verzweigung von Ruhelagen und geschlossenen Trajektorien.

Das vorliegende Buch beschließend wollen wir jetzt noch ein kurzes Gesamtresümee ziehen und auf ergänzende und weiterführende Literatur zu sprechen kommen. Nachdem die Theorie der gewöhnlichen Differentialgleichungen eine mehr als 200-jährige Geschichte besitzt, ist es im Rahmen dieses einführenden Lehrbuchs natürlich nicht möglich, alle Aspekte dieser Theorie gleichermaßen zu berücksichtigen. Um die hier getroffene Auswahl und Gewichtung der einzelnen Themen verständlich zu machen, wollen wir zunächst einen kurzen Blick auf die verschiedenen Gesichtspunkte gewöhnlicher Differentialgleichungen und ihre dem Wandel der Zeit unterliegende Bedeutung werfen. Während in den Anfängen der Differentialrechnung im 18. Jahrhundert das Hauptinteresse der Entwicklung elementarer Lösungsmethoden galt, traten im 19. Jahrhundert die theoretischen Fragen zur Existenz- und Eindeutigkeit von Lösungen in den Vordergrund. Dies führte unter anderem zu der Erkenntnis, daß praktisch alle interessanten, insbesondere die für die Anwendungen relevanten Differentialgleichungen Lösungen besitzen, daß es aber nur vergleichsweise wenige Gleichungstypen gibt, deren Lösungen man explizit berechnen kann. Folgerichtig entstand gegen Ende des 19. Jahrhunderts ein Interesse an alternativen Untersuchungsmethoden. Hieraus entwickelten sich die speziell auf die Analyse nichtlinearer Differentialgleichungen abzielenden qualitativen und numerischen Methoden, die bis in die heutige Zeit nichts von ihrer Aktualität eingebüßt haben. Mit dem Aufkommen und der allseitigen Verfügbarkeit leistungsfähiger Computer, mit deren Hilfe man neben numerischen und graphischen Lösungsapproximationen neuerdings auch analytische Berechnungen durchführen kann, hat schließlich in der zweiten Hälfte des 20. Jahrhundert der vorläufig letzte Strukturwandel im Umgang mit Differentialgleichungen stattgefunden.

Vor diesem Hintergrund haben wir in diesem Buch der zeitgemäßen, auf nichtlineare Phänomene abzielenden *qualitativen* Betrachtungsweise den Vorzug gegenüber der *traditionellen*, an Lösungstechniken und der linearen Theorie ausgerichteten Sichtweise gegeben. Die besonders praxisrelevanten *numerischen* Aspekte der Theorie haben wir dabei nicht ganz ausgespart (siehe die Abschnitte 2.1 und 3.4), für das Erlernen effektiver numerischer Verfahren sind unsere wenigen Andeutungen jedoch nicht ausreichend. Den an Fragen dieser Art interessierten Leser verweisen wir auf die NUMERISCHE MATHEMATIK und die im Literaturverzeichnis angegebenen Lehrbücher von Boyce & DiPrima [4], Collatz [8] und Werner & Arndt [18], sowie die dort angegebene Literatur.

Das einführende Kapitel 1 des vorliegenden Buches dient neben der Hinführung an die Grundfragen der Theorie gewöhnlicher Differentialgleichungen primär dem Erkennen und der Klassifizierung der verschiedenen Differentialgleichungstypen. Neben den analytischen und geometrischen Gesichtspunkten kommen dabei auch die Anwendungen zur Sprache. Wer mehr zum letzteren Thema erfahren möchte, der konsultiere die Bücher von Boyce & DiPrima [4], Braun [6] oder Heuser [12], wo unzählige Beispiele die Anwendungsrelevanz der gewöhnlichen Differentialgleichungen belegen.

Im Kapitel 2 haben wir die theoretischen Grundlagen für alles weitere gelegt. Dabei haben wir generell *Anfangswertprobleme* für *explizite* Differentialgleichungen betrachtet, die den *Standardvoraussetzungen* genügen (mit Ausnahme des Satzes von Peano), die neben der Existenz der Lösungen auch deren Eindeutigkeit liefern. Schwächere Voraussetzungen hinsichtlich Existenz und Eindeutigkeit sowie die Behandlung von Rand- und Eigenwertproblemen und impliziten Differentialgleichungen findet man in den Lehrbüchern von Coddington & Levinson [7], Collatz [8], Hartman [11], Heuser [12] und Walter [17].

Mit dem Kapitel 3 haben wir begonnen, einzelne Klassen von Differentialgleichungen auf ihre spezifischen Eigenschaften hin zu untersuchen, und zwar zunächst mit den *autonomen* Systemen, die man heutzutage häufig auch *dynamische* Systeme nennt. In diesem Zusammenhang ist sicher erwähnenswert, daß die im autonomen Kontext zentralen Begriffsbildungen der *Trajektorie* und des *Flusses* auch als Ausgangspunkt für die Theorie gewöhnlicher Differentialgleichungen gewählt werden können, was z.B. bei Arnol'd [2] und Hirsch & Smale [13] der Fall ist.

Das Kapitel 4 ist der Klasse der *skalaren* Differentialgleichungen gewidmet. Dort haben wir in dem Maße *Lösungsmethoden* entwickelt, wie es für das Verständnis der Theorie und im Sinne einer mathematischen Allgemeinbildung angemessen erscheint. Wer mehr über das Lösen von Differentialgleichungen wissen möchte, der konsultiere den Klassiker von Kamke [15], in dem mehr als 1600 Differentialgleichungen mit Lösungen zu finden sind. Ansonsten wollen wir in diesem Zusammenhang betonen, daß mit der heutzutage verfügbaren SYMBOLISCHEN ALGEBRA (z.B. DERIVE®, MAPLE® oder MATHEMATICA®) Hilfsmittel zur Verfügung stehen, die es erlauben, analytische Lösungsberechnungen (sofern diese überhaupt möglich sind) auch von Computern durchführen zu lassen.

Im Kapitel 5 haben wir uns mit den *ebenen autonomen* Systemen beschäftigt, bei denen die geometrische Betrachtungsweise zu voller Blüte und Aussagekraft gelangt. Bezüglich der in diesem Zusammenhang erwähnenswerten, aus Platzgründen jedoch ausgesparten Theorie von Poincaré-Bendixson verweisen wir auf die weiter unten zum Kapitel 7 angegebene Literatur.

Das Kapitel 6 hat die Theorie *linearer* Systeme zum Inhalt. Dort haben wir uns im Hinblick auf die Betonung nichtlinearer Fragestellungen auf die unabdingbaren Themen beschränkt. Speziell was die *skalaren* linearen Differentialgleichungen *höherer Ordnung* angeht, so verweisen wir auf die besonders ausführlichen Darstellungen zu diesem traditionsreichen Thema in den Lehrbüchern von Boyce & DiPrima [4] und Heuser [12].

Das abschließende Kapitel 7 über *nichtlineare* Systeme kann als Brücke zwischen der elementaren Theorie gewöhnlicher Differentialgleichungen und den Anfängen der sogenannten *nichtlinearen Dynamik* verstanden werden. Neben verschiedenen Themen der klassischen Stabilitätstheorie haben wir dort auf vergleichsweise elementarem Niveau einige grundlegende Probleme der modernen Verzweigungstheorie behandelt, die in einführenden Lehrbüchern sonst nicht zu finden sind. Den Leser, der an ergänzender und weiterführender Literatur zur nichtlinearen Dynamik interessiert ist, verweisen wir auf die im Literaturverzeichnis angegebenen Lehrbücher von Amann [1], Arnol'd [2], Aulbach [3], Brauer & Nohel [5], Coddington & Levinson [7], Hahn [9], Hale & Koçak [10], Hartman [11], Hirsch & Smale [13], Perko [14], Knobloch & Kappel [16] und Wiggins [19], sowie die dort angegebene Literatur.

Anhang A
Analysis vektor- und matrix-wertiger Funktionen

Die Behandlung *vektor*-wertiger Funktionen im Rahmen einer Grundvorlesung über ANALYSIS umfaßt in der Regel die Differentialrechnung, nicht jedoch die Integralrechnung. Da wir es aber in diesem Buch auch mit Integralen von $\mathbb{R}^N$-wertigen Funktionen zu tun haben, sei an dieser Stelle erwähnt, daß man wie die Differentiation auch die Integration $\mathbb{R}^N$-wertiger Funktionen koordinatenweise erklärt. Ist also eine stetige Funktion $g = (g_1, \ldots, g_N) : [a, b] \to \mathbb{R}^N$ gegeben, so definiert man

$$\int_a^b g(s)\, ds \;:=\; \Big(\int_a^b g_1(s)\, ds\,,\; \ldots\,,\; \int_a^b g_N(s)\, ds \Big)\,.$$

Die sich aus dieser Definition unmittelbar ergebenden Eigenschaften des Integrals, die in naheliegender Weise dem reellwertigen Fall entsprechen, brauchen wir nicht aufzuzählen. Als einzige nichttriviale und beweisbedürftige Aussage sei jedoch die für $a \le b$ gültige Abschätzung

$$\boxed{\Big\| \int_a^b g(s)\, ds \Big\| \;\le\; \int_a^b \|g(s)\|\, ds} \tag{A.1}$$

festgehalten. Sie ergibt sich einfach dadurch, daß man die für alle $n \in \mathbb{N}$ gültige Ungleichung

$$\Big\| \sum_{i=1}^{n} g\big(a + i\,\tfrac{b-a}{n}\big)\,\frac{b-a}{n} \Big\| \;\le\; \sum_{i=1}^{n} \big\| g\big(a + i\,\tfrac{b-a}{n}\big) \big\|\,\frac{b-a}{n}$$

betrachtet, die hierin auftretenden Summen als spezielle Riemann'sche Summen zu den in (A.1) auftretenden Integralen erkennt, und schließlich (unter Beachtung der Stetigkeit der Norm $\|\cdot\| : \mathbb{R}^N \to \mathbb{R}$) den Grenzübergang $n \to \infty$ vollzieht.

Was die Differential- und Integralrechnung *matrix*-wertiger Funktionen angeht, so werden in einer üblichen ANALYSIS-Vorlesung keinerlei Kenntnisse vermittelt. Wir wollen daher die in diesem Buch benötigten, diesbezüglichen Sachverhalte jetzt beschreiben. Vorweg stellen wir dabei fest, daß wir mit $\mathbb{R}^{M \times N}$ den Vektorraum der reellen $M \times N$-Matrizen bezeichnen, und daß dieser Vektorraum isomorph ist zum euklidischen Raum $\mathbb{R}^{M \cdot N}$. Ein zugehöriger Isomorphismus ist durch die folgende Abbildung gegeben,

$$\begin{pmatrix} a_{11} & \dots & a_{1N} \\ \vdots & \ddots & \vdots \\ a_{M1} & \dots & a_{MN} \end{pmatrix} \mapsto \big(a_{11}, \dots, a_{1N}, a_{21}, \dots, a_{2N}, \dots, a_{M1}, \dots, a_{MN}\big)\,,$$

die einfach die M Zeilen der Matrix A nebeneinander in einer Zeile mit $M \cdot N$ Koordinaten anordnet. Im $\mathbb{R}^{M\times N}$ definiert daher wie im $\mathbb{R}^{M\cdot N}$ die Abbildung

$$\begin{pmatrix} a_{11} & \dots & a_{1N} \\ \vdots & \ddots & \vdots \\ a_{M1} & \dots & a_{MN} \end{pmatrix} \mapsto \quad \|A\| := \sqrt{\textstyle\sum_{i=1}^{M}\sum_{j=1}^{N} a_{ij}^2}\;, \qquad \|\cdot\| : \mathbb{R}^{M\times N} \to \mathbb{R}$$

eine Norm. Mit dieser Definition der **Norm** einer Matrix und der für alle nichtnegative x und y gültigen Beziehung $\sqrt{x+y} \leq \sqrt{x}+\sqrt{y}$ ergibt sich die Ungleichung

$$\|A\| \leq \sum_{j=1}^{N} \sqrt{\textstyle\sum_{i=1}^{M} a_{ij}^2}\;,$$

welche besagt, daß man die Norm einer Matrix nach oben durch die Summe der Normen ihrer Spaltenvektoren abschätzen kann.

Auf Grund der nun vorliegenden Matrixnorm können wir nun auch im Matrizenraum $\mathbb{R}^{M\times N}$ die einschlägigen Themen der ANALYSIS behandeln, wie Konvergenz, Stetigkeit, Differenzierbarkeit und Integrierbarkeit. Eine Folge $(B_\nu)_{\nu\in\mathbb{N}_0}$ von reellen $M \times N$-Matrizen nennen wir dabei **konvergent** mit Grenzwert $B \in \mathbb{R}^{M\times N}$, wenn die Zahlenfolge $\big(\|B_\nu - B\|\big)_{\nu\in\mathbb{N}_0}$ eine Nullfolge ist. Man schreibt in diesem Fall $\boldsymbol{B = \lim_{\nu\to\infty} B_\nu}$. Entsprechendes gilt für Reihen von Matrizen, wobei wir dann den Grenzwert der Partialsummenfolge $\big(\sum_{\nu=0}^{n} B_\nu\big)_{n\in\mathbb{N}_0}$ mit $\boldsymbol{\sum_{\nu=0}^{\infty} B_\nu}$ bezeichnen. In beiden Fällen gilt wie in jedem euklidischen Raum das Cauchy-Kriterium und die Aussage, daß die Konvergenz einer Vektorfolge gleichwertig ist mit der Konvergenz sämtlicher Koordinatenfolgen, d.h. im Fall von Matrizenfolgen, mit der elementweisen Konvergenz.

Über die üblichen Operationen in Vektorräumen hinaus bietet der spezielle Matrizenraum $\mathbb{R}^{N\times N}$ der quadratischen Matrizen noch die Möglichkeit, das Produkt zweier Matrizen zu bilden. Wie sich die Anwendung der Norm auf ein solches Produkt auswirkt, ist Teil der Aussage des folgenden Hilfssatzes.

A.1 Hilfssatz: Für beliebige $B, C \in \mathbb{R}^{N\times N}$ und $x \in \mathbb{R}^N$ gilt:

(a) $\|Bx\| \leq \|B\|\cdot\|x\|$,

(b) $\|BC\| \leq \|B\|\cdot\|C\|$.

Beweis: Bezeichnen wir mit $b_1, \dots, b_N$ die Zeilen von B und mit $c_1, \dots, c_N$ die Spalten von C, so gilt $\sum_{i=1}^{N} \|b_i\|^2 = \sum_{i=1}^{N}\sum_{j=1}^{N} b_{ij}^2 = \|B\|^2$ und analog

$\sum_{j=1}^{N} \|c_j\|^2 = \|C\|^2$. Mit der Cauchy-Schwarz'schen Ungleichung folgt dann

$$\|Bx\|^2 = \|(b_1 \cdot x, \ldots, b_N \cdot x)\|^2 = \sum_{i=1}^{N} (b_i \cdot x)^2 \leq \sum_{i=1}^{N} \|b_i\|^2 \cdot \|x\|^2 = \|B\|^2 \cdot \|x\|^2,$$

$$\|BC\|^2 = \sum_{i,j=1}^{N} (b_i \cdot c_j)^2 \leq \sum_{i=1}^{N} \|b_i\|^2 \cdot \sum_{j=1}^{N} \|c_j\|^2 = \|B\|^2 \cdot \|C\|^2 .$$

Dies beweist die Behauptungen des Hilfssatzes. ∎

Wir sind nun in der Lage, das im Abschnitt 6.3 benötigte Matrizen-Analogon zur reellen Exponentialfunktion zu bilden.

A.2 Satz: Für beliebige $X \in \mathbb{R}^{N \times N}$ ist die Matrizenreihe

$$\sum_{\nu=0}^{\infty} \frac{1}{\nu!} X^{\nu} \quad \text{mit } X^0 := E \in \mathbb{R}^{N \times N}$$

konvergent. Ihren Grenzwert bezeichnet man mit $\boldsymbol{e^X}$ oder $\mathbf{exp}(\boldsymbol{X})$.

Beweis: Wegen der Aussage (b) des Hilfssatzes A.1 gilt die Abschätzung $\|X^{\nu}\| \leq \|X\|^{\nu}$ für alle $\nu \in \mathbb{N}$. Folglich ist die Reihe reeller Zahlen $\sum_{\nu=0}^{\infty} \frac{1}{\nu!} \|X\|^{\nu}$ eine konvergente Majorante für die Zahlenreihe $\sum_{\nu=0}^{\infty} \|\frac{1}{\nu!} X^{\nu}\|$. Für beliebige $m, p \in \mathbb{N}$ gilt dann die Ungleichung

$$\left\| \sum_{\nu=m}^{m+p} \frac{1}{\nu!} X^{\nu} \right\| \leq \sum_{\nu=m}^{m+p} \left\| \frac{1}{\nu!} X^{\nu} \right\| .$$

Also ist die Partialsummenfolge $\left(\sum_{\nu=0}^{n} \frac{1}{\nu!} X^{\nu} \right)_{n \in \mathbb{N}_0}$ eine Cauchy-Folge, d.h. die Matrizenreihe $\sum_{\nu=0}^{\infty} \frac{1}{\nu!} X^{\nu}$ ist nach dem Cauchy-Kriterium konvergent. ∎

Was die Ableitung matrix-wertiger Funktionen angeht, so benötigen wir die Formel für die Ableitung eines Produkts zweier Matrizen. Sind dabei die Elemente $\delta_{ij}(t)$, $i = 1, \ldots, M$, $j = 1, \ldots, K$, einer $\mathbb{R}^{M \times K}$-wertigen Funktion $\Delta(t)$ differenzierbar, so heißt die Matrix $\Delta(t)$ **differenzierbar**, und die Elemente der Matrix $\boldsymbol{\dot{\Delta}(t)}$ werden definiert als die Ableitungen $\dot{\delta}_{ij}(t)$, $i = 1, \ldots, M$, $j = 1, \ldots, K$ der Elemente von $\Delta(t)$. Sind nun $\Delta : I \to \mathbb{R}^{M \times K}$ und $\Theta : I \to \mathbb{R}^{K \times L}$ zwei auf einem Intervall I differenzierbare Matrizen, so ist auch das Produkt $\Delta(t)\Theta(t)$ differenzierbar, und es gilt die **Produktregel**

$$\boxed{\frac{d}{dt}\Big[\Delta(t)\Theta(t) \Big] = \dot{\Delta}(t)\Theta(t) + \Delta(t)\dot{\Theta}(t)} .$$

Für das Element in der i-ten Zeile und der j-ten Spalte von $\Delta(t)\Theta(t)$ gilt nämlich, wenn wir mit $\delta_{ik}(t)$ und $\theta_{kj}(t)$ die Elemente von $\Delta(t)$ bzw. $\Theta(t)$ bezeichnen, die

Identität

$$\frac{d}{dt}\Big[\sum_{k=1}^{K}\delta_{ik}(t)\theta_{kj}(t)\Big] \equiv \sum_{k=1}^{K}\dot{\delta}_{ik}(t)\theta_{kj}(t) + \sum_{k=1}^{K}\delta_{ik}(t)\,\dot{\theta}_{kj}(t)\,,$$

und der rechts stehende Ausdruck ist gerade das in der i-ten Zeile und der j-ten Spalte der Matrix $\dot{\Delta}(t)\Theta(t) + \Delta(t)\dot{\Theta}(t)$ stehende Element.

Wir beenden diesen Anhang mit der Herleitung des sogenannten **Lemmas von Hadamard**, das eine Art „Mittelwertsatz" für vektor-wertige Funktionen darstellt und verschiedentlich in diesem Buch Verwendung findet. Das hierbei auftretende Integral einer matrix-wertigen Funktion ist, wie zuvor beschrieben, elementweise zu verstehen.

A.3 Hilfssatz (Lemma von Hadamard): Gegeben sei eine beliebige Teilmenge A des $\mathbb{R}^M$, eine offene konvexe Teilmenge B des $\mathbb{R}^N$ und eine Funktion $g(s,x)$ von $A\times B$ in den $\mathbb{R}^K$. Ist diese Funktion stetig und bezüglich x stetig partiell differenzierbar, so gilt

$$g(s,y) - g(s,z) \;=\; G(s,y,z)\cdot(y-z) \quad \text{für alle } s\in A \text{ und } y,z\in B\,.$$

Hierbei ist $G(s,y,z)$ die durch

$$G(s,y,z) \;:=\; \int_0^1 \frac{\partial g}{\partial x}\big(s\,,\theta y + (1-\theta)z\big)d\theta$$

definierte stetige matrix-wertige Funktion $G: A\times B\times B \to \mathbb{R}^{K\times N}$.

Beweis: Für feste $s\in A$ und $y,z\in B$ läßt sich wegen der Konvexität der Menge B durch

$$\widetilde{g}(\theta) \;:=\; g\big(s\,,\theta y + (1-\theta)z\big)\,,\quad \widetilde{g}:[0\,,1]\to\mathbb{R}^K$$

eine stetig differenzierbare Funktion definieren. Mit der Kettenregel folgt dann

$$\widetilde{g}\,'(\theta) \;=\; \frac{\partial g}{\partial x}\Big(s\,,\,\theta y + (1-\theta)z\Big)\cdot(y-z)\,,$$

und hieraus ergibt sich mit dem Hauptsatz der Differential- und Integralrechnung

$$g(s,y) - g(s,z) \;=\; \widetilde{g}(1) - \widetilde{g}(0) \;=\; \int_0^1 \widetilde{g}\,'(\theta)\,d\theta \;=$$

$$=\; \int_0^1 \frac{\partial g}{\partial x}\Big(s\,,\,\theta y + (1-\theta)z\Big)\cdot(y-z)\,d\theta \;=$$

$$=\; \Big[\int_0^1 \frac{\partial g}{\partial x}\Big(s\,,\,\theta y + (1-\theta)z\Big)\,d\theta\Big]\cdot(y-z)\,.$$

Die behauptete Stetigkeit von $G(s,x,y)$ ergibt sich schließlich aus einem bekannten Satz der ANALYSIS über die Differentiation unter dem Integralzeichen. ∎

Anhang B
Der Satz von Arzelá-Ascoli

Zum Beweis des Satzes 2.2.2 von Peano und zum Beweis der Stetigkeit der allgemeinen Lösung (Satz 7.2.2) benötigen wir eine einfache Version des sogenannten **Satzes von Arzelá-Ascoli**, die wir hier formulieren und beweisen.

> **B.1 Satz (Arzelá-Ascoli):** Gegeben sei ein kompaktes Intervall $[a, b]$ und eine Folge $(f_n)_{n\in\mathbb{N}}$ von stetigen Funktionen $f_n : [a, b] \to \mathbb{R}^N$ mit den folgenden beiden Eigenschaften:
>
> (a) Die Folge $(f_n)_{n\in\mathbb{N}}$ ist **gleichmäßig beschränkt**, d.h. zu jedem $x \in [a, b]$ gibt es ein $S = S(x) > 0$ mit der Eigenschaft
>
> $$\| f_n(x) \| \leq S \quad \text{für alle } n \in \mathbb{N} .$$
>
> (b) Die Folge $(f_n)_{n\in\mathbb{N}}$ ist **gleichgradig stetig**, d.h. zu jedem $\varepsilon > 0$ gibt es ein $\delta = \delta(\varepsilon) > 0$, so daß für alle $x, y \in [a, b]$ folgendes gilt:
>
> $$| x - y | < \delta \implies \| f_n(x) - f_n(y) \| < \varepsilon \quad \text{für alle } n \in \mathbb{N} .$$
>
> Unter diesen Voraussetzungen besitzt die Folge $(f_n)_{n\in\mathbb{N}}$ eine auf $[a, b]$ gleichmäßig konvergente Teilfolge.

Beweis: In zwei Schritten werten wir der Reihe nach die beiden Voraussetzungen (a) und (b) des Satzes aus.

1. Schritt: Wir bestimmen in diesem Beweisschritt eine Teilfolge $(g_k)_{k\in\mathbb{N}}$ von $(f_n)_{n\in\mathbb{N}}$, die auf der abzählbaren Menge $[a, b] \cap \mathbb{Q}$ *punktweise* konvergiert. Zu diesem Zwecke stellen wir zunächst die Menge $[a, b] \cap \mathbb{Q}$ als Bildmenge einer Folge $(x_m)_{m\in\mathbb{N}}$ dar, also

$$[a, b] \cap \mathbb{Q} = \{x_m \in \mathbb{R} : m \in \mathbb{N}\} .$$

Die Folge $(f_n(x_1))_{n\in\mathbb{N}}$ ist dann nach Voraussetzung (a) eine beschränkte Folge von $\mathbb{R}^N$-Vektoren, und somit besitzt sie nach dem Satz von Bolzano-Weierstraß eine konvergente Teilfolge $(f_{n_k^{(1)}}(x_1))_{k\in\mathbb{N}}$. Wenden wir nun die (an der Stelle x_1 konvergente) Funktionenfolge $(f_{n_k^{(1)}})_{k\in\mathbb{N}}$ auf den Punkt x_2 an, so ist die entstehende Folge $(f_{n_k^{(1)}}(x_2))_{k\in\mathbb{N}}$ nach Voraussetzung (a) eine beschränkte Folge von Vektoren des $\mathbb{R}^N$, und folglich besitzt sie eine konvergente Teilfolge $(f_{n_k^{(2)}}(x_2))_{k\in\mathbb{N}}$. Die Fortsetzung dieses Verfahrens liefert nach m Schritten eine Funktionenfolge $(f_{n_k^{(m)}})_{k\in\mathbb{N}}$, die einerseits eine Teilfolge von $(f_{n_k^{(m-1)}})_{k\in\mathbb{N}}$ ist, und für die andererseits folgendes gilt:

$$\left(f_{n_k^{(m)}}(x)\right)_{k\in\mathbb{N}} \quad \text{ist konvergent für jedes } x \in \{x_1, x_2, \ldots, x_m\}.$$

Die mit Hilfe der Funktionen

$$g_k(x) := f_{n_k^{(k)}}(x), \quad g_k : [a,b] \to \mathbb{R}^N, \quad k \in \mathbb{N}$$

gebildete sogenannte „Diagonalfolge" $(g_k)_{k\in\mathbb{N}}$ konvergiert dann in jedem Punkt der Menge $[a,b] \cap \mathbb{Q}$, denn ist x_m ein beliebiges Element dieser Menge, so ist die Folge $(g_k(x_m))_{k\in\mathbb{N}}$ ab dem Index $k = m$ eine Teilfolge der konvergenten Folge $(f_{n_k^{(m)}}(x_m))_{k\in\mathbb{N}}$.

2. Schritt: Wir zeigen nun, daß die im ersten Schritt konstruierte Funktionenfolge $(g_k)_{k\in\mathbb{N}}$ auf dem Intervall $[a,b]$ *gleichmäßig* konvergiert. Zu diesem Zwecke sei ein beliebiges $\varepsilon > 0$ vorgegeben. Wegen der Voraussetzung (b) gibt es dann ein $\delta = \delta(\varepsilon) > 0$, so daß für alle $x, y \in [a,b]$ die folgende Implikation gilt:

$$|x-y| < \delta \implies \|g_k(x) - g_k(y)\| < \tfrac{\varepsilon}{3} \quad \text{für alle } k \in \mathbb{N}.$$

Wir zerlegen nun das Intervall $[a,b]$ in endlich viele Teilintervalle $I_1, \ldots, I_R$, deren jeweilige Länge positiv und kleiner als δ ist. Ferner wählen wir aus jedem dieser Intervalle I_ρ, $\rho = 1, \ldots, R$, einen Punkt x_ρ, der auch zu der in $[a,b]$ dichten Teilmenge $[a,b] \cap \mathbb{Q}$ gehört. Dann gibt es nach dem ersten Beweisschritt ein $k_0 = k_0(\varepsilon) \in \mathbb{N}$ derart, daß für alle $k, m \geq k_0$

$$\|g_k(x_\rho) - g_m(x_\rho)\| < \tfrac{\varepsilon}{3} \quad \text{für } \rho = 1, \ldots, R$$

gilt. Es sei nun ein beliebiger Punkt $x \in [a,b]$ gewählt. Dann gibt es ein $r = r(x) \in \{1, \ldots, R\}$ mit $x \in I_r$, und auf Grund der obigen Abschätzungen erhalten wir für alle $k, m \geq k_0$

$$\begin{aligned} &\|g_k(x) - g_m(x)\| \leq \\ &\leq \|g_k(x) - g_k(x_r)\| + \|g_k(x_r) - g_m(x_r)\| + \|g_m(x_r) - g_m(x)\| \leq \\ &\leq 3 \cdot \tfrac{\varepsilon}{3} = \varepsilon. \end{aligned}$$

Damit ist die gleichmäßige Konvergenz der Folge $(g_k)_{k\in\mathbb{N}}$ auf $[a,b]$ gezeigt. ∎

Bei der Anwendung des Satzes von Arzelá-Ascoli (in den Beweisen der Sätze 2.2.2 und 7.2.2) verifizieren wir die gleichgradige Stetigkeit der betrachteten Funktionenfolgen $f_n : [a,b] \to \mathbb{R}^N$ dadurch, daß wir für eine geeignete Konstante $M > 0$ die Gültigkeit einer Abschätzung der Form

$$\|f_n(x) - f_n(y)\| \leq M|x-y| \quad \text{für alle } n \in \mathbb{N} \text{ und } x, y \in [a,b]$$

nachweisen. Dies ist, indem man etwa $\delta(\varepsilon) := \frac{\varepsilon}{2M}$ setzt, offensichtlich hinreichend für die gleichgradige Stetigkeit der betrachteten Funktionenfolge.

Anhang C
Eigenschaften der dist-Funktion

An verschiedenen Stellen dieses Buches spielt der vermittels der Beziehung

$$\operatorname{dist}(a, M) := \inf\{\|a - c\| : c \in M\} \tag{C.1}$$

definierte **Abstand** zwischen einem Punkt a und einer Teilmenge M eines euklidischen Raumes $\mathbb{R}^N$ eine große Rolle. Daß die hiermit zu einer gegebenen Menge M eingeführte **Abstands-** oder **dist-Funktion**

$$\operatorname{dist}(\cdot, M) : \mathbb{R}^N \to \mathbb{R}_0^+ \tag{C.2}$$

stetig ist, wird verschiedentlich benötigt und soll daher jetzt bewiesen werden. Mehr noch als die punktweise Stetigkeit dieser Funktion zeigen wir, daß sie die globale Lipschitz-Konstante 1 besitzt, was bekanntlich sogar die gleichmäßige Stetigkeit zur Folge hat.

C.1 Hilfssatz: Ist M eine beliebige Teilmenge des $\mathbb{R}^N$, so gilt für die in (C.1) und (C.2) definierte dist-Funktion die Abschätzung

$$\left|\operatorname{dist}(a, M) - \operatorname{dist}(b, M)\right| \leq \|a - b\| \quad \text{für alle } a, b \in \mathbb{R}^N. \tag{C.3}$$

Beweis: Ausgangspunkt dieses Beweises ist die für alle $a, b \in \mathbb{R}^N$ und $c \in M$ gültige Ungleichung

$$\operatorname{dist}(a, M) \overset{(C.1)}{\leq} \|a - c\| \leq \|a - b\| + \|b - c\|.$$

Bringt man diese Ungleichung in die Form

$$\operatorname{dist}(a, M) - \|a - b\| \leq \|b - c\|,$$

so erkennt man, daß (bei festem a und b) die linke Seite eine untere Schranke für die Menge $\{\|b - c\| : c \in M\}$ ist. Daraus folgt dann

$$\operatorname{dist}(a, M) - \|a - b\| \leq \inf\{\|b - c\| : c \in M\} \overset{(C.1)}{=} \operatorname{dist}(b, M),$$

und weiter erhält man

$$\operatorname{dist}(a, M) - \operatorname{dist}(b, M) \leq \|a - b\|.$$

Da man die beliebig aus dem $\mathbb{R}^N$ gewählten Punkte a und b vertauschen kann, gilt die letzte Ungleichung auch dann, wenn man auf der linken Seite das Vorzeichen ändert. Damit ist schließlich die Ungleichung (C.3) bewiesen. ■

Aus der Stetigkeit der dist-Funktion ergeben sich eine Reihe von topologischen Sachverhalten, von denen der folgende verschiedentlich in diesem Buch verwendet wird: Ist D eine offene Teilmenge des $\mathbb{R}^N$ und K eine kompakte Teilmenge von D, so besitzt die Menge K einen positiven Mindestabstand vom Rand ∂D von D, d.h. es gibt ein $\rho > 0$ mit

$$\operatorname{dist}(x, \partial D) \geq \rho \quad \text{für alle } x \in K .$$

Die Richtigkeit dieser Aussage ergibt sich aus der Tatsache, daß wegen der Offenheit von D die Beziehung $\operatorname{dist}(x, \partial D) > 0$ für alle $x \in K$ gilt, und daß wegen der Kompaktheit von K die stetige Funktion $\operatorname{dist}(\cdot, \partial D)$ auf K ein positives Minimum annimmt.

Lösungen ausgewählter Aufgaben

Kapitel 1

Abschnitt 1.1, Seite 13

5. Als Beispielgleichung wählen wir die nichtlineare Differentialgleichung

$$\boxed{\dot{x} = x^2 t}$$

des Beispiels 1.1.11 und betrachten die Summe der beiden Lösungen $\frac{2}{2-t^2}$ und $\frac{-2}{2+t^2}$. Die resultierende Funktion $\lambda(t)$ hat dann die Form $\frac{4t^2}{4-t^4}$. Sie ist keine Lösung der betrachteten Differentialgleichung, denn es gilt

$$\dot{\lambda}(t) \equiv \frac{32t + 8t^5}{(4-t^4)^2} \not\equiv \frac{16t^5}{(4-t^4)^2} \equiv [\lambda(t)]^2 t \, .$$

Abschnitt 1.5, Seite 40

1. (a) Für jeden Punkt $(\tau, \beta\tau) \neq (0,0)$ auf der Geraden $x = \beta t$ gilt, wenn man $\alpha := \frac{1}{\tau}$ setzt,

$$f(\tau, \beta\tau) = f(\alpha\tau, \alpha\beta\tau) = f(1, \beta) \, .$$

Also ist die Steigung auf der Isoklinen $x = \beta t$ gleich $f(1, \beta)$.

(b) Ja. *Jede* skalare Differentialgleichung mit *konstanter* rechter Seite ist homogen, und *jede* in D verlaufende Kurve ist eine Isokline für solch eine Differentialgleichung.

(c) Die Steigung c auf der Geraden $x = \beta t$, $t \neq 0$, ist e^β (siehe die Abbildung). Es liegt Punktsymmetrie zum Koordinatenursprung vor, d.h. mit $\lambda(t)$ ist auch $-\lambda(-t)$ eine Lösung.

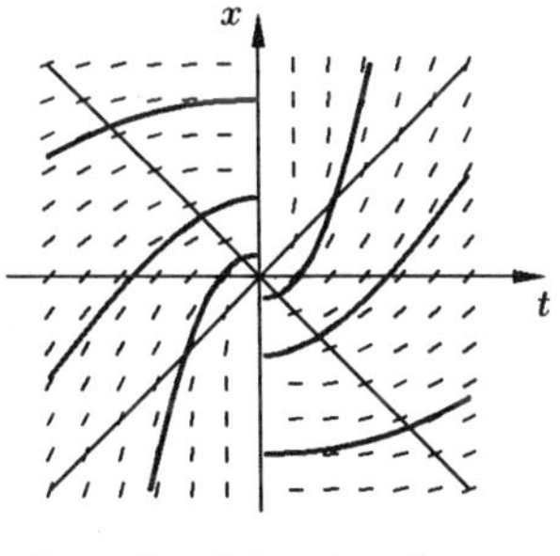

Abb.
Richtungsfeld, einige Isoklinen und Lösungskurven der Differentialgleichung $\dot{x} = \exp(\frac{x}{t})$

(d) Für die rechte Seite einer homogenen Differentialgleichung gilt insbesondere

$$f(-t, -x) \equiv f(t, x) \, .$$

Damit sind alle Lösungskurven punktsymmetrisch zum Koordinatenursprung, denn ist $\lambda(t)$ eine Lösung, so auch $\mu(t) := -\lambda(-t)$. Dies folgt aus der Identität

$$\dot{\mu}(t) \equiv \dot{\lambda}(-t) \equiv f(-t, \lambda(-t)) \equiv f(-t, -\mu(t)) \equiv f(t, \mu(t)) \, .$$

Kapitel 2

Abschnitt 2.2, Seite 58

1. Wir betrachten das Anfangswertproblem

$$\boxed{\dot{x} = tx}\,, \quad x(0) = 0$$

auf dem als variabel angesehenen Rechteck

$$Z_{a,b} := [-a, a] \times [-b, b]\,, \quad a, b > 0\,.$$

Die im Satz 2.2.2 auftretenden Größen M und α haben dann die Form

$$M = \max\{|tx| : (t,x) \in Z_{a,b}\} = ab\,,$$

$$\alpha = \min\left\{a, \frac{b}{M}\right\} = \min\left\{a, \frac{1}{a}\right\}.$$

Die Variable α nimmt bei $a = 1$ ihren größten Wert an, und zwar den Wert 1. Damit ist $[-1, 1]$ das größtmögliche Lösungsintervall, das der Satz 2.2.2 für das gegebene Anfangswertproblem liefern kann.

Abschnitt 2.4, Seite 79

5. Aus der ANALYSIS weiß man, daß die Funktion $g_\alpha(x) := |x|^\alpha$ für jedes $\alpha > 0$ stetig ist (sogar gleichmäßig stetig), und genau dann differenzierbar, wenn $\alpha > 1$ ist.

(a) Im Fall $\alpha \in (0,1)$ gilt für alle $x \neq 0$

$$|g_\alpha(x) - g_\alpha(0)| = |x|^\alpha = \frac{1}{|x|^{1-\alpha}}|x - 0|\,,$$

und dies bedeutet, daß g_α in keiner Umgebung von $x = 0$ einer Lipschitz-Bedingung genügt, denn der Ausdruck $\frac{1}{|x|^{1-\alpha}}$ ist unbeschränkt für $x \to 0$. Damit ist die Lipschitz-Stetigkeit als von der Stetigkeit verschieden nachgewiesen.

(b) Für $\alpha = 1$ erhalten wir die Betragsfunktion und diese ist (bei $x = 0$) nicht differenzierbar, aber Lipschitz-stetig. Sie genügt nämlich wegen der Dreiecksungleichung einer globalen Lipschitz-Bedingung mit der Lipschitz-Konstante 1.

Kapitel 3

Abschnitt 3.1, Seite 109

3. Zunächst gilt die Beziehung

$$\phi_t \circ \phi_s = \phi_{t+s} \quad \text{für alle } t, s \in \mathbb{R}\,, \tag{$*$}$$

denn nach Satz 3.1.3 (d) gilt für alle $t, s \in \mathbb{R}$ und $x \in D$

$$(\phi_t \circ \phi_s)(x) = \varphi(t\,; \varphi(s\,; x)) = \varphi(t + s\,; x) = \phi_{t+s}(x)\,.$$

(a) Zu gegebenen $\lambda, \mu \in \Psi$ gibt es $t, s \in \mathbb{R}$ mit $\lambda = \phi_t$ und $\mu = \phi_s$. Mit $(*)$ folgt dann $\lambda \circ \mu = \phi_{t+s}$, und wegen $t + s \in \mathbb{R}$ gilt $\lambda \circ \mu \in \Psi$.

(b) Sei wieder $\lambda = \phi_t$, $\mu = \phi_s$. Wegen $t + s = s + t$ gilt dann mit $(*)$ die Beziehung $\lambda \circ \mu = \mu \circ \lambda$.

(c) Gilt allgemein für Abbildungen.

(d) Die Festsetzung $\omega := \phi_0$, $0 \in \mathbb{R}$ erfüllt die geforderte Bedingung.

(e) Ist $\lambda = \phi_t$, so erfüllt die Funktion $\mu := \phi_{-t}$ die gewünschte Beziehung.

Kapitel 5

Abschnitt 5.1, Seite 190

1. Die gemäß Satz 5.1.1 (i) zu dem gegebenen ebenen autonomen System gehörige skalare Differentialgleichung hat die Form

$$\boxed{\frac{dy}{dx} = -\frac{y}{x} - x} \quad \text{bzw.} \quad \boxed{\frac{dy}{dx}x + y + x^2 = 0}.$$

Es handelt sich also um die im Beispiel 4.1.3 behandelte Differentialgleichung. Das in der Abbildung skizzierte Phasenportrait ergibt sich aus dem in der Abbildung 4.3 dargestellten Lösungsportrait dieser skalaren Differentialgleichung.

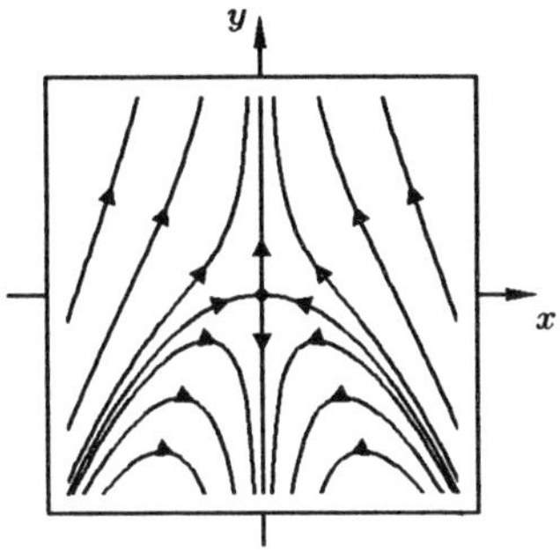

Abb.
Phasenportrait des Systems
$\dot{x} = -x\,,\ \dot{y} = y + x^2$

Kapitel 6

Abschnitt 6.2, Seite 227

5. Der Ansatz $\mu(t) := \Phi(t)\,c(t)$ für die allgemeine Lösung des betrachteten Systems führt zunächst über die Anfangsbedingung $\mu(\tau) = \Phi(\tau)\,c(\tau) = \xi$ zur Beziehung

$$c(\tau) = \Phi^{-1}(\tau)\,\xi\,.$$

Ferner gilt wegen der Lösungsidentität $\dot{\mu}(t) \equiv A(t)\,\mu(t) + g(t)$ die Beziehung

$$\dot{\Phi}(t)\,c(t) + \Phi(t)\,\dot{c}(t) \equiv A(t)\,\Phi(t)\,c(t) + g(t)\,.$$

Unter Verwendung der Identität $\dot{\Phi}(t) \equiv A(t)\,\Phi(t)$ folgt daraus

$$\dot{c}(t) \equiv \Phi^{-1}(t)\,g(t)\,.$$

Also ist die Funktion $c(t)$ eine Lösung der Differentialgleichung $\dot{x} = \Phi^{-1}(t)\,g(t)$. Integration von τ nach t und Berücksichtigung der oben angegebenen Anfangsbedingung liefert dann

$$c(t) = \Phi^{-1}(\tau)\,\xi + \int_\tau^t \Phi^{-1}(s)\,g(s)\,ds\,.$$

Damit besitzt die gesuchte allgemeine Lösung notwendigerweise die in der Formel (6.14) angegebene Form. Daß es sich hierbei tatsächlich um die gesuchte allgemeine Lösung handelt, wurde im Beweis des Satzes 6.2.7 gezeigt.

Kapitel 7

Abschnitt 7.3, Seite 288

1. (i) Die allgemeine Lösung der Differentialgleichung $\dot{x} = |x|$ lautet

$$\lambda(t;\tau,\xi) = \begin{cases} \xi e^{t-\tau} & \text{für } \xi \geq 0 \\ \xi e^{\tau-t} & \text{für } \xi < 0\,. \end{cases}$$

Diese Funktion ist zum Beispiel bei $(t,\tau,\xi) = (1,0,0)$ nach ξ nicht partiell differenzierbar, denn der rechts- und der linksseitige Grenzwert des Differenzenquotienten $\frac{\lambda(1;0,\xi)-\lambda(1;0,0)}{\xi}$ für $\xi \to 0$ stimmen nicht überein (sie sind gleich e bzw. $-e$).

(ii) Die allgemeine Lösung der Differentialgleichung $\dot{x} = |t|$ lautet

$$\lambda(t;\tau,\xi) = \xi + g(t) - g(\tau) \quad \text{mit} \quad g(t) := \begin{cases} t^2/2 & \text{für } t \geq 0 \\ -t^2/2 & \text{für } t < 0\,. \end{cases}$$

Da die Funktion $g(t)$ an der Stelle $t = 0$ nur einmal differenzierbar ist (ihre Ableitung ist ja gerade $|t|$), ist die Funktion $\lambda(t;\tau,\xi)$ an jeder der Stellen $(0,0,\xi)$, $\xi \in \mathbb{R}$ nur einmal nach t bzw. τ differenzierbar.

Abschnitt 7.6, Seite 322

1. Wir bemerken zunächst, daß für eine auf einem Intervall der Form $[a\,,T]$ monoton wachsende und nichtnegative Funktion $\gamma(t)$ die folgende Beziehung gilt:

$$\int_a^t \gamma(s)\,\frac{(s-a)^k}{k!}\,ds \;\leq\; \int_a^t \gamma(t)\,\frac{(s-a)^k}{k!}\,ds \;=\; \gamma(t)\,\frac{(s-a)^{k+1}}{(k+1)!} \quad \text{für alle } t \in [a\,,T]\,.$$

Folglich läßt sich der Beweis des Satzes 7.6.2 wortwörtlich auf die in dieser Aufgabe vorliegende Situation übertragen.

2. Setzt man den Beweis des Satzes 2.5.6 an der auf Seite 88 durch die Fußnote markierten Stelle fort, so erhält man für alle $t \in [t_0\,, I^+)$

$$\|\mu(t)\| \;=\; \|x_0 + \int_{t_0}^t f(\tau,\mu(\tau))\,d\tau\| \;\leq\; \|x_0\| + \int_{t_0}^t \|f(\tau,\mu(\tau))\|\,d\tau \;\leq$$

$$\leq\; \|x_0\| + \int_{t_0}^t \sigma(\tau)\,d\tau + \int_{t_0}^t \rho(\tau)\,\|\mu(\tau)\|\,d\tau \;\leq\; \|x_0\| + \sigma_0\,(t-t_0) + \int_{t_0}^t \rho_0\,\|\mu(\tau)\|\,d\tau\,.$$

Mit der in der vorherigen Aufgabe bewiesenen Version des Gronwall-Lemmas folgt hieraus, indem man $I^+ < T^+$ beachtet,

$$\|\mu(t)\| \;\leq\; \Big[\,\|x_0\| + \sigma_0\,(t-t_0)\Big]\,e^{\rho_0(t-t_0)} \;\leq\; \Big[\,\|x_0\| + \sigma_0\,(T^+ - t_0)\Big]\,e^{\rho_0(T^+-t_0)}$$

für alle $t \in [t_0\,, I^+)$. Nach der Aussage (b) des Satzes 2.5.1 gilt dann $\lim_{t \nearrow I^+} \operatorname{dist}\Big(\big(t,\mu(t)\big)\,, \partial D\Big) = 0$. Dies widerspricht jedoch der Tatsache, daß der Rand von D im vorliegenden Fall nur aus den beiden (in den Fällen $a = -\infty$ oder $b = \infty$ sogar leeren) Teilen $\{a\} \times \mathbb{R}^N$ und $\{b\} \times \mathbb{R}^N$ besteht, unter unseren Annahmen aber $a \leq I^- < t_0 \leq t < I^+ < b$ gilt. Dieser Widerspruch liefert die Aussage $I^+ = b$. Die Aussage $I^- = a$ beweist man analog.

Literaturverzeichnis

[1] Amann, H.: Gewöhnliche Differentialgleichungen. De Gruyter, Berlin 1983

[2] Arnol'd, V. I.: Gewöhnliche Differentialgleichungen. Deutscher Verlag der Wissenschaften, Berlin 1991

[3] Aulbach, B.: Qualitative Theorie gewöhnlicher Differentialgleichungen. Fern-Universität, Hagen 1996

[4] Boyce, W. E. und DiPrima, R. C.: Gewöhnliche Differentialgleichungen. Spektrum, Heidelberg 1995

[5] Brauer, F. and Nohel, J. A.: The Qualitative Theory of Ordinary Differential Equations. Benjamin, New York 1969

[6] Braun, M.: Differentialgleichungen und ihre Anwendungen. Springer, Berlin 1991

[7] Coddington, E. A. and Levinson, N.: Theory of Ordinary Differential Equations. McGraw-Hill, New York 1955

[8] Collatz, L.: Differentialgleichungen. Teubner, Stuttgart 1990

[9] Hahn, W.: Stability of Motion. Springer, Berlin 1967

[10] Hale, J. and Koçak, H.: Dynamics and Bifurcations. Springer, Berlin 1991

[11] Hartman, P.: Ordinary Differential Equations. Wiley, New York 1964

[12] Heuser, H.: Gewöhnliche Differentialgleichungen. Teubner, Stuttgart 1991

[13] Hirsch, M. W. and Smale, S.: Differential Equations, Dynamical Systems and Linear Algebra. Academic Press, New York 1974

[14] Perko, L.: Differential Equations and Dynamical Systems. Springer, Berlin 1996

[15] Kamke, E.: Differentialgleichungen: Lösungsmethoden und Lösungen I. Teubner, Stuttgart 1983

[16] Knobloch, H. W. und Kappel, F.: Gewöhnliche Differentialgleichungen. Teubner, Stuttgart 1974

[17] Walter, W.: Gewöhnliche Differentialgleichungen. Springer, Berlin 1996

[18] Werner, H. und Arndt, H.: Gewöhnliche Differentialgleichungen. Springer, Berlin 1986

[19] Wiggins, S.: Introduction to Applied Nonlinear Dynamical Systems and Chaos. Springer, Berlin 1990

Symbolverzeichnis

$\mathbb{N}$	$:= \{1, 2, 3, \ldots\}$, Menge der natürlichen Zahlen
$\mathbb{N}_0$	$:= \mathbb{N} \cup \{0\}$
$\mathbb{R}$	Körper der reellen Zahlen
$\mathbb{R}^+$	$:= \{x \in \mathbb{R} : x > 0\}$
$\mathbb{R}_0^+$	$:= \{x \in \mathbb{R} : x \geq 0\}$
$\mathbb{R}^N$	Vektorraum der N-Tupel mit reellen Einträgen
$\mathbb{R}^{M \times N}$	Vektorraum der $M \times N$-Matrizen mit reellen Einträgen
$\mathbb{C}$	Körper der komplexen Zahlen
$\alpha(\xi)$	α-Grenzmenge von ξ, S. 325
A^T	Transponierte einer Matrix A
$\|\|A\|\|$	euklidische Norm eines Vektors oder einer Matrix A, S. 400
$C(I, \mathbb{R}^N)$	Vektorraum der stetigen Funktionen von I in den $\mathbb{R}^N$
$C^1(I, \mathbb{R}^N)$	Vektorraum der stetig differenzierbaren Funktionen von I in den $\mathbb{R}^N$
$\partial M, \overline{M}$	Rand bzw. abgeschlossene Hülle einer Menge M
$\det A$	Determinante einer Matrix A
$\operatorname{diag}(A_1, .., A_n)$	Matrix mit den Hauptdiagonalblöcken $A_1, \ldots, A_n$, S. 231
$\operatorname{dist}(a, M)$	$:= \inf\{\|\|a - m\|\| : m \in M\}$, Abstand eines Punktes a von einer Menge M, S. 405
E, O	Einheits- bzw. Nullmatrix geeigneter Dimension
e_i	i-ter kanonischer Einheitsvektor (1 an der i-ten Stelle, sonst nur Nullen)
e^{At}, $\exp(At)$	Matrix-Exponentialfunktion, S. 227
$f\|_A$	Einschränkung einer Funktion f auf eine Menge A
$f_x, f_{\alpha x}, \ldots$	vereinfachte Schreibweise für partielle Ableitungen, S. 356
$I_{max}(t_0, x_0)$	maximales Existenzintervall zum Anfangswertepaar (t_0, x_0), S. 71, 266
$I^-(t_0, x_0)$	linker Randpunkt von $I_{max}(t_0, x_0)$, S. 71
$I^+(t_0, x_0)$	rechter Randpunkt von $I_{max}(t_0, x_0)$, S. 71
I_n, I_s, I_o, I_w	Isoklinen, S. 127
$J_{max}(x_0)$	maximales Existenzintervall zum Anfangswert x_0 (bei einer autonomen Differentialgleichung), S. 103
$J^-(x_0), J^+(x_0)$	linker bzw. rechter Randpunkt von $J_{max}(x_0)$, S. 103
$\lim_{t \nearrow b}$, $\lim_{t \searrow a}$	$\lim_{t \to b}$ für $t < b$ bzw. $\lim_{t \to a}$ für $t > a$

$\lambda_{max}(t\,;t_0,x_0)$	maximale Lösung zum Anfangswertepaar (t_0,x_0), S. 71
$\lambda(t\,;\tau,\xi)$	allgemeine Lösung (Kozyklus) einer Differentialgleichung, S. 93, 266
$\dot\lambda(t\,;\tau,\xi)$	$:= \frac{\partial\lambda}{\partial t}(t\,;\tau,\xi)$, S. 94
$\lambda_g(t\,;\tau,\xi)$	allgemeine Lösung einer inhomogenen linearen Differentialgleichung mit Inhomogenität g, S. 213
$\Lambda(t,\tau)$	Übergangsmatrix eines linearen Systems, S. 222
$L(g)$	Lösungsraum einer inhomogenen linearen Differentialgleichung mit Inhomogenität g, S. 213
$L(\tau,\xi)$	Lösungskurve durch den Punkt (τ,ξ), S. 96
$N(\tau,\xi)$	Niveaumenge, den Punkt (τ,ξ) enthaltend, S. 139
N_c^+	Subniveaumenge einer Ljapunov-Funktion, S. 339
$O(\xi)$	Trajektorie durch den Punkt ξ, S. 111
$O^-(\xi)$, $O^+(\xi)$	negative bzw. positive Halbtrajektorie durch den Punkt ξ, S. 111
$\omega(\xi)$	ω-Grenzmenge von ξ, S. 325
$\varphi(t;\xi)$	allgemeine Lösung (Fluß) einer autonomen Differentialgleichung, S. 103, 104
$r'(0)$	Jacobi-Matrix einer Funktion $r:\mathbb{R}^M\to\mathbb{R}^N$ an der Stelle 0
$\sigma_b(t;t_0,..,u_{n-1})$	allgemeine Lösung einer inhomogenen linearen Differentialgleichung höherer Ordnung mit Inhomogenität b, S. 247
sgn	Signumfunktion, S. 16
spur A	Summe der Hauptdiagonalelemente einer Matrix A
$S_\varepsilon(0)$	$:= \{x\in\mathbb{R}^N : \|x\| = \varepsilon\}$ für geeignetes N
$U(b), X(b)$	Lösungsraum einer inhomogenen linearen Differentialgleichung höherer Ordnung mit Inhomogenität b, bzw. des zugehörigen Systems 1. Ordnung, S. 248
$U_\varepsilon(0)$	$:= \{x\in\mathbb{R}^N : \|x\| < \varepsilon\}$ für geeignetes N
$\dot U_\varepsilon(0)$	$:= U_\varepsilon(0)\setminus\{0\}$
$U_\varepsilon^N(x_0)$	$:= \{x\in\mathbb{R}^N : \|x-x_0\| < \varepsilon\}$
$\dot V(x)$	Ableitung einer Ljapunov-Funktion $V(x)$ bezüglich einer Differentialgleichung, S. 335
$\omega(t), W(t)$	Wronski-Determinante bzw. -Matrix, S. 217, 248
$Z_{a,b}, Z_{a,b}(t_0,x_0)$	Zylinderumgebung $[t_0-a\,,t_0+a]\times\overline{U_b(x_0)}$, S. 52, 273
$\overset{(7.22)}{=}$, $\overset{4.1.2}{\equiv}$	Verwendung des markierten Sachverhalts (7.22) bei $=$ bzw. 4.1.2 bei $\equiv$, entsprechend bei Ungleichheitszeichen
□	Ende einer Bemerkung
◊	Ende eines Beispiels
■	Ende eines Beweises

Sach- und Namensverzeichnis

E

F

G

H

I